化学工业出版社"十四五"普通高等教育规划教材

省级一流本科专业建设成果教材

土力学

TULIXUE

王文武 主编

化学工业出版社

·北京·

内容简介

《土力学》系统介绍了土的物理性质与工程分类、达西定律和渗透特性等渗透理论、土体中的应力计算、土的压缩特性和地基沉降计算、土的抗剪强度理论和破坏理论、朗肯土压力理论和库仑土压力理论、土坡稳定性分析方法、天然地基承载力计算方法等内容。此外，本书还介绍了软黏土、黄土、冻土、膨胀土、盐渍土等特殊土的含义、组成、成因、物理力学性质等内容。

本书按照土力学的理论和应用分章编写，融入相关试验、现行行业规范，每章后均配有思考与练习题。本书配有在线题库等数字资源，读者扫描二维码即可获得。

本书可以作为普通高等院校土木工程、城市地下空间工程、智能建造等专业的教材，也可作为港口航道与海岸工程、水利水电工程等相近专业的参考书，还可以供相关工程技术从业人员参考使用。

图书在版编目（CIP）数据

土力学 / 王文武主编. -- 北京 : 化学工业出版社, 2025. 4. -- (化学工业出版社“十四五”普通高等教育规划教材)(省级一流本科专业建设成果教材).
ISBN 978-7-122-47333-2

Ⅰ. TU43

中国国家版本馆 CIP 数据核字第 20251FS879 号

责任编辑：刘丽菲　　文字编辑：刘雷鹏
责任校对：宋　玮　　装帧设计：刘丽华

出版发行：化学工业出版社
(北京市东城区青年湖南街 13 号　邮政编码 100011)
印　　装：高教社（天津）印务有限公司
787mm×1092mm　1/16　印张 18¾　字数 504 千字
2025 年 6 月北京第 1 版第 1 次印刷

购书咨询：010-64518888　　售后服务：010-64518899
网　　址：http://www.cip.com.cn
凡购买本书，如有缺损质量问题，本社销售中心负责调换。

定　　价：56.00 元

前言

土力学是高等学校土木工程及相关专业的一门重要的专业基础课，内容涉及土的组成和物理性质、土中应力、土的渗透性质、变形性质、强度性质及其工程应用等。本书依据我国高等学校土木工程专业教学指导分委员会编制的《高等学校土木工程本科专业指南》对土力学课程基本知识点和知识单元的要求，结合现行行业规范，在总结教学实践经验的基础上编写而成。

本书主要面向土木工程专业和城市地下空间工程专业，同时也适用于智能建造、交通工程、地质工程、采矿工程等方向，还可作为港口航道与海岸工程、水利水电工程等相近专业的参考用书。本书重点介绍土力学的基本思想、基本理论、基本方法，着重强调理论知识、试验测试、工程实践的联系与结合，力图在工程应用方面进行拓展和延伸，达到帮助学生构建土力学知识体系的目的。本书配有在线题库等数字资源，读者扫描二维码即可获得。

本书特色如下：

① 重点阐明基础理论知识，夯实学生专业基础，兼顾各专业知识点的要求，强化实践能力和创新能力的培养；

② 注重理论与实践的结合，通过对实际工程问题的剖析，培养学生分析与解决实际问题的能力；

③ 反映我国土木工程行业标准编制建设的最新成果，强调设计规范在基本原则和基本规定等方面与土力学基本原理的联系；

④ 适当吸收土力学比较成熟的前沿技术，反映土力学学科发展水平和方向。

本书由辽宁石油化工大学王文武担任主编，辽宁石油化工大学王鲁男、李海军、陶传奇担任副主编，王文武负责统稿。具体编写分工：王文武编写绪论、第2章、第3章；王鲁男编写第4章、第5章、第6章；李海军编写第7章、第8章；陶传奇编写第1章、第9章。此外，庞一博、胡向汝、张家豪、白洪瑜、付海洋、景同玲等研究生参与了本书的校核和绘图工作。

由于编者水平有限，书中难免存在不足之处，恳请读者批评指正。

编者

2024年12月

目录

绪论

0.1 土力学的内涵

土力学是研究土体的应力、变形、强度、渗流及长期稳定性的一门学科。广义的土力学又包括土的生成、组成、物理化学性质及分类在内的土质学。土力学是一门实用的学科，是土木工程的一个分支，主要研究土的工程性质，解决相应的工程问题。

在自然界中，地壳表层分布有岩石圈（广义的岩石包括基岩及其覆盖土）、水圈和大气圈。岩石是一种或多种矿物的集合体，其工程性质在很大程度上取决于它的矿物成分，而土是岩石风化的产物。土是由岩石经物理、化学、生物风化作用以及剥蚀、搬运、沉积作用等交错复杂的自然环境所生成的沉积物。因此，土的类型及其物理力学性质是千差万别的，但在同一地质年代和相似沉积条件下又有性质相近的特点。强风化岩石的性质接近土体，也属于土质学与土力学的研究范畴。

土中固体颗粒是岩石风化后的碎屑物质，简称土粒。土粒集合体构成土的骨架，土骨架的孔隙中存在液态水和气体。因此，土是由土粒（固相）、水（液相）及气（气相）所组成的三相物质；当土中孔隙被水充满时，则是由土粒和土中水组成的二相体。土体具有与一般连续固体材料（如钢、木、混凝土及砌体等建筑材料）不同的孔隙特性，它不是刚性的多孔介质，而是大变形的孔隙性物质。在孔隙中水的流动显示土的渗透性（透水性）；土体孔隙体积的变化显示土的压缩性、胀缩性；在孔隙中土粒的错位显示土的抗剪强度特性。土的密度、孔隙率、含水率是影响土的力学性质的重要因素。土粒大小悬殊甚大，有大于 60mm 粒径的巨粒粒组，有小于 0.075mm 粒径的细粒粒组，还有介于 0.075～60mm 粒径的粗粒粒组。

工程用土分为一般土和特殊土。广泛分布的一般土又可以分为无机土和有机土。原始沉积的无机土大致可分为碎石类土、砂类土、粉性土及黏性土四大类。当土中巨粒、粗粒粒组的含量超过 50％时，属于碎石类土或砂类土；反之，属于粉性土或黏性土。碎石类土和砂类土总称为无黏性土，一般特征是透水性大、无黏性，其中砂类土具有可液化性；黏性土的透水性小，具有可塑性、胀缩性和冻胀性等；而粉性土兼有砂类土的可液化性和黏性土的可塑性等。特殊土有遇水沉陷的湿陷性黄土、湿胀干缩的膨胀土、冻土、红黏土、软土、填土、混合土、盐渍土、污染土、风化岩及残积土等。

综上所述，土的种类繁多，工程性质十分复杂，试验还表明其应力-应变关系呈非线弹性特点，因此在没有深入了解土的力学性质变化规律，没有条件进行复杂计算之前，不得不将土工问题计算进行必要的简化。例如，采用弹性理论求解土中应力分布，而用塑性理论求解地基承载力，将土体的变形和强度分别作为独立的求解课题。计算机的问世，可对更接近于土本质的力学模型进行复杂的快速计算；现代科学技术的发展，也提高了土工试验的测试精度，发现了许多过去观察不到的新现象，为建立更接近实际的数学模型和测定正确的计算参数提供了可靠的依据。但由于土的力学性质十分复杂，对土的本构模型（即土的应力-变形-强度-时间模型）的研究以及计算参数的测定，均远落后于计算技术的发展；而且计算参数选择不当所引起的误差，远大于计算方法本身的精度范围。因此，对土的基本力学性质和土工问题计算分析方法的研究，是土力学的两大重要研究课题。

0.2 土力学的研究重点

在长期的工程实践中，人们积累了丰富的经验；但是，由于土的复杂性，人们对其认识还很不充分，产生了一些工程事故。下面针对土力学所要解决的三大土工问题，分别介绍历史上的典型案例。

① 变形问题。土受力会发生变形。由于土具有自然变异性，差异变形非常普遍，一个典型的例子就是意大利的比萨斜塔（图 0.1）。众所周知，斜塔不仅没有倒塌，还成了著名的旅游景点。然而，其在实际工程的设计和建造中不可效仿。

图 0.1 比萨斜塔

关于比萨斜塔倾斜的原因，曾经有一种观点是建筑师有意为之；但是随着科技的进步，人们对斜塔的测量越来越精确，对地基土层的勘察愈加深入，加上对历史档案的研究，人们发现最初设计的比萨斜塔是竖直的建筑，但在建造初期就偏离了正确位置。比萨斜塔之所以会倾斜，是由于地基土层特殊的时空变异性。综合来说，南侧土层总体相对较软，因此塔体向南倾斜。

直到 19 世纪初，塔体倾斜度都比较小，人们也没有对斜塔进行特意维修，只是在建造期间曾经向地基中插入特定材料，以减缓倾斜。1838 年，从塔下地基中取土的工程活动导致塔体突然加速倾斜，塔顶中心水平偏移量增加 20cm，人们不得不采取紧急维护措施，此后倾斜又转入缓慢发展阶段。意大利政府于 1990 年起关闭斜塔进行修复，措施包括加固地基和抽取地下水，并以钢缆支撑塔身等。修复工程于 2001 年完成，塔顶中心水平偏移量减少了 45cm。

比萨斜塔表现出的显著差异沉降，实际上并不是建筑物倾斜的个案。由于土具有碎散性、三相性和天然性，几乎所有坐落在地基土上的工程都会发生一定的沉降，差异沉降也很普遍，只要变形在工程允许范围之内就不需要特别关注。

② 强度问题。与其他材料相似，当土中受到的剪应力过大，超出了其承受能力时土就会发生破坏。1913 年的加拿大特兰斯科纳谷仓倾倒事件，就是一个因地基承载力不足导致破坏的典型案例（图 0.2）。

图 0.2 加拿大特兰斯科纳谷仓

特兰斯科纳谷仓地基土的表层是 1.5m 厚的软土，其下部是较厚的硬黏土层。限于当时对土力学的认识和技术水平，工程技术人员在施工前未对谷仓地基土层进行详细勘察，仅在3.7m深处开展了载荷试验，得到的地基承载力是400kPa，大于谷仓满载时的总压力300kPa。然而，后期研究发现，深度6.7m以下有一层承载力很小的黏土。载荷试验的影响深度较小，仅限于上层的硬黏土层，未能反映该软弱黏土层的承载能力。因此，事故的发生可归因于前期勘察没有很好地反映地层的自然变异性。

所幸谷仓整体刚度较大，地基破坏导致建筑倾倒后筒仓仍保持完整，没有产生明显裂缝。为修复谷仓，人们在基础下部设置了70多个混凝土桩支承于深16m的基岩上，使用了388个50t的千斤顶，逐渐将倾斜的筒仓纠正。经纠偏处理后，新的谷仓比初始设计标高沉降了4m，但仍可正常使用。

加拿大特兰斯科纳谷仓事故是地基应力超过承载力的强度问题，常见的土工强度问题还有挡土墙的土压力和土坡稳定性等。

③ 渗流问题。正如前述，土是一种多孔、多相、松散的介质，流体可以在土孔隙间运移流动。水在土中渗流的过程中，对土颗粒产生一定的渗透力，会影响工程的稳定性。发生在20世纪70年代的美国提顿大坝溃坝事故就是典型的案例（图0.3）。

事故发生后，美国垦务局对大坝的工程地质条件和坝体结构进行了大量研究，发现导致溃坝的原因来自两个方面：一是特殊的地质条件，右坝肩的岩石具有显著的层状节理，裂隙发育，水由此渗入坝体内部；二是坝体心墙采用了当地的黄土，这种材料在较为密实的情况下，受力剪切会发生膨胀，导致渗透性增大。两种缺陷结合，使得大量水流进入渗透性较大的黄土心墙，在渗透力的作用下发生内部侵蚀形成管涌，最终导致大坝垮塌。

图0.3 美国提顿大坝

正是由于土在工程中用途广泛，再加上人们对土的变形、强度及渗流特性认识不足，导致类似以上的事故发生，给人们的生命财产带来巨大损失，因此土木工程师在工程实践中必须掌握土力学理论知识。

0.3 土力学的发展历史

土力学是一门既古老又年轻的应用学科。说它古老，是因为人类自古以来就非常广泛地用土做建筑材料和建筑物地基，并成功地解决了某些地基问题。我国古代劳动人民创造了灿烂的文化，留下了令人叹为观止的工程遗产。恢宏的宫殿寺院、灵巧的水榭楼台、巍峨的高塔、蜿蜒万里的长城、大运河等，无不体现出能工巧匠的高超技艺和创新智慧。这里仅举两个例子。第一个是隋朝李春所修赵州石拱桥。它不仅因其建筑和结构设计的成就闻名于世，而且其地基基础的处理也值得称道。该桥台砌筑于密实粗砂层上，至今估计沉降约几厘米。现在反算其基底压力为500～600kPa，十分接近于以现代土力学理论方法给出的地基承载力。第二个是北宋初开封开宝寺木塔。都料匠喻皓在建造该塔时，考虑到当地多西北风且地基为饱和软土，特意使塔身稍向西北倾斜，试图通过风力的长期作用把木塔逐渐扶正。这体现出古人在实践中早已试图解决建筑物地基的沉降问题。然而这些仅仅局限于工程实践经验，受当时生产力水平的限制，未能形成系统的土力学和工程建设理论。

① 萌芽期（1773—1923年）。土力学逐渐形成理论，始于18世纪兴起工业革命的欧洲。为满足资本主义工业化的发展和市场向外扩张的需要，工业厂房、城市建筑、铁路等大规模

的兴建，提出了许多与土力学相关的问题，也积累了许多成功的经验和失败的教训，促使人们深入开展有关土的理论研究。最初有关土力学的个别理论多与解决铁路路基问题有关。1776 年，法国库仑（Coulomb）创立了著名的砂土抗剪强度公式，提出了计算挡土墙压力的滑楔理论。1869 年，英国朗肯（Rankine）依据强度理论从另一个途径推导了土压力计算公式。这两个至今广泛采用的土压力理论对土体强度理论的发展起了很大的推动作用。1885 年，法国布辛内斯克（Boussinesq）求得了弹性半无限空间在竖向集中力作用下的应力与变形的理论解，它是各种竖向分布荷载下地基应力计算的基础。1916 年，瑞典彼得森（Petterson）首先提出了边坡稳定计算的圆弧滑动法，1922 年，瑞典费伦纽斯（Fellenius）对此做了进一步的发展，至今仍在边坡工程中广泛采用。1920 年，法国普朗德尔（Prandtl）发表了地基滑动面计算的数学公式，为后来多种地基承载力理论公式的提出奠定了基础。此间，许多学者的努力为土力学的系统发展做出了重要的贡献。

② 古典土力学（1923—1963 年）。1923 年，太沙基（Terzaghi）提出了饱和土体一维固结理论，1925 年，在归纳以往成果的基础上阐述了有效应力原理，发表了第一本《土力学》专著，从而建立起一门独立的学科——土力学。此后，随着弹性力学的研究成果被大量引用，变形问题逐渐成为研究的重点内容，但是，土体的破坏问题始终是当时土力学研究的主流。这一时期，费伦纽斯、泰勒（Taylor）和毕肖普（Bishop）等完善和发展了圆弧滑动分析方法，特别是 1955 年毕肖普对边坡安全系数提出的新定义，为其后非圆弧条分法的提出铺平了道路。1941 年，比奥（Biot）提出了 Biot 三维固结理论，首次将渗流和变形耦合到一起。1954 年，斯开普顿（Skempton）提出的孔隙水压力公式和简布（Janbu）提出的模量公式，分别考虑了土体的剪胀性和压硬性，这说明现代土力学已在 20 世纪 50 年代开始酝酿。同时，电子计算技术的发展为采用复杂的模型提供了手段，从而为现代土力学的建立创造了条件。

③ 现代土力学（1963 年—至今）。1963 年，罗斯科（Roscoe）等创建的剑桥弹塑性模型，标志着人们对土性质的认识和研究进入了一个崭新的阶段。其后，非线性和弹塑性本构模型得以被深入研究，新的本构模型（如损伤模型、结构性模型）不断涌现，非饱和土力学日渐成形。随着土工数值计算的飞速发展，土力学进入了计算机模拟阶段。同时土工测试技术，特别是原位测试技术和离心模型试验技术也取得很大进展。时至今日，现代土力学理论的基本轮廓已逐渐清晰。沈珠江院士将其归结为一个模型、三个理论及四个分支。一个模型即本构模型，特别是指结构性模型；三个理论即非饱和土固结理论、液化破坏理论及渐进破坏理论；四个分支即理论土力学、计算土力学、试验土力学及应用土力学。

④ 中国学者的贡献。我国对土力学的研究始于 1945 年在中央水利试验处创立的第一个土工实验室。但是，大规模的研究则是在新中国成立以后进行的，我国进行了大规模的工程建设，成功地完成了许多大型的基础工程，如武汉长江大桥、南京长江大桥、葛洲坝水利枢纽工程、上海宝钢钢铁厂、三峡工程、青藏铁路以及延绵万里的高速公路、林立的高楼大厦等。围绕着工程建设中提出的问题，土力学学科在我国得到了广泛的传播和发展，在土力学理论和工程实践方面均取得了重要成果。例如，在土的特性方面，有刘祖典等对黄土湿陷特性的研究，魏汝龙对软黏土强度变形特性的研究，汪闻韶对砂土动力特性的研究等；在理论和计算方面，有黄文熙对地基应力和沉降计算方面的改进，陈宗基的流变模型，谢定义关于砂土液化理论的研究，沈珠江关于有效应力动力分析方法的研究等；在试验技术方面，有黄文熙建议和汪闻韶负责建成的振动三轴仪等；在应用方面，有软土地基处理的真空预压法、灌浆技术和滑坡支挡技术等。工程建设需要学科理论，学科理论的发展也离不开工程建设。21 世纪人类面对资源和环境的挑战，将会出现各种各样新的土力学问题需要解决，这恰恰是青年学生将来要肩负的任务。

0.4 土力学课程的特点及学习方法

土力学是一门专业基础课，和其他专业基础课相比，既有共同点，也有其特殊性。掌握课程特点，采用正确的学习方法是学好该课程的关键。

土力学课程具有以下几个特点：

① 研究对象复杂多变。如前所述，土力学是以土和由其构成的土体为研究对象。其一，土不同于一般固体材料，一般固体材料具有可选性和均匀性，它们的力学规律与实际比较符合，其理论结果与实际情况相近。土是由固体颗粒、水及气体组成的多相松散集合体，它的强度一般比土粒强度小得多。其成因类型和成层规律非常复杂，且难以了解清楚。其二，土和土体在外界条件（如温度、湿度、压力、水流、振动等）影响下，性质会有显著变化。其三，水工建筑物的规模大、地基基础多为隐蔽工程，当事故发生后，处理起来很困难。土和建筑物的上述特点导致土力学的研究规律具有复杂性和多变性。

② 研究内容广泛。土力学的研究内容相当广泛。首先，它以多种课程为先修课程，如人们熟悉的数学、物理、化学、理论力学、材料力学、弹性力学、工程地质学、水力学等。其次，土力学研究内容的广泛性还体现在土力学学科的多方应用上，如水利水电工程、农业水利工程、港口航道与海岸工程、海洋工程、土木工程、道路桥梁工程、能源工程以及国防工程等，以上各行业的相关建筑物都需建在地基上，从事这些行业的设计和施工人员都需具备坚实的土力学基础知识。近年来，随着科学技术的发展，土力学的研究领域有了明显的扩大。土动力学、海洋土力学、环境土力学等将土力学的应用推向了一个新的阶段。

③ 研究方法特殊。自 1925 年，土力学形成独立学科至今已有近百年的历史，但其理论尚不成熟。因此，在解决问题时不得不借助固体力学和流体力学的理论。为了弥补这些不足，土力学中引入了很多假设、半经验公式和参数。实践表明，在应用有关理论解决工程问题时，一些参数带来的误差远大于理论本身。这一问题只有随着生产力和科学技术不断发展，才能逐步完善。

土力学这门学科自身有很多特点，内容广泛，综合性、实践性强，学习过程中应采用有针对性的、科学有效的方法。下面就如何学习这门课程提出以下几点建议：

① 了解全书内容，熟悉逻辑结构。初学者不妨仔细阅读本书的目录、每章的学习目标及要求。这么做或许可以帮助读者俯瞰全局，而不至于在繁杂琐碎的知识中，一叶障目不见森林。无论阅读到哪一部分，都能够清晰地了解其在整个学科中的地位和作用，这无疑对于课程的学习非常有帮助。

② 搞清基本概念，适时汇总辨析。土对人们来说司空见惯，但是土作为工程材料，对大多数人来说又是陌生的。土力学作为一门既古老又年轻的学科，必然有许多新概念。实际上，每个概念都不难理解，但是概念一多就容易混淆，尤其难以建立概念之间的联系。倘若在学习过程中能够时常回顾复习，把新内容与旧知识有机结合并进行对比分析，有利于对知识进行准确和全面的掌握。

③ 领会基本理论，注意适用条件。土力学中成体系的理论并不多，每个理论在建立之时总是依赖于某些简化和假定。由于工程性质的复杂性，理解每条简化和假定在理论建立中所起的作用，清楚地认识与之对应的工程适用条件，对于土力学课程的学习以及解决实际工程问题尤为重要。

总之，希望读者通过对本课程的学习，掌握土力学的基本概念、原理和方法，以期能够根据相关规范解决遇到的实际工程问题，并为后续相关专业课程的学习打下坚实的基础。

第 1 章
土的物理性质与工程分类

学习目标及要求

了解土的形成原因和形成过程；理解土的三相组成及土物理状态的含义，掌握三相之间量的比例关系基本试验指标的含义及计算方法；能够利用土的孔隙比、灵敏度、触变性、密度、塑性指数和液性指数等指标或参数分析土的结构性和压实性。掌握土的工程分类原则和分类结果，理解不同类型土的工程特性。

1.1 概述

地壳表层的岩石，经风化、搬运和沉积等地质作用后，成为大小、形状和矿物成分都不相同的松散颗粒集合体，即土。

土由固体颗粒（固相）、土中水（液相）和土中气体（气相）组成。三相组成物本身的性质、三相的相对含量及结构状态反映土性质的差异，故可用三相之间的比例指标和状态指标对土的物理性质进行定量的描述和分类。

由于土是由许多矿物颗粒组成的松散集合体，不是连续体，从而反映出其易压缩、易被水渗透、颗粒间易发生相对剪切位移的力学性质。土的物理性质和力学性质间有着密切的联系。

土的物理性质是土的基本性质，它是研究土的力学性质，评价土体对建筑物变形、稳定性影响的基本条件。土的物理性质与土的成因、土的组成物的性质、组成物的相对含量、土的结构性和压实性有着密不可分的联系。

1.2 土的形成

土是岩石风化、搬运和沉积等地质作用的产物。风化作用可分为物理风化、化学风化和生物风化。大块岩体经物理风化而碎成小块，风化后的颗粒基本上保持原来岩石的矿物成分，这些颗粒被称为原生矿物。化学风化则使原来岩石的矿物成分发生化学变化，产生与原来矿物成分迥异的物质，这些物质被称为次生矿物。由生物活动引起的岩土破坏作用，称为生物风化。

土根据有机质含量不同可分为无机土和有机土。无机土大多是物理风化和化学风化的产物，而有机土多是生物风化的产物。风化后的碎屑物，有的残存于原地堆积起来，有的则在各种机械力（重力、风力、冰川等）作用下移动，称为搬运作用。搬运作用可使颗粒产生磨圆和分选，从而使土具有不同的种类和成层规律。

沉积是搬运作用的结果，不同的沉积环境和变化可以生成不同的沉积物。新近形成的地表沉积物大致可分为陆相沉积环境形成的残积物、坡积物、洪积物、湖沼沉积物、冰川沉积物和风积物等；海相沉积环境形成的滨海沉积物、浅海沉积物和深海沉积物等。这些沉积物在地质学中统称第四纪沉积物，即处于地表的各种土。土的形成是一个复杂的地质作用过程。一种土可能经受一种地质作用，也可能经受多种地质作用或反复多次地经受多种地质作用。因此，研究土的物理性质时，必须考虑土的形成历史和环境等因素。

研究土的形成有助于从以下三方面了解土的物理性质：

① 不同的形成条件形成不同性质的土。诸如不同的沉积环境形成的不同沉积物；考虑应力历史的正常固结土、超固结土和欠固结土；考虑不同地域的西南红黏土、西北黄土、沿海软土和东北的冻土等。这些土种类繁多，性质各异。研究土的形成，可以认识不同土的不同特征，从而掌握其基本性质。

② 研究土的形成，了解土的成层规律并由此推算土的性质。一方面，同一土层在一定范围内其性质变化是有规律的，这是了解土层性质的基础。根据这一特点，在地质勘察中通过有限钻孔，钻取不太多的试样进行试验，就可以了解整个土层的性质。另一方面，土层往往不是均一的，建筑物地基有各种各样的成层情况，如水平层、斜交层和透镜体，见图1.1。水平层可以是砂性土和黏性土的互层，也可以是同类的但不同性质土的互层，所以钻探取样完全有可能取出没有代表性的土样，如取在一个很小的透镜体或夹杂物上，形成对土层性质的歪曲认识。工程地质人员必须有丰富的地质知识和钻孔取样、试验分析的经验，才能获得较为实际的地基土层的分布规律性。

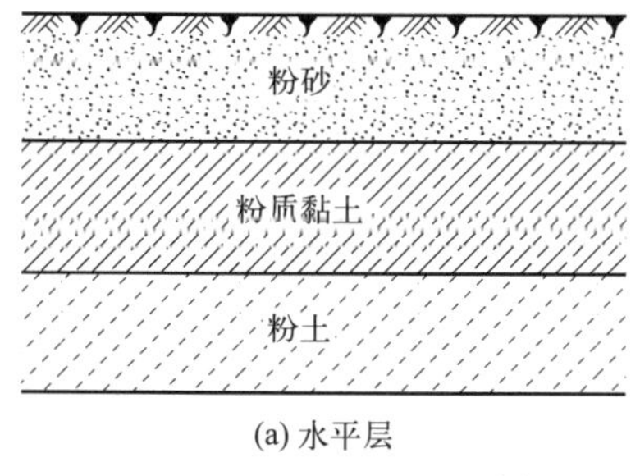

(a) 水平层

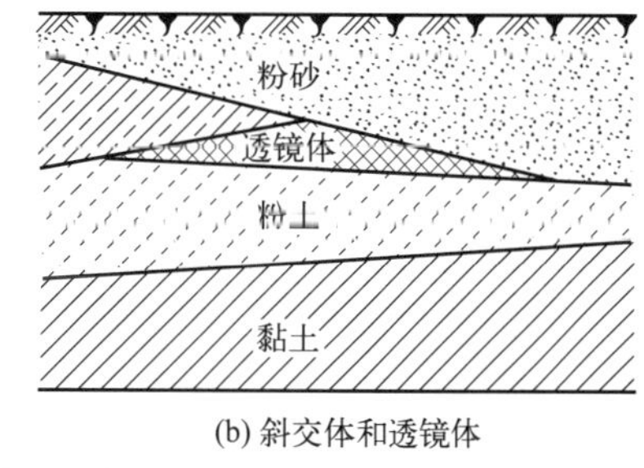

(b) 斜交体和透镜体

图1.1 成层土示意图

土力学中研究土的性质是从土层中某一点取样开始的。工程中涉及的土体，如大型水工建筑物的地基和堤坝、土坡均是巨大的土体，只有了解巨大土体的性质才能合理利用。只有将许多点的性质结合土的成因类型进行统计分析，才能正确认识土的成层规律，得出符合土的实际性质的结果。

③ 土的性质随着周围环境条件的变化而变化，改变固有的环境条件，土的性质也将改变。如地下水的升降将改变土的物理性质和力学性质；在含水率低时很硬的土，当含水率增大，会变得很软，同时，压缩性增大，抗剪强度降低；反之，含水率很高的软土，也可加固为可用的较硬地基。又如当土的结构遭到破坏时，土的强度也会显著降低。

通过了解土的成因类型及其形成后的影响环境，可以尽量减少偶然因素的影响，全面准确地确定土的成层规律和土的性质。

1.3 土的三相组成

土由固相、液相和气相组成。固体部分构成土的骨架；水及水中溶解物为土的液相；空气及其他一些气体为土的气相。固、液、气三相互相分散组合，称为三相分散系。当土中孔隙全部被水所充满时，称为饱和土；土中孔隙全部被气体所充满时，称为干土。土的各组成部分（相）的性质及相互作用和它们数量上的比例关系，决定着土的物理性质。

1.3.1 土的固相

土的固相是指构成土的骨架部分，通常称为土颗粒或土粒。土粒的尺寸、形状、矿物成分以及土粒表面沉积的胶结物（如方解石、氧化铁或硅石）都对土的性状有明显的影响。

1.3.1.1 土粒粒组及级配

(1) 土粒粒组

土颗粒尺寸的差异可使土具有不同的性质，所以在工程中，常把土粒性质上有明显差异的分界粒径作为划分粒组的依据。所谓粒组，是将性质相近的土粒归并成组。国内外广泛采用的粒组有漂石、卵石、砾、砂、粉粒和黏粒。漂石、卵石称巨粒组，砾、砂称粗粒组，粉粒、黏粒称为细粒组。粒组划分的原则是：应考虑粒组在工程中起作用的程度，行业的需要和经验显然起到了重要作用。粒组划分应和颗粒分析的测定技术相适应，以便于实现，最好遵循一定的数学规律，如 200、20、1/2、1/20、1/200。各种粒组划分中有一个普遍现象，即颗粒越粗，粒组划分范围越大，颗粒越细，粒组划分范围越小，这说明了粒径变化对土的工程性质影响的大小。表 1.1 是我国水利部采用的粒组分界，我国各行业粒组划分标准并不完全一致，使用时可参考相应规范及规程。

表 1.1 土粒大小分组

粒组名称	粒组划分		粒径 d 的范围/mm
巨粒组	漂石（块石）组		$d>200$
	卵石（碎石）组		$200\geqslant d>60$
粗粒组	砾粒（角砾）	粗砾	$60\geqslant d>20$
		中砾	$20\geqslant d>5$
		细砾	$5\geqslant d>2$
	砂粒	粗砂	$2\geqslant d>0.5$
		中砂	$0.5\geqslant d>0.25$
		细砂	$0.25\geqslant d>0.075$
细粒组	粉粒		$0.075\geqslant d>0.005$
	黏粒		$d\leqslant 0.005$

土颗粒的形状是不规则的，它既不是球体，也不是正方体，为了研究方便，工程中将土颗粒视为等效球体，其直径称为粒径。巨粒土、粗粒土的粒径常用过筛法确定其尺寸，而细粒土的粒径则需根据它在水中下沉的速度按球体换算。

(2) 土粒大小分析方法

实践中常用的土粒大小分析方法有筛析法和水分法。筛析法适用于粒径大于 0.075mm 的土；水分法适用于粒径小于 0.075mm 的土；对粗细颗粒混杂的土，则需同时使用上述两种方法。图 1.2 为两种试验方法得到的颗粒分析结果。

(3) 土粒的级配

土中各种粒组的质量占该土总质量的百分数，称为土粒的级配。土粒级配常用级配曲线表示，如图 1.2 所示。图中纵坐标为小于某粒径的土质量百分数（从小到大逐渐积累），横坐标则为土粒直径（mm），以对数值表示。横坐标采用对数尺度，可以把粒径相差上千倍的粗、细颗粒含量都表示出来，尤其能把百分含量小，但对土的性质有重要影响的黏粒部分清楚地表示出来。

分析土的粒径分布曲线可以得出以下认识：

① 粒组的范围及各粒组含量。在图 1.2 的曲线上，可以查得各粒组占土总质量的百分数，如砾粒 3.2%、砂粒 67.8%、粉粒 17.3%、黏粒 11.7%。

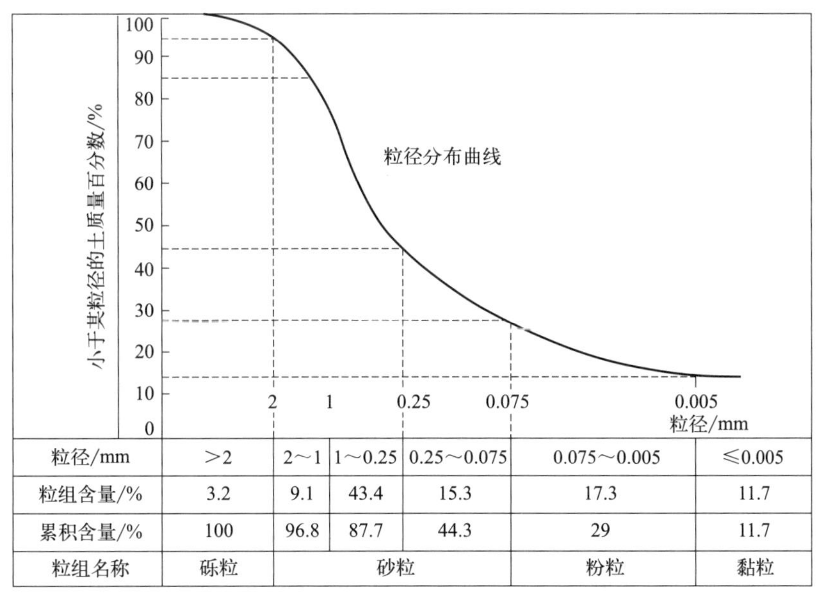

粒径/mm	＞2	2～1	1～0.25	0.25～0.075	0.075～0.005	≤0.005
粒组含量/%	3.2	9.1	43.4	15.3	17.3	11.7
累积含量/%	100	96.8	87.7	44.3	29	11.7
粒组名称	砾粒	砂粒			粉粒	黏粒

图 1.2　土的粒组含量及粒径分布曲线

② 土粒分布情况。图 1.3 中的曲线 A 及 B 所代表的两种土的粒径分布，都是连续的，曲线 B 平缓，曲线 A 较陡，但都是渐变的，无明显的平缓段，这样的级配称为连续级配或正常级配。曲线 C 所代表的土，则缺乏某些粒径的土粒，曲线出现水平段，这样的级配称为不连续级配或缺粒级配。土的级配情况是否良好，常用不均匀系数 C_u 和曲率系数 C_c 来描述：

不均匀系数
$$C_u=\frac{d_{60}}{d_{10}} \tag{1.1}$$

曲率系数
$$C_c=\frac{(d_{30})^2}{d_{60}d_{10}} \tag{1.2}$$

式中，d_{10}、d_{30}、d_{60} 分别为粒径分布曲线上纵坐标为 10%、30%、60%时所对应的土粒粒径。d_{10} 为有效粒径；d_{60} 为限制粒径。

不均匀系数 C_u 反映粒径分布曲线坡度的陡缓，表明土粒大小的不均程度。C_u 值愈大，粒径曲线坡度愈缓，表明土粒大小愈不均匀；反之，C_u 值愈小，曲线的坡度愈陡，表明土粒大小愈均匀。工程上常把 $C_u<5$ 的土称为匀粒土；而把 $C_u\geqslant5$ 的土称为非匀粒土。曲率系数 C_c 反映粒径分布曲线的整体形状、连续性及细粒含量。研究指出：$C_c<1.0$ 的土往往级配不连续，细粒含量大于 30%；$C_c>3$ 的土也是不连续的，细粒含量小于 30%；故当土的曲率系数 C_c 为 1～3 时，表明其大小级配的连续性较好。因此要满足级配良好的要求，除土粒大小不均匀（$C_u\geqslant5$）外，还要求曲线有较好的连续性，符合曲率系数 C_c 为 1～3 的条件。工程中对土的级配是否良好的判定规定如下：

① 级配良好的土。土的多数粒径分布曲线主段呈光滑下凹的形式，坡度较缓且土粒大小连续，曲线主段粒径之间有一定变化规律，能同时满足 $C_u\geqslant5$ 及 C_c 为 1～3 的条件，如图 1.3 中的 B 线所示。

② 级配不良的土。土的粒径分布曲线坡度较陡，即土粒大小比较均匀，或土虽然较不均匀，但其粒径分布曲线不连续，出现水平段，表明有缺粒段，呈台阶状。土不能同时满足 $C_u\geqslant5$ 及 C_c 为 1～3 两个条件，如图 1.3 中的 A、C 两线所示。

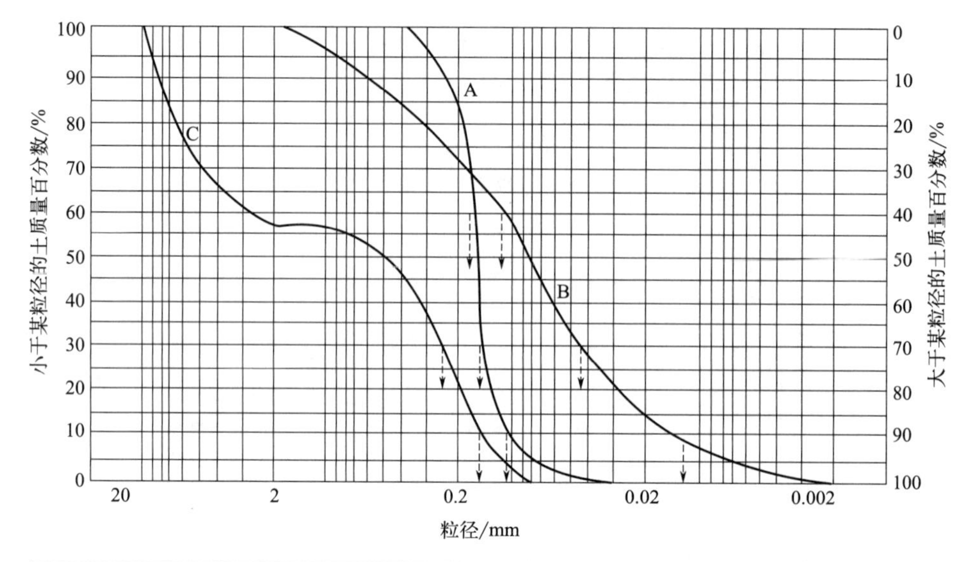

土样编号	土粒组成/%				d_{60}/mm	d_{10}/mm	d_{30}/mm	C_u	C_c
	10～2	2～0.075	0.075～0.005	＜0.005					
A	0	96	4	0	0.165	0.11	0.15	1.5	1.24
B	0	52	44	4	0.115	0.012	0.044	9.6	1.40
C	44	56	0	0	3.00	0.15	0.25	20.0	0.14

图 1.3 几种土的粒径分布曲线

应当指出，对巨粒土、粗粒土一般用颗粒粒径大小来确定分布曲线中较为规则的颗粒。但对不规则的颗粒，其大小的定义并不十分准确，较好的做法是测量颗粒的体积，而不用人为定义的直径。这就需要测定颗粒体积的分布或孔隙大小分布，它对研究土的击实机理、力学特性以及渗透变形的判别更有实际意义。

【例 1.1】 求如图 1.3 所示的（1）A、B、C 三种不同粒径组成的土的砾粒、砂粒、粉粒及黏粒等粒组的含量；（2）土的不均匀系数 C_u 及曲率系数 C_c；（3）对各曲线所表示的土的级配特性加以分析。

解：（1）由曲线 A 得知，砂粒占 100％－4％＝96％；粉粒占 4％。

$$C_u=\frac{d_{60}}{d_{10}}=\frac{0.165}{0.11}=1.5$$

$$C_c=\frac{(d_{30})^2}{d_{60}d_{10}}=\frac{(0.15)^2}{0.165\times 0.11}=1.24$$

虽然 C_c 在 1～3 之间，但 $C_u<5$，曲线坡度陡，故为级配不良的土。

（2）由曲线 B 得知，砂粒占 100％－（44％＋4％）＝52％；粉粒占 48％－4％＝44％；黏粒占 4％。

$$C_u=\frac{d_{60}}{d_{10}}=\frac{0.115}{0.012}=9.6$$

$$C_c=\frac{(d_{30})^2}{d_{60}d_{10}}=\frac{(0.044)^2}{0.115\times 0.012}=1.4$$

由于 C_c 及 C_u 两个条件都同时满足，故为级配良好的土。

（3）由曲线 C 得知，砾粒占 100％－56％＝44％；砂粒占 56％。

$$C_u=\frac{d_{60}}{d_{10}}=\frac{3.00}{0.15}=20$$

$$C_c=\frac{(d_{30})^2}{d_{60}d_{10}}=\frac{(0.25)^2}{3.00\times0.15}=0.14$$

虽然 $C_u>5$，但因缺乏中间粒径（即粒径为 1.0～2.0mm 的含量为零），C_c 为 0.14，不在 1～3 之间，故为级配不良的土。

1.3.1.2　颗粒的比表面积

颗粒尺寸变化对土性质的影响与颗粒的比表面积有关。单位体积或单位质量颗粒的表面积，称为颗粒的比表面积，用 F 表示，单位为 m^2/cm^3 或 m^2/g。

一般说来，较大颗粒的比表面积小，较小颗粒的比表面积大。如边长为 1cm 的正方形块体，比表面积为 $6\times10^{-4}m^2/cm^3$，当切成 8 个边长为 0.5cm 的小块时，比表面积增加为 $12\times10^{-4}m^2/cm^3$。立方体边长与比表面积变化关系见表 1.2。

表 1.2　立方体边长变小时比表面积的变化

l/cm	1	0.1	0.01	0.0001	0.000001
$F/(m^2/cm^3)$	0.0006	0.006	0.06	6	600

颗粒比表面积的大小反映土的物理性质。比表面积增大，表面能随之增大。由于土颗粒与水之间存在着复杂的物理、化学作用，如颗粒小到一定程度，土就具有黏性；反之，颗粒大于某值后，颗粒间就没有黏性。

1.3.1.3　颗粒的矿物成分

(1) 原生矿物

岩石风化后，化学成分没有变化，化学性质稳定的矿物称为原生矿物，如石英、长石、白云母，还有角闪石、辉石、磁铁矿等。原生矿物经过反复风化和搬运之后，化学成分及化学性质发生显著变化，形成的新矿物称次生矿物，包括黏土矿物，倍半氧化物（如 Al_2O_3、Fe_2O_3），次生的 SiO_2（即水化的 SiO_2，分子式可表示为 $SiO_2\cdot nH_2O$）。当土干燥时，各种盐类物质都呈固态，在土粒之间起着胶结作用。土中的有机质来源于成壤过程中或反复风化过程中存在的生物遗骸及其分解物，分解完全的称为腐殖质，呈胶体形态；分解不完全的便是泥炭（草炭）。在不同沉积环境中形成的淤泥和淤泥质土中，常有一定的有机质含量。当有机质含量多时，就称为有机质土、泥炭等。研究土粒的化学成分主要是为了鉴别矿物成分的类别。

土粒的矿物化学成分和土粒的粒径级配对土的工程性质影响很大，对于细黏土、黏性土，土粒的矿物化学成分对土工程性质的影响尤为显著。对于砂土的工程性质，粒径级配的影响是首要的。

(2) 次生矿物（系化学风化的产物）

次生矿物的难溶盐如 $CaCO_3$ 和 MgO，可在土粒间产生胶结作用，增加土的强度，减小土的压缩性；次生的可溶盐，如 NaCl、$CaSO_4$ 等，遇水可溶解，因而使土的力学性质变差。黏土矿物是有代表性的次生矿物。次生黏土矿物成分不同时，其性质也有很大差异。黏土矿物是构成黏土颗粒的主要成分，它与水之间存在复杂的物理化学作用，这对土的性质影响极大。因此，必须重视对黏土矿物的研究。

黏土矿物具有复合的铝硅酸盐结构，是原生矿物化学风化后的产物。它的比表面积大、尺寸较小，且多呈扁平状，晶体表面上常带有负电荷。黏土矿物种类繁多，但基本上可归纳成三组，即高岭石、伊利石和蒙脱石。三组黏土矿物的性质虽然不同，但在化学结构上却都是由两种基本的结晶单元所构成，即 Si-O 四面体和 Al-OH 八面体。多个四面体或八面体在平面上延伸，构成四面体或八面体层。

图 1.4(a) 为一个 Si-O 四面体单位，其四角是四个氧离子，中心是一个硅离子；图 1.4(b) 为一个 Al-OH 八面体单位，角上是六个氢氧离子，中心是一个铝离子。图 1.5(a)、(b) 分别为一个四面体层和一个八面体层的示意图。

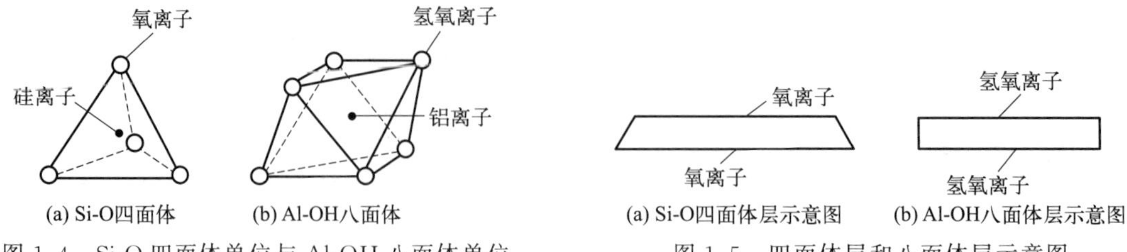

图 1.4　Si-O 四面体单位与 Al-OH 八面体单位

图 1.5　四面体层和八面体层示意图

四面体层与八面体层以不同的方式结合在一起，构成不同的黏土矿物。图 1.6(a) 为蒙脱石矿物的层组示意图。它由两个 Si-O 四面体层夹一个 Al-OH 八面体层构成一个基本层组，多个层组叠连在一起，形成一个矿物颗粒。由于这种层组表面分布的都是氧离子，故相邻层组间的结合力很弱，可以吸进很多水分子使其体积膨胀很大。吸入的水分子可使颗粒从层组间断开，从而分成更小的颗粒，甚至可分成多个层组的颗粒。所以蒙脱石的颗粒最小，与水作用的能力（称亲水性）最强。

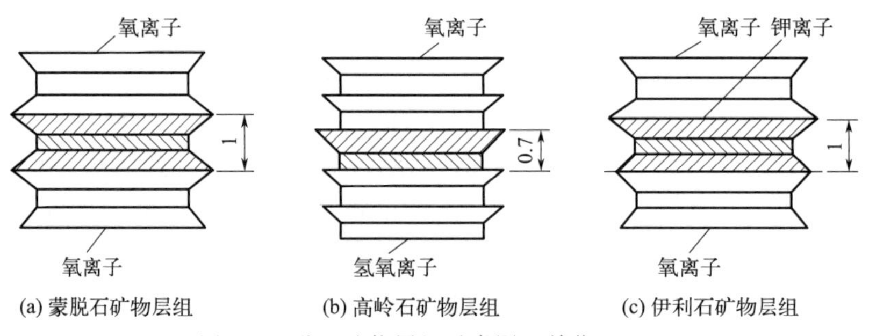

图 1.6　黏土矿物层组示意图（单位：μm）

图 1.6(b) 为高岭石矿物的层组示意图。由一层四面体和一层八面体结合成基本层组，多个基本层组重叠在一起，构成矿物颗粒。层组间以氧离子与氢氧离子结合，结合力较强，水分子不能进入，难以从层组间断开，天然颗粒常能保持较多层组（如 100 个以上），所以高岭石颗粒较大，亲水性较弱。

伊利石矿物的层组构造与蒙脱石基本相同，但层组间存在阳离子（一般为钾离子），使其结合力较蒙脱石更大，颗粒大小与亲水性介于上述两种矿物之间，如图 1.6(c) 所示。表 1.3 给出了黏土矿物的尺寸特征。

表 1.3　主要黏土矿物的尺寸特征

黏土矿物	形状	尺寸/μm	比表面积/(m^2/g)
蒙脱石	薄片状	0.1～1	800
伊利石	板状	0.2～3	80
高岭石	六角形板状	0.3～4	10

(3) 有机质

土层中经常会遇到有机质，土中有机质增加，可使土的性质明显变差。

1.3.1.4　固体颗粒的特性

以上介绍了土的颗粒粒组及级配、颗粒的比表面积和颗粒的矿物成分。它们是影响土物理性质的主要因素。以下简单介绍黏土颗粒在水介质中的某些特性。

(1) 黏土颗粒的带电性

① 颗粒表面的带电性。试验证明，在一般水中，黏土颗粒表面都带有负电荷，侧面断口则可能带正电荷。一个黏土颗粒带电情况一般如图1.7所示。

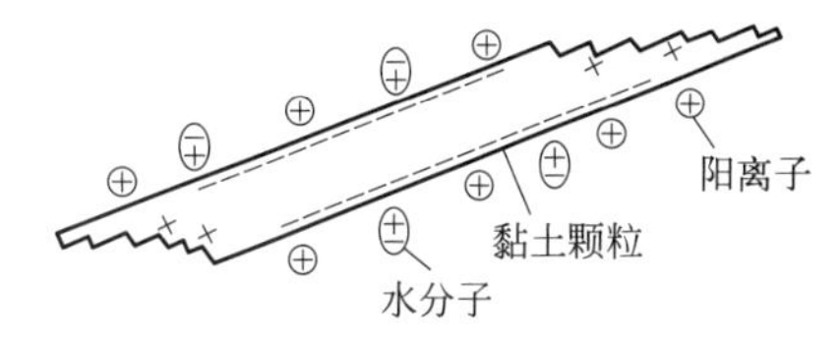

图1.7　黏土颗粒表面带电情况

② 颗粒表面的双电层。颗粒表面带有不平衡的负电荷构成电场的内电层，吸引水溶液中与其电荷数相等的阳离子和定向排列的水分子构成电场的外电层，如图1.8所示。

颗粒表面带有不平衡的负电荷称内层，吸附阳离子称外层，合称双电层。外层又分为固定层和扩散层。固定层是指以很大引力吸附于颗粒表面的阳离子层，几乎固定于颗粒表面。固定层以外吸附的阳离子称扩散层。

水分子是极性分子，因而可直接被颗粒表面的负电荷所吸引，或被阳离子吸引后，一起又被颗粒所吸引。颗粒表面的电引力可使水分子定向排列。所以在固定层和扩散层范围内，也充满着被固体颗粒所吸引的水分子。

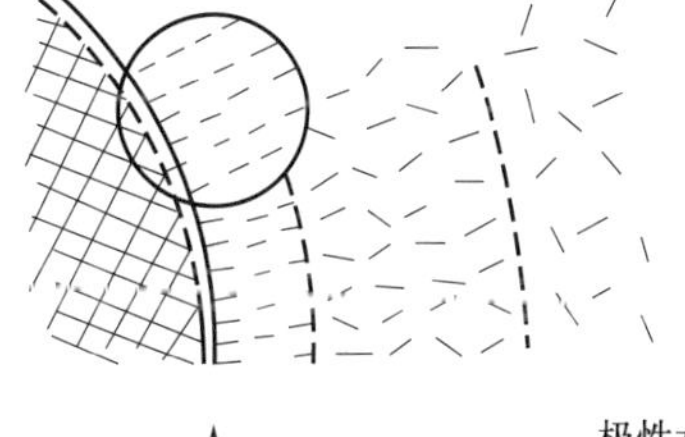

可见，颗粒带电性强，吸水能力就强。吸水能力强的土称亲水性强的土，反之称亲水性弱的土。

③ 影响双电层厚度的因素。颗粒表面电荷的多少决定着吸附异号离子和极性水分子的数量。研究证明：土的矿物成分是影响颗粒表面电荷的基本因素。蒙脱石比表面积大，因而具有大量的不平衡电荷，伊利石次之，高岭石最少。试验表明，蒙脱石的吸附能力高出高岭石数十倍。

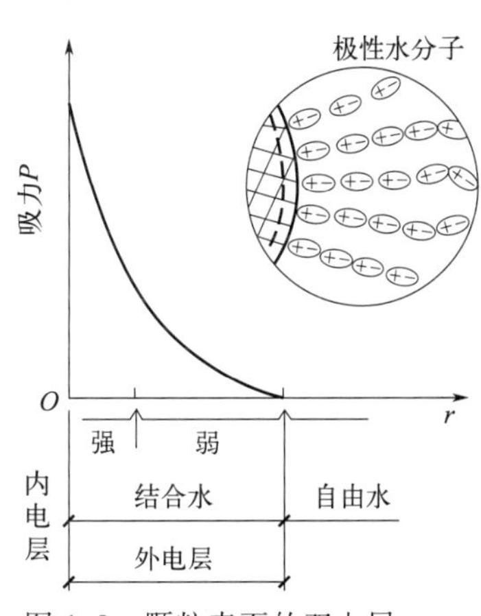

图1.8　颗粒表面的双电层

水溶液的pH值也是影响颗粒带电性的重要因素。一般pH值愈高，土带负电荷的能力愈大。

双电层的厚度既取决于颗粒表面的带电性，又取决于溶液中阳离子的价数。颗粒表面带电性相同时，数量较少的高价离子即可与之平衡，而低价的则需较多数量才能与之平衡。前者双电层较薄，而后者双电层则较厚。所以在含低价钠离子海水中的土颗粒，具有较厚的双电层。

溶液中的离子与颗粒表面吸附的离子具有交换的能力，一般是溶液中高价离子置换土粒表面外层中的低价离子，此现象称为离子交换。利用离子交换可以改善土的工程性质。例如，将石灰掺入土中，钙离子置换了钠离子，土的性质即可改善。

(2) 土的黏性和可塑性

当两个颗粒靠近，双电层互相重叠时，共同吸附重叠区域的阳离子，包括离子所吸附的极性水分子。两个颗粒对此阳离子和水分子的相互吸引作用，使两个颗粒互相连接，从而产生黏性。当颗粒间距离愈小时，颗粒对重叠区阳离子的引力愈大，从而黏性也愈大。

当土受振动、强力搅拌、揉捏等作用时，扩散层中极性水分子的定向排列受到破坏，引力受到干扰，因而黏性降低。静置后，极性水分子在引力作用下逐渐定向排列，黏性又逐渐恢复。这种在外力作用下黏性降低、静置后又逐渐恢复的性质，称为触变性（常用灵敏度表示）。土的颗粒愈细，蒙脱石含量愈高，土的触变性表现得愈明显。上述颗粒间双电层互相吸引阳离子产生的黏性，破坏后是能够在短期内恢复的。土能在短期内恢复的黏性称为原始黏性。黏土可以被捏塑成各种形状的性质称为可塑性。具有原始黏性的土颗粒之间发生错动变形时，黏性并不丧失，就是因为具有可塑性。只具有结构黏性的页岩颗粒间发生错动，使结构黏性破坏，颗粒不能再连接在一起，因而不具有可塑性。可塑性愈高的土，亲水性愈强。

（3）收缩、膨胀与裂缝

水分减少时，土会发生收缩，这是因为水分蒸发使扩散层变薄而颗粒互相接近。所以，扩散层愈厚，土的收缩性愈大。土收缩不均匀或收缩受限制时，就会产生裂缝。较干的土可吸水膨胀，从而产生很大的膨胀压力。在建造建筑物时，必须考虑这一因素。

1.3.2 土的液相

土的液相是指存在于土孔隙中的含有各种离子的水。土中水可分为下列各类，如图 1.9 所示。

1.3.2.1 结晶水

结晶水是以中性水分子形式参与到晶体结构中的水。它在晶格中占有一定的位置，存在于矿物结晶构造中的水。只有在高温下才能使之从矿物中析出，故可把它视作矿物本身的一部分，其分子数量与矿物的其他成分之间常呈简单比例。

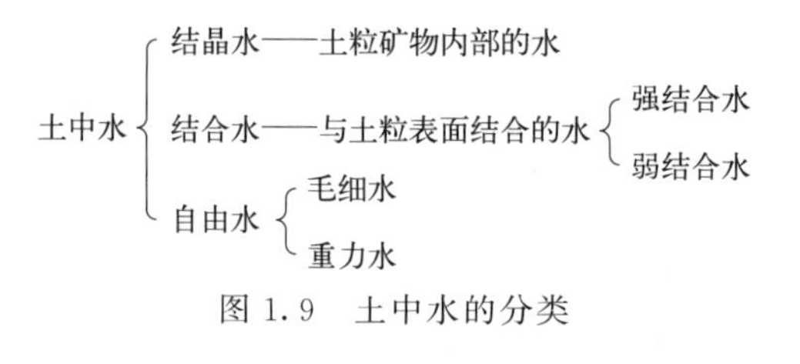

图 1.9 土中水的分类

不同的含水化合物有特定的脱水温度，绝大部分伴有显著的吸热效应。例如土壤中土粒所含的结晶水，不能直接参与土壤中进行的物理作用，也不能被植物直接吸收。

1.3.2.2 结合水

结合水是指吸附于土粒表面呈薄膜状的水。它受土粒表面引力的作用，而不服从静水力学规律，其冰点低于零摄氏度。

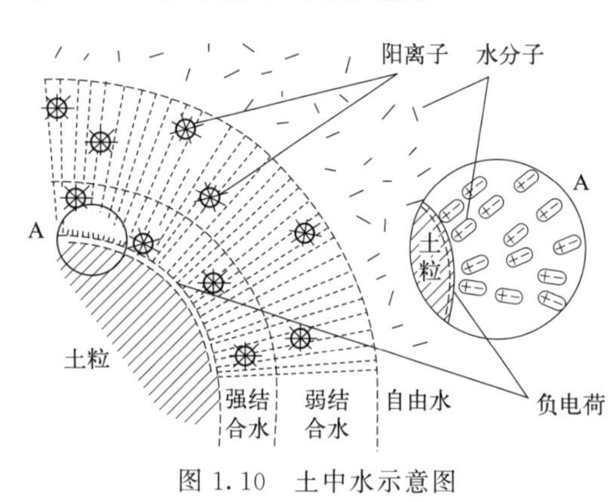

图 1.10 土中水示意图

如前所述，黏土矿物颗粒具有较强的与水相互作用的能力。试验证明，这种亲水性的土粒在颗粒内部正负离子是平衡的，但是在表面没有这种平衡，因而颗粒表面常带负电荷。表面带有负电荷的黏土颗粒，其周围形成电场，在该电场中黏土颗粒与水中阳离子和极性水分子相互作用（吸引），如图 1.10 所示。

引力的强弱反映结合水的不同类型，在靠近土粒表面的地方引力最大，土粒外围的水分子和阳离子被吸引在土粒表面附近，定向排列得十分紧密，失去了自由水的某些常见特性。有资料表明，这层水的密度大于 1.0g/cm^3，冰点最低可达零下几十摄氏度。通常把最靠近土颗粒表面固定层内的近似固体的一层水称为强结合水。土粒表面的引力随离开土粒表面距离的增大而迅速降低。距土粒表面稍远地方的扩散层内水分子虽然仍有定向排列的趋势，但不如强结合水那么紧密。因此，这层水有可能从结合水厚度较厚的地方缓慢地迁移到较薄的地方，即有可能从一个土粒迁移到另一个土粒。这种运动与重力无关，而只与土粒表面的引力有关，称为弱结合水。当两个土粒以结合水相互连接时，由于土粒相互受到表面引力的作用，因而在土粒间表现出一定的连接强度（如果在土粒表面上沉积着胶质物也会增加土粒间的连接强度）。弱结合水膜愈薄，土粒间距愈小，引力愈大，这时连接强度就愈高；反之，水膜愈厚，土粒间距增大，引力降低，连接强度就减弱。因此，结合水厚度的变化和土粒间胶质物的存在，都会使土的黏性发生改变。

1.3.2.3　自由水

自由水是指在土粒表面引力作用范围以外的水。它与普通水一样，受重力支配，能传递静水压力并具有溶解能力。自由水包括毛细水和重力水两种。

(1) 毛细水

毛细水是在一定的条件下存在于地下水位以上土颗粒间孔隙中的水。地表水向下渗或夏天湿度高的气体进入地下产生凝结水时，形成的毛细水称为下降毛细水或称悬挂毛细水；地下水自地下水位面向上沿着土颗粒间的孔隙上升到一定的高度时，形成的毛细水称上升毛细水。这里着重讲后一类毛细水。毛细水是自由水，像普通水一样，密度 $\rho=1.0g/cm^3$，结冰时的温度为0℃，具有溶解能力，具有静水压力性质，能传递静水压力。

毛细水是自由水，是指它不受土颗粒的吸附作用，但自由是相对的，它仍然受到表面张力和重力作用，这两个力决定了毛细水的存在和高度。毛细水在土的颗粒孔隙中通常只局部存在，当毛细水充分发展时，可使土体饱和，但毛细水对土粒不产生浮力作用。土中能存在毛细水现象的孔隙尺寸为0.002～0.5mm。

砂类土只有为湿砂时才有毛细水上升，干砂及饱和砂不存在毛细水现象。湿砂中的毛细水现象产生的暂时黏聚力（也称毛细黏聚力）在工程上很有意义，在工程开挖中有了毛细黏聚力存在，就可以开挖一定高度的陡直边坡而不坍塌，能维护工程安全。对于粉土，由于它的颗粒间孔隙尺寸使毛细水现象很显著，毛细水上升高度很大，所以用粉土作为填土地基是不适宜的。对于黏土，由于土水系统中在土颗粒周围存在微电场作用和其他微观力作用，也由于黏土中的粒间孔隙尺寸太小，所以简单以物理学中计算毛细水上升的公式进行计算不是很可靠，黏土中毛细水的上升高度比在粉土中要小。

(2) 重力水

重力水是指在重力作用下能在土体中发生流动，同时也对土粒产生浮力的水，为普通的液态水。这种水只受重力规律支配，所谓水的重力规律，简言之就是水往低处流。这种水有溶解能力，密度 $\rho=1.0g/cm^3$，冰点为0℃，具有静水压力性质，能传递静水压力。重力水对土颗粒有浮力作用，在地下有多种储存方式和状态。重力水按重力规律在土体中运动，是开发利用水资源的主要对象之一，是水文地质学的研究重点。重力水对工程有多方面的影响值得研究，如渗流、潜蚀、流砂的防治，基坑及基础的防水、排水、降低地下水位等。

1.3.3　土的气相

土中孔隙除被一定的水占有外，其余为空气或其他气体所填充。土中的气体主要存在于地下水位以上的包气带中，与大气相通，也存在于黏性土中的一些封闭孔隙中，可分为自由气体和封闭气泡。

在颗粒粒径大的土中，由于孔道大，使得气体常与外界大气相通为自由气体。当土层受荷载作用压缩时，易使之逸出，对土的工程性质影响不大。

在土粒粒径较细的土中，如黏性土的孔道较细，有时存在于黏性土中的一些封闭孔隙中形成与大气隔绝的封闭气泡。当土层受荷载作用时，这种气泡会被压缩或溶解于水中，荷载减小时，气泡又会恢复原状态或重新游离出来。故封闭气泡使土的压缩性增加，透水性减小，并使土体不易压实，对土的工程性质有一定影响。

对于淤泥类、泥炭类土及其他有机质含量较高的土，由于有微生物活动和有机质，使这些土中的气体含量较高，封闭气泡较多，还常含有一些可燃性或有毒性气体。这些土在工程上的表现是低承载力、高压缩性、在荷载作用下既有孔隙水压力又有孔隙气压力；固结过程特别复杂漫长，在应力应变-关系中具有一定的弹性和明显的流变特性，孔隙比大、渗透性低、灵敏度高。在干旱半干旱地区的黄土，孔隙比大、含水量低，孔隙中有较多的气体，发生强烈地震时，能够产生很高的孔隙气压力，使黄土山坡迅速形成干粉状态流动，这称为黄土粉状干流。含气体多的土质和地层，在地震时具有气垫作用，可减轻震害。在工程开挖时若遇可燃性、有毒性气体，也能造成地质灾害。

土中的水常含有一些气体，如 O_2、CO_2 等，这些气体的存在，会加强化学风化作用，常成为不利因素，造成基础工程的破坏。

1.4 土的物理状态

组成土的三相的性质，特别是固体颗粒的性质，直接影响土的工程特性。同样一种土，密实时抗剪强度高，松散时抗剪强度低；对于细粒土，水含量少时则硬，水含量多时则软。这说明土的性质不仅取决于三相组成的性质，而且三相之间量的比例关系也是一个很重要的影响因素。

对于通常的连续介质，例如钢材，其密度就可以表明其密实程度，反映其组成成分。但土是三相体系，要全面反映其性质与状态，就需要了解其三相间在体积和质量方面的比例关系，也就需要更多的指标。

1.4.1 土的三相草图

为了更形象地反映土中的三相组成及其比例关系，在土力学中常用三相草图来表示。它将一定量的土中的固体颗粒、水和气体分别集中，并将其质量和体积分别标注在草图的左右两侧，如图 1.11。

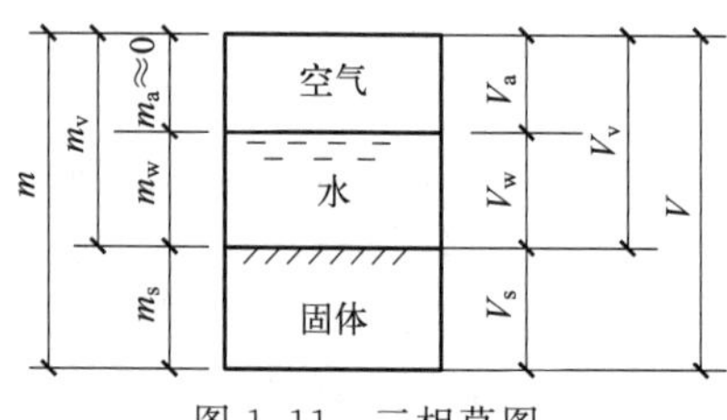

图 1.11 三相草图

图中，V 为土的总体积，cm^3；V_v 为土的孔隙部分总体积，cm^3；V_s 为土的固体颗粒部分总体积，cm^3；V_w 为土中水的体积，cm^3；V_a 为土中气体的体积，cm^3；m 为土的总质量，g；m_v 为土中孔隙流体的总质量，g；m_s 为土的固体颗粒总质量，g；m_w 为土中水的质量，g；m_a 为土中气体质量，g。

在上述 10 个物理量中，只有 V_s、V_w、V_a、m_s、m_w 和 m_a 6 个独立的量。在土力学中可以忽略气体的质量，所以 $m_a\approx0$；也可以近似认为水的相对密度等于 1.0，所以在数值上 $m_w\approx V_w$。而使用三相草图是为了确定或者换算三相间的相对比例关系，可以假设任一个量等于 1.0，从而用该草图计算出其余的几个物理量及其比例关系。这样在三相换算中一般需要有上述各量中的 3 个已知的量，对于完全饱和土和完全干燥土则只需两个已知量，就可以确定上述的 10 个物理量及其间的比例关系。三相草图是土力学中十分有用的工具，它比用换算公式更方便直观，且不易出错。

1.4.2 确定三相量比例关系的基本试验指标

为了确定三相草图诸量中的三个量，就必须通过实验室的试验测定。通常做三个最易操作的基本物理性质试验。它们是土的密度试验、土粒相对密度试验和土的含水量试验。

(1) 土的密度

土的密度定义为单位体积土的质量，一般以 g/cm³ 计：

$$\rho=\frac{m}{V}=\frac{m_s+m_w}{V_s+V_w+V_a} \tag{1.3}$$

工程中还常用重度 γ 来表示类似的概念。土的重度定义为单位体积土的重量，以 kN/m³ 计。它与土的密度有如下的关系

$$\gamma=\rho g \tag{1.4}$$

式中，g 为重力加速度（$g=9.81\text{m/s}^2$，工程上为了计算方便，常取 $g=10\text{m/s}^2$）。天然土的密度因土的矿物组成、孔隙体积和水的含量而异。

(2) 土粒相对密度

土粒相对密度定义为土粒的质量与同体积纯蒸馏水在4℃时的质量之比，即

$$G_s=\frac{m_s}{V_s(\rho_w^{4℃})}=\frac{\rho_s}{\rho_w^{4℃}} \tag{1.5}$$

式中，ρ_s 为土粒的密度，g/cm³；$\rho_w^{4℃}$ 为4℃时纯蒸馏水的密度，g/cm³。

因为 $\rho_w^{4℃}=1.0\text{g/cm}^3$，土粒相对密度在数值上即等于土粒的密度，是无量纲数。

天然土颗粒是由不同的矿物所组成，这些矿物的相对密度各不相同。试验测定的是土粒的平均相对密度。土粒的相对密度变化范围不大，细粒土（黏性土）一般在2.70～2.75；砂土的相对密度为2.65左右。土中有机质含量增加时，土的相对密度减小。

(3) 土的含水率（或称含水量）

土的含水率定义为土中水的质量与土粒质量之比，以百分数表示。

$$\omega=\frac{m_w\times100\%}{m_s}=\frac{m-m_s}{m_s}\times100\% \tag{1.6}$$

1.4.3 确定三相量比例关系的其他常用指标

测出土的密度 ρ，土粒的相对密度 G_s 和土的含水率 ω 后，就可以根据图1.11所示的三相草图，计算出三相组成各自在体积上和质量上的含量。工程上为了便于表示土中三相含量的某些特征，定义如下几种指标。

(1) 表示土中孔隙含量的指标

工程上常用孔隙比 e 或孔隙率 n 表示土中孔隙的含量。孔隙比 e 指土体孔隙总体积与固体颗粒总体积之比，表示为

$$e=\frac{V_v}{V_s} \tag{1.7}$$

孔隙率（或称孔隙度）指孔隙总体积与土体总体积之比，常用百分数表示，亦即

$$n=\frac{V_v}{V}\times100\% \tag{1.8}$$

孔隙比和孔隙率都是用以表示孔隙体积含量的指标。可以用下式互换

$$n=\frac{e}{1+e}\times100\% \tag{1.9}$$

$$e=\frac{n}{1-n} \tag{1.10}$$

土的孔隙比或孔隙率都可用来表示同一种土的密实程度。它与土形成过程中所受的压力、粒径级配和颗粒排列的状况有关。一般砂土的孔隙率小，细粒土的孔隙率大。例如砂类

土的孔隙率一般是28%～35%；黏性土的孔隙率可高达60%～70%，亦即孔隙比大于1.0，这时单位体积内孔隙的体积比土颗粒的体积大。

(2) 表示土中含水程度的指标

含水率ω是表示土中含水多少的一个重要指标。此外，工程上往往需要知道土体孔隙中充满水的程度，这就是土的饱和度S_r，饱和度是孔隙中水的体积与孔隙总体积之比。

$$S_r=\frac{V_w}{V_v} \tag{1.11}$$

显然，完全干的土饱和度$S_r=0$，而完全饱和土的饱和度$S_r=1.0$。也常用百分数表示饱和度。

(3) 表示土的密度和重度的几种指标

土的密度除了用上述ρ表示以外，工程上还常用如下两种密度，即饱和密度和干密度。饱和密度是孔隙完全被水充满时土的密度，表示为

$$\rho_{sat}=\frac{m_s+V_v\rho_w}{V} \tag{1.12}$$

干密度是土被完全烘干时的密度，由于忽略了气体的质量，它在数值上等于单位体积土中土粒的质量，表示为

$$\rho_d=\frac{m_s}{V} \tag{1.13}$$

可见，对于同一种土，这几种密度在数值上有如下的关系

$$\rho_{sat}\geqslant\rho\geqslant\rho_d \tag{1.14}$$

ρ也称天然密度，在地下水以下部分的土基本是饱和的，这时天然密度就等于饱和密度；而在极干燥的沙漠中，天然密度则基本等于干密度。

相应于这几种密度，工程上还常用天然重度γ、饱和重度γ_{sat}和干重度γ_d来表示土在不同含水状态下单位体积的重量。在数值上，它们等于相应的密度乘以重力加速度g。另外，静水下的土体受水的浮力作用。土的饱和重度减去水的重度，被称为浮重度γ'，表示为

$$\gamma'=\gamma_{sat}-\gamma_w \tag{1.15}$$

同样地，这几种重度在数值上有如下关系：

$$\gamma_{sat}\geqslant\gamma\geqslant\gamma_d>\gamma' \tag{1.16}$$

表示三相比例关系的指标一共有9个，即天然密度ρ、土粒相对密度G、含水率ω、孔隙比e、孔隙率n、饱和度S_r、饱和密度ρ_{sat}、干密度ρ_d和浮重度γ'。对于三相土，只要通过试验确定三个独立的指标，就可以应用三相草图，按照它们的定义计算出其他指标来。干土或饱和土为两相体，只要知道其中两个独立的指标，就可以计算出其他各个指标值。

【例1.2】 某原状土样，经试验测得天然密度$\rho=1.67\text{g/cm}^3$，含水率$\omega=12.9\%$，土粒相对密度$G_s=2.67$，求其孔隙比e、孔隙率n和饱和度S_r。

解：绘三相草图，见图1.12。

(1) 取单位体积土体$V=1.0\text{cm}^3$，根据密度定义，由式(1.3)得

$$m=\rho V=1.67\text{g}$$

(2) 根据含水率定义，由式(1.6)得

$$m_w=\omega m_s=0.129m_s$$

从三相草图得

$$m_w+m_s=m$$

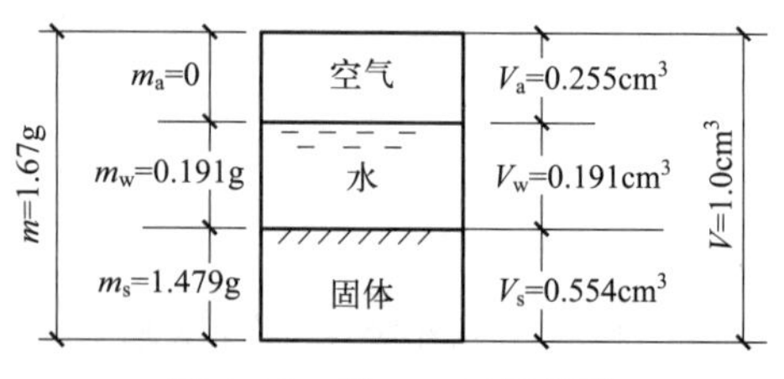

图1.12 例1.2三相草图

$$0.129m_s+m_s=1.67\text{g}$$

$$m_s=\frac{1.67}{1.129}=1.479\text{g}$$

$$m_w=1.67-1.479=0.191\text{g}$$

(3) 根据土粒相对密度定义，由式(1.5) 土粒密度为

$$\rho_s=G_s\rho_w^{4℃}=2.67\times1.0=2.67\text{g/cm}^3$$

$$V_s=\frac{m_s}{\rho_s}=\frac{1.479}{2.67}=0.554\text{cm}^3$$

(4) 水的密度 $\rho=1.0\text{g/cm}^3$，故水体积为

$$V_w=\frac{m_w}{\rho_w}=\frac{0.191}{1.0}=0.191\text{cm}^3$$

(5) 从三相草图知

$$V=V_a+V_w+V_s=1\text{cm}^3$$

$$V_a=1-0.554-0.191=0.255\text{cm}^3$$

至此，三相组成的量，无论是体积或质量，均已算出，将计算结果填入三相草图中，见图1.12。

(6) 根据孔隙比定义，按式(1.7) 得

$$e=\frac{V_v}{V_s}=\frac{V_a+V_w}{V_s}=\frac{0.255+0.191}{0.554}=0.805$$

(7) 根据孔隙率定义，由式(1.8) 得

$$n=\frac{V_v}{V}\times100\%=\frac{0.255+0.191}{1}\times100\%=44.6\%$$

(8) 根据饱和度定义，由式(1.11) 得

$$S_r=\frac{V_w}{V_v}=\frac{V_w}{V_a+V_w}=\frac{0.191}{0.255+0.191}=0.428$$

表1.4是根据测定的三个基本指标，即密度 ρ、土粒相对密度 G_s 和含水率 ω 计算其他指标的换算公式，表1.5为上述的6个独立物理量之间的换算公式。这些公式可以从三相草图推算得到。

表1.4 三相比例指标之间的基本换算公式

指标名称	换算公式	指标名称	换算公式
干密度 ρ_d	$\rho_d=\frac{\rho}{1+w}$	饱和密度 ρ_{sat}	$\rho_{sat}=\frac{G_s+e}{1+e}\rho_w$
孔隙比 e	$e=\frac{\rho_s(1+w)}{\rho}-1$	浮重度 γ'	$\gamma'=\gamma_{sat}-\gamma_w$
孔隙率 n	$n=1-\frac{\rho}{\rho_s(1+w)}$	饱和度 S_r	$S_r=\frac{wG_s}{e}$

表1.5 三相比例指标的相互换算关系表

	孔隙比 e	孔隙率 n ×100%	干密度 ρ_d	饱和密度 ρ_{sat}	浮重度 γ'	饱和度 S_r
孔隙比 e	$e=V_v/V_s$	$n=\frac{e}{1+e}$	$\rho_d=\frac{G_s\rho_w}{1+e}$	$\rho_{sat}=\frac{G_s+e}{1+e}\rho_w$	$\gamma'=\frac{G_s-1}{1+e}\gamma_w$	$S_r=\frac{wG_s}{e}$

续表

	孔隙比 e	孔隙率 n $\times 100\%$	干密度 ρ_d	饱和密度 ρ_{sat}	浮重度 γ'	饱和度 S_r
孔隙率 n	$e=\frac{n}{1-n}$	$n=\frac{V_v}{V}$	$\rho_d=\frac{nS_r}{w}\rho_w$	$\rho_{sat}=G_s\rho_w(1-n)+n\rho_w$	$\gamma'=(G_s-1)(1-n)\gamma_w$	$S_r=\frac{wG_s(1-n)}{n}$
干密度 ρ_d	$e=\frac{\rho_s}{\rho_d}-1$	$n=1-\frac{\rho_d}{\rho_s}$	$\rho_d=\frac{m_s}{V}$	$\rho_{sat}=(1+e/G_s)\rho_d$	$\gamma'=[(1+e/G_s)\rho_d-\rho_w]g$	$S_r=\frac{w\rho_d}{n\rho_w}$
饱和密度 ρ_{sat}	$e=\frac{\rho_s-\rho_{sat}}{\rho_{sat}-\rho_w}$	$n=\frac{\rho_s-\rho_{sat}}{\rho_s-\rho_w}$	$\rho_d=\frac{\rho_{sat}G_s}{G_s+e}$	$\rho_{sat}=\frac{m_s+V_v\rho_w}{V}$	$\gamma'=\rho_{sat}g-\gamma_w$	$S_r=\frac{wG_s\gamma'/g}{\rho_s-\rho_{sat}}$
浮重度 γ'	$e=\frac{\gamma_s-\gamma_{sat}}{\gamma'}$	$n=\frac{(G_s-1)\gamma_w-\gamma'}{(G_s-1)\gamma_w}$	$\rho_d=\frac{G_s(\gamma'/g+\rho_w)}{G_s+e}$	$\rho_{sat}=(\gamma'+\gamma_w)/g$	$\gamma'=\gamma_{sat}-\gamma_w$	$S_r=\frac{wG_s\gamma'}{\rho_s g-\gamma_{sat}}$
饱和度 S_r	$e=\frac{wG_s}{S_r}$	$n=\frac{wG_s}{S_r+wG_s}$	$\rho_d=\frac{S_r\rho_s}{wG_s+S_r}$	$\rho_{sat}=\frac{S_rG_s+wG_s}{S_r+wG_s}\rho_w$	$\gamma'=\frac{S_r(\rho_s g-\gamma_{sat})}{wG_s}$	$S_r=\frac{V_w}{V_v}$

1.5 土的结构

试验资料分析表明，同一种土，原状土样和重塑土样（将原状土样破碎，在实验室内重新制备的土样，称为重塑土样）的力学性质也有很大的区别。甚至用不同方法制备的重塑土样，尽管组成和密度相同，性质也有所差别。这就是说，土的组成和物理状态尚不是决定土的性质的全部因素。另一种对土的性质影响很大的因素就是土的结构。土的结构指土粒或团粒（几个或许多个土颗粒联结成的集合体）在空间的排列和它们之间的相互联结。联结也就是粒间的结合力。土的天然结构是在其沉积和存在的整个历史过程中形成的。土因其组成、沉积环境和沉积年代不同而形成各式各样很复杂的结构。

1.5.1 粗粒土的结构

粗粒土的比表面积小，在粒间作用力中，重力起决定性的作用。粗颗粒受重力作用下沉，当与已经稳定的颗粒相接触并找到自己的平衡位置稳定下来时，就形成单粒结构。这种结构的特点是颗粒之间点与点的接触。当颗粒缓慢沉积，没有经受很高的压力作用，特别是没有受过动力作用时，所形成的结构为松散的单粒结构，如图 1.13(a) 所示。松散结构受较大的压力作用，特别是受动力作用后孔隙减小，部分颗粒破碎，土体变密实，则成为图 1.13(b) 所示的密实单粒结构。单粒结构的孔隙率 n 一般变化于 0.2～0.55 范围内。级配很不均匀的土，孔隙率还可以更小。

地下水位以上一定范围内的土以及饱和度不高、颗粒间的缝隙处存在着毛细水的土，其颗粒除受重力作用外，还受毛细压力的作用。如前所述，毛细压力增加了土粒间的联结，所以散粒状的砂土，当含有少量水分时具有假黏聚力，但是当土饱和时，这种联结作用就会消失。因此，由于毛细力而呈现的黏性是暂时性的，在工程问题中，其有利的作用一般不予考虑。

1.5.2 细粒土的结构

土中的细颗粒，尤其是黏土颗粒，比表面积很大，颗粒很薄，重量很轻，重力常常不起主要的作用。在结构形成中，其他的粒间力起主导作用，这些粒间力既有引力也有斥力。它们包括以下几种力。

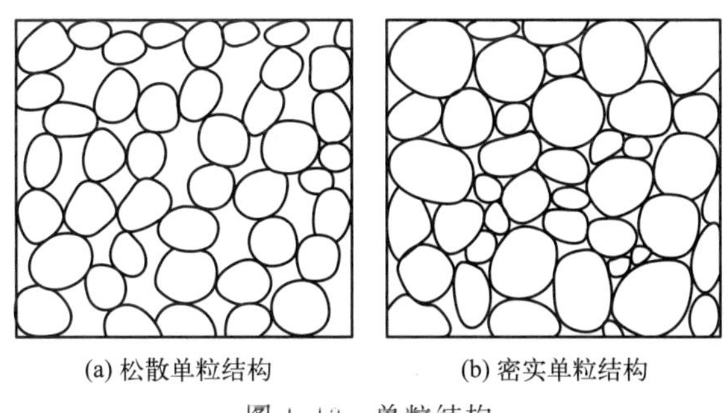

(a) 松散单粒结构　　(b) 密实单粒结构

图 1.13　单粒结构

(1) 范德华力

范德华力是分子间的引力，力的作用范围很小，只有几个分子的距离。因此，这种粒间引力只发生于颗粒间紧密接触点处。如图 1.14 所示，距离很近时，范德华力很大，但它随距离的增加而迅速衰减，经典概念的范德华力与距离的 7 次方成反比。但有的学者研究表明，土中的范德华力与距离的 4 次方成反比。总之，距离稍远，这种力就不存在。范德华力是细粒土黏结在一起的主要原因。

(2) 库仑力

库仑力即静电作用力。黏土颗粒表面带电荷，平面带负电荷而边角处带正电荷。所以，当颗粒按平衡位置面对面叠合排列时［图 1.15(a)］，颗粒之间因同号电荷而存在静电斥力。当颗粒间的排列是边对面［图 1.15(b)］或角对面［图 1.15(c)］时，接触点处或接触线处因异号电荷而产生静电引力。因此静电力可以是斥力或引力，视颗粒的排列情况而异。一般库仑力的大小与电荷间距离的平方成反比，实际上由于结合水和阳离子的存在，使颗粒间的静电力呈复杂的关系，然而静电作用力随距离而衰减的速度总是比范德华力慢。

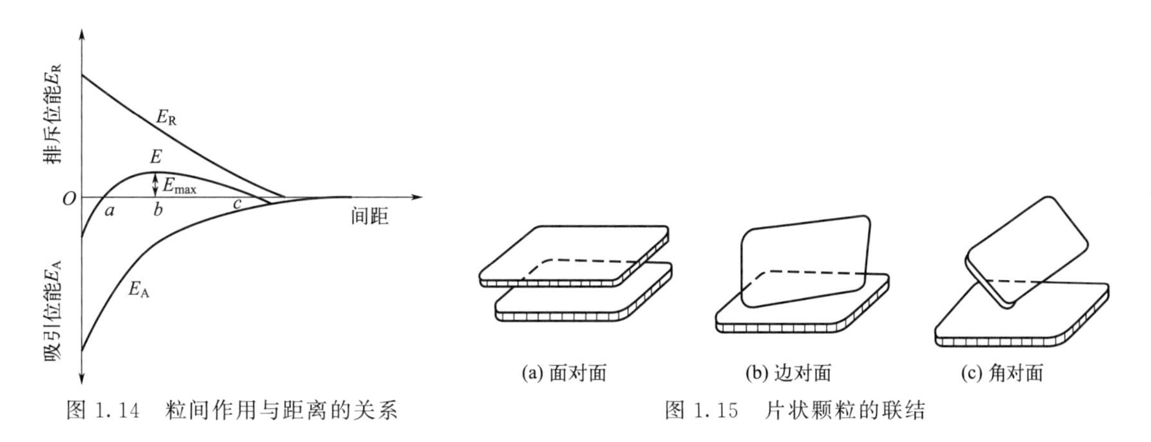

图 1.14　粒间作用与距离的关系

(a) 面对面　(b) 边对面　(c) 角对面

图 1.15　片状颗粒的联结

(3) 胶结作用

土粒间通过游离氧化物、碳酸盐和有机质等胶体而联结在一起。一般认为这种胶结作用是化学键，因而具有较高的黏聚力。

(4) 毛细压力

细粒土的直径很小，对于非饱和土，存在着相当大的毛细力，表现为一种吸力。不过，由于细粒土的外面包围着结合水膜，结合水的性质与自由水有很大的不同，因此细粒土间的毛细压力该如何计算目前尚待研究。饱和土体的内部则不存在毛细压力。

细粒土的天然结构就是在其沉积的过程中受这些力的共同作用而形成的。当微细的颗粒在淡水中沉积时，因为淡水中离子的浓度小，颗粒表面吸附的阳离子较少，存在着较高的未被平衡的负电位，因此颗粒间的结合水膜比较厚，粒间作用力以斥力占优势，这种情况下沉积的颗粒常形成面对面的片状堆积，如图 1.16(b)。这种结构称为分散结构。分散结构的特点是密度较大，土在垂直于定向排列的方向和平行于定向排列的方向上性质不同，即具有各向异性。

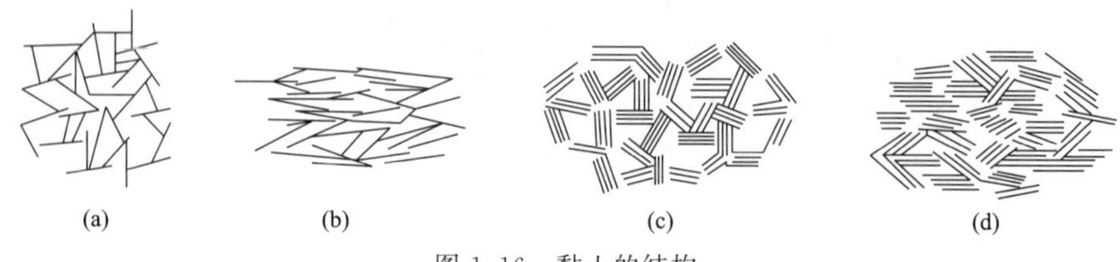

(a) (b) (c) (d)

图 1.16 黏土的结构

当细颗粒在海水中沉积时，海水中含有大量的阳离子，浓密的阳离子被吸附于颗粒表面，平衡了相当数量的表面负电位，使颗粒得以相互靠近，因此斥力减少而引力增加。这种情况下容易形成以角、边与面或边与边搭接的排列形式，如图 1.16(a) 所示，称为絮凝结构。絮凝结构具有较大的孔隙，对扰动比较敏感，性质比较均匀，且各向同性较好。

总的来说，当孔隙比相同时，絮凝结构较之分散结构具有较高的强度、较低的压缩性和较大的渗透性。因为当颗粒处于不规则排列状态时，粒间的吸引力大，不容易相互移动；同样大小的过水断面，流道少而孔隙间的直径大。

以上是细粒土的两种典型的结构形式。实际上，天然土的结构要复杂得多，通常不是单一的结构，而是呈多种类型的综合结构，往往是先由颗粒联结成大小不等的团粒或片组，再由各种团粒和原级颗粒组成不同的结构形式，见图 1.16(c)、图 1.16(d)。

1.5.3 黏性土的灵敏度和触变性

(1) 黏性土的灵敏度

土的结构形成后就获得一定的强度，且结构强度随时间而增长。在含水量不变化的条件下，将原状土破碎，重新按原来的密度制备成重塑土样。由于原状结构彻底破坏，重塑土样的强度较原状土样将有明显的降低。定义原状土样的无侧限抗压强度与重塑土样的无侧限抗压强度之比为土的灵敏度 S_t，即

$$S_t = q_u / \overline{q}_u \tag{1.17}$$

式中，q_u 为原状土的无侧限抗压强度，MPa；$\overline{q}_u$ 为重塑土的无侧限抗压强度，MPa。

显然结构性越强的土，灵敏度 S_t 越大。某些近代沉积的黏性土其灵敏度可达到 50～60，有的黏性土的灵敏度甚至可高达 1000。这种土受到扰动以后，强度会丧失殆尽。可以按表 1.6 划分黏性土的灵敏性。

表 1.6 黏性土的结构性分类

S_t	结构性分类
$2<S_t\leqslant 4$	中灵敏性
$4<S_t\leqslant 8$	高灵敏性
$8<S_t\leqslant 16$	极灵敏性
$S_t>16$	流性

(2) 黏性土的触变性

与土的结构性密切相关的另一种特性是黏性土的触变性。结构受到破坏，强度降低以后的土，若静置不动，则土颗粒和水分子及离子会重新组合排列，形成新的结构，强度又得到一定程度的恢复。这种含水量和密度不变，土因重塑而软化，又因静置而逐渐硬化，强度有所恢复的性质，称为土的触变性。

1.6　土的压实性和稠度

1.6.1　砂土的压实性

1.6.1.1　砂土的压实状态

天然条件下砂土可处于从密实到疏松的状态。例如大小相同的圆球的排列（图1.17），其孔隙比 e 在0.91（疏松）与0.35（密实）之间变化；实际上砂土颗粒大小混杂，形状也非球形，故天然状态下砂土的孔隙比大致在0.33～1.0之间变动，实测表明，一般砂多处于较密实的状态，而细粒砂特别是含片状云母颗粒多的砂，则较疏松；一般静水中沉积的砂土要比流水中疏松，新近沉积的砂土要比沉积年代较久的疏松。

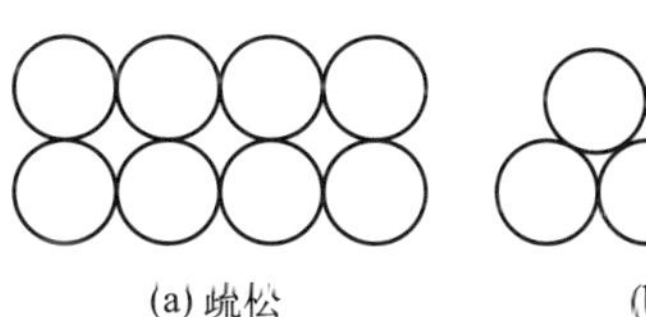

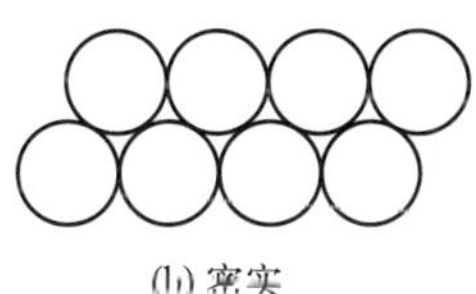

图1.17　砂土的结构

砂土的压实状态对其力学性质影响很大。砂土愈密实，其结构愈稳定，因而其压缩变形小，强度高，是建筑物的良好地基；反之，疏松的砂，特别是饱和的细砂，其结构常处于不稳定状态，因而对工程建筑不利。

1.6.1.2　砂土密实度指标

土的密实程度可用孔隙比的大小来判断。但是颗粒形状和级配不同的砂土，其孔隙比有很大的变化，不能考虑颗粒形状和级配的影响。为此，用与土最松与最密状态的孔隙比相比较就较合理，因而通常采用相对密实度 D_r

$$D_r=\frac{e_{max}-e}{e_{max}-e_{min}} \tag{1.18}$$

式中，D_r 为砂土的相对密实度，g/cm^3；e 为砂土在天然状态时的孔隙比；e_{max} 为砂土在最疏松状态时的孔隙比，即最大孔隙比；e_{min} 为砂土在最密实状态时的孔隙比，即最小孔隙比。

显然，$D_r=0$，即 $e=e_{max}$，表示砂土处于最疏松状态；$D_r=1$，即 $e=e_{min}$，表示砂土处于最密实状态。判别砂土的松密标准如下：$D_r<0.33$ 时，砂土是疏松的；$D_r=0.33\sim0.67$ 时，砂土是中密的；$D_r>0.67$ 时，砂土是密实的。

相对密实度 D_r 可综合反映土粒形状、土粒级配和结构等因素，但由于天然状态的 e 值不易确定，而且按规程方法在室内测定 e_{max} 和 e_{min} 时，也有人为因素造成的误差，所以，实际工程中常采用原位测试方法来判别砂土的密实度。

1.6.2　黏性土的稠度

1.6.2.1　黏性土的稠度状态

黏性土含水率变化导致土颗粒间的距离增加或减少，也会使土的结构、几何排列和联结强度发生变化，从而使黏性土具有不同的软硬或稀稠的稠度状态，如图1.18。当含水率很大时，土粒被自由水隔开，土就表现为软稠液态；水分减少时，多数土粒间存在弱结合水，土粒在外力作用下相互错动而颗粒间的结构联结并不丧失，土处于可塑稠度状态；水分再减少，弱结合水膜变薄，黏滞性增大，土即向脆性的半固体状态转化；如土中主要含强结合水时，结构联结较强，则土处于硬稠的半固态。

含水率变化	水量减少→			
稠度状态	液态	可塑状态	半固态	固态
收缩特性	体积减小→			不变
界限含水率/%	ω_L	ω_P	ω_s	

图 1.18　土的稠度与界限含水率

当黏性土处于可塑状态时，土被认为具有可塑性，这是区分黏性土与砂土的重要特征之一。所谓可塑性是指土体在一定条件（含水率相等）下受外力作用时，形状可以发生变化，但整体不被破坏（即不产生裂缝），外力移去后仍继续保持其变化后的形状的特性。工程上研究黏性土的状态（即半固态与液态之间的状态），必须研究黏性土由某一物理状态过渡到另一状态时的含水率，即界限含水率，以作为定量的区分标准。固态和半固态间的界限含水率称缩限含水率（简称缩限），用 ω_s 表示；可塑态与半固态间的界限含水率称塑限含水率（简称塑限），用 ω_P 表示；可塑态与液态间的界限含水率称液限含水率（简称液限），用 ω_L 表示。瑞典科学家阿太堡首先进行这方面的研究，因此，这些界限含水率又称阿太堡界限。以下简要介绍塑限和液限的测定法。

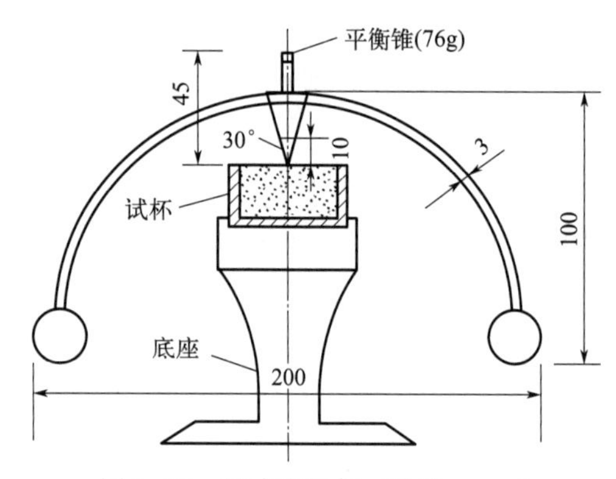

图 1.19　锥式液限仪（单位：mm）

可采用如图 1.19 所示的锥式液限仪测定黏性土的液限。其主要做法是在特定的盛土杯中装满调匀的土样，刮平土表面后，将质量为 76g 的平衡锥放于土表面中心，锥体在自重作用下沉入土中。变换土的含水率，当锥体恰好在 10s 左右沉入土内 10mm 时，这时土的含水率就是土的液限。

也可用碟式液限仪测定土的液限，碟式液限仪如图 1.20。它的具体做法是将调成浓糊状的土样装入碟中，刮平表面，用切槽器在土中成槽，槽底宽度为 2mm，然后将碟子抬高 10mm，以每秒 2 次的速率使碟下落，连续下落 25 次后，如土槽合拢长度为 13mm，这时试样的含水率就是土的液限。

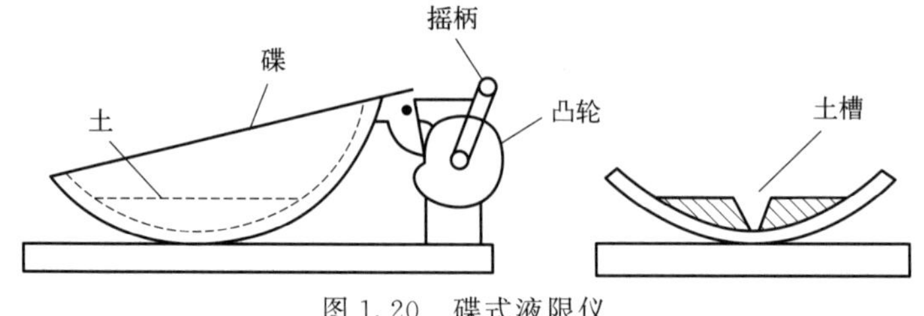

图 1.20　碟式液限仪

黏性土的塑限常用滚搓法来测定。其具体做法是将土样放于磨砂玻璃板上，用手搓成直径为 3mm 的细条，产生裂纹并断开时的含水率即为塑限。

采用液限塑限联合测定仪测土的液限和塑限。液限塑限联合测定仪其理论基础是圆锥下沉深度与相应含水率在对数坐标纸上具有直线关系。

光电式液限塑限联合测定仪系通过光电控制落锥而得出圆锥下沉深度与含水率的关系，绘于双对数坐标图中，如图1.21。相对于圆锥下沉深度2mm时的含水率为塑限，下沉深度10mm（或17mm）时的含水率为液限。

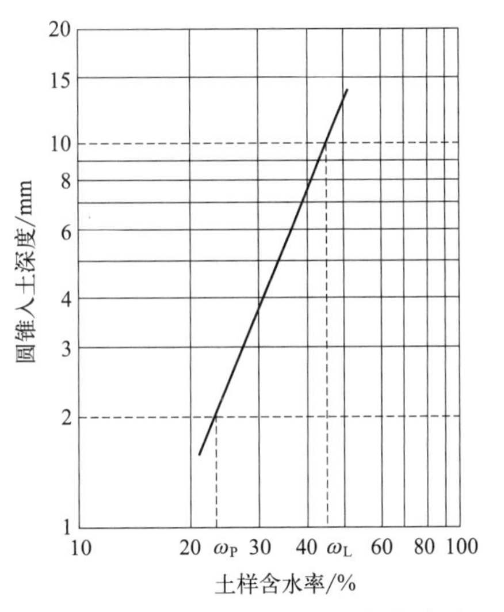

图1.21　圆锥下沉深度与含水率关系

目前国际上用以测定液限的方法有圆锥仪法和碟式仪法。各国采用的圆锥仪和碟式仪规格也不尽相同，对试验结果也有影响。将利用碟式仪和我国采用的76g锥入土深度10mm圆锥仪进行比较，结果是随着液限的增大，两者测得的差值增大。一般情况下碟式仪测得的液限大于圆锥仪测得液限。圆锥仪法和碟式仪法比较见表1.7。

表1.7　圆锥仪法和碟式仪法比较

界限含水率	圆锥仪法		碟式仪法
	塑液限联合测定法	锥式仪法	
液限 ω_L	76g锥，相应入土深度17mm时的含水率，称17mm液限	76g锥，相应入土深度10mm时的含水率，称10mm液限	25击，合拢长度13mm
塑限 ω_P	相应入土深度2mm时的含水率	滚搓法	滚搓法

土的可塑性大小是以处在可塑状态的界限含水率变化范围来衡量的。这个范围就是液限和塑限的差值，称为塑性指数，以 I_P 表示

$$I_P=\omega_L-\omega_P \tag{1.19}$$

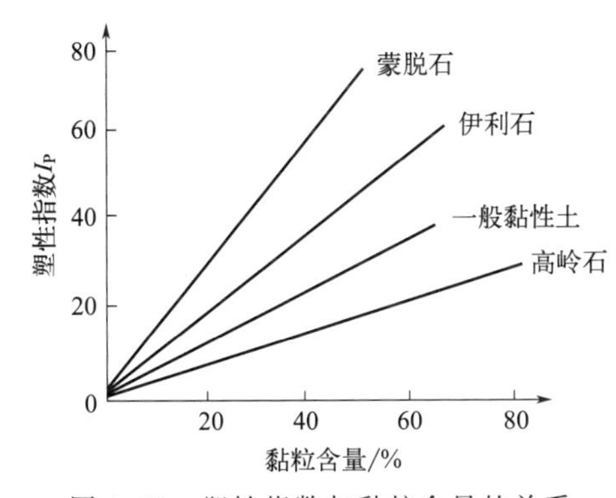

图1.22　塑性指数与黏粒含量的关系

塑性指数习惯上不带百分号。图1.22资料表明：土的塑性指数与黏粒含量之间成近似的直线关系；蒙脱石随着黏性含量增加（与伊利石、高岭石比较），塑性指数急剧增大。这些都表明了反映黏性土可塑性的塑性指数，它不但能阐明与土体结构或土粒表面与结合水的相互作用有关的一个稠度现象，而且还能综合反映土颗粒的大小、矿物成分和土中水的化学成分对土的可塑性的影响，如表1.8所示。故黏性土可按塑性指数分类（具体见土的工程分类）。

表1.8　主要黏土矿物的性质

黏土矿物类型	粒径/μm	比表面积/(m^2/g)	液限 ω_L/%	塑性指数 I_P	缩限 ω_s/%
高岭石	0.3～4	10	40～60	10～25	25～29
伊利石	0.2～3	80	100～200	50～70	15～17
蒙脱石	0.1～1	800	150～700	200～650	8～15

研究表明，由于成因和成分不同，即使塑性指数相近的细粒土，其工程性质也不一定相同，有时甚至相差较多。所以卡萨格兰德认为，土的液限也是反映细粒土特性的重要指标，因而可把液限与对应的塑性指数画在塑性图上（如图1.23，图中 ω_L 为碟式仪测试结果），

以反映土的类别和性质。从图 1.23 中看出，从同一土层或矿物成分极相似的土层中所取出试样的点，如实线所代表的黏土和冰碛黏土，都落在大致平行于 A 线［A 线用方程式 $I_P=0.73(\omega_L-20)$ 表示］的线上；含不同数量的高岭石、伊利石和蒙脱石的各种人工制备土的点，都落在被两根虚线所限的范围内。虽然 A 线是由统计推求的，但它阐明在 A 线上下，土的性质有明显的不同，如无机黏土的可塑性界限通常落在 A 线以上，而有机土和黏土则落在 A 线以下。所以图 1.23 所示的塑性图便成为不少国家用以对黏性土和细粒土进行分类的基础。

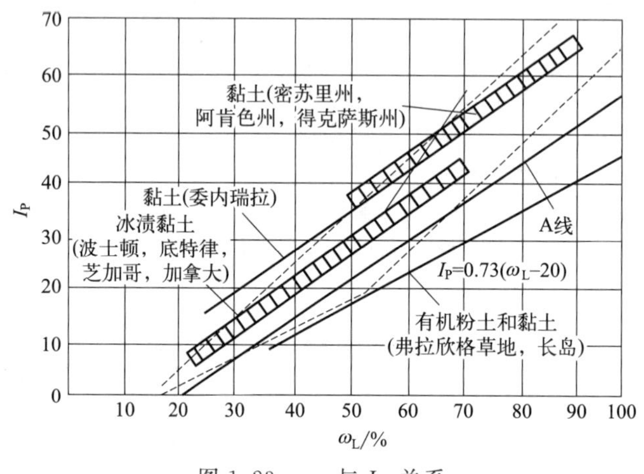

图 1.23 ω_L 与 I_P 关系

1.6.2.2 黏性土的稠度指标

土的天然含水率在一定程度上也说明黏性土的软硬与干稀的稠度状况。但是仅有含水率的绝对数值，还不能阐明土处于什么样的稠度状态。例如有几个含水率相同的土样，若它们的液限、塑限不同，则这些土样所处的稠度状态就可能不一样。因此，黏性土的稠度需要一个表征的指标，即液性指数 I_L。液性指数 I_L 表征土的稠度状态，即

$$I_L=\frac{\omega-\omega_P}{\omega_L-\omega_P}=\frac{\omega-\omega_P}{I_P} \tag{1.20}$$

由式(1.20) 可知：

$\omega\leqslant\omega_P$，时，即 $I_L\leqslant 0$，土是坚硬的；

$\omega_P<\omega\leqslant\omega_L$ 时，即 $0<I_L\leqslant 1.0$，土处于塑性状态；

$\omega>\omega_L$ 时，即 $I_L>1.0$，土是流塑的。

工程上还可细分：

$0\leqslant I_L\leqslant 0.25$ 时，土是硬塑的；

$0.25<I_L\leqslant 0.75$ 时，土是可塑的；

$0.75<I_L\leqslant 1.0$ 时，土是软塑的。

由于 ω_L、ω_P 是由扰动土样测定的指标，所以用其来判别黏性土软硬程度的缺点是没有考虑土原状结构的影响。在含水率相同时，原状土要比扰动土硬。因此，虽然用上述标准判别扰动土的软硬状态是合适的，但对原状土就偏于保守。

1.7 土的工程分类

1.7.1 工程分类的一般原则和类型

国内外各种土的工程分类方案很多，但都是按一定的原则，将客观存在的各种土划分为

若干不同的类型。基本原则是所划分的土类能反映土性质的变化规律。土的工程分类总起来可以归纳为三级分类。

土的第一级分类是成因类型分类，主要按土的成因和形成年代作为最粗略的分类标准，如 Q_3 湖积土，Q_4 冲积土等。这种分类可作为编制一般小比例尺概略图划分土类之用，为规划阶段制定规划方案，以说明区域工程地质条件。在岩土工程勘察中，也经常用到时代成因分类如《岩土工程勘察规范》（GB 50021）将土按堆积年代划分为三类：①老堆积土，第四纪更新世 Q_3 及其以前堆积的土层；②一般堆积土，第四纪全新世 Q_4 早期堆积的土层；③新近堆积土，Q_4 中近期堆积的土层，一般呈欠固结状态。

土的第二级分类是土质类型分类，主要考虑土的物质组成（颗粒级配和矿物成分）及其与水相互作用的特点（塑性指标），按土的形成条件和内部联结，将土划分为最常见的“一般土”和由于一定形成条件而具有特殊成分和结构表现出特殊性质的“特殊土”。土质分类可初步了解土的特性及其对工程建筑的适宜性以及可能出现的问题。这种分类可作为大中比例尺工程地质图划分之用。

土的第三级分类是工程建筑类型分类。主要考虑与水作用的特点（如饱和状态、胀缩性、湿陷性等）、土的密实度或压缩固结特点将土进行详细的划分。这些划分必须测得土的专门性试验指标。在实际工程中，这种分类大多体现在对土层的描述与评价中。

土的第一级和第三级分类经常联合运用于土的综合定名。如《岩土工程勘察规范》中规定，对特殊成因和年代的土类尚应结合其成因和年代特征定名，如新近堆积砂质粉土、残坡积碎石土等。对特殊性土，尚应结合颗粒级配或塑性指数综合定名，如淤泥质黏土、弱盐砂质粉土、碎石素填土等。对同一土层中相间呈韵律沉积，当薄层与厚层的比为 1/10～1/3 时，宜定名为夹层，厚的土层写在前面，如黏土夹粉砂层；厚度比大于 1/3 时，宜定名为“互层”，如黏土与粉砂互层；厚度比小于 1/10 时，且有规律地多次出现时，宜定名为“夹薄层”，如黏土夹薄层粉砂。对混合土，应冠以主要含有的土类定名，如含碎石黏土、含黏土角砾等。

目前，国内外使用的土名和土的分类法并不统一。一方面是因为土的复杂性，另一方面是各个行业实际应用时侧重点不同，一时难以改变，但其共同点多于不同点。在实际应用中，可根据各行业的需要和实际情况选择合适的分类方案。

土的第二级分类即土质分类考虑了决定土的工程地质性质的最本质因素，即土的颗粒级配与塑性特性，是土分类的最基本形式，在实际应用中较为广泛。

1.7.2　我国主要的土质分类

影响土的工程性质的三个主要因素是土的三相组成、土的物理状态和土的结构。在这三者中，起主要作用的是三相组成。在三相组成中，关键是土的固体颗粒，首先是颗粒的粗细。按实践经验，工程上以土中粒径 $d>0.075\text{mm}$（有的规范用 0.1mm）的质量占全部土粒质量的 50%作为第一个分类的界限。大于 50%的称为粗粒土，小于 50%的称为细粒土。粗粒土的工程性质主要取决于土的颗粒级配，故粗粒土按其颗粒级配再分成细类。细粒土的工程性质不仅取决于其颗粒级配，而且还与土的矿物成分和形状均有密切关系。直接量测和鉴定土的矿物成分和形状（反映比表面积大小）均较困难，但是它们直接综合表现为土的吸附结合水的能力。因此，目前国内外的各种规范中多用吸附结合水的能力作为细粒土的分类标准。反映土吸附结合水能力的特性指标有液限、塑限或塑性指数。经统计分析表明，这三个指标中，塑性指数 I_P 和液限 ω_L 与土的工程性质关系密切，规律性更强。因此国内外对细粒土的分类多用 I_P 或 ω_L 加 I_P 作为分类标准。下面主要介绍我国两种应用较广的土质分类标准。

1.7.2.1 《土的工程分类标准》

我国《土的工程分类标准》（GB/T 50145—2007）依据粒组类型和含量划分土的类型，该分类标准将土分为巨粒类土、粗粒类土和细粒类土三个大类。

试样中巨粒组质量多于总质量75%的土称为巨粒土；巨粒组质量为总质量50%～75%的土称为混合巨粒土，巨粒组质量为总质量的15%～50%的土为巨粒混合土，详见表1.9。

表1.9 巨粒类土的分类

土类	粒组含量		土类代号	土类名称
巨粒土	巨粒含量＞75%	漂石含量大于卵石含量	B	漂石(块石)
		漂石含量不大于卵石含量	Cb	卵石(碎石)
混合巨粒土	50%＜巨粒含量≤75%	漂石含量大于卵石含量	BSI	混合土漂石(块石)
		漂石含量不大于卵石含量	CbSI	混合土卵石(碎石)
巨粒混合土	15%＜巨粒含量≤50%	漂石含量大于卵石含量	SIB	漂石(块石)混合土
		漂石含量不大于卵石含量	SICb	卵石(碎石)混合土

试样中粗粒组质量多于总质量50%的土称为粗粒土，粗粒土进一步细分为砾类土和砂类土。砾粒组质量多于总质量50%的土称砾类土；砾粒组质量少于或等于总质量50%的土称砂类土。此外，对粗粒土的划分应考虑细粒含量和颗粒级配，因细粒含量和颗粒级配不同时，其物理力学性质差异很大。如细粒含量增加时，其亲水性与强度将增加，而渗透性则降低许多。因此，对粗粒土必须考虑其细粒含量和颗粒级配进行进一步划分，详细划分标准见表1.10。

表1.10 粗粒土分类

土类		粒组含量		土代号	土名称
砾类土	砾	细粒含量＜5%	级配 $C_u \geqslant 5, C_c=1\sim3$	GW	级配良好砾
			级配不同时满足上述要求	GP	级配不良砾
	含细粒土砾	细粒含量5%～15%		GF	含细粒土砾
	细粒土质砾	细粒含量15%～50%	细粒组中粉粒含量不大于50%	GC	黏土质砾
			细粒组中粉粒含量大于50%	GM	粉土质砾
砂类土	砂	细粒含量＜5%	级配 $C_u \geqslant 5, C_c=1\sim3$	SW	级配良好砂
			级配不同时满足上述要求	SP	级配不良砂
	含细粒土砂	细粒含量5%～15%		SF	含细粒土砂
	细粒土质砂	细粒含量15%～50%	细粒组中粉粒含量不大于50%	SC	黏土质砂
			细粒组中粉粒含量大于50%	SM	粉土质砂

试样中粗粒组质量少于总质量25%的土，称为细粒土。粗粒组质量为总质量25%～50%的土，称为含粗粒的细粒土。试样中含部分有机质的土称有机土。细粒土可以按塑性图进行分类。塑性图是由美国学者卡萨格兰德于20世纪30年代提出的，尔后应用于对细粒土的土质分类，目前在欧美和日本普遍使用。1979年我国水利电力部颁布的《土工试验规程》（SDS 01—79）中，也提出了用于细粒土分类的塑性图。塑性图的基本图式是以塑性指数 I_P

为纵坐标，液限 ω_L 为横坐标，图上绘有两条（或两条以上）的直线，如 A 及 B 线。A 及 B 线将图分为 4 个区域，可区分不同类型的细粒土。为了与国际上的标准接轨，又考虑到我国的实际情况，《土的工程分类标准》（GB/T 50145—2007）中规定了用于细粒土分类的塑性图（图 1.24）。当取质量为 76g、锥角为 30°的液限仪锥尖入土深度为 17mm 对应的含水量为液限时（相当于欧美和日本普遍使用的卡氏碟式液限仪测定的结果），应按图 1.24 进行分类。图 1.24 中 A 线以上为黏土，以下为粉土，B 线右侧为高液限的，左侧为低液限的。英文代号分别为：C 为黏土，M 为粉土，H 为高液限，L 为低液限。具体名称见表 1.11。

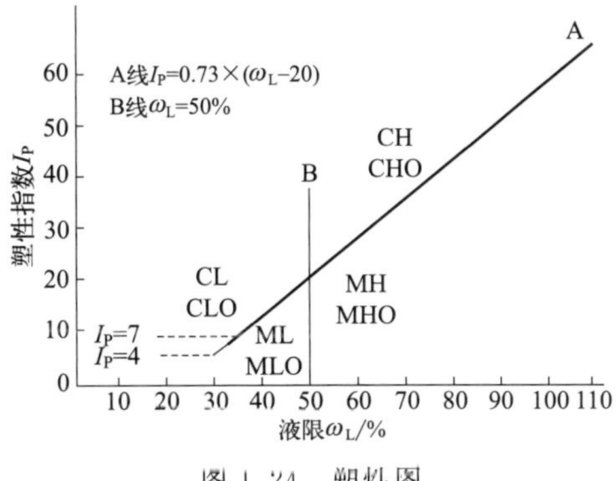

图 1.24　塑性图

表 1.11　细粒土分类

锥尖入土深度	土的塑性指标在塑性图中的位置		土代号	土名称
	塑性指数 I_P	液限 ω_L		
17mm	$I_P \geqslant 0.73(\omega_L-20)$ 或 $I_P \geqslant 7$	≥50%	CH	高液限黏土
		<50%	CL	低液限黏土
	$I_P < 0.73(\omega_L-20)$ 或 $I_P < 4$	≥50%	MH	高液限粉土
		<50%	ML	低液限粉土

含粗粒的细粒土按所含粗粒的类别进行划分，如砾粒占优，称含砾细粒土，应在细粒土代号后缀以代号 G，如 CHG，CLG，MHG，MLG 等。如砂粒占优，称含砂细粒土，应在细粒土代号后缀以代号 S，如 CHS，CLS，MHS，MLS 等。有机土可按表 1.11 划分，在各相应土类代号之后应缀以代号 O，如 CHO，CLO，MHO，MLO 等。

《土的工程分类标准》还规定了土的简易鉴别方法。用目测法代替实验室筛析法确定土的粒径大小及各类组含量，用干强度、手捻、搓条、韧性和摇震反应等定性方法代替用仪器测定细粒土的塑性。这种方法特别适用于野外的工程地质勘察，对土进行野外定名与描述。这种方法可详见《土的工程分类标准》（GB/T 50145—2007）。

1.7.2.2　《岩土工程勘察规范》

我国《岩土工程勘察规范》（GB 50021—2001）的分类系统是在《工业与民用建筑地基基础设计规范》（TJ 7—74）和《工业与民用建筑工程地质勘探规范》（TJ 21—77）中土的分类基础上发展起来的，在《建筑地基基础设计规范》（GB 50007—2002）中得到修订。土按颗粒级配或塑性指数可划分为碎石土、砂土、粉土和黏性土。碎石土和砂土的进一步划分见表 1.12 与表 1.13。

表 1.12 碎石土分类

土的名称	粒组含量	颗粒级配
漂石	圆形、亚圆形为主	粒径大于 200mm 的颗粒超过总质量 50%
块石	棱角形为主	
卵石	圆形、亚圆形为主	粒径大于 20mm 的颗粒超过总质量 50%
碎石	棱角形为主	
圆砾	圆形、亚圆形为主	粒径大于 2mm 的颗粒超过总质量 50%
角砾	棱角形为主	

表 1.13 砂土分类

土名称	粒组含量
砾砂	粒径大于 2mm 的颗粒占总质量的 25%～50%
粗砂	粒径大于 0.5mm 的颗粒超过总质量的 50%
中砂	粒径大于 0.25mm 的颗粒超过总质量的 50%
细砂	粒径大于 0.075mm 的颗粒超过总质量的 85%
粉砂	粒径大于 0.075mm 的颗粒超过总质量的 50%

粒径大于 0.075mm 的颗粒不超过全部质量 50%，且塑性指数等于或小于 10 的土，应定为粉土；塑性指数大于 10 定为黏性土。黏性土又可进一步划分为粉质黏土和黏土。塑性指数大于 10，且小于或等于 17 时，应定为粉质黏土；塑性指数大于 17 时，定为黏土。确定塑性指数 I_P 时，液限以 76g 瓦氏圆锥仪入土深度 10mm 为准；塑限以搓条法为准。

除按颗粒级配或塑性指数定名外，对特殊成因和年代的土类应结合其成因和年代特征定名；对特殊性土，应结合颗粒级配或塑性指数定名；对混合土，应冠以主要含有的土类定名。《岩土工程勘察规范》中的土质分类标准偏重土作为地基和周围介质方面的应用，对土的分类简便易行，但对主要将土作为建筑材料的水利、道路部门，则不太适用。其级配特征不能全面描述，难以满足评价土石料的要求。在实际应用中，应根据工程实践，选择适合不同工程要求的分类标准，并参照现行的国家标准和行业标准进行土的分类。

1.7.2.3 特殊土的工程地质特性简介

特殊土是指某些具有特殊物质成分和结构，且工程地质性质也较特殊的土。这些特殊土一般都是在一定的生成条件下形成的，或是由于所处自然环境逐渐变化形成的。特殊土的种类甚多，主要有静水沉积的淤泥类土，含亲水性矿物较多的膨胀土，湿热气候条件下形成的红黏土，干旱气候条件下形成的黄土类土与盐渍土，寒冷地区的冻土，人工堆填形成的人工填土等。这些特殊土的性质不同于常见的一般土，故其研究内容和研究方法也常有特殊要求。特殊土的类型及工程特性详见第 9 章。

思考与练习题

1. 土是怎样形成的？土经风化作用后，其矿物成分有何变化？
2. 土由哪三相组成？封闭的气体对工程有何影响？
3. 什么是土的结构，土的结构有哪几种？土的结构与构造有何不同？
4. 如何用土的颗粒级配曲线形状和不均匀系数来判断土的级配状况？

5. 土的物理性质指标有哪些？其中有哪几个可以直接测定？常用测定方法是什么？判断黏性土密实度的指标有哪几种？

6. 某饱和黏性土的含水率 $\omega=36.0\%$，土粒相对密度 $G_s=2.70$，求土的孔隙比 e 和干密度 ρ_d。

7. 某土样的体积为 $60cm^3$，质量为108g。烘干后，试样的质量为96.43g，土粒的相对密度为2.7。求土样的天然密度、干密度、含水率、孔隙率和饱和度。

8. 有一自然砂土试样，测得其含水率为11%，密度为 $1.70g/cm^3$，最小干密度为 $1.41g/cm^3$，最大干密度为 $1.75cm^3$，试确定该砂土的密实度。

9. 某饱和土样的天然含水率 $\omega=40\%$，饱和容重 $\gamma_{sat}=18.3kN/m^3$，重力加速度取 $g=10m/s^2$，求它的孔隙比 e 和土粒相对密度 G_s，并画出三相草图。

10. 土的工程分类原则和工程意义是什么？举例说明土的工程分类用到的指标或参数。

第 2 章
土的渗透特性

学习目标及要求

掌握达西定律及其适用条件；理解土的渗透系数的意义、测定方法及影响因素；理解成层土的等效渗透系数的计算方法；熟悉流网的绘制方法及应用；掌握渗透变形的基本形式。

2.1 概述

当土中孔隙充满水时，如果在土中不同位置存在水位差，水就会透过土中孔隙从水位高的位置流向水位低的位置，水从土孔隙中透过的现象称为渗流。土具有被水透过的性质称为土的渗透性，或透水性。它是土的基本特性。

地下水在土中渗流，将引起土的变形，影响土的强度，改变构筑物或地基稳定性，直接影响工程安全。因此，研究土的渗透性对工程实践具有重要意义，也是土力学研究的重要课题之一。本章只介绍饱和土的渗透性问题。土木工程领域内与土的渗透性密切相关的工程问题，归纳起来主要包括以下 4 个方面。

(1) 渗流量问题

例如，渠道的渗水漏水量估算 [图 2.1(a)]、基坑开挖时的渗流量计算 [图 2.1(b)]、坝身坝基中的渗流量计算 [图 2.1(c)]、水井的供水量或排水量计算 [图 2.1(d)]。

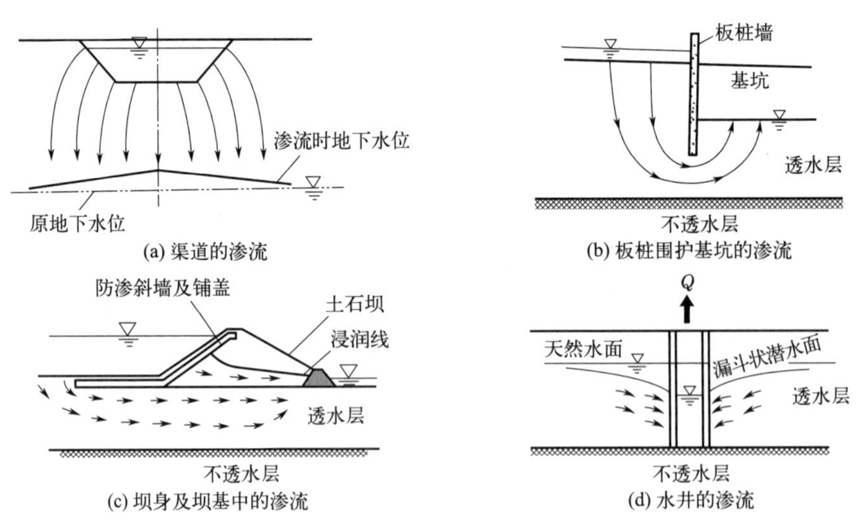

图 2.1　与渗流量相关的问题

(2) 渗透力和水压力计算

土中的渗流会对土颗粒和土骨架施加作用力，称为渗透力。渗流场中的饱和土体和结构物会受到水压力作用。在对这些土工建筑物和地下结构物进行变形或稳定性分析时，需要首先确定渗透力和水压力的大小及分布。

(3) 渗透变形问题

当渗透力过大时就会引起土颗粒或土体移动，产生渗透变形，甚至渗透破坏，如基坑失稳和底鼓、道路边坡破坏、堤坝失稳、地面隆起等。

(4) 渗流控制问题

当存在渗流量或渗透变形不满足设计要求时，就要采取适当的工程措施进行渗流控制。

本章先介绍土的渗透性、达西定律、渗透系数等，再介绍流网的绘制及应用、渗透变形与防治。

2.2 土的渗透性与达西定律

2.2.1 渗透速度

为定量描述水在土中的渗透速度，需要在垂直于渗流方向上取一个土体断面作为参照系，称为过水断面，假设其面积为 A；然后，考察一定时间 t 内流经该过水断面的水量，即水的体积 Q。于是，渗透速度为

$$v=\frac{Q}{At} \tag{2.1}$$

分析式(2.1) 的量纲发现，渗透速度的单位是 m/s，与物体运动速度的单位一致。

在实际工程中，经常需要考察特定过水断面上的渗流，比如渠道截面，其断面面积 A 是给定的，这时只需考察单位时间内的水流量，即

$$q=\frac{Q}{t} \tag{2.2}$$

式中，q 为流量，m^3/s。

根据式(2.1) 和式(2.2) 可知 $q=vA$。可见，流量 q 中已经考虑了过水断面的面积。

需要注意的是，前文定义的过水断面为土体断面，包含孔隙和土颗粒。由于水只能在孔隙中流动，遇到土颗粒就会绕开，所以实际土体中真正能够过水的断面比前文定义的过水断面要小。在渗流量一定的情况下，式(2.1) 所定义的渗透速度实际上是一个土层断面的平均速度，而水在孔隙中的真实运动速度要比这个流速大。

2.2.2 水力梯度

现在考虑一个根本的问题，水为什么会在土中流动？答案是，因为有势差，即能量差。因此，要描述水的流动，从能量差入手是必要的。俗话说，“水往低处流”，这是说水的流动与水位高低有关。下面用水头差来表示水位的高低，以衡量两个位置之间的能量差。在图 2.2 中确定基准面 0—0，可以做出如下定义。

位置水头：考察 A、B 两点到基准面的竖直距离，代表单位重量的水从基准面算起所具有的位置势能 (z_A、z_B)。

压力水头：水压力所引起水面自由上升的高度，表示单位重量水所具有的压力势能 ($h_A=u_A/\gamma_w$，$h_B=u_B/\gamma_w$)。

测管水头：测管水面到基准面的竖直距离，等于位置水头和压力水头之和，表示单位重量水的总势能$\left(z_A+\dfrac{u_A}{\gamma_w}，z_B+\dfrac{u_B}{\gamma_w}\right)$。

对于图 2.2 描述的静水情况可以看出 $z_A+\frac{u_A}{\gamma_w}=z_B+\frac{u_B}{\gamma_w}$，即在静水中测管水头处处相等，此结论有助于对后面知识的理解。

那么，水能不能往高处流呢？答案是，可能。因为能量的大小不仅仅由位置势能高低决定，如图 2.3 所示，水管还有压力，且水离开管道有动能，因此低处的水能量大，所以它可以往高处流。从机械能的角度，压力和速度与前述所考察的水头是相同的，下面尝试将它们统一用水头来表示。

取水管内某一质点，其质量、压力和流速分别为 m、u 和 v，定义基准面 0—0，如图 2.4 所示。则有

$$位置势能=mgz$$
$$压力势能=mgu/\gamma_w$$
$$动能=mv^2/2$$

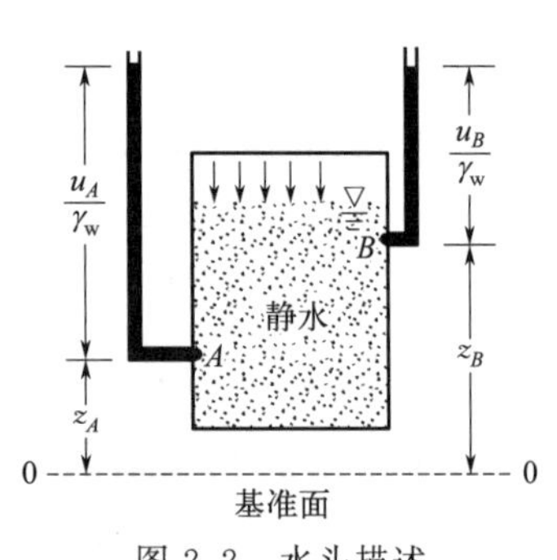

图 2.2 水头描述

图 2.3 水往高处“走”

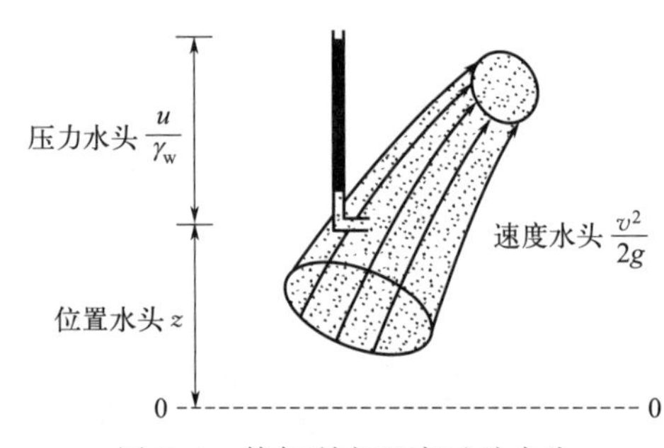

图 2.4 伯努利方程表示总水头

总能量为三者之和，即

$$E=mgz+\frac{mgu}{\gamma_w}+\frac{1}{2}mv^2 \tag{2.3}$$

式(2.3) 两边分别除以 mg，即得单位重量所携带的能量，表示为

$$h=z+\frac{u}{\gamma_w}+\frac{v^2}{2g} \tag{2.4}$$

式中，h 为总水头，表示该点单位重量水所具有的总机械能，m；z 为相对于基准面的高度，代表单位重量水所具有的位势，即位置水头，m；$\frac{u}{\gamma_w}$为压力水头，表示孔隙水压力导致的单位重量水的位置势能，m；$\frac{v^2}{2g}$为速度水头，表示单位质量水所具有的动能，m；v 为断面平均渗透速度，m/s；g 为重力加速度，m/s^2；u 为孔隙水压力，kPa。

式(2.4) 就是著名的伯努利方程。该方程将位置、压力和动能都折算成了水头，即单位质量的水所具有的总能量。只要两个点总水头不同，就会有能量差，水就会由“水头高处”向“水头低处”流动。

考虑到水在土中渗流时受到土骨架的阻力作用，渗透速度通常很小，所产生的速度水头与位置水头或压力水头相比差几个数量级。因此，在土力学中常忽略速度水头，式(2.4) 可简化为

$$h=z+\frac{u}{\gamma_w} \tag{2.5}$$

式(2.5) 中位置水头与压力水头之和就是前文所定义的测管水头，表示单位质量水所具

有的总势能。可以用测管水头来考察 A、B 两点的能量差，如图 2.5 所示。

$$\Delta h=h_A-h_B=\left(\frac{u_A}{\gamma_w}+z_A\right)-\left(\frac{u_B}{\gamma_w}+z_B\right) \tag{2.6}$$

式中，Δh 是 A 点与 B 点之间的水头差，也称作水从 A 点流到 B 点的水头损失。水头差与水头损失的量值和数学表达相同，指代的物理含义略有不同。

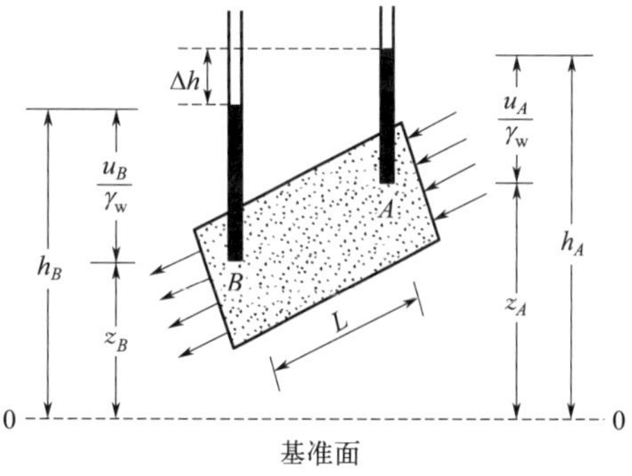

图 2.5　水头差与水力梯度

水头差作为能量差，对水在土中的流动固然不可或缺，但促使水在土中渗流真正有意义的，则是单位流程上的水头差；换句话说，在相同情况下，能不能流动看前者，流动快慢则要看后者。在土力学中用单位渗流路径长度上的水头差来衡量水流快慢，称为水力梯度，又称水力坡降，即

$$i=\frac{\Delta h}{L} \tag{2.7}$$

式中，Δh 为水头差，m；L 为渗流路径长度，m。

通常将促使水渗流的水头差称为驱动水头，将水力梯度称为促使水渗流的驱动力。

2.2.3　达西定律

水力学中，把水流状态分为层流和紊流两种状态。所谓层流状态是指相邻两个分子运动的轨迹相互平行且不互渗，一般流速较小时才能出现。土体中孔隙的形状和大小是极不规则的，因而水在土体孔隙中的渗流是一种十分复杂的水流现象。但由于土体中的孔隙微小，黏滞阻力很大，流速缓慢，因此，其流动状态大多属于层流。

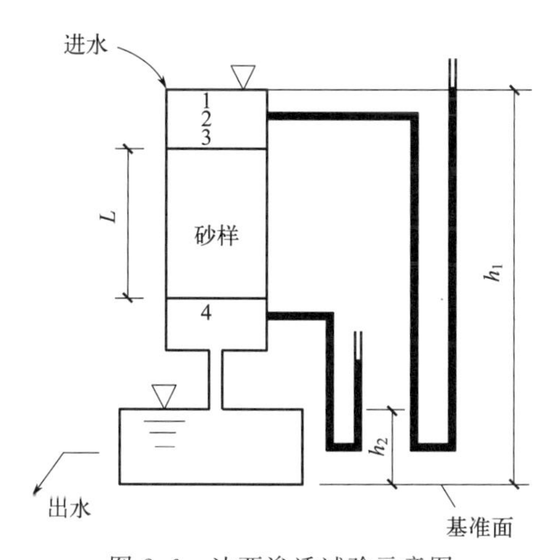

图 2.6　达西渗透试验示意图

早在 1856 年，法国学者达西（Darcy）进行了一项经典试验，利用图 2.6 所示的试验装置，对砂土的渗透性进行了研究，发现在层流状态下，水的渗透速度与土样两端水面间的水位差成正比，而与渗透路径长度成反比。于是，他把渗透速度 v 表示为

$$v=k\frac{\Delta h}{L}=ki \tag{2.8}$$

或渗流量 q 为

$$q=vA=kiA \tag{2.9}$$

式中，v 为假想渗透速度，cm/s 或 m/s，其过水面积是土样的整个断面面积，包括土骨架所占的部分面积；q 为渗流量，cm^3/s 或 m^3/s；Δh 为土样两端的水位差，cm 或 m，即水头损失；$\Delta h=h_1-h_2$，h_1 和 h_2 分别为土样上下端面的水头；L 为渗透路径长度，cm 或 m；A 为土样截面面积，cm^2 或 m^2；k 为反映土的透水性能的比例系数，称为渗透系数，cm/s 或 m/s，其物理意义是当水力坡降 i 等于 1 时的渗透速度，它不仅取决于土体的性质，还与流经土孔隙流体的特性等因素有关。

式(2.8) 或式(2.9) 就是著名的达西定律。如前所述，由式(2.8) 求出的渗透速度是一种假想的平均流速，因为它假定水在土中的渗透是通过整个土体截面来进行的。而实际上，渗流水仅仅通过土体中的孔隙流动，式(2.8) 中 v 的过水面积包含了土骨架所占的部分面积，而土颗粒本身是不透水的。因此，v 并不是土孔隙中水的实际渗透速度。假定实际渗透速度为 v_B，则 v_B 的过水面积应为土孔隙所占的那部分断面面积 A_v。比较达西试验装置中水由位置 1 向位置 2 的流动和由位置 3 向位置 4 的流动，从中可知，水由位置 3 向位置 4 的流动速度大于由位置 1 向位置 2 的流动速度。因为水由位置 3 向位置 4 时，其过水面积为土样孔隙面积 A_v，而水由位置 1 向位置 2 流动时的过水面积为容器的整个横截面面积 A，按照水流连续性原理，可建立水由位置 1 向位置 2 的流动速度 v 与由位置 3 向位置 4 的流动速度 v_s 之间的关系为

$$vA=v_sA_v \tag{2.10}$$

若假定土样为各向同性，则其面积孔隙率等于体积孔隙率 n，有

$$A_v=nA \tag{2.11}$$

因此，水在土体中的实际平均流速要比由式(2.8) 所求得的数值大得多，它们之间的关系为

$$v_s=\frac{v}{n}=v\frac{1+e}{e} \tag{2.12}$$

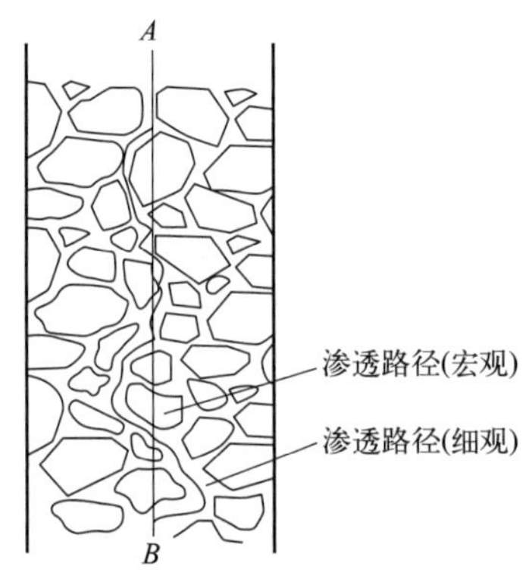

图 2.7 土中的实际渗透路径

式(2.12) 反映了土中水以恒定流速沿直线轨迹从土孔隙中流过的情形。但实际上，土中水是以变化的速度沿着弯曲的轨迹从孔隙中流过的，如图 2.7 所示。因而 v_s 也并非土中渗流的真实速度。要想正确测定土中渗流的真实流速，无论从理论分析还是试验方法都很难做到。从工程应用角度而言，也没有这种必要。对于解决实际工程问题，最重要的是研究在某一范围内宏观渗流的平均效果。因此，在渗流计算中广泛采用的流速是假想平均流速。下面所述的渗透速度均指这种流速。

2.2.4 达西定律的适用条件

达西定律是土力学的基石之一，在达西建立此定律后的百余年间，达西定律经历了众多试验的检验，大量的试验证实达西定律对于土中大多数类型的液体流动都是适用的。但从式(2.8) 可以看出，达西定律是把流速 v 与水力坡降 i 的关系作为正比关系来考虑的。许多学者的研究结果表明，这一正比关系只有在渗流为层流时才能成立。而渗流是层流还是紊流可根据雷诺数（Re）确定。

根据水的密度 ρ_w、流速 v、黏滞系数 η 及土的平均粒径 d，可以算出雷诺数 Re 为

$$Re=\frac{\rho_w vd}{\eta} \tag{2.13}$$

从层流转换为紊流时的 Re 在 0.1～7.5 的范围内，而一般认为只要 Re 小于 1.0，在土孔隙内的水流就处于层流状态。因此，达西定律的适用界限可以考虑为

$$\frac{\rho_w vd}{\eta}\leqslant 1.0 \tag{2.14}$$

水的密度 $\rho_w=1.0\mathrm{g/cm^3}$，10℃时水的黏滞系数 $\eta=0.0131\mathrm{g/(s\cdot cm)}$，如一般的流速按 $v=0.25\mathrm{cm/s}$ 考虑，可由式(2.14) 算出满足达西定律的土的平均粒径 d 为

$$d\leqslant\frac{\eta}{\rho_w v}=0.52\mathrm{mm} \tag{2.15}$$

也就是说，对于比粗砂更细的土来说，达西定律一般是适用的。

从式(2.8) 可知，砂土的渗透速度与水力坡降呈线性关系，如图 2.8(a) 所示。但是，

对于密实的黏土，由于结合水具有较大的黏滞阻力，因此，只有当水力坡降达到某一数值时，克服了吸附水的黏滞阻力后，才能发生渗透。开始发生渗透时的水力坡降称为黏性土的起始水力坡降。试验资料表明，黏性土不但存在起始水力坡降，而且当水力坡降超过起始水力坡降后，渗透速度与水力坡降的规律还偏离达西定律而呈非线性关系，如图2.8(b)中的实线所示。但是，为使用方便，常用图2.8(b)中的虚直线来描述密实黏土的渗透速度与水力坡降的关系，即

$$v=k(i-i_b) \tag{2.16}$$

式中，i_b为密实黏土的起始水力坡降。

此外，大量试验也表明，在粗粒土中（如砾石、卵石等），只有在很小的水力坡降下，渗透速度与水力坡降才呈线性关系，而在较大的水力坡降下，水在土中的流动进入紊流状态，渗透速度与水力坡降呈非线性关系，此时达西定律同样不能适用，如图2.8(c)所示。

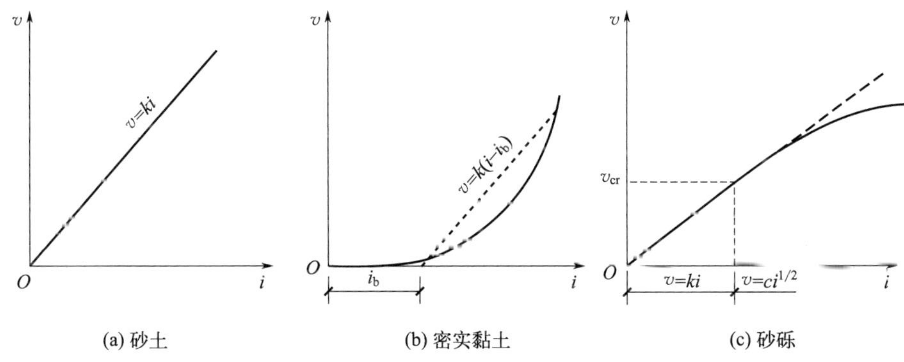

图2.8　土体渗透速度与水力坡降的关系

【例2.1】 某渗透试验装置如图2.9所示。砂Ⅰ的渗透系数$k_1=2\times10^{-1}$cm/s；砂Ⅱ的渗透系数$k_2=1\times10^{-1}$cm/s，砂土试样的横断面积$A=200\text{cm}^2$。试计算：(1) 若在砂Ⅰ与砂Ⅱ分界面处安装一测压管，则测压管中水面将升至右端水面以上多高？(2) 流过砂土试样的渗透流量q多大？

解：(1) 从图可看出，渗流自左边水管流经土样砂Ⅰ和砂Ⅱ后的总水头损失$\Delta h=30$cm。假如砂Ⅰ、砂Ⅱ各自的水头损失分别为Δh_1、Δh_2，则

$$\Delta h_1+\Delta h_2=\Delta h=30\text{cm}$$

根据水流连续性原理，流经两砂样的渗透速度v应相等，即$v_1=v_2=v$。

按照达西定律$v=ki$，则$k_1i_1=k_2i_2$，即

$$k_1\frac{\Delta h_1}{L_1}=k_2\frac{\Delta h_2}{L_2}$$

已知$L_1=L_2=40$cm，$k_1=2k_2$，故$2\Delta h_1=\Delta h_2$。代入$\Delta h_1+\Delta h_2=30$cm，可求出$\Delta h_1=10$cm，$\Delta h_2=20$cm。

由此可知，在砂Ⅰ与砂Ⅱ的界面处，测压管中水位将升至高出砂Ⅰ上端水面以上10cm处。

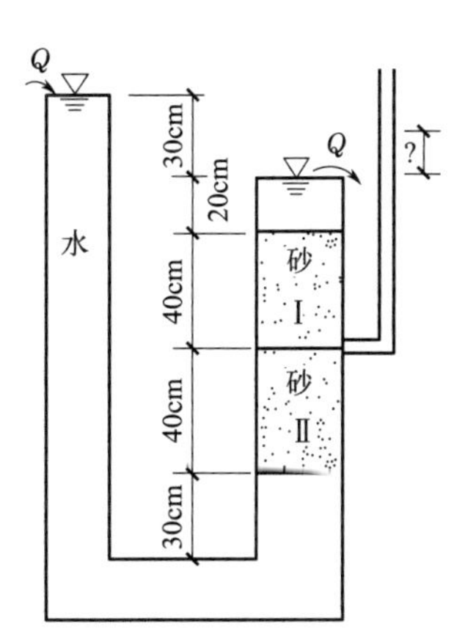

图2.9　例2.1图

(2) 根据式(2.9)有

$$q=0.2\times\frac{10}{40}\times200=10\text{cm}^3/\text{s}$$

2.3 土的渗透系数及其影响因素

2.3.1 渗透系数的测定

渗透系数 k 是代表土渗透性强弱的定量指标，也是进行渗流计算时必须用到的一个基本参数。不同种类的土，k 值差别很大。因此，准确地测定土的渗透系数是一项十分重要的工作。渗透系数的测定方法主要分实验室内测定、野外现场测定以及经验估算法三大类。

2.3.1.1 渗透系数的实验室测定方法

目前在实验室内测定渗透系数 k 的仪器种类和试验方法很多，但从试验原理上大体可分为常水头法和变水头法两种。

(1) 常水头试验法

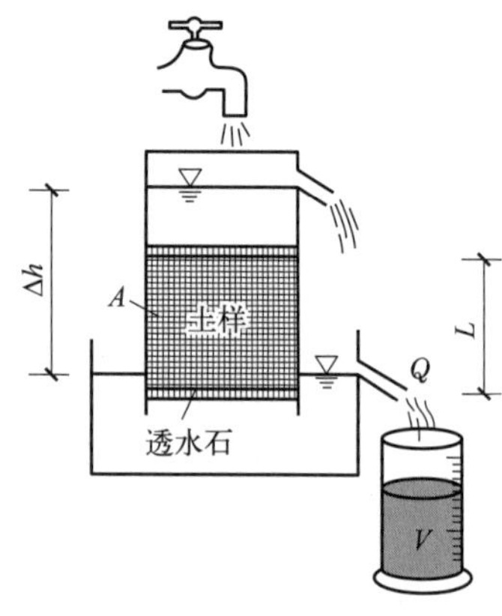

图 2.10 常水头试验装置示意图

常水头试验法是指在整个试验过程中保持土样两端水头不变的渗流试验。显然，此时土样两端的水头差也为常数。图 2.10 所示的试验装置与图 2.6 的达西渗透试验装置都属于这种类型。

试验时，可在透明塑料桶中装填横截面为 A、长度为 L 的饱和土样，打开阀门，使水自上而下渗过土样，并从出水口处排出。待水头差 Δh 和渗出流量 q 稳定后，量测经过一定时间 t 流经土样的水 V，则

$$V=qt=vAt \tag{2.17}$$

代入式(2.8) 有

$$V=k\frac{\Delta h}{L}At \tag{2.18}$$

从而得出

$$k=\frac{VL}{A\Delta ht} \tag{2.19}$$

常水头试验适用于测定透水性较大的砂性土的渗透系数。黏性土由于渗透系数很小，渗透水量很少，用这种试验不易准确测定，需改用变水头试验。

(2) 变水头试验法

变水头试验法是指在试验过程中土样两端水头差随时间变化的渗流试验，其装置如图 2.11 所示。水流从一根直立的带有刻度的玻璃管和 U 形管自下而上渗过土样。试验时，先将玻璃管充水至需要的高度后，测记土样两端在 $t=t_1$ 时刻的起始水头差 Δh_1；之后打开渗流开关，同时开动秒表，经过时间 Δt 后，再测记土样两端在终了时刻 $t=t_2$ 的水头差 Δh_2；根据上述试验结果和达西定律，即可推出土样渗透系数 k 的表达式。

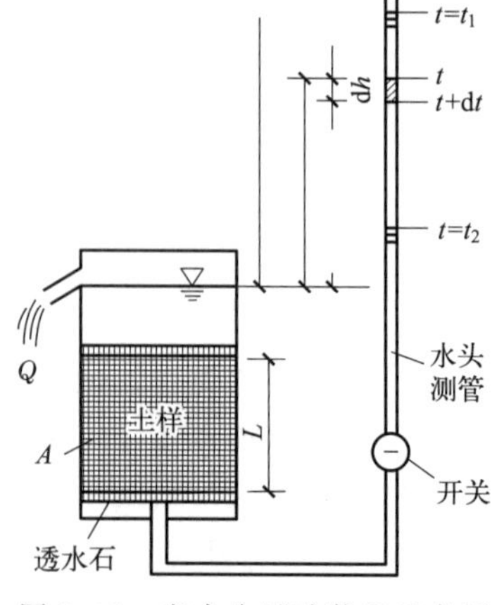

图 2.11 变水头试验装置示意图

设试验过程中任意时刻 t 作用于土样两端的水头差为 Δh，经过 $\mathrm{d}t$ 微时段后，管中水位下降 $\mathrm{d}h$，则 $\mathrm{d}t$ 时段内流入土样的水量微增量为

$$\mathrm{d}V_e=-a\,\mathrm{d}h \tag{2.20}$$

式中，a 为玻璃管横断面积，右端的负号表示流入水量随 Δh 的减少而增加。

根据达西定律，$\mathrm{d}t$ 时段内流出土样的渗流量为

$$dV_o = kiA\,dt = k\frac{\Delta h}{L}A\,dt \tag{2.21}$$

式中，A 为土样的横断面积；L 为土样长度。

根据水流连续原理，应有

$$dV_e = dV_o \tag{2.22}$$

即

$$\begin{cases} -a\,dh = k\dfrac{\Delta h}{L}A\,dt \\ dt = -\dfrac{aL}{kA}\times\dfrac{dh}{\Delta h} \end{cases} \tag{2.23}$$

等式两边各自积分，得

$$\begin{cases} \displaystyle\int_{t_1}^{t_2} dt = -\frac{aL}{kA}\int_{\Delta h_1}^{\Delta h_2}\frac{dh}{\Delta h} \\ t_2 - t_1 = \Delta t = \dfrac{aL}{kA}\ln\dfrac{\Delta h_1}{\Delta h_2} \end{cases} \tag{2.24}$$

从而得到土样的渗透系数 k 为

$$k = \frac{aL}{A\Delta t}\ln\frac{\Delta h_1}{\Delta h_2} \tag{2.25}$$

若用对数表示，则式(2.25) 可写为

$$k = 2.3\frac{aL}{A\Delta t}\lg\frac{\Delta h_1}{\Delta h_2} \tag{2.26}$$

通过选定几组不同的 Δh_1、Δh_2 值，分别测出它们所需的时间 Δt，利用式(2.25) 或式(2.26) 计算土体的渗透系数 k，然后取平均值，作为该土样的渗透系数。变水头试验适用于测定透水性较弱的黏性土的渗透系数。

实验室内测定土体渗透系数 k 的优点是试验设备简单，费用较省。但是，由于土体的渗透性与土体的结构有很大的关系，地层中水平方向和竖直方向的渗透性也往往不一样；再加之取土样时的扰动，不易取得具有代表性的原状土样。因此，室内试验测出的数值常常不能很好地反映现场土层的实际渗透性质。为量测地基土层的实际渗透系数，可直接在现场进行渗透系数的原位测定。

2.3.1.2 渗透系数的现场测定法

在现场进行渗透系数 k 值的测定时，常采用现场井孔抽水试验或注水试验的方法。对于均质的粗粒土层，用现场抽水试验测出的 k 值往往要比室内试验更为可靠。下面主要介绍采用抽水试验确定土层 k 值的方法。注水试验的原理与抽水试验十分类似，这里不再赘述。

图 2.12 为一现场井孔抽水试验示意图。在现场打一口试验井，贯穿要测定 k 值的含潜水的均匀砂土层，并在距井中心不同距离处设置两个观察孔，然后从井中以不变的流量连续抽水。抽水会造成水井周围的地下水位逐渐下降，形成一个以井孔为轴心的降落漏斗状的地下水面。测定试验井和观察孔中的稳定水位，可以得到试验井周围测压管水面的分布图。测管水头差形成的水力坡降，使土中水流向井内。假定水流是水平流向，则流向水井渗流的过水断面应是以抽水井为中心的一系列同心圆柱面。待抽水量和井中的水位稳定一段时间后，可测得抽水量为 Q，距离抽水井轴线分别为 r_1、r_2 的观测孔中的水位高度为 h_1、h_2。根据上述结果，利用达西定律即可求出土层的平均渗透系数 k 值。

现围绕井中心轴线取一过水圆柱断面，该断面距井中心轴线的距离为 r，水面高度为 h，则该圆柱断面的过水断面面积为

$$A = 2\pi rh \tag{2.27}$$

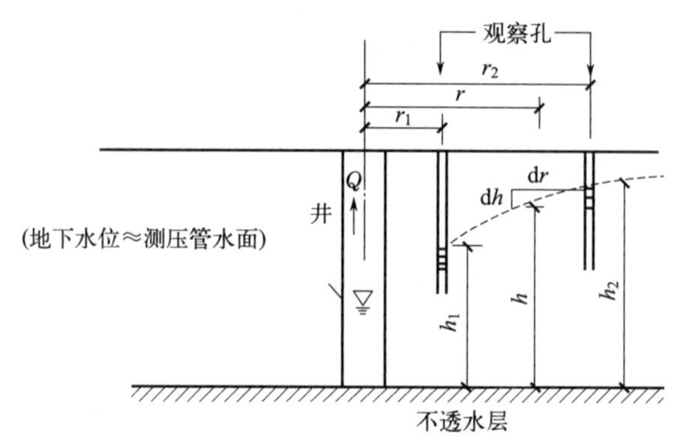

图 2.12 井孔抽水试验

假设该圆柱过水断面上各处水力坡降为常数，且等于地下水位线在该处的坡度，则

$$i=\frac{\mathrm{d}h}{\mathrm{d}r} \tag{2.28}$$

根据渗流的连续性条件，单位时间自井内抽出的水量 Q 等于渗过该过水圆柱断面的渗流量。因此，由达西定律可得

$$\begin{cases} Q=Aki=2\pi rh\cdot k\dfrac{\mathrm{d}h}{\mathrm{d}r} \\ Q\dfrac{\mathrm{d}r}{r}=2\pi kh\,\mathrm{d}h \end{cases} \tag{2.29}$$

将上式两边进行积分，并代入边界条件

$$Q\int_{r_1}^{r_2}\frac{\mathrm{d}r}{r}=2\pi k\int_{h_1}^{h_2}h\,\mathrm{d}h \tag{2.30}$$

得

$$Q\ln\frac{r_2}{r_1}=\pi k(h_2^2-h_1^2) \tag{2.31}$$

从而得出

$$k=\frac{Q}{\pi}\times\frac{\ln(r_2/r_1)}{h_2^2-h_1^2} \tag{2.32}$$

若用对数表示，则可写为

$$k=2.3\frac{Q}{\pi}\times\frac{\lg(r_2/r_1)}{h_2^2-h_1^2} \tag{2.33}$$

前面已经讲到，现场测定 k 值可以获得场地地基土层较为可靠的平均渗透系数，但试验所需费用较多，故要根据工程规模和勘察要求，确定是否需要进行。

2.3.1.3 渗透系数的经验估算法

室内试验、现场试验及工程实践表明，土的渗透系数大小与颗粒粒径（尤其是有效粒径 d_{10}）、土的孔隙比 e（或孔隙率 n）及水的黏滞系数等有关。因此，不少学者和部门在试验统计分析的基础上，提出了计算渗透系数的表达式，现将常用的公式列于表 2.1 中，供参考。

表 2.1 渗透系数建议公式

建议者	建议公式	符号说明	适用条件
泰勒(Taylor)	$k=C\dfrac{g}{v}\times\dfrac{e^3}{1+e}d_s^2$	d_s 为土颗粒粒径，cm； g 为重力加速度，980cm/s²； v 为水的动力黏滞系数，cm²/s； e 为土的孔隙比； C 为颗粒形状系数	砂性土

续表

建议者	建议公式	符号说明	适用条件
哈臣(Hazen)	$k=C_H(0.7+0.03T)d_{10}^2$ $k=100d_{10}^2$	C_H 为哈臣常数,50～150; T 为水温,℃; d_{10} 为砂的有效粒径,cm	上式适用于中等密实砂,下式适于土的有效粒径 0.1～3mm,C_u<5 时的松砂
太沙基(Terzaghi)	$k=2d_{10}^2e^2$	d_{10} 为土的有效粒径,mm; e 为土的孔隙比	砂性土

2.3.2 渗透系数的影响因素

土的渗透系数不仅取决于土的性质，而且和土中水的特性有关。试验研究表明，影响土的渗透性的因素主要有以下几个方面。需要说明的是，下列因素很难单独地对土的渗透性产生影响，因为这些影响因素之间总是紧密相关的。

(1) 土的粒径大小与级配

土的粒径大小和级配对土的渗透性影响很大，如砂土中粉粒及黏粒含量增多时，其渗透性就会大大降低。从逻辑上讲，土颗粒越小，水流经过的孔隙越小，土的渗透性就越低；而土颗粒越粗，大小越均匀，形状越圆滑，k 值也就越大。哈臣（Hazen）根据松散状态下均匀砂的试验结果，提出如下经验公式

$$k=C_1d_{10}^2 \tag{2.34}$$

式中，d_{10} 为土的有效粒径，cm，即土中小于此粒径的土重占全部土重的 10%；C_1 为经验常数，一般取 100～150。

(2) 土的孔隙比

土的孔隙比大小决定着土体渗透系数的大小。当土体被压缩或受振动影响时，土的密度增大，孔隙比就变小，土的渗透性也就随之降低。根据一些学者的研究，土的渗透系数与孔隙率或孔隙比之间有如下关系

$$k=\frac{C_2n^3\gamma_w}{S_s^2(1-n)^2\eta}=\frac{C_2e^3\gamma_w}{S_s^2(1+e)\eta} \tag{2.35}$$

式中，C_2 为与土颗粒形状和水的实际流动方向有关的系数，可近似地采用 0.125；S_s 为土颗粒的比表面积；其他参数意义同前。

一些试验表明，无黏性土（如砂土）的渗透规律常较好地符合式(2.35)，黏性土则误差较大。

(3) 土的饱和度

土的饱和度对土的渗透性有重要影响。一般情况下，饱和度越低，渗透性就越低；饱和度越高，渗透性就越高。这是因为低饱和土中的孔隙存在较多气泡，会减小过水面积，甚至堵塞细小孔道。同时，气体也可因孔隙水压力的变化而收缩，因此，为保持测定 k 值时的试验精度，要求渗透试验中的土样必须充分饱和。

(4) 土的结构和构造

土的结构是影响渗透性的重要因素之一，对于细粒土更是如此。在孔隙比相同的情况下，具有凝聚结构的黏性土渗透性最高，而具有分散结构的黏性土渗透性最低。在宏观结构上，由于天然土层在固结过程中颗粒会有一定的定向排列，因而造成土的渗透性呈明显的各向异性。宏观构造上的成层土在水平方向上的渗透系数远大于竖直方向上的渗透系数。

(5) 土的矿物组成

土的矿物组成往往影响颗粒的尺寸、形状、排列及结合水膜的厚度。黏性土与无黏性土

的渗透性差别往往很大，主要原因是两者的矿物成分不同。黏土矿物的种类对渗透系数的影响也很大。在孔隙比相同的情况下，黏土矿物的渗透性：高岭石>伊利石>蒙脱石。

(6) 水的黏滞系数

土的渗透系数与水的重度 γ_w 以及水的黏滞系数 η 有关，而两者均随温度的变化而变化。水温越高，η 越低。与水的黏滞系数受温度的影响相比，水的重度受温度的影响可忽略不计。室内试验时，同一种土在不同的温度下将会得到不同的渗透系数。目前，国家标准《土工试验方法标准》(GB/T 50123—2019) 采用 20℃为标准温度进行渗透系数的测定。对于其他温度下所测定的渗透系数可采用下式进行转换

$$k_{20}=\frac{\eta_T}{\eta_{20}}k_T \tag{2.36}$$

式中，k_T、k_{20} 分别为 T℃和 20℃时土的渗透系数；η_T、η_{20} 分别为 T℃和 20℃时水的黏滞系数。

式(2.36) 中的温度修正项 η_T/η_{20} 与温度的关系见表 2.2。

表 2.2 温度修正项与温度的关系

T/℃	5	10	15	20	25	30	35
η_T/η_{20}	1.501	1.297	1.133	1.000	0.890	0.798	0.720

2.4 成层土的渗透系数

大多数天然沉积土层是由渗透系数不同的多层土所组成，宏观上具有非均质性。在计算渗流量时，为简单起见，常常把几个土层等效为厚度等于各土层之和、渗透系数为等效渗透系数的单一土层。但要注意，等效渗透系数的大小与水流的方向有关，可按下述方法确定。

2.4.1 水平渗流情况

图 2.13 为一多土层地基发生水平渗流的情况。已知地基内各层土的渗透系数分别为 k_1、k_2、k_3；土层厚度相应为 H_1、H_2、H_3；总土层厚度，亦即等效层厚度为 $H=\sum_{j=1}^{n}H_j$。渗透水流自断面 1—1 水平向流至断面 2—2，距离为 L，水头损失为 Δh。这种平行于各土层面的水平渗流的特点如下：

① 各层土中的水力坡降 $i=\Delta h/L$ 与等效土层的平均水力坡降相同；

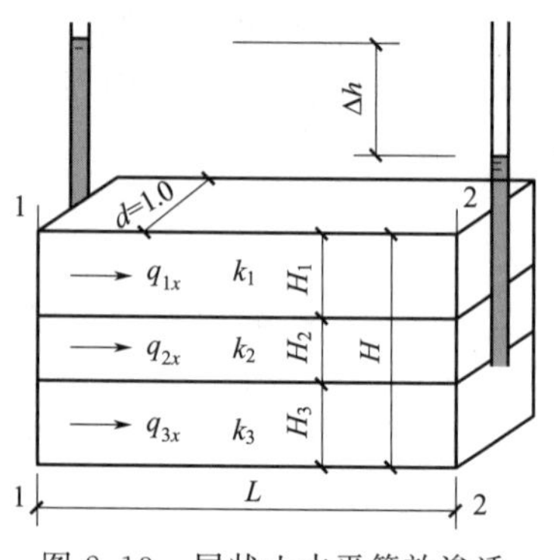

图 2.13 层状土水平等效渗透系数计算示意图

② 在垂直渗流方向取单位宽度 $d=1$，则通过等效土层的总渗流量 q_x 等于通过各层土渗流量之和，即

$$q_x=q_{1x}+q_{2x}+q_{3x}+\cdots=\sum_{j=1}^{n}q_{jx} \tag{2.37}$$

设等效土层的渗透系数为 k_x，运用达西定理可得

$$k_x iH=\sum_{j=1}^{n}k_j iH_j=i\sum_{j=1}^{n}k_jH_j \tag{2.38}$$

消去 i 后，即可得出沿水平方向的等效渗透系数为

$$k_x=\frac{1}{H}\sum_{j=1}^{n}k_jH_j \tag{2.39}$$

可见，k_x 为各层土渗透系数按土层厚度的加权平均值。

2.4.2　竖直渗流情况

图 2.14 为一多土层地基发生竖直渗流的情况。设承压水流经土层 H 厚度的总水头损失为 Δh，流经每一层的水头损失分别为 Δh_1、Δh_2、$\Delta h_3\cdots$。这种垂直于各层面的渗流特点如下：

（1）根据水流连续原理，流经各层的流速与流经等效土层的流速相同，即

$$v_1=v_2=v_3=\cdots=v \tag{2.40}$$

（2）流经等效土层 H 的总水头损失 Δh 等于各层土的水头损失之和，即

$$\Delta h=\Delta h_1+\Delta h_2+\Delta h_3+\cdots=\sum_{j=1}^{n}\Delta h_j \tag{2.41}$$

运用达西定律有

$$k_1\frac{\Delta h_1}{H_1}=k_2\frac{\Delta h_2}{H_2}=\cdots=k_j\frac{\Delta h_j}{H_j}=v \tag{2.42}$$

从而解出

$$\left.\begin{array}{c}\Delta h_1\\ \Delta h_2\\ \vdots\\ \Delta h_3\end{array}\right\}=\frac{vH_j}{k_j} \tag{2.43}$$

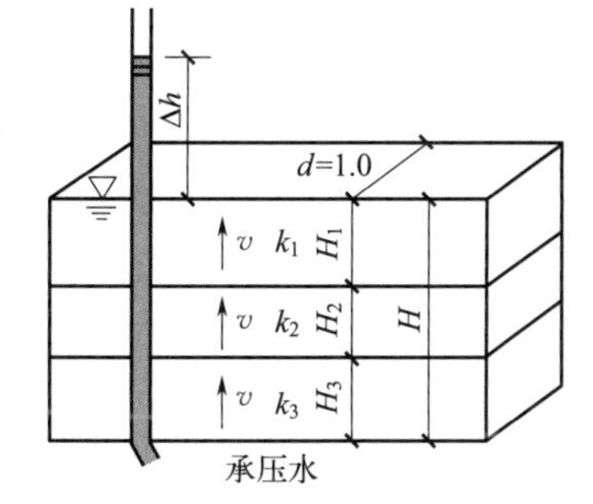

图 2.14　层状土竖直等效渗透系数计算示意图

设竖直等效渗透系数为 k_z，对等效土层有

$$v=k_z\frac{\Delta h}{H} \tag{2.44}$$

从而可得

$$\Delta h=\frac{vH}{k_z} \tag{2.45}$$

将式(2.43) 和式(2.45) 代入式(2.41) 得

$$\frac{vH}{k_z}=\sum_{j=1}^{n}\frac{vH_j}{k_j} \tag{2.46}$$

消去 v，即可得出垂直层面方向的等效渗透系数为

$$k_z=\frac{H}{\sum\limits_{j=1}^{n}\frac{H_j}{k_j}} \tag{2.47}$$

【例 2.2】　有一粉土地基，厚 10m，但有一厚度为 15cm 的水平砂夹层。已知粉土渗透系数 $k=2.5\times10^{-5}$cm/s，砂土渗透系数 $k=1.5\times10^{-2}$cm/s，设它们本身渗透性都是各向同性的，试计算这一复合土层的水平和垂直等效渗透系数。

解：（1）从式(2.39) 可计算水平等效渗透系数

$$k_x=\frac{H_1k_{1x}+H_2k_{2x}}{H_1+H_2}=\frac{10\times2.5+0.15\times1500}{10+0.15}\times10^{-5}=2.46\times10^{-4}\text{cm/s}$$

（2）从式(2.47) 可计算垂直等效渗透系数

$$k_z=\frac{H_1+H_2}{H_1/k_{1z}+H_2/k_{2z}}=\frac{10+0.15}{10/2.5+0.15/1500}\times10^{-5}=2.54\times10^{-5}\text{cm/s}$$

由此可见，砂夹层的存在对于垂直渗透系数几乎没有影响，可以忽略不计。然而厚度仅为 15cm 的砂夹层却能大大增加土层的水平等效渗透系数，大约增加到没有砂夹层时的 10 倍。基坑开挖时，是否挖穿强透水夹层，将导致基坑中的涌水量相差极大，因而要十分注意。

2.5 二维渗流与流网特征

上述涉及的是一些边界条件相对简单的一维渗流问题，可直接利用达西定律进行渗流计算。但在实际工程中遇到的渗流问题，常常属于边界条件复杂的二维或三维渗流问题。例如，混凝土坝下透水地基中的渗流可近似成二维渗流，而基坑降水一般是三维的渗流(图2.15)。在这些问题中，渗流的轨迹（流线）都是弯曲的，不能再视为一维渗流。为求解这些渗流场中各处的测管水头、水力坡降及渗透速度等，需要建立多维渗流的控制方程，并在相应的边界条件下进行求解。

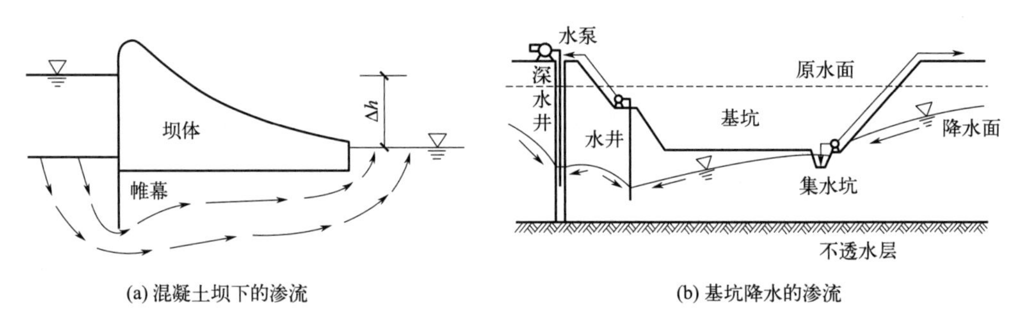

(a) 混凝土坝下的渗流　　(b) 基坑降水的渗流

图2.15　二维和三维渗流示意图

对于所研究的问题，如果当渗流剖面和产生渗流的条件沿某一个方向不发生变化，则在垂直该方向的各个平面内，渗流状况完全一致，可按二维平面渗流问题处理。对平面问题常取 $\Delta y=1\text{m}$ 单位宽度（简称单宽）的一薄片来进行分析。下面简要讨论二维平面渗流问题，且仅考虑流场不随时间发生变化的稳定渗流的情况。

2.5.1 平面渗流的控制方程

2.5.1.1 广义达西定律

在二维平面稳定渗流问题中，渗流场中各点的测管水头 h 为其位置坐标（x，z）的函数，因此，可以定义渗流场中一点的水力坡降 i 在两个坐标方向的分量分别为 i_x 和 i_z，表示为

$$\begin{cases} i_x=-\dfrac{\partial h}{\partial x} \\ i_z=-\dfrac{\partial h}{\partial z} \end{cases} \tag{2.48}$$

式中，负号表示水力坡降的正值对应测管水头降低的方向。式(2.48)表明，与渗透速度一样，渗流场中每一点的水力坡降都是一个具有方向的矢量，其大小等于该点测管水头 h 的梯度，但两者方向相反。

式(2.8)所表示的达西定律仅适用于一维单向渗流的情况。对于二维平面渗流，可将该式推广为如下矩阵形式

$$\begin{bmatrix} v_x \\ v_z \end{bmatrix}=\begin{bmatrix} k_x & k_{xz} \\ k_{zx} & k_z \end{bmatrix}\begin{bmatrix} i_x \\ i_z \end{bmatrix} \tag{2.49}$$

或简写为

$$\boldsymbol{v}=\boldsymbol{k}\boldsymbol{i} \tag{2.50}$$

式中，$\boldsymbol{k}$ 一般称为渗透系数矩阵，它是一个对称矩阵，亦即总有 $k_{xz}=k_{zx}$。需要说明的

是，土体内一点的渗透性是土体固有的性质，不受具体坐标系选取的影响。因此，渗透系数矩阵 **k** 满足坐标系变换的规则，对应 $k_{xz}=k_{zx}=0$ 的方向称为渗透主轴方向。式(2.50) 称为广义达西定律。在工程实践中，常遇到如下两种简化的情况：

① 当坐标轴和渗透主轴的方向一致时，有 $k_{xz}=k_{zx}=0$，此时

$$\begin{cases} v_x=k_x i_x \\ v_z=k_z i_z \end{cases} \tag{2.51}$$

② 对各向同性土体，此时恒有 $k_{xz}=k_{zx}=0$ 且 $k_x=k_z=k$，因此

$$\begin{cases} v_x=ki_x \\ v_z=ki_z \end{cases} \tag{2.52}$$

由广义达西定律式(2.50) 可知，对于各向异性土体，渗透速度和水力坡降的方向并不相同，两者之间存在夹角。只有对各向同性土体，也即当满足式(2.52) 时，渗透速度和水力坡降的方向才会一致。在工程中所遇到的渗流问题，一般均假定土是各向同性的。

2.5.1.2　平面渗流的控制方程

如图 2.16 所示，从稳定渗流场中取一微元土体，其面积为 $dx \cdot dz$，厚度 $dy=1$，在 x 和 z 方向各有流速 ν_x、ν_z。单位时间内流入和流出这个微元体的水量分别为 dq_e 和 dq_o，则有

$$\begin{cases} dq_e=v_x dz\times 1+v_z dx\times 1 \\ dq_o=\left(v_x+\dfrac{\partial v_x}{\partial x}dx\right)dz\times 1+\left(v_z+\dfrac{\partial v_z}{\partial z}dz\right)dx\times 1 \end{cases} \tag{2.53}$$

假定在微元体内无水源且水体为不可压缩，则根据水流的连续性原理，单位时间内流入和流出微元体的水量应相等，即

$$dq_e=dq_o \tag{2.54}$$

从而可得

$$\frac{\partial v_x}{\partial x}+\frac{\partial v_z}{\partial z}=0 \tag{2.55}$$

上式即为二维平面渗流的连续性方程。

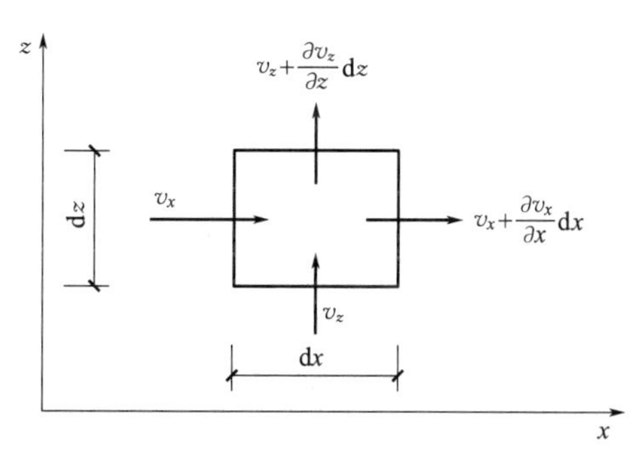

图 2.16　二维渗流的连续性条件

根据广义达西定律，对于坐标轴和渗透主轴方向一致的各向异性土，将式(2.51) 代入式(2.55)，可得

$$k_x\frac{\partial^2 h}{\partial x^2}+k_z\frac{\partial^2 h}{\partial z^2}=0 \tag{2.56}$$

对于各向同性土体，由式(2.52) 可得

$$\frac{\partial^2 h}{\partial x^2}+\frac{\partial^2 h}{\partial z^2}=0 \tag{2.57}$$

式(2.57) 即为著名的拉普拉斯（Laplace）方程。该方程描述了各向同性土体渗流场内部测管水头 h 的分布规律，是平面稳定渗流的控制方程。通过求解一定边界条件下的拉普拉斯方程，即可求得该条件下渗流场中水头的分布。此外，式(2.57) 与水力学中描述平面势流问题的拉普拉斯方程完全一样，可见满足达西定律的渗流问题是一个势流问题。

2.5.1.3　渗流问题的边界条件

每一个渗流问题均是在一个限定空间的渗流场内发生的。在渗流场的内部，渗流满足前

面所讨论的渗流控制方程。沿这些渗流场边界起支配作用的条件称为边界条件。求解一个渗流场问题，正确地确定边界条件是非常关键的。

对于在工程中常遇到的渗流问题，主要具有如下几种类型的边界条件。

(1) 已知水头的边界条件

在相应边界上给定水头分布，也称为水头边界条件。在渗流问题中，常见的情况是某段边界同一个自由水面相连，此时在该段边界上总水头为恒定值，其数值等于相应自由水面所对应的测管水头。例如，如果取 0—0 为基准面，在图 2.17(a) 中，AB 和 CD 边界上的水头值分别为 $h=h_1$ 和 $h=h_2$；在图 2.17(b) 中，AB 和 GF 边界上的水头值 $h=h_3$，LKJ 边界上的水头值 $h=h_4$。

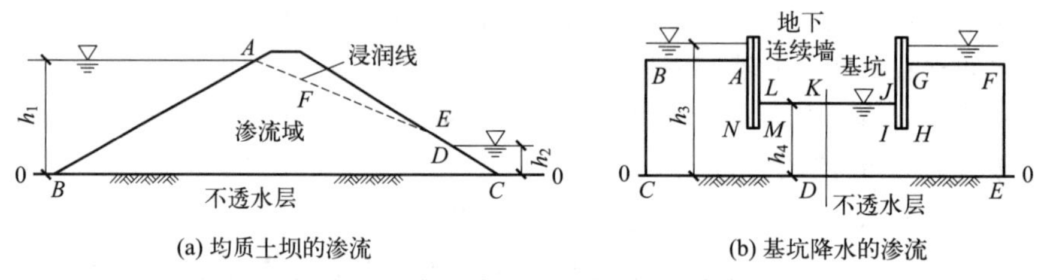

图 2.17 典型渗流问题中的边界条件

(2) 已知法向流速的边界条件

在相应边界上给定法向流速的分布，也称为流速边界条件。最常见的流速边界是法向流速为零的不透水边界，亦即 $v_n=0$。例如，图 2.17(a) 中的 BC，图 2.17(b) 中的 CE，当地下连续墙不透水时，沿墙的表面，亦即 $ANML$ 和 $GHIJ$ 也为不透水边界。

对于图 2.17(b) 所示的基坑降水问题，整体渗流场沿 KD 轴对称，所以在 KD 的法向也没有流量的交换，相当于法向流速为零值的不透水边界，此时仅需求解渗流场的一半。此外，图 2.17(b) 中的 BC 和 EF 是人为的截断面，计算中也近似按不透水边界处理。注意此时 BC 和 EF 的选取不能离地下连续墙太近，以保证求解的精度。

(3) 自由水面边界条件

在渗流问题中也称其为浸润线，如图 2.17(a) 中的 AFE。在浸润线上应该同时满足两个条件：①测管水头等于位置水头，亦即 $h=z$，这是由于在浸润线以上土体孔隙中的气体和大气连通，浸润线上压力水头为零所致；②浸润线上的法向流速为零，也即渗流方向沿浸润线的切线方向，此条件和不透水边界完全相同，亦即 $v_n=0$。

(4) 渗出面边界条件

如图 2.17(a) 中的 ED，其特点也是和大气连通，压力水头为零，同时有水从该段边界渗出。因此，在渗出面上也应该同时满足如下两个条件：①$h=z$，即测管水头等于位置水头；②$v_n \leqslant 0$，也就是渗流方向和渗出面相交，且渗透速度指向渗流域的外部。

2.5.1.4 渗流问题的求解方法

目前，对渗流问题通常可采用如下四种类型的求解方法。

(1) 数学解析法或近似解析法

数学解析法是根据具体边界条件，以解析法求式(2.56) 或式(2.57) 的解。严格的数学解析法一般只适用于一些渗流域相对规则和边界条件简单的渗流问题。此外，对一些实际的工程问题，有时可根据渗流的主要特点对其进行适当的简化，以求取相应的近似解析解，也可满足实际工程的需要。

(2) 数值解法

随着计算机和数值计算技术的迅速发展，各种数值方法，如有限差分法、有限单元法和无单元法等，在各种渗流问题的模拟计算中得到了越来越广泛的应用。计算机数值求解方法，不仅可用于各种二维或三维问题，也可很好地处理各种复杂的边界条件，已逐步成为求解渗流问题的主要方法。

(3) 试验法

试验法是采用一定比例的模型来模拟真实的渗流场，用试验手段测定渗流场中的渗流要素。例如，曾经应用广泛的电比拟法，就是利用渗流场与电场所存在的比拟关系（两者均满足拉普拉斯方程），通过量测电场中相应物理量的分布来确定渗流场中渗流要素的一种试验方法。此外，还有电网络法和沙槽模型法等。

(4) 图解法

根据水力学中平面势流的理论可知，拉普拉斯方程存在共轭调和函数，两者互为正交函数族。在势流问题中，这两个互为正交的函数族分别称为势函数 $\phi(x,z)$ 和流函数 $\psi(x,z)$，其等值线分别为等势线和流线。绘制由等势线和流线所构成的流网是求解渗流场的一种图解方法。该法具有简便、迅速的优点，并能应用于渗流场边界轮廓较复杂的情况。只要满足绘制流网的基本要求，求解精度就可以得到保证，因而该法在工程上得到广泛应用。

2.5.2 流网的绘制及应用

2.5.2.1 势函数及其特性

为研究的方便，在渗流场中引进一个标量函数 $\phi(x,z)$，表示为

$$\phi=-kh=-k\frac{u}{\gamma_{\mathrm{w}}}+z \tag{2.58}$$

式中，k 为土体的渗透系数；h 为测管水头。

根据广义达西定律可得，

$$\begin{cases} v_x=\dfrac{\partial\phi}{\partial x} \\ v_z=\dfrac{\partial\phi}{\partial z} \end{cases} \tag{2.59}$$

亦即有

$$\boldsymbol{v}=\mathrm{grad}\phi \tag{2.60}$$

由上式可见，渗流速度矢量 $\boldsymbol{v}$ 是标量函数中的梯度。一般说来，当流动的速度正比于一个标量函数的梯度时，这种流动称为有势流动，这个标量函数称为势函数或流速势。由渗流势函数的定义可知，势函数和测管水头呈比例关系，等势线也是等水头线，两条等势线的势值差也同相应的水头差成正比，它们两者之间完全可以互换。因此，在流网的绘制过程中，一般直接使用等水头线。

将式(2.59) 代入式(2.55) 中可得

$$\frac{\partial^2\phi}{\partial x^2}+\frac{\partial^2\phi}{\partial z^2}=0 \tag{2.61}$$

可见势函数满足拉普拉斯方程。

2.5.2.2 流函数及其特性

流线是流场中的曲线，在这条曲线上各点的流速矢量都与该曲线相切（图 2.18）。对于不随时间变化的稳定渗流场，流线也是水质点的运动轨迹线。根据流线的上述定义，可写出流线所应满足的微分方程为

$$\frac{\mathrm{d}z}{\mathrm{d}x}=\frac{v_z}{v_x} \tag{2.62}$$

亦即
$$v_x \mathrm{d}z - v_z \mathrm{d}x = 0 \tag{2.63}$$
式(2.62) 的左边可写成某一个函数全微分形式的充要条件为
$$\frac{\partial v_x}{\partial x} = \frac{\partial(-v_z)}{\partial z} \tag{2.64}$$
亦即
$$\frac{\partial v_x}{\partial x} + \frac{\partial v_z}{\partial z} = 0 \tag{2.65}$$

对比式(2.55) 可以发现，上述的充要条件就是渗流的连续性方程，在渗流场中是恒成立的。因此，必然存在函数 ψ 为式(2.62) 左边项的全微分，亦即
$$\mathrm{d}\psi = \frac{\partial \psi}{\partial x}\mathrm{d}x + \frac{\partial \psi}{\partial z}\mathrm{d}z = v_x \mathrm{d}z - v_z \mathrm{d}x \tag{2.66}$$
函数 ψ 称为流函数。由式(2.66) 可知
$$\begin{cases} \dfrac{\partial \psi}{\partial x} = -v_z \\ \dfrac{\partial \psi}{\partial z} = v_x \end{cases} \tag{2.67}$$
流函数 ψ 具有如下两条重要特性。

① 不同的流线互不相交，在同一条流线上，流函数的值为一常数。流线间互不相交是由流线的物理意义所决定的。根据式(2.63) 和式(2.66) 可以发现，在同一条流线上有 $\mathrm{d}\psi = 0$，因此流函数的值为一常数。反过来也说明，流线就是流函数的等值线。

② 两条流线上流函数的差值等于穿过这两条流线间的渗流量，对于图 2.19 中所示的情况应有 $\mathrm{d}\psi = \mathrm{d}q$。

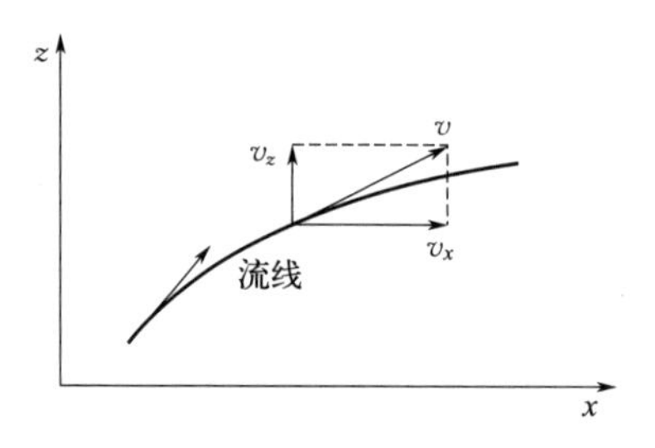

图 2.18 流线的概念

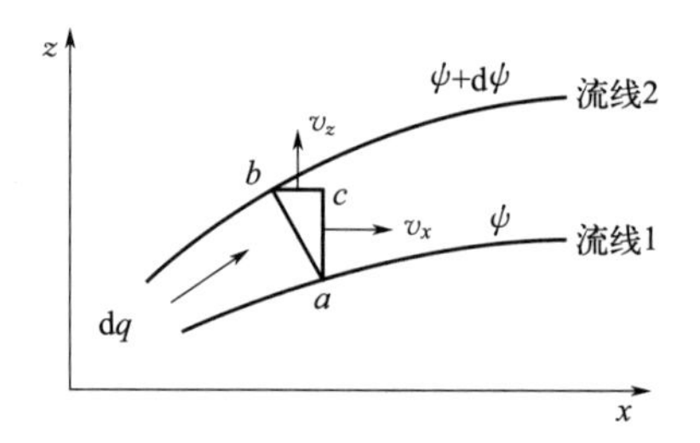

图 2.19 流函数的特性

证明如下：在两条流线上各取一点 a 和 b，其坐标分别为 $a(x,z)$，$b(x-\mathrm{d}x, z+\mathrm{d}z)$。显然，$ab$ 为两流线间的过水断面，则流过 ab 的流量 $\mathrm{d}q$ 为
$$\mathrm{d}q = v_x ac + v_z cb = v_x \mathrm{d}z - v_z \mathrm{d}x = \frac{\partial \psi}{\partial z}\mathrm{d}z - \left(-\frac{\partial \psi}{\partial x}\right)\mathrm{d}x = \mathrm{d}\psi \tag{2.68}$$
将式(2.67) 代入式(2.55) 可得
$$\frac{\partial^2 \psi}{\partial x^2} + k_z \frac{\partial^2 \psi}{\partial z^2} = 0 \tag{2.69}$$
可见，同势函数一样，流函数也满足拉普拉斯方程。

2.5.2.3 流网及其特性

由前面的讨论可知，在渗流场中势函数和流函数均满足拉普拉斯方程。实际上，势函数和流函数是互为共轭的调和函数，当求得其中一个时就可以推求出另外一个。从这个意义上讲，势函数和流函数两者均可独立和完备地描述一个渗流场。

在渗流场中，由一组等势线（或者等水头线）和流线组成的网格称为流网。流网具有如

下特性。

① 对各向同性土体，等势线（等水头线）和流线处处垂直，故流网为正交的网格。该条特性可通过等势线和流线的物理意义进行说明。根据等势线的特性可知，渗流场中一点的渗透速度方向为等势线的梯度方向，这表明渗透速度方向必与等势线垂直；另一方面，根据流线的定义可知，渗流场中一点的渗透速度方向又是流线的切线方向。因此，等势线与流线必定相互垂直正交。

② 在绘制流网时，如果取相邻等势线间的 $\Delta\phi$ 和相邻流线间的 $\Delta\psi$ 为不变的常数，则流网中每一个网格的边长比也保持为常数。特别是当取 $\Delta\phi=\Delta\psi$ 时，流网中每一个网格的边长比为 1，此时流网中的每一网格均为曲边正方形。

假设在流网中取出一个网格，如图 2.20 所示，相邻等势线的差值为 $\Delta\phi$，间距 l；相邻流线的差值为 $\Delta\psi$，间距 s。设网格处的渗透流速为 v，则有

$$\begin{cases}\Delta\phi=-k\Delta h=-k\dfrac{\Delta h}{l}l=vl\\ \Delta\psi=\Delta q=vs\end{cases}\tag{2.70}$$

所以

$$\frac{\Delta\phi}{\Delta\psi}=\frac{vl}{vs}=\frac{l}{s}\tag{2.71}$$

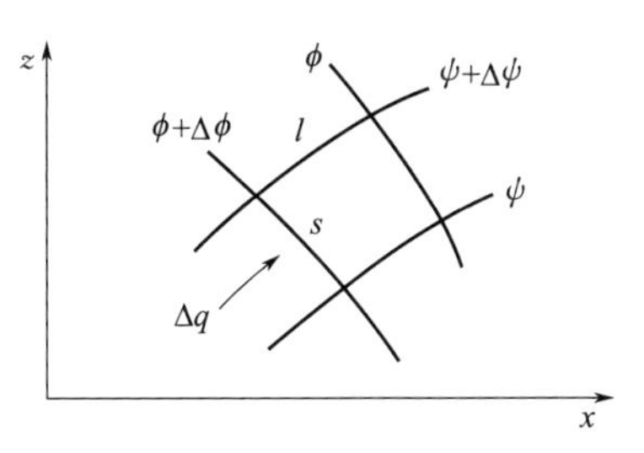

图 2.20　流网的特性

因此，当 $\Delta\phi$ 和 $\Delta\psi$ 均保持不变时，流网网格的长宽比 l/s 也保持为一常数，而当 $\Delta\phi=\Delta\psi$ 时，对流网中的每一网格均有 $l=s$，所以流网中的每一网格均为曲边正方形。

2.5.2.4　流网的画法

根据前述的流网特征可知，绘制流网时需满足下列几个条件：

① 流线与等势线必须正交。

② 流线与等势线构成的各个网格的长宽比应为常数，即 l/s 为常数；为绘图的方便，一般取 $l=s$，此时网格呈曲线正方形，这是绘制流网时最方便和最常见的一种流网图形。

③ 必须满足流场的边界条件，以保证解的唯一性。

现以图 2.21 所示混凝土坝下透水地基的流网为例，说明绘制流网的步骤。

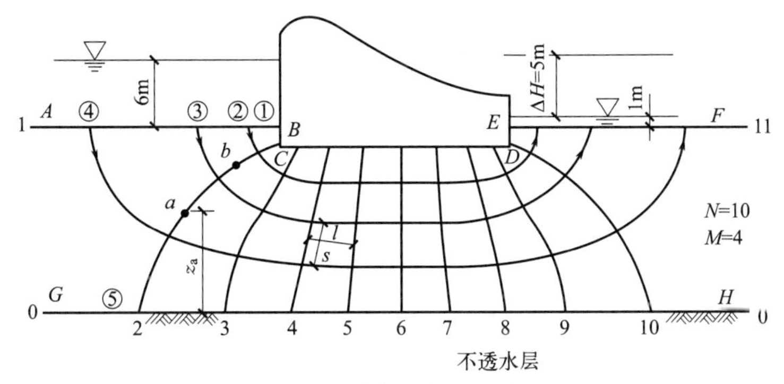

图 2.21　混凝土坝下的流网

① 首先根据渗流场的边界条件确定边界流线和边界等势线，该例中的渗流是有压渗流，因而坝基轮廓线 $BCDE$ 是第一条流线；其次，不透水层面 GH 也是一条边界流线；上下游透水地基表面 AB 和 EF 则是两条边界等势线。

② 根据绘制流网的另外两个要求初步绘制流网，按边界趋势先大致画出几条流线，如图 2.21 中流线②、③、④，彼此不能相交，且每条流线都要和上下游透水地基表面（等势

线）正交；然后再自中央向两边画等势线，图 2.21 中先绘中线 6，再绘 5 和 7，如此向两侧推进；每根等势线要与流线正交，并弯曲成曲线正方形。

③ 一般初绘的流网总是不能完全符合要求，必须反复修改，直至部分网格满足曲边正方形为止；但应指出，由于边界形状不规则，在边界突变处很难画成正方形，而可能是三角形或五边形，这是由于流网图中流线和等势线的根数有限所造成的；只要网格的平均长度和宽度大致相等，就不会影响整个流网的精度，一个精度较高的流网，往往都要经过多次反复修改，才能最后完成。

2.5.2.5 流网的应用

流网绘出后，即可求得渗流场中各点的测管水头、水力坡降、渗透速度及渗流量。现仍以图 2.21 所示的流网为例，其中 0—0 为基准面。

(1) 测管水头、位置水头及压力水头

根据流网特征可知，任意两相邻等势线间的势能差相等，即水头损失相等，从而可算出相邻两条等势线之间的水头损失 Δh，即

$$\Delta h=\frac{\Delta H}{N}=\frac{\Delta H}{n-1}\quad (N=n-1) \tag{2.72}$$

式中，ΔH 为上下游水位差，也就是水从上游渗到下游的总水头损失；N 为等势线间隔数；n 为等势线条数。

本例中，$n=11$，$N=10$，$\Delta H=5.0\text{m}$，故每一个等势线间隔间的水头损失 $\Delta h=5/10=0.5\text{m}$，有了 Δh 就可求出流网中任意一点的测管水头。以图 2.21 中的 a 点为例进行说明：由于 a 点位于第 2 条等势线上，所以测管水头应从上游算起降低一个 Δh，故其测管水头 $h_a=6.0-0.5=5.5\text{m}$。

位置水头 z_a 为 a 点到基准面的高度，可从图上直接量取；压力水头 $h_{ua}=h_a-z_a$。

(2) 孔隙水压力

渗流场中各点的孔隙水压力可根据该点的压力水头 h_u 按下式计算得到

$$u=h_u\gamma_w \tag{2.73}$$

应当注意，对图 2.21 中所示位于同一根等势线上的 a、b 两点，虽然其测管水头相同，即 $h_a=h_b$，但其孔隙水压力并不相同，即 $u_a\neq u_b$。

(3) 水力坡降

流网中任意网格的平均水力坡降 $i=\Delta h/l$。其中，l 为该网格处流线的平均长度，可从图中量出。由此可知，流网中网格越密处，其水力坡降越大。故图 2.21 中下游坝趾水流渗出地面处（E 点）的水力坡降最大。该处的坡降称为逸出坡降，常是地基渗透稳定的控制坡降。

(4) 渗透速度

各点的水力坡降已知后，渗透速度的大小可根据达西定律求出，即 $v=ki$，其方向为流线的切线方向。

(5) 渗透流量

流网中任意两相邻流线间的单位宽度流量 Δq 是相等的，这时因为

$$\Delta q=v\Delta A=kis\times 1.0=k\frac{\Delta h}{l}s \tag{2.74}$$

当取 $l=s$ 时，有

$$\Delta q=k\Delta h \tag{2.75}$$

由于 Δh 是常数，故 Δq 也是常数。

通过坝下渗流区的总单宽流量为

$$q=\sum\Delta q=M\Delta q=Mk\Delta h \tag{2.76}$$

式中，M 为流网中的流槽数，数值上等于流线数减 1，本例中 $M=4$。

当坝基长度为 B 时，通过坝底的总渗流量为

$$Q=qB \tag{2.77}$$

此外，还可通过流网所确定的各点的孔隙水压力值，确定作用于混凝土坝坝底的渗透压力，具体可参考相关水工建筑物教材。

【例 2.3】 某板桩支挡结构，由于基坑内外存在水位差而发生渗流现象，渗流流网如图 2.22 所示。土层为各向同性均质土层，已知土层的渗透系数 $k=2.6\times10^{-3}$cm/s，A 点、B 点分别位于基坑底面以下 1.5m 和 3.0m。试计算：(1) 整个渗流区的单宽流量；(2) AB 段的平均渗透速度；(3) 图中 A 点、B 点的孔隙水压力。

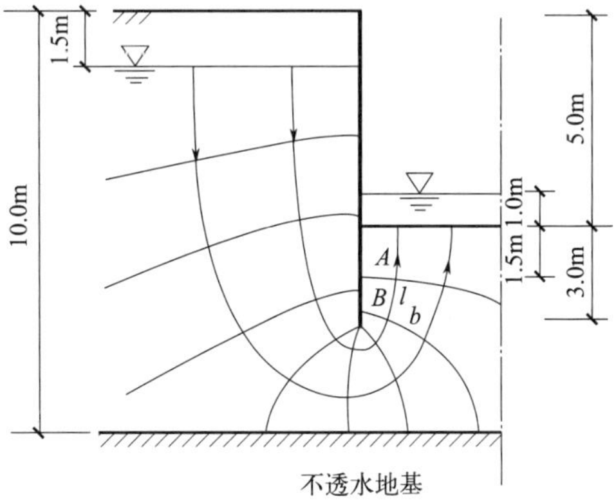

图 2.22 例 2.3 图

解：(1) 基坑内外的水头差为

$$\Delta H=(10.0-1.5)-(10.0-5.0+1.0)=2.5\text{m}$$

根据图 2.22，流网中共有 4 条流线，10 条等势线，即有 $n=10$，$M=3$。在流网中选定网格的长度与宽度分别为

$$l=b=1.5\text{m}$$

则整个渗流区域的单宽流量 q 为

$$q=\frac{k\Delta HMb}{(n-1)l}=\frac{2.6\times10^{-3}\times10^{-2}\times2.5\times3}{10-1}\times\frac{1.5}{1.5}=2.17\times10^{-5}\text{m}^3/(\text{m}\cdot\text{s})$$

(2) 由式(2.72) 可知，任意两等势线间的水头差为

$$\Delta h=\frac{\Delta H}{(n-1)}=\frac{2.5}{(10-1)}=0.28\text{m}$$

则 AB 段平均流速为

$$v_{AB}=ki_{AB}=k\frac{\Delta h}{l}=\left(2.6\times10^{-3}\times\frac{0.28}{1.5}\right)=0.49\times10^{-3}\text{cm/s}$$

(3) A 点和 B 点的测压水柱高度分别为

$$h_A=[(10.0-1.5)-(10.0-5.0-1.5)-(9-1)\times0.28]=2.76\text{m}$$

$$h_B=[(10.0-1.5)-(10.0-5.0-3.0)-(8-1)\times0.28]=4.54\text{m}$$

于是可得 A 点和 B 点的孔隙水压力分别为

$$u_A=h_A\gamma_w=2.76\times10.0=27.6\text{kPa}$$

$$u_B=h_B\gamma_w=4.54\times10.0=45.4\text{kPa}$$

2.5.3 非均质土体中的流网

下面介绍由两种以上不同性质的土层所组成的非均质土体的流网绘制方法。由于各层土的渗透系数不同，流线在土层交界面处发生折射现象，且不同土层流网的几何形状各不相同，如图 2.23 所示。

对于稳定渗流，在两种土层界面两边任意两条流线之间通过的流量应当是相等的。若土层 A 的渗透系数为 k_A，土层 B 的渗透系数为 k_B，则有

$$q_A=q_B \tag{2.78}$$

由渗流量的定义有

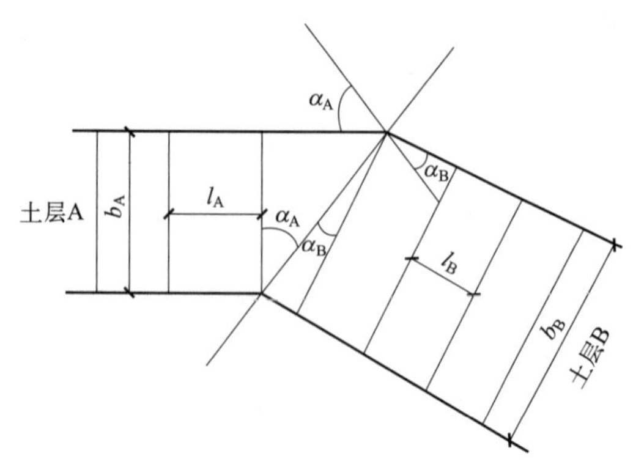

图 2.23 通过不同土层的渗流折射现象

$$k_A \frac{\Delta h}{l_A} b_A = k_B \frac{\Delta h}{l_B} b_B \tag{2.79}$$

同时，从图 2.23 可以看出

$$\begin{cases} \tan\alpha_A = \dfrac{l_A}{b_A} \\ \tan\alpha_B = \dfrac{l_B}{b_B} \end{cases} \tag{2.80}$$

将式(2.79) 代入式(2.80) 整理后得

$$\frac{k_A}{k_B} = \frac{\tan\alpha_A}{\tan\alpha_B} \tag{2.81}$$

式(2.81) 表明，在不同渗透性土层的交界面处不仅流线产生折射现象，而且流网的几何形状也产生变化。流网方格的长宽比同渗透系数有关。

2.5.4 各向异性土体中的流网

式(2.57) 是根据土体所有方向的渗透性都相同的基本假设推导出的渗流拉普拉斯方程。但对于 $k_x \neq k_z$ 的各向异性土，这时稳定渗流场的基本微分方程应以普通形式表示为

$$k_x \frac{\partial^2 h}{\partial x^2} + k_z \frac{\partial^2 h}{\partial z^2} = 0 \tag{2.82}$$

式(2.82) 已不是拉普拉斯方程，其解也不是两簇正交曲线，而是斜交曲线。

将式(2.82) 两边同除以 k_z，可得

$$\frac{\partial^2 h}{\dfrac{k_z}{k_x}\partial x^2} + \frac{\partial^2 h}{\partial z^2} = 0 \tag{2.83}$$

若令 $x' = \left(\dfrac{k_z}{k_x}\right)^{\frac{1}{2}} x$，则式(2.83) 可简化为

$$\frac{\partial^2 h}{\partial x'^2} + \frac{\partial^2 h}{\partial z^2} = 0 \tag{2.84}$$

由此可见，对于各向异性土体渗流问题，只要把水平坐标 x 乘以比例尺 $\sqrt{k_z/k_x}$ 转换成新坐标 x'，同时保持 z 的比例尺不变，就可由原来自然截面得到一转化截面以及该截面上的拉普拉斯方程式(2.84)。这样，只要通过转化，就可在转化截面上按各向同性土体绘制正交流网的方法来绘制各向异性土的流网，由此绘得的流网称为变态流网。转化截面上所绘流网中使用的等效渗透系数为

$$k_e = \sqrt{k_x k_z} \tag{2.85}$$

利用变态流网求渗流量，表示为

$$\Delta q = k_e \Delta h \tag{2.86}$$

$$q = M k_e \Delta h \tag{2.87}$$

图 2.24 为各向异性土体在自然截面和转化截面上的部分流网图。由转化截面，则能够通过 k_e 并运用式(2.87) 计算土的渗流量。同时，也能够由转化截面直接计算任意点的压力水头 h_{ui}。然而，在计算各点水力坡降及水头损失的距离

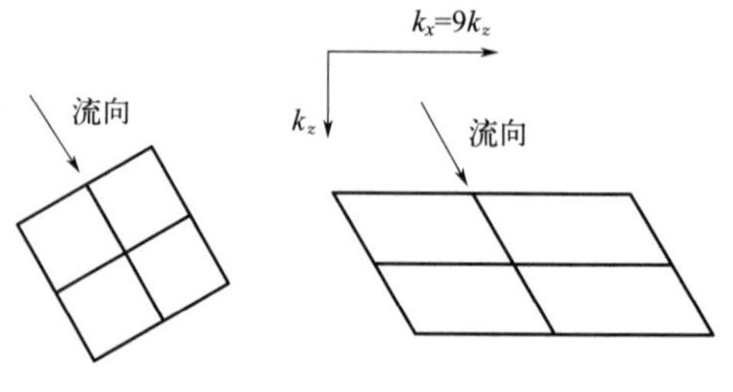

图 2.24 各向异性土中的流网区段

时，需注意计算尺度上的校正。因为对于各向异性土，转化截面流网上求各点水力坡降、计算水头损失的流线长度时，等势线之间的流线长度应使用自然截面上等势线之间的垂直距离，而不是转化截面上等势线之间的距离。

图 2.24 也说明了一个重要问题：仅在各向同性土体中，流网图中的流线和等势线是相互垂直的；而在各向异性土体中，流网图中的流线并不与等势线相垂直。

2.6　渗透力和渗透变形

渗透不可避免地引起土体内部应力状态的变化，从而改变建筑物基础的稳定条件。因此，对于土工建筑物来说，如何确保在有渗流作用时的稳定性是非常重要的。渗流所引起的渗透破坏问题主要有两大类：一是土体的局部稳定问题，这是由于渗透水流将土体的细颗粒冲出、带走或局部土体产生移动，导致土体变形，因此这类问题又常称为渗透变形问题；另一类是整体稳定问题，由于渗流作用，使得水压力或浮力发生变化，导致整个土体发生滑动、坍塌或建筑物失稳。前者主要表现为流土和管涌，后者则表现为岸坡滑动或挡土墙等构筑物的整体失稳，土坝在水位降落时引起的滑动是这类破坏的典型事例。

应当指出，局部稳定问题如不及时加以治理，同样会造成整个建筑物的毁坏。下面着重讨论土体的局部稳定问题。

2.6.1　渗透力和渗透变形的概念

水在土体中流动时，将会引起水头的损失。而这种水头损失是由于水在土体孔隙中流动时，试图拖曳土粒而消耗能量的结果。水流在拖曳土粒时将给予土粒某种拖曳力。将渗透水流施于单位土体内土粒上的拖曳力称为渗透力。

如图 2.25 所示，圆筒形容器 A 的细筛上装有均匀的砂土，其厚度为 L，容器顶缘高出砂 h_w，细筛底部用一根管子与贮水器 B 相连。当贮水器的水面与容器 A 的水面保持齐平时，则无渗流发生；若将贮水器 B 逐级提升，则由于水位差的存在，贮水器 B 内的水就从底部透过砂层从容器 A 的顶缘不断溢出，渗透水流的速度也越来越快；当贮水器 B 提升到某一高度时，就可以明显地看到渗水翻腾并挟带着砂子向上涌出，这一现象称为渗透变形。产生这一现象的原因可解释如下。

取图 2.25 中的土样 $abdc$（截面面积为 A，长度为 L）进行受力分析，如图 2.26 所示，可采取以下三种隔离体取法：

① 取土水整体作为隔离体，此时作用在土体上的力有流入面和流出面的水压力 $\gamma_w h_1 A$、$\gamma_w h_w A$，土样的重力 $W=\gamma_{sat} LA$，以及土样底面所受到的反力 F，如图 2.26(a) 所示；

② 取土骨架作为隔离体，此时作用在隔离体上的力有骨架的有效重力 $W'=\gamma' LA$，总渗透力 $J=jLA$，以及土样底面所受到的反力 F，如图 2.26(b) 所示；

③ 取孔隙水为隔离体，此时作用在隔离体上的力有流入面和流出面的水压力 $\gamma_w h_1 A$、$\gamma_w h_w A$，孔隙水重力和土粒所受浮力反力之和 $W_w=\gamma_w LA$，土粒对水流的阻力 J'（大小等于总渗透力，但方向相反），如图 2.26(c) 所示。

实际上，三种隔离体取法的总效果是一样的，即图 2.26 中的 (a)=(b)+(c)。下面以土样中的孔隙水为隔离体进行受力分析，在竖直方向上要满足力的平衡，故有

$$\gamma_w h_w A+\gamma_w LA-\gamma_w h_1 A=J'=J=jLA \tag{2.88}$$

考虑到 $h_1=L+h_w-\Delta h$，得单位土颗粒所受的渗透力 j 为

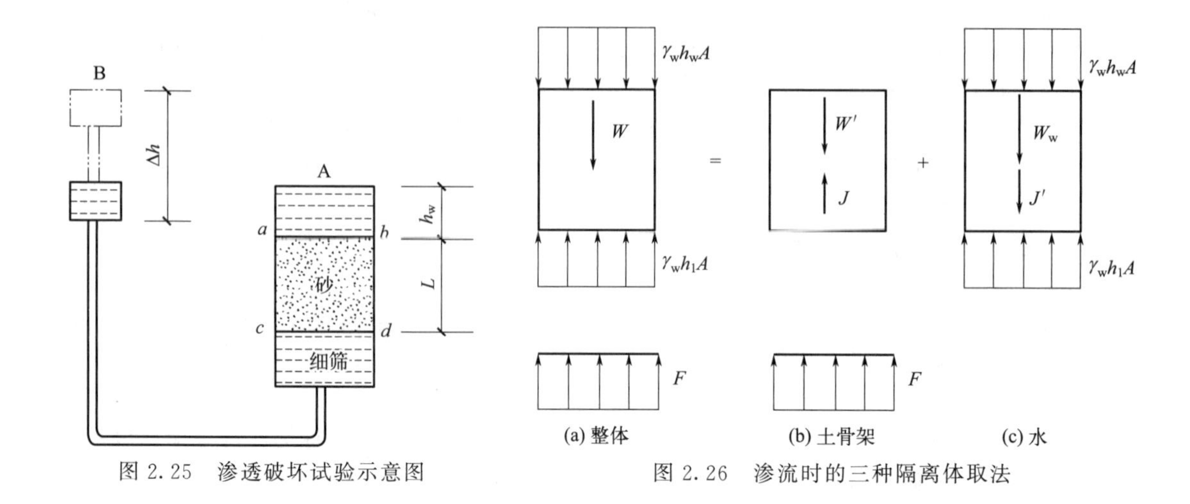

图 2.25 渗透破坏试验示意图　　图 2.26 渗流时的三种隔离体取法

$$j=\frac{J}{AL}=\frac{\gamma_w \Delta h A}{AL}=\gamma_w i \tag{2.89}$$

从式(2.89) 可知，渗透力是一种体积力，其量纲与 γ_w 相同。渗透力的大小和水力坡降成正比，其方向与渗流方向相一致。

从上述分析结果可知，在有渗流的情况下，由于渗透力的存在，将使土体内部受力情况（包括大小和方向）发生变化。一般来说，这种变化对土体的整体稳定是不利的，但是，对于渗流中的具体部位应进行具体分析。例如，对于图 2.27 中的 1 点，由于渗透力方向与重力一致，渗流力促使土体压密、强度提高，对稳定起着有利的作用；2 点的渗透力方向与重力近乎正交，使土粒有向下游方向移动的趋势，对稳定是不利的；3 点的渗透力方向与重力相反，对稳定最为不利，特别当向上的渗透力大于土体的有效重力时，土粒将被水流冲出，造成流砂破坏，如不及时治理，将会引起整个建筑物的失稳。

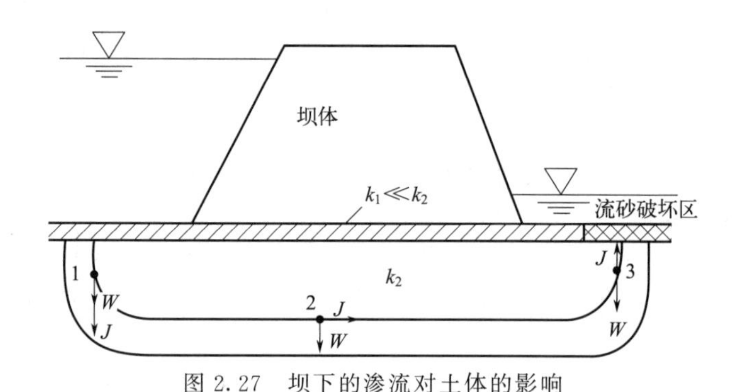

图 2.27 坝下的渗流对土体的影响

2.6.2 渗透变形的形式和临界水力坡降

2.6.2.1 渗透变形的形式

如前所述，渗透变形是土体在渗流作用下发生变形或破坏的现象，按照渗透水流所引起的局部破坏特征，渗透变形可分为流砂和管涌两种基本形式。

（1）流砂

流砂是指在渗流的作用下，黏性土或无黏性土体中某一范围内的颗粒同时发生移动的现象。观察表明，流砂主要发生在地基或土坝下游渗流逸出处，而不发生于土体内部。实际工程中在开挖基坑或渠道时经常会碰到流砂现象。

如图 2.27 所示，当渗流流经上部较薄、渗透系数较小的黏土层和下部较厚、渗透系数较大的无黏性土构成的堤坝底双层地基时，水头将主要损失在上游水流渗入和下游水流渗出薄黏性土层的流程中，而在砂层的流程损失则很小，因此造成下游逸出处水力坡降较大。当水力坡降超过某临界值时就会在下游坝脚处出现隆起、裂缝、砂粒涌出、整块土体被渗透水流抬起的现象，这就是典型的流砂破坏。

图 2.28 为在已建房屋附近进行排水开挖基坑时的情况。由于地基内埋藏着一细砂层，当基坑开挖至该层时，在渗透力作用下，细砂向上涌出，引起房屋不均匀下沉，上部结构开裂，影响了正常使用。

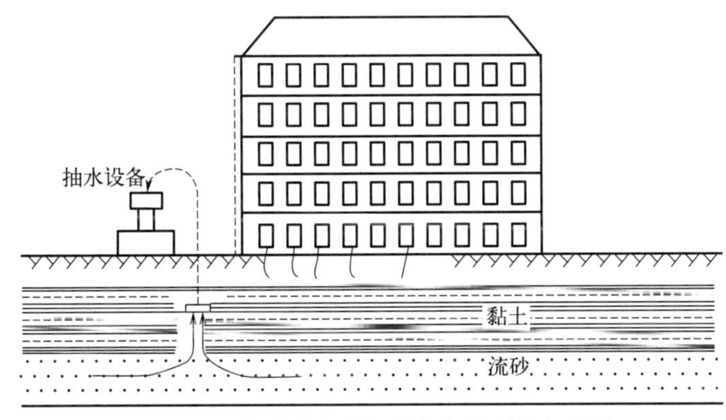

图 2.28　流砂涌向基坑引起房屋不均匀沉降

图 2.29 为河堤下相对不透水覆盖层下面有一层强透水砂层。由于堤内水位高涨，局部覆盖层被水流冲蚀，砂土大量涌出，危及堤防的安全。

（2）管涌

管涌是渗透变形的另一种形式。它是指在渗流作用下，无黏性土体中的细小颗粒在粗大土粒形成的孔隙通道中发生移动并被带出的现象。它发生的部位可以是在渗流逸出处，也可在土体内部，故也称为渗流的潜蚀现象。

如图 2.30 所示，建在土基上的大坝由于土和基础之间贯通渗流通道的突然形成而发生破坏。由于这类贯通的渗流突然形成时，大坝中所储存的水会急速涌进通道，并使通道迅速扩大，直至大坝结构与基础相剥离后发生彻底破坏。

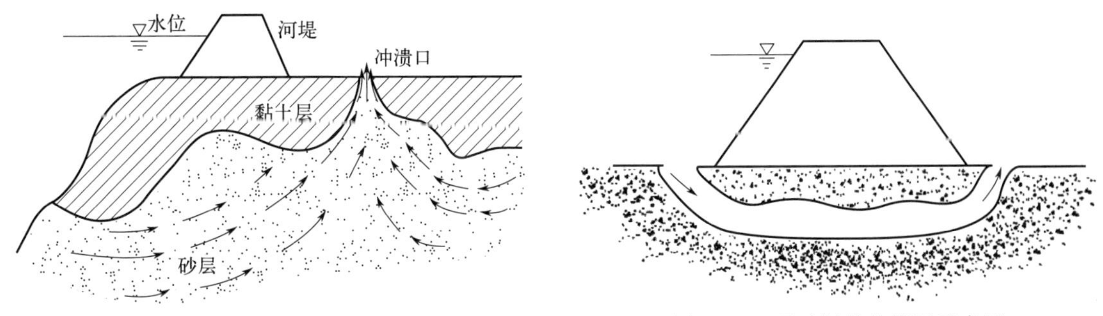

图 2.29　堤坝下游覆盖层下流砂涌出

图 2.30　通过坝基的管涌示意图

管涌主要发生在砂砾土中。图 2.31 为混凝土坝坝基管涌失事的示例。开始土体中的细土粒沿渗流方向移动并不断流失，继而较粗土粒发生移动，从而在土体内部形成管状通道，带走大量砂粒，最后上部土体坍塌而造成坝体失事。

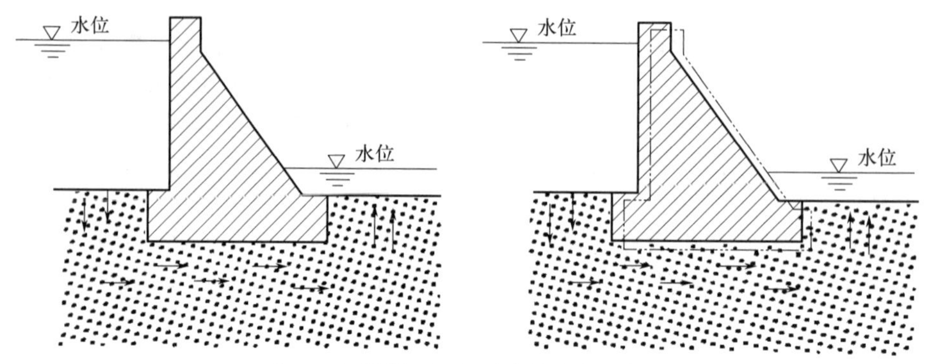

图 2.31 混凝土坝坝基管涌失事示意图

渗流可能会引起两种形式的局部破坏，但就土本身性质来说，却只有管涌和非管涌之分。对于某些土，即使在很大的水力坡降下也不会出现管涌，而对于另一些土（如缺乏中间粒径的砂砾料）却在不大的水力坡降下就可以发生管涌。因此，通常把土分为管涌土和非管涌土两种类型。非管涌土的渗透变形形式就是上述流砂型；管涌土的渗透变形形式属于管涌型。另外，虽同属管涌土，但渗透变形后的发展状况有所不同。某些土一旦出现渗透变形，细土粒即连续不断地被带出，土体无能力再承受更大的水力坡降，有的甚至会出现所能承受的水力坡降下降的情况，这种土称为发展型管涌土；另一些土，当出现渗透变形后不久，细土粒即停止流失，土体尚能承受更大的水力坡降，继续增大水力坡降，直至土体表面出现许多泉眼，渗流量会不断增大，或者最后以流砂的形式破坏，这种土称为非发展型管涌土，实际上这种土是介于管涌土和非管涌土之间的过渡型土。所以，也可以将土细分为管涌型土、过渡型土和流砂型土三种类型。

2.6.2.2 土的临界水力坡降

土体抵抗渗透破坏的能力，称为抗渗强度。通常以濒临渗透破坏时的水力坡降表示，一般称为临界水力坡降。

① 流砂型土体临界水力坡降。前文已提到，渗透力的方向与渗流方向一致。如果堤坝下游渗流溢出面为一水平面，则此处的渗透力是竖直向上的。在这种情况下，一旦竖向渗透力足够大，溢出面将会隆起或土粒群同时流动流失，导致土体发生流砂破坏。

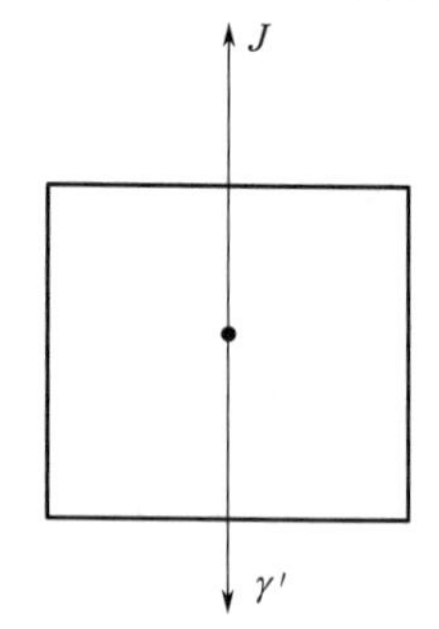

图 2.32 渗流溢出处单元土体受力示意图

现从图 2.27 中渗流溢出处任取一单位土体，如图 2.32 所示。则该单位体上的作用力有土体本身的水下重力，其数值等于土的有效重度

$$\gamma'=\frac{(G_s-1)\gamma_w}{1+e}=\gamma_w(G_s-1)(1-n) \tag{2.90}$$

有竖直方向上的渗透力

$$j=\gamma_w i \tag{2.91}$$

当竖向渗透力等于土体的有效重度时，土体就处于流土的临界状态。若设这时的水力坡降为 i_{cr}，则根据上述条件可得

$$i_{cr}=(G_s-1)(1-n) \tag{2.92}$$

此即流砂的临界水力坡降。从式(2.92) 可知，流砂临界水力坡降取决于土的物理性质。当土粒相对密度 G_s 和孔隙率 n 已知时，则土的临界水力坡降是一个定值，一般在 0.8～1.2 之间。

式(2.92) 是根据竖向渗流且在不考虑周围土体的约束作用情况下推得的，因此，按此式求得的临界水力坡降偏小，一般比试验值要小 15%～20%。黏性土由于土颗粒间黏结力的存在，其临界水力坡降较大，特别是渗流溢出面有保护层时，将使临界水力坡降大大提高。此外，黏性土发生流砂破坏的机理与无黏性土不完全相同，因为前者不仅是渗透力作用的结果，而且还与土体表面的水化崩解程度（即水稳性）以及渗流出口临空面的孔径等因素有关。而土体水稳性又直接与土中所含黏土矿物的成分和含量有关。

流砂一般发生在渗流的溢出处。因此，只要将渗流溢出处的水力坡降，即溢出坡降 i_e 求出，就可判别流土发生的可能性。当 $i_e<i_{cr}$ 时，土体处于稳定状态；当 $i_e=i_{cr}$ 时，土体处于临界状态；当 $i_e>i_{cr}$ 时，土体处于流砂状态。在设计时，为保证建筑物安全，通常将溢出坡降 i_e 限制在容许坡降 $[i]$ 之内，即

$$i_e \leqslant [i]=\frac{i_{cr}}{F_s} \tag{2.93}$$

式中，F_s 为安全系数，一般取 2.0～2.5。

② 管涌型土体临界水力坡降。由于对管涌发生发展的机理研究还不十分成熟，对其临界水力坡降的确定一般根据试验资料。中国水利水电科学研究院根据渗流场中单个土粒受到渗透力、浮力以及自重作用时的极限平衡条件，并结合试验资料分析的结果，提出管涌土临界水力坡降的计算公式为

$$i_{cr}=2.2(G_s-1)(1-n)^2\frac{d_5}{d_{20}} \tag{2.94}$$

式中，d_5、d_{20} 分别为粒径分布曲线上纵坐标为 5%、20%时所对应的土粒粒径，mm；其余符号意义同前。

【例 2.4】 两排打入砂层的板桩墙，在其中进行基坑开挖，并在基坑内排水，流网如图 2.33 所示，试计算：(1) P、Q 两点水头；(2) 基底的渗透稳定性（流砂）。

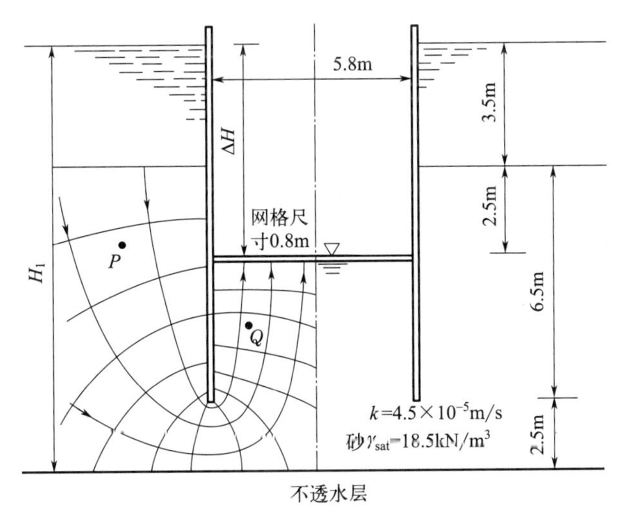

图 2.33　例 2.4 图

解：(1) 由图 2.33 可知，此基底共有 8 条流线，13 个等势线间隔，即 $N=13$，$M=7.0$，上下游水头差为 $\Delta H=6.0$m。

以不透水层顶为基准，P 点的水头为

$$h_P=H_1-1.3\Delta h=H_1-1.3\frac{\Delta H}{N}=12.5-1.3\times\frac{6}{13}=11.9\text{m}$$

Q 点水头为

$$h_Q = H_1 - 10.8\Delta h = H_1 - 10.8\frac{\Delta H}{N} = 12.5 - 10.8 \times \frac{6}{13} = 7.5\text{m}$$

(2) 在出口靠板桩处网格

$$i = \frac{\Delta h}{l_n} = \frac{\Delta H}{N l_n} = \frac{6}{13 \times 0.80} = 0.58$$

已知 $\gamma_{sat} = 18.5\text{kN/m}^3$，则流土的临界水力坡降为

$$i_{cr} = \frac{\gamma'}{\gamma_w} = \frac{18.5 - 10}{10} = 0.85$$

由于 $i < i_{cr}$，判断不会发生流土。

2.6.3 渗透变形的防治措施

2.6.3.1 水工建筑物防渗措施

水工建筑物的防渗工程措施一般以“上堵下疏”为原则：上游截渗，延长渗径；下游通畅渗透水流，减小渗透压力，防止渗透变形。

(1) 垂直截渗

主要目的是延长渗径，降低上下游的水力坡降，若垂直截渗能完全截断透水层，防渗效果更好。垂直截渗墙、帷幕灌浆、板桩等均属于垂直截渗，如图 2.34 所示。

(2) 水平铺盖

上游设置水平铺盖，与坝体防渗体连接，延长水流渗透路径，如图 2.35 所示。

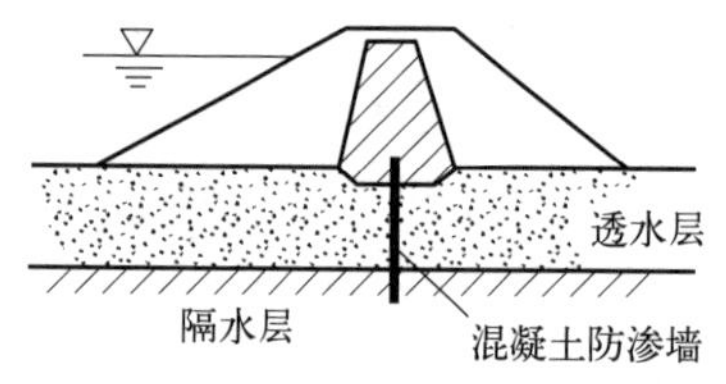

图 2.34 设置垂直截渗示意图

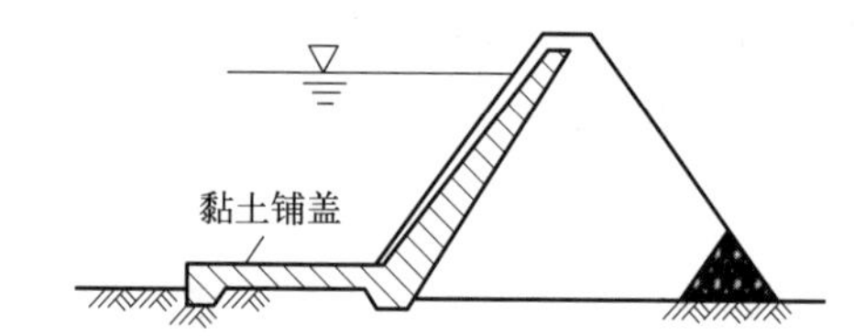

图 2.35 设置水平铺盖示意图

(3) 反滤层

设置反滤层，既可通畅水流，又起到保护土体、防止细粒流失而产生渗透变形的作用。反滤层可由粒径不等的无黏性土组成，也可由土工布代替，图 2.36 为某河堤基础加筋土工布反滤层。

(4) 排水减压

为减小下游渗透压力，在水工建筑物下游，基坑开挖时设置减压井或深挖排水槽，如图 2.37 所示。

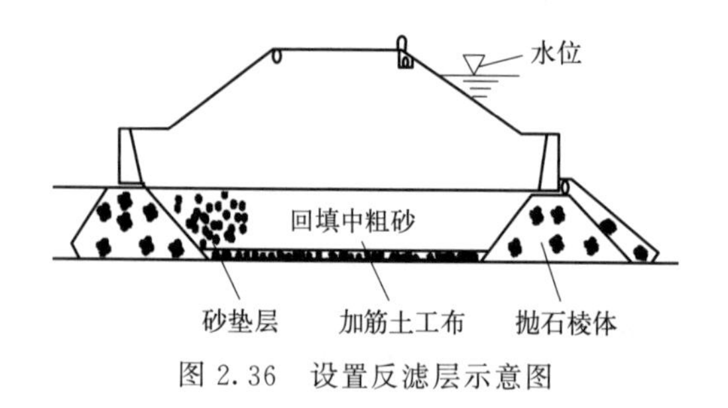

图 2.36 设置反滤层示意图

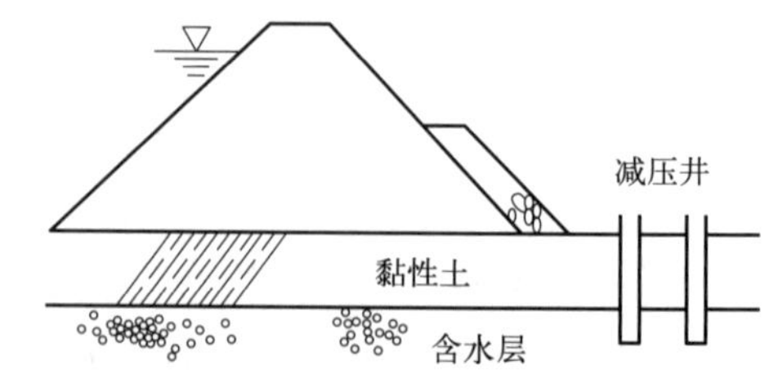

图 2.37 设置减压井示意图

2.6.3.2　基坑开挖防渗措施

(1) 工程降水

采用明沟排水（图 2.38）和井点降水（图 2.39）的方法人工降低地下水位。基坑内（外）设置排水沟、集水井，用抽水设备将地下水从排水沟或集水井排出。要求地下水位降得较深时，采用井点降水。在基坑周围布置一排至几排井点，从井中抽水降低水位。

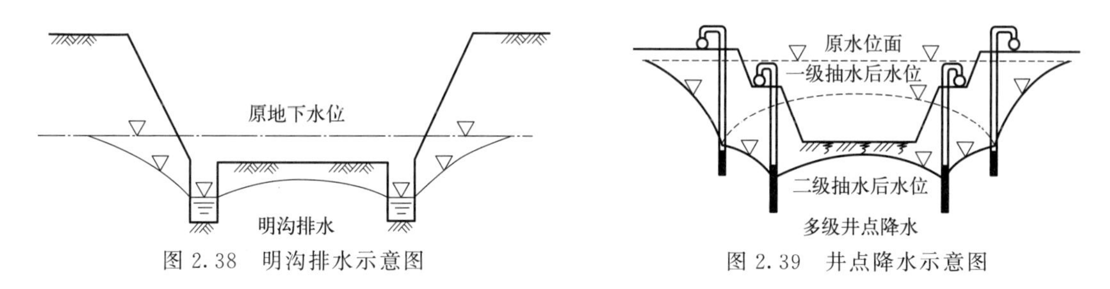

图 2.38　明沟排水示意图　　图 2.39　井点降水示意图

(2) 板桩

沿坑壁打入板桩，如图 2.40 所示，它可以加固坑壁，同时增加地下水的渗流路径，减小水力坡降。

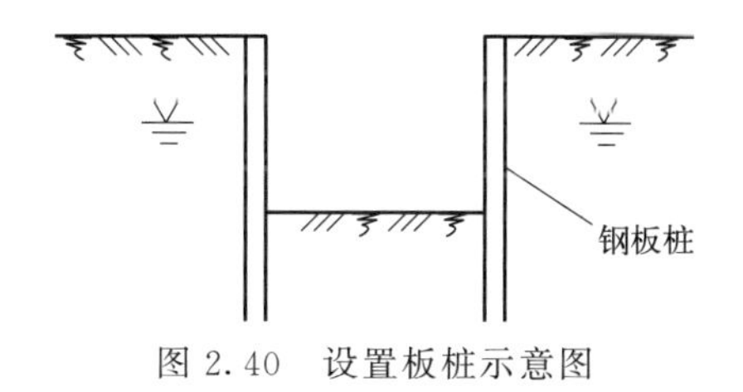

图 2.40　设置板桩示意图

(3) 水下挖掘

在基坑或沉井中用机械在水下挖掘，避免因排水而造成流砂的水头差。为提高砂的稳定性，也可向基坑中注水，同时进行挖掘。

基坑开挖防渗措施还有冻结法、化学加固法、爆炸法等。

思考与练习题

1. 何谓达西定律？其应用条件和适用范围是什么？

2. 影响渗透系数的主要因素有哪些？实验室内测定渗透系数的方法有几种？它们之间有什么不同？

3. 流网的特征都有哪些？简述流网的绘制过程。

4. 渗透力是怎样引起渗透变形的？土体发生流砂和管涌的机理和条件是什么？与土的性质有什么关系？

5. 对一土样进行简单的常水头渗透试验，土样的长度为 20cm，土样的横截面面积为 $100cm^2$，土样两端稳定水头差为 20cm。若经过 10s，由量筒测得流经土样的水量为 $150cm^3$，试计算土样的渗透系数为多少？

6. 某深基坑工程施工中采用地下连续墙围护结构，其渗流的流网如图 2.41 所示。已知渗透土层的孔隙比 $e=0.96$，土粒密度 $\rho_s=2.70g/cm^3$，坑外地下水位离地表 1.5m，基坑开挖深度为 8.3m，图中 a 点、b 点所在的流网网格长度为 1.8m。试判断基坑中 a—b 渗流溢出处的渗流稳定性。

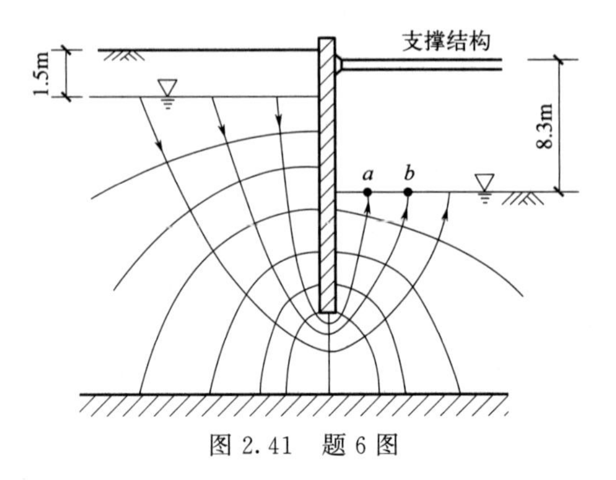

图 2.41 题 6 图

7. 对某土样进行渗透试验，土样的长度为 30cm，试验水头差为 50cm，土样的土粒相对密度为 2.66，孔隙率为 0.45，试计算：(1) 通过土样的单位体积渗透力；(2) 土样是否发生流砂？

8. 如图 2.42 所示，在 9m 厚的黏土沉积层中进行开挖，下面为砂土层。砂层顶面具有 7.5m 高的承压水头。试计算，当开挖深度为 6m 时，基坑中水深 h 至少保持多深才能防止发生流砂现象？

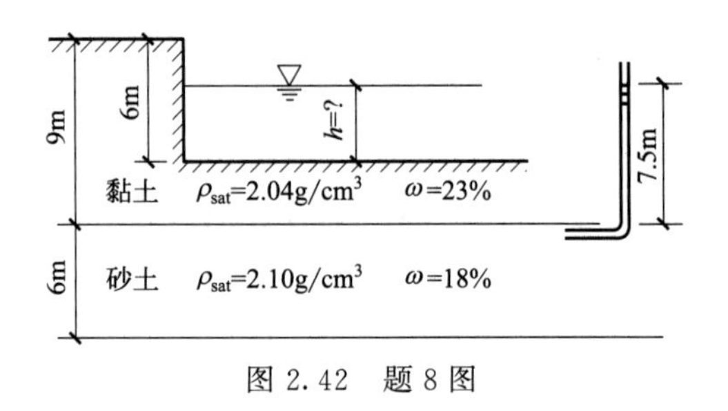

图 2.42 题 8 图

第3章 土体中的应力计算

学习目标及要求

掌握土体中自重应力的计算方法，能结合有效应力原理分析地下水变化对自重应力的影响；熟悉基底压力分布规律与简化计算，能运用角点法进行特殊条件下的附加应力计算；了解超静孔隙水压力与孔隙水压力系数等概念。

3.1 概述

建筑物的荷载由其下部地层（包括土层和岩层）承担，在建筑物荷载影响范围内的地层称为地基。其中，由天然地层直接支承建筑物的地基称为天然地基，软弱地层经加固后支承建筑物的地基称为人工地基。与地基相接触的建筑物底部结构称为基础。

建造在土层上的大多数建筑物，其地基受荷载作用而产生相应的应力变化，引起地基变形，包括竖向沉降和侧向位移。由此带来两方面的工程问题，即土体稳定问题和变形问题。如果地基内部产生的应力不超过土的强度，则土体是稳定的；反之，土体就会发生破坏，产生过大变形，甚至整个地基产生滑动而失稳，造成建筑物倾倒。

地基土中的应力按照形成原因可以分为自重应力和附加应力两种。由土体自重产生的应力称为自重应力。由土体自重以外的荷载（如建筑物自重、地震惯性力等）在地基内部产生的应力称为附加应力。土体在自重应力作用下，经过漫长的地质年代已经完成固结稳定，一般不会再引起土的变形（新沉积土或近期人工充填土除外）。附加应力是地基中的新增应力，是促使地基变形和失稳的主要原因。

按照土中骨架和孔隙（水、气）的应力承担作用原理或应力传递方式，土中应力可分为有效应力和孔隙应力。由土骨架传递或承担的应力称为有效应力。由土中孔隙水和孔隙气体传递或承担的应力称为孔隙应力。孔隙水应力通常被称为孔隙水压力，按照是否超过静水压力，又分为静孔隙水压力和超静孔隙水压力。

分析计算地基土的沉降、承载力及稳定性，必须首先计算土体中的应力。从工程角度考虑，土中应力计算也是基础工程设计和施工的依据。本章首先重点介绍自重应力、基底压力及附加应力的计算方法，再介绍饱和土的有效应力概念、原理及其计算等，最后介绍超静孔隙水压力与孔隙水压力系数。

(1) 应力-应变关系的假设

天然土体的组成和结构特征非常复杂，属于非均质、非连续、非完全弹性且常表现出各向异性的介质，这些特性决定了真实土的应力-应变关系非常复杂，难以进行分析计算。实用中通常将土体进行简化处理，将其假定为均质、连续、各向同性的半无限空间弹性体，采用古典弹性理论方法计算土中应力。尽管这种高度简化的假定与土体实际的性质有所差别，但理论分析与实践表明，只要土中应力不大，采用弹性理论计算的结果就能满足工程需要。因此，目前工程上计算土中应力仍然多以简单的弹性理论为依据，现对有关概念进行说明。

① 连续介质假设。弹性理论要求受力体是连续介质，而土是由三相物质组成的松散颗粒集合体，不是连续介质。但对于宏观土体的受力问题，如建筑物地基沉降问题，土体尺寸远远大于土颗粒尺寸，因此可以将土颗粒和孔隙视为一体。假设土体是连续的，从平均应力的概念出发，用一般材料力学的方法来定义土中的应力。

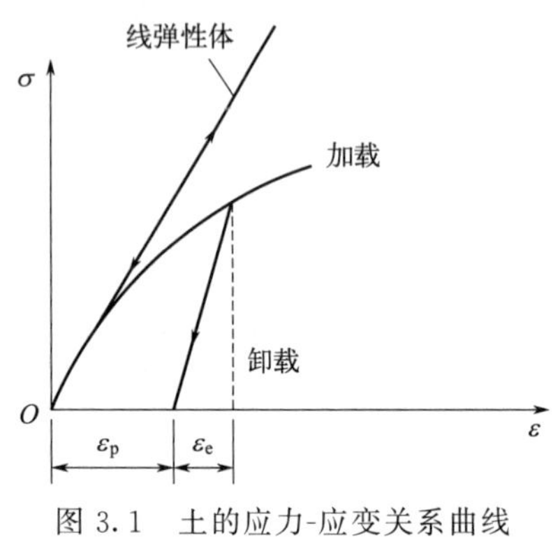

图 3.1 土的应力-应变关系曲线

ε_e—弹性应变；ε_p—塑性应变

② 线弹性体假设。理想弹性体的应力与应变成正比关系，且应力卸除后变形可以完全恢复。土体则是弹塑性介质，它的应力-应变关系是非线性的，且应力卸除后，应变也不能完全恢复，如图 3.1 所示。但考虑到土中应力增量不是很大，距离土的破坏强度尚远，且其影响区域有限，为此假设土的应力-应变关系为直线，以便直接用弹性理论求土中的应力分布。对于一般工程而言，如此处理不仅方便，也足够准确。但对沉降有特殊要求的建筑物，这种假设会造成误差过大，所以必须采用弹塑性理论分析方法。

③ 均质和各向同性假设。理想弹性体应是均质的各向同性体，而天然地基往往是由成层土组成的，常为非均质各向异性体，因此将其视为均质各向同性体会有误差。但当土层性质变化不大时，按此假定计算竖向应力引起的误差通常在容许范围之内。否则应考虑非均质各向异性的影响，进行必要的修正。

(2) 地基中的几种应力状态

计算土中应力时，通常将土体视为一个具有水平界面、深度和广度都无限大的半无限空间弹性体，如图 3.2 所示。常见的地基土中应力状态有如下三种类型。

① 三维应力状态。在局部荷载作用下，土中的应力状态属三维应力状态。例如，柱下独立基础的地基应力，如图 3.3 所示。土中每一点的应力都是 x、y、z 的函数，每一点的应力状态都有九个应力分量：σ_x，σ_y，σ_z，τ_{xy}，τ_{yx}，τ_{yz}，τ_{zy}，τ_{xz}，τ_{zx}，写成矩阵形式为

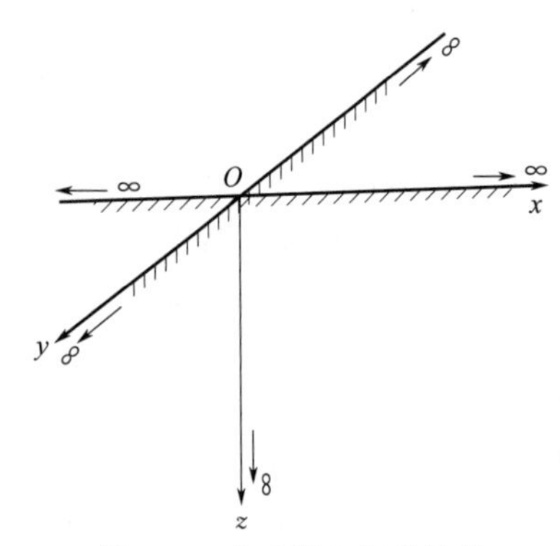

图 3.2 半无限空间弹性体

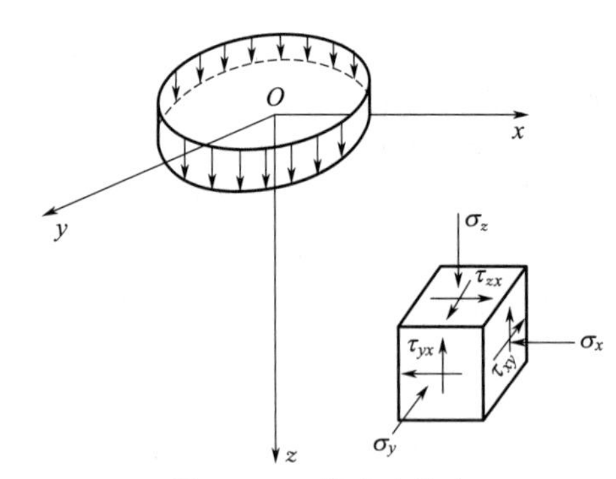

图 3.3 三维应力状态

$$\boldsymbol{\sigma}_{ij}=\begin{bmatrix}\sigma_x & \tau_{xy} & \tau_{xz}\\ \tau_{yx} & \sigma_y & \tau_{yz}\\ \tau_{zx} & \tau_{zy} & \sigma_z\end{bmatrix} \tag{3.1}$$

根据剪应力互等原理，有 $\tau_{xy}=\tau_{yx}$，$\tau_{yz}=\tau_{zy}$，$\tau_{xz}=\tau_{zx}$。因此，该单元体只有六个独立的应力分量，即 σ_x，σ_y，σ_z，τ_{xy}，τ_{xz}，τ_{yz}。

② 二维应变状态（平面应变状态）。当建筑物基础的一个方向尺寸远大于另一方向尺

寸，且其每个横截面上的应力大小和分布形式均相同时，地基中的应力状态可简化为二维平面应变状态。例如，堤坝或挡土墙下地基中的应力状态就属于这一类，如图3.4所示。二维应变状态的特点是地基中的每一点应力分量只是坐标 x、z 的函数。天然地面可看作一个平面，并且沿 y 方向的应变 $\varepsilon_y=0$，由于对称性，$\tau_{yx}=\tau_{yz}=0$。这时，一点的应力状态有五个应力分量：σ_x，σ_y，σ_z，τ_{xz}，τ_{zx}，矩阵表达为

$$\boldsymbol{\sigma}_{ij}=\begin{bmatrix}\sigma_x & 0 & \tau_{xz}\\ 0 & \sigma_y & 0\\ \tau_{zx} & 0 & \sigma_z\end{bmatrix} \tag{3.2}$$

③ 侧限应力状态。侧限应力状态是指侧向应变为零的一种应力状态，土体只发生竖向的变形。例如，地基在自重作用下的应力状态，如图3.5所示。在半无限弹性体地基中，同一深度处的土单元受力相同，土体只能发生竖向变形，不会发生侧向变形。而任何竖直面都是对称面，故在任何竖直面和水平面上都不会有剪应力存在。此时，$\tau_{xy}=\tau_{yz}=\tau_{zx}=0$，$\sigma_x$、$\sigma_y$ 及 σ_z 均为主应力，矩阵表达为

$$\boldsymbol{\sigma}_{ij}=\begin{bmatrix}\sigma_x & 0 & 0\\ 0 & \sigma_y & 0\\ 0 & 0 & \sigma_z\end{bmatrix} \tag{3.3}$$

由 $\varepsilon_x=\varepsilon_y=0$ 可知，$\sigma_x=\sigma_y$ 并与 σ_z 成正比。

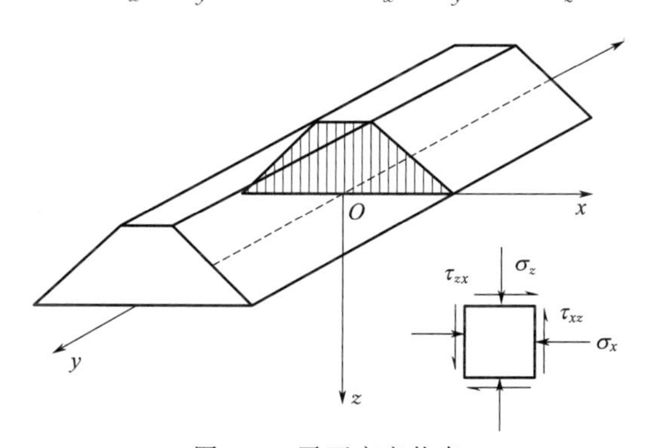

图3.4　平面应变状态

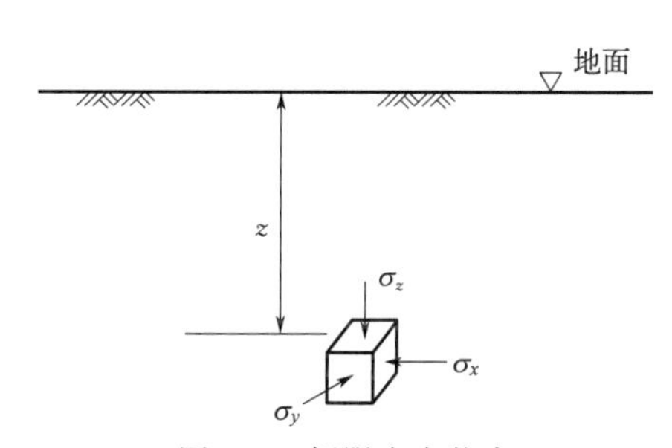

图3.5　侧限应力状态

(3) 应力符号的规定

由于散粒状土体基本不能承受拉应力，在工程上土体中出现拉应力的情况也很少见，因此从实用方面考虑，对土中应力的符号及其正负作如下规定（图3.6）：

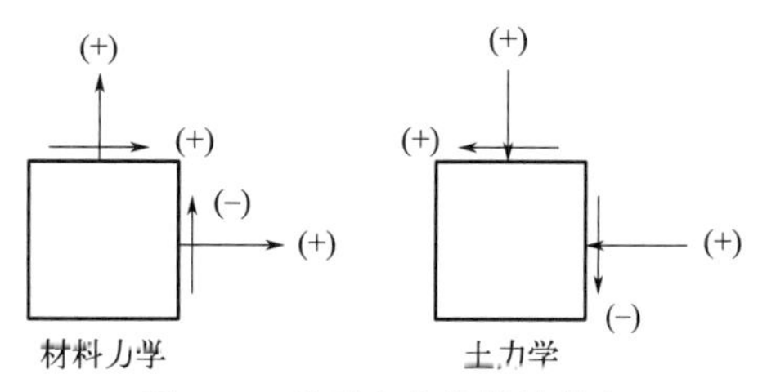

图3.6　关于应力符号的规定

在进行土中应力计算时，应力符号的规定与弹性力学相同，但正负号与弹性力学相反，即当某一截面上的外法线是沿着坐标轴的正方向，这个截面称正面；正面上的应力分量以沿坐标轴正方向为负，沿负方向为正。用莫尔圆进行应力状态分析时，法向应力仍以压应力为正，剪应力方向以逆时针方向为正。这与材料力学和弹性力学的应力正负号规定相反。

3.2　自重应力

在计算地基中的自重应力时，一般将地基作为半无限弹性体考虑。由半无限弹性体的边

界条件可知，在其内部任一与地面平行或垂直的平面上，仅作用着竖向自重应力 σ_{cz} 和水平向自重应力 $\sigma_{cx}=\sigma_{cy}$，而剪应力 $\tau=0$。

3.2.1 竖向自重应力

设地基中某单元体离地面的距离为 z，土的重度为 γ，则单元体上竖向自重应力等于单位面积上的土柱有效重量（图 3.7），即

$$\sigma_{cz}=\gamma z \tag{3.4}$$

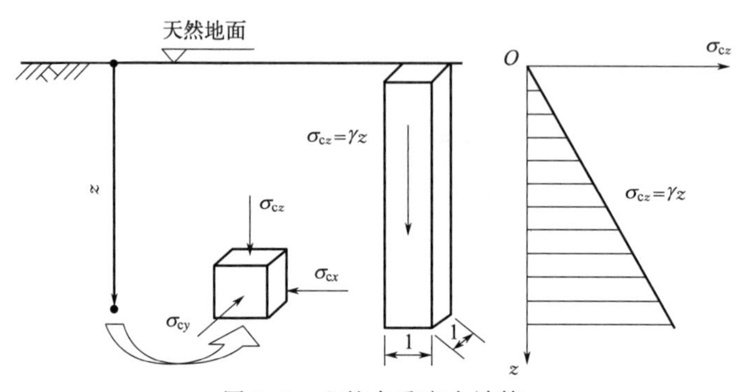

图 3.7 土的自重应力计算

可见，土的竖向自重应力随着深度增加而线性增大，呈三角形分布。

地基由多层土组成时，设各土层厚度为 h_1，h_2，…，h_n，相应的重度分别为 γ_1，γ_2，…，γ_n，则地基中第 n 层土底面处的竖向自重应力为

$$\sigma_{cz}=\gamma_1 h_1+\gamma_2 h_2+\gamma_3 h_3+\cdots+\gamma_n h_n=\sum_{i=1}^{n}\gamma_i h_i \tag{3.5}$$

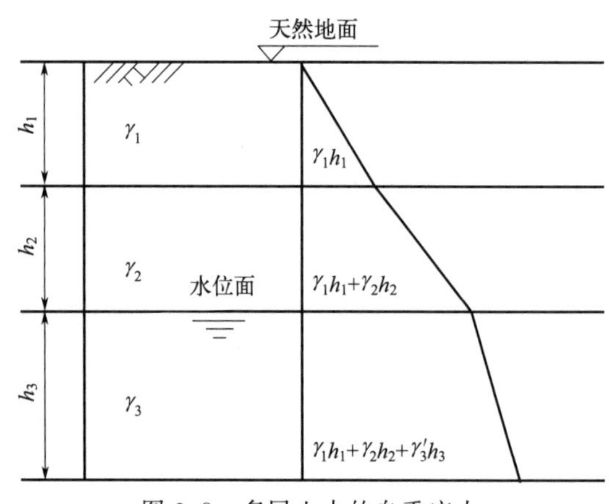

图 3.8 多层土中的自重应力

在计算土的自重应力时，应注意计算点是否在地下水位以下（图 3.8）。由于水对土体有浮力作用，所以水下部分的土柱应采用有效重度，即土的浮重度 γ'（$\gamma'=\gamma_{sat}-\gamma_w$）或饱和重度 γ_{sat}。其中，当位于地下水位以下的土为砂土时，土中水为自由水，计算时用浮重度 γ'；当位于地下水位以下的土为坚硬黏土时（不透水），在饱和坚硬黏土中只含有结合水，计算时应采用饱和重度 γ_{sat}；如果是介乎砂土和坚硬黏土之间的土，则要按具体情况选用适当的重度（主要由是否透水决定）。

地下水位升降使地基土中自重应力发生相应变化，图 3.9(a) 为地下水位下降的情况。如在软土地区，因大量抽取地下水以致地下水位长期大幅度下降，使地基中有效自重应力增加，从而造成地面大面积沉降的严重后果。图 3.9(b) 为地下水位长期上升的情况，如在人工抬高蓄水水位地区或工业废水大量渗入地下的地区，水位上升会引起地基变软、承载力减小、湿陷性土的塌陷现象等，必须予以重视。

3.2.2 水平自重应力

在半无限体内，由侧限条件可知，土不可能发生侧向变形（$\varepsilon_x=\varepsilon_y=0$）。因此，该单

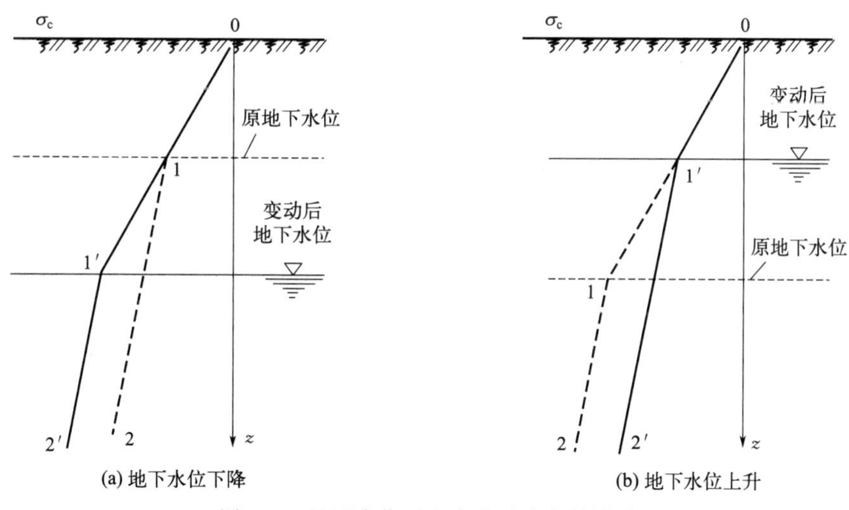

图 3.9 地下水位对土中自重应力的影响

0-1-2 线为原来自重应力的分布；0-1′-2′线为地下水位变动后自重应力的分布

元体上两个水平向应力相等，根据广义胡克定律可得

$$\sigma_{cx}=\sigma_{cy}=K_0\sigma_{cz}=K_0\gamma z \tag{3.6}$$

式中，K_0 为土的侧压力系数，它是侧限条件下土中水平向有效应力与竖向有效应力之比，可由试验测定；此外，$K_0=\frac{\mu}{1-\mu}$，μ 为土的泊松比（土的泊松比 $\mu=0.20\sim0.45$）。

【例 3.1】 按照图 3.10(a) 给出的地层资料，试计算并绘制出地基中的自重应力 σ_{cz} 沿深度的分布曲线。

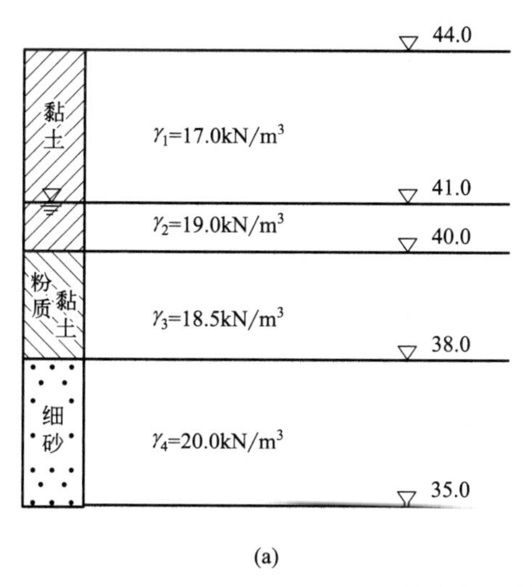

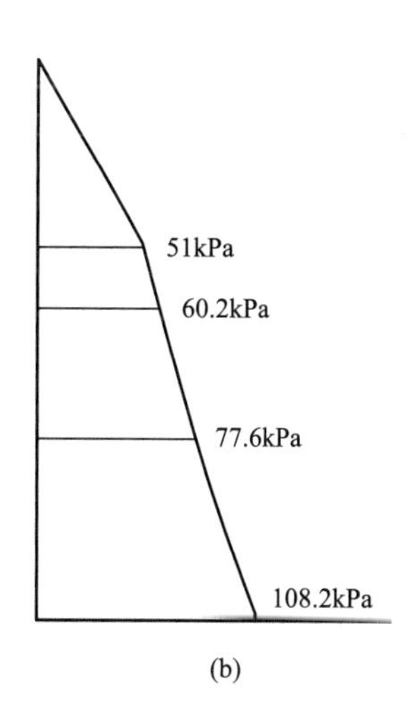

图 3.10 例 3.1 图

解：(1) 41.0m 高程处（地下水位处）

$$h_1=44.0-41.0=3.0\text{m}$$

$$\sigma_{cz}=\gamma_1 h_1=17.0\times3.0=51\text{kPa}$$

(2) 40.0m 高程处

$$h_2=41.0-40.0=1.0\text{m}$$

$$\sigma_{cz}=\gamma_1 h_1+\gamma_2' h_2=51+(19.0-9.8)\times 1.0=60.2\text{kPa}$$

(3) 38.0m 高程处

$$h_3=40.0-38.0=2.0\text{m}$$

$$\sigma_{cz}=\gamma_1 h_1+\gamma_2' h_2+\gamma_3' h_3=60.2+(18.5-9.8)\times 2.0=77.6\text{kPa}$$

(4) 35.0m 高程处

$$h_4=38.0-35.0=3.0\text{m}$$

$$\sigma_{cz}=\gamma_1 h_1+\gamma_2' h_2+\gamma_3' h_3+\gamma_4' h_4=77.6+(20-9.8)\times 3.0=108.2\text{kPa}$$

自重应力 σ_{cz} 沿深度的分布如图 3.10(b) 所示。

3.3 基底压力

实际上，所有建筑物的荷载都是通过基础传给地基，由基础底面传递给地基的压力称为基底压力。基底压力是作用于基础与地基接触面上的力，故也称基底接触压力。基底压力既是基础作用于地基表面的力，也是地基作用于基础的反作用力。可见，基底压力既是计算地基中附加应力的外荷载，也是计算基础结构内力的外荷载。因此，在计算由上部荷载引起的地基附加应力或建筑物基础内力时，必须先研究基底压力的分布规律和计算方法。

3.3.1 基底压力的分布

基底压力的大小和分布对地基附加应力有着十分重要的影响。但是，精确确定基底压力的大小和分布是一个很复杂的问题，尚处于研究阶段。它涉及上部结构、基础和地基三者之间的共同作用问题，与三者的变形特性（如建筑物和基础的刚度、土的压缩性等）有关，其影响因素很多，如：基础与地基之间的刚度差异；基础的平面形状、尺寸及埋置深度；上部荷载的性质、大小及分布情况；地基土的性质等。因此，为将问题简化，仅对基底压力分布规律及主要影响因素作定性的讨论与分析，且不考虑上部结构的影响。

3.3.1.1 基础刚度的影响

为便于分析，按照基础与地基的相对抗弯刚度（即基础材料的弹性模量 E 与截面惯性矩 I 的乘积 EI）将基础分为完全柔性基础、绝对刚性基础及有限刚性基础三种类型进行讨论。

(1) 弹性地基上的完全柔性基础（$EI=0$）

当基础上作用如图 3.11(a) 所示的均布荷载时，由于基础是完全柔性的，就像置于地上的柔软薄膜，在竖向荷载作用下没有抵抗弯曲变形的能力，可以完全适应地基的变形，如图 3.11(c) 所示。因此，基底压力与作用在基础上的荷载分布完全一致，也是均布的，如图 3.11(b) 所示。根据地基中附加应力分布规律，均布荷载在地基中任意深度水平面上引起的附加应力 σ_z 分布呈中间大两边小。显然，均布荷载引起的地面沉降也是中间大两边小的曲面形状。实际工程中没有完全柔性基础，工程上常把刚性很小的基础，如土坝（堤）基础、油罐等钢板基础近似为柔性基础，其基底压力大小和分布规律与作用在基础上的荷载相同。

(2) 弹性地基上的绝对刚性基础（$EI\to\infty$）

对于刚度趋于无穷大的绝对刚性基础，在均布荷载作用下，基础只能保持平面下沉而不能弯曲。但是均布基底压力将使地基产生不均匀沉降，如图 3.12(a) 中虚线所示。因此，地基与基础的变形不协调，基底中部将会与地基脱开。此时基底压力分布必然重新调整，使两端增大中间减小，保持地基均匀沉降，以适应绝对刚性基础的变形，如图 3.12(c) 所示。对于完全弹性地基，由弹性理论解得基底压力分布如图 3.12(b) 中实线所示，基础边缘处压力将无穷大。综上可知，刚性基础的基底压力与上部荷载的分布形式不一致。

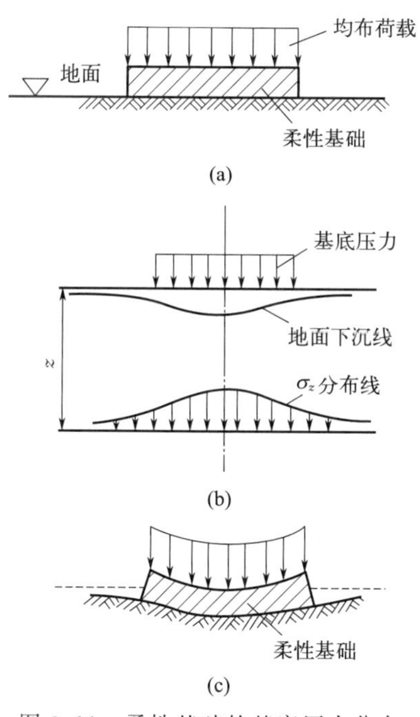

图 3.11　柔性基础的基底压力分布

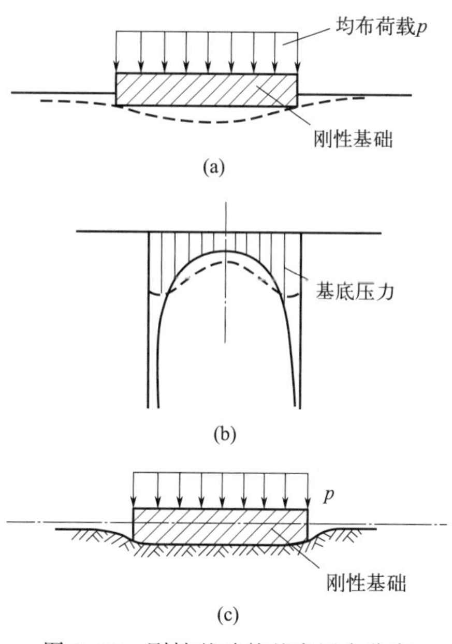

图 3.12　刚性基础的基底压力分布

(3) 弹性地基上的有限刚性基础 ($0<EI<\infty$)

实际工程中并不存在绝对刚性基础和完全柔性基础，工程实践中常见的是介于两者之间的有限刚性基础。由于绝对刚性基础仅是一种理想假定，地基也不是完全弹性，因此图 3.12(b) 中实线所示的基底压力分布实际上是不可能出现的。因为当基底两端的压力足够大，超过土的极限强度后，地基就会形成塑性区，此时基底两端处地基土所受压力不能再增大，多余压力会自行向中间转移。同时基础不是绝对刚性，可产生一定弯曲，因此应力重分布的结果可使基底压力分布成为更加复杂的形式。例如马鞍形分布，其基底两端压力不会无穷大，而中间压力将比理论值大一些，如图 3.12(b) 中虚线所示。具体的基底压力分布形状与地基、基础的材料特性以及基础尺寸、荷载形状和大小等因素有关。

3.3.1.2　荷载和土性的影响

实测资料表明，刚性基础底面上的压力分布形状有如图 3.13 所示的几种常见情况。当荷载较小时，基底压力分布形状如图 3.13(a) 所示，接近于弹性理论解；随着荷载增大，基底压力可呈马鞍形分布，如图 3.13(b) 所示；荷载增大到一定程度后，基础两端地基内的塑性破坏区逐渐扩大，所增加荷载逐渐靠基础中部压力的增大来平衡，基底压力分布形状可变为倒钟状 [图 3.13(c)] 或抛物线状 [图 3.13(d)]。

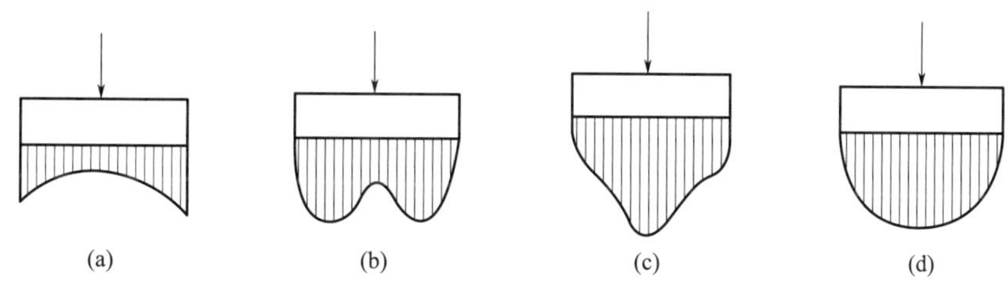

图 3.13　实测刚性基础底面上的压力分布

实测资料还表明，当受到中心荷载作用的刚性基础置于砂土地基上时，由于砂土颗粒之间无黏聚力，地基侧向移动导致基础边缘的压力向中部转移，形成的基底压力呈抛物线状分布［图 3.13(d)］；且随着荷载增加，基底压力分布的抛物线曲率也随之增大。对于刚性基础下的黏性土地基，其基底压力则通常呈中间小边缘大的马鞍形分布［图 3.13(b)］，但随荷载增加，基底压力逐渐变化为中间大边缘小的倒钟状分布［图 3.13(c)］。

3.3.2 基底压力的简化计算

如前所述，基底压力分布的形式是十分复杂的。但因其作用在地表附近，根据弹性理论的圣维南原理可知，基底压力分布形式对地基中应力计算的影响将随深度增加而减小，达到一定深度后，地基中应力分布几乎与基底压力的分布形式无关，而只取决于荷载合力的大小和位置。因此在工程应用中，对于具有一定刚度且尺寸较小的扩展基础，其基底压力可近似按直线分布的材料力学方法进行简化计算。而对于比较复杂的基础（如柱下条形基础、筏形基础、箱形基础等），简化方法会对基础内力和结构计算造成较大的误差，因此一般需考虑地基、基础及上部结构的影响，采用弹性地基梁（板）的方法计算。下面介绍简化计算方法。

3.3.2.1 中心荷载作用

如图 3.14 所示，作用在基底上的荷载合力通过基底中心，基底压力假定为均匀分布，则基底平均压力标准值为

$$p=\frac{F+G}{A} \tag{3.7}$$

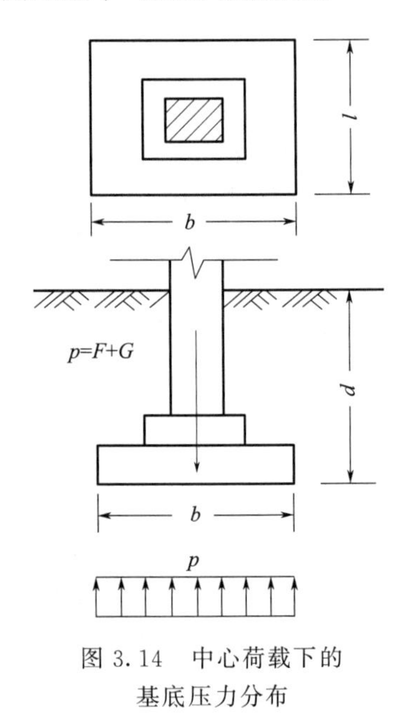

图 3.14 中心荷载下的基底压力分布

式中，p 为基底平均压力标准值，kPa；F 为基础顶面的竖向力标准值，kN；G 为基础自重及其回填土自重之和，kN；$G=\gamma_G Ad$，其中 γ_G 为基础及回填土之平均重度，一般取 20kN/m^3，地下水位以下部分应扣除其浮力；d 为基础深埋，m，一般从室外设计地面或室内外平均设计地面算起；A 为基底面积，m^2，矩形基础 $A=l\times b$，l 和 b 分别为矩形基底的长度和宽度，条形基础可沿长度方向取 1m 计算，则上式中 F、G 代表每延米内的相应荷载值。

3.3.2.2 偏心荷载作用

常见的偏心为荷载作用于矩形基底的一个主轴上（称为单向偏心），可将基底长边 l 方向取与偏心方向一致，此时两短边 b 边缘最大压力 $p_{\max}$ 与最小压力 $p_{\min}$ 标准值可按材料力学短柱偏心受压公式计算，即

$$\begin{matrix} p_{\max} \\ p_{\min} \end{matrix}=\frac{F+G}{A}\pm\frac{M}{W}=\frac{F+G}{A}\left(1\pm\frac{6e}{l}\right) \tag{3.8}$$

$$M=(F+G)e$$

式中，M 为作用在基底形心上的力矩标准值，kN·m；e 为荷载偏心距，m；W 为基础底面的抵抗矩，m^3，对矩形基础 $W=bl^2/6$。

从式(3.8) 可知，按荷载偏心距 e 的大小，基底压力的分布可能出现下列三种情况。

① 当 $e<l/6$ 时，由式(3.8) 可知，$p_{\min}>0$，基底压力呈梯形分布，如图 3.15(a) 所示；

② 当 $e=l/6$ 时，由式(3.8) 可知，$p_{\min}=0$，基底压力呈三角形分布，如图 3.15(b)

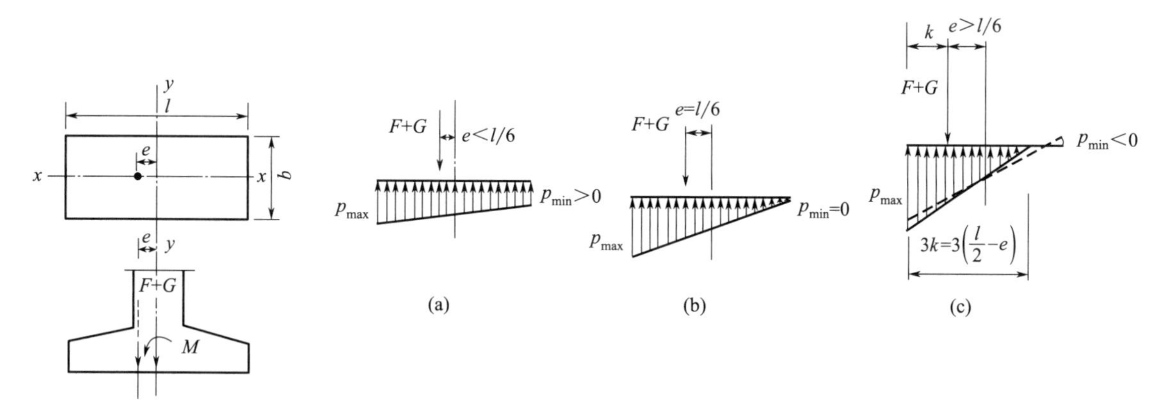

图 3.15　偏心荷载下的基底压力分布

所示；

③ 当 $e>l/6$ 时，由式(3.8) 可知，$p_{min}<0$，即在基底处产生拉应力，如图 3.15(c) 所示。

由于基底与地基之间不能承受拉应力，此时产生拉应力的基底将与地基土局部脱离，致使基底压力重新分布。根据偏心荷载与基底反力平衡的条件，荷载合力（$F+G$）应通过三角形反力分布图的形心［图 3.15(c)］，由此可得

$$p_{max}=\frac{2(F+G)}{3b(l/2-e)} \tag{3.9}$$

【例 3.2】 柱基础底面尺寸为 1.2m×1.0m，作用于基础底面的单向偏心荷载 $P=135\text{kN}$，试计算：(1) 当该荷载沿基础长边方向的偏心距 $e=0.3\text{m}$ 时，基底边缘的最大压力 p_{max} 为多少？(2) 当荷载沿基础短边方向的偏心距 $e=0.1\text{m}$ 时，基底边缘的最小压力 p_{min} 为多少？

解：(1) 当荷载沿基础长边方向的偏心距 $e=0.3\text{m}$ 时，

$$e=0.3>\frac{l}{6}=\frac{1.2}{6}=0.2\text{m}$$

$$p_{max}=\frac{2P}{3(l/2-e)b}=\frac{2\times 135}{3\times(1.2/2-0.3)\times 1}=300\text{kPa}$$

(2) 当荷载沿基础短边方向的偏心距 $e=0.1\text{m}$ 时，

$$e=0.1<\frac{b}{6}=\frac{1.0}{6}=0.17\text{m}$$

$$p_{min}=\frac{P}{bl}\left(1-\frac{6e}{b}\right)=\frac{135}{1\times 1.2}\times\left(1-\frac{6\times 0.1}{1}\right)=45\text{kPa}$$

3.3.2.3　基底附加压力

土的自重应力一般不引起地基变形，只有新增的建筑物荷载，即作用于地基表面的附加压力，才是促使地基压缩变形的主要原因。实际上，一般基础都埋置于地面下一定深度，该处原有土的自重应力因基坑开挖而卸除。因此，在计算由建筑物造成的基底附加压力时，扣除基底标高处土中原有的（施工前）自重应力 σ_{cd} 后，才是基底平面处新增的基底附加压力，亦即引起地基附加应力的地基表面荷载，如图 3.16 所示。基底平均附加压力值为

$$p_0=p-\sigma_{cd}=p-\gamma_0 d \tag{3.10}$$

式中，p 为基底压力标准值，kPa；σ_{cd} 为基底处土的自重应力标准值，kPa；$\sigma_{cd}=$

$\gamma_0 d$，γ_0 为基底标高以上天然土层的加权平均重度，kN/m^3，地下水位以下取有效重度；d 为基础埋置深度，m，必须从天然地面算起，$d=h_1+h_2+h_3+\cdots+h_i$，h_i 为天然地面下基础埋置深度范围内第 i 层土的厚度，m。

基底附加压力，可把它作为作用在弹性半无限空间表面上的局部荷载，由此采用有关公式求出建筑物基础底面以下地基中的附加应力。需要注意的是，在计算地基附加应力时，必须将各附加应力计算公式中的地面荷载用基底附加压力代替。

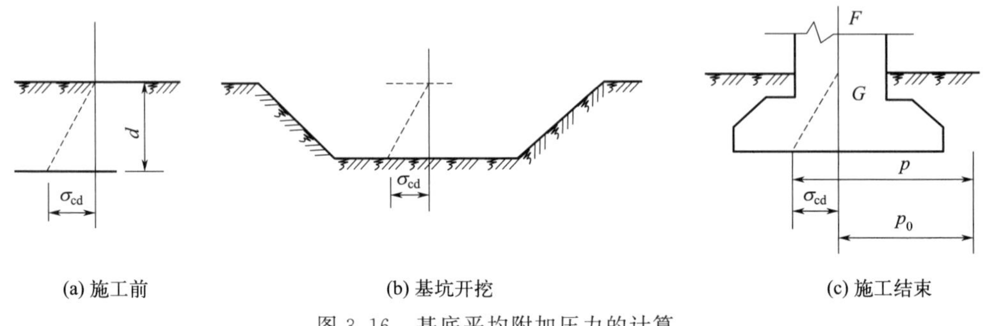

图 3.16 基底平均附加压力的计算

由于一般基础都埋置于地面下一定深度，基底附加压力实际上是作用在地表下一定深度处，因此，假设它作用在半无限空间表面上。而运用弹性理论解答所得的结果只是近似的，不过对于一般浅基础来说，这种假设所造成的误差可以忽略不计。另外，当基坑的平面尺寸和深度较大时，坑底回弹比较明显，且基坑中部的回弹大于边缘点。在沉降计算中，为适当考虑这种坑底的回弹和再压缩而增加沉降，改取 $p_0=p-\alpha\sigma_{cd}$，其中系数 α 为 0～1。此外，采用式(3.10) 计算时，尚应保证坑底土体不会发生浸水膨胀。

3.4 附加应力

对于天然地基，自重应力引起的压缩变形通常已完成，不再引起地基沉降。附加应力则是因修建建筑物等工程活动的外荷载作用而产生的新增应力，它会使地基产生变形甚至失去稳定。因此，分析计算地基附加应力对于研究土体的变形、承载力、稳定性以及基础工程设计等至关重要。

在分析计算地基附加应力时，一般假定地基土为连续、均质、各向同性的弹性体，采用弹性理论的基本公式进行计算。为方便理解与应用，通常按照所研究问题的性质划分为空间（三维）问题和平面（二维）问题。其中，矩形、圆形等基础下的附加应力计算属于空间问题，其应力是直角坐标系 x、y、z 的函数；条形基础（基础底面长宽比大于等于 10，如土石坝、挡土墙等基础）下的附加应力计算属于平面问题，其应力是直角坐标系 x、z 的函数。

3.4.1 空间问题的地基附加应力

3.4.1.1 集中荷载作用下的附加应力

地表作用集中荷载的情形虽然在实际中很少见，但集中荷载作用下的附加应力解答是求解地基附加应力的基础。

(1) 竖向集中力作用下的附加应力

① 布辛内斯克（Boussinesq）解答。如图 3.17 所示，半无限空间弹性体表面上作用有

一竖向集中力 P，取坐标轴 z 为 P 的作用线，坐标系原点 O 为其作用点，内部任意点 $M(x,y,z)$ 处的六个独立应力分量 σ_x，σ_y，σ_z，$\tau_{xy}=\tau_{yx}$，$\tau_{yz}=\tau_{zy}$，$\tau_{xz}=\tau_{zx}$ 以及三个位移分量 u，v，w 可由弹性理论求出，这就是著名的布辛内斯克解答，表示为

$$\sigma_z=\frac{3P}{2\pi}\times\frac{z^3}{R^5}=\frac{3P}{2\pi R^2}\cos^3\theta \tag{3.11}$$

$$\sigma_x=\frac{3P}{2\pi}\left\{\frac{x^2z}{R^5}+\frac{1-2\mu}{3}\left[\frac{R^2-Rz-z^2}{R^3(R+z)}-\frac{x^2(2R+z)}{R^3(R+z)^2}\right]\right\} \tag{3.12}$$

$$\sigma_y=\frac{3P}{2\pi}\left\{\frac{y^2z}{R^5}+\frac{1-2\mu}{3}\left[\frac{R^2-Rz-z^2}{R^3(R+z)}-\frac{y^2(2R+z)}{R^3(R+z)^2}\right]\right\} \tag{3.13}$$

$$\tau_{xy}=\tau_{yx}=\frac{3P}{2\pi}\left[\frac{xyz}{R^5}-\frac{1-2\mu}{3}\times\frac{xy(2R+z)}{R^3(R+z)^2}\right] \tag{3.14}$$

$$\tau_{yz}=\tau_{zy}=\frac{3P}{2\pi}\times\frac{yz^2}{R^5}=\frac{3Py}{2\pi R^3}\cos^2\theta \tag{3.15}$$

$$\tau_{zx}=\tau_{xz}=\frac{3P}{2\pi}\times\frac{xz^2}{R^5}=\frac{3Px}{2\pi R^3}\cos^2\theta \tag{3.16}$$

$$u=\frac{P(1+\mu)}{2\pi E}\left[\frac{xz}{R^3}-(1-2\mu)\frac{x}{R(R+z)}\right] \tag{3.17}$$

$$v=\frac{P(1+\mu)}{2\pi E}\left[\frac{yz}{R^3}-(1-2\mu)\frac{y}{R(R+z)}\right] \tag{3.18}$$

$$w=\frac{P(1+\mu)}{2\pi E}\left[\frac{z^2}{R^3}+2(1-\mu)\frac{1}{R}\right] \tag{3.19}$$

式中，σ_x、σ_y、σ_z 分别为 x、y、z 方向的正应力，kPa；τ_{xy}、τ_{xz}、τ_{zy} 为剪应力，kPa；u、v、w 分别为M 点沿 x、y、z 方向的位移，m；R 为M 点至集中力作用点O 的距离，m，$R=\sqrt{x^2+y^2+z^2}=\sqrt{r^2+z^2}=\frac{z}{\cos\theta}$；$\theta$ 为OM 线与 z 轴的夹角，(°)；r 为M 点至集中力作用点O 的水平距离，m；E 为土的弹性模量，kPa；μ 为土的泊松比。

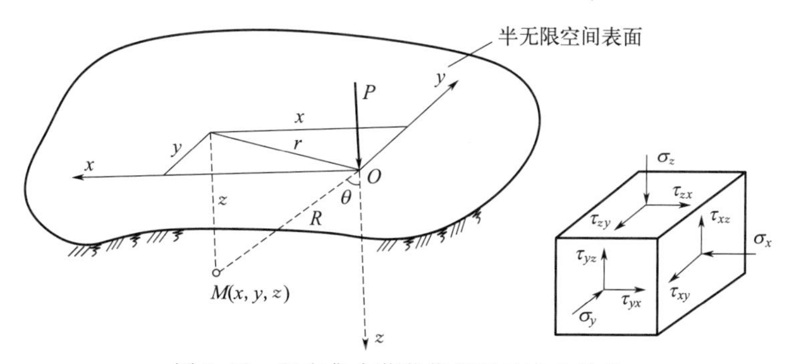

图 3.17 竖向集中荷载作用下的应力状态

需要注意的是，在以上各式中若 $R=0$，即 M 点在集中力作用点 O 处，则应力和位移将趋于无穷大，表明该点处的地基土已经发生塑性变形，弹性理论的解答不再适用。因此，计算附加应力时所选计算点不应太接近于集中力作用点。

布辛内斯克解答是求解地基中附加应力的基本公式。其中，竖向附加正应力 σ_z 在土力学中具有特别重要的意义，它是使地基土产生压缩变形的原因，因此在工程实践中应用最多。下面着重讨论竖向附加正应力 σ_z 的计算及其分布规律。为应用方便，由几何关系 $R^2=r^2+z^2$，代入式(3.11) 得

$$\sigma_z=\frac{3P}{2\pi}\times\frac{z^3}{R^5}=\frac{3P}{2\pi z^2}\times\frac{1}{[1+(r/z)^2]^{5/2}}=\alpha\frac{P}{z^2} \tag{3.20}$$

$$\alpha=\frac{3}{2\pi}\times\frac{1}{[1+(r/z)^2]^{5/2}} \tag{3.21}$$

式中，α 为竖向集中力作用下的地基竖向附加应力系数，它是 r/z 的函数，可由表 3.1 查取，或根据式(3.21) 进行计算。

表 3.1 集中荷载作用下地基竖向附加应力系数 α

r/z	α	r/z	α	r/z	α	r/z	α	r/z	α
0.00	0.477	0.50	0.273	1.00	0.084	1.50	0.025	2.00	0.009
0.05	0.474	0.55	0.247	1.05	0.074	1.55	0.022	2.20	0.006
0.10	0.466	0.60	0.221	1.10	0.066	1.60	0.020	2.40	0.004
0.15	0.452	0.65	0.198	1.15	0.058	1.65	0.018	2.60	0.003
0.20	0.433	0.70	0.176	1.20	0.051	1.70	0.016	2.80	0.002
0.25	0.410	0.75	0.156	1.25	0.045	1.75	0.014	3.00	0.002
0.30	0.385	0.80	0.139	1.30	0.040	1.80	0.013	3.50	0.001
0.35	0.358	0.85	0.123	1.35	0.036	1.85	0.012	4.00	0.000
0.40	0.329	0.90	0.108	1.40	0.032	1.90	0.010	4.50	0.000
0.45	0.301	0.95	0.096	1.45	0.028	1.95	0.009	5.00	0.000

② 竖向附加应力 σ_z 的分布。根据式(3.11)，将竖向附加应力 σ_z 随深度 z 的变化绘制成曲线，如图 3.18 所示。由图可知，竖向附加应力 σ_z 的分布规律如下：

(a) 在集中力 P 作用线上，即 $r=0$ 处，$\alpha=\frac{3}{2\pi}$，$\sigma_z=\frac{3}{2\pi}\times\frac{P}{z^2}$，当 $z=0$ 时，$\sigma_z\to\infty$；当 $z\to\infty$时，$\sigma_z=0$；沿 P 作用线上附加应力σ_z 随着深度 z 的增加而递减。

(b) 当 $r>0$ 时，沿 r 处竖直线上附加应力σ_z 分布：在地表处的附加应力 $\sigma_z=0$；随着深度 z 的增加σ_z 逐渐增大，但到一定深度后σ_z 又随着深度 z 的增加而减小。

(c) 在深度 z 为常数的同一水平面上，附加应力 σ_z 在 $r=0$ 处最大，并随着 r 的增大而减小；随着深度 z 增加，集中力 P 作用线上的σ_z 减小，水平面上 σ_z 的分布趋于均匀。

(d) 在空间上将附加应力 σ_z 相同的点连接成曲面，得到如图 3.19 所示的 σ_z 等值线，其空间曲面形如泡状，称为应力泡。

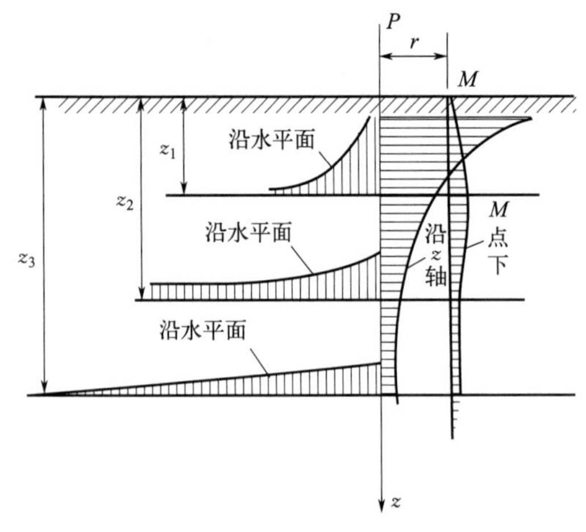

图 3.18 集中荷载作用下土中 σ_z 的分布

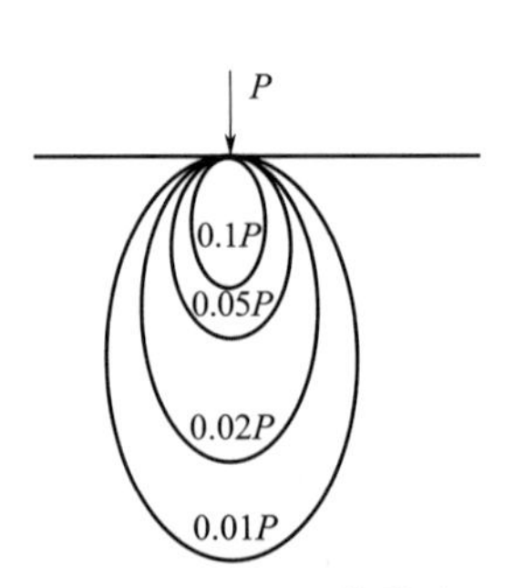

图 3.19 σ_z 的等值线

通过上述讨论可知，竖向集中力在地基中引起的竖向附加应力是向下、向四周无限扩散的。

③ 多个竖向集中力作用下的附加应力。如图 3.20 所示，当地面上有多个竖向集中力作用时，可利用弹性理论的叠加原理，先分别求出各集中力在地基中任意点 M 处产生的附加应力，然后将该点的所有附加应力进行叠加，即可求得集中力系所产生的附加应力

$$\sigma_z=\alpha_1\frac{P_1}{z^2}+\alpha_2\frac{P_2}{z^2}+\cdots+\alpha_n\frac{P_n}{z^2} \tag{3.22}$$

式中，α_1，α_2，α_3，…，α_n 分别为竖向集中力 P_1，P_2，P_3，…，P_n 对应的地基竖向附加应力系数。

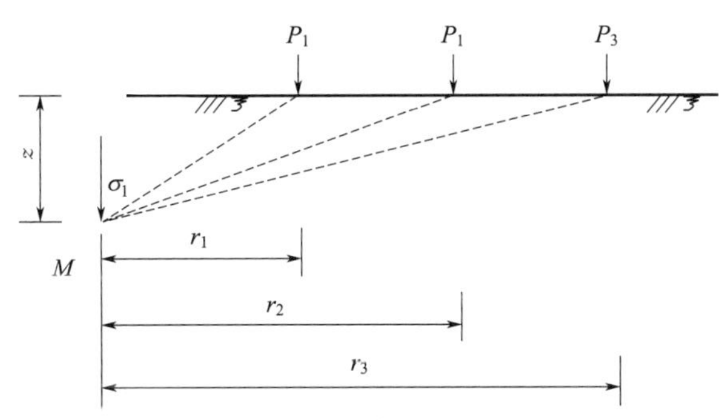

图 3.20 多个集中力作用下的 σ_z

图 3.21 为两个竖向集中力作用的地基附加应力叠加示意图，图中曲线 a 为集中力 P_1 在 z 深度水平线上引起的应力分布，曲线 b 为集中力 P_2 在 z 深度水平线上引起的应力分布，将曲线 a 和曲线 b 相加得到曲线 c，就是该水平线上的总附加应力。

④ 多个不规则分布荷载作用下的附加应力。对于多个不规则分布的荷载，即荷载分布规律或作用平面形状不规则情形，可将荷载面分成若干形状规则的面积单元，将每个单元上的分布荷载视为集中力，采用式(3.22) 近似计算地基中任意点 M 的附加应力。此法称为等代荷载法，如图 3.22 所示，其计算精度取决于所划分单元面积的大小。

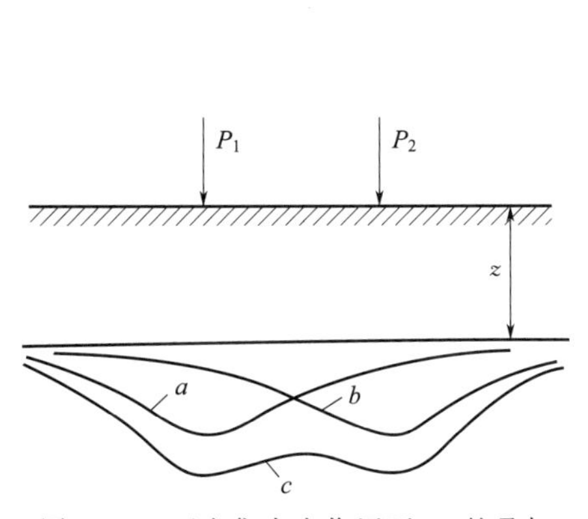

图 3.21 两个集中力作用下 σ_z 的叠加

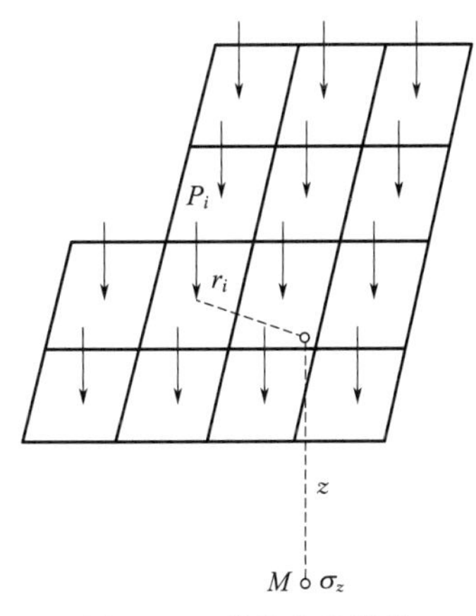

图 3.22 等代荷载计算

(2) 水平集中力作用下的附加应力

如图 3.23 所示，地表作用有一水平集中力 P_h，地基中任意点 $M(x,y,z)$ 处的竖向附加应力 σ_z 由西罗提解答给出

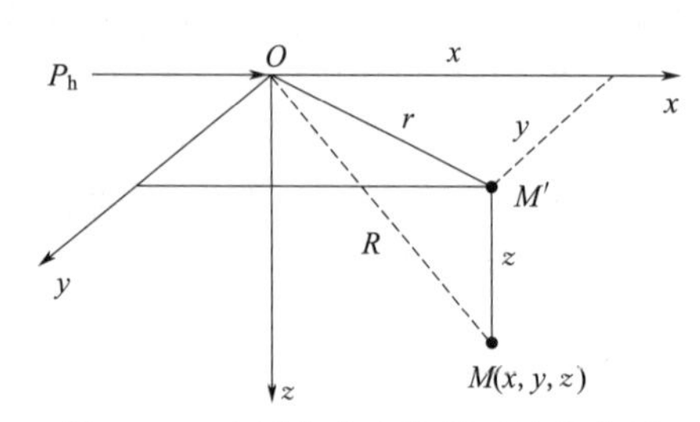

图 3.23 水平集中力作用于地基表面

$$\sigma_z=\frac{3P_h}{2\pi}\times\frac{xz^2}{R^5} \tag{3.23}$$

式中，P_h 为作用于地表的水平集中力，kN；其他符号意义同前。

【例 3.3】 地表有竖向集中力 $F=200$kN，试计算地面下深度 $z=3$m 处水平面上的附加应力 σ_z 分布，以及距 F 的作用点 $r=1$m 处竖直面上的附加应力 σ_z 分布。

解：各点的附加应力 σ_z 可按式(3.20) 计算，具体步骤已列于表 3.2、表 3.3 中，同时绘出 σ_z 的分布图（图 3.24）。

表 3.2 $z=3$m 处水平面上附加应力 σ_z 计算

r/m	0	1	2	3	4	5
r/z	0.00	0.33	0.67	1.00	1.33	1.67
α	0.477	0.369	0.189	0.084	0.037	0.017
σ_z/kPa	10.6	8.2	4.2	1.9	0.8	0.4

表 3.3 $r=1$m 处竖直面上附加应力 σ_z 计算

z/m	0	1	2	3	4	5	6
r/z	∞	1.00	0.50	0.33	0.25	0.20	0.17
α	0.000	0.084	0.273	0.369	0.410	0.433	0.445
σ_z/kPa	0.0	16.8	13.7	8.2	5.1	3.5	2.5

3.4.1.2 分布荷载作用下的附加应力

根据集中荷载作用下的附加应力计算方法，应用叠加原理或等代荷载法可以求解各种分布荷载作用下的地基附加应力。如图 3.25 所示，半无限空间土体表面作用一连续的竖向分布荷载 $p(x,y)$，为求地基内某点 $M(x,y,z)$ 的附加应力 σ_z，先在荷载面积范围内取一微单元面积 $dA=d\xi d\eta$，作用在微单元面积 dA 上的分布荷载可用集中力 $dF=p(\xi,\eta)d\xi d\eta$ 表示，用式(3.11) 在荷载面积 A 上积分可得

$$\sigma_z=\iint_A d\sigma_z=\frac{3z^3}{2\pi}\iint_A\frac{p(\xi,\eta)d\xi d\eta}{[(x-\xi)^2+(y-\eta)^2+z^2]^{5/2}} \tag{3.24}$$

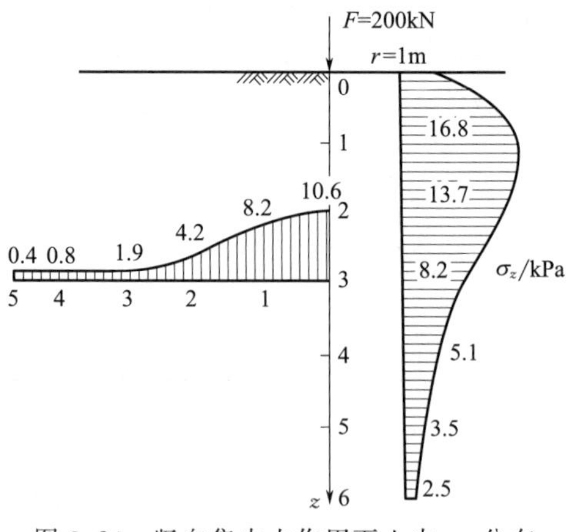

图 3.24 竖向集中力作用下土中 σ_z 分布

式(3.24) 是求解分布荷载作用下的地基附加应力的基本公式。其解取决于下列三个条件：①分布荷载 $p(x,y)$ 的分布规律及其大小；②分布荷载 $p(x,y)$ 的分布面积 A 的集合形状及其大小；③计算点 $M(x,y,z)$ 的坐标 x，y，z 的值。

一般情况下，式(3.24) 的求解比较复杂，只有分布荷载 $p(x,y)$ 的分布及其作用面积形状较为简单的情形才能求出解析解。

对于分布荷载及其作用面积的形状均为简单的情形，为方便应用，工程上通常采用无量纲

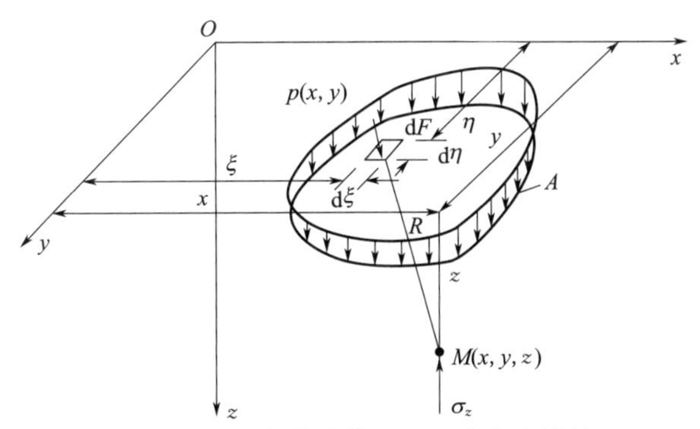

图 3.25 分布荷载作用下土中应力计算

化处理，将 l/b、z/b 编制成表格，根据 l/b、z/b 查表得出附加应力系数 α，再求出附加应力。

$$\sigma_z=\alpha p_0 \tag{3.25}$$

式中，p_0 为作用于地表的竖向分布荷载，kPa；α 为地基竖向附加应力系数。

考虑实际工程中的建筑物基础多为矩形底面，下面重点介绍矩形面积上常见分布荷载（矩形、三角形）作用下的竖向地基附加应力计算方法，对圆形面积上分布荷载作用下的竖向附加应力计算仅作简单介绍。

(1) 矩形面积上常见分布荷载作用下的竖向地基附加应力

① 矩形面积上竖向均匀分布荷载作用下的竖向地基附加应力。如图 3.26 所示，设矩形荷载面的长度和宽度分别为 l、b，作用于地表的竖向分布荷载为 p_0，取所计算的角点为坐标原点，则角点下任意一点 M 的坐标为 $(0,0,z)$，分布荷载 $p(x,y)=p_0$，微单元面积 $\mathrm{d}x\mathrm{d}y$ 上的作用力 $\mathrm{d}P=p_0\mathrm{d}x\mathrm{d}y$ 可视为集中力，该集中力在角点 O 以下深度为 z 处的 M 点所引起的竖向附加应力为

$$\mathrm{d}\sigma_z=\frac{3p_0}{2\pi}\times\frac{1}{[1+(r/z)^2]^{5/2}}\times\frac{\mathrm{d}x\mathrm{d}y}{z^2} \tag{3.26}$$

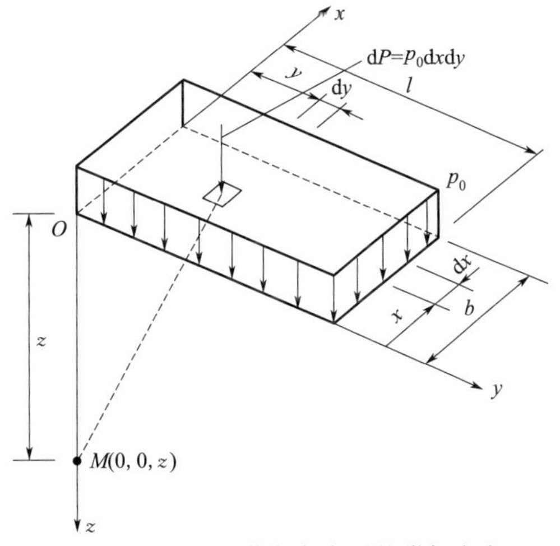

图 3.26 均布矩形荷载角点下的附加应力 σ_z

将式(3.26) 代入式(3.24)，沿着整个矩形面积积分，可得矩形面积角点下任意深度处的竖向附加应力为

$$\begin{aligned}\sigma_z&=\int_0^b\int_0^l\frac{3p_0}{2\pi}\times\frac{z^3\mathrm{d}x\mathrm{d}y}{(\sqrt{x^2+y^2+z^2})^5}\\&=\frac{p_0}{2\pi}\left[\frac{mn}{\sqrt{1+m^2+n^2}}\times\left(\frac{1}{m^2+n^2}+\frac{1}{1+n^2}\right)+\arctan\left(\frac{m}{n\sqrt{1+m^2+n^2}}\right)\right]\\&=\alpha_c p_0\end{aligned} \tag{3.27}$$

$$\alpha_c=\frac{1}{2\pi}\left[\frac{mn}{\sqrt{1+m^2+n^2}}\times\left(\frac{1}{m^2+n^2}+\frac{1}{1+n^2}\right)+\arctan\left(\frac{m}{n\sqrt{1+m^2+n^2}}\right)\right] \tag{3.28}$$

式中，$m=l/b$，$n=z/b$；α_c 为均布矩形荷载角点下的竖向附加应力系数，简称角点应力系数。

$\alpha_c = f(m, n)$，是 m、n 的函数，可按 m、n 从表 3.4 中查得，或根据式(3.28) 计算，从而求得 σ_z。

表 3.4 均布矩形荷载角点下的竖向附加应力系数 α_c

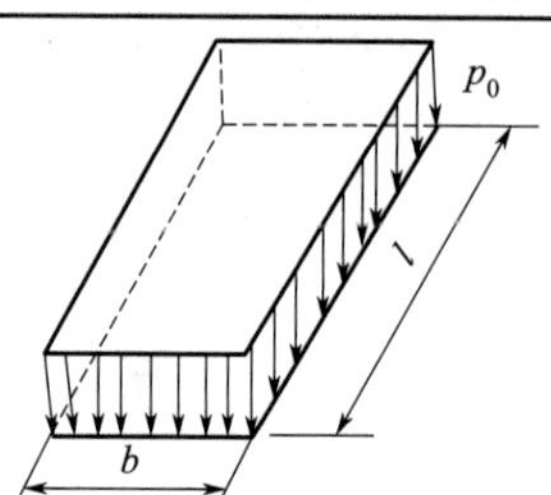

z/b	l/b									
	1.0	1.2	1.4	1.6	1.8	2.0	3.0	4.0	5.0	10.0	条形
0.0	0.250	0.250	0.250	0.250	0.250	0.250	0.250	0.250	0.250	0.250	0.250
0.2	0.249	0.249	0.249	0.249	0.249	0.249	0.249	0.249	0.249	0.249	0.249
0.4	0.240	0.242	0.243	0.243	0.244	0.244	0.244	0.244	0.244	0.244	0.244
0.6	0.223	0.228	0.230	0.232	0.232	0.233	0.234	0.234	0.234	0.234	0.234
0.8	0.200	0.207	0.212	0.215	0.216	0.218	0.220	0.220	0.220	0.220	0.220
1.0	0.175	0.185	0.191	0.195	0.198	0.200	0.203	0.204	0.204	0.205	0.205
1.2	0.152	0.163	0.171	0.176	0.179	0.182	0.187	0.188	0.189	0.189	0.189
1.4	0.131	0.142	0.151	0.157	0.161	0.164	0.171	0.173	0.174	0.174	0.174
1.6	0.112	0.124	0.133	0.140	0.145	0.148	0.157	0.159	0.160	0.160	0.160
1.8	0.097	0.108	0.117	0.124	0.129	0.133	0.143	0.146	0.147	0.148	0.148
2.0	0.084	0.095	0.103	0.110	0.116	0.120	0.131	0.135	0.136	0.137	0.137
2.2	0.073	0.083	0.092	0.098	0.104	0.108	0.121	0.125	0.126	0.128	0.128
2.4	0.064	0.073	0.081	0.088	0.093	0.098	0.111	0.116	0.118	0.119	0.119
2.6	0.057	0.065	0.072	0.079	0.084	0.089	0.102	0.107	0.110	0.112	0.112
2.8	0.050	0.058	0.065	0.071	0.076	0.080	0.094	0.100	0.102	0.105	0.105
3.0	0.045	0.052	0.058	0.064	0.069	0.073	0.087	0.093	0.096	0.099	0.099
3.2	0.040	0.047	0.053	0.058	0.063	0.067	0.081	0.087	0.090	0.093	0.094
3.4	0.036	0.042	0.048	0.053	0.057	0.061	0.075	0.081	0.085	0.088	0.089
3.6	0.033	0.038	0.043	0.048	0.052	0.056	0.069	0.076	0.080	0.084	0.084
3.8	0.030	0.035	0.040	0.044	0.048	0.052	0.065	0.072	0.075	0.080	0.080
4.0	0.027	0.032	0.036	0.040	0.044	0.048	0.060	0.067	0.071	0.076	0.076
4.2	0.025	0.029	0.033	0.037	0.041	0.044	0.056	0.063	0.067	0.072	0.073
4.4	0.023	0.027	0.031	0.034	0.038	0.041	0.053	0.060	0.064	0.069	0.070
4.6	0.021	0.025	0.028	0.032	0.035	0.038	0.049	0.056	0.061	0.066	0.067
4.8	0.019	0.023	0.026	0.029	0.032	0.035	0.046	0.053	0.058	0.064	0.064
5.0	0.018	0.021	0.024	0.027	0.030	0.033	0.043	0.050	0.055	0.061	0.062

续表

z/b	l/b										
	1.0	1.2	1.4	1.6	1.8	2.0	3.0	4.0	5.0	10.0	条形
6.0	0.013	0.015	0.017	0.020	0.022	0.024	0.033	0.039	0.043	0.051	0.052
7.0	0.009	0.011	0.013	0.015	0.016	0.018	0.025	0.031	0.035	0.043	0.045
8.0	0.007	0.009	0.010	0.011	0.013	0.014	0.020	0.025	0.028	0.037	0.039
9.0	0.006	0.007	0.008	0.009	0.010	0.011	0.016	0.020	0.024	0.032	0.035
10.0	0.005	0.006	0.007	0.007	0.008	0.009	0.013	0.017	0.020	0.028	0.032
12.0	0.003	0.004	0.005	0.005	0.006	0.006	0.009	0.012	0.014	0.022	0.026
14.0	0.002	0.003	0.004	0.004	0.004	0.005	0.007	0.009	0.011	0.018	0.023
16.0	0.002	0.002	0.003	0.003	0.003	0.004	0.005	0.007	0.009	0.014	0.020
18.0	0.001	0.002	0.002	0.002	0.003	0.003	0.004	0.006	0.007	0.012	0.018
20.0	0.001	0.001	0.002	0.002	0.002	0.002	0.004	0.005	0.006	0.010	0.016
25.0	0.001	0.001	0.001	0.001	0.001	0.002	0.002	0.003	0.004	0.007	0.013
30.0	0.001	0.001	0.001	0.001	0.001	0.001	0.002	0.002	0.003	0.005	0.011
35.0	0.000	0.000	0.001	0.001	0.001	0.001	0.001	0.002	0.002	0.004	0.009
40.0	0.000	0.000	0.000	0.000	0.001	0.001	0.001	0.001	0.001	0.003	0.008

式(3.27) 是计算矩形面积上竖向均匀分布荷载作用的角点下地基附加应力的基本公式。当应力计算点 M 不在角点正下方时，可以利用式(3.27) 和叠加原理进行计算，这种方法称为"角点法"。按照计算点 M 在荷载面的水平投影 M'的不同位置，采用角点法计算竖向均布矩形荷载下的地基附加应力的方法如图 3.27 所示。通过 M'点作平行于原矩形各边的直线，将其划分成若干个具有公共角点 M'的新矩形，分别计算每个矩形在角点 M'下的竖向附加应力系数，然后应用叠加原理求得原矩形均布荷载下的竖向附加应力系数。必须注意，采用角点法具有严格的要求：(a) M'点必须为所划分各矩形的公共角点；(b) 划分矩形的总面积等于原有荷载面积；(c) 所有分块的矩形荷载面，其长度和宽度必须分别为 l、b。

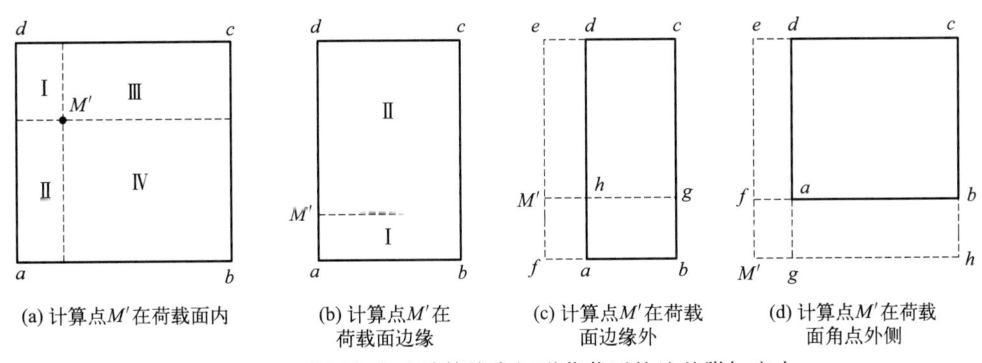

(a) 计算点M'在荷载面内　(b) 计算点M'在荷载面边缘　(c) 计算点M'在荷载面边缘外　(d) 计算点M'在荷载面角点外侧

图 3.27　采用角点法计算均布矩形荷载下的地基附加应力

按照图 3.27，采用角点法计算竖向均布矩形荷载下的竖向地基附加应力的结果如下。

(a) M'点在荷载面内，如图 3.27(a) 所示，附加应力为

$$\sigma_z = (\alpha_{c\text{I}} + \alpha_{c\text{II}} + \alpha_{c\text{III}} + \alpha_{c\text{IV}}) p_0 \tag{3.29}$$

若M'点位于荷载面中心，则$\alpha_{c\mathrm{I}}=\alpha_{c\mathrm{II}}=\alpha_{c\mathrm{III}}=\alpha_{c\mathrm{IV}}$，$\sigma_z=4\alpha_{c\mathrm{I}}p_0$。

(b) M'点在荷载面边缘，如图 3.27(b) 所示，附加应力为

$$\sigma_z=(\alpha_{c\mathrm{I}}+\alpha_{c\mathrm{II}})p_0 \tag{3.30}$$

(c) M'点在荷载面边缘外侧，如图 3.27(c) 所示，附加应力为

$$\sigma_z=(\alpha_{c\mathrm{I}}-\alpha_{c\mathrm{II}}+\alpha_{c\mathrm{III}}-\alpha_{c\mathrm{IV}})p_0 \tag{3.31}$$

其中，矩形荷载面Ⅰ、Ⅱ、Ⅲ、Ⅳ分别为图中的矩形$M'fbg$、$M'fah$、$M'ecg$、$M'edh$。

(d) M'点在荷载面角点外侧，如图 3.27(d) 所示，附加应力为

$$\sigma_z=(\alpha_{c\mathrm{I}}-\alpha_{c\mathrm{II}}-\alpha_{c\mathrm{III}}+\alpha_{c\mathrm{IV}})p_0 \tag{3.32}$$

其中，矩形荷载面Ⅰ、Ⅱ、Ⅲ、Ⅳ分别为图中的矩形$M'hce$、$M'hbf$、$M'gde$、$M'gaf$。

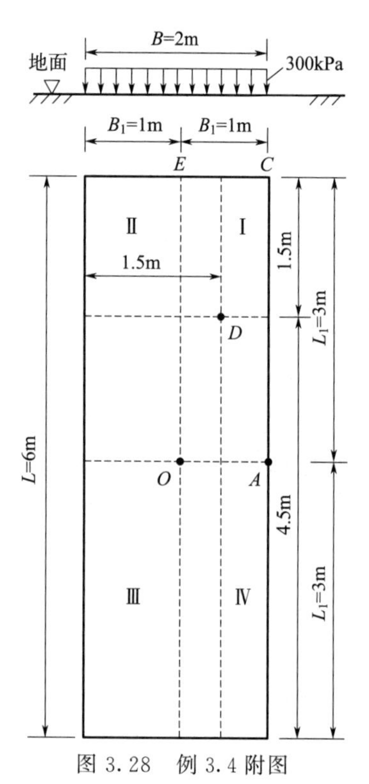

图 3.28 例 3.4 附图

【例 3.4】 如图 3.28 所示，设矩形基础面积为 2m×6m，基底上作用竖向均布荷载为 300kPa，试计算基底A、E、C、D和O各点以下深度z为 2m 处的竖向附加应力。

解：(1) 为求A点以下的附加应力，通过A点将基底划分为两块面积相等的矩形（2m×3m），这样A点就落在长$L_1=3\text{m}$、宽$B=2\text{m}$的两个矩形的角点上。由$L_1/B=3/2=1.5$和$z/B=2/2=1$，查表 3.4 得$\alpha_c=0.193$，则A点以下的附加应力为

$$(\sigma_z)_A=2\alpha_c p=2\times0.193\times300=115.8\text{kPa}$$

(2) 为求E点以下的附加应力，通过E点将基底划分为 1m×6m 的两块矩形，使E点落在长$L=6\text{m}$、宽$B_1=1\text{m}$的两个矩形的角点上。由$L/B_1=6/1=6$和$z/B_1=2/1=2$，查表 3.4 得$\alpha_c=0.137$，则E点以下的附加应力

$$(\sigma_z)_E=2\alpha_c p=2\times0.137\times300=82.2\text{kPa}$$

(3) C点正好落在长$L=6\text{m}$，宽$B=2\text{m}$的矩形的角点上，由$L/B=6/2=3$和$z/B=2/2=1$，查表 3.4 得$\alpha_c=0.203$，则C点以下的附加应力为

$$(\sigma_z)_C=\alpha_c p=0.203\times300=60.9\text{kPa}$$

(4) 为求D点以下的附加应力，通过D点分别作平行于基底长、短边的两根辅助线，将基底分割为Ⅰ、Ⅱ、Ⅲ、Ⅳ四块矩形，使D点落在这四块矩形的公共角点上，利用表 3.4 查得各块矩形对D点的应力系数列于表 3.5。

表 3.5 各块矩形对 D 点的应力系数

面积序号	L/m	B/m	z/m	$\frac{L}{B}$	$\frac{z}{B}$	α_c
Ⅰ	1.5	0.5	2	3	4	0.060
Ⅱ	1.5	1.5	2	1	1.33	0.138
Ⅲ	4.5	1.5	2	3	1.33	0.177
Ⅳ	4.5	0.5	2	9	4	0.076

则D点以下的附加应力为

$$(\sigma_z)_D=\sum\alpha_c p=(0.06+0.138+0.177+0.076)\times300=135.3\text{kPa}$$

(5) 为求中心点 O 点以下的附加应力，同样可通过 O 点作平行于基底长、短边的两根辅助线，将基底分成四块面积相等的矩形，对于每一块矩形来说，由 $L_1/B_1=3/1=3$ 和 $z/B_1=2/1=2$，查表 3.4 得 $\alpha_c=0.131$，则 O 点以下的附加应力为

$$(\sigma_z)_O=\sum\alpha_c p=4\times0.131\times300=157.2\text{kPa}$$

【例 3.5】 有甲、乙两个相距甚远的正方形基础，分别放在土层情况相同的地面上，其中，甲基础的面积为 4m×4m，乙基础为 1m×1m，基底均作用有 300kPa 的竖向均布压力，试计算两基底中心点 O 以下深度为 1m、2m、3m 处的竖向附加应力，并绘出分布图。

解：通过基底中心点 O 分别作平行于基底两边的辅助线，把甲基础的底面划分为四个 2m×2m 的正方形；将乙基础的底面划分为四个 0.5m×0.5m 的正方形。因为中心点 O 均落在四个正方形的公共角点上，利用角点法求得 O 点以下各深度上的竖向附加应力，见表 3.6。

表 3.6 基础中心点下竖向附加应力计算成果表

基底以下深度 z/m	4m×4m 的基础				1m×1m 的基础			
	$n=\frac{z}{B}$	$m=\frac{L}{B}$	α_c	σ_z/kPa	$n=\frac{z}{B}$	$m=\frac{L}{B}$	α_c	σ_z/kPa
1	0.5	1	0.232	278.4	2	1	0.084	100.8
2	1	1	0.175	210	4	1	0.027	32.4
3	1.5	1	0.122	146.4	6	1	0.013	15.6

注：表中 $\sigma_z=4\alpha_c p$，$p=300$kPa。

从计算结果可以看出，在强度相同的均布压力作用下，基础底面积愈大，附加应力传递得愈深，或者说在同一深度处所产生的附加应力愈大。如图 3.29 所示，若离地面 3m 处有一高压缩性的软土层，对于乙基础来说，在软土层顶面仅产生 15.6kPa 的附加应力；而对于甲基础，在软土层顶面产生 146.4kPa 的附加应力。显然，后者将使软土层产生很大的变形，并导致较大的基础沉降。

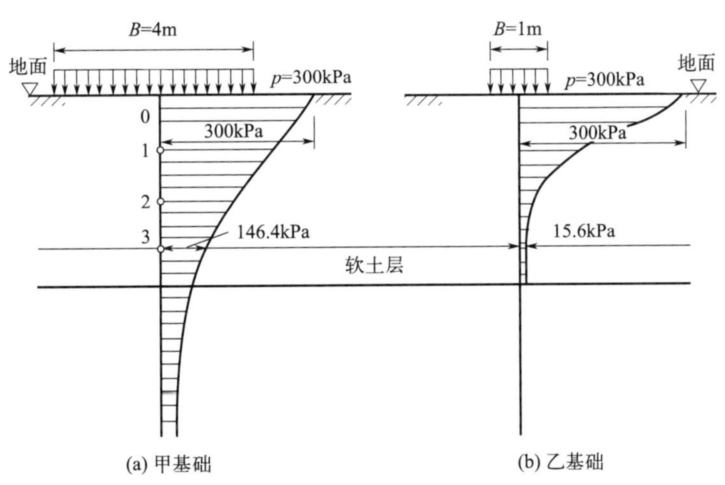

图 3.29 例 3.5 图

② 矩形面积上竖向三角形分布荷载作用下的竖向地基附加应力。如图 3.30 所示，矩形荷载面上作用竖向三角形分布荷载，荷载最大值为 p_0。沿荷载变化方向矩形基底的长度为 b，另一边的长度为 l。取分布荷载为零的角点 1 作为坐标原点，角点 1 以下任意一点 M 的坐标为 $(0,0,z)$，分布荷载 $p(x,y)=p_0x/b$，则微单元面积 $\mathrm{d}x\mathrm{d}y$ 上的作用力 $\mathrm{d}P=\frac{xp_0}{b}\mathrm{d}x\mathrm{d}y$

可视为集中力，于是角点1以下任意深度 z 处的竖向附加应力可按竖向集中力 $\mathrm{d}P$ 作用下的竖向地基附加应力 $\mathrm{d}\sigma_z$ 沿着整个矩形荷载面积积分来求得

$$\sigma_z=\frac{3z^3p_0}{2\pi b}\int_0^l\int_0^b\frac{x\,\mathrm{d}x\,\mathrm{d}y}{(x^2+y^2+z^2)^{5/2}}=\alpha_{t1}p_0 \tag{3.33}$$

$$\alpha_{t1}=\frac{mn}{2\pi}\left[\frac{1}{\sqrt{m^2+n^2}}-\frac{n^2}{(1+n^2)\sqrt{1+m^2+n^2}}\right] \tag{3.34}$$

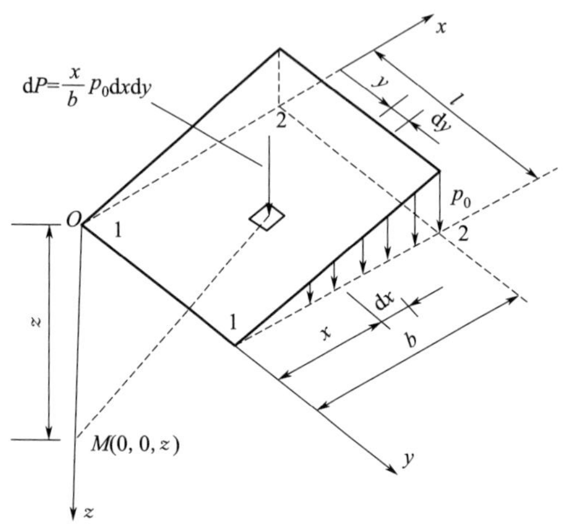

图 3.30 三角形分布的矩形荷载

同理，可求得荷载最大值角点2以下任意深度 z 处的竖向附加应力为

$$\sigma_z=\alpha_{t2}p_0 \tag{3.35}$$

$$\alpha_{t2}=\alpha_c-\alpha_{t1} \tag{3.36}$$

式中，α_{t1}、α_{t2} 为矩形基底受竖向三角形分布荷载作用下的竖向附加应力系数，可按 $m=l/b$ 和 $n=z/b$ 查表3.7求得，或根据式(3.34)和式(3.36)进行计算。

对于基底范围内（或外）任意点下的竖向附加应力，可以利用角点法和叠加原理进行计算。但需注意，计算点必须落在三角形分布荷载大小为零的一点的垂线上；b 必须为荷载变化方向矩形基底的边长。

矩形面积上竖向梯形分布荷载作用下的竖向地基附加应力，可按三角形分布荷载和均布荷载之和引起的附加应力进行计算。具体计算时，从应力计算点 M 的地面投影处将梯形荷载分为Ⅰ、Ⅱ两部分，每一部分按三角形分布荷载和均布荷载分别计算，然后将两部分应力叠加即可。

表3.7 三角形分布的矩形荷载角点下的竖向附加应力系数 α_{t1} 和 α_{t2}

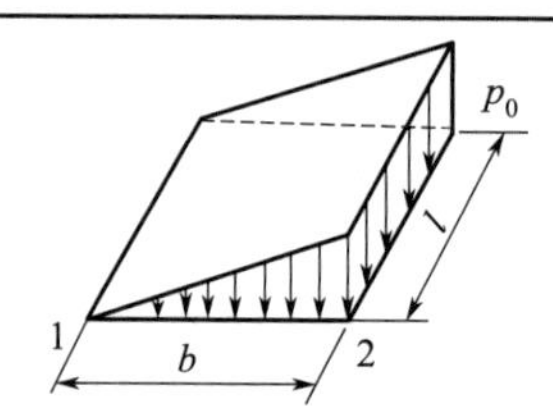

z/b	l/b									
	0.2		0.4		0.6		0.8		1.0	
	1	2	1	2	1	2	1	2	1	2
0.0	0.000	0.250	0.000	0.250	0.000	0.250	0.000	0.250	0.000	0.250
0.2	0.022	0.182	0.028	0.212	0.030	0.217	0.030	0.218	0.030	0.218
0.4	0.027	0.109	0.042	0.160	0.049	0.178	0.052	0.184	0.053	0.187
0.6	0.026	0.070	0.045	0.117	0.056	0.141	0.062	0.152	0.065	0.158
0.8	0.023	0.048	0.042	0.085	0.055	0.109	0.064	0.123	0.069	0.131
1.0	0.020	0.035	0.038	0.064	0.051	0.085	0.060	0.100	0.067	0.109
1.2	0.017	0.026	0.032	0.049	0.045	0.067	0.055	0.081	0.062	0.090

续表

z/b	l/b=0.2		0.4		0.6		0.8		1.0	
	1	2	1	2	1	2	1	2	1	2
1.4	0.015	0.020	0.028	0.039	0.039	0.054	0.048	0.066	0.055	0.075
1.6	0.012	0.016	0.024	0.031	0.034	0.044	0.042	0.055	0.049	0.063
1.8	0.011	0.013	0.020	0.025	0.029	0.036	0.037	0.046	0.044	0.053
2.0	0.009	0.011	0.018	0.021	0.026	0.030	0.032	0.039	0.038	0.046
2.5	0.006	0.007	0.013	0.014	0.018	0.021	0.024	0.027	0.028	0.032
3.0	0.005	0.005	0.009	0.010	0.014	0.015	0.018	0.019	0.021	0.023
5.0	0.002	0.002	0.004	0.004	0.005	0.006	0.007	0.007	0.009	0.009
7.0	0.001	0.001	0.002	0.002	0.003	0.003	0.004	0.004	0.005	0.005
10.0	0.001	0.000	0.001	0.001	0.001	0.001	0.002	0.002	0.002	0.002

③ 矩形面积上水平均布荷载作用下的竖向附加应力。如图 3.31 所示，当矩形基底受到水平均布荷载 p_h 作用时，角点下任意深度 z 处的竖向附加应力可以利用式(3.23) 积分求得

$$\sigma_z=\pm\frac{mp_h}{2\pi}\left[\frac{1}{\sqrt{m^2+n^2}}-\frac{n^2}{(1+n^2)\sqrt{1+m^2+n^2}}\right]=\pm\alpha_h p_h \tag{3.37}$$

$$\alpha_h=\frac{m}{2\pi}\left[\frac{1}{\sqrt{m^2+n^2}}-\frac{n^2}{(1+n^2)\sqrt{1+m^2+n^2}}\right] \tag{3.38}$$

式中，α_h 为矩形基底在水平均布荷载作用下的竖向附加应力系数，可按 $m=l/b$ 和 $n=z/b$ 查表 3.8 求得，或根据式(3.38) 进行计算。其中，b 为平行于水平荷载作用方向的矩形基底的长度，l 为另一边的长度。

当计算点在水平均布荷载作用方向的终止端以下时，取“+”（b、d 点下）；当计算点在水平均布荷载作用方向的起始端以下时，取“−”（a、c 点下）。计算点在基底范围内（或外）任意位置，均可利用角点法和叠加原理来进行计算。

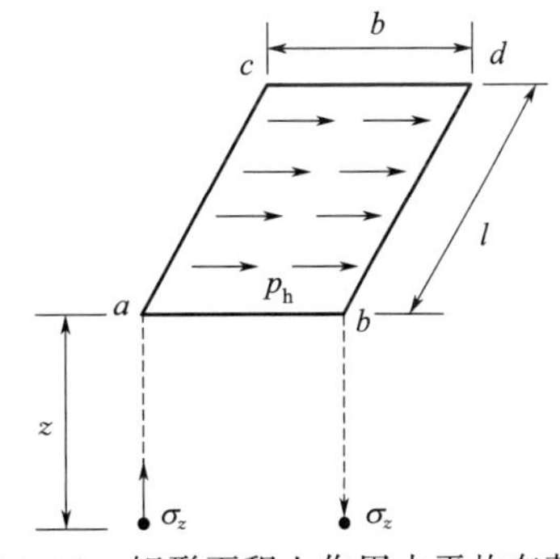

图 3.31　矩形面积上作用水平均布荷载

表 3.8　矩形基底受水平均布荷载作用时角点下的竖向附加应力系数 α_h

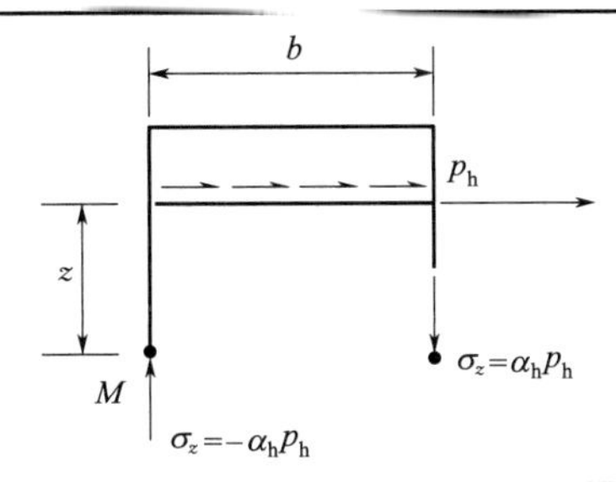

续表

$n=z/b$	$m=l/b$								
	1.0	1.2	1.4	1.6	1.8	2.0	4.0	8.0	10.0
0.0	0.159	0.159	0.159	0.159	0.159	0.159	0.159	0.159	0.159
0.2	0.152	0.152	0.153	0.153	0.153	0.153	0.153	0.153	0.153
0.4	0.133	0.135	0.136	0.136	0.137	0.137	0.137	0.137	0.137
0.6	0.109	0.112	0.114	0.115	0.116	0.116	0.117	0.117	0.117
0.8	0.086	0.090	0.092	0.094	0.095	0.096	0.097	0.097	0.097
1.0	0.067	0.071	0.074	0.075	0.077	0.077	0.079	0.080	0.080
1.2	0.051	0.055	0.058	0.060	0.062	0.062	0.065	0.065	0.065
1.4	0.040	0.043	0.046	0.048	0.049	0.051	0.053	0.054	0.054
1.6	0.031	0.034	0.037	0.039	0.040	0.041	0.044	0.045	0.045
1.8	0.024	0.027	0.029	0.031	0.033	0.034	0.037	0.038	0.038
2.0	0.019	0.022	0.024	0.025	0.027	0.028	0.031	0.032	0.032
2.5	0.011	0.013	0.015	0.016	0.017	0.018	0.021	0.022	0.022
3.0	0.007	0.008	0.009	0.010	0.011	0.012	0.015	0.016	0.016
5.0	0.002	0.002	0.002	0.003	0.003	0.003	0.005	0.006	0.006
7.0	0.001	0.001	0.001	0.001	0.001	0.001	0.002	0.003	0.003
10.0	0.000	0.000	0.000	0.000	0.000	0.001	0.001	0.001	0.001

(2) 圆形面积上竖向均匀分布荷载作用下的竖向地基附加应力

如图 3.32 所示，以圆心为极坐标原点 O，圆形荷载面上作用竖向均匀分布荷载 p_0，微单元面积 $\mathrm{d}A=r\mathrm{d}r\mathrm{d}\theta$，其作用力 $\mathrm{d}P=p_0 r\mathrm{d}r\mathrm{d}\theta$ 可视为集中力，该集中力在圆心 O 以下深度为 z 处的 M 点所引起的竖向附加应力为

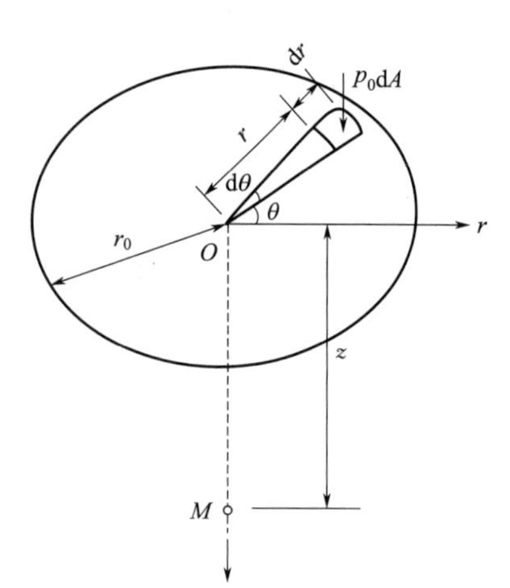

图 3.32 均布圆形荷载下的 σ_z

$$\sigma_z=\frac{3p_0}{2\pi}\int_0^{r_0}\int_0^{2\pi}\frac{rz^3\mathrm{d}r\mathrm{d}\theta}{(r^2+z^2)^{5/2}}=p_0\left[1-\left(\frac{z^2}{z^2+r_0^2}\right)^{3/2}\right]$$

$$=\alpha_0 p_0 \tag{3.39}$$

$$\alpha_0=1-\left(\frac{z^2}{z^2+r_0^2}\right)^{3/2} \tag{3.40}$$

式中，α_0 为均布圆形荷载中心下的竖向附加应力系数，可按 z/r_0 查表 3.9 求得，或根据式(3.40) 进行计算。

同理，均布圆形荷载周边的竖向附加应力为

$$\sigma_z=\alpha_r p_0 \tag{3.41}$$

式中，α_r 为均布圆形荷载周边下的竖向附加应力系数，可按 z/r_0 查表 3.9 求得。

表 3.9 均布圆形荷载中心点及圆周边下的竖向附加应力系数 α_0 和 α_r

z/r_0	α_0	α_r	z/r_0	α_0	α_r	z/r_0	α_0	α_r
0.0	1.000	0.500	1.6	0.390	0.243	3.2	0.130	0.108
0.1	0.999	0.494	1.7	0.360	0.230	3.3	0.124	0.103
0.2	0.992	0.467	1.8	0.332	0.218	3.4	0.117	0.098
0.3	0.976	0.451	1.9	0.307	0.207	3.5	0.111	0.094
0.4	0.949	0.435	2.0	0.285	0.196	3.6	0.106	0.090
0.5	0.911	0.417	2.1	0.264	0.186	3.7	0.101	0.086
0.6	0.864	0.400	2.2	0.245	0.176	3.8	0.096	0.083
0.7	0.811	0.383	2.3	0.229	0.167	3.9	0.091	0.079
0.8	0.756	0.366	2.4	0.210	0.159	4.0	0.087	0.076
0.9	0.701	0.349	2.5	0.200	0.151	4.2	0.079	0.070
1.0	0.647	0.332	2.6	0.187	0.144	4.4	0.073	0.065
1.1	0.595	0.316	2.7	0.175	0.137	4.6	0.067	0.060
1.2	0.547	0.300	2.8	0.165	0.130	4.8	0.062	0.056
1.3	0.502	0.285	2.9	0.155	0.124	5.0	0.057	0.052
1.4	0.461	0.270	3.0	0.146	0.118	6.0	0.040	0.038
1.5	0.424	0.256	3.1	0.138	0.113	10.0	0.015	0.014

3.4.2 平面问题的地基附加应力

对于无限长条形的分布荷载，即荷载面积的长宽比 l/b 趋于无穷大时，地基内部任意一点 M 的应力仅与平面坐标（x,z）有关，而与荷载在长度方向的坐标 y 无关。这种情况属于平面应变问题，如图 3.33 所示。在实际工程中，当 $l/b \geqslant 10$ 时，计算的竖向附加应力 σ_z 与按 $l/b \to \infty$时的解极为接近。因此，在工程设计中常把墙基、路基、坝基、挡土墙基础等视为平面应变问题进行计算。

(1) 竖向线荷载作用下的附加应力

如图 3.34 所示，沿地面无限长直线上作用竖向均布荷载 $\overline{p}$，取该直线为 y 轴，作用在微段 $\mathrm{d}y$ 上的荷载 $\overline{p}\mathrm{d}y$ 可视为集中力，由式(3.11) 得

$$\mathrm{d}\sigma_z = \frac{3z^3\overline{p}\mathrm{d}y}{2\pi R^5} \tag{3.42}$$

对上式积分得到 M 点的附加应力为

$$\sigma_z = \int_{-\infty}^{+\infty}\mathrm{d}\sigma_z = \frac{2\overline{p}z^3}{\pi R_1^4} = \frac{2p}{\pi z}\cos^4\beta = \frac{2\overline{p}z^3}{\pi(x^2+z^2)^2} \tag{3.43}$$

式中，$\overline{p}$ 为单位长度上的线荷载，kN/m；x、z 为 M 点的坐标，m；R_1 为计算点 M 到坐标系原点的距离，m，$R_1=\sqrt{x^2+z^2}$；β 为 OM 线与 z 轴的夹角，(°)。

同理，可得

$$\sigma_x = \frac{2\overline{p}x^2 z}{\pi(x^2+z^2)^2} \tag{3.44}$$

$$\tau_{zx} = \tau_{xz} = \frac{2\overline{p}xz^2}{\pi(x^2+z^2)^2} \tag{3.45}$$

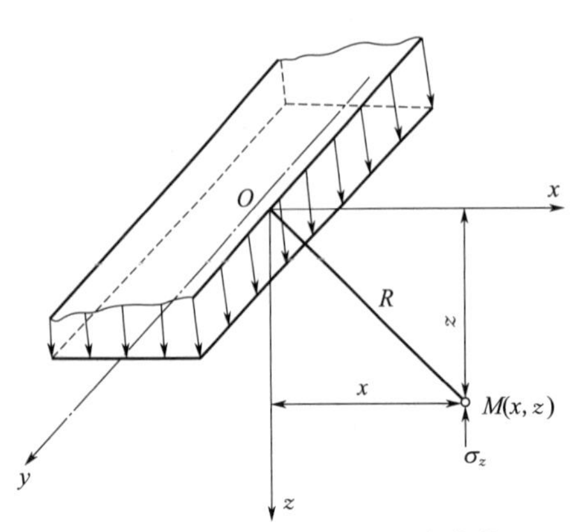

图 3.33　无限长条形的分布荷载

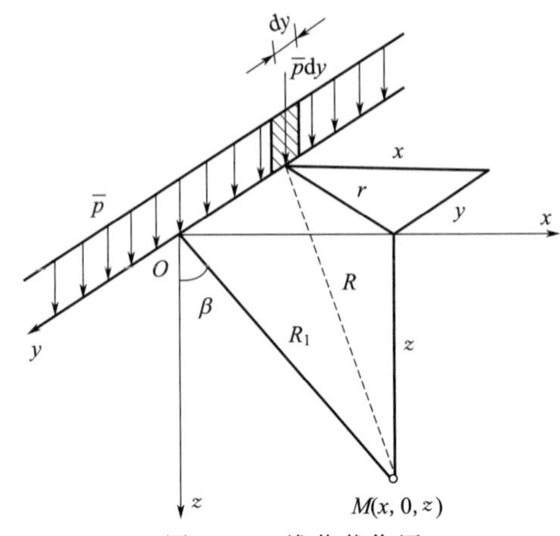

图 3.34　线荷载作用

因为线荷载沿 y 轴均匀分布且无限延伸，故在与 y 轴垂直的任一平面上其应力状态均相同。根据弹性理论可得弗拉曼解为

$$\tau_{xy}=\tau_{yx}=\tau_{yz}=\tau_{zy}=0 \tag{3.46}$$

$$\sigma_y=\mu(\sigma_z+\sigma_x) \tag{3.47}$$

(2) 条形竖向均布荷载作用下的附加应力

如图 3.35 所示，均布条形荷载 p_0 沿 x 轴微分段 $\mathrm{d}x$ 上作用的荷载可用线荷载 $\overline{p}=p_0\mathrm{d}x$ 表示，由此可得

$$\overline{p}=p_0\mathrm{d}x=\frac{p_0R_1}{\cos\beta}\mathrm{d}\beta \tag{3.48}$$

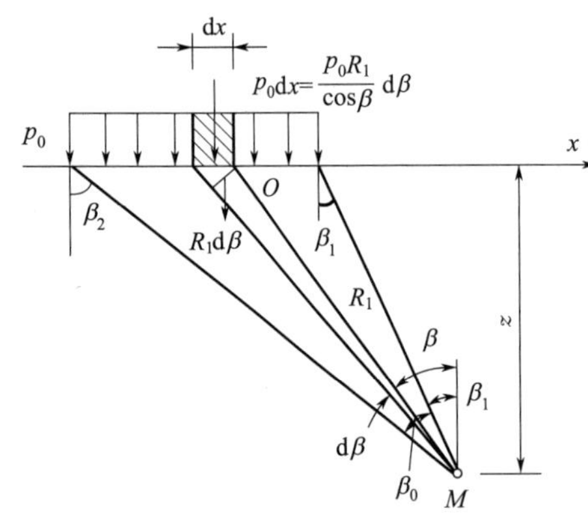

图 3.35　均布荷载作用

由微分段 $\mathrm{d}x$ 上荷载 $\overline{p}$ 在任意点 M 所引起的竖向附加应力增量为

$$\mathrm{d}\sigma_z=\frac{2p_0z^3\mathrm{d}x}{\pi R_1^4}=\frac{2p_0}{\pi}\cos^2\beta\mathrm{d}\beta \tag{3.49}$$

由条形荷载在地基中任意点 M 所引起的竖向附加应力 $\mathrm{d}\sigma_z$ 在 x 轴上积分，得

$$\begin{aligned}\sigma_z&=\int_{\beta_1}^{\beta_2}\mathrm{d}\sigma_z=\frac{2p_0}{\pi}\int_{\beta_1}^{\beta_2}\cos^2\beta\mathrm{d}\beta\\&=\frac{p_0}{\pi}[\sin\beta_2\cos\beta_2-\sin\beta_1\cos\beta_1+(\beta_2-\beta_1)]\end{aligned} \tag{3.50}$$

式中，β_1、β_2 分别为图 3.35 所示条形荷载右端点和左端点至计算点 M 的连线与 z 轴的夹角，(°)。当点 M 位于荷载分布宽度两端点竖直线之间时，β_1 取负值，反之取正值。

同理，可得

$$\sigma_x=\frac{p_0}{\pi}[-\sin(\beta_2-\beta_1)\cos(\beta_2+\beta_1)+(\beta_2-\beta_1)] \tag{3.51}$$

$$\tau_{zx}=\tau_{xz}=\frac{p_0}{\pi}(\sin^2\beta_2-\sin^2\beta_1) \tag{3.52}$$

故地基中任意计算点 M 的大、小主应力为

$$\left.\begin{matrix}\sigma_1\\\sigma_3\end{matrix}\right\}=\frac{\sigma_z+\sigma_x}{2}\pm\sqrt{\left(\frac{\sigma_z-\sigma_x}{2}\right)^2+\tau_{xz}}=\frac{p_0}{\pi}[(\beta_2-\beta_1)\pm\sin(\beta_2-\beta_1)] \tag{3.53}$$

设 β_0 为 M 点与条形荷载两端连线的夹角，且 $\beta_0=\beta_2-\beta_1$（当 M 点在荷载宽度范围内时 $\beta_0=\beta_2+\beta_1$），则上式进一步简化为

$$\left.\begin{matrix}\sigma_1\\ \sigma_3\end{matrix}\right\}=\frac{p_0}{\pi}(\beta_0\pm\sin\beta_0) \tag{3.54}$$

σ_1 的作用方向与 β_0 角平分线一致。式(3.54) 为研究平面问题的地基承载力计算提供了重要基础。

为计算方便，将式(3.50)～式(3.52) 改用直角坐标系表示，取条形荷载的中点为坐标原点，则 $M(x,z)$ 点的附加应力分量为

$$\sigma_z=\alpha_{sz}p_0 \tag{3.55}$$

$$\sigma_x=\alpha_{sx}p_0 \tag{3.56}$$

$$\tau_{xz}=\alpha_{sxz}p_0 \tag{3.57}$$

式中，α_{sz}、α_{sx}、α_{sxz} 分别为均布条形荷载作用下相应的三个附加应力系数，表达为

$$\alpha_{sz}=\frac{1}{\pi}\left[\arctan\frac{1-2n}{2m}+\arctan\frac{1+2n}{2m}-\frac{4m(4n^2-4m^2-1)}{(4n^2+4m^2-1)^2+16m^2}\right] \tag{3.58}$$

$$\alpha_{sx}=\frac{1}{\pi}\left[\arctan\frac{1-2n}{2m}+\arctan\frac{1+2n}{2m}+\frac{4m(4n^2-4m^2-1)}{(4n^2+4m^2-1)^2+16m^2}\right] \tag{3.59}$$

$$\alpha_{sxz}=\frac{1}{\pi}\frac{32m^2n}{(4n^2+4m^2-1)^2+16m^2} \tag{3.60}$$

根据 $m=z/b$ 和 $n=x/b$ 可查表 3.10 求得附加应力系数，或根据式(3.58)～式(3.60) 进行计算。

表 3.10　均布条形荷载作用下的附加应力系数 α_{sz}、α_{sx}、α_{sxz}

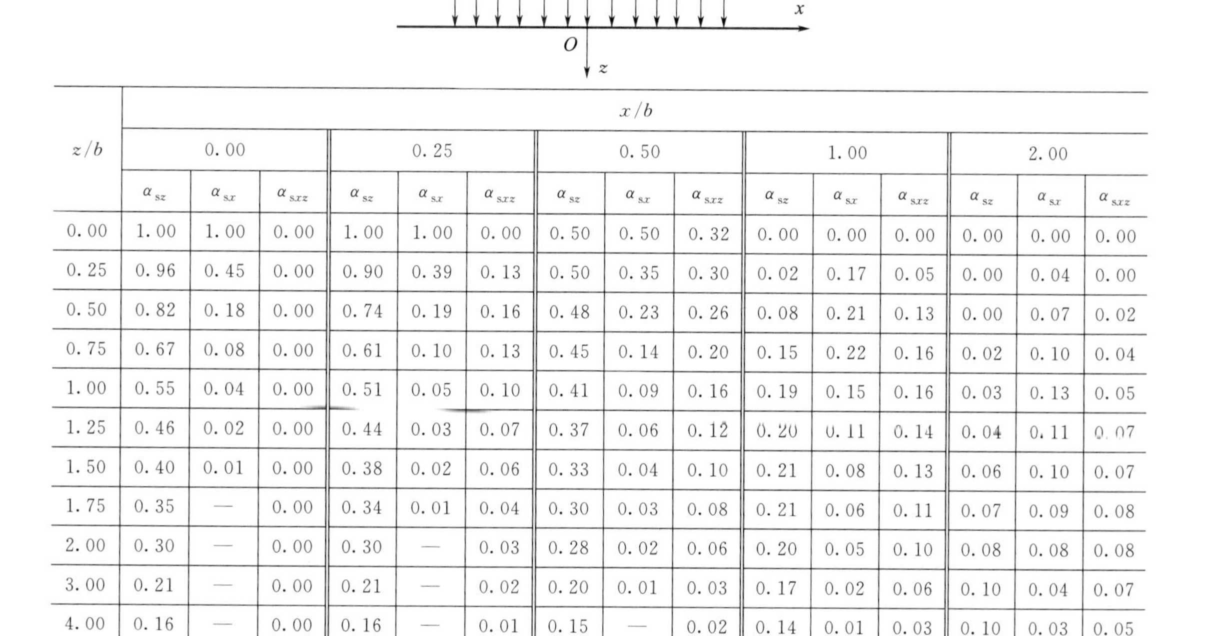

z/b	x/b														
	0.00			0.25			0.50			1.00			2.00		
	α_{sz}	α_{sx}	α_{sxz}	α_{sz}	α_{sx}	α_{sxz}	α_{sz}	α_{sx}	α_{sxz}	α_{sz}	α_{sx}	α_{sxz}	α_{sz}	α_{sx}	α_{sxz}
0.00	1.00	1.00	0.00	1.00	1.00	0.00	0.50	0.50	0.32	0.00	0.00	0.00	0.00	0.00	0.00
0.25	0.96	0.45	0.00	0.90	0.39	0.13	0.50	0.35	0.30	0.02	0.17	0.05	0.00	0.04	0.00
0.50	0.82	0.18	0.00	0.74	0.19	0.16	0.48	0.23	0.26	0.08	0.21	0.13	0.00	0.07	0.02
0.75	0.67	0.08	0.00	0.61	0.10	0.13	0.45	0.14	0.20	0.15	0.22	0.16	0.02	0.10	0.04
1.00	0.55	0.04	0.00	0.51	0.05	0.10	0.41	0.09	0.16	0.19	0.15	0.16	0.03	0.13	0.05
1.25	0.46	0.02	0.00	0.44	0.03	0.07	0.37	0.06	0.12	0.20	0.11	0.14	0.04	0.11	0.07
1.50	0.40	0.01	0.00	0.38	0.02	0.06	0.33	0.04	0.10	0.21	0.08	0.13	0.06	0.10	0.07
1.75	0.35	—	0.00	0.34	0.01	0.04	0.30	0.03	0.08	0.21	0.06	0.11	0.07	0.09	0.08
2.00	0.30	—	0.00	0.30	—	0.03	0.28	0.02	0.06	0.20	0.05	0.10	0.08	0.08	0.08
3.00	0.21	—	0.00	0.21	—	0.02	0.20	0.01	0.03	0.17	0.02	0.06	0.10	0.04	0.07
4.00	0.16	—	0.00	0.16	—	0.01	0.15	—	0.02	0.14	0.01	0.03	0.10	0.03	0.05
5.00	0.13	—	0.00	0.13	—	—	0.12	—	—	0.12	—	—	0.09	—	—
6.00	0.11	—	0.00	0.10	—	—	0.10	—	—	0.10	—	—	—	—	—

利用以上有关各式可绘出 σ_z、σ_x 及 τ_{xz} 的等值线图，如图 3.36 所示。由图可得以下结论：

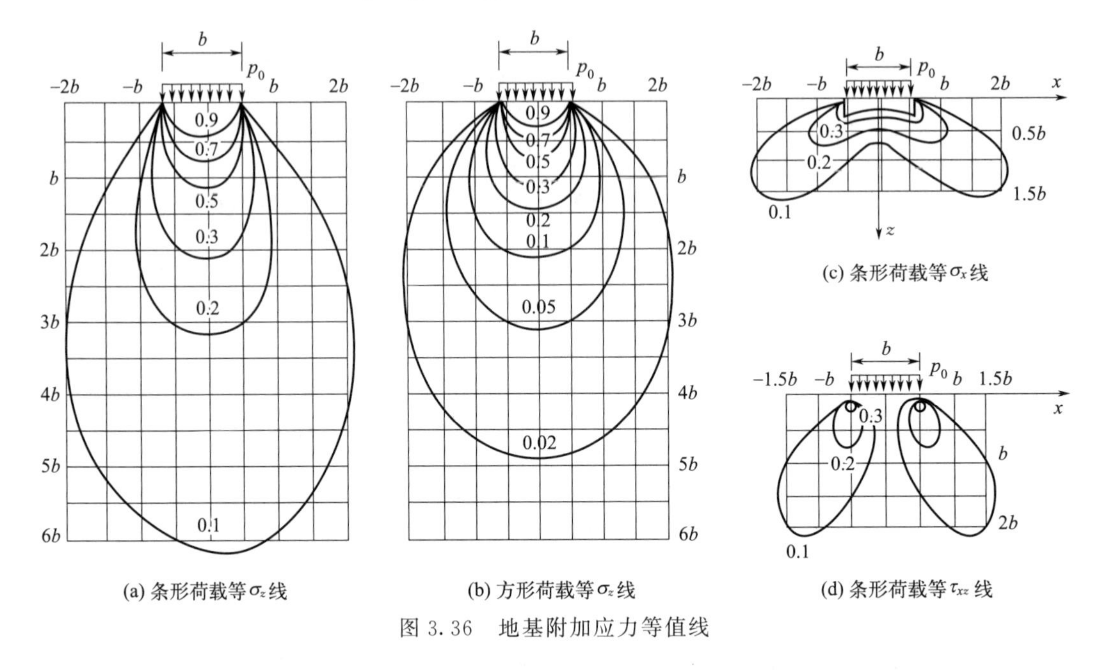

图 3.36 地基附加应力等值线

① 条形荷载和方形荷载在地基内引起的附加应力 σ_z 向下扩散的形式相同；

② 条形均布荷载 p_0 引起的附加应力 σ_z，其影响深度要比同宽度方形均布荷载 p_0 对应的附加应力 σ_z 的影响深度大得多，这是由于在均布荷载 p_0 及其分布宽度相同的条件下，条形荷载的分布面积更大；

③ 条形荷载引起的附加应力 σ_x 的影响范围较浅，因此地基土的侧向变形主要发生在浅层；

④ 条形荷载引起的 τ_{xz} 的最大值位于荷载面边缘，因此位于基础边缘下的土易于发生剪切破坏。

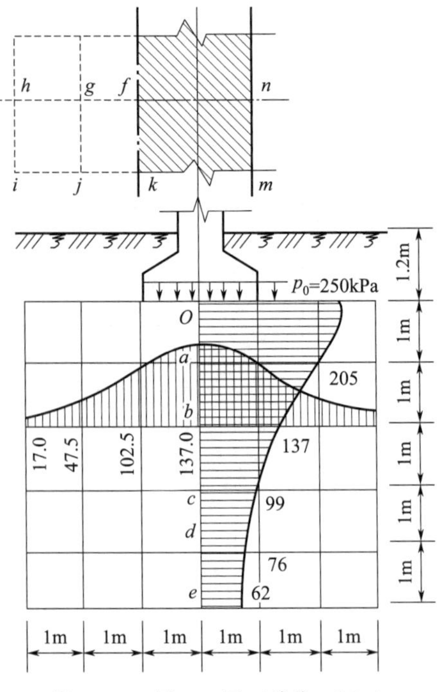

图 3.37 例 3.6 图（单位：kPa）

【例 3.6】 某条形基础如图 3.37 所示，作用于基底的平均附加应力为 250kPa，试计算：(1) 基底 O 点下的地基附加应力分布；(2) 深度 $z=2$m 的水平面上的附加应力分布，并分析其变化规律。

解：用两种方法来求解。

方法一：利用角点法进行列表计算，见表 3.11。

f 点，荷载面边缘：$z/b=2/2=1$，$\alpha_c=2\times0.205=0.41$，$\sigma_z=\alpha_c p_0=0.41\times250=102.5$kPa

g 点，荷载面外：$\sigma_z=(\alpha_{c\,\mathrm{I}}-\alpha_{c\,\mathrm{II}})p_0$

$\alpha_{c\,\mathrm{I}}$ 为荷载面积 $gjmn$ 应力系数：$z/b=2/3=0.67$，$\alpha'_{c\,\mathrm{I}}=0.232$，$\alpha_{c\,\mathrm{I}}=2\times0.232=0.464$，

$\alpha_{c\,\mathrm{II}}$ 为荷载面积 $fgjk$ 应力系数：$z/b=2/1=2$，$\alpha'_{c\,\mathrm{II}}=0.137$，$\alpha_{c\,\mathrm{II}}=2\times0.137=0.274$，

$\sigma_z=2\times(0.232-0.137)\times250=47.5$kPa

h 点，荷载面外：$\sigma_z=(\alpha_{c\,\mathrm{I}}-\alpha_{c\,\mathrm{II}})p_0$

$\alpha_{c\,\mathrm{I}}$ 为荷载面积 $nhim$ 应力系数：$z/b=2/4=0.5$，$\alpha'_{c\,\mathrm{I}}=0.239$，$\alpha_{c\,\mathrm{I}}=2\times0.239=0.478$，

$\alpha_{c\,\mathrm{II}}$ 为荷载面积 $hikf$ 应力系数：$z/b=2/2=1$，

$\alpha'_{c\text{II}}=0.205$，$\alpha_{c\text{II}}=2\times0.205=0.410$，

$\sigma_z=2\times(0.239-0.205)\times250=17\text{kPa}$

表 3.11　利用角点法计算的各系数值

计算面	点号	z/m	l/b	z/b	α_c	$\sigma_z=\alpha_c p_0$/kPa
竖直面	O	0	条形	0	1.000	250
	a	1		1	0.820	205
	b	2		2	0.548	137
	c	3		3	0.396	99
	d	4		4	0.304	76
	e	5		5	0.248	62
水平面	f	2	条形	见说明	0.410	102.5
	g	2			0.190	47.5
	h	2			0.068	17

方法二：直接利用表 3.10 计算，结果见表 3.12。

表 3.12　例 3.6 计算表

点号	z/m	x/m	x/b	z/b	α_{sz}	σ_z
O	0	0	0	0	1.000	250
a	1	0	0	0.5	0.818	205
b	2	0	0	1	0.548	137
c	3	0	0	1.5	0.396	99
d	4	0	0	2	0.304	76
e	5	0	0	2.5	0.248	62
f	2	1	0.5	1	0.410	102.5
g	2	2	1	1	0.190	47.5
h	2	3	1.5	1	0.068	17

由图 3.37 可知，条形均布荷载下地基附加应力的分布规律如下：

① 竖向附加应力 σ_z 自基底起算，随深度增加呈曲线衰减；

② σ_z 具有一定的扩散性，它分布在基底和基底以外的较大范围内；

③ 基底下任意深度水平面上 σ_z，在基底中轴线上最大，距中轴线越远则越小。

(3) 条形面积上竖向三角形荷载作用下的附加应力

如图 3.38 所示，设条形面积上竖向三角形分布荷载的最大分布荷载为 p_t，分布荷载等于 0 处为坐标系原点 O，则由该荷载引起的点 O 下竖向附加应力 σ_z 同样可利用式(3.11) 进行求解。先求出微分宽度 dx 上作用的线荷载 $d\overline{p}=\frac{p_t}{b}x\,dx$，再计算点 M 所引起的竖向附加应力 $d\sigma_z$，然后沿宽度 b 积分，可得到整个三角形分布荷载在 M 点引起的竖向附加应力为

$$\sigma_z=\frac{p_t}{\pi}\left\{m\left[\arctan\left(\frac{m}{n}\right)-\arctan\left(\frac{m-1}{n}\right)\right]-\frac{(m-1)n}{(m-1)^2+n^2}\right\}=\alpha_z^t p_t \tag{3.61}$$

式中，α_z^{t} 为条形竖向三角形分布荷载作用下的竖向附加应力系数，按 $m=x/b$ 和 $n=z/b$ 查表 3.13，或根据式(3.61) 进行计算。

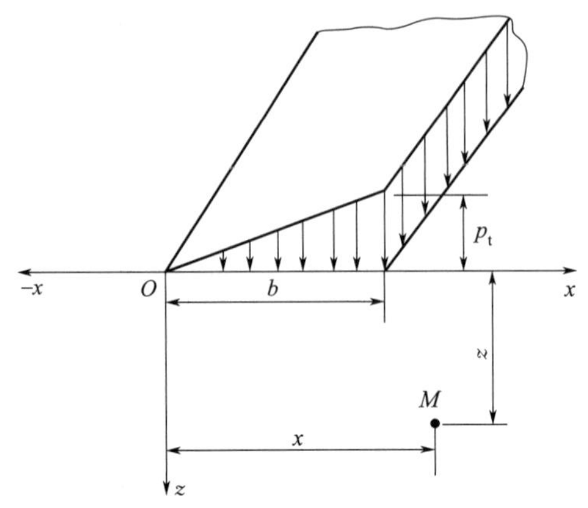

图 3.38 条形面积上作用竖向三角形分布荷载

表 3.13 条形竖向三角形分布荷载作用下的竖向附加应力系数 α_z^{t}

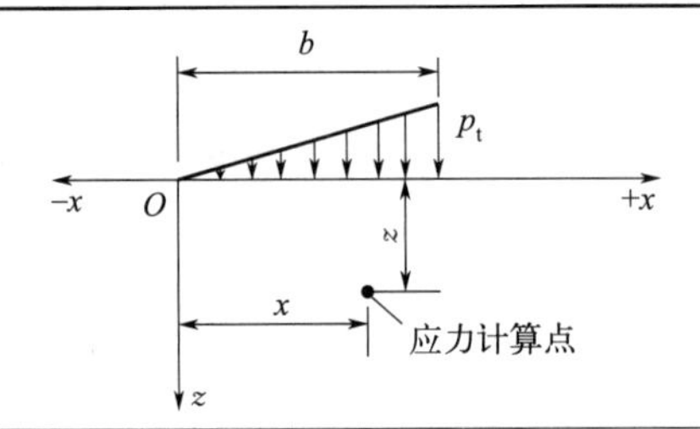

$m=x/b$	$n=z/b$									
	0.01	0.10	0.20	0.40	0.60	0.80	1.00	1.20	1.40	2.00
0.00	0.003	0.032	0.061	0.110	0.140	0.155	0.159	0.154	0.151	0.127
0.25	0.249	0.251	0.255	0.263	0.258	0.243	0.224	0.204	0.186	0.143
0.50	0.500	0.498	0.498	0.441	0.378	0.321	0.275	0.239	0.210	0.153
0.75	0.750	0.737	0.682	0.534	0.421	0.343	0.286	0.246	0.215	0.155
1.00	0.497	0.468	0.437	0.379	0.328	0.285	0.250	0.221	0.198	0.147
1.25	0.000	0.010	0.050	0.137	0.177	0.188	0.184	0.176	0.165	0.134
1.50	0.000	0.002	0.009	0.043	0.080	0.106	0.121	0.126	0.127	0.115
-0.25	0.000	0.002	0.009	0.036	0.066	0.089	0.104	0.111	0.114	0.108

条形面积上竖向梯形分布荷载作用的附加应力可按三角形分布荷载和均布荷载之和引起的附加应力进行计算。如图 3.39 所示，从应力计算点 M 作竖直线将梯形荷载分为Ⅰ、Ⅱ两部分，每一部分均按三角形分布荷载和均布荷载分别计算，其中 $\alpha'_{z1}p$ 表示荷载Ⅰ对 M 点引起的应力，$\alpha'_{z2}p$ 表示荷载Ⅱ对 M 点引起的应力，然后将两部分应力进行叠加即可。

(4) 条形面积上水平均布荷载作用下的附加应力

如图 3.40 所示，对于分布荷载为 p_{h} 的条形面积上作用的水平均布荷载，同样可以利用弹性理论求得角点 O 下任意点 M 所引起的竖向附加应力为

$$\sigma_z=\frac{p_{\mathrm{h}}}{\pi}\left[\frac{n^2}{(m-1)^2+n^2}-\frac{n^2}{m^2+n^2}\right]=\alpha_z^{\mathrm{h}}p_{\mathrm{h}} \tag{3.62}$$

式中，α_z^h 为条形水平均布荷载作用下的竖向附加应力系数，可由 $m=x/b$ 和 $n=z/b$ 查表3.14求得，或根据式(3.62) 进行计算。

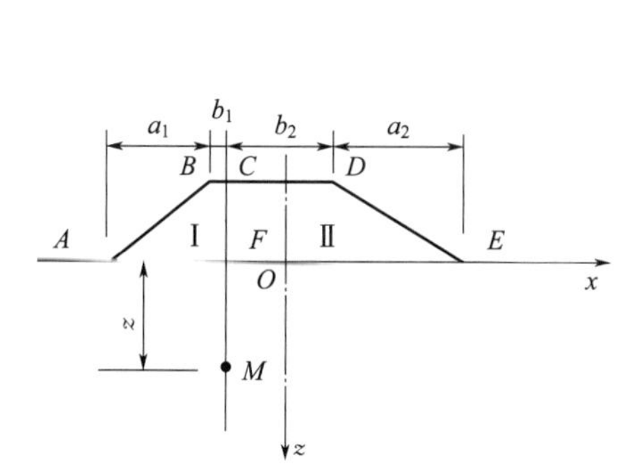

图3.39　条形面积上作用竖向梯形分布荷载

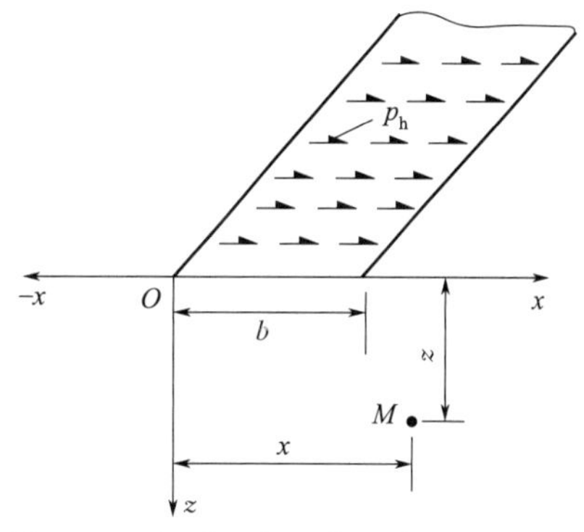

图3.40　条形面积上作用水平均布荷载

表3.14　条形水平均布荷载作用下的竖向附加应力系数 α_z^h

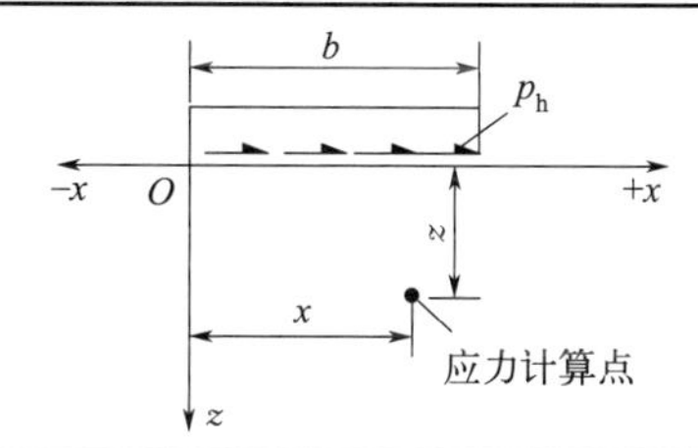

$m=x/b$	$n=z/b$							
	0.01	0.10	0.20	0.40	0.60	0.80	1.00	2.00
0.00	−0.318	−0.315	−0.306	−0.274	−0.234	−0.194	−0.159	−0.064
0.25	−0.001	−0.039	−0.103	−0.159	−0.147	−0.121	−0.096	−0.034
0.50	0.000	0.000	0.000	0.000	0.000	0.000	0.000	0.000
0.75	0.001	0.039	0.103	0.159	0.147	0.121	0.096	0.034
1.00	0.318	0.315	0.306	0.274	0.234	0.194	0.159	0.064
1.25	0.001	0.042	0.116	0.199	0.212	0.197	0.175	0.085
1.50	0.001	0.011	0.038	0.103	0.144	0.158	0.157	0.096

3.4.3　影响土中附加应力分布的因素

上述的地基附加应力计算，都是按弹性理论把地基土视为均质、各向同性的线弹性体，而实际遇到的地基与上述理想条件存在不同程度的偏离，因此计算出的应力与实际土中的应力相比有一定的误差。一些学者的试验研究及测量结果表明，当土质较均匀、土颗粒较细且压力不大时，用上述方法计算出的竖向附加应力与实测值相比误差不是很大；当不满足这些条件时会有较大误差。下面简要讨论实际土体的非线性、非均质及各向异性等因素对土中附加应力分布的影响。

3.4.3.1　非线性的影响

土体实际是非线性材料，许多学者的研究表明：非线性对于竖向附加应力计算值的影响一般不是很大，但有时最大误差亦可达25%～30%，并对水平附加应力有更显著的影响。

3.4.3.2 成层地基的影响

天然土层的松密、软硬程度往往很不相同，变形特性可能差别较大。例如，在软土区常可遇到一层硬黏土或密实的砂覆盖在较软的土层上；或是在山区，常可见厚度不大的可压缩土层覆盖于刚性很大的岩层上。因此，地基中的应力分布显然与连续、均质土体不相同。对这类问题的解答比较复杂，目前弹性力学只对某些简单的情况有理论解，可分为如下两类。

(1) 可压缩土层覆盖于刚性岩层上

由弹性理论解可知，上层土中荷载中轴线附近的附加应力 σ_z 将比均质半无限体的大；离开中轴线，应力逐渐减小，至某一距离后，其应力小于均质半无限体的应力。这种现象称为“应力集中”，如图 3.41 所示。应力集中的程度主要与压缩层厚度 H 和荷载宽度 b 之比有关，随着 H/b 增大，应力集中现象减弱。条形均布荷载下，岩层位于不同深度时，中轴线上的 σ_z 分布如图 3.42 所示。可见，H/b 越小，应力集中的程度越高。

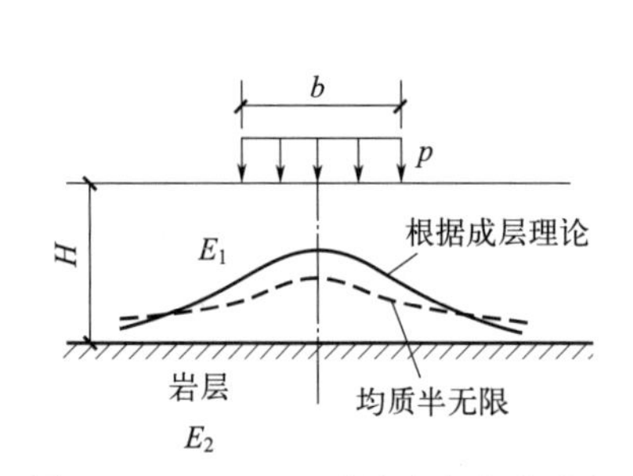

图 3.41 $E_2>E_1$ 时的应力集中现象

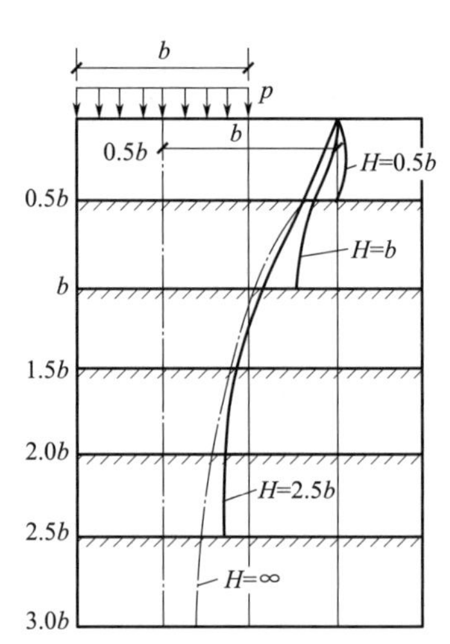

图 3.42 岩层在不同深度时基础轴线下的竖向应力σ_z 的分布

(2) 硬土层覆盖于软土层上

此种情况出现硬层下面荷载中轴线附近的附加应力减小的应力扩散现象，如图 3.43 所示。由于应力分布比较均匀，地基的沉降也相应较为均匀。在道路工程路面设计中，用一层比较坚硬的路面来降低地基中的应力集中，减小路面不均匀变形，就是这个道理。如图 3.44 所示，地基土层厚度为 H_1、H_2、H_3，相应的变形模量为 E_1、E_2、E_3，地基表面受半径 $R=1.6H_1$ 的圆形均布荷载 p 作用，可知荷载中心下面土层中的 σ_z 分布情况。可以看出，当 $E_1>E_2>E_3$ 时（曲线 A、B），荷载中心下面土层中的应力 σ_z 明显低于 E 为常数时（曲线 C）的均质土情况。

3.4.3.3 变形模量随深度增大的影响

地基土的另一种非均质性表现为变形模量随深度逐渐增大，其在砂土地基中尤为常见。这是一种连续非均质现象，是由土体在沉积过程中的受力条件所决定的。弗劳利施研究了这种情况，对于集中力作用下地基中附加应力 σ_z 的计算，提出半经验公式

$$\sigma_z=\frac{\mu P}{2\pi R^2}\cos^{\mu}\beta \tag{3.63}$$

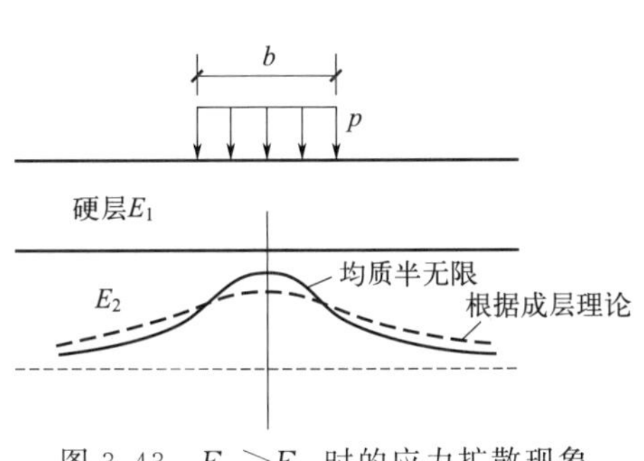

图 3.43 $E_1>E_2$ 时的应力扩散现象

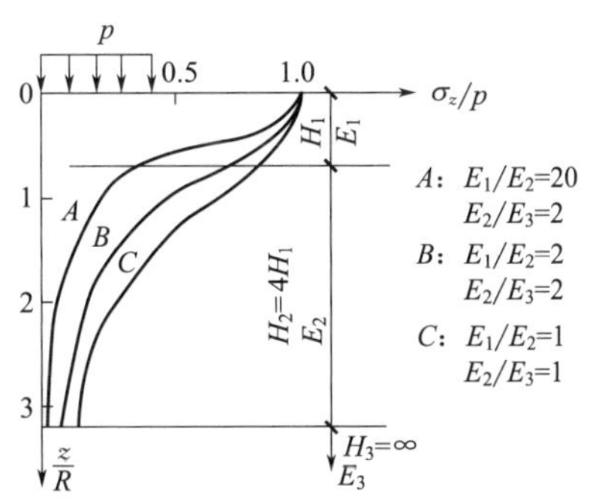

图 3.44 E_1/E_2、E_2/E_3 不同时圆形均布荷载中心线下的 σ_z 分布

式中，符号意义与式(3.17)相同，μ 为大于3的应力集中系数，对于 E 为常数的均质弹性体，例如均匀的黏土，$\mu=3$，其结果为式(3.11)；对于砂土，连续非均质现象最显著，取 $\mu=6$；介于黏土与砂土之间的土，取 $\mu=3\sim6$。

分析式(3.63)，当 R 相同、$\beta=0$ 或很小时，μ 越大，σ_z 越大；而当 β 很大时则相反，μ 越大，σ_z 越小。也就是说，这种土的非均质现象促使地基中的应力向荷载作用线附近集中。当然，地面上作用的不是集中荷载，而是不同类型的分布荷载，根据应力叠加原理可得到应力 σ_z 向荷载中轴线附近集中的结果，试验研究也证明了这一点。

3.4.3.4 各向异性的影响

天然沉积土因沉积条件和应力状态不同，常常形成各向异性的土体。例如，层状结构的叶片状黏土，在垂直方向和水平方向的 E 就不相同。土体的各向异性也会影响该土层中的附加应力分布。研究表明，如果土在水平方向的变形模量 E_x 与竖直方向的变形模量 E_z 不相等，但泊松比 μ 相同且 $E_x>E_z$ 时，在各向异性地基中将出现应力扩散现象；$E_x<E_z$ 时，地基中将出现应力集中现象。

3.4.3.5 基础埋深的影响

随着建筑物不断增高及地下空间的应用，天然地基的基础埋置深度逐渐增大，或者大量使用桩基础。这对地基内的附加应力有很大的影响。

竖向集中力作用于地面以下土体时，计算地基中应力分布及位移应采用弹性半无限体的明德林（Mindlin）解。如图3.45所示，竖向集中力 P 作用于半无限体内部某一深度 c 处，半无限弹性体内部 $M(x,y,z)$ 点竖向附加应力 σ_z 为

$$\sigma_z=\frac{P}{8\pi(1-\mu)}\left[\frac{(1-2\mu)(z-c)}{R_1^3}-\frac{(1-2\mu)(z-c)}{R_2^3}+\frac{3(z-c)^3}{R_1^5}+\frac{3(3-4\mu)z(z+c)^2-3c(z+c)(5z-c)}{R_2^5}+\frac{30cz(z+c)^3}{R_2^7}\right] \tag{3.64}$$

式中，μ 为土的泊松比；其他符号意义如图3.45所示。

可以发现：①当 $c=0$ 时，亦即荷载作用于地表时，式(3.64)与式(3.11)相同，明德林解退化为布氏解；②当 $z<c$ 时，竖向附加应力 σ_z 可为负值，将减小上部的自重应力；③当 $z>c$ 时，明德林解的 σ_z 小于布氏解，计算的地基沉降会较小。

图3.46为矩形面积受均布荷载作用时角点下不同基础埋深的附加应力系数，也可发现，当埋深 $c=0$ 时，布氏解与明德林解是相同的。目前我国建筑相关规范在计算桩基沉降时，基本上采用明德林解的 σ_z 值，计算的沉降量较为符合实测值。

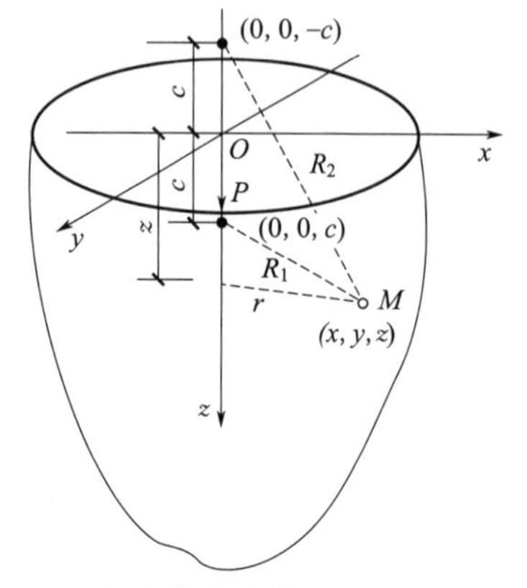

图 3.45 竖向集中力作用于半无限体内部

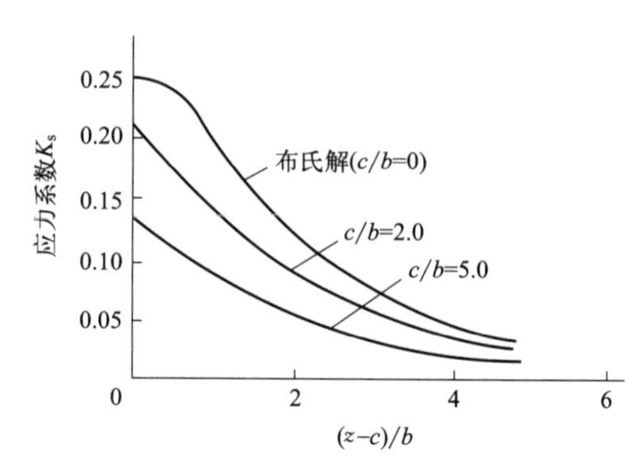

图 3.46 矩形面积受均布荷载作用时角点下 σ_z 的应力系数的明德林解

3.5 有效应力原理

土是由固体颗粒、液态水和气体组成的三相体。根据土中水的含量，可将土分为饱和土与非饱和土。饱和土与非饱和土在外力的作用下，其应力的传递机理不同。太沙基早在1923年就发现并研究了该方面的问题，提出了土力学中最重要的两个理论：有效应力原理和固结理论。前者是近代土力学与古典土力学的一个重要区别。古典土力学用总应力来研究土的压缩性和强度；近代土力学则是用有效应力来研究土的力学特性，更具有科学性。可以说，有效应力原理阐明了散体材料与连续固体材料在应力-应变关系上的重大区别，是土力学成为一门独立学科的重要标志。

自从太沙基的饱和土有效应力原理成功应用于饱和土体，人们就一直探索一种能很好地反映非饱和土体的单变量有效应力原理。目前，非饱和土有效应力原理的研究也取得了不少的成果。下面重点介绍饱和土有效应力原理，非饱和土有效应力原理可查阅相关资料。

3.5.1 饱和土的应力传递机理与有效应力原理

如图 3.47 所示，在饱和土体中任意取一水平面 $a—a$，若在 $a—a$ 处装一测压管，测压管中水柱高度为 h_w，水的重度为 γ_w，则 $a—a$ 平面处的孔隙水压力为

$$u=\gamma_w h_w \tag{3.65}$$

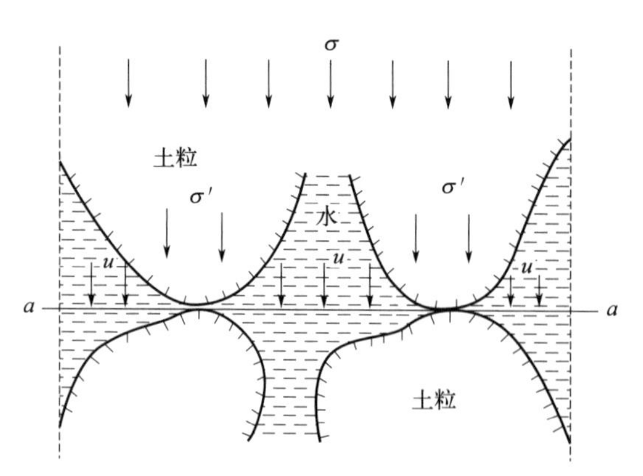

图 3.47 土中应力传递示意图

孔隙水压力的特性与静水压力一样，力的方向始终垂直于作用面，任意一点的孔隙水压力在各个方向上是相等的。只要某一点的测压管水柱高度已知，则该点的孔隙水压力即可根据液体的压强求出。

有效应力是依靠土颗粒间的接触面传递的粒间应力。但是，由于土颗粒之间的接触面积非常小、接触情况非常复杂、粒间应力的传递方向变化频繁，所以按力与传力面积之比来计算有效应力是很困难的。因此，通常把研究平面内所有粒间接触面上接触力的

法向分力之和 N_a 除以研究平面的总面积 A（包括粒间接触面积和孔隙所占面积）所得到的平均应力定义为有效应力，即

$$\sigma'=\frac{N_a}{A} \tag{3.66}$$

即便做了上述简化，按式(3.66) 直接计算或实测有效应力仍然困难。因此，只能寻求孔隙水压力与有效应力的关系来间接求出有效应力。

设图 3.47 中 a—a 平面的总面积为 A，其中粒间接触面积之和为 A_a，则该平面内孔隙水所占的面积为 $A_w=A-A_a$。若由荷载在该平面上所引起的法向总应力为 σ，那么它必将由该面上的孔隙水和粒间接触面共同承担，即该面上的法向总应力等于孔隙水所分担的力和粒间所分担的力之和，于是有

$$\sigma A=N_a+(A-A_a)u \tag{3.67}$$

则

$$\sigma=\frac{N_a}{A}+\left(1-\frac{A_a}{A}\right)u \tag{3.68}$$

将式(3.66) 代入式(3.68) 中得

$$\sigma=\sigma'+\left(1-\frac{A_a}{A}\right)u \tag{3.69}$$

由于颗粒间接触面积 A_a 很小，试验研究表明一般 $A_a/A\leqslant 0.03$，因此可忽略不计。于是式(3.69) 简化为

$$\sigma=\sigma'+u \tag{3.70}$$

式(3.70) 即为饱和土的有效应力原理，表示饱和土中的总应力 σ 等于有效应力 σ' 与孔隙水压力 u 之和。

应当指出，土体孔隙中的水压力有静孔隙水压力和超静孔隙水压力之分。前者是由水的自重引起的，其大小取决于水位的高低；后者一般是由附加应力引起的，在土体固结过程中会不断地向有效应力转化。

在饱和土中，无论是土的自重应力还是附加应力，均应满足式(3.70) 的要求。对自重应力而言，σ 为水与土颗粒的总自重应力，u 为静孔隙水压力，σ' 为土的有效自重应力；对附加应力而言，σ 为附加应力，u 为超静孔隙水压力，σ' 为有效应力增量。

式(3.70) 从形式上看很简单，但它的内涵十分重要。以后凡是涉及土的体积变形或强度变化的应力均是有效应力 σ'，而不是总应力 σ，这一概念对非饱和土同样适用。

3.5.2　有效应力原理要点

有效应力原理主要内容可归纳为如下两点：

① 饱和土体内任意一个平面上受到的总应力可分为由土骨架承受的有效应力和由孔隙水承受的孔隙水压力两部分，二者间的关系总是满足式(3.70)；

② 土的变形（压缩）与强度的变化都只取决于有效应力的变化。

这意味着引起土的体积压缩和抗剪强度变化的原因，并不取决于作用在土体上的总应力，而是取决于总应力与孔隙水压力之间的差值——有效应力。孔隙水压力本身并不能使土发生变形和强度的变化。这是因为水压力在各方向相等、均衡地作用于每个土颗粒周围，所以不会使土颗粒移动而导致孔隙体积变化。它除了使土颗粒受到浮力外，只能使土颗粒本身受到水压力，而固体颗粒的弹性模量 E 很大，本身的压缩可以忽略不计。另外，水不能承受剪应力，因此孔隙水压力自身的变化也不会引起土的抗剪强度变化。正因如此，孔隙水压力也被称为中性应力。但值得注意的是，当总应力 σ 保持常数时，孔压 u 发生变化将直接引起有效应力 σ' 发生变化，从而使土体的体积和强度发生改变。

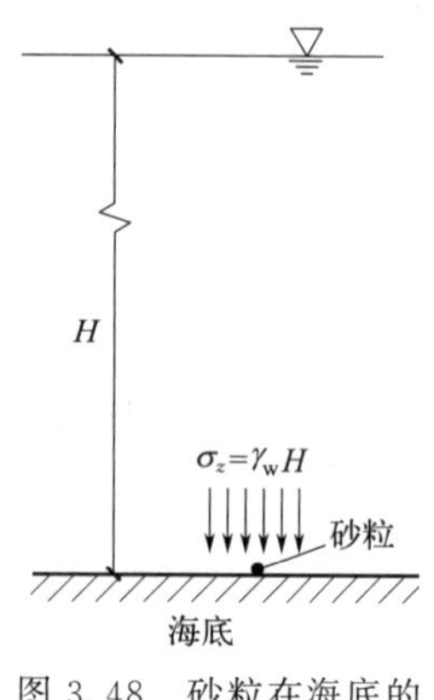

图 3.48 砂粒在海底的应力状态

为帮助理解"土颗粒受压变密并不取决于作用于其上的总应力"这一说法，不妨考察一下粒径 $d=1\text{mm}$ 的砂粒沉入深海海底的应力状态（图 3.48）。这时作用于砂粒上的总应力（也就是水压力）为 $\sigma_z=\gamma_w H$，若水深 $H=1000\text{m}$，则 σ_z 约为 100 个标准大气压（约 10000kPa）的高压，但是由于砂粒的四周都承受有这个压力，所以砂粒对海底土层的作用力只是作用于砂粒上的重力与其浮力之差，在此情况下仅约为 $0.9\times10^{-5}\text{N}$。

有效应力原理是土力学中极为重要的原理，灵活应用并不容易。土力学的许多重大进展都是与有效应力原理的推广和应用相联系的。迄今为止，国内外均公认有效应力原理可应用于饱和土；对于非饱和土的应用则还有待进一步研究。

3.5.3 有效应力原理应用

（1）水位在地面以上时土中孔隙水压力和有效应力

如图 3.49 所示，地面以上水深为 h_1，A 点在地面以下的深度为 h_2，则作用在 A 点的竖向总应力为

$$\sigma=\gamma_w h_1+\gamma_{sat} h_2 \tag{3.71}$$

A 点测压管水位高为 h_A，于是有

$$u=\gamma_w h_A=\gamma_w(h_1+h_2) \tag{3.72}$$

根据式(3.70)，可得 A 点的有效应力为

$$\begin{aligned}\sigma'&=\sigma-u=\gamma_w h_1+\gamma_{sat} h_2-\gamma_w(h_1+h_2)\\&=\gamma_{sat} h_2-\gamma_w h_2=(\gamma_{sat}-\gamma_w)h_2=\gamma' h_2\end{aligned} \tag{3.73}$$

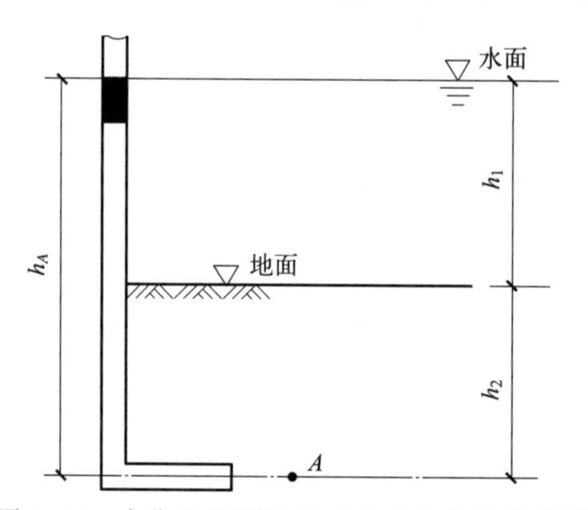

图 3.49 水位在地面以上时土中应力计算简图

由此可见，地面以上水深变化可以引起土体中总应力 σ 和孔隙水压力 u 的变化，但有效应力 σ' 不会随 h_1 的变化而变化，即 σ' 与 h_1 无关，h_1 的变化不会引起土体的压缩或膨胀。

（2）毛细水上升时土中孔隙水压力和有效应力

如图 3.50 所示，在深度为 h_1 的 B 点以下的地基土完全饱和，但地下水的自由表面（潜水面）在其下的 C 点处，即毛细水上升高度为 h_c。

按照有效应力原理，先计算总应力 σ，对 B 点以下的土，应以饱和重度计算。应力分布图如图 3.50 所示。

在毛细水上升区，由于空气和水界面处表面张力的作用使孔隙水压力为负值，即 $u=-\gamma_w h_c$（因为静水压力假定大气压力为零，所以紧靠 B 点下的孔隙水压力为负值）。竖向有效应力

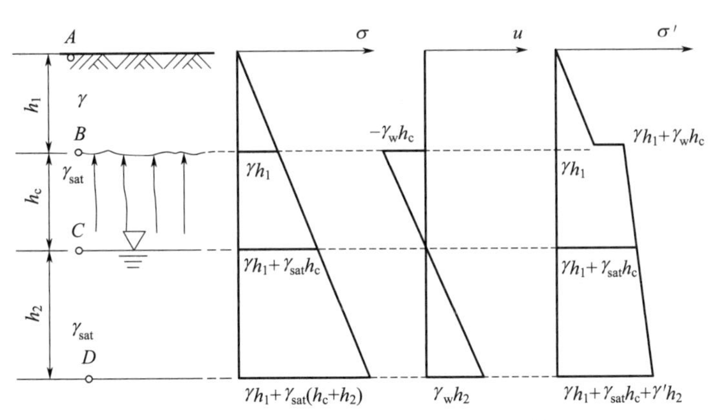

图 3.50　毛细水上升时土中应力计算

为总应力与孔隙水压力之差。在毛细水上升区，有效应力增加；在地下水位以下，水对土颗粒的浮力作用使土的有效应力减少。具体计算见表 3.15。

第3章

表 3.15　毛细水上升时土中总应力、孔隙水压力及有效应力

计算点		总应力 σ	孔隙水压力 u	有效应力 σ'
A		0	0	0
B	B 点上	γh_1	0	γh_1
	B 点下		$-\gamma_w h_c$	$\gamma h_1+\gamma_w h_c$
C		$\gamma h_1+\gamma_{sat}h_c$	0	$\gamma h_1+\gamma_{sat}h_c$
D		$\gamma h_1+\gamma_{sat}(h_c+h_2)$	$\gamma_w h_2$	$\gamma h_1+\gamma_{sat}h_c+\gamma' h_2$

(3) 稳定渗流作用下土中孔隙水压力和有效应力

当土中有水渗流时，土中水将会对土颗粒作用有渗透力，这必然影响土中有效应力的分布。下面通过图 3.51 所示的三种情况，说明土中水渗流对有效应力及孔隙水压力分布的影响。

图 3.51(a) 表示水静止，即 a、b 两点的水头相等；图 3.51(b) 表示 a、b 两点有水头差 h，水自上向下渗流；图 3.51(c) 表示 a、b 两点有水头差 h，但水自下向上渗流。按这三种情况计算土中的总应力 σ、孔隙水压力 u 及有效应力 σ'，见表 3.16，并绘出相应的分布图，如图 3.51 所示。

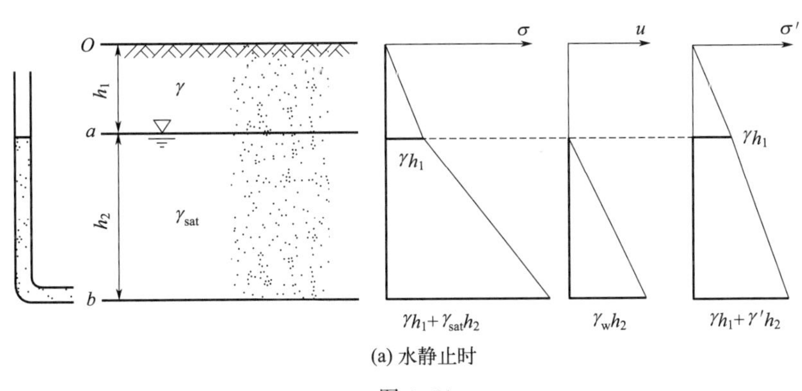

(a) 水静止时

图 3.51

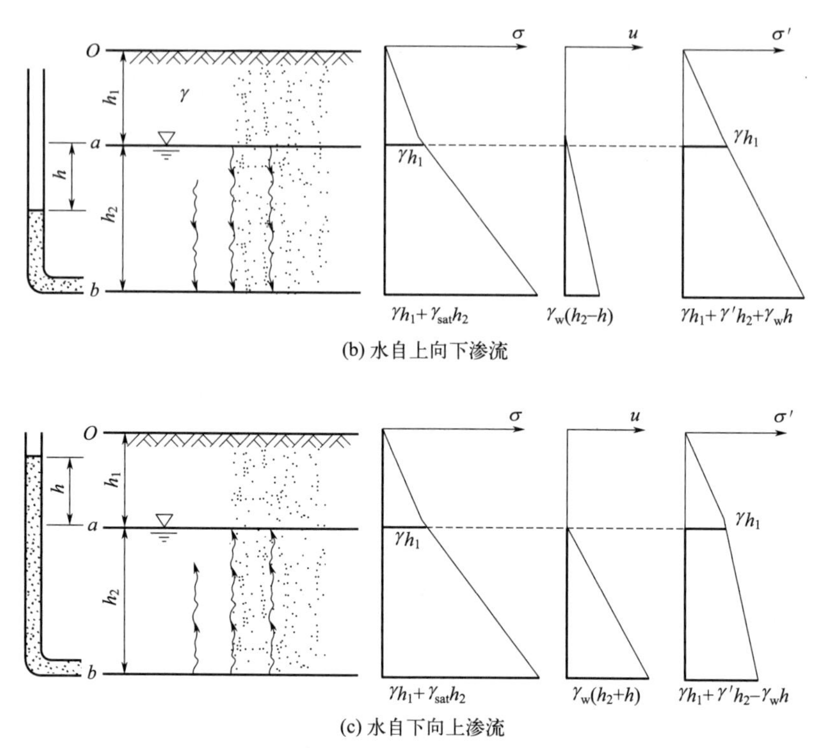

(b) 水自上向下渗流

(c) 水自下向上渗流

图 3.51 土中水渗流时的总应力、孔隙水压力及有效应力分布

从表 3.16 和图 3.51 中的计算结果可知，三种不同情况的水渗流时土中的总应力 σ 分布是相同的，且土中水的渗流不影响总应力值。水渗流时，土中将产生渗透力，致使土中有效应力与孔隙水压力发生变化。当土中水自上向下渗流时，渗透力方向与土的重力方向一致，于是有效应力增加，而孔隙水压力相应减少；反之，土中水自下向上渗流时，土中有效应力减少、孔隙水压力相应增加。

表 3.16 土中水渗流时总应力 σ、孔隙水压力 u 及有效应力 σ'

渗流情况	计算点	总应力 σ	孔隙水压力 u	有效应力 σ'
水静止时	a	γh_1	0	γh_1
	b	$\gamma h_1+\gamma_{sat}h_2$	$\gamma_w h_2$	$\gamma h_1+(\gamma_{sat}-\gamma_w)h_2$
水自上向下渗流	a	γh_1	0	γh_1
	b	$\gamma h_1+\gamma_{sat}h_2$	$\gamma_w(h_2-h)$	$\gamma h_1+(\gamma_{sat}-\gamma_w)h_2+\gamma_w h$
水自下向上渗流	a	γh_1	0	γh_1
	b	$\gamma h_1+\gamma_{sat}h_2$	$\gamma_w(h_2+h)$	$\gamma h_1+(\gamma_{sat}-\gamma_w)h_2-\gamma_w h$

【例 3.7】 某土层剖面及各土层的厚度、重度如图 3.52 所示，试计算水面以下 a、b、c 三点处的总应力、孔隙水压力及有效应力。

解：该土层中的粗砂层属于透水层，但黏土层的 $\omega<\omega_P$，$I_L\leqslant 0$，所以它属于不透水层，即不能传递静水压力。因此，图中各点处的应力计算如下：

a 点处：　　$\sigma=u=\gamma_w h_w=10\times 3=30\text{kPa}$，　$\sigma'=\sigma-u=0$

b 点处上：　　$\sigma=\gamma_w h_w+\gamma_{sat}h_1=10\times 3+19.5\times 10=225\text{kPa}$

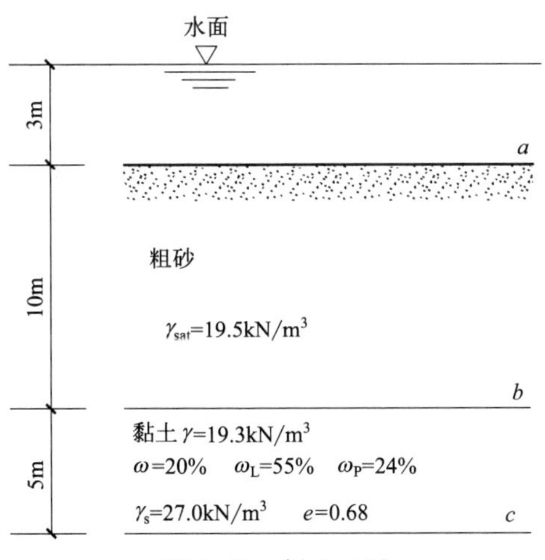

图 3.52　例 3.7 图

$$u=\gamma_w(h_w+h_1)=10\times13=130\text{kPa}$$

$$\sigma'=\sigma-u=225-130=95\text{kPa}$$

b 点处下：

$$\sigma=\gamma_w h_w+\gamma_{sat}h_1=10\times3+19.5\times10=225\text{kPa}$$

$$u=0,\quad \sigma'=\sigma-u=225\text{kPa}$$

c 点处：

$$\sigma=\gamma_w h_w+\gamma_{sat}h_1+\gamma h_2=225+19.3\times5=321.5\text{kPa}$$

$$u=0,\quad \sigma'=\sigma-u=321.5\text{kPa}$$

总应力 σ、孔隙水压力 u、有效应力 σ' 分布如图 3.53 所示。

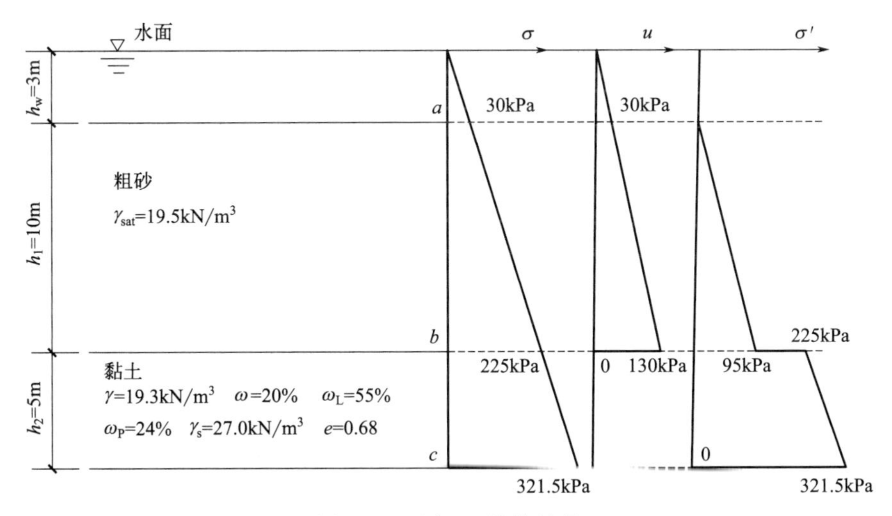

图 3.53　例 3.7 计算结果

【例 3.8】 某土层剖面、地下水位及各土层的重度如图 3.54(a) 所示。(1) 不考虑毛细水时，绘制总应力 σ_z、孔隙水压力 u 及有效应力 σ'_z 沿深度 z 的分布；(2) 设砂层中地下水位以上 1m 为毛细饱和区，σ_z、u 及 σ'_z 沿深度 z 将如何分布？

解：(1) 地下水位以上无毛细饱和区时的 σ_z、u、σ'_z 计算值见表 3.17，σ_z、u、σ'_z 沿深度的分布如图 3.54(b) 中实线所示。

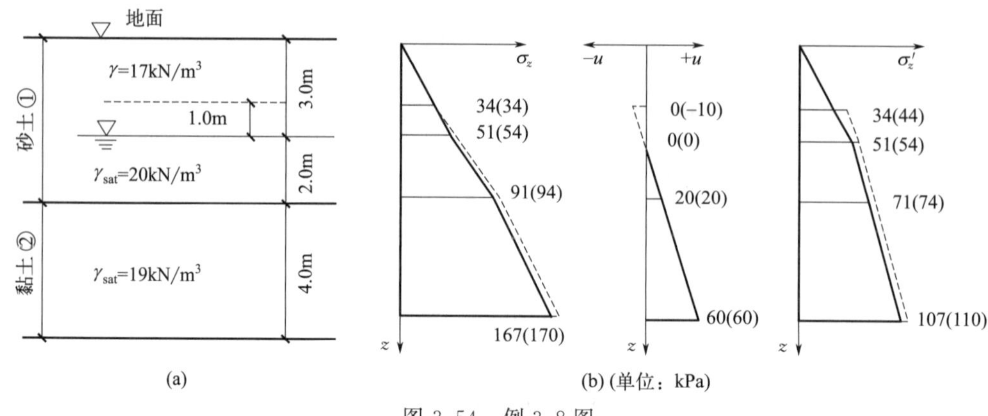

图 3.54　例 3.8 图

表 3.17　例 3.8 计算表一

计算深度 z/m	总应力 σ_z/kPa	孔隙水压力 u/kPa	有效应力 σ'_z/kPa
2	2×17=34	0	34
3	3×17=51	0	51
5	(3×17)+(2×20)=91	2×10=20	71
9	(3×17)+(2×20)+(4×19)=167	6×10=60	107

(2) 当地下水位以上 1m 内为毛细饱和区时，σ_z、u、σ'_z 值见表 3.18，σ_z、u、σ'_z 沿深度分布如图 3.54(b) 中虚线及括号内数值所示。

表 3.18　例 3.8 计算表二

计算深度 z/m	总应力 σ_z/kPa	孔隙水压力 u/kPa	有效应力 σ'_z/kPa
2	2×17=34	−10	44
3	2×17+1×20=54	0	54
5	54+2×20=94	20	74
9	94+4×19=170	60	110

3.6 超静孔隙水压力与孔隙水压力系数

3.6.1 静孔隙水压力与超静孔隙水压力

在 3.5 节中，介绍了土在自重应力下的有效应力原理，涉及的都是静孔隙水压力，而稳定渗流场中的孔隙水压力大小不随时间变化，也应归入静孔隙水压力。外部作用会引起土中的附加应力，3.4 节介绍了各种荷载引起的地基土的附加应力计算，对于饱和土体，在施加荷载的瞬时，其体积不变，如果取土骨架的泊松比 $\mu=0.5$，则计算的就是总附加应力；如果取土骨架的泊松比 $\mu<0.5$，计算的就是土的有效附加应力。在基础工程中，通常采用的是总附加应力，用以计算地基的沉降。

图 3.55 为太沙基最早提出的渗流固结模型，由盛满水的钢筒①、带有细小排水孔道的活塞②和支承活塞的弹簧③所组成。钢筒模拟侧限应力状态；弹簧模拟土的骨架；筒中水模拟土骨架中的孔隙水；活塞中的小孔道则模拟土的渗透性。

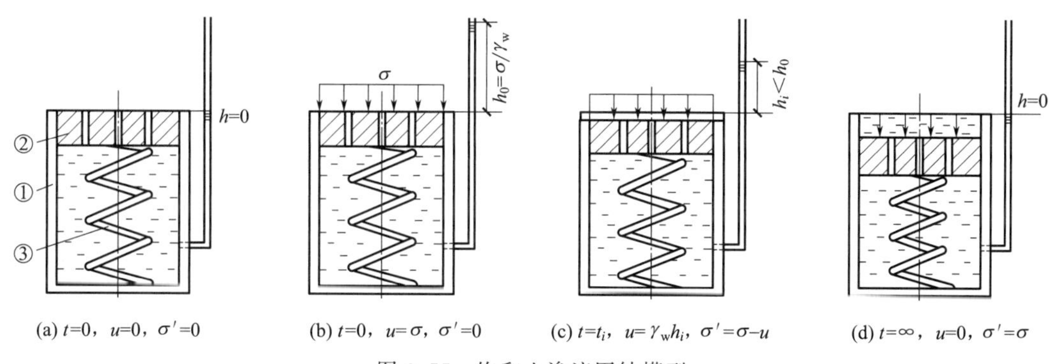

(a) $t=0$，$u=0$，$\sigma'=0$　(b) $t=0$，$u=\sigma$，$\sigma'=0$　(c) $t=t_i$，$u=\gamma_w h_i$，$\sigma'=\sigma-u$　(d) $t=\infty$，$u=0$，$\sigma'=\sigma$

图 3.55　饱和土渗流固结模型

当活塞上没有荷载时，如图 3.55(a) 所示，与钢筒连接的测压管中的水位和筒中的静水位齐平。筒中的孔隙水压力为静孔隙水压力，任意深度处的总水头都相等，没有渗流发生。

当活塞上瞬时施加荷载 σ 时，即 $t=0$ 时 [图 3.55(b)]，模拟土渗透性的孔径很小，且水有一定的黏滞性，容器内的水来不及流出，相当于这些孔隙在瞬时被堵塞而处于不排水状态。筒内的水在瞬时受压力 σ，且水不可压缩，故筒内体积变化 $\Delta V=0$；活塞不能下移，弹簧就不受力，弹簧（土骨架）上的有效应力为 0，外加荷载 σ 全部由水承担，测压管中的水位将上升到 h_0，它代表由荷载引起的初始超静孔隙水压力 $u_0=\sigma=\gamma_w h_0$。而作用于弹簧上的有效应力 $\sigma'=0$。

当 $t>0$，如 $t=t_i$ 时 [图 3.55(c)]，由于活塞两侧存在水头差 Δh，必将有渗流发生，水从活塞的孔隙中不断排出。活塞向下移动，其下的筒内水量减少，代表土骨架的弹簧被压缩，部分荷载作用于弹簧上（σ'），与此同时筒内的水压力 u 减少，测压管内的水位降低，$h_i<h_0$。从竖向的静力平衡可知：$u+\sigma'=\sigma$。

上述的过程不断持续，直到时间足够长时，筒内的超静孔隙水压力完全消散，即 $u=0$ [图 3.55(d)]。活塞内外压力平衡，测压管水位又恢复到与静水位齐平，渗流停止。全部荷载都由弹簧承担，活塞稳定到某一位置，亦即总应力 σ 等于土骨架的有效应力 σ'。

上述过程形象地模拟了饱和土体的渗流固结过程。在这一过程中，饱和土体内的超静孔隙水压力逐渐消散、总应力转移到土骨架上、有效应力逐渐增加，与此同时土体被压缩。

分析以上的渗流固结过程，可以得到如下几点认识：

① 在渗流固结过程中，超静孔隙水压力 u 与有效应力 σ' 都是时间的函数，即 $u=f_1(t)$，$\sigma'=f_2(t)$。当外荷载不变时，始终 $u+\sigma'=\sigma$。渗流固结过程的实质就是两种不同的应力形态的转化过程，最后土体压缩。

② 上述由外荷载引起的孔隙水压力称为超静孔隙水压力，简称超静孔压。超静孔压是由外部作用（如荷载、振动等）或者边界条件变化（如水位升降）所引起的，它不同于静孔隙水压力，它会随时间持续而逐步消散，并伴以土的体积改变。超静孔压可以为正，也可为负。在现实中，经常会遇到超静孔压引起的现象：路面以下黏土的含水量很高时，就会在重车荷载作用下从路面的裂隙中冒出泥水，即所谓的翻浆；含饱和砂土的地基，在地震作用下会喷砂冒水，即所谓的液化。

③ 上述模拟的是饱和土体侧限应力状态下的渗流固结过程，渗流固结也会发生在复杂应力状态下，对于二维与三维渗流固结问题将在之后的章节中提到。

3.6.2　孔隙水压力系数

现有研究土体有效应力对其变形、强度及稳定性的影响，主要是通过三轴压缩试验直接量测三向应力状态下的孔隙水压力，然后求得有效应力。因此，研究不同固结程度下土体中的有效应力，实际上是研究土体中孔隙水压力随固结程度的变化规律。

在外荷载作用下，土样中所增加的三向应力分量，可分解为等向压缩应力状态和轴向偏差应力状态两部分，如图3.56所示。它们分别引起的超静孔隙水压力为 Δu_3 和 Δu_1。而在三向应力增量作用下，土样中一点引起的总的超静孔隙水压力增量为

$$\Delta u=\Delta u_3+\Delta u_1 \tag{3.74}$$

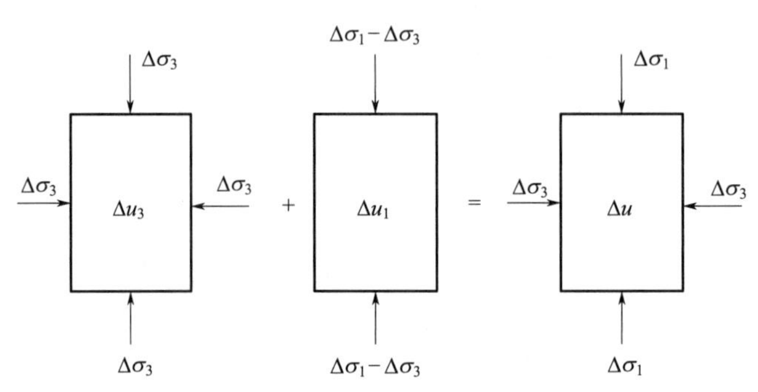

图3.56 附加应力作用下土中一点应力分量的分解

(1) 等向压缩应力状态——孔压系数 *B*

在不排水条件下，当土样四周受到相等应力增量 $\Delta\sigma_3$ 作用时，其平均有效应力增量为

$$\Delta\sigma_3'=\Delta\sigma_3-\Delta u_3 \tag{3.75}$$

假定土体符合线弹性理论，其应力-应变服从广义胡克定律，则在各向相等的有效应力增量 $\Delta\sigma_3'$ 作用下，土体的体积变化为

$$\frac{\Delta V}{V}=\varepsilon_1+\varepsilon_2+\varepsilon_3=\frac{3(1-2\mu)}{E}\Delta\sigma_3'=m_c\Delta\sigma_3'=m_c(\Delta\sigma_3-\Delta u_3) \tag{3.76}$$

则

$$\Delta V=m_cV(\Delta\sigma_3-\Delta u_3) \tag{3.77}$$

式中，$m_c=\dfrac{3(1-2\mu)}{E}$为土体的体积压缩系数，MPa^{-1}。

同时，在超静孔隙水压力 Δu_3 的作用下，引起孔隙（包括水和气体）的体积变化为

$$\frac{\Delta V_v}{nV}=m_n\Delta u_3 \tag{3.78}$$

则

$$\Delta V_v=m_nnV\Delta u_3 \tag{3.79}$$

式中，m_n 为孔隙的体积压缩系数，MPa^{-1}；n 为土的孔隙率。

由于土颗粒体积的压缩量在一般建筑物作用下可忽略不计，故土体的体积变化应等于孔隙的体积变化，即 $\Delta V=\Delta V_v$，得

$$m_cV(\Delta\sigma_3-\Delta u_3)=m_nnV\Delta u_3 \tag{3.80}$$

则

$$\frac{\Delta u_3}{\Delta\sigma_3}=\frac{1}{1+\dfrac{nm_n}{m_c}}=B \tag{3.81}$$

式中，B 为等向压缩应力状态下的孔隙水压力系数，与 m_c 和 m_n 有关。

对于饱和土体，其孔隙中充满水，在不排水条件下，孔隙的体积压缩系数远小于土体的体积压缩系数，则$\dfrac{m_n}{m_c}\approx0$，因此 $B\approx1$，取 $\Delta u_3=\Delta\sigma_3$。

对于干土，其孔隙中充满空气，孔隙的压缩性趋于无穷大，则$\frac{m_n}{m_c}\approx\infty$，因此$B\approx0$。

对于部分饱和土，B值介于0～1之间，所以B值可用作反映土体饱和程度的指标。对于具有不同饱和度的土，可通过三轴试验测定B值。

(2) 偏差应力状态——孔压系数 A

当土样在施加轴向偏差应力增量（$\Delta\sigma_1-\Delta\sigma_3$）时，其引起的超静孔隙水压力增量为$\Delta u_1$，从而使轴向及侧向引起的有效应力增量分别为

$$\Delta\sigma_1'=(\Delta\sigma_1-\Delta\sigma_3)-\Delta u_1 \tag{3.82}$$

$$\Delta\sigma_3'=-\Delta u_1 \tag{3.83}$$

同样，根据线弹性理论可得土体的体积变化量为

$$\Delta V=\frac{3(1-2\mu)}{E}V\times\frac{1}{3}(\Delta\sigma_1'+2\Delta\sigma_3')=m_cV\times\frac{1}{3}(\Delta\sigma_1-\Delta\sigma_3-3\Delta u_1) \tag{3.84}$$

在偏差应力作用下，由Δu_1引起孔隙的体积变化量为

$$\Delta V_v=m_n n\Delta u_1 \tag{3.85}$$

因为$\Delta V=\Delta V_v$，得

$$\Delta u_1=\frac{1}{3}(\Delta\sigma_1-\Delta\sigma_3)\frac{1}{1+\frac{nm_n}{m_c}}=\frac{1}{3}(\Delta\sigma_1-\Delta\sigma_3)B \tag{3.86}$$

上式是将土体视为线弹性体得出来的，弹性体的一个重要特点是在剪应力作用下，只会引起受力体形状的变化而不引起体积变化。但土体受剪切作用后会发生体积的膨胀或收缩，土的这种力学特性称为土的剪胀性。因此，式中的系数1/3只适用于弹性体而不符合土体的实际情况。英国学者斯开普顿引入了一个经验系数A来代替1/3，用A值来反映土在剪切过程中的胀缩特性，并将式(3.86)改写为

$$\Delta u_1=BA(\Delta\sigma_1-\Delta\sigma_3) \tag{3.87}$$

对于饱和土，系数$B=1$，则

$$A=\frac{\Delta u_1}{\Delta\sigma_1-\Delta\sigma_3} \tag{3.88}$$

孔压系数A是饱和土体在单位偏差应力增量（$\Delta\sigma_1-\Delta\sigma_3$）作用下产生的孔隙水压力增量，可用来反映土体剪切过程中的胀缩特性，是土体的一个很重要的力学指标。

孔压系数A值的大小，对于弹性体是常量，$A=1/3$；对于土体则不是常量。它取决于偏差应力增量（$\Delta\sigma_1-\Delta\sigma_3$）所引起的体积变化，变化范围很大，主要与土的类型、状态、过去所受的应力历史和应力状况以及加载过程中所产生的应变量等因素有关。测定的方法也是三轴压缩试验。

在三向应力$\Delta\sigma_1$和$\Delta\sigma_3=\Delta\sigma_2$共同作用下的超静孔隙水压力为

$$\Delta u=\Delta u_3+\Delta u_1=B\left[\Delta\sigma_3+A(\Delta\sigma_1-\Delta\sigma_3)\right] \tag{3.89}$$

因此，只要知道土体中任一点的大小主应力，就可以根据在三轴不排水剪切试验中测出的孔压系数A、B值，利用式(3.89)计算出相应的孔隙水压力。

孔隙水压力系数的测定对运用有效应力原理研究土体的变形、强度及稳定性具有重要的意义。在实际工程中，只要能较准确地确定孔压系数A、B值，就可以估算土体中由于应力的变化而引起的超静孔隙水压力变化，以便能用有效应力对土体的变形、强度及稳定性进行分析。

【例3.9】 有一不完全饱和土样，在不排水条件下：(1) 先施加围压$\sigma_3=100$kPa，测得孔压系数$B=0.7$，试计算土样内的u和σ_3'；(2) 在上述土样上又施加$\Delta\sigma_3=50$kPa，$\Delta\sigma_1=$

150kPa，并测得孔压系数 $A=0.5$，试计算此时土样的 σ_1、σ_3、u、σ_1'、σ_3' 各为多少（假设 B 值不变）？

解：(1) 根据式(3.81) 得

$$u=\Delta u_3=B\Delta\sigma_3=0.7\times100=70\text{kPa}$$
$$\sigma_3'=\sigma_3-u=100-70=30\text{kPa}$$

(2) 当 $\Delta\sigma_3=50\text{kPa}$，$\Delta\sigma_1=150\text{kPa}$ 时，土样内新增加的孔隙水压力 Δu_2 根据式(3.89) 得

$$\Delta u_2=B\left[\Delta\sigma_3+A(\Delta\sigma_1-\Delta\sigma_3)\right]=0.7\times\left[50+0.5\times(150-50)\right]=70\text{kPa}$$

此时土样内的总孔压 $u=70+70=140\text{kPa}$

$$\sigma_1=100+150=250\text{kPa}$$
$$\sigma_3=100+50=150\text{kPa}$$
$$\sigma_1'=\sigma_1-u=250-140=110\text{kPa}$$
$$\sigma_3'=\sigma_3-u=150-140=10\text{kPa}$$

思考与练习题

1. 何谓土的自重应力、附加应力？自重应力的分布规律是什么？

2. 对于均质地基土，当基底面积相等、埋深相等时，基础宽度相同的条形基础和方形基础哪个沉降大，为什么？

3. 在偏心荷载作用下基底反力分布有哪几种形式？偏心荷载对计算基底平均附加压力有什么影响？

4. 有效应力原理的要点是什么？

5. 从钻孔中获得的地质资料如图 3.57 所示，试计算并绘出下列应力随深度变化的曲线：(1) 竖向自重应力；(2) 竖向有效自重应力。如果地下水位由于突然大量抽水骤降了 2m，试计算上述两种应力随深度的变化（假定水位以上细砂饱和度不变）。

6. 一矩形柱基，尺寸如图 3.58 所示，上部结构传到基础的荷载 $F=800\text{kN}$，作用在点 A，偏心距 $e=0.5\text{m}$，试计算 B 点下 5m 深度处的附加应力。

7. 如图 3.59 所示，矩形 ($ABCD$) 面积上作用均布荷载 $p=100\text{kPa}$，试运用角点法计算 G 点下深度 6m 处 M 点的附加应力值 σ_z。

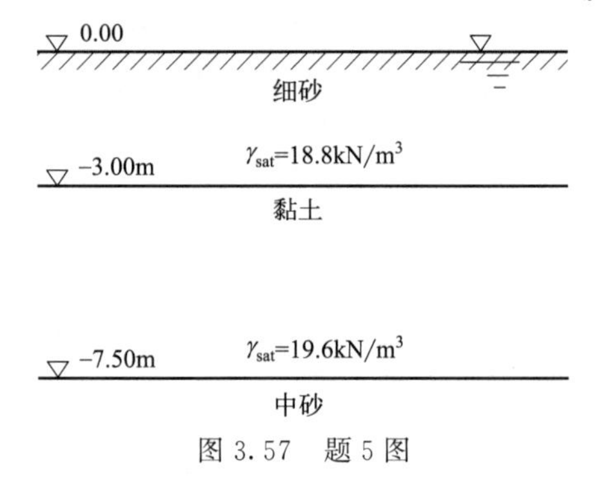

图 3.57 题 5 图

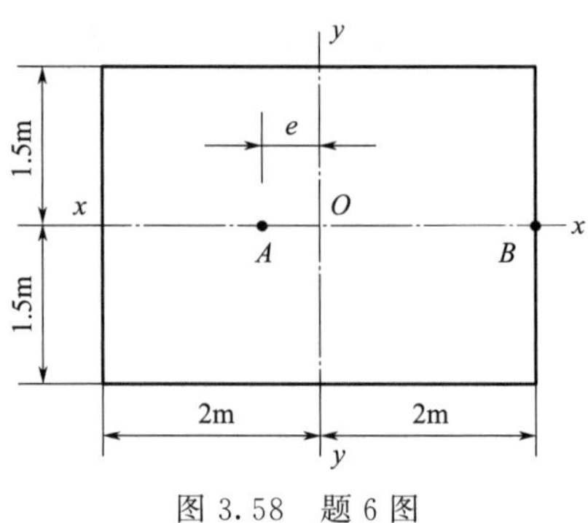

图 3.58 题 6 图

8. 如图 3.60 所示，条形线性分布荷载 $p=150\text{kPa}$，试计算 G 点下深度 3m 处的附加应力 σ_z。

9. 有相邻两荷载面积 A 和 B，相对位置及荷载如图 3.61 所示，若考虑相邻荷载 B 的影响，试计算荷载 A 中心点以下深度 $z=2\text{m}$ 处竖向附加应力。

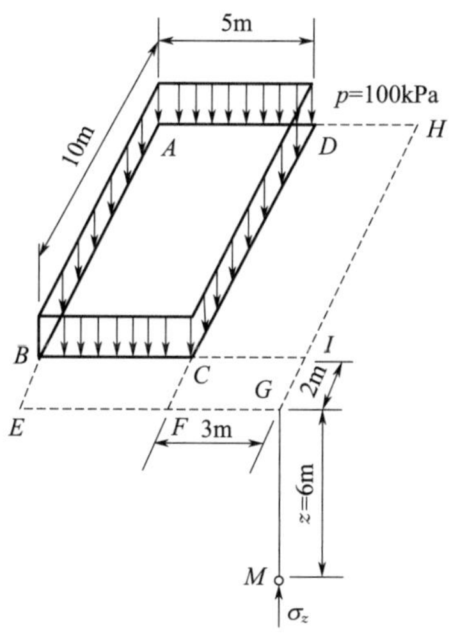

图 3.59　题 7 图

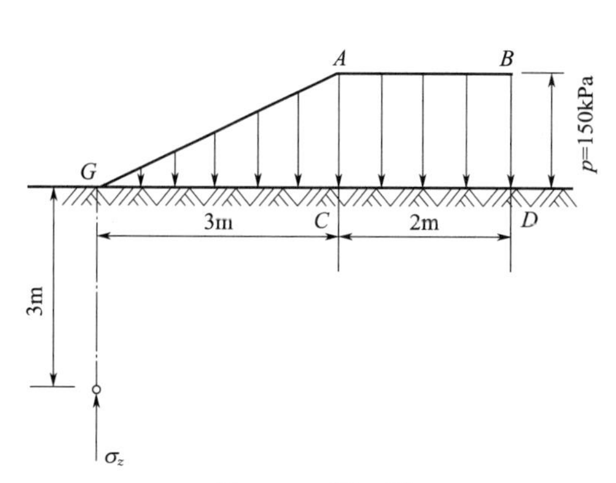

图 3.60　题 8 图

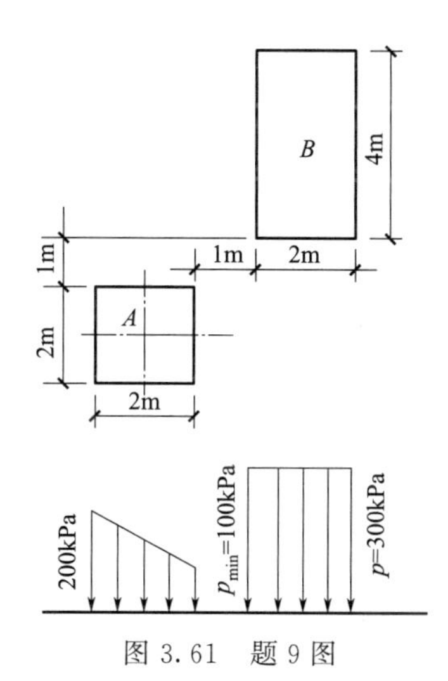

图 3.61　题 9 图

第4章 土的压缩特性与地基沉降计算

学习目标及要求

掌握土的压缩试验和压缩性指标的计算方法；理解应力历史对土的压缩性的影响，能进行现场压缩曲线的推求；熟悉土的载荷试验和旁压试验；掌握分层总和法与规范法，能进行地基沉降量的计算；理解土的单向固结理论；了解土的多维固结理论。

4.1 概述

地基中存在两种应力：自重应力和附加应力。一般地，由自重应力（地下水位无变化）引起的地基土压缩已稳定（新近沉积层除外），因此地基的变形主要是由附加应力导致的；在附加应力作用下，地基土体积缩小，即压缩，从而引起建筑物基础在竖直方向的位移（下沉），称为沉降。地基土层承受上部建筑物的荷载，必然会产生变形，从而引起建筑物基础沉降。当地基土质坚实时，地基的沉降量较小，对工程正常使用没有影响；但若地基为软弱土层且薄厚不均，或上部结构荷载轻重变化悬殊时，地基将发生严重的沉降和不均匀沉降，即使结构强度足够，大变形亦将影响建筑物的正常使用与安全。

某些特殊性土因含水量的变化也会引起体积变形，如湿陷性黄土地基含水量增高会引起建筑物的附加下沉，称为湿陷沉降。相反，在膨胀土地区，含水量的增高会引起地基的膨胀，甚至把建筑物顶裂。除此之外，大量开采地下水会使地下水位普遍下降，从而引起地基的下沉。这可以用地下水位下降后地层的自重应力增大来解释。当然，实际问题也是很复杂的，还涉及工程地质、水文地质方面的问题。

如果地基土各部分的竖向变形不相同，则在基础的不同部位会产生沉降差，使建筑物基础发生不均匀沉降。基础的沉降量或沉降差过大不但会降低建筑物的使用价值，而且往往会造成建筑物的毁坏。

为保证建筑物的安全和正常使用，必须预先对建筑物基础可能产生的最大沉降量和沉降差进行估算。如果建筑物基础可能产生的最大沉降量和沉降差在规定的允许范围之内，那么该建筑物的安全和正常使用一般是有保证的；否则是没有保证的。对后一种情况，必须采取相应的工程措施以确保建筑物的安全和正常使用。本章首先介绍土的压缩试验、压缩性指标以及应力历史对压缩性的影响；再介绍土的压缩性原位测试与工程中常用的沉降量计算方法；最后介绍土的单向固结理论以及多维固结理论。

4.2 土的压缩性及压缩性指标

4.2.1 土的压缩性

土的压缩性是指土在外部压力（包括周围环境）作用下体积发生变化的性质。它包括土的体积缩小、膨胀和体积不变情况下土形状的改变。一般来说，土在外力作用下压缩性是比较大的，这是由土的组成和结构所决定的。

前已述及，土由固体颗粒、水及气体组成。土被压缩的原因可归纳为以下三种情况：①土的固体颗粒本身被压缩；②土中孔隙水和气体被压缩；③土中水和气体被排出。研究表明，土的固体颗粒和孔隙水本身的压缩量是很微小的，在一般工程压力（100～600kPa）下，其压缩量不足总压缩量的 1/400，可以忽略不计；而由水和空气排出引起的压缩是地基沉降的主要来源。

土在外部压力作用下，压缩量随时间增长的过程称为土的固结。依赖孔隙水压力变化而产生的固结称为主固结；不依赖孔隙水压力变化，由颗粒间位置变动引起的固结称为次固结。

土的压缩和固结与土本身的结构是分不开的。无黏性土的颗粒基本上呈单粒结构，其压缩主要取决于颗粒的重新排列。在压力作用下颗粒间发生滑动或滚动，最后达到较密实的稳定平衡位置；黏性土的结构多为絮凝结构或分散结构，土中既有自由水又有结合水，颗粒被包围在其中，土的压缩表现为开始阶段孔隙中的水产生超静孔隙水压力，而后随着排水固结，土中孔隙水压力逐渐减小、粒间应力增大，土发生压缩。可见，饱和土固结的过程是有效应力与孔隙水压力互相转化的过程，即孔隙水压力逐渐减小（孔隙水压力消散）和有效应力逐渐增大的过程。

不同的土具有不同的压缩性。砂性土压缩性较小、透水性大，其压缩变形量在加荷后的较短时间内即可完成；而黏性土，尤其是饱和软黏土，有的需几年甚至十几年才能达到压缩稳定。

4.2.2　土的压缩试验

压缩试验又称固结试验，是目前常用的测定土体压缩性的室内试验方法。试验时，将切有土样的环刀（常用直径有 61.8mm 和 79.8mm 两种，高度 20mm）置于刚性护环中，如图 4.1 所示。在土样上下放置的透水石是土样受压后排出孔隙水的两个界面。由于金属环刀及刚性护环的限制，使得土样在竖向压力作用下只能发生竖向变形而无侧向变形，故又称侧限压缩试验。压缩过程中竖向压力通过加压活塞施加给土样，土样产生的压缩量可通过百分表或位移传感器量测。一般规定每小时变形量不超过 0.005mm 即认为变形已稳定。常规压缩试验通过逐级加载进行，常用的分级加载量为 50kPa、100kPa、200kPa、400kPa、800kPa 等。必要时，可做加载-卸载-再加载试验。

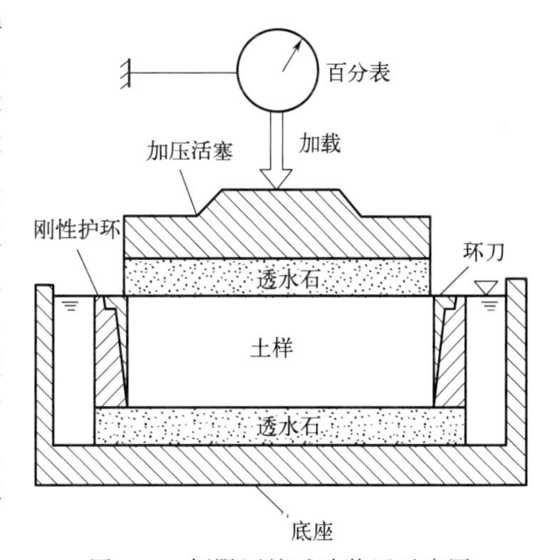

图 4.1　侧限压缩试验装置示意图

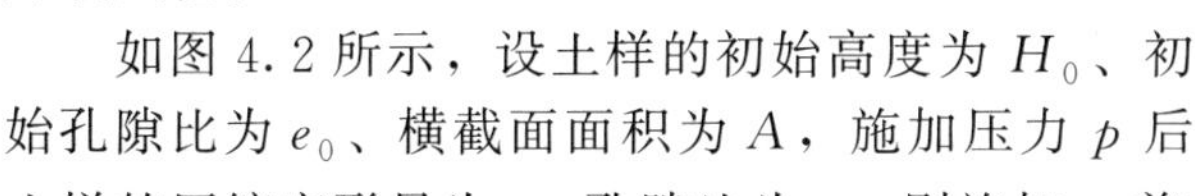
如图 4.2 所示，设土样的初始高度为 H_0、初始孔隙比为 e_0、横截面面积为 A，施加压力 p 后土样的压缩变形量为 s、孔隙比为 e，则施加 p 前、后土样固体颗粒的体积分别为

$$V_s=\frac{1}{1+e_0}H_0A \tag{4.1}$$

$$V_s=\frac{1}{1+e}(H_0-s)A \tag{4.2}$$

由于试验过程中，土样横截面面积及固体颗粒的体积不变，因此有

$$\frac{H_0}{1+e_0}=\frac{H_0-s}{1+e} \tag{4.3}$$

则
$$e=e_0-(1+e_0)\frac{s}{H_0} \tag{4.4}$$

或
$$s=\frac{e_0-e}{1+e_0}H_0 \tag{4.5}$$

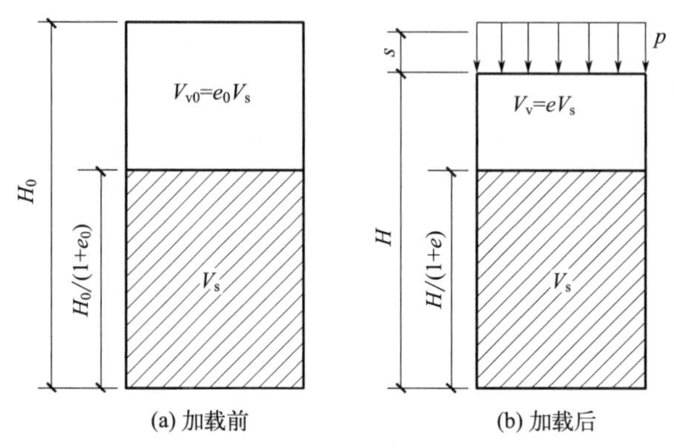

图 4.2 压缩试验土样高度变化示意图

利用式(4.4) 计算每级荷载 p 作用下达到压缩稳定后的孔隙比，可绘制出 e-p 关系曲线或 e-lg$p$ 关系曲线，称为压缩曲线。

4.2.3 土的压缩性指标

4.2.3.1 压缩系数 a_v

土体在侧限条件下孔隙比减少量与竖向压应力增量的比值，称为土的压缩系数，用 a_v 表示，即

$$a_v=-\frac{\mathrm{d}e}{\mathrm{d}p}=\tan\alpha \tag{4.6}$$

式中，负号表示随着压力 p 的增加，孔隙比 e 逐渐减小、第二象限角 α 正切值为负。

当外荷载引起的压力变化范围不大时，如图 4.3 中从 p_1 到 p_2，可将压缩曲线上相应的一段 M_1M_2 曲线近似地用直线 M_1M_2 代替。该直线的斜率为

$$a_v=-\frac{\Delta e}{\Delta p}=\frac{e_1-e_2}{p_2-p_1} \tag{4.7}$$

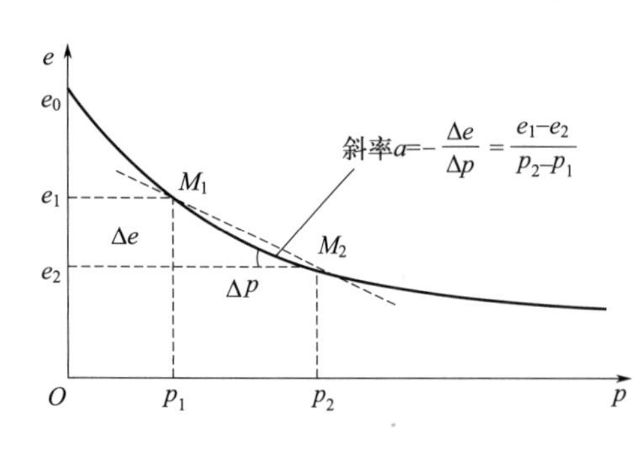

图 4.3 土的侧限压缩曲线

由式(4.7) 可以看出，压缩系数 a_v 表示在单位压力增量作用下土孔隙比的减小值。因此，压缩系数 a_v 越大，土的压缩性就越大。

对于某一个土样，其压缩系数 a_v 是否为一个定值？从图 4.3 可知，a_v 与 M_1M_2 的位置有关，若 M_1M_2 向右移动，随着压力 p 的增大，a_v 值减小；反之，若 M_1M_2 向左移动，随着压力 p 的减小，a_v 值增大。因此，e-p 曲线的斜率随着 p 增大而逐渐减小，压缩系数 a_v 是一个变量而非定值。

为便于各个地区各单位相互比较应用，《建筑地基基础设计规范》（GB 50007—2011）规定，取 $p_1=100\text{kPa}$、$p_2=200\text{kPa}$ 这个压力区间对应的压缩系数 a_{v1-2} 评价土的压缩性。具体如下：

$a_{v1-2}<0.1\text{MPa}^{-1}$，低压缩性土；

$0.1\text{MPa}^{-1}\leqslant a_{v1-2}<0.5\text{MPa}^{-1}$，中压缩性土；

$a_{v1-2}\geqslant 0.5\text{MPa}^{-1}$，高压缩性土。

4.2.3.2　压缩指数 C_c

如图 4.4 所示，当压力超过一定值后，压缩曲线接近于直线。该直线斜率为压缩指数，即

$$C_c=\frac{e_1-e_2}{\lg p_2-\lg p_1}=\frac{e_1-e_2}{\lg\dfrac{p_2}{p_1}}=\frac{\Delta e}{\lg\left(\dfrac{p_1+\Delta p}{p_1}\right)} \tag{4.8}$$

按压缩指数，同样可以对土的压缩性做出判断：$C_c<0.2$，低压缩性土；$0.2\leqslant C_c<0.4$，中压缩性土；$C_c\geqslant 0.4$，高压缩性土。

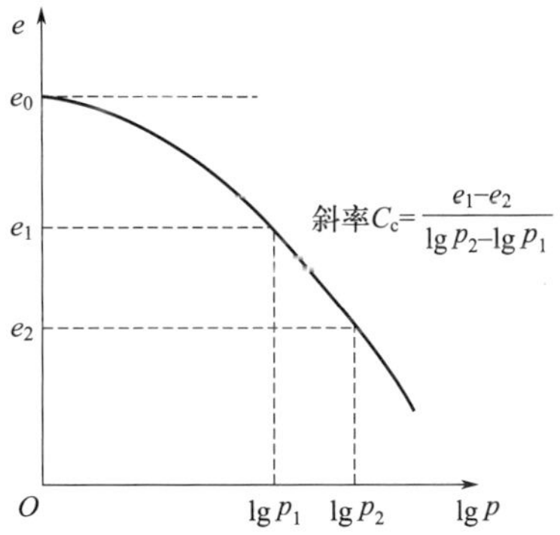

图 4.4　土的 e-$\lg p$ 曲线

经验表明，土的压缩指数与液限之间存在一定的相关性。太沙基和斯开普顿等在大量试验资料的基础上提出，正常固结原状土的压缩指数 C_c 与土的液限 ω_L（碟式仪测定）之间大致存在如下关系

$$C_c=0.009(\omega_L-10\%) \tag{4.9}$$

压缩系数 a_v 和压缩指数 C_c 的差别在于 C_c 为常量，a_v 为变量。C_c 与 a_v 有如下关系

$$\mathrm{d}e=C_c\mathrm{d}(\lg p)=\frac{C_c}{2.3}\mathrm{d}(\ln p)=\frac{C_c}{2.3}\times\frac{\mathrm{d}p}{p} \tag{4.10}$$

由于 $\mathrm{d}e=a_v\mathrm{d}p$，故

$$a_v=\frac{C_c}{2.3}\times\frac{1}{p} \tag{4.11}$$

从式(4.11) 还可看出，a_v 随 p 的增大而减小。工程设计中视 a_v 为常量，只是一种简化，压缩指数 C_c 为常值，用起来则较为方便。

4.2.3.3　体积压缩系数 m_v 与侧限压缩模量 E_s

土的压缩性还可用体积压缩系数 m_v 和侧限压缩模量 E_s 来表示。土的体积压缩系数指在侧限条件下，受单位压力增量作用引起的单位体积压缩量，即

$$m_v=\frac{\dfrac{\Delta V}{V_1}}{\Delta p}=\frac{\dfrac{\Delta e}{1+e_1}}{\Delta p}=\frac{a_v}{1+e_1} \tag{4.12}$$

侧限压缩模量 E_s 为侧向应变等于零时土的竖向应力与应变之比，它与体积压缩系数 m_v 存在如下关系

$$E_s=\frac{\sigma_z}{\varepsilon_z}=\frac{1+e_1}{a_v}=\frac{1}{m_v} \tag{4.13}$$

同样，也可用相应于 $p_1=100\text{kPa}$ 至 $p_2=200\text{kPa}$ 范围内的 E_s 值评价土的压缩性：$E_s\leqslant 4\text{MPa}$，高压缩性土；$4\text{MPa}<E_s\leqslant 15\text{MPa}$，中压缩性土；$E_s>15\text{MPa}$，低压缩性土。

4.2.3.4 侧压力系数 K_0 及侧膨胀系数 μ

室内侧限压缩试验中，土样只能在竖向产生压缩，此时土样中的应力状态如图 4.5 所示。显然，该应力状态与土在自重条件下应力状态类似。由于侧向不可能产生变形，故 $\varepsilon_x=\varepsilon_y=0$，根据广义胡克定律有

$$\begin{cases}\varepsilon_x=\dfrac{\sigma_x}{E}-\dfrac{\mu(\sigma_y+\sigma_z)}{E}\\ \dfrac{\sigma_x}{\sigma_z}=\dfrac{\mu}{1-\mu}=K_0\end{cases} \tag{4.14}$$

式中，E 为土的变形模量，kPa；K_0 为土的侧压力系数，与土的类别、加荷条件、应力历史等有关；μ 为土的侧膨胀系数或泊松比。

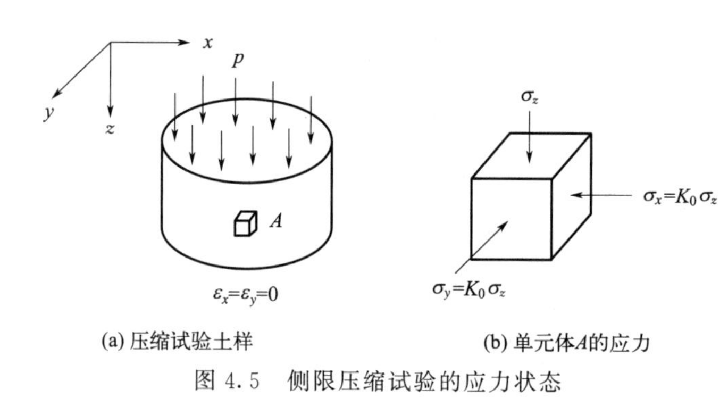

图 4.5 侧限压缩试验的应力状态

4.3 应力历史对土的压缩性的影响

4.3.1 应力历史对黏性土压缩性的影响

在讨论应力历史对黏性土压缩性的影响之前，引进固结应（压）力的概念。所谓固结应力，就是使土体产生固结或压缩的应力。就地基土层而言，使土体产生固结或压缩的应力主要有两种：一是土的自重应力；二是外荷载在地基内部引起的附加应力。对于新沉积的土或人工回填土，土粒尚处于悬浮状态，土的自重应力由孔隙水承担，有效应力为零。随着时间的推移，土在自重作用下逐渐沉降固结，最终自重应力全部转化为有效应力，故这类土的自重应力就是固结应力。但对于大多数天然土，由于经历了漫长的地质年代，在自重作用下已完全固结，此时的自重应力已不再引起土层固结，于是能使土层进一步固结的，只有外荷载引起的附加应力，故此时的固结应力仅指附加应力。如果从土层刚沉积时算起，那么固结应力也应包括自重应力。

大量试验表明，土样的室内再压缩曲线比初始压缩曲线要平缓得多，这说明土样经历不同的应力历史将使它具有不同的压缩特性。为进一步讨论应力历史对土压缩性的影响，把土在历史上曾受到过的最大有效应力称为先期固结应力，以 p_c 表示；把先期固结应力与现有有效应力 p'_0 之比定义为超固结比，以 OCR 表示，即 $OCR=p_c/p'_0$。对于天然土，当 OCR＞1 时，该土是超固结的；当 OCR＝1 时，则为正常固结土。OCR 愈大，该土所受到的超固结作用愈强，在其他条件相同的情况下，其压缩性愈低。此外还有欠固结土，即在自重应力作用下还没有完全固结的土，尚有一部分超静孔隙水压力没有消散，它的现有有效应力即为先期固结应力，OCR 也等于 1，故欠固结土实质上属于正常固结土一类。下面举例

说明上述概念。

图4.6为天然沉积的三个土层，目前具有相同的地面标高。其中，A土层沉积到现在的地面后，在自重应力作用下已固结稳定。B土层在历史上曾经沉积到图中虚线所示的地面，并在其自重应力作用下固结稳定，后来由于地质作用，上部土层被冲蚀而形成现有地面。C土层是近代沉积起来的，由于沉积时间不长，在自重应力作用下尚未完全固结稳定。现在来考察这三个土层所经受的应力历史。

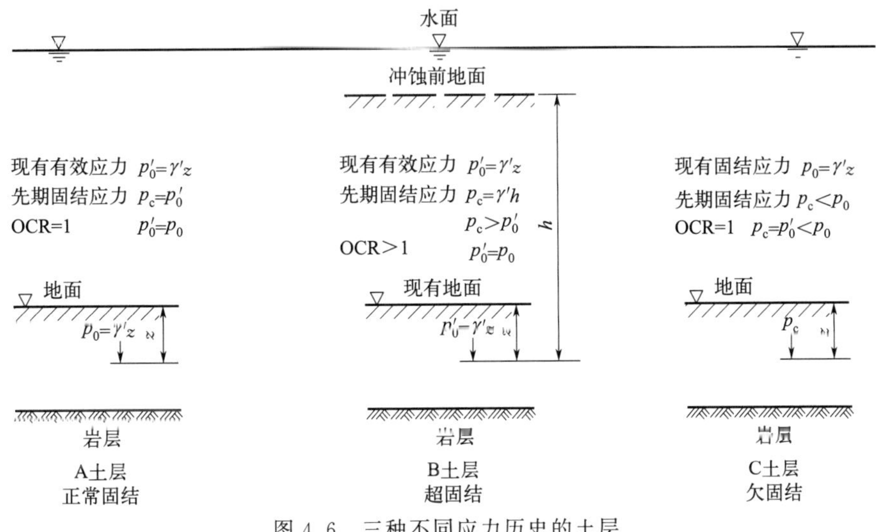

图4.6　三种不同应力历史的土层

对于A土层，在地面下任一深度z处，土的现有固结应力p_0就是它的自重应力$\gamma'z$，且已被土骨架所承担而转化为有效应力p_0'，它也是该土层曾经受到过的最大有效应力，故$p_c=p_0'=p_0$，OCR=1，属正常固结土。对于B土层，在深度z处，现有有效应力p_0'也等于$\gamma'z$，但先期固结应力$p_c=\gamma'h$，故$p_c>p_0'$，OCR>1，属超固结土。对于C土层，因土在自重应力作用下尚未完全固结稳定，故在深度z处，土的现有固结应力$p_0=\gamma'z$，尚未完全转化为有效应力，有一部分由孔隙水所承担。土的现有有效应力p_0'就是它的先期固结应力p_c，所以$p_c=p_0'<p_0$，OCR=1，属于欠固结土。

从以上分析可知，在A、B、C三个土层现有地面以下同一深度z处，土的现有固结应力虽然相同，均为$p_0=\gamma'z$，但是由于它们经历的应力历史不同，所以在压缩曲线上处于不同的位置。若图4.7代表z深度处土的现场压缩、回弹和再压缩曲线，那么对于正常固结土，它在沉积过程中已从e_0开始在自重应力作用下沿现场压缩曲线至A点固结稳定。对于超固结土，它曾在自重应力作用下沿现场压缩曲线至B点，后因上部土层冲蚀，现已回弹稳定在B'点。对于欠固结土，由于在自重应力作用下还未完全固结稳定，目前它处在现场压缩曲线上的C点。现在，若对这三种土再施加相同的固结应力Δp，那么，正常固结土和欠固结土将分别由A点和C点沿现场压缩曲线至D点固结稳定；而超固结土则由B'点沿现场再压缩曲线至D点固结稳定。显然，三者的压缩量是不同的，其中欠固结土最大，超固结土最小，而正常固结土则

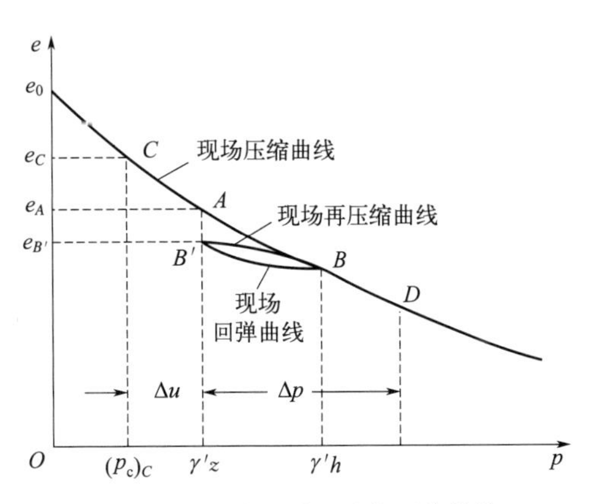

图4.7　三种不同土层的压缩特性

介于两者之间。因此，在这三种土层上修建建筑物时，必须考虑它们压缩性的差异。但是，这个问题用 e-p 曲线是无法考虑的，只有采用 e-lg$p$ 曲线才能得到解决。

4.3.2 现场压缩曲线的推求

要考虑三种不同应力历史对土层压缩性的影响，必先解决两个问题：一是要确定该土层的先期固结应力 p_c，通过与现有固结应力 p_0 的比较，借以判别该土层是正常固结的、欠固结的还是超固结的；二是要得到能够反映土原位特性的现场压缩曲线资料。但是，在绝大多数情况下土的先期固结应力和现场压缩曲线都不能直接求得，通常只能根据土样的室内压缩试验求得 e-lg$p$ 曲线的特征来近似推求。

4.3.2.1 室内压缩曲线的特征

现在来考察取自现场的原状土样的室内压缩试验结果。图 4.8 为土样的室内压缩、回弹和再压缩曲线，图 4.9 为初始孔隙比相同但扰动程度不同（由不同的土样高度来反映，越高受扰动越小）的土样的室内压缩曲线。可见，试验曲线表现出如下特征：

① 室内压缩曲线开始时平缓，随着压力的增大明显向下弯曲，继而近乎直线向下延伸；

② 不管土样的扰动程度如何，当压力较大时，它们的压缩曲线都近乎直线，且大致交于一点 C，C 点的纵坐标约为 $0.42e_0$；

③ 扰动愈剧烈，压缩曲线愈低，曲率也就愈不明显；

④ 卸荷点 B 在再压缩曲线曲率最大的 A 点右下侧。

对室内压缩曲线，还有必要进一步说明。由于土样取自地下，一个优质原状土样尽管能保持土的原位孔隙比不变，但应力释放是无法完全避免的，因此室内压缩曲线实质上是一条再压缩曲线（相对现场压缩曲线而言）。而取样和试验操作中对土样的扰动又导致室内压缩曲线的直线部分偏离现场压缩曲线，土样扰动愈剧烈，偏离就愈大。

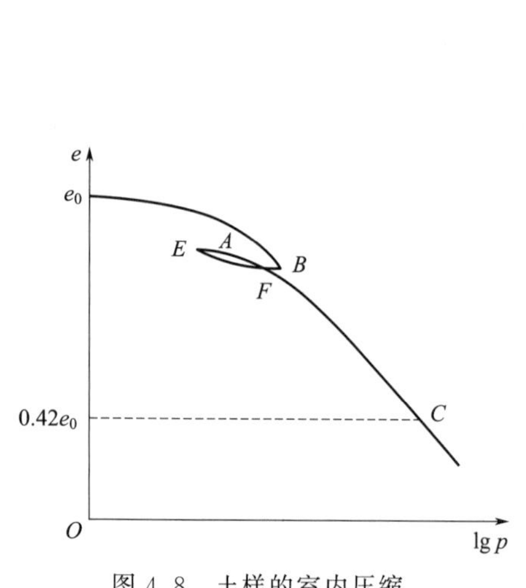

图 4.8 土样的室内压缩、回弹、再压缩曲线

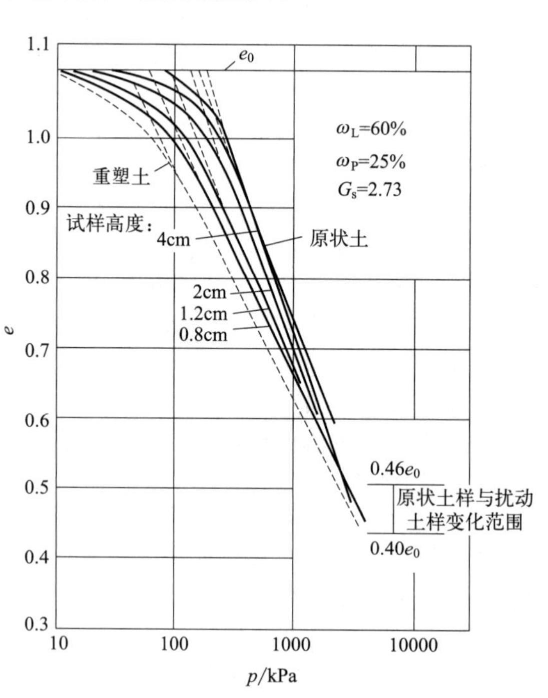

图 4.9 扰动程度不同的土样的室内压缩曲线

4.3.2.2　先期固结应力的确定

为判断地基土的应力历史，首先要确定它的先期固结应力 p_c，最常用的方法是卡萨格兰德（Casagrande）依据上述室内压缩曲线特征④所提出的经验图解法，其作图方法和步骤如下：

① 在 e-lg$p$ 坐标上绘出土样的室内压缩曲线，如图 4.10 所示；

② 找出压缩曲线上曲率最大的点 A，过 A 点作水平线 $A1$、切线 $A2$、以及它们夹角的平分线 $A3$；

③ 把压缩曲线下部的直线段向上延伸交 $A3$ 线于 B 点，B 点的横坐标即为所求的先期固结应力 p_c。

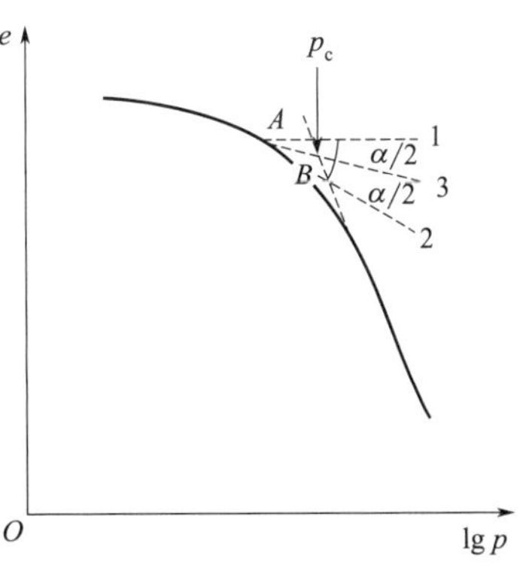

图 4.10　先期固结应力的确定

采用这种方法确定先期固结应力的精度在很大程度上取决于曲率最大点的正确选定。但是，通常 A 点是凭借目测决定的，故有一定的人为误差。同时，由上述特征③可知，严重扰动的土样，压缩曲线的曲率不太明显，A 点的正确位置也更加难以确定。另外，纵坐标选用不同的比例时，A 点的位置也不尽相同。因此，要可靠地确定先期固结应力，还需结合与土层形成相关的历史资料，加以综合分析。关于这方面的问题有待进一步研究。

4.3.2.3　现场压缩曲线的推求

土样的先期固结应力一旦确定，就可通过它与土样现有固结应力 p_0 的比较，来判定它是正常固结、超固结还是欠固结。然后依据室内压缩曲线的特征，来推求现场压缩曲线。

若 $p_c=p_0$，则土样是正常固结的，它的现场压缩曲线推求步骤如下：

一般可假定取样过程中土样不发生体积变化，即土样的初始孔隙比 e_0 就是它的原位孔隙比，于是由公式 $e=\dfrac{G_s\rho_w}{\rho_d}-1$ 求出 e_0，再由 e_0 和 p_c 值，在 e-lg$p$ 坐标上定出 D 点，此即土样在现场压缩的起点；然后由上述特征②的推论，从纵坐标 $0.42e_0$ 处作一水平线交室内压缩曲线于 C 点；作 D 点和 C 点的连线即为所求的现场压缩曲线，如图 4.11 所示。

若 $p_c>p_0$（$p_0=p_0'$），则土样是超固结的。由于超固结土由先期固结应力 p_c 减至现有有效应力 p_0' 期间曾在原位经历了回弹，因此，当超固结土受到外荷载引起的附加应力 Δp 时，它开始沿着现场再压缩曲线压缩。只有 Δp 超过（p_c-p_0），它才会沿现场压缩曲线压缩。为推求这条现场压缩曲线，应改变压缩试验的程序，并在试验过程中随时绘制 e-lg$p$ 曲线，待压缩曲线出现急剧转折之后，立即逐级卸荷至 p_0 让回弹稳定，再分级加荷。于是，可求得图 4.12 中的曲线 $AEFC$，以备推求超固结土的现场压缩曲线之用。超固结土现场压缩曲线推求步骤如下：

① 按上述方法确定先期固结应力 p_c 的位置线和 C 点的位置；

② 按土样在原位的现有有效应力 p_0'（即现有自重应力 p_0）和孔隙比 e_0 定出 D'点，此即土样在原位压缩的起点；

③ 假定现场再压缩曲线与室内回弹-再压缩曲线构成的回滞环的割线 EF 相平行，过 D' 点作 EF 线的平行线交 p_c 的位置线于 D 点，$D'D$ 线即为现场再压缩曲线；

④ 作 D 点和 C 点的连线，即得现场压缩曲线。

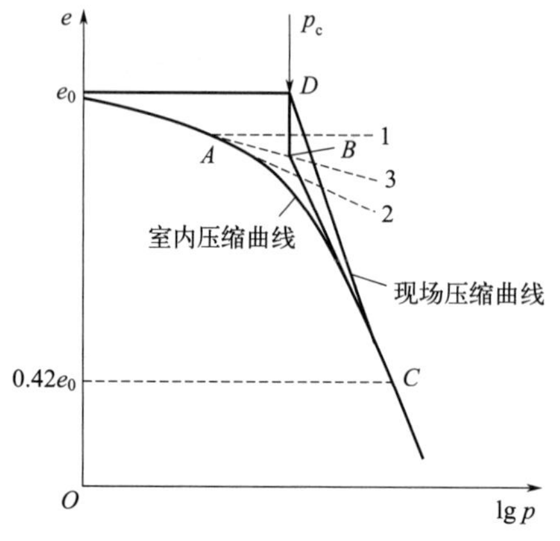

图 4.11 正常固结土现场压缩曲线的推求

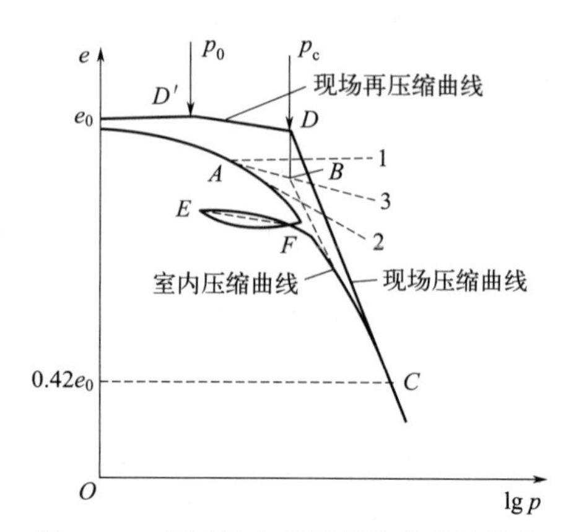

图 4.12 超固结土现场压缩曲线的推求

若 $p_c < p_0$，则土样是欠固结的。如前所述，欠固结土实质上属于正常固结土，所以它的现场压缩曲线的推求方法与正常固结土完全一样，不再赘述。

【例 4.1】 对一饱和黏土土样做侧限压缩试验，得表 4.1 所示数据。土样初始厚度 $H_0=19.8\text{mm}$，土颗粒相对密度 $G_s=2.75$，试验终了时含水率 $\omega=20.3\%$。(1) 绘制 e-lg$p$ 曲线；(2) 确定先期固结应力 p_c；(3) 确定土的压缩指数 C_c。

表 4.1 例 4.1 数据

压力 p/kPa	0	50	100	200	400	800	1600	3200	0
千分表稳定读数 d/mm	5.000	4.749	4.501	4.119	3.460	2.633	1.696	0.726	1.494

解：(1) 试验终了时，孔隙比 $e=wG_s=0.203\times2.75=0.558$；土样厚度变化 $s=5.000-1.494=3.506\text{mm}$。

由式(4.4) 可得

$$e_0=\frac{e+s/H_0}{1-s/H_0}=\frac{0.735}{0.823}=0.893$$

$$\Delta e=(1+e_0)s/H_0=0.0956s$$

计算各级压力下的 Δe 和 e，见表 4.2，并在半对数坐标系上绘制 e-lg$p$ 曲线，如图 4.13 所示。

表 4.2 例 4.1 计算

p/kPa	读数 d/mm	s/mm	Δe	e
0	5.000	0	0	0.893
50	4.749	0.251	0.024	0.869
100	4.501	0.499	0.048	0.845
200	4.119	0.881	0.084	0.809
400	3.460	1.540	0.147	0.746
800	2.633	2.367	0.226	0.667
1600	1.696	3.304	0.316	0.577
3200	0.726	4.274	0.409	0.484
0	1.494	3.506	0.335	0.558

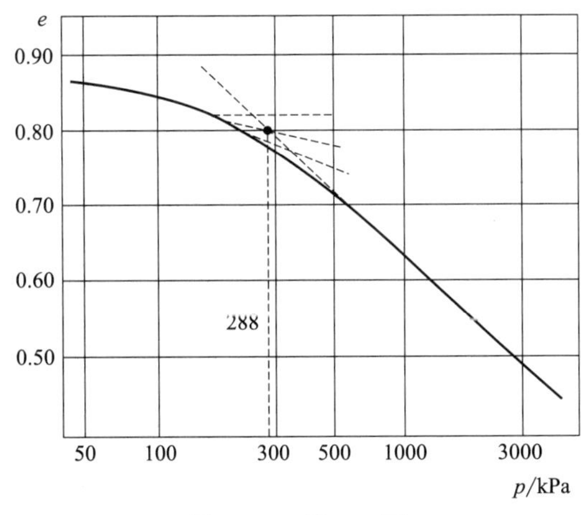

图 4.13 例 4.1 图

（2）用 Casagrande 作图法从 e-lg$p$ 曲线求得 $p_c=288$kPa。

（3）从曲线求得，当 $p_1=1000$kPa 时，$e_1=0.635$；当 $p_2=1500$kPa 时，$e_2=0.581$，则

$$C_c=\frac{e_1-e_2}{\lg\frac{p_2}{p_1}}=\frac{0.054}{\lg 1.5}=0.31$$

4.4 土的压缩性原位测试

土的侧限压缩试验操作简单，是目前测定地基土压缩性的常用方法，但侧限压缩试验不适用于下列情况：①地基土为粉、细砂，取原状土样很困难，或地基土为软土，土样取不上来；②土层不均匀，土样尺寸小，代表性差。

针对上述情况，可采用原位测试方法加以解决。建筑工程中土的压缩性原位测试，主要有载荷试验和旁压试验。

4.4.1 载荷试验

4.4.1.1 载荷试验原理

土的载荷试验原理是在试验土面上逐级加荷载并观测每级荷载下土的变形。根据试验结果绘制沉降-荷载曲线和每级荷载作用下的沉降-时间曲线，由此判断土的变形特性，并求得土的变形模量和极限荷载等数据。

4.4.1.2 载荷试验装置和试验方法

① 试验一般在试坑内进行，试坑应设在地质勘察时所布置的取土勘探点附近，并设在所求试验土层的标高上。

② 开挖试坑。试坑深度为基础设计埋深，试坑宽度不应小于承压板宽度或直径的 3 倍。承压板的底面积一般为 0.25～0.5m^2；对均质密实土（如密实砂土、老黏土）可为 0.1～0.25m^2；对松软土及人工填土则不应小于 0.5m^2。

③ 试验装置如图 4.14 所示，一般由加荷稳压装置、反力装置及观测装置三部分组成。加荷稳压装置包括承压板、千斤顶及稳压器等，反力装置常用平台堆载或地锚［图 4.14(a) 和图 4.14(b)］，当试坑较深时，反力也可由基槽承担［图 4.14(c)］。

④ 试验时必须注意保持试验土层的原状结构和天然湿度，在坑底宜铺设不超过 20mm 厚的粗、中砂找平层。若试验土层为软塑或流塑状态的黏性土或饱和松软土，承压板周围应留有 200～300mm 高的原土作为保护层。整个试验装置在试验过程中要很好地保护，并要有防水、排水等措施。

⑤ 加载标准。第一级荷载相当于开挖试坑卸除的土的自重应力；第二级荷载以后的每级荷载，松软土可采用 10～25kPa，坚实土采用 50kPa；加荷等级不应少于八级，最大加载量不应少于荷载设计值的 2 倍。

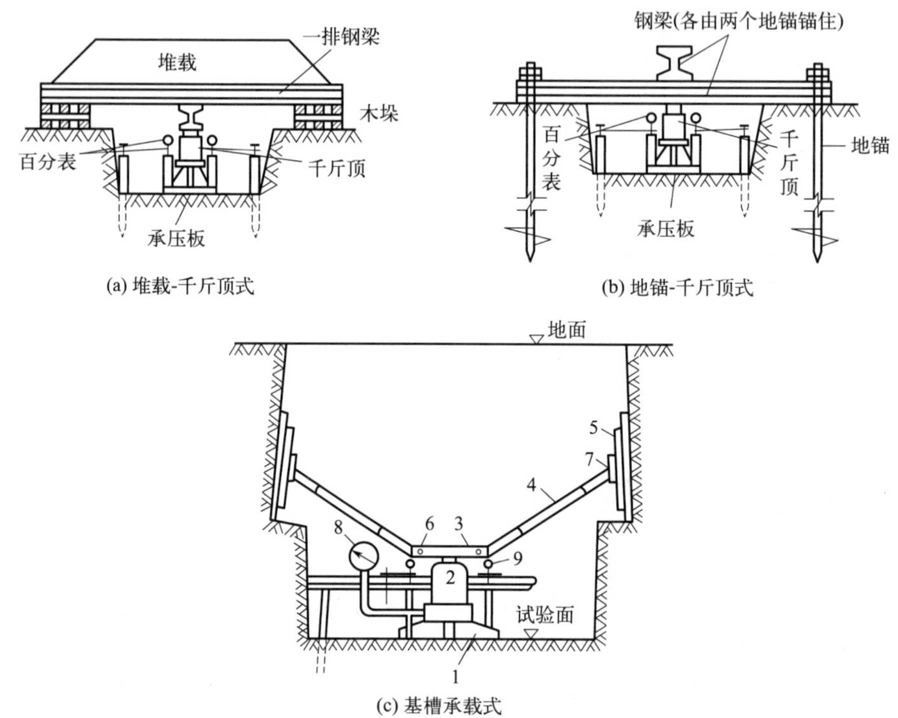

(a) 堆载-千斤顶式

(b) 地锚-千斤顶式

(c) 基槽承载式

1—承压板；2—千斤顶；3—支承板；4—斜撑杆；5—斜撑板；6、7—销钉；8—压力表；9—百分表

图 4.14 载荷试验装置示意图

⑥ 测记承压板沉降量。每级加载后，按间隔 5min、5min、10min、10min、15min、15min 读一次百分表的读数，以后每隔 30min 读一次，百分表应安装在承压板顶面四角。

⑦ 沉降稳定标准。在 2h 内，当承压板每小时沉降量小于 0.1mm 时，则认为沉降已趋稳定，可加下一级荷载。

⑧ 载荷试验终止加载的条件：

(a) 承压板周围的土侧向挤出明显或产生裂纹；

(b) 沉降 s 急剧增大，沉降-荷载曲线出现陡降段；

(c) 在某一荷载下，24h 内沉降速率不能达到稳定标准；

(d) 沉降 $s \geqslant (0.06 \sim 0.08)b$（$b$ 为承压板宽度或直径）。

4.4.1.3 载荷试验结果

绘制沉降-载荷曲线和沉降-时间曲线，如图 4.15 所示。

4.4.1.4 地基应力与变形关系

通常沉降-载荷曲线可分为以下三个变形阶段。

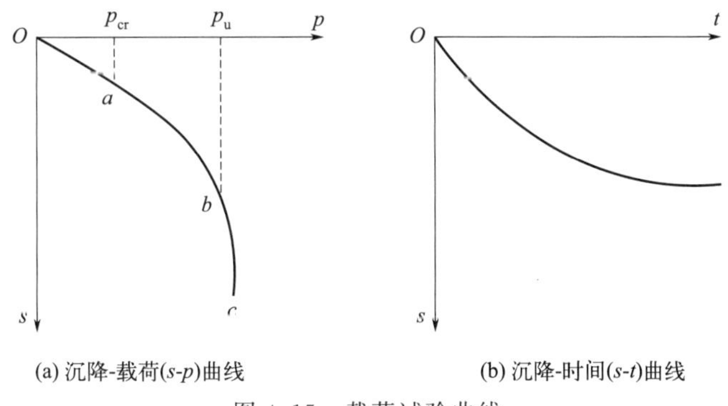

(a) 沉降-载荷(s-p)曲线

(b) 沉降-时间(s-t)曲线

图 4.15　载荷试验曲线

(1) 直线变形阶段（即压密阶段）

当荷载较小，$p<p_{cr}$（比例界限）时，地基土被压密，相当于图 4.15(a) 中 Oa 段，荷载与变形接近直线关系。

(2) 局部变形阶段

当荷载增大，$p>p_{cr}$ 时，即 s-p 曲线上的 ab 段，荷载与变形之间不再保持直线关系，曲线上的斜率逐渐增大，曲线向下弯曲，表明荷载增量相同情况下沉降增量越来越大。此时，地基土在承压板边缘下局部范围内发生剪裂，承压板下的土体出现塑性变形区，随着荷载的增加，塑性变形区逐渐扩大，承压板沉降量显著增大。

(3) 完全破坏阶段

当荷载继续增大，在 $p>p_u$ 后，承压板连续急剧下沉，即 s-p 曲线上的 bc 段，地基土中的塑性变形区已形成连续滑动面，地基土从承压板下被挤出来，在试坑底部形成隆起的土堆，此时地基已完全破坏，丧失稳定。

显然，作用在基础底面上的实际荷载不允许达到极限荷载 p_u，而且应当具有一定的安全系数 K，通常 K 为 2～3。

4.4.1.5　地基土的变形模量

地基土的变形模量是指无侧限情况下单轴受压时应力与应变之比。s-p 曲线上的 Oa 段近似呈直线关系，在原位试验中，由弹性理论的沉降量计算公式可以得出变形模量 E_0 为

$$E_0=\omega(1-\mu^2)\frac{p_{cr}B}{s} \tag{4.15}$$

式中，p_{cr} 为载荷试验 s-p 曲线的比例界限 a 点对应的荷载；s 为实测的沉降量；ω 为形状系数（方形板取 0.88，圆形板取 0.79）；B 为方形承压板边长或圆形承压板直径；μ 为泊松比。

4.4.1.6　土的变形模量与压缩模量的关系

土的变形模量 E_0 是在现场原位试验中，考虑基底正下方土柱周围的土体（一个封闭环境）起到一定的侧限作用而测得的；侧限压缩模量 E_s 是土样在实验室完全侧限条件下测得的。理论上 E_0 和 E_s 是可以互相换算的。由弹性理论换算可得

$$E_0=\left(1-\frac{2\mu^2}{1-\mu}\right)E_s=\beta E_s \tag{4.16}$$

式中，μ 为土的泊松比，其值可参考表 4.3。

第4章

表 4.3 K_0、μ 及 β 参考值

土的名称	土的状态	K_0	μ	β
碎石土 砂土 粉土	— — —	0.18～0.25 0.25～0.33 0.33	0.15～0.20 0.20～0.25 0.25	0.90～0.95 0.83～0.90 0.83
粉质黏土	坚硬状态 可塑状态 软塑及流塑状态	0.33 0.43 0.54	0.25 0.30 0.35	0.83 0.74 0.62
黏土	坚硬状态 可塑状态 软塑及流塑状态	0.33 0.54 0.72	0.25 0.35 0.42	0.83 0.62 0.39

由此可知，$E_0 < E_s$。实际上，由于现场载荷试验测定 E_0 和室内完全侧限压缩试验测定 E_s 时，各有一些无法考虑的因素，如直接应用弹性理论、泊松比 μ 很难测得，使得上式不能准确反映 E_0 和 E_s 之间的实际关系。根据统计资料，E_0 可能是 E_s 的 2～10 倍，一般来说，土愈坚硬则倍数愈大，而软黏土的 E_0 值和 E_s 值比较接近。

4.4.2 旁压试验

当基础埋深很大、地下水位较浅、基础在地下水位以下、载荷试验无法使用时，可以做旁压试验，又称横压试验，也是一种原位测试方法。

试验仪器为旁压仪，如图 4.16 所示。旁压仪由旁压器、量测与输送系统、加压系统三部分组成。旁压器设有上、中、下三个腔，中腔为工作腔，上、下腔为保护腔。保护腔主要保证工作腔的变形符合平面应变状态（理论上按平面问题考虑），腔体外部用一块弹性膜（橡胶膜）包起来，弹性膜受到压力作用后膨胀，挤压周围的土体。这个压力一般是通过液压（水压）来传递的，所以旁压仪配置有蓄水管、气管、量测仪、压力表、稳压罐及加压筒等。

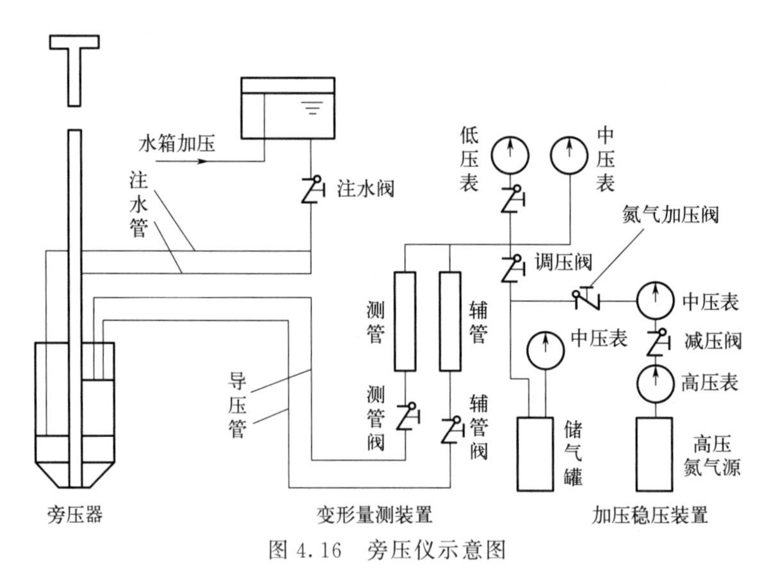

图 4.16 旁压仪示意图

该试验原理是将旁压器置于钻孔内，用液压（通常是水）使旁压器的工作腔不断扩大，对孔壁土体施加压力（横压），迫使孔周围的土变形向外挤出，直到破坏。量测所加压力 p

的大小以及中腔体积V的变化，绘出旁压试验曲线，再换算成土的应力-应变关系曲线，从而获得地基土的强度和变形模量等参数。

如图4.17所示，旁压试验曲线可划分为三个阶段：Ⅰ阶段为初步阶段，是弹性膜与孔壁初步接触阶段，完全紧贴时的压力为p_0，其相当于原位的总水平应力；Ⅱ阶段为似弹性阶段，这时压力与体积变化量大致呈直线关系，表示土尚为弹性状态，压力p_f为起始屈服压力，又称临塑压力；Ⅲ阶段为塑性阶段，随着压力增大，土内局部环状区域产生塑性变形，表现为体积变化量迅速增加，最后达到极限压力p_1。

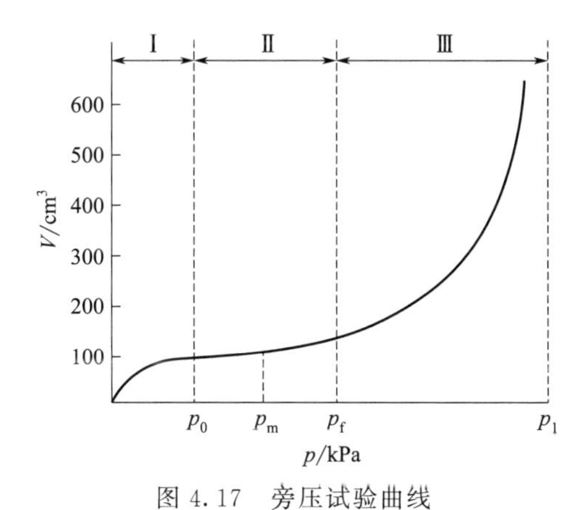

图4.17 旁压试验曲线

由曲线第Ⅱ阶段的坡度（$\Delta p/\Delta V$），可得土的旁压模量E_m为

$$E_m=2(1+\mu)(V+V_m)\frac{\Delta p}{\Delta V} \tag{4.17}$$

式中，V为旁压器中腔初始固有体积，cm^3；V_m为旁压曲线直线段头尾之间的平均扩展体积，cm^3。

旁压试验适用于原位测试黏性土、粉土、砂土、软质岩石及风化岩石。旁压试验与载荷试验相比耗资少、简单轻便且能进行深层土的原位测试，深度可达20m以上。

应当注意，旁压模量是水平向的变形模量，只有当土质均匀时才可以把E_m当成土的变形模量E_0使用；对于各向异性土，则应经过修正才能应用。

4.5 地基沉降量计算

地基的沉降源于土中孔隙体积的逐渐减小。由于孔隙的减小是逐渐发生的，因此沉降必然是时间的函数。但另一方面，由于给定荷载作用下土压密到一定程度后就趋于稳定，因此沉降量增大到一定程度后也就不可能再增加了。将地基在建筑物荷载作用下压缩达到稳定时地基表面的沉降量，称为地基的最终沉降量。

计算地基最终沉降量的目的在于预知建筑物修建之后可能产生的最大沉降量、沉降差或倾斜等，并判断这些变形值是否超过允许范围，以便在建筑物设计时，为采取相应的工程措施提供科学依据，保证建筑物的安全和正常使用。

地基最终沉降量的常用计算方法有分层总和法、《建筑地基基础设计规范》（GB 50007—2011）法和弹性力学法。

4.5.1 分层总和法

分层总和法是计算地基沉降量的基本方法，其计算原理如下：假定地基的沉降主要发生在基底以下某一深度范围内，并将该深度范围内的地基划分为若干个薄层；利用各层土压缩试验得到的压缩曲线（e-p 曲线或e-lg$p$ 曲线）或压缩性指标，计算出每个分层的最终沉降量。这样，整个地基的最终沉降量就等于各层最终沉降量之和，即

$$s=\sum_{i=1}^{n}\Delta s_i \tag{4.18}$$

式中，s 为地基的最终沉降量，mm；Δs_i 为第 i 分层土的最终沉降量，mm；n 为沉降计算深度范围内划分的总土层数。

无论地基土是正常固结的还是超固结的，抑或是欠固结的，分层总和法都是适用的。但应注意的是，由于不同类型的土具有不同的压缩特性，并且土的变形与其应力历史密切相关，因此，应在综合考虑这些因素的基础上，分别对不同类型的土选择相应的压缩曲线或压缩性指标进行计算。

4.5.1.1 基本假定

① 地基是均质、连续、各向同性的半无限线弹性变形体。该假定使得地基中的附加应力可按第 3 章中的方法进行确定。

② 地基在外荷载作用下类似于侧限压缩试验中的土样，只产生竖向变形，没有侧向变形。该假定使得计算沉降量时所需的压缩性指标（如压缩系数等）可由侧限压缩试验确定。但应注意的是，实际上地基除了产生竖向变形（沉降）外，同时也产生侧向变形。如果不考虑侧向变形，计算出的沉降量可能偏小。

③ 计算地基沉降量时，采用基础底面中心点下的竖向附加应力。该假定是为弥补假定②计算出的沉降量偏小的缺点。这是因为地基中竖向附加应力沿深度的分布在基础中心点下最大。

④ 计算地基沉降量时，仅计算到基底以下某一深度（称为沉降计算深度）z_n 即可。从理论上讲，基础荷载在地基内产生的竖向附加应力只有在无穷远处才为零，因此确定由附加应力产生的地基变形时也应从基底开始一直计算到无穷深处。但另一方面，由于土的变形模量随深度的增加而增大，加之附加应力沿深度衰减较快，当超过某一深度 z_n 之后，附加应力相对于该处原有的自重应力已经很小，由此产生的压缩变形可以忽略不计，因此计算到该深度即可。

4.5.1.2 计算步骤

(1) 将地基土划分为若干薄层

分层的一般原则：①每层厚度 $h_i\leqslant0.4b$（b 为基础的宽度）且不超过 4m；②天然土层的交界面为分层面；③地下水位面为分层面。

(2) 按照第 3 章所介绍的方法，计算基底中心点下地基内各分层面处的竖向自重应力 $\boldsymbol{\sigma}_c$ 和附加应力 $\boldsymbol{\sigma}_z$

自重应力应从天然地面算起，附加应力应从基底算起。但应注意，如果有相邻荷载的影响，在计算附加应力时应叠加相邻荷载产生的附加应力。

(3) 确定地基沉降计算深度 z_n

确定的原则：①一般要求在深度 z_n 处 $\sigma_z\leqslant0.2\sigma_c$；②如果 z_n 下方还存在高压缩性土，则要求 $\sigma_z\leqslant0.1\sigma_c$；③当计算深度范围内存在基岩时，$z_n$ 可取至基岩表面。

(4) 计算各分层内的平均自重应力 $\overline{\boldsymbol{\sigma}}_{ci}$ 和平均附加应力 $\overline{\boldsymbol{\sigma}}_{zi}$

侧限压缩试验中的土样很薄，竖向压缩应力沿层厚基本不变（均匀分布）。当依照假定②计算地基内各分层的压缩量时，也应将层内不均匀分布的自重应力和附加应力折算成均匀分布。如图 4.18(a) 所示，用层顶和层底应力的均值代表层内均匀分布的应力是一种最简

单的方法，即

$$
\begin{cases}
\overline{\sigma}_{ci}=\dfrac{\sigma_{c(i-1)}+\sigma_{ci}}{2} \\
\overline{\sigma}_{zi}=\dfrac{\sigma_{z(i-1)}+\sigma_{zi}}{2}
\end{cases}
\tag{4.19}
$$

式中，$\sigma_{c(i-1)}$ 和 σ_{ci} 为第 i 层顶面和底面处的自重应力，kPa；$\sigma_{z(i-1)}$ 和 σ_{zi} 为第 i 层顶面和底面处的附加应力，kPa。

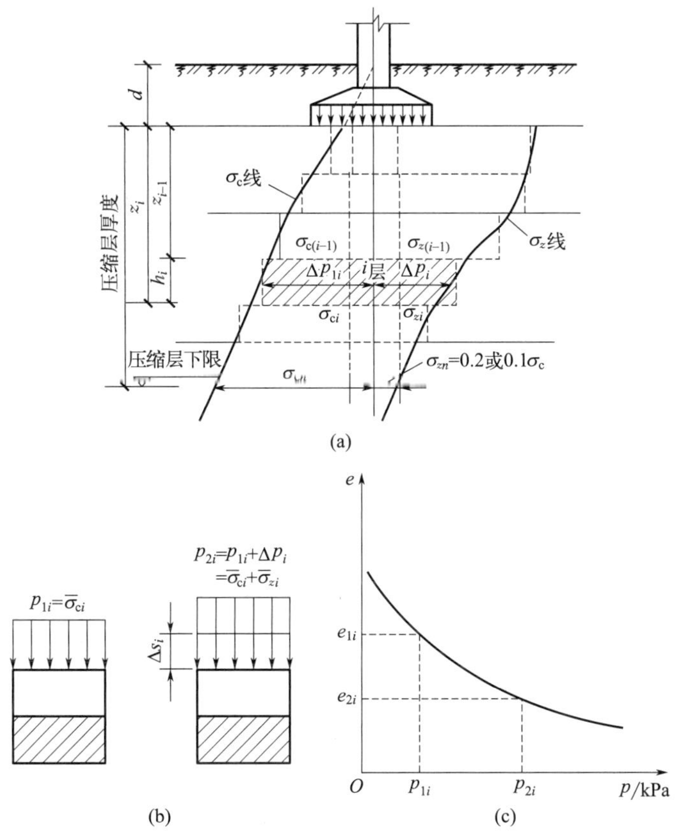

图 4.18　地基最终沉降量计算的分层总和法

如图 4.18(b) 所示，对正常固结的地基，由于它在自重应力作用下已压缩稳定，其沉降是由附加应力引起的。因此，对第 i 分层来说，自重应力 $p_{1i}=\overline{\sigma}_{ci}$ 就是产生沉降的起始应力；而自重应力与附加应力之和 $p_{2i}=(\overline{\sigma}_{ci}+\overline{\sigma}_{zi})$ 是沉降完成时的应力。

(5) 计算各分层的最终沉降量

对厚度为 h_i 的第 i 分层，在该层土通过侧限压缩试验得到的 e-p 曲线上查出 p_{1i} 和 p_{2i} 分别对应的孔隙比 e_{1i} 和 e_{2i}，如图 4.18(c) 所示，利用式(4.5) 计算出最终沉降量为

$$
\Delta s_i=\frac{e_{1i}-e_{2i}}{1+e_{1i}}h_i \tag{4.20}
$$

如果已知该层土的压缩系数 a_i 或侧限压缩模量 E_{si} 等，则可利用式(4.7) 和式(4.13)，将式(4.20) 改写为

$$
\Delta s_i=\frac{a_i\Delta p_i}{1+e_{1i}}h_i=\frac{a_i\overline{\sigma}_{zi}}{1+e_{1i}}h_i \tag{4.21}
$$

$$\Delta s_i = m_{vi}\Delta p_i h_i = \frac{\Delta p_i h_i}{E_{si}} = \frac{\bar{\sigma}_{zi} h_i}{E_{si}} \tag{4.22}$$

式中，$\Delta p_i = p_{2i} - p_{1i} = \bar{\sigma}_{zi}$，$m_{vi}$ 为第 i 层土的体积压缩系数。

(6) 利用式(4.18)，计算出地基的最终沉降量 s

【例 4.2】 某正常固结土地基自天然地面向下的土层情况：第一层为厚度 1.5m 的杂填土，重度 $\gamma=18\text{kN/m}^3$；第二层为厚度 3m 的粉质黏土，重度 $\gamma=19.5\text{kN/m}^3$；其下为淤泥质土，重度 $\gamma=19.1\text{kN/m}^3$。地下水位在杂填土底面处。现拟在该地基内修建一个柱下独立基础，设计地面在天然地面以下 0.5m，埋深 1.0m，底面尺寸为 3m×2m。作用在设计地面处的竖向力 $F=762\text{kN}$，弯矩 $M=80\text{kN}\cdot\text{m}$（沿基础长边方向）。粉质黏土和淤泥质土侧限压缩试验的 e-p 结果见表 4.4～表 4.5 和图 4.19。试用分层总和法求该地基的最终沉降量（基础及回填土的平均重度 γ_G 取 20kN/m^3）。

表 4.4 粉质黏土侧限压缩试验结果

压力 p/kPa	0	50	100	200	300
孔隙比 e	0.866	0.799	0.770	0.736	0.721

表 4.5 淤泥质土侧限压缩试验结果

压力 p/kPa	0	50	100	200	300
孔隙比 e	1.085	0.960	0.890	0.803	0.748

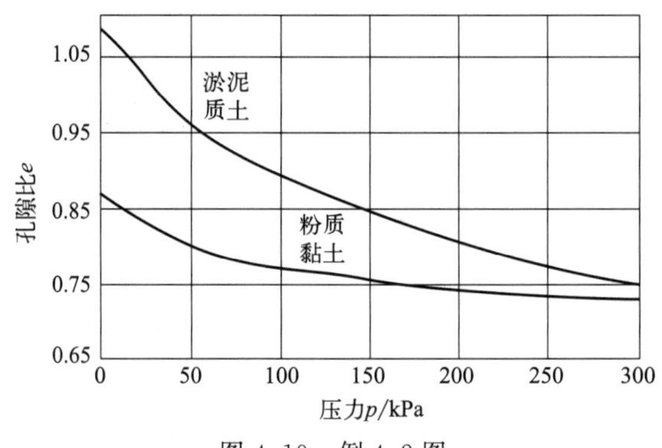

图 4.19 例 4.2 图

解：(1) 基底中点处的基底压力 p 与弯矩无关，故

$$p=\frac{F}{A}+\gamma_G d=\frac{762}{3\times 2}+20\times 1.0=147\text{kPa}$$

基底处自重应力 $\sigma_c=18\times 1.5=27\text{kPa}$

故基底中点处的基底附加压力为

$$p_0=p-\sigma_c=147-27=120\text{kPa}$$

(2) 对地基分层。分层厚度$\leqslant 0.4b=0.4\times 2=0.8\text{m}$，取层厚 0.6m。

(3) 计算各分层面处的自重应力和附加应力。自重应力从天然地面算起，且地下水位以下土层的重度采用有效重度 γ'；附加应力从基底算起。当地基内有软弱土层时，沉降计算深度 z_n 按标准 $\sigma_z \leqslant 0.1\sigma_c$ 确定。对本算例，当采用角点法计算基础中心点以下的附加应力 σ_z 时，$\sigma_z=4p_0\alpha_c$；当查表确定角点附加应力系数 α_c 时，$l=3/2=1.5\text{m}$，$b=2/2=1\text{m}$，$l/b=1.5/1=1.5$。沉降计算深度 $z_n=6.6\text{m}$。计算过程见表 4.6。

（4）计算各分层最终沉降量及地基最终沉降量。计算过程见表 4.6，地基的最终沉降量 $s=114\text{mm}$。

表 4.6　用分层总和法计算基础的最终沉降量（$l=1.5\text{m}$，$b=1\text{m}$，$l/b=1.5$）

计算点	从基底算起的深度 z/m	自重应力 σ_{ci}/kPa	附加应力 σ_{zi}/kPa		层厚 h_i/m	层间平均自重应力 $\overline{\sigma}_{ci}=p_{1i}$/kPa	层间平均附加应力 $\overline{\sigma}_{zi}$/kPa	层间平均自重应力与附加应力之和 $p_{2i}=(\overline{\sigma}_{ci}+\overline{\sigma}_{zi})$/kPa	受压前孔隙比 e_{1i}	受压后孔隙比 e_{2i}	分层最终沉降量/mm $\Delta s_i=\frac{e_{1i}-e_{2i}}{1+e_{1i}}h_i$
			附加应力系数 α_c	$\sigma_{zi}=4\alpha_c p_0$							
0	0	27.00	0.250	120.00	0.6						
1	0.6	32.70	0.231	110.88		29.85	115.44	145.29	0.826	0.755	23.33
2	1.2	38.40	0.174	83.52		35.55	97.20	132.75	0.818	0.759	19.63
3	1.8	44.10	0.121	58.08		41.25	70.56	111.81	0.811	0.766	14.91
4	2.4	49.80	0.085	40.80		46.95	49.44	96.39	0.803	0.772	10.32
5	3.0	55.50	0.061	29.28		52.65	35.04	87.69	0.795	0.777	6.02
6	3.6	60.96	0.046	22.08		58.23	25.68	83.91	0.948	0.913	11.78
7	4.2	66.42	0.036	17.28		63.69	19.68	83.37	0.941	0.914	8.52
8	4.8	71.88	0.028	13.44		69.15	14.84	83.79	0.933	0.913	6.21
9	5.4	77.34	0.023	11.04		74.61	12.24	86.85	0.926	0.909	5.34
10	6.0	82.80	0.019	9.12		80.07	9.84	89.91	0.918	0.904	4.38
11	6.6	88.26	0.016	7.68		85.53	8.40	93.93	0.910	0.898	3.77
											$\sum\Delta s_i=114$

4.5.2 《建筑地基基础设计规范》法

《建筑地基基础设计规范》（GB 50007—2011）法（简称“规范法”），是对分层总和法的简化和改进。主要体现在以下几个方面：一是改变了分层原则，通过减小分层数来避免分层总和法的繁琐计算，一般按天然土层分界面分层，同层内不再分层；二是引入了平均附加应力系数的概念；三是重新规定了沉降计算深度 z_n 的确定标准；四是在大量工程沉降观测资料统计分析基础上得到了沉降量计算经验系数 ψ_s，修正计算地基最终沉降量。

4.5.2.1 计算原理

从式(4.22) 可以看出，第 i 分层沉降量计算公式中的分子项“$\sigma_{zi}h_i$”，就是该层内竖向附加应力沿深度分布图形的面积，即图 4.20(a) 中阴影部分的面积 $A_{5643}=A_{1243}-A_{1265}$。为便于计算面积 A_{1243}，可将它用长度 z_i、宽度 $\overline{\alpha}_i p_0$ 的同面积矩形代换［图 4.20(b)］，即 $A_{1243}=\overline{\alpha}_i p_0 z_i$。同理，可得 $A_{1265}=\overline{\alpha}_{i-1}p_0 z_{i-1}$［图 4.20(c)］。其中，$\overline{\alpha}_i$ 和 $\overline{\alpha}_{i-1}$ 分别为深度 z_i 和 z_{i-1} 范围内的竖向平均附加应力系数。由此可得，$A_{5643}=\overline{\alpha}_i p_0 z_i-\overline{\alpha}_{i-1}p_0 z_{i-1}$，式(4.22) 也可以改写为

$$\Delta s_i'=\frac{p_0}{E_{si}}(\overline{\alpha}_i z_i-\overline{\alpha}_{i-1}z_{i-1}) \tag{4.23}$$

将式(4.23) 代入式(4.18)，有

$$s'=\sum_{i=1}^{n}\Delta s_i'=\sum_{i=1}^{n}\frac{p_0}{E_{si}}(\overline{\alpha}_i z_i-\overline{\alpha}_{i-1}z_{i-1}) \tag{4.24}$$

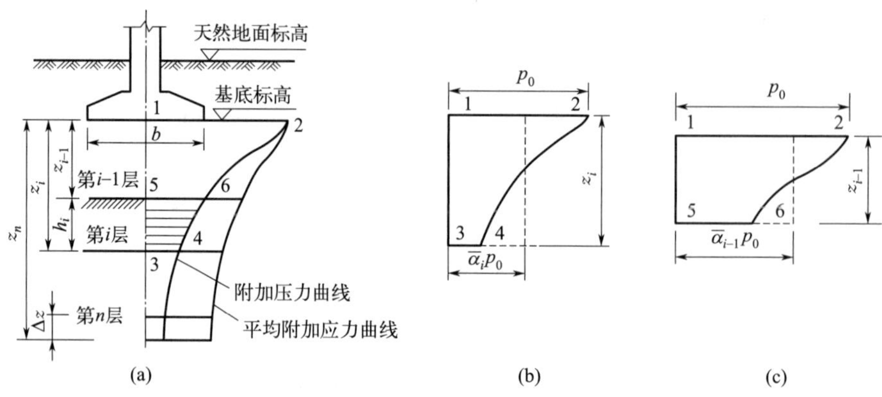

图 4.20 采用平均附加应力系数$\overline{\alpha}_i$ 计算地基沉降量的示意图

当基础底面为矩形时，如果基底附加压力 p_0 为均匀分布，则角点以下深度 z 处的平均附加应力系数 $\overline{\alpha}$ 可查表 4.7 获取。对均布荷载 p_0 作用下的条形基础，基础边缘下方的平均附加应力系数可近似查表 4.7 中 l/b=10.0 的一列。如果计算点不在角点以下，可仿照第 3 章附加应力的角点法，计算平均附加应力系数。

表 4.7 均布矩形荷载角点下的平均附加应力系数 $\overline{\alpha}$

z/b	l/b												
	1.0	1.2	1.4	1.6	1.8	2.0	2.4	2.8	3.2	3.6	4.0	5.0	10.0
0.0	0.250	0.250	0.250	0.250	0.250	0.250	0.250	0.250	0.250	0.250	0.250	0.250	0.250
0.2	0.250	0.250	0.250	0.250	0.250	0.250	0.250	0.250	0.250	0.250	0.250	0.250	0.250
0.4	0.247	0.248	0.248	0.248	0.248	0.248	0.249	0.249	0.249	0.249	0.249	0.249	0.249
0.6	0.242	0.244	0.244	0.245	0.245	0.245	0.245	0.246	0.246	0.246	0.246	0.246	0.246
0.8	0.235	0.237	0.239	0.240	0.240	0.240	0.241	0.241	0.241	0.241	0.241	0.241	0.241
1.0	0.225	0.229	0.231	0.233	0.234	0.234	0.235	0.235	0.235	0.235	0.235	0.239	0.235
1.2	0.215	0.220	0.223	0.225	0.226	0.227	0.228	0.228	0.229	0.229	0.229	0.229	0.229
1.4	0.204	0.210	0.214	0.216	0.219	0.219	0.220	0.221	0.222	0.222	0.222	0.222	0.222
1.6	0.194	0.201	0.205	0.208	0.210	0.211	0.213	0.214	0.215	0.215	0.215	0.215	0.215
1.8	0.184	0.191	0.196	0.199	0.202	0.203	0.206	0.207	0.207	0.208	0.208	0.208	0.208
2.0	0.175	0.182	0.188	0.191	0.194	0.196	0.198	0.200	0.200	0.201	0.201	0.202	0.202
2.2	0.166	0.174	0.179	0.183	0.186	0.188	0.191	0.193	0.194	0.194	0.194	0.195	0.196
2.4	0.158	0.166	0.172	0.176	0.179	0.181	0.184	0.186	0.187	0.188	0.189	0.189	0.190
2.6	0.150	0.158	0.164	0.169	0.172	0.175	0.178	0.180	0.181	0.182	0.183	0.183	0.184
2.8	0.143	0.151	0.157	0.162	0.165	0.168	0.172	0.174	0.175	0.176	0.177	0.178	0.178
3.0	0.137	0.145	0.151	0.156	0.159	0.162	0.166	0.168	0.170	0.171	0.172	0.173	0.173
3.2	0.131	0.139	0.145	0.150	0.153	0.156	0.160	0.163	0.165	0.166	0.166	0.168	0.169
3.4	0.126	0.133	0.139	0.144	0.148	0.151	0.155	0.158	0.160	0.161	0.162	0.163	0.164
3.6	0.121	0.128	0.134	0.139	0.143	0.146	0.150	0.153	0.155	0.156	0.157	0.158	0.160
3.8	0.116	0.123	0.129	0.134	0.138	0.141	0.145	0.148	0.150	0.152	0.153	0.154	0.155

续表

z/b	l/b												
	1.0	1.2	1.4	1.6	1.8	2.0	2.4	2.8	3.2	3.6	4.0	5.0	10.0
4.0	0.111	0.119	0.125	0.129	0.133	0.136	0.141	0.144	0.146	0.147	0.149	0.150	0.152
4.2	0.107	0.115	0.121	0.125	0.129	0.132	0.137	0.140	0.142	0.143	0.145	0.146	0.148
4.4	0.104	0.111	0.116	0.121	0.125	0.128	0.133	0.136	0.138	0.140	0.141	0.143	0.144
4.6	0.100	0.107	0.113	0.117	0.121	0.124	0.129	0.132	0.134	0.136	0.137	0.139	0.141
4.8	0.097	0.104	0.109	0.114	0.117	0.120	0.125	0.128	0.131	0.132	0.134	0.136	0.138
5.0	0.094	0.100	0.106	0.110	0.114	0.117	0.122	0.125	0.127	0.129	0.130	0.133	0.135
6.0	0.081	0.087	0.092	0.096	0.099	0.102	0.107	0.110	0.113	0.115	0.116	0.119	0.122
7.0	0.071	0.076	0.081	0.084	0.088	0.090	0.095	0.098	0.101	0.103	0.104	0.107	0.111
8.0	0.063	0.068	0.072	0.076	0.079	0.081	0.085	0.089	0.091	0.093	0.098	0.098	0.102
10.0	0.051	0.056	0.059	0.062	0.065	0.067	0.071	0.074	0.076	0.078	0.080	0.083	0.088
12.0	0.044	0.047	0.050	0.053	0.055	0.057	0.061	0.063	0.066	0.067	0.069	0.072	0.077
16.0	0.033	0.036	0.039	0.041	0.043	0.044	0.047	0.049	0.051	0.053	0.054	0.057	0.063
20.0	0.027	0.029	0.031	0.033	0.035	0.036	0.038	0.040	0.042	0.043	0.044	0.047	0.052

注：b 为矩形的短边；l 为矩形的长边。

显然，采用平均附加应力系数的一个优点是不需要计算地基中的附加应力分布。

现分析平均附加应力系数 $\overline{\alpha}_i$ 的含义。设深度 z（$0 \leqslant z \leqslant z_i$，其中 z 从基底算起）处的竖向附加应力为 σ_z，则 $0 \sim z_i$ 范围内 σ_z 分布图形的面积 A_i 为

$$A_i = \int_0^{z_i} \sigma_z \mathrm{d}z = \int_0^{z_i} p_0 \alpha_{zi} \mathrm{d}z = p_0 \int_0^{z_i} \alpha_{zi} \mathrm{d}z \tag{4.25}$$

式中，α_{zi} 为深度 z 处的竖向附加应力系数。另外，因 A_i 可用长度 z_i、宽度 $\overline{\alpha}_i p_0$ 的同面积矩形代换，故

$$\overline{\alpha}_i = \int_0^{z_i} \alpha_{zi} \mathrm{d}z / z_i \tag{4.26}$$

由此可见，$\overline{\alpha}_i$ 就是深度 z_i 范围内附加应力系数 α_{zi} 的平均值，故称为平均附加应力系数。

4.5.2.2　地基沉降计算深度 z_n 的确定

规范法要求，沉降计算深度 z_n 应根据试算法确定。即深度 z_n 应满足下式要求

$$\Delta s'_n \leqslant 0.025 \sum_{i=1}^{n} \Delta s'_i \tag{4.27}$$

式中，$\Delta s'_i$ 为在计算深度范围内，第 i 分层土的计算沉降量，mm；$\Delta s'_n$ 为在计算深度处，向上取厚度 Δz 的土层的计算沉降量，mm；Δz 按表 4.8 确定。

若按上式确定的计算深度下有软弱土层时，应当继续向下计算，直至软弱土层中所取厚度 Δz 的计算沉降量满足上式为止。

表 4.8　厚度 Δz 值

基底宽度 b/m	$b \leqslant 2$	$2 < b \leqslant 4$	$4 < b \leqslant 8$	$b > 8$
Δz/m	0.3	0.6	0.8	1.0

试算沉降计算深度 z_n 时，可先假定一个 z_n，并依据表 4.8 取最后一层的厚度为 Δz，分别计算出 z_n 范围内的总沉降量［即式(4.27) 右端的求和部分］及最后一层的沉降量［即式(4.27) 的左端项］，然后按式(4.27) 校核。如不满足，应增大 z_n，继续试算。

当无相邻荷载影响且基础宽度在 1～30m 范围内时，基础中点的地基沉降计算深度也可按下式计算

$$z_n = b(2.5 - 0.4\ln b) \tag{4.28}$$

式中，b 为基础宽度，m。

此外，在沉降计算深度范围内存在基岩时，z_n 可取至基岩表面；当存在较厚的坚硬黏性土层，其孔隙比小于 0.5、压缩模量大于 50MPa 时，或存在较厚的密实砂卵石层，其压缩模量大于 80MPa 时，z_n 可取至该土层表面。

4.5.2.3 地基最终沉降量

将式(4.24) 计算出的地基沉降量 s' 与大量沉降观测资料结果对比后发现，对低压缩性的地基土，s' 计算值偏大；而对高压缩性地基土，s' 计算值又偏小。为此，规范法引入了沉降量计算经验系数 ψ_s，对式(4.24) 进行修正，即地基最终沉降量的计算公式为

$$s = \psi_s s' = \psi_s \sum_{i=1}^{n} \frac{p_0}{E_{si}} (\bar{\alpha}_i z_i - \bar{\alpha}_{i-1} z_{i-1}) \tag{4.29}$$

式中，ψ_s 为沉降量计算经验系数，根据地区沉降观测资料及经验确定，无地区经验时，也可按表 4.9 取用；其他符号意义同前。

表 4.9 沉降计算经验系数 ψ_s

基地附加压力	$\overline{E}_s$/MPa				
	2.5	4.0	7.0	15.0	20.0
$p_0 \geqslant f_{ak}$	1.4	1.3	1.0	0.4	0.2
$p_0 \leqslant 0.75 f_{ak}$	1.1	1.0	0.7	0.4	0.2

应指出的是，沉降量计算经验系数 ψ_s 是以实际工程实测沉降结果为基础得到的，它综合考虑了造成分层总和法计算结果与实测结果偏差的多项因素（如被忽略的瞬时沉降、次固结沉降、施工扰动、加荷速率、荷载的应力水平、应力历史、非一维压缩固结等），以使计算结果接近于实际沉降值。

表中，f_{ak} 为地基承载力特征值；$\overline{E}_s$ 为沉降计算深度范围内压缩模量的当量值，可按下式计算

$$\overline{E}_s = \frac{\sum \Delta A_i}{\sum \frac{\Delta A_i}{E_{si}}} \tag{4.30}$$

式中，ΔA_i 为第 i 层土内竖向附加应力分布图形的面积，$\Delta A_i = p_0(z_i \bar{\alpha}_i - z_{i-1}\bar{\alpha}_{i-1})$；$E_{si}$ 为第 i 层土的侧限压缩模量。

【例 4.3】 试用规范法求例 4.2 地基的最终沉降量。设地基承载力特征值 f_{ak} = 150kPa。

解：① 由例 4.2 知，基底附加压力 p_0 = 120kPa。

② 对地基土进行分层。本地基有 3 层天然土层，但第一层的杂填土与沉降计算无关，加之地下水位刚好位于第一、二层的分界面上，故可分为粉质黏土和淤泥质土两层。

③ 确定沉降计算深度 z_n。因本基础无相邻荷载的影响，故 z_n 按式(4.28) 确定。即

$$z_n = b(2.5 - 0.4\ln b) = 2 \times (2.5 - 0.4 \times \ln 2) = 4.45\text{m}$$

沉降计算深度取4.5m。

④ 确定各层的侧限压缩模量 E_s。

当分层厚度不大时，各层的平均侧限压缩模量可近似取层中点的值。

粉质黏土层：

层中点 $z=1.5$m，自重应力 $\sigma_c=27+(19.5-10)\times1.5=41.25$kPa，查 e-p 曲线可得对应的起始孔隙比 $e_1=0.811$；附加应力 $\sigma_z=4p_0\alpha_c=4\times120\times0.145=69.60$kPa；自重应力与附加应力之和 $\sigma_c+\sigma_z=41.25+69.60=110.85$kPa，对应的孔隙比 $e_2=0.766$，故该层的 E_s 为

$$E_s=\frac{1+e_1}{e_1-e_2}\Delta p=\frac{1+0.811}{0.811-0.766}\times69.60=2801\text{kPa}$$

淤泥质土层：

层中点 $z=3+(4.5-3)/2=3.75$m，

自重应力 $\sigma_c=27+(19.5-10)\times3+(19.1-10)\times0.75=62.33$kPa，查 e-p 曲线可得对应的起始孔隙比 $e_1=0.943$；附加应力 $\sigma_z=4p_0\alpha_c=4\times120\times0.040=19.20$kPa；

自重应力与附加应力之和 $\sigma_c+\sigma_z=62.33+19.20=81.53$kPa，对应的孔隙比 $e_2=0.916$，故该层的 E_s 为

$$E_s=\frac{1+e_1}{e_1-e_2}\Delta p=\frac{1+0.943}{0.943-0.916}\times19.20=1382\text{kPa}$$

⑤ 计算地基最终沉降量 s'。

虽然本算例 $l/b=1.5$ 在表4.7中无对应的平均附加应力系数 $\bar{\alpha}_z$ 值可查，但可取 $l/b=1.4$ 与 $l/b=1.6$ 的平均值。此外应注意，表4.7给出的是角点以下的 $\bar{\alpha}_z$，当计算基础中心点以下的 $\bar{\alpha}_z$ 时，应采用角点法。鉴于本算例基底附加压力作用范围是矩形，因此中点下的平均附加应力系数应当等于角点下的4倍。计算过程见表4.10，地基沉降量 $s'=102$mm。

表4.10 用规范法计算基础最终沉降量（$l=1.5$m，$b=1$m，$l/b=1.5$）

从基底算起的深度 z/m	z/b	角点下 $\bar{\alpha}_i$	$\bar{\alpha}_i z_i$	$\bar{\alpha}_i z_i-\bar{\alpha}_{i-1}z_{i-1}$	E_s/kPa	分层最终沉降量/mm $\Delta s_i=\frac{4p_0}{E_{si}}(z_i\bar{\alpha}_i-z_{i-1}\bar{\alpha}_{i-1})$
0	0	0.250	0			
3	3	0.153	0.459	0.459	2801	78.66
4.5	4.5	0.117	0.527	0.068	1382	23.62
						$\sum\Delta s_i=102$

⑥ 确定 $\overline{E}_s$ 及 ψ_s。

因基础中心点以下沉降计算深度 $z_n=4.5$m 处的平均附加应力系数 $\bar{\alpha}_n=4\times0.117=0.468$，故

$$\overline{E}_s=\frac{p_0z_n\bar{\alpha}_n}{s'}=\frac{120\times4.5\times0.468}{0.102}=2.48\text{MPa}<2.5\text{MPa}$$

又因 $f_{ak}=150\text{kPa}>p_0=120\text{kPa}>0.75f_{ak}=0.75\times150=112.5$kPa，故 ψ_s 在1.4与1.1之间线性内插。即

$$\psi_s=1.1+\frac{1.4-1.1}{f_{ak}-0.75f_{ak}}(p_0-0.75f_{ak})=1.1+\frac{0.3}{0.2\times150}\times(120-0.75\times150)=1.18$$

⑦ 地基最终沉降量。

$$s=\psi_s s'=1.18\times102=120\text{mm}$$

4.5.3 弹性力学法

如图 4.21 所示，如果将地基看成弹性半无限空间体，则当表面作用有竖向集中荷载 F 时，根据布辛内斯克解答，地表（$z=0$）上任意一点 $M(x,y)$ 处的竖向位移（沉降）为

$$s=\frac{F(1-\mu^2)}{\pi E_0\sqrt{x^2+y^2}} \tag{4.31}$$

如果在地表作用的是分布荷载 $p(\xi,\eta)$，如图 4.22 所示，则 M 点的沉降可通过对上式积分得到

$$s=\frac{1-\mu^2}{\pi E_0}\iint_A \frac{p(\xi,\eta)}{\sqrt{(x-\xi)^2+(y-\eta)^2}}\mathrm{d}\xi\mathrm{d}\eta \tag{4.32}$$

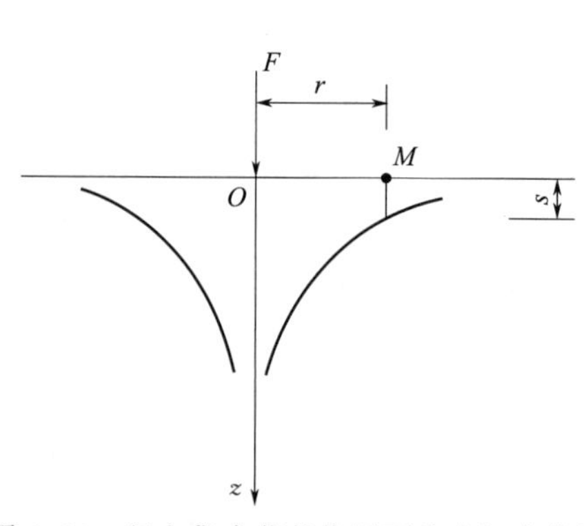

图 4.21 竖向集中荷载作用下地表沉降曲线

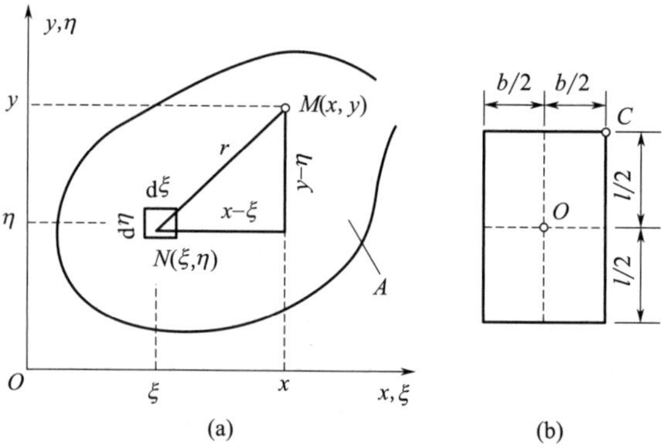

图 4.22 竖向分布荷载作用下地表沉降计算

对矩形或圆形均布荷载，$p(\xi,\eta)=p_0$，可得地基沉降量的计算公式为

$$s=\frac{1-\mu^2}{E_0}\omega b p_0 \tag{4.33}$$

式中，ω 为沉降影响系数，按表 4.11 查取。该表中的 ω_c、ω_0 和 ω_m 分别为柔性基础（均布荷载）角点、中点和平均值的影响系数；ω_r 为刚性基础在轴心荷载作用下（平均压力为 p_0）的沉降影响系数。刚性基础一般指具有非常大的抗弯刚度、受荷载后不弯曲的基础。

虽然按照弹性力学方法计算地基的沉降量非常简便，但应注意的是，由于地基通常具有成层性（非均质），变形模量一般随深度增加而增大（非各向同性），并且具有明显的塑性（非纯弹性），因此按弹性力学方法计算出的结果往往偏大。此外，式(4.33) 中的变形模量 E_0 也不是通常意义上的弹性模量。

表 4.11 沉降影响系数 ω

计算点位置		圆形荷载面	方形荷载面	矩形(l/b)荷载面										
		—	—	1.5	2.0	3.0	4.0	5.0	6.0	7.0	8.0	9.0	10.0	100.0
柔性基础	ω_c	0.64	0.56	0.68	0.77	0.89	0.98	1.05	1.11	1.16	1.20	1.24	1.27	2.00
	ω_0	1.00	1.12	1.36	1.53	1.78	1.96	2.10	2.22	2.32	2.40	2.48	2.54	4.01
	ω_m	0.85	0.95	1.15	1.30	1.52	1.70	1.83	1.96	2.04	2.12	2.19	2.25	3.70
刚性基础	ω_r	0.79	0.89	1.08	1.22	1.44	1.61	1.72	—	—	—	—	2.12	3.40

4.5.4 特殊情况下的地基沉降量计算

4.5.4.1 大面积堆载和地下水位下降

当在自重作用下已完成固结的地基上大面积堆载（如填方）时，堆载将在地基中产生新的附加应力，引起地基再次固结，即新的沉降。“大面积”是指堆载作用的范围远大于可压缩土层厚度的情况，可理解为荷载的作用范围趋于无穷大。如果堆载是均匀的，在地基表面单位面积上的压力为 p_0，那么根据角点法，在堆载范围内地基表面以下深度 z 处由堆载而产生的附加应力 σ_z 为

$$\sigma_z = 4p_0\alpha_c \tag{4.34}$$

其中，α_c 可利用第3章中的方法确定，即 $\alpha_c = \dfrac{3z^3}{2\pi}\int_0^\infty\int_0^\infty \dfrac{1}{(x^2+y^2+z^2)^{5/2}}\mathrm{d}x\mathrm{d}y = \dfrac{1}{4}$，则

$$\sigma_z = p_0 \tag{4.35}$$

由此可见，大面积堆载在地基中产生的附加应力与堆载压力相同，且不随深度变化。因此，计算地基沉降量时就可以按照天然土层分层，同层内不需要再分层。尤其对均质地基，按一层考虑即可。但应注意，在堆载边缘附近，按上述方法计算出的沉降量可能存在较大的误差。

如果地基内的地下水位大范围急剧下降，地基中也会产生新的压缩变形。这是因为地下水位下降后，水位下降范围内土的重度 γ 将变得大于下降前的有效重度 γ'，从而使原地下水位以下土中的自重应力增大。如果水位下降的幅度为 Δh_w，新增加的自重应力为 $\Delta\sigma_z$，那么 $\Delta\sigma_z$ 在水位变化范围内将呈三角形分布，且在原水位面处 $\Delta\sigma_z=0$，在新水位面处 $\Delta\sigma_z=(\gamma-\gamma')\Delta h_w$。另外，对新水位面以下的土层而言，相当于在新水位面上作用了 $\Delta\sigma_z$ 的“大面积堆载”。因此，新水位面以下土层沉降量的计算方法与上述大面积堆载时相同。

4.5.4.2 薄压缩层地基

当可压缩土层底面以下为坚硬土层（如基岩）且土层厚度不超过基底宽度一半时，由于基础底面和硬层表面摩擦阻力对可压缩土层的约束作用，基底中心点下土层内的附加应力几乎不发生扩散，基本沿土层厚均匀分布。因此，薄压缩层的沉降量计算方法仍与上述大面积堆载时相同。

【例4.4】 某饱和软黏土层厚7m，在自重作用下已压缩稳定，底面以下为不透水的岩层，地下水位在土层顶面以上1.2m处。现拟在该土层上大面积填土，填料为中砂，重度为20kN/m^3，厚度为3m。填土前从黏土层中取样测得的天然重度为18kN/m^3，侧限压缩试验结果见表4.12。不计填土前后黏土重度的变化。

表4.12 饱和软黏土压力与孔隙比的关系

压力 p/kPa	0	25	50	100	200
孔隙比 e	1.500	1.388	1.297	1.153	0.951

(1) 试确定填土作用下黏土层的最终压缩量。

(2) 如果该黏土层在填土作用下固结完成后地下水位突然下降至黏土层顶面，试计算黏土层由此而产生的沉降量。

解：(1) 填土前黏土层内的平均自重应力 $\sigma_c=p_1=[0+(18-10)\times7]/2=28\text{kPa}$

注意到有1.2m厚的填土在地下水位面以下，因此填土作用在黏土层顶面的压力为

$$p_0=20\times(3-1.2)+(20-10)\times1.2=48\text{kPa}$$

这样，填土后黏土层内的平均应力 $p_2=\sigma_c+p_0=28+48=76\text{kPa}$

$p_1=28\text{kPa}$ 对应的孔隙比 e_1 可根据压缩曲线在 $p=25\sim50\text{kPa}$ 范围内线性内插。即

$$e_1=1.388+\frac{1.388-1.297}{25-50}\times(28-25)=1.377$$

同理，可得 $p_2=76\text{kPa}$ 对应的孔隙比 $e_2=1.297+\dfrac{1.297-1.153}{50-100}\times(76-50)=1.222$

因此，黏土层的沉降量 $s=\dfrac{e_1-e_2}{1+e_1}h=\dfrac{1.377-1.222}{1+1.377}\times7000=456\text{mm}$

(2) 当黏土层在填土作用下压缩稳定后，填土荷载 p_0 在土层内已全部转化为有效应力。因此，地下水位下降前黏土层内的平均有效应力就是 $\overline{p}_1=p_2=76\text{kPa}$，相应的孔隙比 $\overline{e}_1=e_2=1.222$。此外，由于砂土的透水性较大，当地下水位下降后，它将在黏土层固结之前迅速完成固结。因此，水位下降范围内砂土的重度将由下降前的 $\gamma'=20-10=10\text{kN/m}^3$ 变为 $\gamma=20\text{kN/m}^3$，由此在土层内增加的应力 $\Delta p=(\gamma-\gamma')\Delta h_w=(20-10)\times1.2=12\text{kPa}$。这样，当黏土层再次完成固结后的平均应力 $\overline{p}_2=\overline{p}_1+\Delta p=76+12=88\text{kPa}$，相应的孔隙比 $\overline{e}_2$ 为

$$\overline{e}_2=1.297+\frac{1.297-1.153}{50-100}\times(88-50)=1.188$$

故由此产生的沉降量为

$$\Delta s=\frac{\overline{e}_1-\overline{e}_2}{1+\overline{e}_1}h'=\frac{1.222-1.188}{1+1.222}\times(7000-456)=100\text{mm}$$

4.6 土的单向固结理论

上述介绍的方法都是确定地基的最终沉降量，即地基土在建筑荷载作用下达到压缩稳定后的沉降量。然而，在工程实践中，常常需要预估建筑物完工及一定时间后的沉降量和达到某一沉降所需要的时间，这就要求解决沉降与时间的关系问题。渗透固结理论是土力学的重要理论，下面重点介绍饱和黏性土一维渗透固结理论。

4.6.1 饱和黏性土的渗透固结

借助 3.6 节中的弹簧-活塞模型可形象地说明饱和黏性土在外荷载作用下的单向渗透固结过程。在一个盛满水的刚性容器中，装一个有弹簧的活塞，弹簧表示土的固体颗粒所组成的土的骨架，容器内的水表示土中孔隙水，带孔的活塞象征土的透水性。由于模型中只有固、液两相介质，则附加应力 σ_z 仅由水和弹簧共同承担，根据有效应力原理可表达为

$$\sigma_z=\sigma'+u \tag{4.36}$$

很明显，上式表明土的孔隙水压力 u 与有效应力 σ' 对附加应力 σ_z 的分担作用，但这种分担作用与时间有关，说明如下：

① 当 $t=0$ 时，活塞瞬间施加压力，水来不及排出，弹簧没有变形，附加应力全部由水承担，即 $u=\sigma_z$，$\sigma'=0$；

② 当 $t>0$ 时，随着荷载作用时间的延续，水受到压力后逐渐排出，弹簧开始受力，σ' 逐步增长，同时水承受的压力即孔隙水压力 u 相应减小，附加应力由两者共同承担，即 $\sigma_z=\sigma'+u$，$\sigma'<\sigma_z$，$u<\sigma_z$；

③ 当 $t=\infty$ 时，即固结变形的最终时刻，水从孔隙中充分排出，孔隙水压力完全消散，附加应力 σ_z 全部由弹簧承担，饱和土的渗透固结完成，即 $\sigma_z=\sigma'$，$u=0$。

可见，饱和土的渗透固结过程也就是孔隙水压力随时间逐步消散和有效应力逐步增加的

过程。

4.6.2　太沙基一维固结理论

早在 1925 年，太沙基就建立了饱和黏性土一维固结微分方程，并获得了一定初始条件和边界条件下的解析解，这一方程迄今仍被广泛应用。其适用条件为荷载面宽度远大于压缩土层厚度，地基中的孔隙水主要沿竖向渗流。对于堤坝或高层建筑地基的渗透固结，则是二维或三维问题。

4.6.2.1　一维固结微分方程及其解答

在厚度为 H 的饱和黏性土层表面施加一无限宽广的均布荷载 p_0，土中产生的附加应力沿深度均匀分布，如图 4.23(a) 中的面积 $abdc$，土层只沿深度 z 方向渗流，属一维问题。在渗透过程中（$t>0$），面积 $abec$ 和面积 bed 分别表示某时刻有效应力和孔隙水压力沿深度的分布情况。假定上表面（$z=0$）可自由排水，下表面（$z=H$）不透水且不可压缩。为便于方程推导且不失一般性，引入以下基本假设：

① 土层是均质的，完全饱和；

② 在固结过程中，土粒和孔隙水是不可压缩的；

③ 土层仅在竖向产生排水固结（相当于完全侧限条件）；

④ 土层的渗透系数 k 和压缩系数 a 为常数；

⑤ 土层的压缩速率取决于自由水的排出速率，水的渗流符合达西定律；

⑥ 外荷载是一次瞬时施加的，且附加应力沿深度 z 均匀分布。

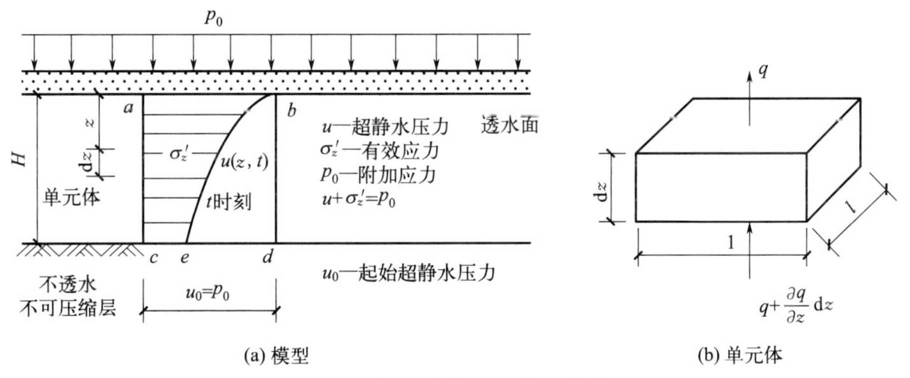

图 4.23　饱和黏性土一维固结模型

在黏性土层中距顶面 z 处取一微分单元体，高度为 $\mathrm{d}z$，断面面积为 1×1，土体初始孔隙比为 e_0，单元体的体积为 $1\times1\times\mathrm{d}z$，如图 4.23(b) 所示。根据孔隙比的定义，可得土粒的体积为

$$V_s=\frac{1\times1\times\mathrm{d}z}{1+e_0}=\frac{\mathrm{d}z}{1+e_0} \tag{4.37}$$

设在固结过程中的某一时刻 t，从单元顶面（深度 z 处）流出的流量为 q，从单元底面（深度 $z+\mathrm{d}z$ 处）流入的流量为 $q+\dfrac{\partial q}{\partial z}\mathrm{d}z$。此时的孔隙比为 e_0，则在 $\mathrm{d}t$ 时间内，单元体内水的体积减少量为

$$\mathrm{d}V_w=\left[q-\left(q+\frac{\partial q}{\partial z}\mathrm{d}z\right)\right]\mathrm{d}t=-\frac{\partial q}{\partial z}\mathrm{d}z\,\mathrm{d}t \tag{4.38}$$

此时，孔隙体积为 $V_v=eV_s=e\dfrac{dz}{1+e_0}$。在 dt 时间内，单元体孔隙体积的变化量为

$$dV_v=\frac{\partial V_v}{\partial t}dt=\frac{\partial}{\partial t}\left(e\frac{dz}{1+e_0}\right)dt=\frac{dz\,dt}{1+e_0}\times\frac{\partial e}{\partial t} \tag{4.39}$$

假设土体中土粒和水都是不可压缩的，故此时间内单元体孔隙水的变化量应该等于单元体孔隙体积的变化量，即 $dV_w=dV_v$，综合式(4.38) 和式(4.39)，得

$$-\frac{\partial q}{\partial z}dz\,dt=\frac{dz\,dt}{1+e_0}\times\frac{\partial e}{\partial t} \tag{4.40}$$

即

$$-\frac{\partial q}{\partial z}=\frac{1}{1+e_0}\times\frac{\partial e}{\partial t} \tag{4.41}$$

这就是饱和土体渗流固结过程的基本关系式。根据达西定律，单位时间内通过断面面积 $A=1\times1$ 的流量为

$$q=vA=ki=-k\frac{\partial h}{\partial z}=-\frac{k}{\gamma_w}\times\frac{\partial u}{\partial z} \tag{4.42}$$

式中，水力坡降 $i=-\dfrac{\partial h}{\partial z}$；超静孔隙水压力 $u=\gamma_w h$；h 为测压管水头高度。

由压缩系数 $a=-\dfrac{de}{dp}$和有效应力原理，有

$$de=-a\,dp=-a\,d\sigma'=-a\,d(p_0-u)=a\,du \tag{4.43}$$

即

$$\frac{\partial e}{\partial t}=a\frac{\partial u}{\partial t} \tag{4.44}$$

把式(4.42)、式(4.44) 代入式(4.41)，得

$$C_v\frac{\partial^2 u}{\partial z^2}=\frac{\partial u}{\partial t} \tag{4.45}$$

$$C_v=\frac{k(1+e_0)}{a\gamma_w} \tag{4.46}$$

式中，C_v 为土的竖向固结系数，m^2/a 或 cm^2/a。

式(4.45) 即为饱和土的一维固结微分方程。对于该方程，可以根据不同的初始条件和边界条件求得其特解。图 4.23(a) 所示模型的初始条件和边界条件为

$t=0$，$0\leqslant z\leqslant H$：$u=\sigma_z=p_0$；

$0<t<\infty$，$z=0$（透水面）：$u=0$；

$0<t<\infty$，$z=H$（不透水面）：$\dfrac{\partial u}{\partial z}=0$；

$t=\infty$，$0\leqslant z\leqslant H$：$u=0$。

根据以上条件，采用分离变量法求得式(4.45) 的解析解，即深度 z 处在时刻 t 的孔隙水压力为

$$u(z,t)=\frac{4}{\pi}p_0\sum_{m=1}^{\infty}\frac{1}{m}e^{-\frac{m^2\pi^2}{4}T_v}\sin\left(\frac{m\pi}{2H}z\right) \tag{4.47}$$

式中，m 为正奇数（1,3,5,…）；e 为自然对数底数；H 为最大排水距离，当土层单面排水时，H 等于土层厚度，当土层双面排水时，H 等于土层厚度的一半；T_v 为时间因数（无量纲），即

$$T_v=\frac{C_v t}{H^2} \tag{4.48}$$

4.6.2.2　固结度及其应用

所谓固结度，是指在某一固结应力作用下，经过时间 t 后，土体发生固结或孔隙水压力消散的程度。对于土层任一深度 z 处经过时间 t，其有效应力 σ'_{zt} 与总应力 p_0 之比定义为固结度 U_{zt}，即

$$U_{zt}=\frac{\sigma'_{zt}}{p_0}=\frac{u_0-u(z,t)}{u_0}=1-\frac{u(z,t)}{u_0} \tag{4.49}$$

式中，u_0 为初始孔隙水压力，其大小等于该点的附加应力。

对于工程而言，更有意义的是其平均固结度。平均固结度 U_t 定义为在固结时刻 t，土骨架已经承担起来的有效应力与全部附加应力的比值，即有效应力沿土层厚度积分与初始孔隙水压力沿土层厚度积分的比值。用应力分布图形的面积进一步描述时，平均固结度为沿土层厚度有效应力图形的面积与初始孔隙水压力图形的面积之比（图 4.24），即

$$U_t=\frac{\text{面积}\ abec}{\text{面积}\ abdc}=\frac{\int_0^H \sigma'_{zt}\mathrm{d}z}{\int_0^H p_0\mathrm{d}z}=\frac{\int_0^H u_0\mathrm{d}z-\int_0^H u(z,t)\mathrm{d}z}{\int_0^H u_0\mathrm{d}z}=1-\frac{\int_0^H u(z,t)\mathrm{d}z}{\int_0^H u_0\mathrm{d}z} \tag{4.50}$$

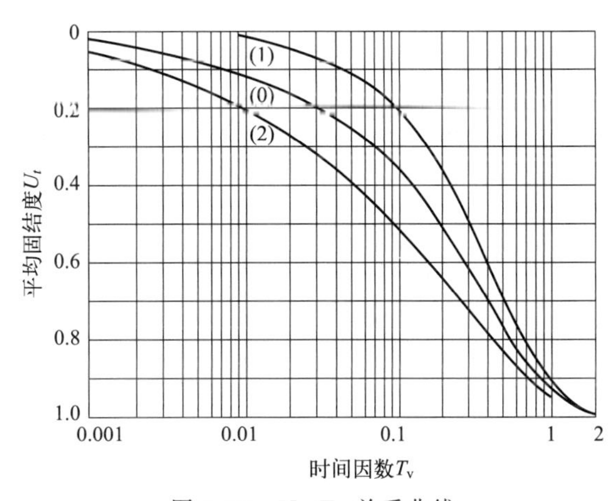

图 4.24　U_t-T_v 关系曲线

显然，当土层为均质时，地基在固结过程中任一时刻 t 的固结沉降量 s_t 与地基的最终沉降量 s 之比为地基在 t 时刻的平均固结度，即

$$U_t=\frac{s_t}{s} \tag{4.51}$$

在地基的固结应力、土层性质和排水条件已定的前提下，固结度仅是时间 t 的函数。它反映了孔隙水压力向有效应力转化的完成程度。显然，$t=0$ 时，$U_t=0$；$t\to\infty$时，$U_t=1$。

把式(4.47) 代入式(4.50)，积分整理后得

$$U_t=1-\frac{8}{\pi^2}\sum_{m=1}^{\infty}\frac{1}{m^2}\mathrm{e}^{-m^2\frac{\pi^2}{4}T_v}=1-\frac{8}{\pi^2}\left(\mathrm{e}^{-\frac{\pi^2}{4}T_v}+\frac{1}{9}\mathrm{e}^{-9\frac{\pi^2}{4}T_v}+\cdots\right) \tag{4.52}$$

该级数收敛很快，当 $U_t>0.3$ 时，可近似取其第一项，即

$$U_t=1-\frac{8}{\pi^2}\mathrm{e}^{-\frac{\pi^2}{4}T_v} \tag{4.53}$$

为便于应用，常把 U_t 与 T_v 的关系绘制成曲线，如图 4.25 所示。另外，为简化计算，式(4.52) 可用近似公式表达为

$$\begin{cases} T_{\mathrm{v}}=\dfrac{\pi}{4}U_t^2, U_t \leqslant 0.60 \\ T_{\mathrm{v}}=-0.933\lg(1-U_t)-0.085, U_t>0.60 \end{cases} \tag{4.54}$$

以上解答是在起始超静孔隙水压力沿土层厚度均匀分布、单面排水的情况下求得的，称为情况 0。在实际应用中，作用于饱和土层中的起始超静孔隙水压力要比以上讨论复杂得多，为采用一维固结理论计算，常将起始超静孔隙水压力近似为沿土层厚度线性变化。单面排水条件下，设土层排水面和不排水面的起始超静孔隙水压力分别为 u_0' 和 u_0''，根据 $\alpha=u_0'/u_0''$ 的值可将有关课题分为以下 5 种情况（图 4.25）。

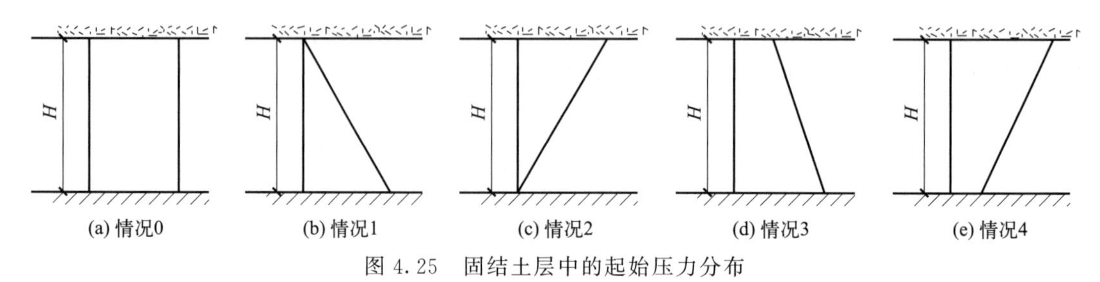

图 4.25 固结土层中的起始压力分布

情况 0：$\alpha=1$，应力图形为矩形分布，相当于土层在自重应力作用下已固结，同时基础底面积较大而压缩土层较薄的情况；

情况 1：$\alpha=0$，应力图形为三角形分布，相当于大面积新填土层（饱和时）由于本身自重应力引起的固结，或者土层由于地下水位大幅度下降，在地下水变化范围内自重应力随深度变化的情况；

情况 2：$\alpha=\infty$，应力图形为三角形分布，相当于基础面积小、土层厚、土层底面附加应力已接近于 0 的情况；

情况 3：$\alpha<1$，应力图形为梯形分布，相当于土层在自重应力作用下尚未固结又在上面修建建筑物的情况；

情况 4：$\alpha>1$，应力图形为梯形分布，与情况 2 类似，但土层底面附加应力大于 0 的情况。

对于情况 1 和情况 2，根据其边界条件同样可求得平均固结度公式，绘出 U_t-T_{v} 关系曲线，如图 4.24 中曲线（1）和曲线（2），或制成表格，见表 4.13。而情况 3 和情况 4，需按照情况 0 与情况 1 或情况 2 叠加求得 U_t 与 T_{v} 的关系。但以上情况都是单面排水，若是双面排水，则不管附加应力分布如何，只要是线性分布，均按情况 0 计算。但此时时间因数表达式中的 H 需以 $H/2$ 代替。

表 4.13 U_t-T_{v} 关系对照

平均固结度 U_t/%	时间因数 T_{v}		
	情况 0	情况 1	情况 2
0	0	0	0
5	0.002	0.024	0.001
10	0.008	0.047	0.003
15	0.016	0.072	0.005
20	0.031	0.100	0.009
25	0.048	0.124	0.016

续表

平均固结度 U_t/%	时间因数 T_v		
	情况 0	情况 1	情况 2
30	0.071	0.158	0.024
35	0.096	0.188	0.036
40	0.126	0.221	0.048
45	0.156	0.252	0.072
50	0.197	0.294	0.092
55	0.236	0.336	0.128
60	0.287	0.383	0.160
65	0.336	0.440	0.216
70	0.403	0.500	0.271
75	0.472	0.568	0.352
80	0.567	0.665	0.440
85	0.676	0.772	0.544
90	0.848	0.940	0.720
95	1.120	1.268	1.016
100	∞	∞	∞

对于图 4.25 中情况 3，根据平均固结度的定义把总应力分布图分成两部分，第一部分即为情况 0，第二部分即为情况 1。对于第一部分，有

$$U_{t0}=\frac{A_1}{u_0' H}\text{或}A_1=U_{t0}u_0' H \tag{4.55}$$

对于第二部分，有

$$U_{t1}=\frac{A_2}{\frac{1}{2}(u_0''-u_0')H}\text{或}A_2=U_{t1}\times\frac{1}{2}(u_0''-u_0')H \tag{4.56}$$

而情况 3 的平均固结度为

$$U_{t3}=\frac{A_1+A_2}{\frac{1}{2}(u_0''+u_0')H} \tag{4.57}$$

把式(4.55) 和式(4.56) 带入式(4.57)，得

$$U_{t3}=\frac{U_{t0}u_0' H+U_{t1}\times\frac{1}{2}(u_0''-u_0')H}{\frac{1}{2}(u_0''+u_0')H}=\frac{2\alpha U_{t0}+(1-\alpha)U_{t1}}{1+\alpha} \tag{4.58}$$

式中，U_{ti} 表示情况 i 的平均固结度（$i=0,1,3$）。

同样求得情况 4 的平均固结度为

$$U_{t4}=\frac{2\alpha U_{t0}+(1-\alpha)U_{t2}}{1+\alpha} \tag{4.59}$$

注意，上面的推导中，u_0' 和 u_0'' 分别表示排水面和不排水面上的初始孔隙水压力或附加应

力，并非完全对应土层上下表面处的附加应力。对于式(4.58)，$\alpha<1$；对于式(4.59)，$\alpha>1$。

【例 4.5】 某饱和黏土层厚10m，在大面积均布荷载$p_0=100\text{kPa}$作用下，上层面排水，下层面不透水。已知初始孔隙比$e_0=0.8$，压缩系数$a=0.25\text{MPa}^{-1}$，渗透系数$k=2.5\text{cm/a}$。试计算：(1) 加荷1a时的沉降量；(2) 土层沉降80mm所需时间。

解：(1) 由于是大面积荷载，所以黏土层中附加应力沿深度均匀分布，$\sigma_z=100\text{kPa}$。

黏土层最终沉降为

$$s=\frac{a}{1+e_0}\sigma_z H=\frac{0.25\times10^{-3}}{1+0.8}\times100\times10\times10^3=139\text{mm}$$

竖向固结系数为

$$C_\text{v}=\frac{k(1+e_0)}{a\gamma_\text{w}}=\frac{2.5\times10^{-2}\times(1+0.8)}{0.25\times10^{-3}\times10}=18\text{m}^2/\text{a}$$

单面排水时的时间因数为

$$T_\text{v}=\frac{C_\text{v}}{H^2}t=\frac{18}{10^2}\times1=0.18$$

该问题属于情况0，查图4.25中曲线(0)或表4.13，得到相应的平均固结度$U_t=48\%$，$t=1\text{a}$的沉降量为

$$s_t=0.48\times139=67\text{mm}$$

(2) 固结度为

$$U_t=\frac{s_t}{s_\infty}=\frac{80}{139}=0.58$$

仍按情况0查得$T_\text{v}=0.269$，所需的时间为

$$t=\frac{T_\text{v}H^2}{C_\text{v}}=\frac{0.269\times10^2}{18}=1.49\text{a}$$

4.6.3 固结系数的测定

从上面的分析可知，平均固结度U_t与时间因数T_v有关，而T_v又与竖向固结系数C_v有关。土的竖向固结系数越大，土层固结越快，两者关系极为密切。为正确估算地基固结和建筑物沉降速率，必须合理地测定竖向固结系数。常用的测定方法有时间对数（$\lg t$）法、时间平方根（$\sqrt{t}$）法、三点计算法等，这些方法均基于U_t-t关系曲线的各种特点。下面介绍时间平方根法的原理。

由式(4.54)可知，当$U_t<0.60$时

$$U_t=\frac{2}{\sqrt{\pi}}\sqrt{T_\text{v}} \tag{4.60}$$

即U_t与$\sqrt{T_\text{v}}$呈线性关系。要注意，当U_t较大时（如$U_t>0.60$），两者呈非线性关系。对于室内侧限压缩试验，其平均固结度为

$$U_t=\frac{h_0-h}{h_0-h_\infty} \tag{4.61}$$

式中，h_0为室内侧限压缩试验土样开始固结时的高度；h_∞为土样固结完成后（$t=\infty$）的高度；h为t时刻土样达到平均固结度U_t时的高度。

由式(4.48)得

$$\sqrt{T_\text{v}}=\frac{\sqrt{C_\text{v}}}{H}\sqrt{t} \tag{4.62}$$

把式(4.61)、式(4.62) 带入式(4.60)，得

$$h=h_0-\frac{2}{\sqrt{\pi}}\frac{\sqrt{C_v}(h_0-h_\infty)}{H}\sqrt{t} \tag{4.63}$$

即土样在固结过程中，当 $U_t<0.60$ 时，其高度 h 与$\sqrt{t}$呈线性关系。室内侧限压缩试验也证实了这一点，如图 4.26 所示。该直线记为 AB，与纵轴交点为 A 点（坐标为 h_0）。

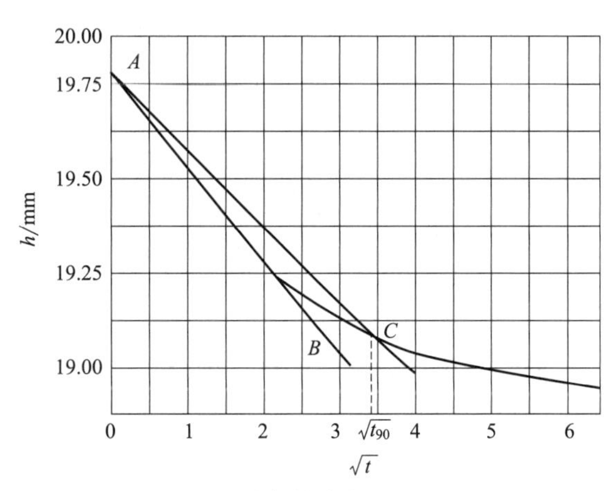

图 4.26　时间平方根法确定竖向固结系数

当平均固结度 $U_t=0.9$ 时，由式(4.61) 可知，土样高度 $h_{90}=0.1h_0+0.9h_\infty$。由表 4.13 中情况 0 可得 $T_v=0.848$，所对应的固结时间 t_{90} 为

$$\sqrt{t_{90}}=\sqrt{0.848}\frac{H}{\sqrt{C_v}}=0.921\frac{H}{\sqrt{C_v}} \tag{4.64}$$

C 点（$\sqrt{t_{90}}$，h_{90}）位于压缩曲线上，直线 AC 的方程为

$$h=h_0-\frac{0.9}{0.921}\frac{\sqrt{C_v}(h_0-h_\infty)}{H}\sqrt{t} \tag{4.65}$$

比较直线 AC 与直线 AB，AC 的斜率与 AB 的斜率之比为 1∶1.15。因此，求竖向固结系数的具体方法如下：

① 根据室内压缩试验绘制土样高度 h 与$\sqrt{t}$的关系曲线；

② 延长曲线开始段的直线，交纵坐标于 A 点；

③ 过 A 点作一直线，令其横坐标为前一直线横坐标的 1.15 倍，则后一直线与 h-$\sqrt{t}$ 曲线的交点 C 所对应横坐标的二次方即为土样平均固结度达到 90%所需的时间 t_{90}。这样，该级压力下的竖向固结系数为

$$C_v=\frac{0.848H^2}{t_{90}} \tag{4.66}$$

式中，H 为最大排水距离。由于固结试验一般为双面排水，所以可取某级压力下土样的初始和最终高度平均值的一半为 H。

4.7　土的多维固结理论

4.7.1　二维固结理论

4.6 节推导的式(4.45) 是一维（单向）固结方程，可将此方程推广到二维和三维固结

方程，即

$$\frac{\partial u}{\partial t}=C_{vx}\frac{\partial^2 u}{\partial x^2}+C_{vz}\frac{\partial^2 u}{\partial z^2} \tag{4.67}$$

$$\frac{\partial u}{\partial t}=C_{vx}\frac{\partial^2 u}{\partial x^2}+C_{vy}\frac{\partial^2 u}{\partial y^2}+C_{vz}\frac{\partial^2 u}{\partial z^2} \tag{4.68}$$

式中，固结系数 C_v 在 x、y、z 各个方向是不同的，故下标加坐标方向。

假如土的固结系数在 x、z 方向相同，则式(4.67) 可改写为

$$\frac{\partial u}{\partial t}=C_v\left(\frac{\partial^2 u}{\partial x^2}+\frac{\partial^2 u}{\partial z^2}\right) \tag{4.69}$$

对于一维（单向）固结及三维（轴对称）固结问题，都有精确解答。例如，一维固结理论已在4.6节中详细介绍；轴对称固结问题也将结合砂井排水来叙述。由于边界条件及土质条件的复杂性，二维固结问题很难用严格的数学方法得出精确解。

差分解法是求解微分方程的一种近似解法，用来求解二维固结的微分方程［式(4.69)］特别方便，步骤如下。

先将所研究的二维（平面）土体，划分成网格。为简单起见，现划分成方格，方格每边长为 h。假定以0点（图4.27）为中心，研究该平面领域内的固结问题，即超静孔隙水压力的消散问题。那么，0点四周1、2、3、4四个节点的孔隙水压力消散必然影响到0点孔隙水压力随时间的变化。将偏导数用差分式来表达时，式(4.69) 等号两边各项可写成

$$\left.\begin{aligned}\frac{\partial u}{\partial t}&\approx\frac{u_{0,t+\Delta t}-u_{0,t}}{\Delta t}\\ \frac{\partial^2 u}{\partial x^2}&\approx\frac{1}{h^2}(u_{1,t}+u_{3,t}-2u_{0,t})\\ \frac{\partial^2 u}{\partial z^2}&\approx\frac{1}{h^2}(u_{2,t}+u_{4,t}-2u_{0,t})\end{aligned}\right\} \tag{4.70}$$

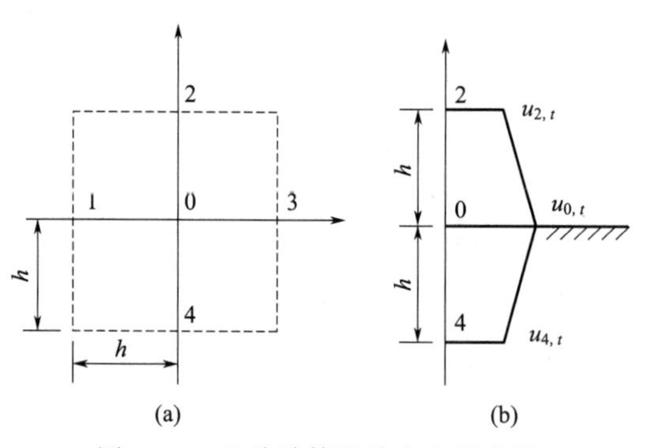

图4.27 差分计算孔隙应力示意图

将式(4.70) 代入式(4.69)，加以整理后，得

$$u_{0,t+\Delta t}=r(u_{1,t}+u_{2,t}+u_{3,t}+u_{4,t})+u_{0,t}(1-4r) \tag{4.71}$$

式中，$r=C_v\Delta t/h^2$。数学上可以证明，该 r 值不能大于0.5才可保证差分结果是收敛的。式(4.71) 表示只要已知0、1、2、3、4五个节点在 t 时刻的孔隙水压力 u，即可求得0点在（$t+\Delta t$）时刻的 u 值，这是差分的基本公式。在所研究的平面土体范围内，若所有节点在 t 时刻的 u 值均已知，则每一节点都可用这基本公式来推算（$t+\Delta t$）时刻的 u 值。而各节点由外荷载引起的初始孔隙水压力，只需已知加荷后该节点的大、小主应力增量 $\Delta\sigma_1$

及 $\Delta\sigma_3$，代入第 3 章孔隙水压力的表达式，先求出孔隙水压力增量 Δu，然后各节点的初始孔隙水压力为

$$u_i = u_0 + \Delta u \tag{4.72}$$

上式为二维平面固结问题的初始条件。至于边界条件的处理，下面讨论不透水边界、对称边界及透水边界三种情况。0 点位于不透水边界上，如图 4.27(b) 所示。设不透水边界与 x 轴平行，点 4 是位于不透水边界内部的一个虚设节点。由不透水边界有

$$\frac{\partial u}{\partial t} = \frac{u_{2,t} - u_{4,t}}{2h} = 0 \tag{4.73}$$

这证明虚设节点 4 的 u 值必然与同一时刻透水部分的相应节点 2 的 u 值相等，故基本差分式依旧可在不透水边界上进行。对称边界与不透水边界作同样处理。对于透水边界上的节点，第一个 Δt 及其后的 u 值都永远为零。

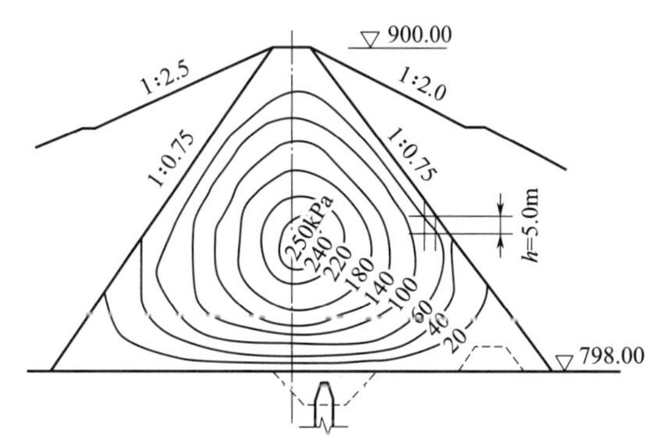

图 4.28　心墙中某一时刻的孔隙水压力等值线

图 4.28 是一座高 102m 土坝的宽心墙在施工完毕后一段时期的孔隙水压力等值线分布图。这是通过差分计算的成果，方网格的长宽各为 5m。心墙轴线处的平均固结度为

$$\overline{U} = 1 - \frac{\overline{u}}{\overline{u}_i} \tag{4.74}$$

式中，$\overline{u}/\overline{u}_i$ 为心墙平面图上沿轴线各节点在任何时刻 t 的平均超静孔隙水压力与初始平均超静孔隙水压力之比。

4.7.2　三维固结理论

根据三维固结方程 [式(4.68)]，三维问题的轴对称形式可写成

$$\frac{\partial u}{\partial t} = C_{vr}\left(\frac{\partial^2 u}{\partial r^2} + \frac{1}{r} \times \frac{\partial u}{\partial r}\right) + C_{vz}\frac{\partial^2 u}{\partial z^2} \tag{4.75}$$

式中，C_{vr}、C_{vz} 为水平方向及竖直方向的固结系数；r 表示幅射向距离。上式适用于砂井或塑料板排水加固地基的固结计算。砂井的布置如图 4.29 所示。

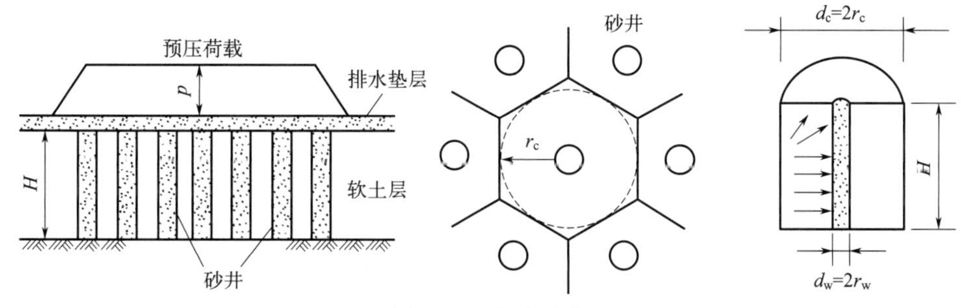

图 4.29　排水砂井

在求解上述三维固结微分方程时，有下列简化假定：

① 每一砂井的影响范围为一个圆柱体，其直径为 d_c（或半径为 r_c），高度为 H；

② 地面上的预压荷载是瞬时施加和均匀分布的；

③ 土体仅有竖向压缩变形，在固结过程中，土的压缩系数和渗透系数是常数；

④ 土的孔隙完全被水充满，故加荷开始时，所有竖向荷载均由孔隙水所承受；

⑤ 软土逐渐固结的原因为有效应力发生变化，不考虑次固结沉降。

现用分离变量法求解式(4.75)，将它分为

$$\frac{\partial u_r}{\partial t}=C_{vr}\left(\frac{\partial^2 u_r}{\partial r^2}+\frac{1}{r}\times\frac{\partial u_r}{\partial r}\right) \tag{4.76}$$

$$\frac{\partial u_z}{\partial t}=C_{vz}\frac{\partial^2 u_z}{\partial z^2} \tag{4.77}$$

亦即分为辐射向固结与竖向固结，这就可以分别根据不同的边界条件解出辐射向排水孔隙水压力 u_r 与竖向排水孔隙水压力 u_z。然后将同一点同一时刻的 u_r 和 u_z 合起来就是总的孔隙水压力 u_{rz}，它们满足一定的关系，即

$$\frac{u_{rz}}{u_0}=\frac{u_r}{u_0}\times\frac{u_z}{u_0} \tag{4.78}$$

式中，u_0 为加荷瞬时地基中的超静孔隙水压力。

整个砂井地基范围内的平均超静孔隙水压力亦应满足同样关系，即

$$\frac{\overline{u}_{rz}}{\overline{u}_0}=\frac{\overline{u}_r}{\overline{u}_0}\times\frac{\overline{u}_z}{\overline{u}_0} \tag{4.79}$$

式中，$\overline{u}_{rz}$、$\overline{u}_r$、$\overline{u}_z$、$\overline{u}_0$ 为 u_{rz}、u_r、u_z 及 u_0 的平均超静孔隙水压力。再根据固结度的定义有

$$\left.\begin{aligned}1-U_{rz}&=\frac{\overline{u}_{rz}}{\overline{u}_0}\\1-U_r&=\frac{\overline{u}_r}{\overline{u}_0}\\1-U_z&=\frac{\overline{u}_z}{\overline{u}_0}\end{aligned}\right\} \tag{4.80}$$

式中，U_{rz} 为砂井地基平均固结度；U_r 为辐射向平均固结度；U_z 为竖向平均固结度。

以式(4.80) 代入式(4.79)，得到砂井地基的平均固结度的基本公式为

$$1-U_{rz}=(1-U_r)(1-U_z) \tag{4.81}$$

上式中的 U_z 即竖向平均固结度，相当于式(4.51) 中的 U_t，这里不再重复叙述。下面就专门讨论如何求 U_r，即辐射向平均固结度。对于求解微分方程［式(4.76)］，在等应变边界条件下，离砂井轴线 r 处的超静孔隙水压力的解答为

$$u_r=\frac{\overline{u}_0\mathrm{e}^{-\lambda}}{r_e^2F(n)}\left[r_e^2\ln\left(\frac{r}{r_w}\right)-\frac{r^2-r_w^2}{2}\right] \tag{4.82}$$

平均超静孔隙水压力为

$$\overline{u}_r=\overline{u}_0\mathrm{e}^{-\lambda} \tag{4.83}$$

式中，u_0 为初始超静孔隙水压力的平均值；λ 为 n 与 T_r 的函数，$\lambda=8T_r/F(n)$；T_r 为辐射向时间因数，$T_r=C_{vt}t/4r_e^2$；$F(n)$ 为井径比的函数，$F(n)=\frac{n^2}{n^2-1}\ln(n)-\frac{3n^2-1}{4n^2}$；$n$ 为井径比，$n=d_e/d_w$，d_w 和 d_e 分别为砂井的直径和影响范围直径；r_w 和 r_e 分别为砂井的半径和影响范围半径。

由式(4.83) 得

$$\ln\left(\frac{\overline{u}_r}{\overline{u}_0}\right)=-\frac{8}{F(n)}T_r \tag{4.84}$$

亦即
$$\ln(1-U_r)=-\frac{8}{F(n)}T_r \tag{4.85}$$

若知道土的性质及砂井平面布置，即可求得时间因数 T_r 及井径比的函数 $F(n)$，从而按式(4.85) 求得辐射向平均固结度 U_r。关于辐射向平均固结度 U_r 与时间因数 T_r 的关系，也可直接查图 4.30 中的曲线。求得 U_r 后，再连同 U_z 代入式(4.81)，即可求得砂井地基的平均固结度 U_{rz}。

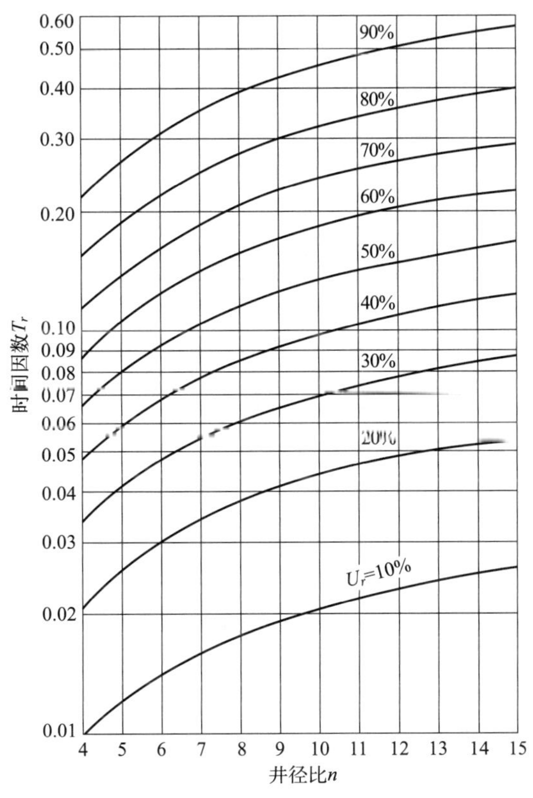

图 4.30　时间因素 T_r 与井径比 n 的关系

思考与练习题

1. 土的压缩系数、压缩指数、压缩模量及变形模量各具有什么意义？它们是如何获得的？相互之间有何关系？

2. 用分层总和法计算最终沉降量有哪些假定条件？

3. 计算最终沉降量的分层总和法和弹性力学法的根本区别是什么？

4. 土的最终沉降量由哪几部分组成？各部分意义如何？

5. 在侧限压缩试验中，土样初始厚度为 2cm，当竖向压力由 200kPa 增加到 300kPa，变形稳定后土样厚度由 1.99cm 变为 1.97cm；试验结束后卸去全部荷载，土样厚度变为 1.98cm；试验全过程均处于饱和状态，取出土样测得含水量为 27.8%，土粒密度为 2.7g/cm^3。试计算土样的初始孔隙比和压缩系数 a_{2-3}。

6. 已知某土样直径为 12cm，高 3cm，初始孔隙比为 1.35；侧限压缩试验中 $p_1=$ 100kPa 时，孔隙比为 1.25；施加 $p_2=200$kPa 时，孔隙比为 1.20。试计算压缩系数 a_{1-2} 与

压缩模量 E_{s1-2}，并判断该土样的压缩性。

7. 某宾馆柱基底面尺寸为 4m×4m，基础埋深 d=2m。上部结构传至基础顶面中心荷载 F=4720kN。地基表层为细砂，重度 γ_1=17.5kN/m^3，压缩模量 E_{s1}=8MPa，厚度h_1=6m；第二层为粉质黏土，E_{s2}=3.33MPa，厚度 h_2=3m；第三层为碎石，E_{s3}=22MPa，厚度 h_3=4.5m。试用分层总和法计算粉质黏土层的沉降量。

8. 某地基自天然地面向下的地质条件：第一层为厚度 5m 的粉质黏土①，重度 γ=19.2kN/m^3，承载力特征值 f_{ak}=250kPa；第二层为厚度 2m 的中砂层，γ=20.3kN/m^3，侧限压缩模量 E_s=20MPa；第三层为厚度 10m 的粉质黏土②，重度 γ=19.4kN/m^3，其下为砂卵石层。地下水位在地表以下 2m 处。粉质黏土①和②的侧限压缩试验结果见表 4.14。现拟在该地基中修建一柱下独立基础，基础底面尺寸为 2.4m×1.6m，埋深 1.6m，承受的竖向轴心荷载 N=800kN。不计砂卵石层的压缩量，试分别用分层总和法和规范法计算该基础的最终沉降量。

表 4.14　土的压缩试验数据

有效压力 p/kPa	0	10	30	50	70	100	200	400
粉质黏土①孔隙比 e	0.867	0.865	0.862	0.855	0.845	0.832	0.804	0.775
粉质黏土②孔隙比 e	0.796	0.794	0.792	0.789	0.784	0.773	0.753	0.731

9. 某饱和黏性土层的厚度为 10m，其下为岩层，上表面可自由排水，表面施加均布荷载 p=150kPa，经过 4 个月后，测得土层中各深度处的超静孔隙水压力 u 见表 4.15。

（1）绘制 t=0、t=4 个月、$t=\infty$时土层中超静孔隙水压力沿深度的分布图。

（2）试估计需要再经过多长时间土层才能达到 90%平均固结度。

表 4.15　题 9 表

z/m	u/kPa	z/m	u/kPa
1	25	6	105
2	48	7	112
3	67	8	118
4	83	9	120
5	95		

第5章
土的抗剪强度

学习目标及要求

掌握土的莫尔-库仑强度准则和极限平衡理论，能根据受力状态判断土体的状态；熟悉直剪试验、三轴剪切试验、无侧限压缩试验等测试方法，能选用适宜的抗剪强度指标；理解无黏性土和黏性土的抗剪强度特征；理解土的应力路径及破坏主应力线；了解土的流变特性。

5.1 概述

土在外力作用下产生附加应力，其中就包括剪应力。当剪应力达到一定程度时，土体就会发生剪切破坏。工程实践和室内试验均证实，土的破坏多数属于剪切破坏，这是由于土颗粒本身的强度远大于颗粒间的联结强度，致使土在外力作用下颗粒沿接触处发生错动而被剪坏。

在工程建设实践中，道路的边坡、路基、土石坝、建筑物的地基等丧失稳定性的例子有很多，主要概括为以下三个方面：第一是土坡稳定问题，包括土坝、路堤等人工填方边坡和山坡、河岸等天然土坡以及挖方边坡等稳定问题，如图 5.1(a) 所示；第二是地基承载力问题，若外荷载很大，基础下地基中的塑性区扩展成一个连续的滑动面，使得建筑物整体丧失稳定性，如图 5.1(b) 所示；第三是土压力问题，如挡土墙、地下结构物等周围的土体对其产生的侧向压力可能导致这些结构物发生滑动或倾覆，如图 5.1(c) 所示。为保证工程建设中建（构）筑物的安全和稳定，就必须详细研究土的抗剪强度、极限平衡等问题。

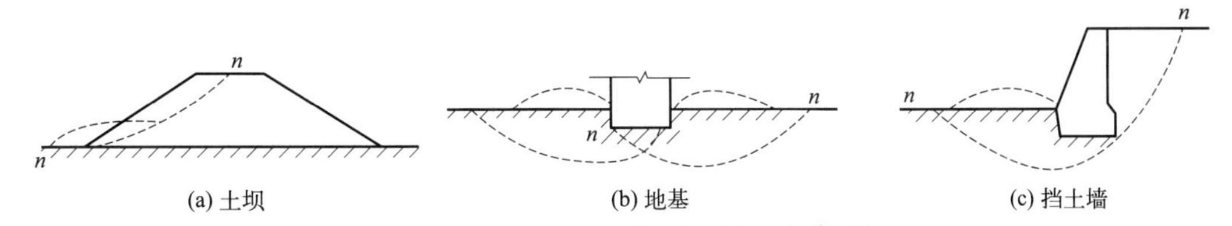

图 5.1　与土的剪切破坏相关的工程问题

土的抗剪强度是指土体抵抗剪切破坏的极限能力，其数值等于土体产生剪切破坏时滑动面上的剪应力。抗剪强度是土的主要力学性质之一。土体是否达到剪切破坏状态，除了取决于自身的性质之外，还与它所受到的应力组合密切相关。不同的应力组合会使土体产生不同的力学性质。土体破坏时的应力组合关系称为土体破坏准则，考虑破坏时不同的应力组合关系就构成了不同的破坏准则。土体的破坏准则是一个十分复杂的问题，它是近代土力学研究的重要课题之一。到目前为止，还没有一个被普遍认为能完全适用于土体的理想破坏准则。

土的抗剪强度主要由黏聚力 c 和内摩擦角 φ 来表征，两者称为土的抗剪强度指标。土的抗剪强度指标主要依靠土的室内剪切试验和原位测试来确定。测试土的抗剪强度指标时所采用的试验仪器种类和试验方法对试验结果有很大影响。本章首先介绍土的抗剪强度及破坏理论、土的抗剪强度试验；再介绍土的抗剪强度特征、土的应力路径；最后介绍土的抗剪强度指标的选用、土的流变特性。

5.2 土的抗剪强度及破坏理论

5.2.1 土的屈服与破坏

土是自然界中最常见的材料之一，是一种不同于普遍均匀材料的散体材料。如图5.2所示，曲线①是一种理想弹塑性材料的应力-应变关系曲线，即（$\sigma_1-\sigma_3$）-ε_1 曲线。它由一斜直线和一水平线所组成。

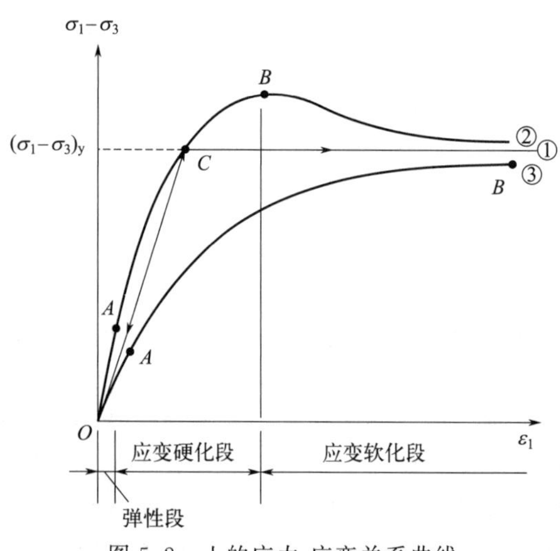

图5.2 土的应力-应变关系曲线

斜直线代表线弹性材料的应力-应变关系，其特点是：①应力-应变呈直线关系；②完全弹性变形，即应力增加，应变沿这一直线按比例增加，应力减少则应变沿这一直线按比例减少。所以其应力-应变关系是唯一的，不受应力历史和应力路径的影响。

水平线代表理想塑性材料的应力-应变关系，其特点是：①应变是不可恢复的塑性应变；②一旦发生塑性应变，应力不再增加但塑性应变持续发展，直至材料破坏。斜直线与水平线的交点 C 所对应的应力为屈服应力（$\sigma_1-\sigma_3$）$_y$，它既是开始发生塑性应变的应力，同时又是导致材料破坏的应力，所以也称为破坏应力（$\sigma_1-\sigma_3$）$_f$。因此，C 点既是屈服点又是破坏点。

然而，土体既不是理想的弹性材料，也不是理想的塑性材料，它是一种弹塑性材料。因此，当土体受到应力作用时，其弹性变形和塑性变形几乎是同时发生的，表现出弹塑性材料的特点。图5.2中的曲线②是超固结土或密砂在三轴剪切试验中测得的应力-应变关系曲线，曲线③表示正常固结土或松砂在三轴剪切试验中测得的应力-应变关系曲线。把它们与理想的弹性材料相比，不但应力-应变关系曲线的形状不同，而且其性质也有很大的差异。对此，有学者认为，土开始发生屈服时的应力很小，应力-应变关系曲线上的起始段 OA 可认为是近乎直线的线弹性变形。之后，随着应力的增加，土产生可恢复的弹性应变和显著的不可恢复的塑性应变。当土出现显著的塑性变形时，即表明土已进入屈服阶段。与理想塑性材料不同，土的塑性应变增加了继续变形的阻力，故而在应力增大的同时，土的屈服点位置提高，这种现象称为应变硬化（加工硬化）。当屈服点提高到 B 点时，土体才发生破坏。土的应变硬化阶段 AB 曲线段上的每一点都是屈服点。另外，属于曲线②类型的土，到达峰值点 B 后，随着应变的继续增大，其对应的应力反而下降，这种现象称为应变软化（加工软化）。在应变软化阶段，土的强度随应变的增加而降低，土体处于破坏状态。所以，对于超固结土或密砂而言，土的抗剪强度与应变的发展过程有关，不再只是简单的一个数值。曲线②中对应于峰值点 B 的强度称为峰值强度。当应变很大时，应力将衰减到某一恒定值，不再继续变化。应力衰减到恒定值时的强度称为残余强度。在实际工程计算中，一般采用土的峰值强度。但是，如果土体在应力历史上受到过反复的剪切作用，而且土体的应变累积量很大（如古滑坡体中滑带土），则应该考虑采用土的残余强度。对于属于曲线③类型的土，则只有一种抗剪强度。

由此可见，不同类型的土，屈服和强度的概念与数值都是各不相同的。本章只研究土的抗剪强度，通常取应力-应变关系曲线上的峰值应力或者取 ε_1 达到 15%～20%时对应的应力。实际上，在古典土力学理论中，只能把土简化为曲线①所示的理想弹塑性材料。

在地基附加应力的计算中，就是把土当成线弹性体，采用线弹性理论计算公式求解。而在后面研究土压力、土坡稳定和地基极限承载力等有关土体破坏的问题时，则把土体当成是理想的塑性材料。一旦土体中的剪应力达到土的抗剪强度，就认为土体已经破坏。这些假定都与土的实际性质有所差异。随着土力学理论、土工试验技术及数值计算方法的发展，国内外学者已经在逐步按照土的真实弹塑性应力-应变关系特征，进行土体应力、变形的发展以及破坏理论分析方法等方面的研究。

屈服破坏是一种现象，强度是一个控制界限。长期以来，人们根据对材料破坏现象及机理的认识和分析，提出了一些科学假说作为工程安全的控制标准。这些科学假说被称为破坏准则或强度理论。在土力学中常用的破坏准则或强度理论有以下几个。

（1）最大剪应力理论

该理论由库仑（Coulomb）在 1773 年提出，他指的危险状态是剪断，1864 年特雷斯卡（Tresca）将它应用到塑性流动的情况。该理论一般表示为

$$\tau_{max}=\frac{\sigma_1-\sigma_3}{2}=常量 \tag{5.1}$$

在主应力空间中，它描绘出一个以 ON 为轴的正六面体，其横断面是正六边形，如图 5.3 所示。

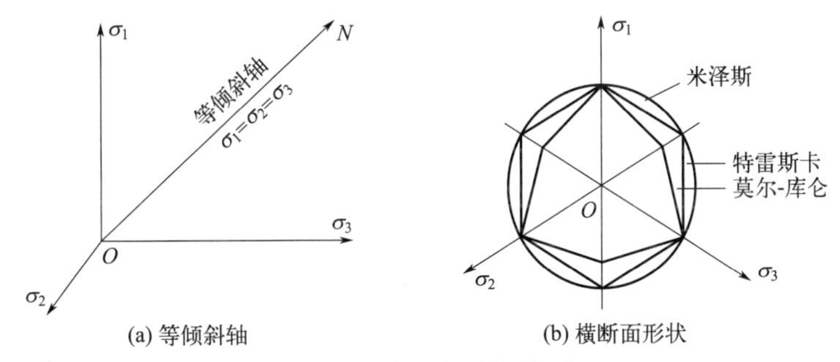

图 5.3　常见的破坏准则

（2）莫尔-库仑（Mohr-Coulomb）理论

在库仑研究的基础上，莫尔考虑了断裂和塑性破坏的情况，提出莫尔-库仑强度理论。将破坏面上的法向应力和剪切应力的函数关系表示为

$$\tau_f=f(\sigma) \tag{5.2}$$

这个函数关系确定的曲线称为莫尔破坏包线或抗剪强度包线。

（3）双剪理论

莫尔-库仑理论应用于材料力学、岩土力学，但是它没有考虑中间主应力的作用，也是单剪理论，必然引起误差，表现为与大量的复合应力试验结果不符。西安交大俞茂宏教授的双剪理论填补了这个空白。

双剪统一强度理论表示为

$$\begin{cases} F=\sigma_1-\dfrac{\alpha}{1+b}(b\sigma_2+\sigma_3)=\sigma_t, \sigma_2\leqslant\dfrac{\sigma_1+\alpha\sigma_3}{1+\alpha} \\ F=\dfrac{1}{1+b}(\sigma_1+b\sigma_2)-\alpha\sigma_3=\sigma_t, \sigma_2\geqslant\dfrac{\sigma_1+\alpha\sigma_3}{1+\alpha} \end{cases} \tag{5.3}$$

式中，σ_t 为材料拉伸时的屈服极限；b 为反映中间主剪应力作用的权系数；α 为材料单轴拉伸和压缩强度的比值。

(4) 米泽斯 (Mises) 理论

1913 年，米泽斯提出的三剪理论更适合于金属材料。该理论认为材料的应变能达到极限值时就进入破坏状态，方程表示为

$$(\sigma_1-\sigma_2)^2+(\sigma_2-\sigma_3)^2+(\sigma_3-\sigma_1)^2=6K^2 \tag{5.4}$$

式中，K 为与土质相关的常数。在主应力空间中，该方程描绘出一个以 ON 为轴的圆柱面，其横断面是一个圆。这个圆外包于特雷斯卡正六边形，如图 5.3 所示。

(5) 德鲁克-普拉格 (Drucker-Prager) 理论

1952 年，德鲁克和普拉格提出该理论，方程表示为

$$\alpha \boldsymbol{I}_1+\boldsymbol{J}_2^{1/2}-K=0 \tag{5.5}$$

式中，$\boldsymbol{I}_1$ 为应力张量的第一不变量，$\boldsymbol{I}_1=\sigma_1+\sigma_2+\sigma_3$；$\boldsymbol{J}_2$ 为应力偏张量的第二不变量，$\boldsymbol{J}_2=\dfrac{1}{6}[(\sigma_1-\sigma_2)^2+(\sigma_2-\sigma_3)^2+(\sigma_3-\sigma_1)^2]$；$\alpha$、$K$ 为由土的 c、φ 决定的常数。

该理论也是三剪理论，它是对米泽斯理论的改进，也是对莫尔-库仑理论的推广。方程(5.5) 在主应力空间描绘出一个圆锥，其对称轴仍是图 5.3 中的 ON。当 $c=0$ 时，圆锥的顶点就在 O 点；当 $c\neq0$ 时，圆锥的顶点在 ON 的反向延长线上。这个圆锥的横断面是一个圆，该圆可能通过图 5.3 中莫尔-库仑六边形的三个外顶点，也可能通过六边形的三个内顶点，在这两种情况下，α、K 的值有所不同。

在岩土工程中，式(5.1)、式(5.3)～式(5.5) 应用较少，故本章着重介绍莫尔-库仑强度理论。

5.2.2 土的抗剪强度理论

5.2.2.1 莫尔-库仑强度理论

测定土体抗剪强度的常用方法是直接剪切试验，简称直剪试验。图 5.4 为直剪仪示意图，该仪器主要由固定的上盒和活动的下盒组成，土样放置于刚性金属盒内。进行直剪试验时，先由加荷板施加垂直压力 P，土样产生相应的压缩 ΔS，然后再在下盒施加水平向推力 T，使其产生水平向位移 Δl，从而使土样沿着上盒和下盒之间预定的横截面承受剪切荷载，直至破坏。

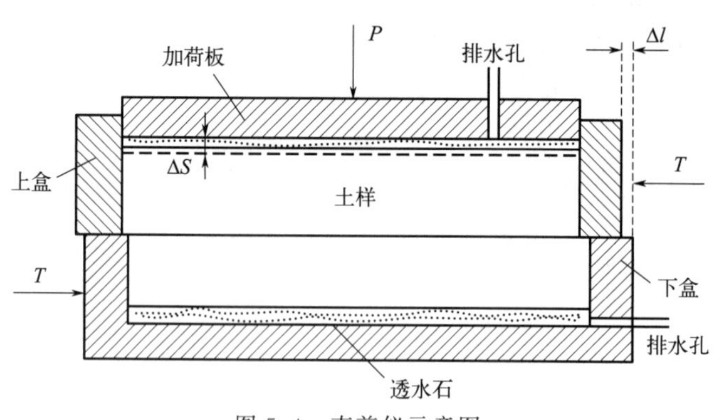

图 5.4 直剪仪示意图

假设这时土样所承受的水平向推力为 T，土样的水平横断面面积为 A，那么，作用在土样上的法向应力 $\sigma=P/A$，而土的抗剪强度 $\tau_f=T/A$。为绘制土的抗剪强度 τ_f 与法向应

力 σ 的关系曲线，一般需要采用至少 4 个相同的土样进行直剪试验。首先，分别对这些土样施加不同的法向应力，并使之产生剪切破坏，可以得到 4 组不同的 τ_f 和 σ 的值；然后，以 τ_f 为纵坐标轴、σ 为横坐标轴，就可绘制出土的抗剪强度 τ_f 与法向应力 σ 的关系曲线。

图 5.5 为直剪试验的结果。可见，对于砂土而言，τ_f 与 σ 的关系曲线是通过原点的，而且它是与横坐标轴呈 φ 角的一条直线。该直线方程为

$$\tau_f=\sigma\tan\varphi \tag{5.6}$$

式中，τ_f 为砂土的抗剪强度，kPa；σ 为砂土所受的法向应力，kPa；φ 为砂土的内摩擦角，(°)。

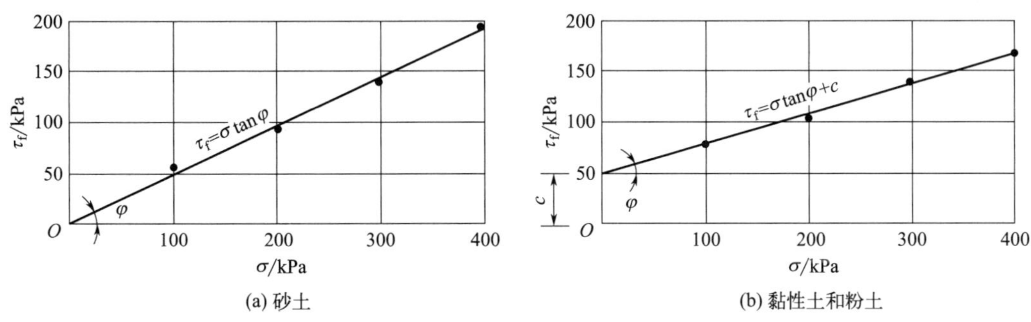

图 5.5 抗剪强度 τ_f 与法向应力 σ 的关系曲线

对于黏性土和粉土而言，τ_f 和 σ 之间的关系基本上呈一条直线，但是该直线并不通过原点，而是与纵坐标轴形成一截距 c，其方程为

$$\tau_f=\sigma\tan\varphi+c \tag{5.7}$$

式中，c 为黏性土或粉土的黏聚力，kPa；其余符号的意义同前。

可以看出，砂土的抗剪强度是由法向应力产生的内摩擦力 $\sigma\tan\varphi$（$\tan\varphi$ 称为内摩擦系数）形成的；而黏性土和粉土的抗剪强度是由内摩擦力和黏聚力形成的。在法向应力 σ 一定的条件下，c 和 φ 值愈大，抗剪强度 τ_f 愈大。c 和 φ 称为土的抗剪强度指标，可以通过试验测定。c 和 φ 反映了土体抗剪强度的大小，是土体重要的力学性质指标。对于同一种土，在相同的试验条件下，c、φ 值为常数。但是，当试验方法不同时，c、φ 值则有比较大的差异，这一点应引起足够的重视。

土的抗剪强度 τ_f 与法向应力 σ 的关系是由法国科学家库仑于 1773 年首先提出来的，所以也称为土体抗剪强度的库仑公式或库仑定律。后来，由于土体有效应力原理的研究和发展，人们认识到只有有效应力的变化才能引起土体强度的变化，因此又将上述库仑公式改写为

$$\tau_f=c'+\sigma'\tan\varphi'=c'+(\sigma-u)\tan\varphi' \tag{5.8}$$

式中，σ'为土体剪切破裂面上的有效法向应力，kPa；u 为土中的超静孔隙水压力，kPa；c'为土的有效黏聚力，kPa；φ'为土的有效内摩擦角，(°)。

c'和 φ'称为土的有效抗剪强度指标。对于同一种土，c'和 φ'的数值在理论上与试验方法无关，应接近于常数。式(5.7) 称为土的总应力抗剪强度公式，式(5.8) 称为土的有效应力抗剪强度公式，以示区别。

莫尔继库仑的研究工作之后，提出土体的破坏是剪切破坏的理论，认为在剪切破裂面上，法向应力与抗剪强度之间存在着函数关系［式(5.2)］。该函数所定义的线为一条微弯的曲线（图 5.6）。如果代表土单元体中某一个面上 σ 和 τ 的点落在强度包线下方，如 A 点，表明该面上的剪应力 τ 小于土的抗剪强度 τ_f，土体不会沿该面发生剪切破坏；而 B 点正好落在强度包线上，表明 B 点所代表的截面上剪应力等于抗剪强度，土单元体处于临界破坏

状态或极限平衡状态；C 点落在强度包线以上，表明土单元体已经破坏。实际上 C 点所代表的应力状态是不存在的，因为剪应力 τ 增加到抗剪强度 τ_f 时，不可能再继续增长。

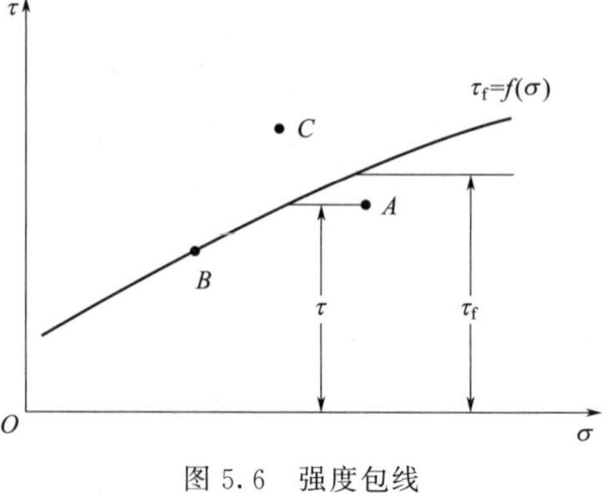

图 5.6 强度包线

试验证明，一般土在应力水平不是很高的情况下，强度包线近似于一条直线，可以用库仑公式(5.7) 来表示。这种以库仑公式作为抗剪强度公式，根据剪应力是否达到抗剪强度作为破坏标准的理论就称为莫尔-库仑强度理论。

5.2.2.2 极限平衡理论

当土中剪应力达到土的抗剪强度时，土的状态称为极限平衡状态。因此，所谓土中一点的极限平衡条件可简单概括为土中该点到达极限平衡状态时所处的应力状态与土的抗剪强度指标间的关系。

(1) 土中一点的应力状态

对于平面问题，三个应力分量 σ_1、σ_3、τ 即可决定一点的应力状态。现从图 5.7(a) 所示土中取一微单元体 M 进行受力分析，如图 5.7(b) 所示。当单元体上大小主应力 σ_1、σ_3 已知时，可以求出与大主应力作用面呈 α 角的 $m—n$ 面上的法向应力 σ_α 和剪应力 τ_α。设 d_s 为截面 $m—n$ 的长度，在水平方向和竖直方向上按静力平衡可得

$$\sigma_3 d_s \sin\alpha - \sigma_\alpha d_s \sin\alpha + \tau_\alpha d_s \cos\alpha = 0 \tag{5.9}$$

$$\sigma_1 d_s \cos\alpha - \sigma_\alpha d_s \cos\alpha - \tau_\alpha d_s \sin\alpha = 0 \tag{5.10}$$

变换后，可得

$$\begin{cases} \sigma_\alpha = \dfrac{1}{2}(\sigma_1 + \sigma_3) + \dfrac{1}{2}(\sigma_1 - \sigma_3)\cos 2\alpha \\ \tau_\alpha = \dfrac{1}{2}(\sigma_1 - \sigma_3)\sin 2\alpha \end{cases} \tag{5.11}$$

上述式(5.11) 即任意截面上的应力分量表达式。

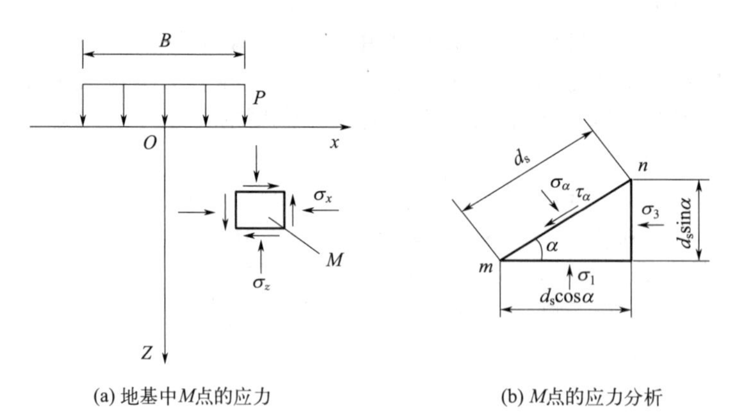

图 5.7 一点的应力状态

σ_α、τ_α 随截面 $m—n$ 与大主应力面夹角 α 的变化而改变，它们之间的关系可以由莫尔应力圆简便地表示出来（图 5.8）。式(5.11) 中 σ_α、τ_α 是满足圆心为 $\left(\dfrac{\sigma_1+\sigma_3}{2}, 0\right)$、半径为

$\dfrac{\sigma_1-\sigma_3}{2}$的圆的方程。在 σ-τ 直角坐标系中，可按一定的比例尺绘出莫尔圆。取圆心为 O_1，自 $O_1\sigma_1$ 逆时针旋转 2α，使 O_1A 线交圆周于 A 点。不难证明，A 点的坐标 σ、τ 即为点 M 处与最大主应力面呈 α 角的 m—n 面上的法向应力和剪应力。故莫尔圆上各点的坐标代表了相应截面上的应力状态。

(2) 土中一点的极限平衡条件

求出土中某点任一截面上的法向应力 σ_α 和剪应力 τ_α 后，便可与库仑公式所求出的抗剪强度进行比较。有以下三种情况：$\tau<\tau_f$，土未剪坏；$\tau>\tau_f$，土已剪坏；$\tau=\tau_f$，土处于极限平衡状态。

故某剪切面上的极限平衡条件为

$$\tau=\tau_f=c+\sigma\tan\varphi \tag{5.12}$$

由莫尔圆与抗剪强度包线的相对位置，可以判断该点所处的应力状态。如图 5.9 所示，土单元上的应力圆与强度包线必然是相割、相切或既不相割也不相切这三种情况中的一种。若应力圆刚好与抗剪强度包线相切，$\tau=\tau_f$，则土处于极限平衡状态（图 5.9 中圆 B），圆上与圆心的连线与 σ 之间夹角为 $2\alpha_f$ 的点即为切点。由此可知，土中此点破坏面方向与大主应力 σ_1 作用面夹角为 α_f。如果应力圆与抗剪强度包线不相接触（图 5.9 中圆 A），$\tau<\tau_f$，则土尚未剪坏。相反，若相割（图 5.9 中圆 C），$\tau>\tau_f$，则土已剪坏。必须指出，由于土在 $\tau=\tau_f$ 时即已发生破坏，所以土中剪切面上 $\tau>\tau_f$ 的应力状态实际上是不存在的。

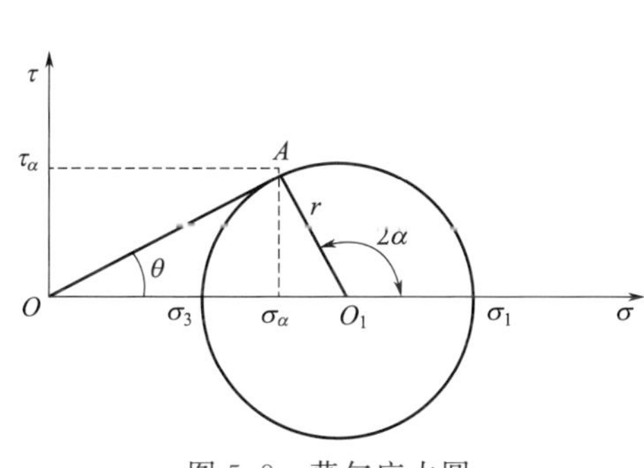

图 5.8　莫尔应力圆

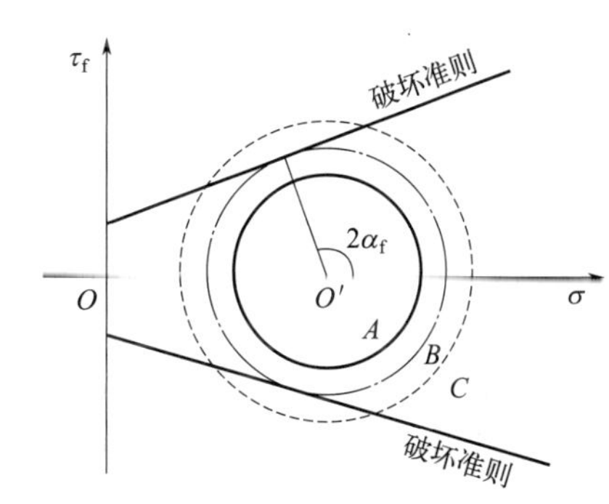

图 5.9　用莫尔应力圆表示各种应力状态

根据极限应力圆与抗剪强度包线相切于 b 点的几何关系，可以推导出极限平衡条件的其他表达形式（图 5.10）。根据几何关系有

$$\sin\varphi=\frac{ab}{O'a}=\frac{ab}{O'O+Oa} \tag{5.13}$$

$$OO'=c\cot\varphi \tag{5.14}$$

故

$$\sin\varphi=\frac{\dfrac{\sigma_1-\sigma_3}{2}}{\dfrac{\sigma_1+\sigma_3}{2}+c\cot\varphi}=\frac{\sigma_1-\sigma_3}{\sigma_1+\sigma_3+2c\cot\varphi} \tag{5.15}$$

$$\sigma_1-\sigma_3=(\sigma_1+\sigma_3)\sin\varphi+2c\cos\varphi \tag{5.16}$$

$$\sigma_1=\sigma_3\frac{1+\sin\varphi}{1-\sin\varphi}+2c\frac{\cos\varphi}{1-\sin\varphi} \tag{5.17}$$

进一步整理，则有

$$\sigma_1=\sigma_3\tan^2\left(45°+\frac{\varphi}{2}\right)+2c\tan\left(45°+\frac{\varphi}{2}\right) \tag{5.18}$$

$$\sigma_3=\sigma_1\tan^2\left(45°-\frac{\varphi}{2}\right)-2c\tan\left(45°-\frac{\varphi}{2}\right) \tag{5.19}$$

式(5.15)、式(5.17)～式(5.19) 为用主应力表示的土单元体的极限平衡条件。

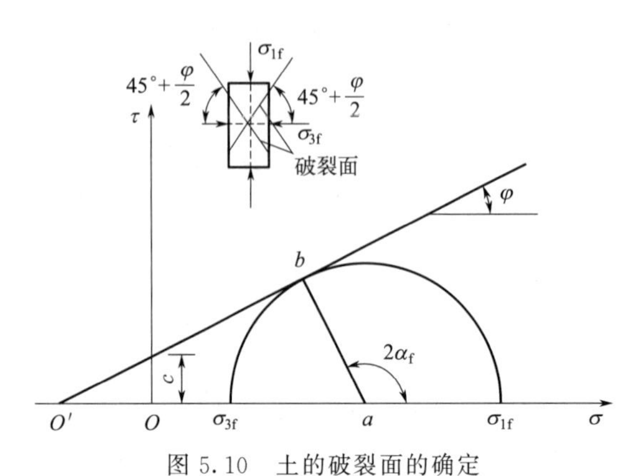

图 5.10 土的破裂面的确定

土中一点是否达到极限平衡状态与 σ_1 和 σ_3 的差值有关。当 σ_1 一定时，σ_3 减小，土趋于破坏；反之，当 σ_3 一定时，σ_1 增大，土趋于破坏。

对于无黏性土，由于黏聚力为零，则极限平衡条件的表达式可简化为

$$\sin\varphi=\frac{\sigma_1-\sigma_3}{\sigma_1+\sigma_3} \tag{5.20}$$

$$\frac{\sigma_1}{\sigma_3}=\frac{1+\sin\varphi}{1-\sin\varphi} \tag{5.21}$$

$$\sigma_1=\sigma_3\tan^2\left(45°+\frac{\varphi}{2}\right) \tag{5.22}$$

$$\sigma_3=\sigma_1\tan^2\left(45°-\frac{\varphi}{2}\right) \tag{5.23}$$

土体处于极限平衡状态时极限平衡面与大主应力作用面间的夹角 α_f 可由图 5.10 中的几何关系得到

$$\alpha_f=\frac{1}{2}(90°+\varphi)=45°+\frac{\varphi}{2} \tag{5.24}$$

由此可见，与一般连续性材料（如钢、混凝土等）不同，土是一种具有内摩擦强度的颗粒材料，这种材料的破裂面不是最大剪应力面，而与最大主应力面呈（$45°+\varphi/2$）的夹角。如果土质均匀，且试验中能保证土样内的应力、应变分布均匀，则土样内将会出现两组完全对称的破裂面。

【例 5.1】 已知土体中某点所受的最大主应力 $\sigma_1=500\text{kPa}$，最小主应力 $\sigma_3=200\text{kPa}$。试分别用解析法和图解法计算与最大主应力 σ_1 作用面呈 30°角的平面上的正应力 σ 和剪应力 τ。

解：(1) 解析法

由式(5.11) 计算，得

$$\begin{aligned}\sigma&=\frac{1}{2}(\sigma_1+\sigma_3)+\frac{1}{2}(\sigma_1-\sigma_3)\cos2\alpha\\&=\frac{1}{2}\times(500+200)+\frac{1}{2}\times(500-200)\times\cos(2\times30°)=425\text{kPa}\end{aligned}$$

$$\tau=\frac{1}{2}(\sigma_1-\sigma_3)\sin2\alpha=\frac{1}{2}\times(500-200)\times\sin(2\times30°)=130\text{kPa}$$

(2) 图解法

按照莫尔应力圆确定正应力 σ 和剪应力 τ。绘制直角坐标系，按照比例尺在横坐标上标出 $\sigma_1=500\text{kPa}$，$\sigma_3=200\text{kPa}$，以 $\sigma_1-\sigma_3=300\text{kPa}$ 为直径绘圆，从横坐标轴开始，逆时针旋转 $2\alpha=60°$，在圆周上得到 A 点（图 5.11）。以相同的比例尺量得 A 点的横坐标 $\sigma=425\text{kPa}$，纵坐标 $\tau=130\text{kPa}$。

可见，两种方法得到了相同的正应力 σ 和剪应力 τ，但用解析法计算较为准确，用图解法计算则较为直观。

式(5.15)、式(5.17)～式(5.19)，式(5.20)～式(5.23) 分别是细粒土和粗粒土达到极限平衡状态的应力表达式。利用这些表达式，当知道土单元体实际的受力状态和土的抗剪强

度指标 c、φ 时，可以很容易地判别该单元体是否发生了剪切破坏，具体步骤如下：

① 确定土单元体在任意面上的应力状态 $(\sigma_x, \sigma_z, \tau_{xz})$；

② 计算主应力 σ_1 和 σ_3，$\sigma_{1,3}=\frac{\sigma_x+\sigma_z}{2}\pm\sqrt{\left(\frac{\sigma_x-\sigma_z}{2}\right)^2+\tau_{xz}^2}$；

③ 选用极限平衡条件判别土单元体是否发生剪切破坏。

利用极限平衡条件判别土单元体是否发生剪切破坏，可采用如下的三种方法之一。

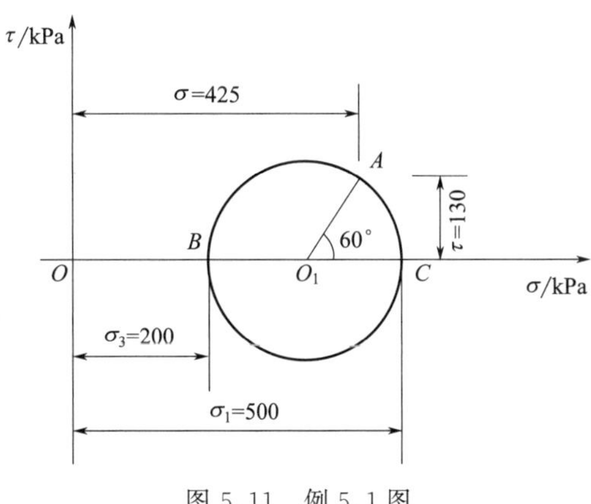

图 5.11　例 5.1 图

(1) 最大主应力比较法［图 5.12(a)］

利用土单元的实际最小主应力 σ_3 和强度指标 c、φ，求取土体处在极限平衡状态时的最大主应力为

$$\sigma_{1f}=\sigma_3\tan^2\left(45°+\frac{\varphi}{2}\right)+2c\tan\left(45°+\frac{\varphi}{2}\right) \tag{5.25}$$

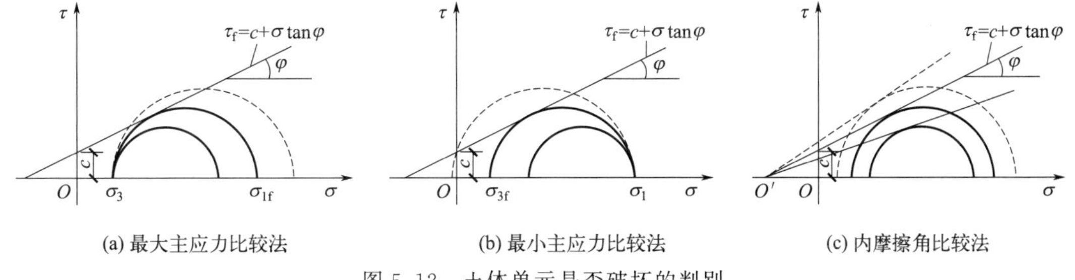

图 5.12　土体单元是否破坏的判别

与土单元的实际最大主应力 σ_1 相比较。如果 $\sigma_{1f}>\sigma_1$，表示达到极限平衡状态需要的最大主应力大于实际的最大主应力，土单元没有发生破坏；如果 $\sigma_{1f}=\sigma_1$，表示土体正好处于极限平衡状态，土单元发生破坏；如果 $\sigma_{1f}<\sigma_1$，表示土单元已发生了破坏，但实际上这种情况是不可能存在的，此时一些面上的剪应力 τ 已经大于土的抗剪强度。

(2) 最小主应力比较法［图 5.12(b)］

利用土单元的实际最大主应力 σ_1 和强度指标 c、φ，求取土体处在极限平衡状态时的最小主应力为

$$\sigma_{3f}=\sigma_1\tan^2\left(45°-\frac{\varphi}{2}\right)-2c\tan\left(45°-\frac{\varphi}{2}\right) \tag{5.26}$$

与土单元的实际最小主应力 σ_3 相比较。如果 $\sigma_{3f}<\sigma_3$，表示达到极限平衡状态需要的最小主应力小于实际的最小主应力，土单元没有发生破坏；如果 $\sigma_{3f}=\sigma_3$，表示土体正好处于极限平衡状态，土单元发生破坏；如果 $\sigma_{3f}>\sigma_3$，表示土单元已发生了破坏，同样这种情况也是不可能存在的。

(3) 内摩擦角比较法［图 5.12(c)］

假定土体的莫尔-库仑强度包线与横轴相交于 O' 点。通过该交点 O' 作土体应力状态莫尔圆的切线，将该切线的倾角称为该应力状态莫尔圆的视内摩擦角 φ_m。根据几何关系有

$$\sin\varphi_m=\frac{\sigma_1-\sigma_3}{\sigma_1+\sigma_3+2c\cot\varphi} \tag{5.27}$$

将视内摩擦角 φ_m 与土体的实际内摩擦角 φ 相比较，可直观地判断土体单元是否发生了剪切破坏。如果 $\varphi_m<\varphi$，表示土单元应力状态莫尔圆位于强度包线之下，土体单元没有发生破坏；如果 $\varphi_m=\varphi$，表示土单元应力状态莫尔圆正好同强度包线相切，土体单元发生破坏；如果 $\varphi_m>\varphi$，表示土单元已发生了破坏，但同上所述，这种情况也是不可能存在的。

【例 5.2】 设砂土地基中一点的最大主应力 $\sigma_1=400\text{kPa}$，最小主应力 $\sigma_3=200\text{kPa}$，砂土的内摩擦角 $\varphi=25°$，黏聚力 $c=0$，试判断该点是否破坏。

解：为加深理解，以下采用多种方法解题。

(1) 按某一平面上的剪应力 τ 和抗剪强度 τ_f 的对比判断

根据式(5.24) 可知，破坏时土单元中可能出现的破裂面与最大主应力 σ_1 作用面的夹角 $\alpha_f=45°+\dfrac{\varphi}{2}$。因此，与 σ_1 作用面呈 $\left(45°+\dfrac{\varphi}{2}\right)$。平面上的法向应力 σ 和剪应力 τ，可按式(5.11) 计算；抗剪强度 τ_f 可按式(5.6) 计算。

$$\sigma=\frac{1}{2}(\sigma_1+\sigma_3)+\frac{1}{2}(\sigma_1-\sigma_3)\cos\left[2\left(45°+\frac{\varphi}{2}\right)\right]$$

$$=\frac{1}{2}\times(400+200)+\frac{1}{2}\times(400-200)\times\cos\left[2\times\left(45°+\frac{25°}{2}\right)\right]=257.7\text{kPa}$$

$$\tau=\frac{1}{2}(\sigma_1-\sigma_3)\sin\left[2\left(45°+\frac{\varphi}{2}\right)\right]=\frac{1}{2}\times(400-200)\times\sin\left[2\times\left(45°+\frac{25°}{2}\right)\right]=90.6\text{kPa}$$

$$\tau_f=\sigma\tan\varphi=257.7\times\tan25°=120.2\text{kPa}>\tau=90.6\text{kPa}$$

故该点未发生剪切破坏。

(2) 最大主应力比较法，按式(5.25) 判断

$$\sigma_{1f}=\sigma_3\tan^2\left(45°+\frac{\varphi}{2}\right)=200\times\tan^2\left(45°+\frac{25°}{2}\right)=492.8\text{kPa}$$

由于 $\sigma_{1f}=492.8\text{kPa}>\sigma_1=400\text{kPa}$

故该点未发生剪切破坏。

(3) 最小主应力比较法，按式(5.26) 判断

$$\sigma_{3f}=\sigma_1\tan^2\left(45°-\frac{\varphi}{2}\right)=400\times\tan^2\left(45°-\frac{25°}{2}\right)=162.3\text{kPa}$$

由于 $\sigma_{3f}=162.3\text{kPa}<\sigma_3=200\text{kPa}$

故该点未发生剪切破坏。

(4) 内摩擦角比较法，按式(5.27) 判断

$$\sin\varphi_m=\frac{\sigma_1-\sigma_3}{\sigma_1+\sigma_3}=\frac{400-200}{400+200}=0.33$$

所以 $\varphi_m=19.5°<\varphi=25°$

故该点未发生剪切破坏。

此外，还可以用图解法比较莫尔应力圆与抗剪强度包线的相对位置关系来判断，同样可以得出相同的结论。

5.3 土的抗剪强度试验

抗剪强度指标 c、φ 值，是土的重要力学性质指标，在确定地基土的承载力、挡土墙的土压力以及验算土坡稳定性等工程问题中，都要用到土的抗剪强度指标。因此，正确测定和

选择土的抗剪强度指标是土工计算中十分重要的问题。

土的抗剪强度指标可以通过室内土工试验和现场原位测试确定。室内土工试验常用的方法有直剪试验、三轴剪切试验、无侧限压缩试验等；现场原位测试的方法有十字板剪切试验和大型直剪试验等。

5.3.1　直剪试验

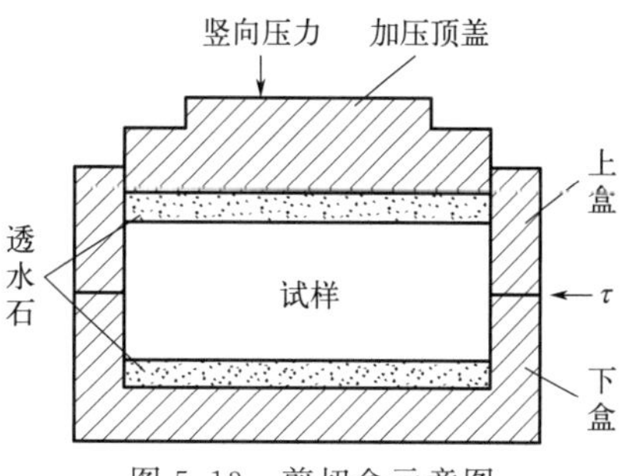

图 5.13　剪切盒示意图

直剪试验可直接测出预定剪切面上的抗剪强度。图 5.13 是直剪仪的剪切盒示意图。它由两个可相互错动的上、下金属盒组成。土样一般呈扁圆柱形，高为 2cm，面积为 30cm²。试验中如果不允许排水，则用不透水板代替透水石。在应变控制式直剪试验中，首先通过加压盖板对土样施加某一竖向压力，然后以规定速率对下盒逐渐施加水平剪切力（剪切力的大小可通过量力环测定），直至土样沿上、下盒间预定的水平面剪破。在剪切力施加过程中，要同时记录下盒的位移。由于剪切面为水平面，且土样较薄，土样侧壁摩擦力可不计，于是剪前施加在土样顶面上的竖向压力即为剪切面上的法向应力 σ。剪切面上的剪应力由试验中测得的剪切力除以土样断面积求得。根据试验记录可绘制该 σ 下的剪应力与剪位移关系曲线，如图 5.14 所示。以曲线的剪应力峰值作为该法向应力下土的抗剪强度。如果剪应力不出现峰值，则取某一剪位移（如上述尺寸的土样，常取上下盒相对错动位移 4mm）相对应的剪应力作为它的抗剪强度。

为确定土的抗剪强度指标，通常需要至少 4 个土样在不同法向应力下进行剪切试验，测出它们相应的抗剪强度。如图 5.15 所示，直线的倾角为土的内摩擦角 φ，直线与坐标纵轴的截距为土的黏聚力 c。

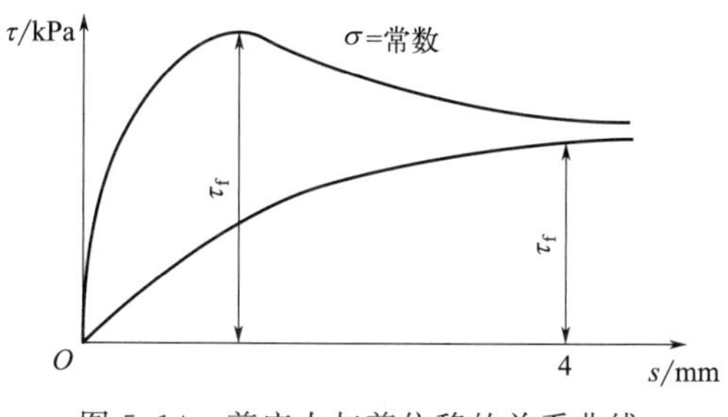

图 5.14　剪应力与剪位移的关系曲线

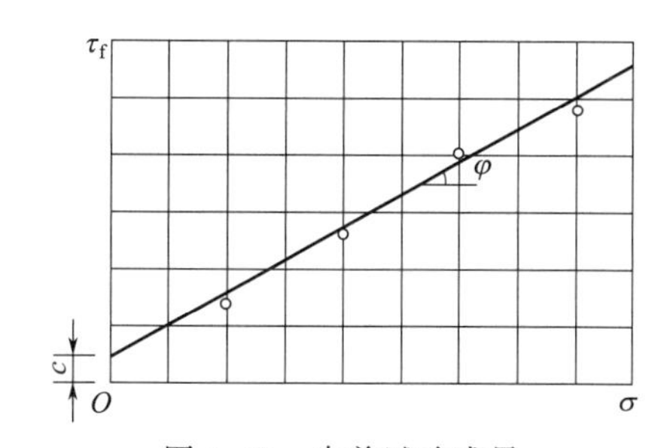

图 5.15　直剪试验成果

直剪试验有快剪、固结快剪和慢剪试验之分。试验时，先使土样在法向应力 σ_c（对于填土，σ_c 可取零；对于地基土，其大小取稍小于土样在原位的自重应力 p_0）下固结稳定。若进行快剪试验，再施加法向应力增量 $\Delta\sigma$，不待固结，立即快速施加水平剪切力使土样剪破。固结快剪试验则允许土样在法向应力增量 $\Delta\sigma$ 下排水，待固结稳定后，再快速施加水平剪切力使土样剪破。慢剪试验仍允许土样在法向应力增量 $\Delta\sigma$ 下排水，待固结稳定后，以缓慢的速率施加水平剪切力使土样剪破。

（1）快剪（Q）

《土工试验方法标准》（GB/T 50123—2019）规定，快剪试验适用于渗透系数小于 1×10^{-6}cm/s 的细粒土，试验时在土样上施加垂直压力后，拔去固定销钉，立即以 0.8～1.2mm/min 的剪切速度进行剪切，使土样在 3～5min 内剪破。土样每产生 0.2～0.4mm 剪位移测记测力计和位移读数，直至测力计读数出现峰值，继续剪切至剪位移为4mm时停机，记下破坏值；当剪切过程中测力计读数无峰值时，应剪切至剪位移为6mm时停机，该试验所得的强度称为快剪强度，相应的指标称快剪强度指标，以 c_Q、φ_Q 表示。

(2) 固结快剪 (R)

固结快剪试验也适用于渗透系数小于 1×10^{-6}cm/s 的细粒土。试验时对土样施加垂直压力后，每小时测读垂直变形一次，直至固结变形稳定，再拔去固定销，剪切过程同快剪试验（变形稳定标准为变形量每小时不大于0.005mm）。这样测得的强度称为固结快剪强度，相应指标称固结快剪强度指标，以 c_R、φ_R 表示。

(3) 慢剪 (S)

慢剪试验是对土样施加垂直压力，待固结稳定后，再拔去固定销，以小于0.02mm/min的剪切速度使土样在充分排水的条件下进行剪切，这样得到的强度称为慢剪强度，其相应的指标称慢剪强度指标，以 c_S、φ_S 表示。

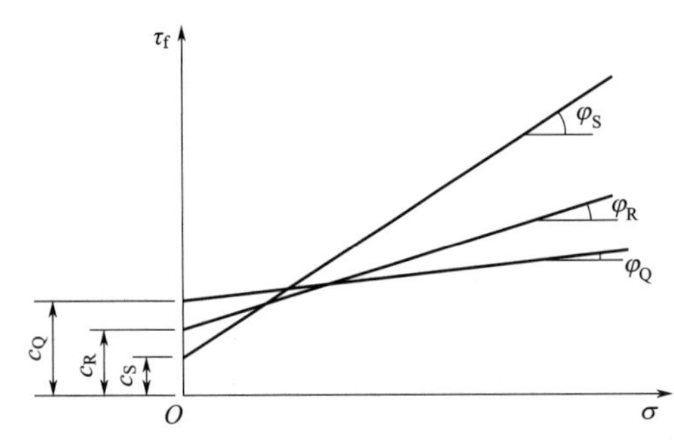

图 5.16 三种直剪试验方法成果的比较

上述三种方法的试验结果如图5.16所示。从图中可以看出，$c_Q>c_R>c_S$，而 $\varphi_Q<\varphi_R<\varphi_S$。

直剪试验由于设备简单、安装方便、易于操作，至今仍为被广泛采用。但是，在直剪试验中不能进行孔隙水压力的测量。虽然如此，如用直剪试验进行慢剪试验，由于土样排水距离短，可使试验历时缩短，故仍有可取之处。

直剪试验存在的缺点包括：

① 剪切破坏面固定为上下盒之间的水平面不符合实际情况，因为该面不一定是土样最薄弱的面；

② 试验中土样的排水程度依靠试验速度的“快”“慢”来控制，做不到严格的排水或不排水，这一点对透水性强的土来说尤为突出；

③ 由于上下盒的错动，剪切过程中土样的有效面积逐渐减小，使土样中的应力分布不均匀、主应力方向发生变化等，在剪切变形较大时更为突出。

为克服直剪试验存在的不足，对重大工程及一些科学研究，应采用更为完善的三轴剪切试验。

5.3.2 三轴剪切试验

三轴剪切仪是模拟土体在轴向和侧向受荷状态下发生剪切破坏的仪器，其构造如图5.17所示。它包括压力室、加压系统和量测系统三部分。试验时，先将用橡胶膜围裹的土样置于压力室内，通过加压系统先对土样施加 $\sigma_2=\sigma_3$ 的围压，再通过活塞对土样施加轴向应力 q，使 $\sigma_1=\sigma_3+q$。这样不断增加 q，即相当于增大 σ_1，使土样剪坏。土样受力情况如图5.18(a) 所示，在三维坐标系中属于轴对称问题；图5.18(b) 为土样剪坏时，破坏面 $m—n$ 与主应力 σ_1、σ_3 的关系，破坏面与大主应力作用面的夹角 $\alpha_f=45°+\dfrac{\varphi}{2}$；图5.18(c) 为应力圆表示的土样应力状态。

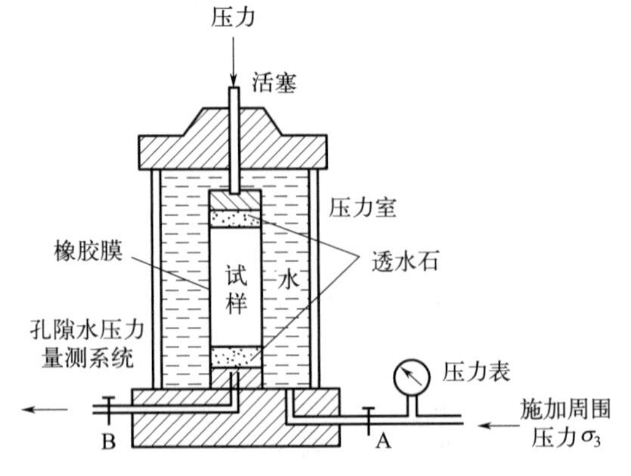

图 5.17 三轴压力室示意图

同直剪仪相比，三轴仪具有以下优点：

① 土样应力条件明确，在一定的应力状态下沿某一斜截面发生剪坏，剪切面非人为规定；

② 排水条件可以控制，便于量测剪切过程中土样中的孔隙水压力，可以求得有效应力指标。

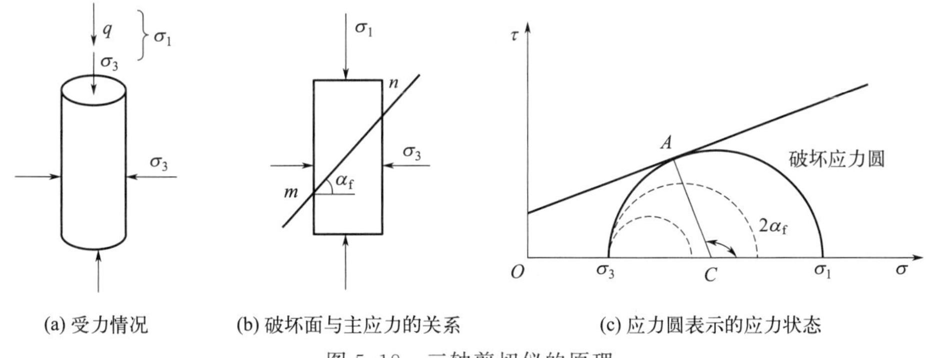

图5.18　三轴剪切仪的原理

三轴剪切仪既可以做压缩试验（$\sigma_1>\sigma_2=\sigma_3$），又可以做伸长试验（$\sigma_1=\sigma_2<\sigma_3$），三个主应力的关系以参数 b 来表示

$$b=\frac{\sigma_2-\sigma_3}{\sigma_1-\sigma_3} \tag{5.28}$$

对于压缩试验，$b=0$；对于伸长试验，$b=1$。在给定的围压下，一个土样只能作出一个极限应力圆。因此在试验时，至少需要3～4个土样。每一土样在不同的 σ_3 作用下施加 σ_1 进行剪切，得到3～4个极限应力圆，方可绘出其公切线，即土样的强度包线。由此可以求出抗剪强度指标 c、φ。

5.3.2.1　三轴剪切试验的方法

按照土样的固结和排水情况，三轴剪切试验可分为以下三种方法。

(1) 不固结不排水剪切试验（UU）

在围压和轴向应力施加过程中，不允许土样排水，整个试验过程中含水率不变，如图5.19所示。

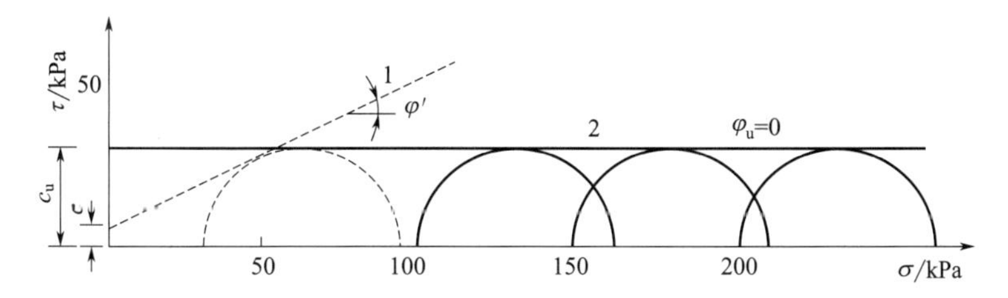

图5.19　不固结不排水剪（UU）强度包线

1—有效应力强度包线；2—总应力强度包线

(2) 固结不排水剪切试验（CU）

在围压施加过程中允许土样排水，土样在此压力下充分固结，然后关闭排水阀门，施加（$\sigma_1-\sigma_3$）直至土样剪坏。试验曲线如图5.20所示。

(3) 固结排水剪切试验（CD）

土样在围压作用下以及剪切过程中都充分排水，土样中不产生孔隙水压力，故施加的应力即为有效应力，如图 5.21 所示。

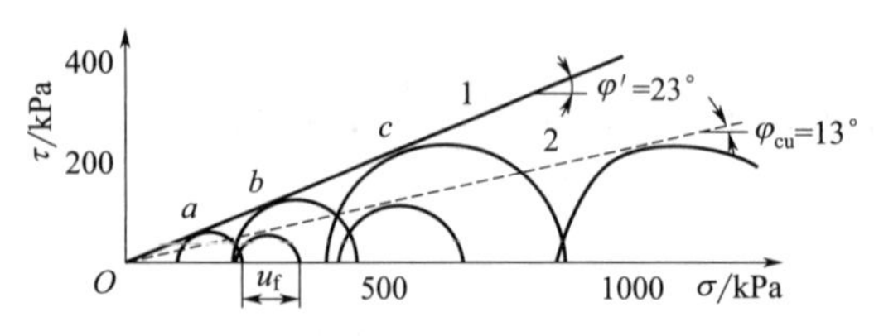

图 5.20 固结不排水剪（CU）强度包线

1—有效应力强度包线；2—总应力强度包线

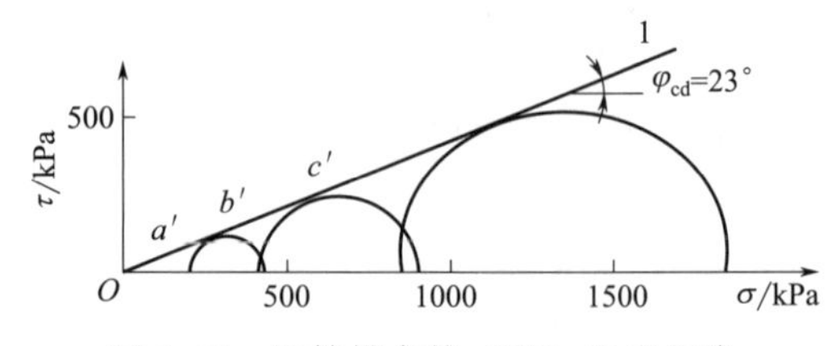

图 5.21 固结排水剪（CD）强度包线

有关三种试验条件求得的 c、φ 的具体差异，将在后面结合饱和黏土进行讨论。表 5.1 给出了上述三种试验条件下土样中孔隙水压力 u 及含水率 ω 的变化情况。

表 5.1 试验过程中的 u 及 ω 的变化

试验方法	σ_3 施加周应力 σ_3 σ_3	$\sigma_1-\sigma_3$ σ_3 σ_3 施加偏压力 $\sigma_1-\sigma_3$ σ_3 $\sigma_1-\sigma_3$
不固结不排水剪（UU）	$u_1=\sigma_3$（不固结） $\omega_1=\omega_0$（含水率不变）	$u_2=A(\sigma_1-\sigma_3)$（不排水） $\omega_2=\omega_0$（含水率不变）
固结不排水剪（CU）	$u_1=0$（固结） $\omega_1<\omega_0$（含水率减小）	$u_2=A(\sigma_1-\sigma_3)$（不排水） $\omega_2=\omega_1$（含水率减小）
固结排水剪（CD）	$u_1=0$（固结） $\omega_1<\omega_0$（含水率减小）	$u_2=0$（固结） $\omega_2<\omega_1<\omega_0$（正常固结土排水） $\omega_0>\omega_1>\omega_2$（超固结土吸水）

注：此处所用符号是英文的第一个字母。U 为不固结或不排水（unconsolidated or undrained），C 为固结（consolidated），D 为排水（drained）。

5.3.2.2 三轴剪切试验中的孔隙水压力系数 A 和 B

孔隙水压力系数 A、B 可由固结不排水剪切试验测定。B 值由施加围压 σ_3 后的孔隙水压力确定，表示为

$$B=\frac{\Delta u_1}{\Delta\sigma_3} \tag{5.29}$$

孔隙水压力系数 A 在施加（$\sigma_1-\sigma_3$）后确定，表示为

$$A=\frac{\Delta u_2}{(\Delta\sigma_1-\Delta\sigma_3)B} \tag{5.30}$$

在第 3 章中，推导出了孔隙水压力的表达式为

$$\Delta u=B\left[\Delta\sigma_3+A(\Delta\sigma_1-\Delta\sigma_3)\right] \tag{5.31}$$

上式中孔隙水压力系数 A 和 B 是计算初始孔隙水压力的重要参数。它们无论对变形计

算，还是对强度、稳定分析，都具有十分重要的意义。B 值与土的饱和度有关，如图 5.22 所示。显然，对于完全饱和土，$B=1.0$；对于干土，$B=0$；对于非饱和土，B 值介于 0 和 1.0 之间。

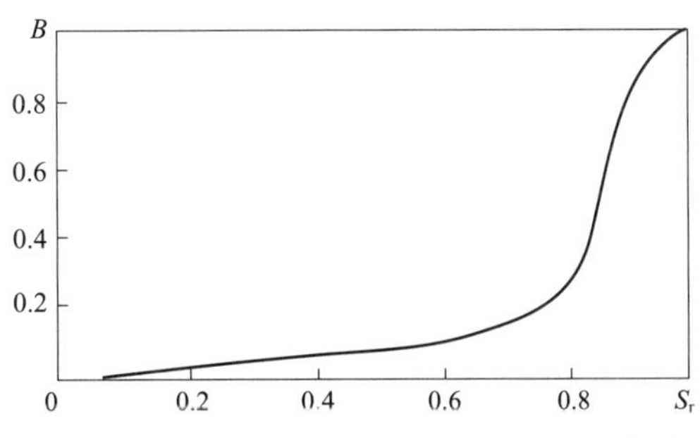

图 5.22 孔隙水压力系数 B 与饱和度的关系

斯开普顿（Skempton）与亨开尔（Henkel）认为孔隙水压力系数 A 在很大程度上取决于土的应力历史和所施加的应力与破坏应力的比值。表 5.2 给出了一些土由 CU 试验所得的土样破坏时的 A_f 值。

表 5.2 各种土的典型 A_f 值（由 CU 试验测得）

土类	A_f	土类	A_f
高灵敏黏土	0.75～1.5	弱超固结黏土	0～0.5
正常固结黏土	0.5～1.0	压实黏质砾石	−0.25～0.25
压实砂质黏土	0.25～0.75	强超固结黏土	−0.5～0

对饱和土施加外荷载时，若不能排水固结，则孔隙水承担的荷载产生正超静孔隙水压力。同理，在不排水条件下进行剪切试验，对于具有剪缩性或剪胀性的土，将产生正的或负的超静孔隙水压力。

斯开普顿的研究表明，饱和土的孔隙水压力表示为

$$\Delta u=\Delta\sigma_3+A(\Delta\sigma_1-\Delta\sigma_3) \tag{5.32}$$

当 $A>\frac{1}{3}$ 时，土具有负的剪胀性；$A<\frac{1}{3}$ 时，土具有正的剪胀性。

图 5.23 为剪切过程中两类土的典型曲线（ε 为轴向应变）。

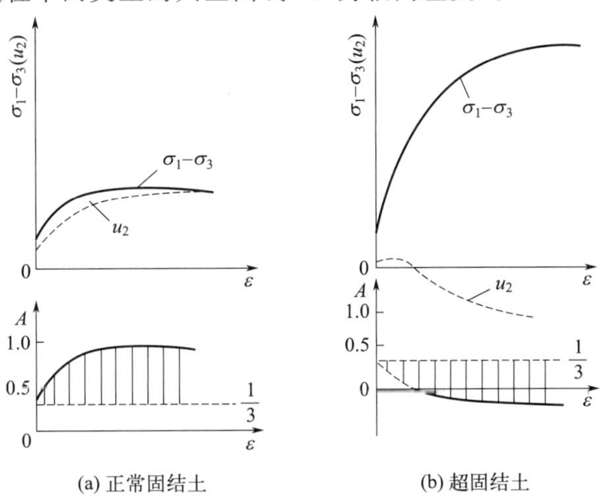

图 5.23 孔隙水压力系数 A 的试验结果

5.3.3 无侧限压缩试验

无侧限压缩试验又称单轴压缩试验，相当于 $\sigma_3=0$ 的三轴剪切试验。试验时，将圆柱形土样放入如图 5.24(a) 所示的无侧限压缩仪中，在轴向应力作用下土样发生剪切破坏，破

坏时的轴向应力 σ_1 称为无侧限抗压强度，以 q_u 表示。

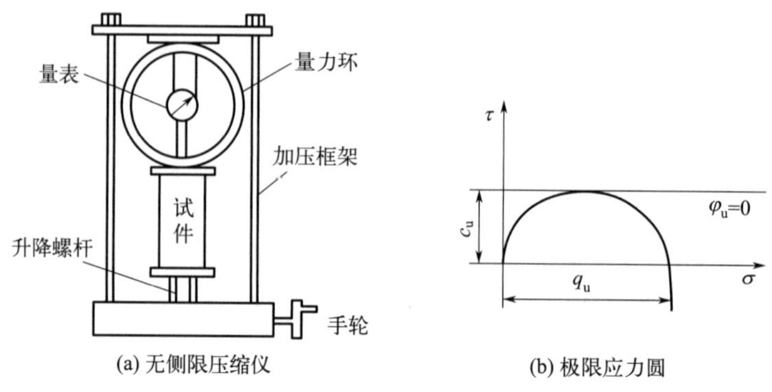

(a) 无侧限压缩仪　　(b) 极限应力圆

图 5.24　无侧限压缩试验

该试验结果只能得到一个极限应力圆，如图 5.24(b) 所示。对于一般黏土，无侧限压缩试验无法得到其强度包线。但对于饱和黏土，用三轴不排水剪切试验所得强度包线为一水平线，即 $\varphi_u=0$。这样，由无侧限压缩试验所得的极限应力圆的水平切线即为强度包线。无侧限抗压强度 q_u 与三轴不排水强度 c_u 的关系为

$$c_u=\frac{1}{2}q_u \tag{5.33}$$

由于室内试验的土样不可避免地受到扰动，且取样过程中产生应力释放，所以试验所得到的强度将低于土的实际强度。

无侧限压缩试验可用来测定土的灵敏度，用同一种土的原状和重塑土样分别进行无侧限抗压强度试验，得到相应的无侧限抗压强度 q_u 及 q_u'，二者的比值即为土的灵敏度。

$$S_t=\frac{q_u}{q_u'} \tag{5.34}$$

灵敏度 S_t 反映了土受扰动后强度的弱化，灵敏度越高，土受扰动后强度降低得越多。黏性土受扰动后，部分降低的强度，随着时间可以逐渐恢复。我国黏土的灵敏度大多在 2～4 之间；泥炭土的灵敏度在 1.5～10 之间；海洋沉积土的灵敏度在 1.6～26 之间；挪威德拉门黏土的灵敏度高达 150。工程中常按灵敏度的大小对黏性土进行分类，见表 5.3。

表 5.3　黏土按灵敏度分类

S_t	黏土类别	S_t	黏土类别
<2	不灵敏	16～32	轻流动性
2～4	中等灵敏	32～64	中流动性
4～8	灵敏	>64	流动性
8～16	很灵敏		

工程中也常按 q_u 的大小近似划分土的状态（表 5.4）。

表 5.4　按 q_u 划分土的状态

q_u/kPa	状态	q_u/kPa	状态
<2.5	很软	10～20	硬
2.5～5.0	软	20～40	很硬
5～10	中等	>40	坚硬

5.3.4　十字板剪切试验

十字板剪切仪是一种使用方便的原位测试仪器，通常用于测定饱和黏性土的原位不排水强度，特别适用于均匀饱和软黏土。这种土常因在取样操作和土样成形过程中不可避免地受到扰动而破坏其天然结构，致使室内试验测得的强度值低于原位土的强度。

十字板剪切仪由板头、加力装置和量测装置三部分组成。设备装置简图如图5.25(a)所示。板头是两片正交的金属板，厚2mm，刃口呈60°，常用尺寸为D(宽)×H(高)=50mm×100mm。试验通常在钻孔内进行，先将钻孔钻进要求测试的深度以上75cm左右。清理孔底后，将十字板头压入土中至测试的深度。然后，通过安放在地面上的扭力施加装置，旋转钻杆并带动十字板头扭转，这时可在土体内形成一个直径为D、高度为H的圆柱形剪切面[图5.25(b)]。剪切面上的剪应力随扭矩的增加而增大，当达到最大扭矩M_{max}时，土体沿该圆柱面破坏，圆柱面上的剪应力达到土的抗剪强度τ_f。

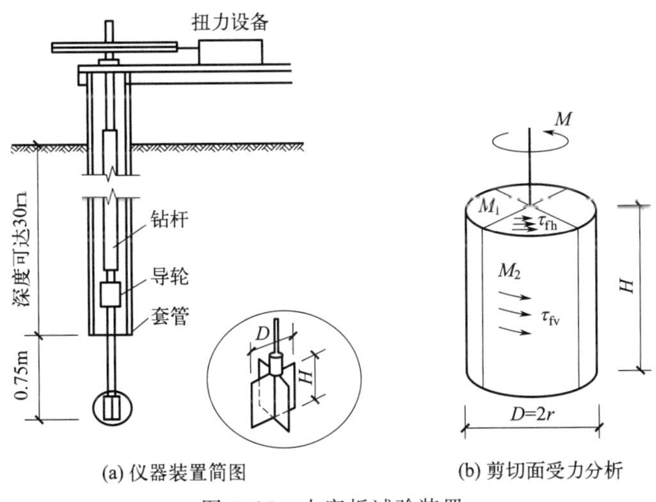

图5.25　十字板试验装置

图5.25(b)表示了土的抗剪强度和最大扭矩的关系。实际上，抗扭力矩是由M_1和M_2两部分所组成，有

$$M_{max}=M_1+M_2 \tag{5.35}$$

M_1是柱体上、下底面的抗剪强度对圆心所产生的抗扭力矩，其值为

$$M_1=2\int_0^{D/2}2\pi r\tau_{fh}r\mathrm{d}r=\frac{\pi D^3}{6}\tau_{fh} \tag{5.36}$$

式中，τ_{fh}为水平面上土的抗剪强度。

M_2是圆柱侧面上的剪应力对圆心所产生的抗扭力矩，其值为

$$M_2=\pi DH\frac{D}{2}\tau_{fv} \tag{5.37}$$

式中，τ_{fv}为竖直面上土的抗剪强度。假定土体为各向同性体，即$\tau_{fh}=\tau_{fv}$，将式(5.36)和式(5.37)代入式(5.35)，得

$$M_{max}=M_1+M_2=\frac{\pi D^2}{2}\times\frac{D}{3}\tau_f+\frac{1}{2}\pi D^2H\tau_f \tag{5.38}$$

$$\tau_f=\frac{M_{max}}{\frac{\pi D^2}{2}\left(\frac{D}{3}+H\right)} \tag{5.39}$$

通常认为在不排水条件下，饱和软黏土的内摩擦角 $\varphi_u=0$，因此十字板剪切试验所测得的抗剪强度也就相当于土的不排水强度 c_u 或无侧限抗压强度 q_u 的一半。

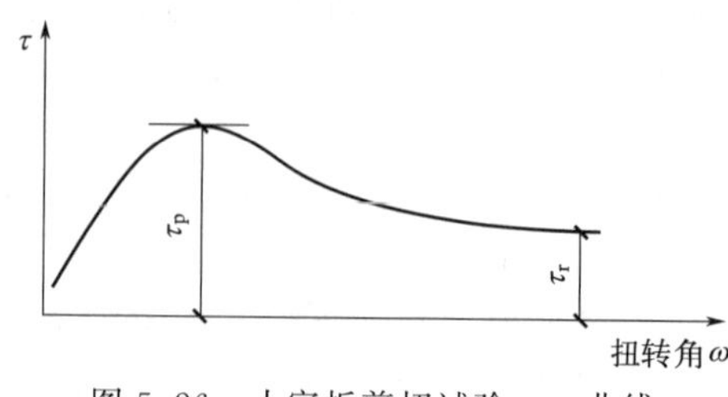

图 5.26 十字板剪切试验 τ-ω 曲线

试验时，当扭矩达到 M_{max} 土体发生剪切破坏，这时土所发挥的抗剪强度 τ_f 也就是图 5.26 中的峰值剪应力 τ_p。剪切破坏后扭矩不断减小，也即剪切面上的剪应力不断下降，最后趋于稳定。稳定时的剪应力称为残余剪应力 τ_r。残余剪应力代表原状土的结构被完全破坏后的抗剪强度，所以 τ_p/τ_r 有时也可以表示土的灵敏度。

十字板剪切试验因为直接在原位进行试验，不必取土样，故土体所受的扰动较小，是比较能反映土体原位强度的测试方法。但是，能否测得满意的结果与下列几个因素有关。

(1) 土的各向异性和不均匀性

实际土体在不同程度上是各向异性的，即 τ_{fv} 不等于 τ_{fh}，不但峰值的绝对值不同，而且达到峰值所需的扭转角也不同。有时需要采用不同 D/H 的十字板头，在邻近位置进行多次测定，以便区分 τ_{fv} 和 τ_{fh}。此外，对于不均匀土层，特别是夹有薄层粉细砂或粉土的软黏土，剪切过程中无法保证不排水，十字板剪切试验会有较大的误差，使用时需谨慎。

(2) 扭转速率

目前国内外一般都采用 1°/10s 的扭转速率。试验结果表明，扭转速率对测试结果的影响很大。一方面，由于黏土颗粒间存在黏滞阻力，旋转越快，测得的强度越高。特别是在塑性高的黏土中，这种效应尤其明显。另一方面，十字板剪切试验虽被认为是不排水剪，但实际上在规定的剪切速率下，仍存在着排水的可能性，导致所测得的不排水抗剪强度偏大。对于具有不同渗透特性的地基土，采用不同的剪切速率更合理一些。

(3) 插入深度对土体扰动的影响

清孔会扰动试验点的土质，故插入深度原则上不应小于所用套管直径的 5 倍。各国采用的插入深度范围为 46～92cm，我国通常采用 75cm。

(4) 渐进破坏效应

十字板旋转时两端和周围各点土体的应力和应变分布并不均匀，这就使得在整个剪切面上不能同时达到峰值抗剪强度。此外，相关研究认为，十字板剪切破坏面实为带状（至少不是理想的圆柱状），实际剪切破坏面较计算值大，因此常使计算的 τ_f 值偏大。

原位十字板剪切试验已经历了几十年的工程实践与发展，试验方法和仪器基本标准化。这种试验方法用于正常固结饱和黏性土较为有效。尽管目前它的测试结果在理论上尚难做出严格的解释，上述各种因素的影响也难以确切地修正，但在实用上，仍不失为一种简便可行且能有效解决工程问题的方法。

【例 5.3】 在某饱和粉质黏土中进行十字板剪切试验，十字板头尺寸为 50mm×100mm，测得峰值扭矩 $M_{max}=0.0103\text{kN}\cdot\text{m}$，终值扭矩 $M_r=0.0041\text{kN}\cdot\text{m}$。求该土的抗剪强度和灵敏度。

解：通常抗剪强度指峰值强度，用式(5.39) 计算：

$$\tau_f=\frac{M_{max}}{\frac{\pi D^2}{2}\left(\frac{D}{3}+H\right)}=\frac{0.0103}{\frac{\pi\times0.05^2}{2}\times\left(\frac{0.05}{3}+0.1\right)}=22.48\text{kPa}$$

灵敏度：

$$S_t=\frac{\tau_p}{\tau_r}=\frac{M_{max}}{M_r}=\frac{0.0103}{0.0041}=2.51$$

5.3.5　大型直剪试验

对于无法取得原状土样的土体可采用现场大型直剪试验。该试验方法适用于测定边坡和滑坡的岩体软弱结合面、岩石和土的接触面，滑动面和黏性土、砂土、碎石土的混合层及其他粗颗粒土层的抗剪强度。由于大型直剪试验土样的剪切面面积较室内试验大得多，又在现场测试，因此它更加符合实际情况。有关大型直剪试验的设备及试验方法可参见有关土工试验专著。

5.4　土的抗剪强度特征

5.4.1　无黏性土的抗剪强度特征

无黏性土没有黏聚力，其抗剪强度取决于剪切面上的摩擦性质，其密实程度及颗粒间的相对移动是影响无黏性土性质的关键因素。

5.4.1.1　无黏性土的摩擦强度

摩擦是由土颗粒之间的相对移动产生的。其物理过程分为两部分：一是因颗粒间的滑动而产生的滑动摩擦；二是因颗粒间脱离咬合作用而产生的咬合摩擦。

滑动摩擦是由颗粒接触面粗糙不平而引起的，它与颗粒的形状、粗糙度、粒径及级配等因素有关。滑动摩擦一般不产生明显的体积膨胀。

咬合摩擦指颗粒间因发生相对移动而引起的约束作用。图5.27表示其机理：原先咬合好的颗粒，当土体剪切时，剪切面上的颗粒必须跨过相邻的颗粒或其尖角被剪断后才能发生移动，使原先的咬合状态被破坏，表现为体积胀大，所消耗的能量由剪切力做功来提供。此外，土颗粒的重新排列和导向也需消耗部分能量。咬合摩擦与土的相对密度、孔隙比有关。图5.28为干容重 γ_d 与内摩擦角 φ 的关系示意图。

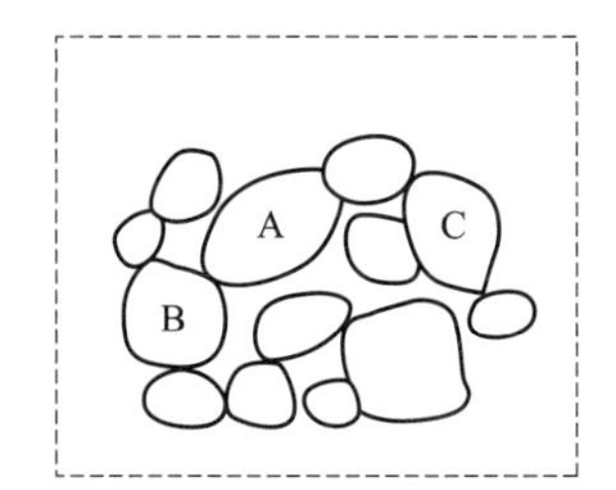

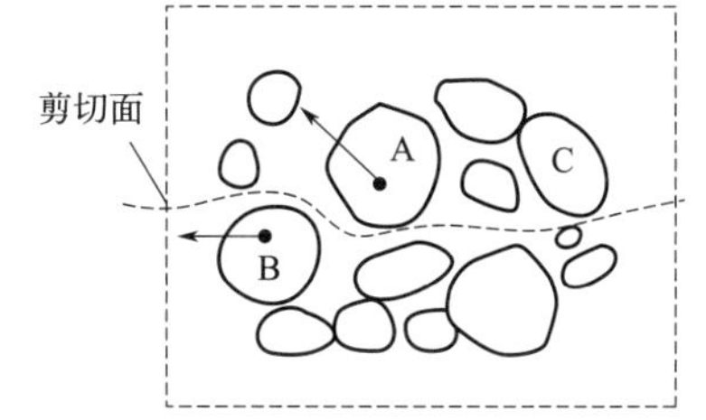

图5.27　土内的剪切面

研究表明，就一种砂土而言，无论是紧砂还是松砂，颗粒的滑动摩擦角差异不大，两者在强度上的差异主要是由颗粒的定向排列作用与剪胀效应所致。紧砂的强度变化是剪胀性起主要作用，松砂则是由颗粒的重新排列和定向作用所控制。因此，研究无黏性土强度特性的重点在于研究其剪胀性、颗粒破碎、颗粒重新排列和定向作用，也就是无黏性土的结构特性。

上述无黏性土的摩擦强度分析考虑的是低压情况下，而高压情况下无黏性土的摩擦强度还应考虑颗粒的挤碎作用。

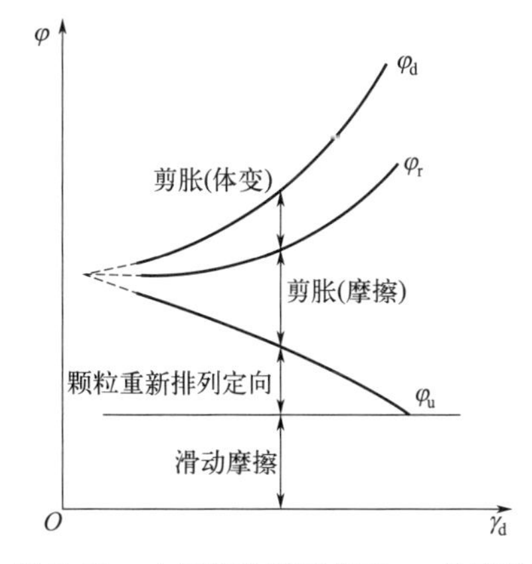

图5.28　内摩擦角随干容重 γ_d 的变化

5.4.1.2 土颗粒组成对内摩擦角的影响

土颗粒的组成主要指颗粒形状、级配及矿物成分等。级配良好的土具有较好的接触及咬合作用，较级配均匀的土咬合作用强、接触压力小而不易破碎，故内摩擦角较大。尖角的砂较圆角的砂咬合作用强，内摩擦角也较大。但对砾来说，由于其强度较低易破碎，故棱角的影响要小。表 5.5 所列的实测资料说明了以上论点。

表 5.5 颗粒级配与形状对内摩擦角的影响

颗粒级配与形状	松砂内摩擦角/(°)	紧砂内摩擦角/(°)
级配均匀、圆粒	30	37
级配良好、圆粒	34	40
级配均匀、角粒	35	43
级配良好、角粒	39	45

此外，研究还发现，除含云母的砂内摩擦角较小外，其他矿物类别的砂内摩擦角差别不大。

5.4.1.3 土的孔隙比与剪胀性

孔隙比大小反映土的密实程度。中砂试验结果表明，内摩擦角 φ 随初始孔隙比 e_0 的减小而增大，e_0 愈小表明砂愈紧密，咬合摩擦愈大，剪切时需较高的能量来克服，因而具有较大的内摩擦角。

砂土在剪切过程中，其体积视砂的松紧不同而发生收缩和膨胀。图 5.29 为砂土在固结排水试验中的应力-应变与应变-体变关系曲线。松砂受剪一般不出现峰值强度，其体积先急剧减少，然后略有回胀；紧砂受剪时先是颗粒彼此贴紧，体积略有收缩，然后由于咬合摩擦造成颗粒跨越发生相对位移，体积迅速增大，与此对应的应力-应变关系曲线开始很陡，达峰值时，由于土样颗粒间咬合作用削弱，强度亦有所降低。

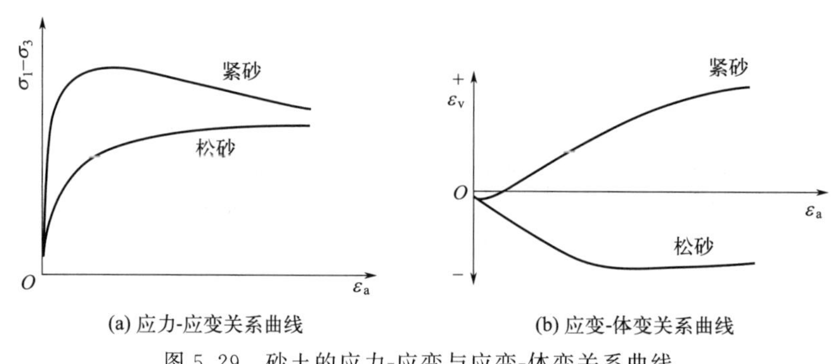

(a) 应力-应变关系曲线　(b) 应变-体变关系曲线

图 5.29 砂土的应力-应变与应变-体变关系曲线

砂土的上述特征称为剪胀性。体积增大称正剪胀性，体积收缩称剪缩性或负剪胀性。

归纳初始孔隙比对砂土强度的影响：砂愈紧，其咬合作用表现愈显著，剪胀作用愈明显，峰值强度愈高，峰值以后的强度降低也较为明显。

在砂土剪切过程中，对应体积既不膨胀也不缩小的孔隙比，称为临界孔隙比，用 e_k 表示。临界孔隙比并非常量，它随着围压的增大而减小，即它与应力水平有关。同时，它还随着砂土的级配和应力历史变化。临界孔隙比是确定砂土松散和密实状态的分界标准。初始孔隙比 e_0 大于临界孔隙比 e_k，土样在剪切过程中体积缩小；而初始孔隙比 e_0 小于临界孔隙比 e_k，土样在剪切过程中体积膨胀。

5.4.1.4　无黏性土的内摩擦角

松砂的内摩擦角大致与干燥状态下砂土的天然坡角（又称天然休止角）相等。天然坡角是砂土处于疏松状态且在没有法向压力作用时的内摩擦角，不含咬合作用所产生的强度。它与堆积的形状有关，一般来说，锥形所对应的天然坡角最小。

内摩擦角可分为峰值内摩擦角 φ_d（按峰值强度确定）和残余内摩擦角 φ_r（按峰值后最终强度确定）。表 5.6 为砂土强度指标的参考值，选用时应慎重对待，对于一般工程可选用峰值强度指标 φ_d；对于有较大变形的地基土宜选用残余内摩擦角 φ_r。

表 5.6　砂土的摩擦角

土类	残余摩擦角 φ_r/(°)	峰值摩擦角 φ_d/(°)	
		中密	密实
无塑性粉砂	26～30	28～32	30～34
均匀细砂、中砂	26～30	30～34	32～36
级配良好的砂	30～34	34～40	38～46
砾砂	32～36	36～42	40～48

5.4.1.5　高压力作用下无黏性土的剪切特性

上述分析是低压力作用下的结果。高压力下紧砂的应力、应变及体变特征和低压力下松砂较为相似，其剪胀作用较小，随着压力的增长，其特性发生变化。土的性质在低压力和高压力下的不同点，首先表现为内摩擦角降低。各种砂土排水剪切试验的强度和有效正应力 σ'的关系都可看出，σ'增大则抗剪强度包线偏离直线而降低，显示了 φ 变小的趋势。高压力下随着压缩和剪切过程中颗粒破碎，显示出与低压力下剪胀性的显著不同，特别是砂和砾更为突出。另外，无论紧砂还是松砂，随着围压 σ_3 的增加，φ 值都呈降低的趋势。

至于饱和松砂在动荷载下发生液化的性质更是工程中不能忽视的。砂土液化是指饱和砂土在周期性动荷载作用下，骤然失去抗剪能力，出现喷砂冒水现象，土体呈现液体状态的现象。其机理是由于反复的动荷载作用，饱和松砂中水排不出去，孔隙水压力迅速增加，有效应力减小为零，土的抗剪强度完全丧失。砂土液化对工程极为有害。

液化定义为任何物质转化为液体的行为或过程。就无黏性土而言，从固体状态变为液体状态的这种转化是由于孔隙水压力增加、有效应力减小的结果。显然，在这一定义中并没有涉及孔隙水压力的起因和变形量的大小。如前所述，饱和松砂在不排水条件下受剪将产生正孔隙水压力。那么，当饱和疏松的无黏性土，特别是粉、细砂受到突发的动力荷载或周期荷载时，一时来不及排水，便可导致孔隙水压力的急剧上升。按有效应力观点，无黏性土的抗剪强度表示为

$$\tau_f=\sigma'\tan\varphi'=(\sigma-u)\tan\varphi' \tag{5.40}$$

由此可知，一旦震动引起的超静孔隙水压力 u 趋于σ，则 σ'将趋于零，抗剪强度亦趋于零。这时，无黏性土地基将丧失其承载能力，土坡将流动塌方，这是土液化的又一形式。

需要说明的是，这里虽然仅提到无黏性土的液化，但并不意味着液化只发生在无黏性土中。震害的现场调查表明，稍具有黏性的土对震动同样是极为敏感的，因此在强震区，对这种土亦应给予足够的重视。关于土的动力特性，是土力学中一个专门的研究课题，可参阅有关著作。

5.4.2　黏性土的抗剪强度特征

不同于无黏性土，黏性土具有黏聚力，其强度为凝聚强度，黏性土又称凝聚性土。黏性

土的强度由于其微观结构极为复杂、颗粒较为细小、矿物成分复杂、结构多变以及水和胶结物质的存在，表现出复杂的性质。

5.4.2.1 黏性土的强度机理

通过电子显微镜技术，发现黏性土颗粒多为扁平状，并被薄层强结合水和较厚的弱结合水所包围。其颗粒间相互作用力为范德华力和库仑力的组合，随着微观颗粒的间距以及排列组合方式的不同而不同。这就是黏性土的强度不但取决于密实程度，而且与扰动程度有很大关系的原因。

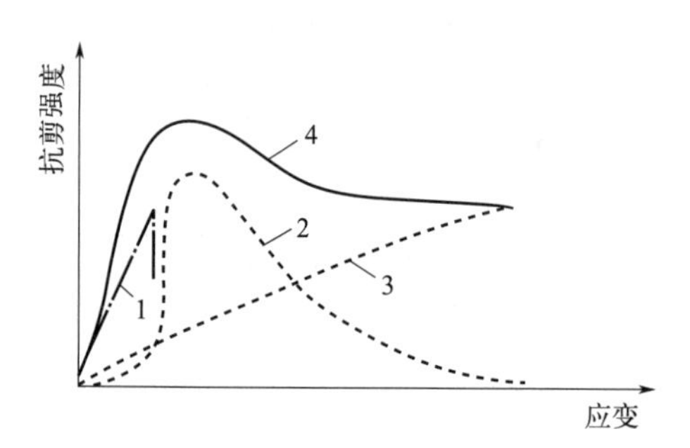

图 5.30 黏性土的强度分量

1—黏聚分量；2—剪胀分量；3—摩擦和干扰分量；4—实测强度

从内力和微观结构出发，黏性土的抗剪强度由黏聚力、剪胀及摩擦三部分组合而成，如图 5.30 所示。黏聚力是由颗粒间的结合或胶结作用而引起的，与法向应力无关；摩擦是由颗粒间的摩擦以及相互吸引力形成的；剪胀则由颗粒间相互咬合的约束力形成的。后两者与法向应力有关。

5.4.2.2 饱和黏性土的强度特性

黏性土抗剪强度的影响因素较多，既与土的自身性质和状态如组成、种类、结构、孔隙比、饱和度、应力历史等有关，也与周围环境如排水条件等有联系，还受外部荷载如加荷速率和应力路径的影响。下面分析几种主要的影响因素。

(1) 排水条件的影响

饱和黏性土在剪切过程中必然会引起孔隙水压力的变化，而且剪切前固结程度和排水条件不同将引起试验中孔隙水压力的不同。因此，当用总应力指标来表示土的强度时，不同试验方法所得出的指标差别较大，亦即反映了孔隙水压力的影响。当采用有效应力指标表示时，所测得的剪切指标较为接近。图 5.31 中曲线 A 为正常固结黏性土试样在固结排水剪试验中的应力-应变关系曲线和体应变-轴应变关系曲线，曲线 B 为超固结黏性土试样的曲线，p'_0 为起始固结压力，p'_m 为最大固结压力，ε_v 为体应变。

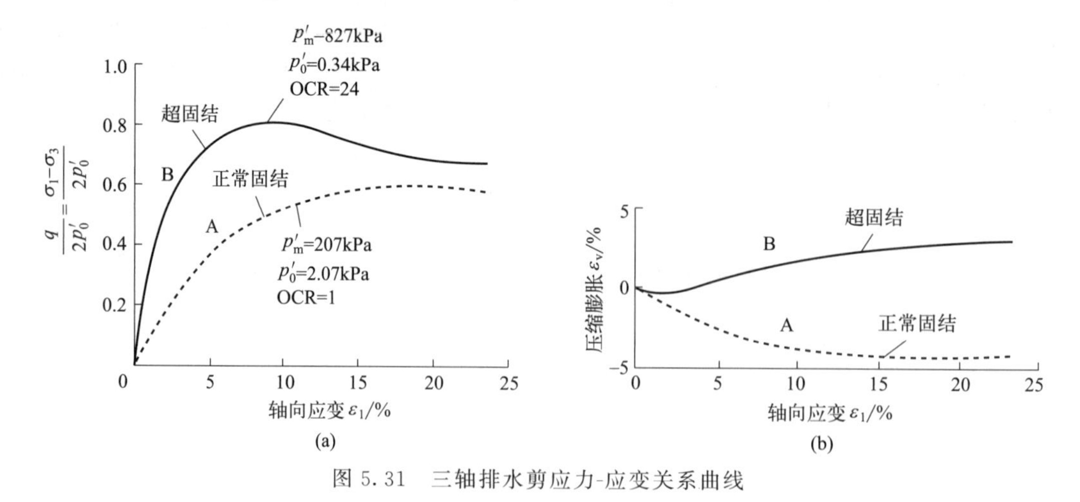

图 5.31 三轴排水剪应力-应变关系曲线

(2) 固结历史的影响

饱和黏性土的抗剪强度不只受固结和排水条件的影响，在一定程度上还受其固结历史的影响。从图 5.31 中的正常固结黏性土 A、超固结黏性土 B 的曲线，可见超固结黏性土具有峰值抗剪强度，峰值后强度会有所降低；在较大应变时与正常固结黏性土的强度较为一致。从体积应变来看，正常固结黏性土总是压缩，而超固结黏性土则先压缩后膨胀。在此种情况下，黏性土的应力-应变关系曲线及体积变化与砂土极其相似。

图 5.32(a)、(b) 分别为正常固结黏性土和超固结黏性土的应力-应变关系曲线及孔压变化曲线。由于正常固结土试样在固结排水剪中体积减小，所以在固结不排水剪试验中试样将通过内部应力的自动调整，即以增大正孔隙水压力与减小有效应力，来保持体积不变，故剪切过程中出现正的孔隙水压力；而对于超固结土试样，由于在固结排水剪试验中体积先减小后增加，所以在固结不排水剪试验的后期，将产生负孔隙水压力使有效应力增加，以保持体积不变。

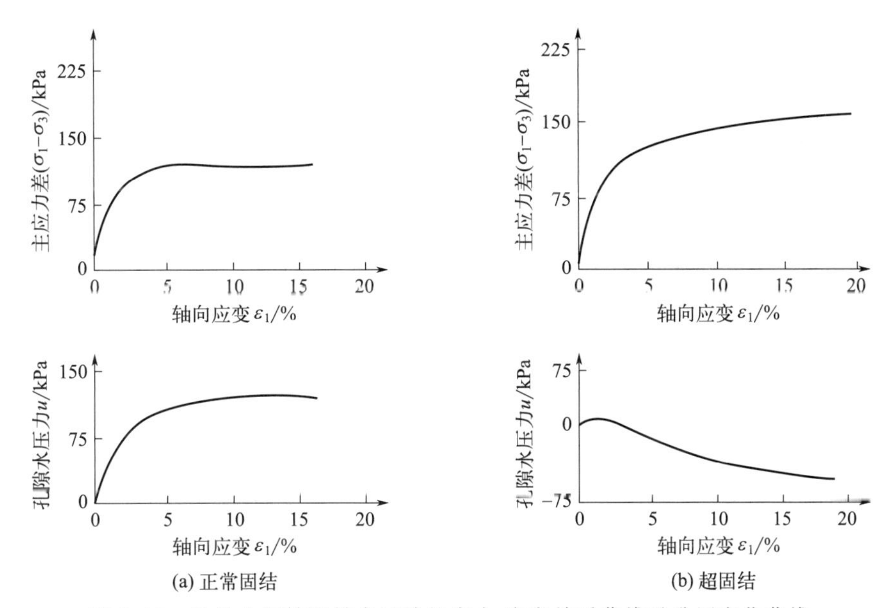

图 5.32　黏性土固结不排水试验的应力-应变关系曲线及孔压变化曲线

(3) 饱和黏性土抗剪强度的一般规律

下面以正常固结的饱和黏性土为例，说明在 UU、CU、CD 试验中强度指标的差异。

同样的两个试样，在围压 σ_3 下固结稳定以后，分别进行 CU、CD 试验，所得极限总应力圆，如图 5.33 中 a 和 b 所示。由于 CU 试验中产生正的孔隙水压力，有效围压将减小，故圆 a 的半径小于圆 b。由 CU 和 CD 试验求得的强度包线将都通过原点，故总应力指标 $\varphi_{cd} > \varphi_{cu}$。

基于土的强度取决于有效应力的观点，由 CD 试验求得的总应力强度包线，即为有效应力强度包线，其必与 CU 试验求得的极限有效应力圆相切，如圆 d 所示。

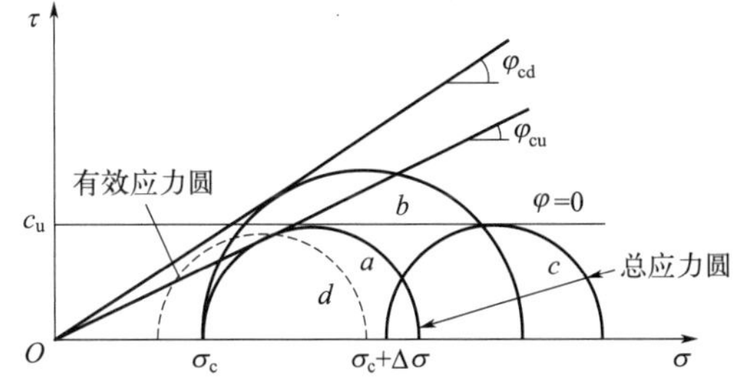

图 5.33　正常固结试样的强度包线

取第三个试样，在 σ_3 围压下不固结，然后在不排水条件下施加围压增量，进行 UU 试验。由于围压的施加将引起孔隙水压力的等量增加，试样将与 CU 试样具有相同的抗压强度，其极限总应力圆为 c，有效应力圆则为 d。所以 UU 试验的总应力强度包线为一水平线，φ_u 等于零，c_u 取决于剪切前的有效固结压力。

正常固结黏性土，在含水率不变时进行不排水剪试验可以得到相同的有效应力状态和相同的不排水剪强度，可以认为有“含水率-有效应力-不排水强度”的唯一性关系。且含水率愈高，有效应力愈低，不排水强度也愈低。

通过以上分析可知，尽管三个试样在剪切前具有相同的有效固结压力，但总应力强度包线及强度指标却不同，$\varphi_{cd}>\varphi_{cu}>\varphi_u$。

5.4.2.3 黏性土的残余强度

超固结黏性土在剪切试验中具有与紧砂相似的应力-应变特性，即当强度随剪位移达到峰值后，如果剪切继续进行，则强度显著降低，最后达到某一定值，该值就称为黏性土的残余强度。针对地基而言，正常固结黏性土一般亦有此现象，只是降低的幅度较超固结黏性土小而已。图 5.34 为应力历史不同的同一种黏性土在相同法向应力下进行直剪试验的慢剪结果。图 5.35 为不同法向应力下的峰值强度包线和残余强度包线。由图可知：

① 黏性土的残余强度与它的应力历史无关；

② 在大剪切位移下超固结黏性土的强度降低幅度比正常固结黏性土的大；

③ 残余强度包线为通过坐标原点的直线，即

$$\tau_r=\sigma\tan\varphi_r \tag{5.41}$$

式中，τ_r 为黏性土的残余强度，kPa；σ 为剪破面上的法向应力，kPa；φ_r 为残余内摩擦角，(°)。

必须指出，在大剪切位移下黏性土强度降低的机理与紧砂不同。如前所述，紧砂是由于土粒间咬合作用被克服、结构崩解变松的结果，而黏性土则是由于：

① 在受剪过程中原来絮凝排列的土粒在剪切面附近分散排列，即片状土粒与剪切面平行排列，粒间引力减小；

② 吸附水层中水分子的定向排列和阳离子的分布因受剪而遭到破坏。

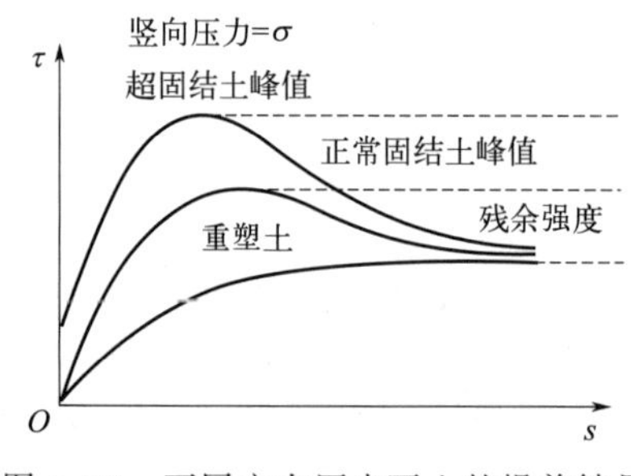

图 5.34 不同应力历史下土的慢剪结果

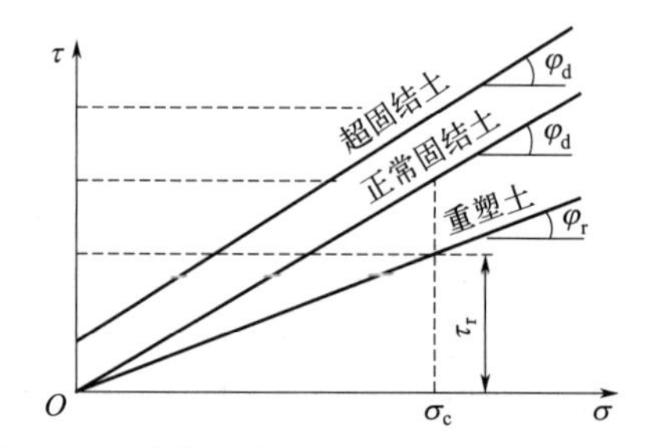

图 5.35 峰值强度包线和残余强度包线关系

5.5 土的应力路径

5.5.1 应力路径及表示方法

试验中的土样或土体中的土单元，在外荷载变化的过程中，应力将随之发生变化。如果是弹性体，应力-应变关系符合广义胡克定律。这种关系只决定于材料本身的特性而不随应力的变化而变化，即应力和应变总是一一对应。但是，在一般条件下土体并不是一种弹性材料，而是非线性或弹塑性材料。因而，对处于相同应力状态的同一种土体，如果其应力历史或应力变化过程不同，则土体所具有的性质或所产生的应变可能会有很大的差别。所以，研

究土的性质，不仅需要知道土的初始和最终应力状态，而且还需要知道它所受应力的变化过程。土在其形成的地质年代中所经受的应力变化情况称为应力历史。

在一般的土工建筑物或地基中，土体单元处于三维应力状态，可用土体微单元上作用的正应力和剪应力来表示，也可用三个主应力 σ_1、σ_2、σ_3 来表示［图 5.36(a)］。作用在土体中一点（微小单元）上的应力大小与方向称为该点的应力状态。土体中一点的应力状态可用某种应力坐标系中的一个点来表示。例如，对于图 5.36(a) 所示的三维应力状态，在以三个主应力为坐标轴的坐标系中，可用图 5.36(b) 中的点 A 来表示。

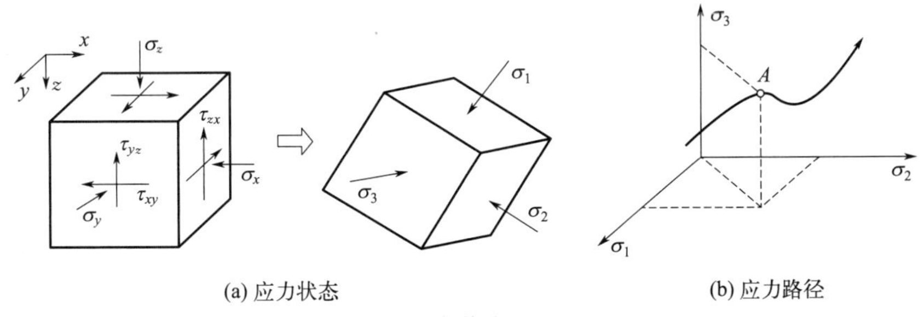

(a) 应力状态　　(b) 应力路径

图 5.36　应力状态和应力路径

当作用在土工建筑物或地基上的荷载发生变化时，土体中该点的应力状态也会随之发生变化。在应力坐标系中，表示该点应力状态的点会发生相应的移动。当土体中一点的应力状态发生连续变化时，表示应力状态的点在应力空间（或平面）中形成的轨迹称为应力路径。

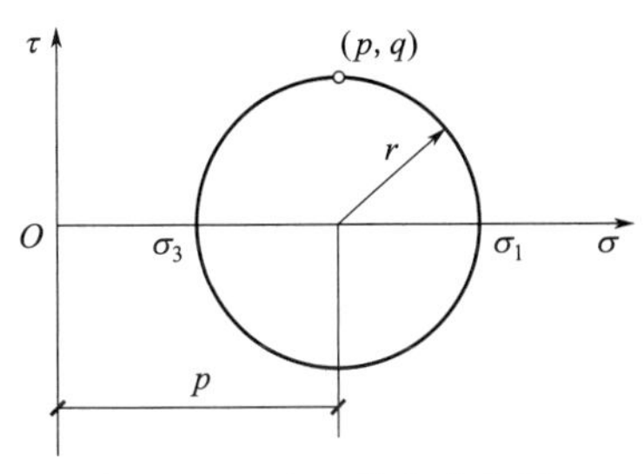

图 5.37　应力状态莫尔圆

对最大主应力 σ_1 和最小主应力 σ_3 作用平面的情况，土体中一点完整的应力状态可通过一个莫尔圆来表示（图 5.37）。该莫尔圆的圆心坐标为 $p=(\sigma_1+\sigma_3)/2$；半径为 $r=(\sigma_1-\sigma_3)/2$；顶点坐标为 $p=(\sigma_1+\sigma_3)/2$、$q=(\sigma_1-\sigma_3)/2$。由图可见，应力状态莫尔圆的大小和位置与其顶点坐标（p,q）存在一一对应的关系，因此，土体中一点的应力状态也可以通过莫尔圆的顶点坐标（p,q）来表示。

在二维应力问题中，应力的变化过程可以用若干个莫尔圆表示。图 5.38(a) 以常规三轴试验为例，给出了用一系列莫尔圆表示的应力变化过程。在常规三轴压缩试验中，首先对土样施加围压 σ_3，这时 $\sigma_1=\sigma_3$，莫尔圆表示为横轴上的一个点 A。然后，在剪切过程中，增加偏应力（$\sigma_1-\sigma_3$）使得最大主应力 σ_1 逐步增大，应力莫尔圆的直径也逐步增大。当土样达到破坏状态时，应力莫尔圆与强度包线相切。这种用若干个莫尔圆表示应力变化过程的方法显然很不方便，特别是当应力不是单调增加，而是有时增加，有时减小的情况，用莫尔圆来表示应力变化过程，极易发生混乱。

在 p-q 应力平面上，可以用应力莫尔圆顶点的移动轨迹来表示应力的变化过程，本章的应力路径特指这种应力坐标下的应力变化轨迹。图 5.38(b) 同样以常规三轴试验为例，给出了用该种方法表示的应力路径。在对土样施加围压 σ_3 时，同样表示为横轴上的点 A。在剪切过程中，增加偏应力（$\sigma_1-\sigma_3$）使得最大主应力 σ_1 逐步增大时，莫尔圆顶点的轨迹是倾角为 45°的直线。当土样达到破坏状态时，莫尔圆顶点 B 并不位于强度包线上，而是到达强度包线下方的另外一条直线上，称该直线为破坏主应力线。

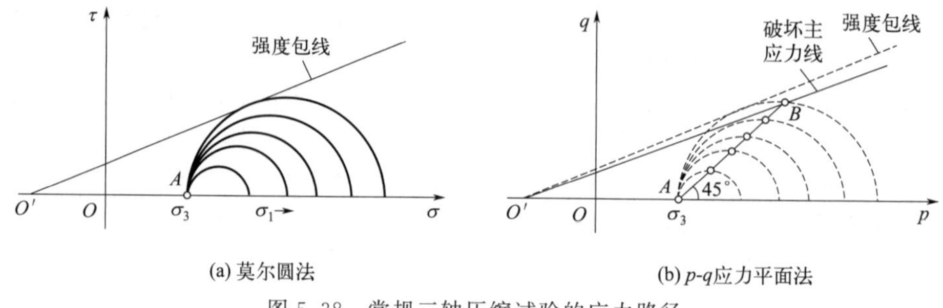

图 5.38 常规三轴压缩试验的应力路径

5.5.2 强度包线与破坏主应力线

如前所述，应力状态的变化过程可以用 p-q 坐标上的应力路径来表示。在常规三轴压缩试验中，p-q 图上的应力路径如图 5.38(b) 所示，沿与 p 轴呈 45°的直线向上发展直至土样破坏。不同围压下土样的破坏点的连线就是 p-q 图上的破坏线，称为破坏主应力线，简称 K_f 线。

强度包线 τ_f 和破坏主应力线 K_f 都对应土体的破坏状态。强度包线 τ_f 为在 σ-τ 坐标系中所有破坏状态莫尔圆的公切线，它和破坏状态对应的应力莫尔圆相切。破坏主应力线 K_f 为在 p-q 坐标系中所有处于极限平衡应力状态点的集合，它通过破坏状态莫尔圆的顶点。

强度包线 τ_f 和破坏主应力线 K_f 两者并不是相互独立的。图 5.39(a) 给出了两者之间的几何关系。图中莫尔圆为破坏状态莫尔圆，强度包线必与之相切，切点为莫尔圆上的一个点。破坏主应力线通过破坏莫尔圆的顶点，它也是莫尔圆上的一个点。所以，当莫尔圆的半径无限缩小而趋于零时，会变成聚焦于 O'的点圆，可见 τ_f 线和 K_f 线必定相交于横轴上相同的 O'点。此外，由两者的几何关系还可以发现，如果强度包线 τ_f 线为直线，则破坏主应力线 K_f 也必为直线。

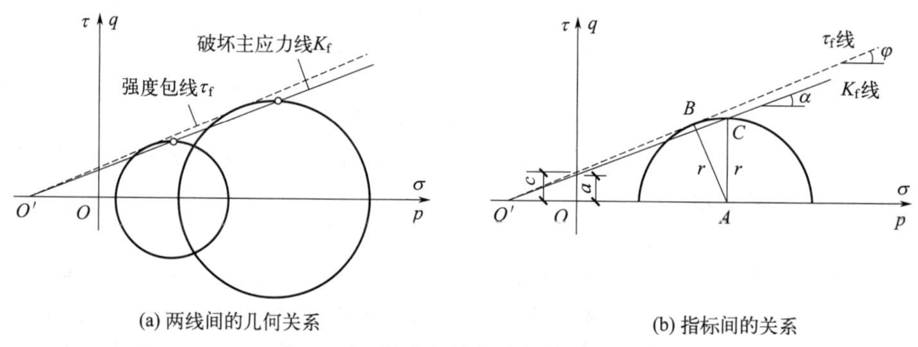

图 5.39 强度包线与破坏主应力线

设破坏主应力线与 p 轴的夹角为 α，在 q 轴上的截距为 a；强度包线与 σ 轴的夹角为 φ，在 τ 轴的截距为 c。则 α 与 φ、a 与 c 之间的关系可以由图 5.39(b) 中的莫尔圆进行推导。图中的莫尔圆为土体破坏状态莫尔圆，其半径为 r。点 B 为强度包线 τ_f 和该莫尔圆的切点。点 C 为莫尔圆的顶点，破坏主应力线 K_f 通过 C 点。在三角形 $O'AB$ 和 $O'AC$ 中，有

$$r=\overline{O'A}\tan\alpha=\overline{O'A}\sin\varphi \tag{5.42}$$

故

$$\alpha=\arctan(\sin\varphi) \tag{5.43}$$

由于

$$a=OO'\tan\alpha, c=OO'\tan\varphi \tag{5.44}$$

所以

$$a=\tan\alpha\frac{c}{\tan\varphi}=\sin\varphi\frac{c}{\dfrac{\sin\varphi}{\cos\varphi}}=c\cos\varphi \tag{5.45}$$

因此，从 p-q 应力路径图做出 K_f 线后，再利用式(5.43) 和式(5.45) 也可求得抗剪强度指标 c 和 φ，并绘出 τ_f 线。

5.5.3　不同条件下土的应力路径

5.5.3.1　直剪试验中土的应力路径

进行直剪试验时，先施加法向应力 p'，然后在 p'不变的情况下，逐渐增大剪应力，直至土样被剪坏。其剪切面的应力路径先是一条水平线，达 p'后变成一条竖直线，至抗剪强度包线而终止，如图 5.40 所示。

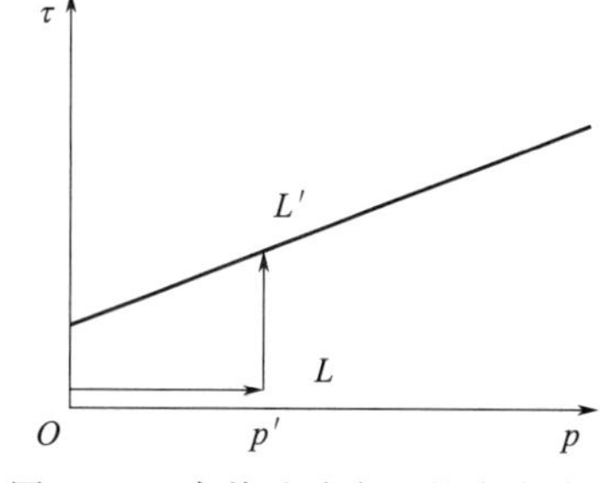

图 5.40　直剪试验中土的应力路径

5.5.3.2　三轴剪切试验中土的应力路径

土样或土单元体在受剪过程中的应力状态变化可用一组莫尔应力圆完整地表示。但是，这种表示方法过于繁琐，并不实用，因此一般以土样在受剪过程中某个特定平面上的应力状态轨迹即应力路径来反映这种变化。常用的平面有剪破面或最大剪应力面（在三轴试验中与大主应力面呈 45°的平面）。既然土的强度有总应力表示和有效应力表示之分，那么应力路径也就有总应力路径（TSP）和有效应力路径（ESP）两类。它们分别用来表示土样在受剪过程中某个特定平面上的总应力变化和有效应力变化。图 5.41 为三轴试验中两种不同加荷方式下剪破面上和最大剪应力面上的总应力路径。图 5.41(a) 代表常规三轴压缩试验中围压 σ_3 保持不变，增加轴向应力 σ_1 使土样受剪的情况。试验中剪破面上的总应力路径从 A 点开始沿直线至 B 点，土样剪破；最大剪应力面上的总应力路径从 A 点开始沿与坐标横轴逆时针呈 45°的直线至 C 点，土样剪破。图 5.41(b) 代表三轴伸长试验中围压 σ_1 保持不变，减小轴向应力 σ_3 使土样受剪的情况。试验中剪破面上的总应力路径从 D 点开始沿直线至 E 点，土样剪破；最大剪应力面上的总应力路径从 D 点开始沿与坐标横轴顺时针呈 45°的直线至 F 点，土样剪破。

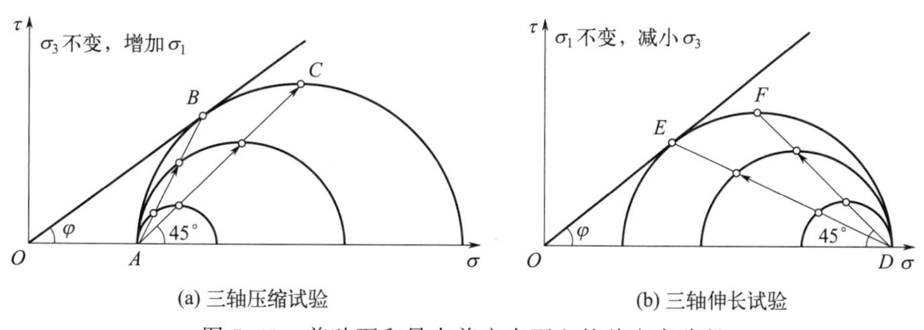

图 5.41　剪破面和最大剪应力面上的总应力路径

可是，为绘制剪破面上的应力路径，必须先知道剪破面与大主应力面的夹角 θ_f。理论上，这个夹角可通过实测或根据内摩擦角按式(5.24) 算得，但实际上，即使在试验中出现剪破面，要精确测量它目前仍存在技术上的困难。而通过内摩擦角换算，只能在角为已知的情况下才能办到。因此，为方便计算，目前常绘制最大剪应力面上的应力路径。

由式(5.16) 可得到以总应力表示的极限平衡条件为

$$\frac{(\sigma_1-\sigma_3)_f}{2}=\frac{(\sigma_1+\sigma_3)_f}{2}\sin\varphi+c\cos\varphi \tag{5.46}$$

当以有效应力表示时，极限平衡条件可写成

$$\frac{(\sigma_1'-\sigma_3')_f}{2}=\frac{(\sigma_1'+\sigma_3')_f}{2}\sin\varphi'+c\cos\varphi' \tag{5.47}$$

式中，$(\sigma_1-\sigma_3)_f/2=(\sigma_1'-\sigma_3')_f/2$ 为土样剪破时最大剪应力面上的剪应力，即极限总应力圆和极限有效应力圆顶点的纵坐标；$(\sigma_1+\sigma_3)_f/2$ 或 $(\sigma_1'+\sigma_3')_f/2$ 为最大剪应力面上的法向总应力或法向有效应力，即极限总应力圆或极限有效应力圆顶点的横坐标。

5.5.3.3　边坡工程中土的应力路径

在边坡工程中，常有两种情况：一种是竖向应力保持不变而水平（侧）应力不断减小（不断削坡），在允许排水的情况下，水平应力减小到一定程度会形成牵引式边坡破坏，这时的应力路径如图 5.42 中的 LL'所示；另一种是水平应力保持不变而地面堆载逐渐增大，在允许排水的情况下，地面堆载增大到一定程度时会引起推动式边坡破坏，这时的应力路径如图 5.42 中的 Ln'所示。如果在开挖基坑时，开挖出来的土直接堆在基坑顶部地面上，就是上述两种不利情况的结合，从图上看就是同时减小 σ_3 和增大 σ_1，莫尔圆半径急剧加大，会迅速出现破坏。上述不利条件组合的情况在施工中是不允许出现的。

5.5.3.4　地基工程中土的应力路径

天然地基的承载能力可以在外荷载作用下，随着固结排水的发展而相应地增长。但对软黏性土地基，若一次加荷过快，容易导致地基被破坏，这是由于地基中的水来不及排出。如果分级加荷，一级荷载施加瞬间，地基中产生超静孔隙水压力，但之后有一定的排水固结时间使孔压消散。然后再施加下一级荷载，相应的应力路径如图 5.43 所示。各级加荷瞬间类似三轴不排水剪的应力路径，如图中的 L_1L_1'、L_2L_2'、L_3L_3'所示，加荷后排水固结期间为一水平线，如图中的 $L_1'L_2$、$L_2'L_3$ 和 $L_3'n$ 所示。当完全固结时，n 点位于排水应力路径以上，土的强度也相应提高。

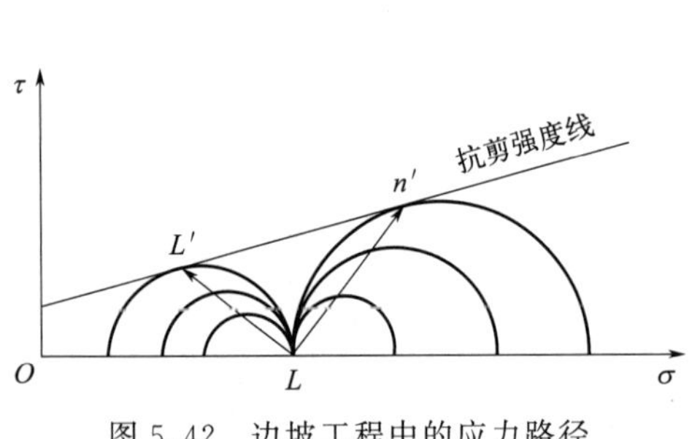

图 5.42　边坡工程中的应力路径

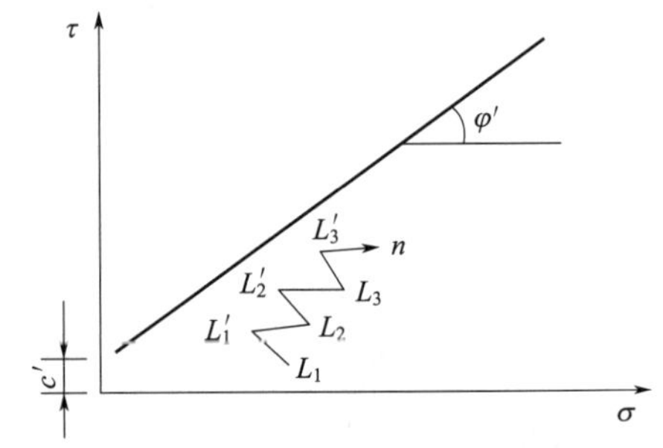

图 5.43　分级加荷的应力路径

分析土加荷过程中的应力路径，对于进一步研究土的应力-应变关系和强度都具有十分重要的意义。试验表明：①排水与不排水的应力路径对 c、φ 值基本上没有影响；②对于均匀的非各向异性正常固结的黏性土和均质砂土，压缩试验较伸长试验的内摩擦角稍大，但从实用角度看，此差值可忽略不计；③对各向异性土，不同应力路径的试验得到的抗剪强度值差别很大。

5.6　土的抗剪强度指标选用

土体稳定分析成果的可靠性，在很大程度上取决于抗剪强度试验方法和抗剪强度指标的正确选择。这是由于试验方法所引起的抗剪强度的差别往往超过不同稳定分析方法之间的差别。

对应于总应力法和有效应力法，应当分别采用总应力强度指标和有效应力强度指标。当土体内的超静孔隙水压力能通过计算或其他方法确定时，宜采用有效应力法；当土体内的超静孔隙水压力难以确定时，才使用总应力法。采用总应力法时，应该按照土体可能的排水固结情况，分别用不固结不排水强度（快剪强度）或固结不排水强度（固结快剪强度）。表 5.7 中列出了各种剪切试验方法适用范围，可供参考。

表 5.7　剪切试验方法适用范围

试验方法	适用范围
排水剪	加荷速率慢，排水条件好，如透水性较好的低塑黏性土作挡土墙填土、明堑的稳定验算、超压密土的蠕变等
固结不排水剪	建筑物竣工后较长时间，突遇荷载增大，如房屋加层、天然土坡上堆载或地基条件介于其余两种情况之间
不排水剪	透水性较差的黏性土地基，且施工速度快，常用于施工期的强度和稳定性验算

直剪试验和三轴剪切试验按受剪时固结排水条件可分为六种方法，两种试验相互对应情况见表 5.8。设计时，可由实际工程情况选用最接近的一种测定土的强度指标。

表 5.8　直剪试验和三轴试验的试验方法

直剪试验		三轴试验	
试验方法	符号	试验方法	符号
快剪	c_Q、φ_Q	不排水剪	c_u、φ_u
固结快剪	c_R、φ_R	固结不排水剪	c_{cu}、φ_{cu}
慢剪	c_S、φ_S	固结排水剪	c_{cd}、φ_{cd}

抗剪强度指标的选择需根据土的性质、地质条件、工程的具体情况（如建筑物等级、建筑物场地、施工快慢等）、剪切方法使用的经验等因素来确定，使试验方法尽可能与实际情况相符合。当采用有效应力设计时，应采用有效抗剪强度指标。但有效应力需按实测孔隙水压力求得，故用于校核设计较为可行。工程实践中较多采用的还是土的总应力强度指标，因为总应力法简易，试验和计算时均不需要测出孔隙水压力。

在选用试验仪器方面，由于三轴剪切仪具有诸多优点，应优先采用，特别是在重要的工程中。直剪仪因其设备简单、易于试验、已有较长的应用历史、积累了大量的工程数据，仍然是目前测定土的抗剪强度所普遍使用的仪器，但应了解其特点和缺点，以便能够按照不同的土类和固结排水条件，合理选用指标。

对于土的强度问题，一般采用峰值强度指标进行分析。只有当分析的土体会发生大变形或已受多次剪切而累积了大变形时才选用残余强度。对于天然滑坡的滑动面或断层面，土体往往因多次滑动而经历了相当大的变形，在分析其稳定性时，应该采用残余强度。在某些裂隙黏性土中常发生渐进性的破坏，即部分土体因应力集中先达到峰值强度，而后应力减退引起四周土体应力增加，也相继达到峰值强度，如此破坏区逐步扩展。在这种情况下，被破坏土体的变形都很大，也应该采用残余强度进行分析。

图 5.44 给出了黏性土不固结不排水剪（快剪）强度指标的一些典型应用。不排水强度用于荷载增加所引起的孔隙水压力不消散、土体密度保持不变的情况。具体的工程问题，如在地基的极限承载力计算中，若建筑物的施工速度快，地基土的黏性大、透水性小、排水条件差时就应该采用不排水强度。不排水强度用于饱和土中，因为 $\varphi_u=0$，所以也称为 $\varphi=0$ 法，在软土地基的稳定分析中是一种常用的方法，已积累了相当丰富的工程经验。天然饱和

黏性土坡的稳定分析也常采用这种方法。

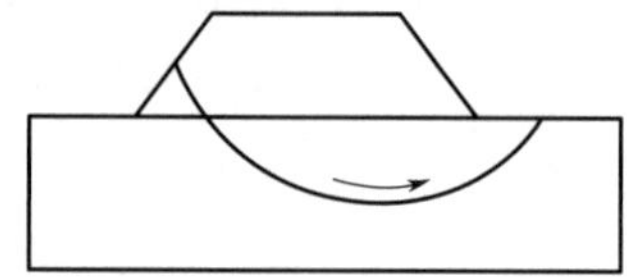
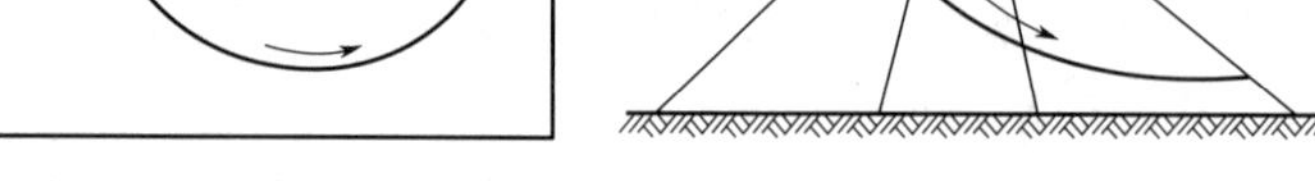
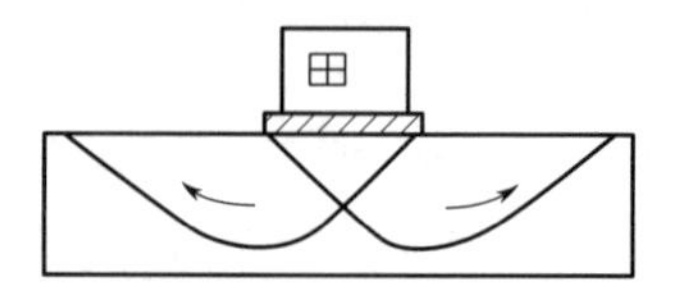

(a) 在软黏性土地基上的快速填方　(b) 土坝快速施工，黏性土心墙未固结　(c) 黏性土地基上快速施工的建筑物

图 5.44　黏性土不固结不排水剪（快剪）强度指标的典型应用

图 5.45 给出了黏性土固结不排水剪（固结快剪）强度指标的一些典型应用。一般来说，在工程中如果黏性土层先在某种应力下固结，然后又进行快速加载（增加剪应力）时，若用总应力法分析土体的稳定性，就可采用由固结不排水试验测定的抗剪强度指标。从某种意义上说，固结不排水试验方法反映土体已部分固结，但又不完全固结时的抗剪强度。如果土体在加载过程中既非完全不排水又非完全排水，而处于两者之间时也常用这种抗剪强度指标。

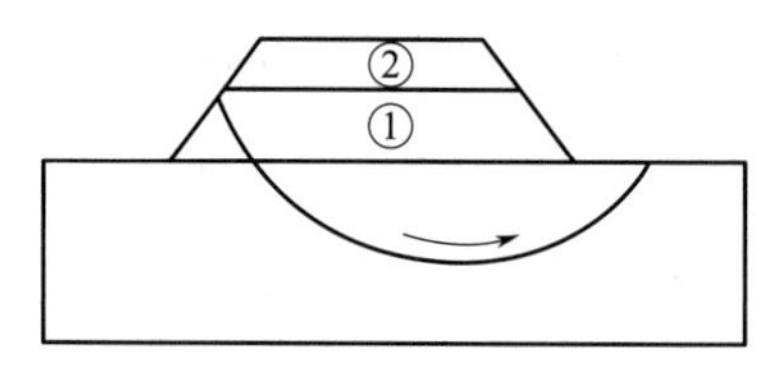

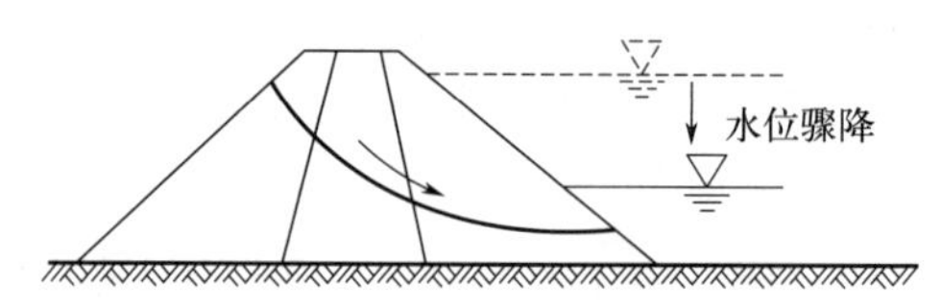

(a) 在软黏性土地基上分期填方　(b) 土坝运行期，水位骤降时的黏性土心墙

图 5.45　黏性土固结不排水剪（固结快剪）强度指标的典型应用

①—先固结层；②—后施工层

采用固结排水剪（慢剪）强度指标时，实质上进行的是有效应力法的分析。实际工程中应用于孔隙水压力可全部并及时消散、土体密度不断增加的情况。当建筑物的施工速度较慢，而地基土的黏性小或无黏性、透水性大、排水条件良好时，在地基极限承载力的计算中可采用由排水试验确定的抗剪强度指标。

对于碾压式土石坝等高质量填方的边坡静力稳定分析，各控制阶段所用的试验方法和强度指标，根据《碾压式土石坝设计规范》(NB/T 10872—2021)，按表 5.9 进行选取。

表 5.9　抗剪强度指标的测定和应用

<table>
<tr><th>控制稳定的时期</th><th>强度计算方法</th><th colspan="2">土类</th><th>使用仪器</th><th>试验方法与代号</th><th>强度指标</th><th>试样起始状态</th></tr>
<tr><td rowspan="8">施工期</td><td rowspan="6">有效应力法</td><td colspan="2" rowspan="2">无黏性土</td><td>直剪仪</td><td>慢剪(S)</td><td rowspan="2">φ'、$\Delta\varphi'$、φ'_0</td><td rowspan="8">填土用填筑含水量和填筑容重的土，坝基用原状土</td></tr>
<tr><td>三轴仪</td><td>固结排水剪(CD)</td></tr>
<tr><td rowspan="4">黏性土</td><td rowspan="2">饱和度小于80%</td><td>直剪仪</td><td>慢剪(S)</td><td rowspan="4">c'、φ'</td></tr>
<tr><td>三轴仪</td><td>不排水剪测孔隙压力(UU)</td></tr>
<tr><td rowspan="2">饱和度大于80%</td><td>直剪仪</td><td>慢剪(S)</td></tr>
<tr><td>三轴仪</td><td>固结不排水剪测孔隙水压力(CU)</td></tr>
<tr><td rowspan="2">总应力法</td><td rowspan="2">黏性土</td><td>渗透系数小于10^{-7}cm/s</td><td>直剪仪</td><td>快剪(Q)</td><td rowspan="2">c_u、φ_u</td></tr>
<tr><td>任何渗透系数</td><td>三轴仪</td><td>不排水剪(UU)</td></tr>
</table>

续表

<table>
<tr><th>控制稳定的时期</th><th>强度计算方法</th><th colspan="2">土类</th><th>使用仪器</th><th>试验方法与代号</th><th>强度指标</th><th>试样起始状态</th></tr>
<tr><td rowspan="4">稳定渗流期和水库水位降落期</td><td rowspan="4">有效应力法</td><td colspan="2" rowspan="2">无黏性土</td><td>直剪仪</td><td>慢剪(S)</td><td rowspan="2">φ'、$\Delta\varphi'$、φ_0'</td><td rowspan="6">填土用填筑含水量和填筑容重的土，坝基用原状土，但要预先饱和，而浸润线以上的土不需饱和</td></tr>
<tr><td>三轴仪</td><td>固结排水剪(CD)</td></tr>
<tr><td colspan="2" rowspan="2">黏性土</td><td>直剪仪</td><td>慢剪(S)</td><td rowspan="2">c'、φ'</td></tr>
<tr><td>三轴仪</td><td>不排水剪测孔隙水压力(CU)，或固结排水剪(CD)</td></tr>
<tr><td rowspan="2">水库水位降落期</td><td rowspan="2">总应力法</td><td rowspan="2">黏性土</td><td>渗透系数小于10^{-7}cm/s</td><td>直剪仪</td><td>固结快剪(R)</td><td rowspan="2">c_{cu}、φ_{cu}</td></tr>
<tr><td>任何渗透系数</td><td>三轴仪</td><td>固结不排水剪(CU)</td></tr>
</table>

5.7 土的长期抗剪强度

传统土力学中，计算土体的应力、变形和稳定时，用的是线弹性理论和极限平衡理论。这些理论都不考虑应力、变形和时间的关系，即认为都是瞬间完成的。其计算参数是在某一特定时间、特定状态下的试验结果。实际上，土的应力状态、变形及稳定受时间的影响很明显，时间不仅是一种因素，它还是一种变量，任何一种看似微小的作用因素，在漫长的时间里都能表现出可观的甚至巨大的力量。不仅是土体，可以说任何工程材料在一定的环境中其应力、应变都不是瞬时产生的，也不是固定不变的常数，它们都是多元函数，时间是其中的一个自变量。最终状态、破坏状态都是在一定的条件下经历一段时间的结果。工程材料在力场中的应力、变形随时间而变化的规律和特征，称为流变特性。在弹性力学、塑性力学的方程中，时间都没有明显出现，而在流变方程中时间要出现。岩土流变学已经成为土力学一个专门的分支。

(1) 蠕变和流动

蠕变是研究在应力稳定的情况下应变随时间而增长的特性，蠕变也称徐变。顾名思义，蠕变是一个缓慢的变形增长过程。流动是从黏滞性（表示流体的内摩擦特性）液体理论借用的名词，是指随时间而增长并有固定速率的剪切变形。流动这一术语常用来描述岩体的长期变形和冰川运动等，是蠕变的特殊情况，在土力学中常把它作为蠕变的同义语。在塑性理论中，塑性流动表示荷载达到某个极限时，塑性变形的无限制发展。在蠕变理论中，塑性流动表示荷载超过极限后产生的黏滞性流动。

地基沉降是一个重要问题，依弹性理论算得的沉降量，虽然称为最终沉降量，但从理论到各个计算参数的取值来看，都不可能包括蠕变带来的沉降。尤其是饱和软黏土地基，蠕变沉降在总沉降量中所占的比例很大，所以对饱和软黏土地基沉降，现行理论计算值明显小于实测值，蠕变变形的影响十分重要，忽视它是错误的。

边坡的蠕变是又一个重要的问题。目前的边坡计算不考虑破坏的形成过程，实际上，任何边坡破坏都和土体抗剪强度的发挥程度有关，也和变形的积累过程有关。在应力稳定的情况下，变形的缓慢积累过程就是蠕变。有的边坡由蠕变首先引起局部的剪切破坏区，又进一步使破坏区扩展连通形成剪切滑动带，最后造成宏观的大规模突然破坏。如果能及时采取有效措施，就可以避免破坏。还有一类边坡，蠕变期长达几年甚至几十年，滑动带倾角可能很小，蠕变速率时大时小，可量测变形常显出间断性即不连续性特征。如雨季或冻融季节会使蠕变速率加快以至造成破坏；又如在边坡体附近，人们的工程活动也会使蠕变速率加快，甚至可能造成破坏。

由上述可知，蠕变在工程中是很重要的，但没有简便可靠的计算方法，所以在定性了解情况以后加强现场观测很重要，以便及时采取有效对策确保工程安全。以观测变形反推应力大小及分布，并进一步反推荷载及分布的方法，称为反分析法。

在剪切试验中土的蠕变是指在恒定剪应力作用下应变随时间而改变的现象。图 5.46 为三轴不排水剪试验中在不同的恒定主应力差作用下轴向应变随时间变化的过程线，即蠕变曲线。由图 5.46(a) 可见，当主应力差很小时轴向应变几乎在瞬时发生，之后蠕变缓慢发展，轴向应变-时间关系曲线最后呈水平线，土不会发生剪切破坏。随着主应力差的增加，蠕变速率亦相应增长。当主应力差达某一值后，轴向应变不断发展，最终导致蠕变破坏。

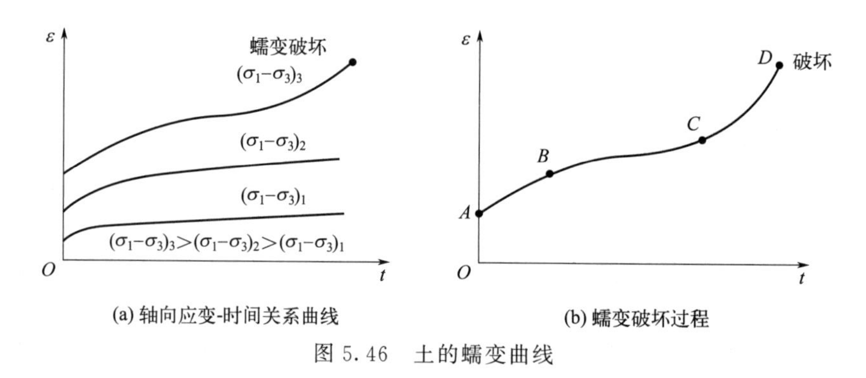

图 5.46 土的蠕变曲线

蠕变破坏的过程包括以下几个阶段［图 5.46(b)］：OA 段为瞬时弹性应变阶段，对土而言其值很小；AB 段为初始蠕变阶段，在这一阶段蠕变速率由大变小，如果这时卸除主应力差，则先恢复瞬时弹性应变，继而恢复初始蠕变；BC 段为稳定蠕变阶段，这一阶段的蠕变速率为常数，这时若卸除主应力差，土将发生永久变形；CD 段为加速蠕变阶段，在这一阶段蠕变速率迅速增长，最后达到破坏。

易于蠕变的土，只要剪应力超过某一定值，它的长期强度可大大低于室内试验测定的强度。有些挡土结构逐渐发生侧向移动和土坡破坏，均是由土的蠕变所引起。在工程设计中如何合理地考虑蠕变的影响需进一步研究。

(2) 松弛特性

松弛是应变一定时应力随时间降低的特性。这种现象在工程中也引起了人们的重视，如在机械工程中拧紧的螺帽应变是固定的，过一段时间后会发生应力松弛，需要定期检查维修；又如世界上许多国家和地区的挡土墙（护坡、护岸、桥头堡等）工程，修好后正常使用，几十年后却出现了破坏。研究表明，挡土墙修成后，墙体限制了土体位移，随着时间推移，墙后土体中的应力发生松弛（减少），土的强度得不到充分发挥，所以作用在墙背上的土压力就随时间而增加，直至破坏。硬黏土应力松弛比软黏土要小，软黏土的应力松弛可能使应力降低很多，甚至降低至零。设计中必须考虑这个问题，以确保工程安全。

(3) 三类抗剪强度的关系

土作为一种工程材料，其瞬时强度、短期强度、长期强度是不同的。长期强度是指当荷载小于某个数值时，土体在很长的时期内也不会发生破坏，如果荷载大于上述的数值时，则土体在短期内不被破坏，而在长期作用下被破坏，此界限荷载就称为土的长期强度。随着时间的延长、位移速率的减小，土的峰值抗剪强度会明显降低。一般说来，瞬时强度＞短期强度>长期强度。有许多工程几十年都正常使用，后来却迅速发生破坏了，其原因是复杂的，但长期强度的显著降低是一个重要因素。

思考与练习题

1. 何谓土体的抗剪强度、峰值强度、残余强度？

2. 饱和黏性土依排水条件不同有哪几种剪切试验方法？各方法获取的强度大小关系如何？

3. 用莫尔应力圆说明边坡开挖的稳定性，并绘制相应的应力路径。

4. 地基内某点土所受的大主应力 $\sigma_1=450\text{kPa}$，小主应力 $\sigma_3=200\text{kPa}$，土的内摩擦角 $\varphi=20°$，黏聚力 $c=50\text{kPa}$，试计算该点处在什么状态。

5. 地基内某点土所受的大主应力 $\sigma_1=450\text{kPa}$，小主应力 $\sigma_3=150\text{kPa}$，孔隙水压力 $u=50\text{kPa}$，土的有效应力强度指标 $\varphi'=30°$，$c'=0$，试计算该点处在什么状态。

6. 已知某种土直剪试验的结果如下：在法向应力 100kPa、200kPa、300kPa、400kPa 作用下，所测得土的峰值抗剪强度为 105kPa、151kPa、207kPa、260kPa，终值抗剪强度为 34kPa、65kPa、93kPa、103kPa。试用作图法求该土的峰值抗剪强度指标；若作用在该土某平面上的法向应力和剪应力分别是 267kPa 和 188kPa，试分析是否剪坏。

7. 某土样的三轴固结排水剪切试验，破坏时 $\sigma_1=300\text{kPa}$，$\sigma_3=100\text{kPa}$，若该土样 $c'=0$，$\varphi'=30°$，土样是否会发生破坏，破坏面位置如何确定？同样的土样，若 $\sigma_1=400\text{kPa}$，$\sigma_3=200\text{kPa}$，土样是否会发生破坏？在 $\alpha=60°$的斜面上会不会发生破坏？

8. 某饱和黏性土无侧限压缩试验测得不排水抗剪强度 $c_u=40\text{kPa}$，如果对同一土样进行三轴不固结不排水试验，施加围压 $\sigma_3=200\text{kPa}$，试计算土样将在多大的轴向应力作用下发生破坏。

9. 在某地基土的不同深度处进行十字板剪切试验，十字板的高度为 10cm，宽为 5cm，测得的最大扭力矩见表 5.10，试计算不同深度处土的抗剪强度。

表 5.10　题 9 扭力矩表

深度/m	扭力矩/(kN·m)
5	120
10	160
15	190

10. 某饱和正常固结土，在围压 $\sigma_3=150\text{kPa}$ 下固结稳定，然后在三轴不排水条件下施加轴向应力至剪破，测得其不排水强度 $c_u=60\text{kPa}$，剪破面与大主应力面的实测夹角 $\theta_f=57°$，试计算内摩擦角 φ_{cu} 和剪破时的孔隙水压力系数 A_f。

第6章
土压力理论

学习目标及要求

掌握土压力的种类及发生状态；掌握静止土压力的计算方法，能运用朗肯土压力理论和库仑土压力理论进行主动土压力、被动土压力的计算；理解两种土压力理论的异同点，并能进行常见情况下的土压力计算；了解土压力的影响因素。

6.1 概述

土压力是指土对挡土结构物产生的侧向压力，是作用于挡土结构物上的主要荷载。在设计挡土结构物时，首先要确定土压力的大小、方向及作用点。根据结构物承受的力的状态不同，土压力可分为极限状态土压力和非极限状态土压力（位移土压力）。根据挡土结构物可能发生位移的方向不同，土压力分为主动土压力、被动土压力和静止土压力。土压力的大小与土的性质以及挡土结构的形式、刚度等因素有关。挡土结构在房建、桥梁、道路、水利等工程中应用广泛。例如，边坡支挡结构的挡土墙、地下室外墙、桥台以及基坑开挖支护结构等都属于挡土结构，如图6.1所示。本章首先介绍静止土压力、朗肯土压力、库仑土压力的理论模型、计算方法等；再介绍常见情况下的土压力计算；最后介绍土压力的影响因素。

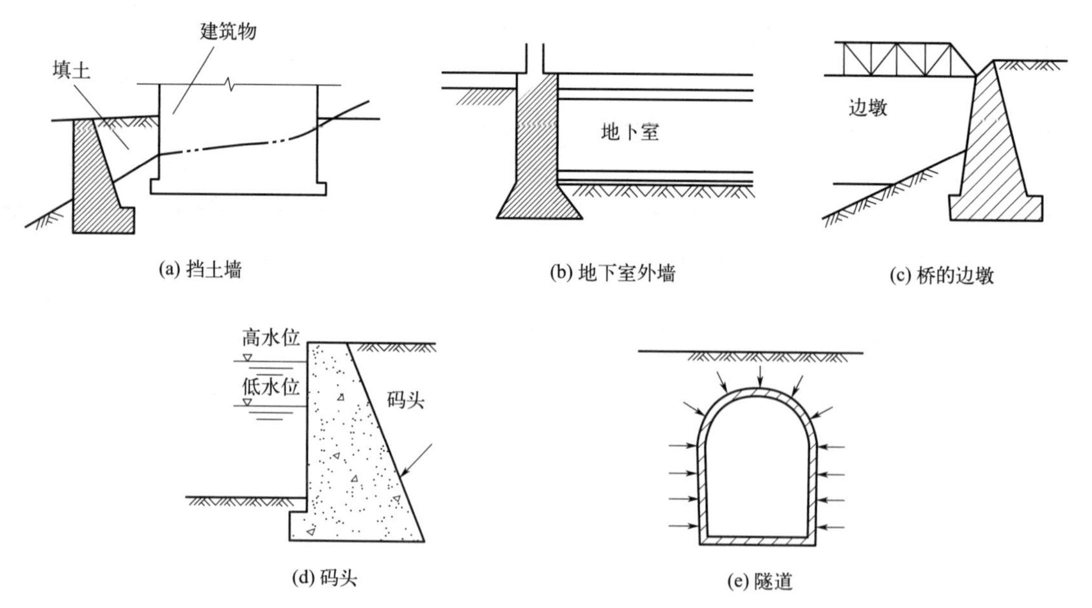

图6.1　挡土墙应用的几种类型

6.2　挡土墙及土压力

6.2.1　挡土墙类型

挡土墙有很多种形式，工程上常见的有重力式、悬臂式、扶壁式、面板式等。挡土墙形式不同，其应用条件也不一样。实际工程中选用挡土墙时，需综合考虑工程地质、水文条件、地形条件、环境条件、作用荷载、施工条件及造价等因素。

(1) 重力式挡土墙

重力式挡土墙断面较大，常做成梯形断面，主要靠自重来维持土压力下的自身稳定，如图6.2所示。由于它要承受较大的土压力，故墙身常用浆砌石、浆砌混凝土预制块、现浇混凝土等材料。重力式挡土墙体积和重力都比较大，常导致较大的基础压应力，所以软土地基上它的高度往往受到地基承载力的限制而不能筑得太高；地基条件较好时，如果墙太高，则不经济。因此，重力式挡土墙常在挡土高度不太大时使用，其墙高可达到8～10m。重力式挡土墙具有可就地取材、形式简单、施工方便等优点。

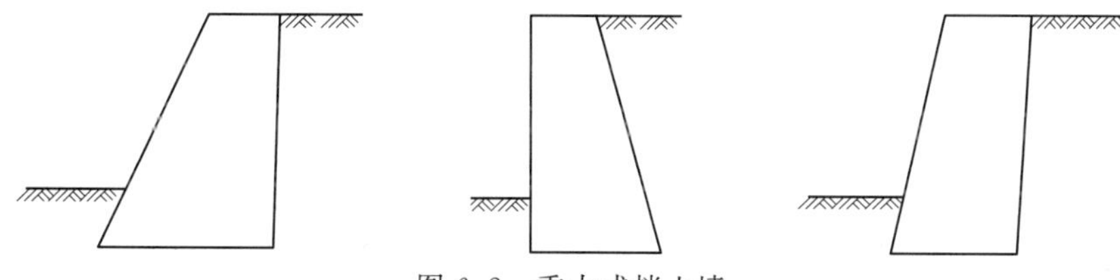

图6.2　重力式挡土墙

(2) 悬臂式挡土墙

悬臂式挡土墙属于轻型结构挡土墙，材料一般为钢筋混凝土，靠底板上的填土重量来维持挡土墙的稳定性，用于8m以下的墙高较为有利，如图6.3所示。悬臂式挡土墙具有体积小、工程量小等优点。

(3) 扶壁式挡土墙

扶壁式挡土墙也属于轻型结构挡土墙，材料一般为钢筋混凝土。它是为了增强悬臂式挡土墙的抗弯性能，在悬臂式挡土墙的基础上，沿长度方向每隔0.8～1.0倍墙高距离做一道扶壁，如图6.4所示。扶壁式挡土墙用于墙高9～15m的情况下较为经济。其优点是工程量小，缺点是施工较复杂。

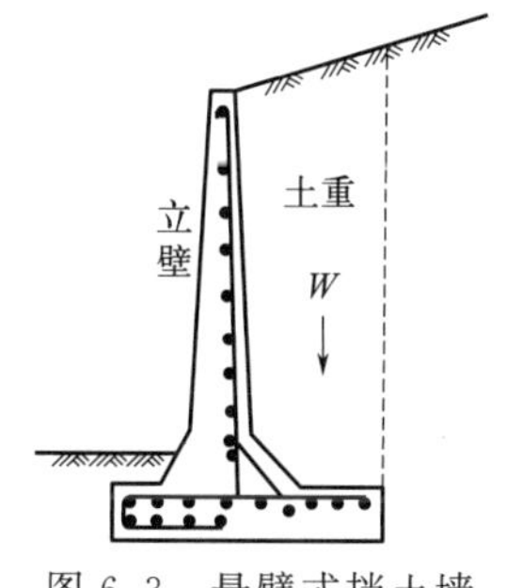

图6.3　悬臂式挡土墙

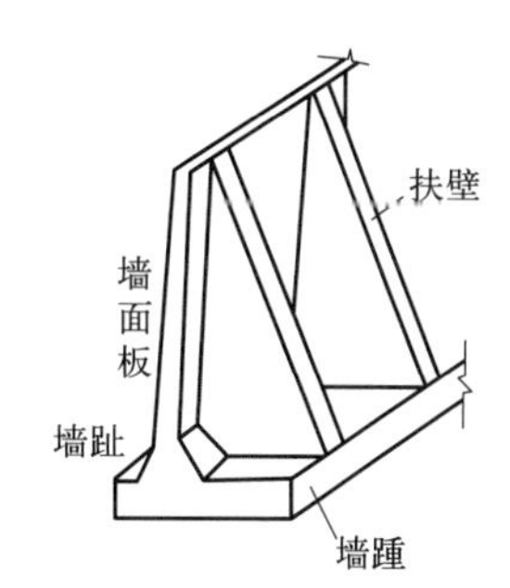

图6.4　扶壁式挡土墙

(4) 板桩式挡土墙

板桩式挡土墙主要用于基坑开挖或边坡支护，材料为钢板桩和钢筋混凝土板桩，分为悬臂式（独立式）[图 6.5(a)]、支撑式 [图 6.5(b)]。悬臂式板墙用于高度 8m 以下的情况，靠将立板打入较深地层中来维持稳定。支撑式板桩墙一般用于高度 15m 以下的情况，主要构件有立板和支撑，其稳定性主要靠支撑来维持，支撑有单层、双层、多层等。

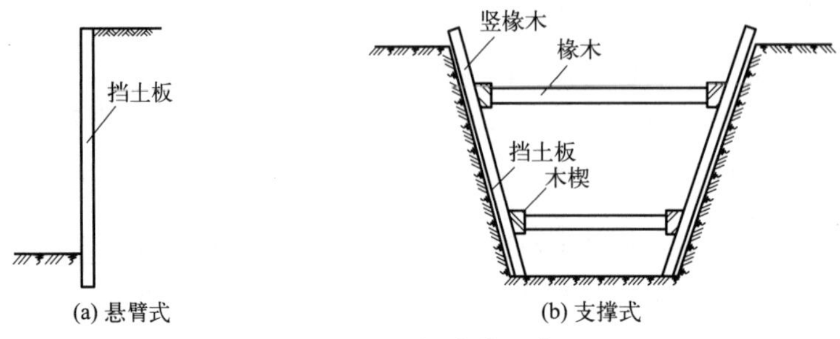

图 6.5　板桩式挡土墙

(5) 锚定式挡土墙

锚定式挡土墙分为锚桩式、锚板式、锚杆式等。锚桩式挡土墙由立板（挡板）、梁帽、拉杆、锚桩等构件组成，依靠锚桩的抗拔力来维持结构的整体稳定，挡板是挡土的承压构件，其建筑高度可达 10m，如图 6.6(a) 所示。锚板式挡土墙由立板（挡板）、连接件、拉杆、锚板等组成，依靠锚板的抗拔力维持稳定，建筑高度可达 15m 以上，如图 6.6(b) 所示。锚杆式挡土墙的建筑高度可达 15m 以上，设有立板（挡板）、连接件、锚杆、锚固体等。这种形式的挡土墙锚杆末端设端板或弯钩，靠锚杆或锚固体与周边土层的摩阻力来平衡传力；当条件允许时，可对锚杆孔进行高压灌浆处理，如图 6.6(c) 所示。

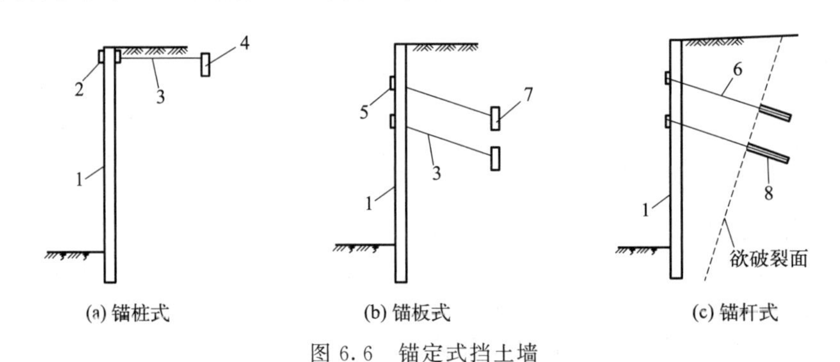

图 6.6　锚定式挡土墙

1—立板；2—梁帽；3—拉杆；4—锚桩；5—连接件；6—锚杆；7—锚板；8—锚杆孔（灌浆）

(6) 加筋土挡土墙

加筋土挡土墙由立板（面板或挡板）、筋材和填土共同组成。立板可由钢筋混凝土预制或由钢筋混凝土现浇而成；筋材主要有土工合成材料和金属材料。加筋土是在立板后面的填料中分层加入抗拉的筋材，依靠这些改善土的力学性能，提高土的强度和稳定性。这类挡土墙广泛应用于路堤、堤防、岸坡、桥台等各类工程中，如图 6.7 所示。

(7) 土钉墙

在天然土体或破碎软弱岩质路堑边坡中打入土钉，通过土钉对原位土体进行加固，并与喷射混凝土面板相结合，形成一个类似重力式的挡土墙来抵抗土压力，从而提高土体的强度，保持开挖面的稳定，这种方式形成的挡土墙叫土钉墙。土钉墙应用于基坑开挖支护和挖方边坡等方面，具有施工噪声小、振动小、不影响环境、成本低、施工不需单独占用场地、施工设备简单等优点，如图 6.8 所示。

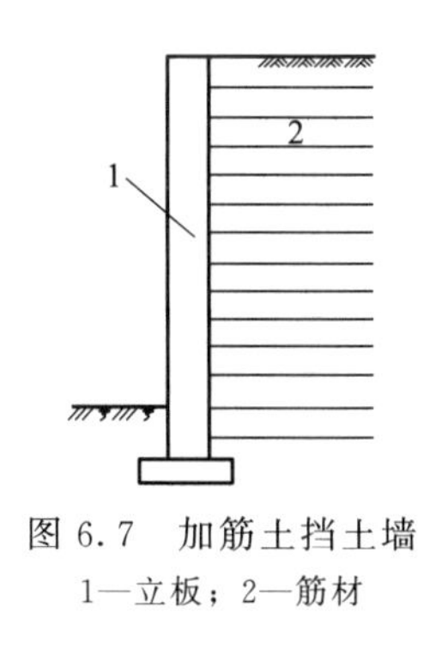

图 6.7　加筋土挡土墙

1—立板；2—筋材

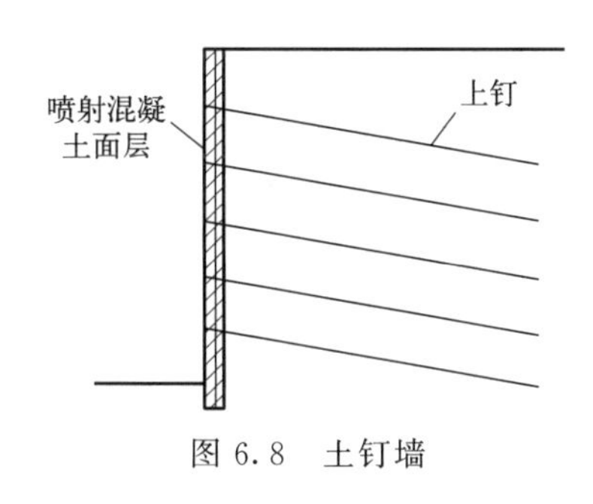

图 6.8　土钉墙

6.2.2　土压力分类

根据挡墙位移情况和土体所处的应力状态，土压力可分为特殊状态土压力和位移土压力。

6.2.2.1　特殊状态土压力

特殊状态土压力包括主动土压力、被动土压力及静止土压力三种。主动土压力和被动土压力是两种极限状态土压力。

(1) 主动土压力

当挡土结构向离开土体的方向偏移至土体达到极限平衡状态时，作用在结构上的土压力称为主动土压力，用 E_a 表示，如图 6.9(a) 所示。

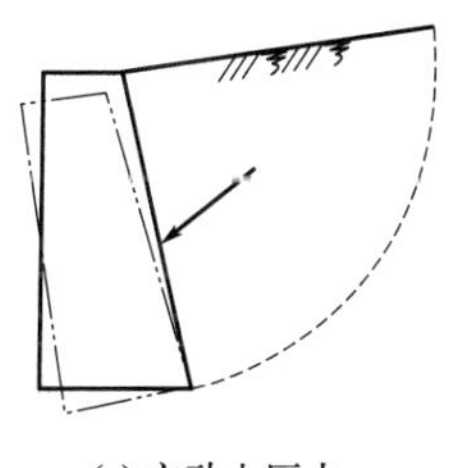

(a) 主动土压力

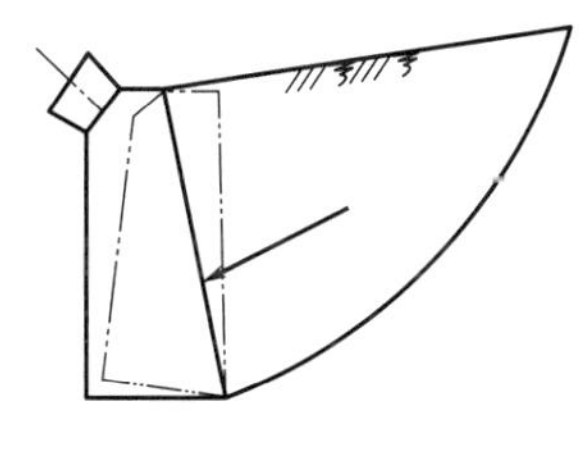

(b) 被动土压力

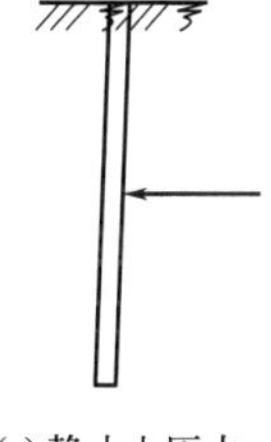

(c) 静止土压力

图 6.9　三种特殊状态土压力

(2) 被动土压力

当挡土结构向着土体的方向偏移至土体达到极限平衡状态时，作用在结构上的土压力称为被动土压力，用 E_p 表示，如图 6.9(b) 所示。

(3) 静止土压力

当挡土结构静止不动，土体处于弹性平衡状态时，土对结构的压力称为静止土压力，用 E_0 表示，如图 6.9(c) 所示。

极限状态土压力计算理论主要有古典朗肯 (Rankine) 土压力理论和库仑 (Coulomb) 土压力理论。在相同条件下，主动土压力小于静止土压力，而静止土压力小于被动土压力，即 $E_a < E_0 < E_p$。需要注意的是，产生被动土压力所需的位移 Δp 远大于产生主动土压力所需的位移 Δa，如图 6.10 所示。

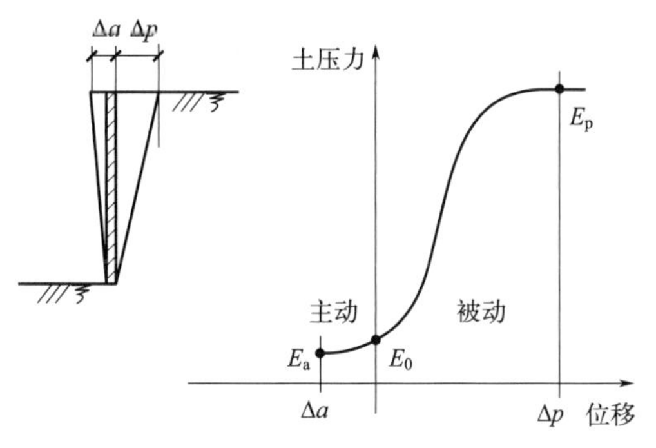

图 6.10　极限状态土压力与位移

6.2.2.2　位移土压力

实际工程中，只有在破坏或失稳的时候才能达到极限平衡状态，因此极限状态土压力是非常特殊的土压力，一般不会出现。当位移达不到极限平衡状态需要的限值时，支挡结构也会受到土体的压力作用，这种土压力称为位移土压力。当支挡结构远离土体但其数值达不到极限状态需要的限值时，位移土压力的大小介于主动土压力和静止土压力之间；当支挡结构向着土体方向位移但其数值达不到极限状态需要的限值时，位移土压力的大小介于静止土压力和被动土压力之间。

6.3　静止土压力计算

修建在基岩或硬土地层上的挡土墙，若高度不大，但断面大、刚度大，在土压力作用下墙体不产生位移或变形很小，可以忽略，此时可按静止土压力计算。计算静止土压力通常采用简单的情况，即墙背垂直、光滑，墙后填土表面水平，如图 6.11 所示。

6.3.1　静止土压力

由图 6.11 可知，墙顶以下 z 深度的竖向应力为

$$\sigma_z=\gamma z \tag{6.1}$$

该深度处的侧向土压力即静止土压力（应力）为

$$\sigma_x=K_0\gamma z \tag{6.2}$$

式中，γ 为墙后土体的重度，kN/m^3；K_0 为静止土压力系数。

墙背上土压力分布如图 6.11 所示，它们的合力（集中力）即总静止土压力为

$$E_0=\frac{1}{2}\gamma H^2 K_0 \tag{6.3}$$

如图 6.12 所示，E_0 作用在土压力分布三角形重心处，即距墙底 $H/3$ 处，水平方向。

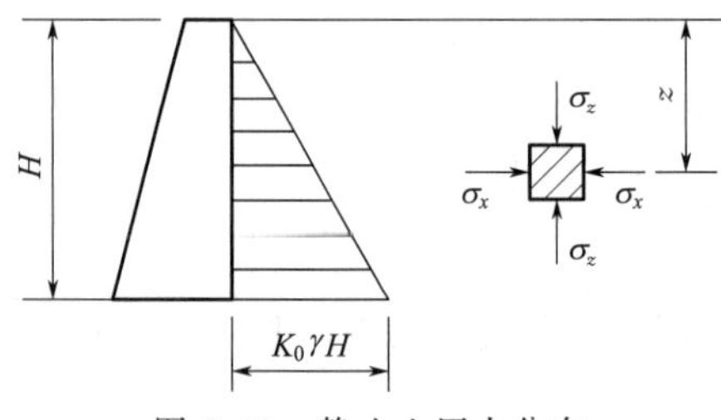

图 6.11　静止土压力分布

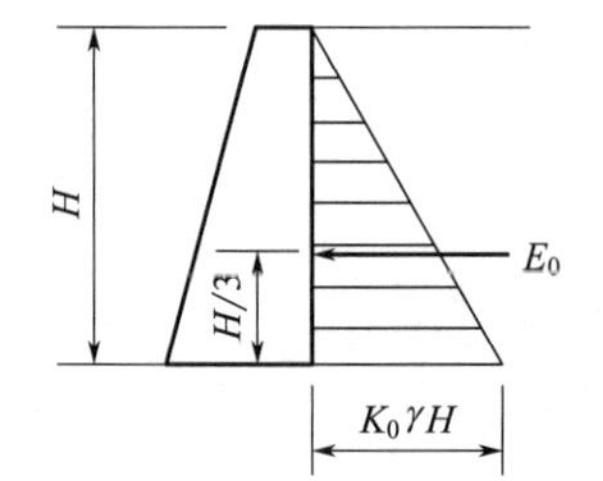

图 6.12　总静止土压力及作用点

6.3.2　静止土压力系数的确定

计算静止土压力，关键是确定静止土压力系数 K_0，可分为四类情况。

(1) 弹性力学方法

$$K_0=\frac{\mu}{1-\mu} \tag{6.4}$$

式中，μ 为土的泊松比，可取 0.20～0.45。

由式(6.4) 可知，K_0=0.25～0.82。

(2) 经验方法

经验取值既有可靠性，又有局限性，要结合具体情况，选择使用。

砂类土：$K_0=0.25\sim0.42$；

黏性土：$K_0=0.50\sim0.80$。

(3) 对于正常固结黏性土

土体在侧向不允许变形条件下，固结后侧向有效应力与垂直有效应力之比，称为静止土压力系数。上述应力均指主应力，在它的作用面上无剪应力。对于正常固结黏性土（黏聚力不大），进入塑性阶段后，原有的结构已破坏，即 $c\to0$，进而有

$$K_0=1-\sin\varphi' \tag{6.5}$$

或

$$K_0=0.9(1-\sin\varphi') \tag{6.6}$$

式中，φ'为土的有效内摩擦角。

(4) 对于超固结黏性土

对于超固结黏性土，超固结比（OCR）越大，K_0 值就越大，在地下工程测试中早就发现了这一问题，超固结黏性土的静止土压力系数 $K_{0,\mathrm{OC}}$ 为

$$K_{0,\mathrm{OC}}=K_{0,\mathrm{NC}}(\mathrm{OCR})^m \tag{6.7}$$

式中，$m=0.4$；$K_{0,\mathrm{NC}}$ 为正常固结下的静止土压力系数。

OCR 和静止土压力系数的关系可用图 6.13 表示。

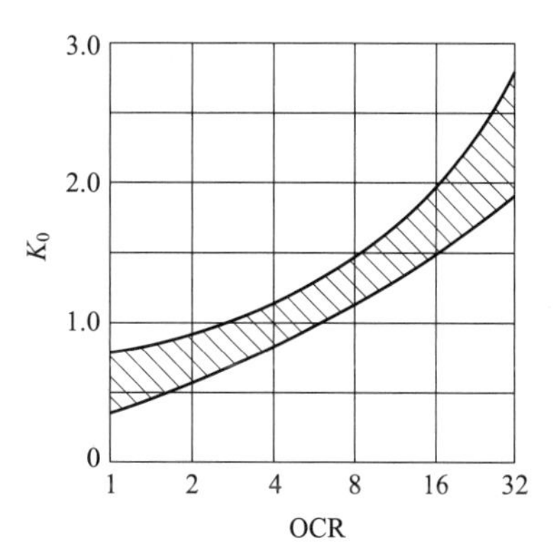

图 6.13　K_0 与 OCR 的关系

土的静止土压力系数不仅与土的种类有关，而且与土的密度和含水量等因素有关，其可以在较大的范围内变化。表 6.1 中的 K_0 值可供参考。

表 6.1　静止土压力系数 K_0 值

土类及物性		K_0	土类及物性		K_0
砾石土		0.17	黏土	硬黏土	0.11～0.25
砂土	$e=0.5$	0.23		紧密黏土	0.33～0.45
	$e=0.6$	0.34		塑性黏土	0.61～0.82
	$e=0.7$	0.52	泥炭土	有机质含量高	0.24～0.37
	$e=0.8$	0.60		有机质含量低	0.40～0.65
粉土与粉质黏土	$\omega=15\%\sim20\%$	0.43～0.54	砂质粉土		0.33
	$\omega=25\%\sim30\%$	0.60～0.75			

6.4　朗肯土压力理论

朗肯土压力理论是由英国学者朗肯于 1857 年提出的，由于其概念明确、方法简单，至今仍被广泛应用。

6.4.1　基本原理及假定

朗肯通过研究自重应力作用下半无限空间土体内各点的应力从弹性平衡状态发展为极限平衡状态的条件，提出了计算挡土墙土压力的理论，其分析方法如下。

图 6.14(a) 和图 6.15(a) 为具有水平表面的半无限土体。如前所述，当土体静止不动时，深度 z 处土单元体的应力为 $\sigma_\mathrm{v}=\gamma z$，$\sigma_\mathrm{h}=K_0\gamma z$，可用图 6.14(b) 和图 6.15(b) 中的莫尔圆①表示。假定用一竖直光滑面 $m—n$ 代表挡土墙墙背，$m—n$ 左侧的土体不影响右侧土体中的

应力状态，则当 $m—n$ 面向左平移时右侧土体中的水平应力 σ_h 将逐渐减小，而 σ_v 保持不变，因此莫尔圆的直径逐渐增大。当侧向位移足够大，假定移至 $m'—n'$，此时莫尔圆与土体的抗剪强度包线相切，如图 6.14(b) 的莫尔圆②所示，表明土体已经达到主动极限平衡状态。这时 $m'—n'$后面的土体进入破坏状态，土的抗剪强度已全部发挥出来，作用在墙上的土压力 σ_h 达到最小值，即为主动土压力强度 p_a。与此相反，当 $m—n$ 面在外力的作用下向右侧移动挤压土体，σ_h 将逐渐增加，土中剪应力最初减小，后来又逐渐反向增大，直至剪应力增至土的抗剪强度时，莫尔圆又与抗剪强度包线相切，达到被动极限平衡状态，如图 6.15(b) 中的莫尔圆③所示。此时，作用在 $m''—n''$面上的土压力达到最大值，即为被动土压力强度 p_p。

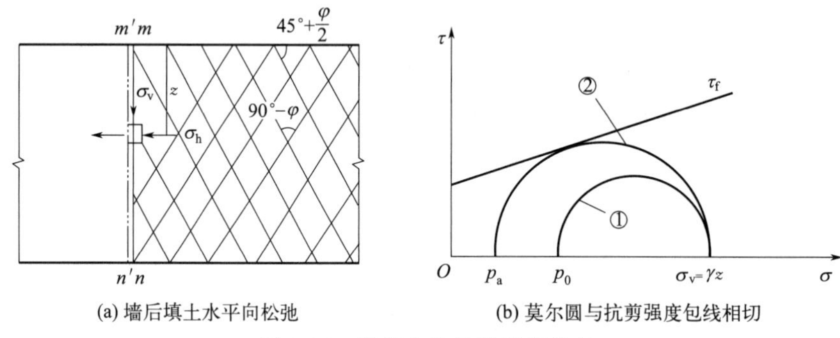

(a) 墙后填土水平向松弛　　(b) 莫尔圆与抗剪强度包线相切

图 6.14　朗肯主动极限平衡状态

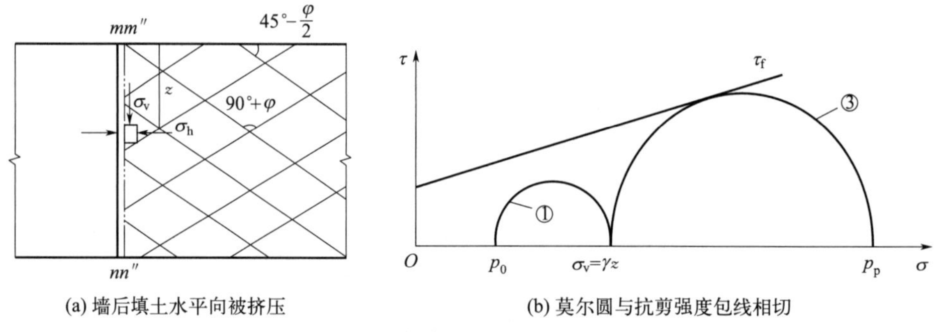

(a) 墙后填土水平向被挤压　　(b) 莫尔圆与抗剪强度包线相切

图 6.15　朗肯被动极限平衡状态

以上两种极限平衡状态被称为朗肯主动土压力状态和朗肯被动土压力状态。下面分别讨论这两种土压力的计算。当忽略墙背与填土之间的摩擦力作用，即认为墙背和填土之间的摩擦角为 0，同时挡土墙墙背竖直光滑、填土面为水平面时，作用在挡土墙上的土压力大小就可以用朗肯土压力计算。

6.4.2 主动土压力

当墙后填土达到主动极限平衡状态时，作用于任意深度 z 处土单元体上的竖向应力$\sigma_v=\gamma z$ 就是最大主应力 σ_1；水平应力 σ_h 是最小主应力 σ_3。利用极限平衡条件下 σ_1 与 σ_3 的关系，即可直接求出主动土压力强度 p_a。

黏性土
$$\sigma_3=\sigma_1\tan^2\left(45°-\frac{\varphi}{2}\right)-2c\tan\left(45°-\frac{\varphi}{2}\right) \tag{6.8}$$

砂性土
$$\sigma_3=\sigma_1\tan^2\left(45°-\frac{\varphi}{2}\right) \tag{6.9}$$

将 $\sigma_3=p_a$ 和 $\sigma_1=\gamma z$ 代入式(6.8) 和式(6.9)，即可得朗肯主动土压力强度。

黏性土　　$p_a=\gamma z\tan^2\left(45°-\frac{\varphi}{2}\right)-2c\tan\left(45°-\frac{\varphi}{2}\right)=\gamma zK_a-2c\sqrt{K_a}$　　(6.10)

砂性土　　$p_a=\gamma z\tan^2\left(45°-\frac{\varphi}{2}\right)=\gamma zK_a$　　(6.11)

式中，K_a 为朗肯主动土压力系数，$K_a=\tan^2\left(45°-\frac{\varphi}{2}\right)$。

可见，主动土压力强度 p_a 沿深度 z 呈直线分布，如图 6.16(a) 所示，作用在单位长度挡土墙上的总主动土压力 E_a 即为 p_a 分布图形的面积，其作用点位于分布图形的形心处。当墙体绕墙根发生离开填土方向的转动，达到主动极限平衡状态时，墙后土体发生破坏，形成如图 6.16(b) 所示的滑动楔体，滑动面与大主应力作用面（水平面）的夹角为 $\left(45°+\frac{\varphi}{2}\right)$。滑动楔体内，土体均发生破坏，两组破裂面之间的夹角为 $(90°-\varphi)$。滑动体以外的土则仍处于弹性平衡状态。

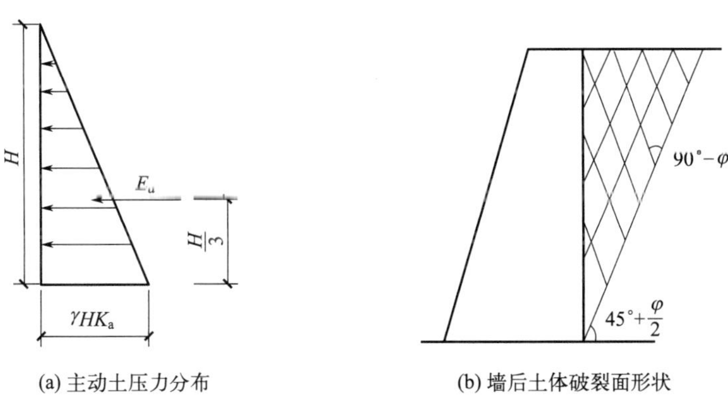

图 6.16　无黏性土主动土压力

对于砂性土，总主动土压力 E_a 可按下式计算

$$E_a=\frac{1}{2}K_a\gamma H^2 \tag{6.12}$$

它的作用点在距挡土墙底面 $\frac{H}{3}$ 高度处。

对于黏性土，当 $z=0$ 时，由式(6.10) 可知，$p_a=-2c\sqrt{K_a}$，表明该处土体出现拉应力。而事实上，在填土和墙背之间不可能承受拉应力，因此在拉应力区范围内将出现裂缝。一般在计算墙背上的主动土压力时不考虑拉应力区的作用，此时令式(6.10) 中的 $p_a=0$ 即可求得拉应力区的高度（又称临界深度），如图 6.17 所示，表示为

$$z_0=\frac{2c}{\gamma\sqrt{K_a}} \tag{6.13}$$

总主动土压力为

$$E_a=\frac{1}{2}(H-z_0)(\gamma HK_a-2c\sqrt{K_a}) \tag{6.14}$$

E_a 作用在距挡土墙底面 $\frac{1}{3}(H-z_0)$ 高度处，如图 6.17(a) 所示。

6.4.3　被动土压力

如图 6.18(a) 所示，挡土墙墙背竖直光滑、填土面水平。挡土墙在外力作用下挤压填

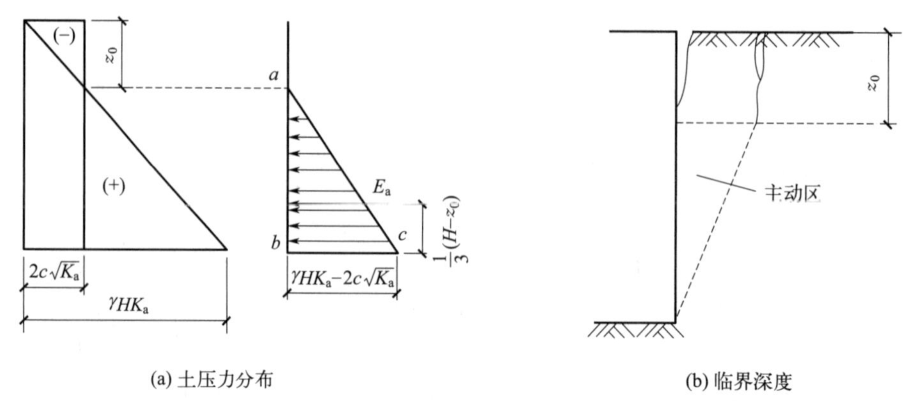

(a) 土压力分布　　(b) 临界深度

图 6.17　黏性土主动土压力

土，使挡土墙后的土体达到被动极限平衡状态。此时，对于墙背后深度 z 处的土单元体，其竖向应力 $\sigma_v=\gamma z$ 是最小主应力，而水平应力是最大主应力，即被动土压力强度 p_p。同样利用极限平衡条件可以得到被动土压力强度。

黏性土　$$p_p=\gamma z\tan^2\left(45°+\frac{\varphi}{2}\right)+2c\tan\left(45°+\frac{\varphi}{2}\right)=\gamma zK_p+2c\sqrt{K_p} \tag{6.15}$$

砂性土　$$p_p=\gamma z\tan^2\left(45°+\frac{\varphi}{2}\right)=\gamma zK_p \tag{6.16}$$

式中，K_p 为朗肯被动土压力系数，$K_p=\tan^2\left(45°+\frac{\varphi}{2}\right)$。

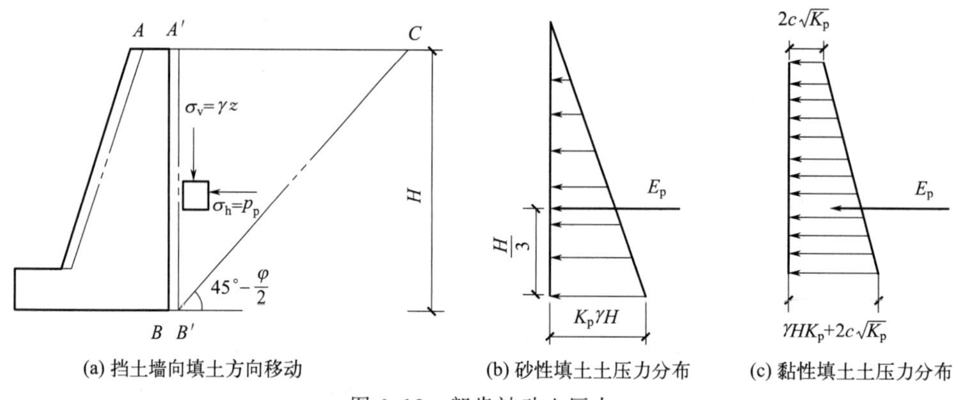

(a) 挡土墙向填土方向移动　　(b) 砂性填土土压力分布　　(c) 黏性填土土压力分布

图 6.18　朗肯被动土压力

从式(6.15) 和式(6.16) 可以看出，被动土压力强度 p_p 沿深度 z 呈直线分布，如图 6.18(b) 和图 6.18(c) 所示。作用在单位长度挡土墙上的总被动土压力 E_p 可由 p_p 的分布图形面积求得。

此外，由三角函数关系还可以得出

$$K_p=1/K_a \tag{6.17}$$

【例 6.1】 已知某混凝土挡土墙，墙高 $H=7.0\text{m}$，墙背竖直、光滑，墙后填土表面水平，填土的重度 $\gamma=18.0\text{kN/m}^3$，内摩擦角 $\varphi=30°$，黏聚力 $c=15\text{kPa}$。试计算作用于挡土墙上的静止土压力（$K_0=0.5$）、主动土压力和被动土压力，并绘制土压力分布图。

解：挡土墙墙背竖直、光滑，墙后填土表面水平，符合朗肯土压力理论的假设，可应用朗肯土压力理论求解。

（1）静止土压力

墙底面处的静止土压力强度 $p_0=\gamma HK_0=18.0\times7.0\times0.5=63\text{kPa}$

则静止土压力 $E_0=\frac{1}{2}\gamma H^2K_0=\frac{1}{2}\times18.0\times7.0^2\times0.5=220.5\text{kN/m}$，作用点距离墙底 $\frac{H}{3}=\frac{7.0}{3}=2.33\text{m}$

（2）主动土压力

主动土压力系数 $K_a=\tan^2\left(45^\circ-\frac{\varphi}{2}\right)=\frac{1}{3}$

墙顶面处的主动土压力强度 $p_{a1}=-2c\sqrt{K_a}=-2\times15\times\sqrt{\frac{1}{3}}=-17.32\text{kPa}$

墙底面处的主动土压力强度

$$p_{a2}=\gamma HK_a-2c\sqrt{K_a}=18.0\times7.0\times\frac{1}{3}-2\times15\times\sqrt{\frac{1}{3}}=24.68\text{kPa}$$

临界深度 $z_0=\frac{2c}{\gamma\sqrt{K_a}}=\frac{2\times15}{18.0\times\sqrt{\frac{1}{3}}}=2.89\text{m}$

总主动土压力

$$\begin{aligned}E_a&=\frac{1}{2}(H-z_0)(\gamma HK_a-2c\sqrt{K_a})\\&=\frac{1}{2}\times(7.0-2.89)\times\left(18.0\times7.0\times\frac{1}{3}-2\times15\times\sqrt{\frac{1}{3}}\right)\\&=50.72\text{kN/m}\end{aligned}$$

E_a 作用点距离墙底的距离 $\frac{1}{3}(H-z_0)=\frac{1}{3}\times(7.0-2.89)=1.37\text{m}$

（3）被动土压力

被动土压力系数 $K_p=\tan^2\left(45^\circ+\frac{\varphi}{2}\right)=3$

墙顶面处的被动土压力强度 $p_{p1}=2c\sqrt{K_p}=2\times15\times\sqrt{3}=51.96\text{kPa}$

墙底面处的被动土压力强度

$$p_{p2}=\gamma HK_p+2c\sqrt{K_p}=18.0\times7.0\times3+2\times15\times\sqrt{3}=378+51.96=429.96\text{kPa}$$

总被动土压力

$$\begin{aligned}E_p&=\frac{1}{2}\gamma H^2K_p+2cH\sqrt{K_p}=\frac{1}{2}\times18.0\times7.0^2\times3+2\times15\times7.0\times\sqrt{3}\\&=1323+363.73=1686.73\text{kN/m}\end{aligned}$$

E_p 作用于梯形的形心处，距离墙底为 x，则有

$$x=\frac{7.0}{3}\times\frac{2\times51.96+429.96}{51.96+429.96}=2.58\text{m}$$

三种土压力分布如图6.19所示。

可以看出：①当挡土墙的形式、尺寸和填土性质完全相同时，由朗肯理论计算得到的静止土压力 $E_0=220.50\text{kN/m}$，为主动土压力（$E_a=50.72\text{kN/m}$）的4倍多，因此在挡土墙设计时，尽可能使填土产生主动土压力，以节省挡土墙材料、工程量和投资；②挡土墙和填土条件完全相同时，主动土压力 $E_a=50.72\text{kN/m}$，被动土压力 $E_p=1686.73\text{kN/m}$，被动

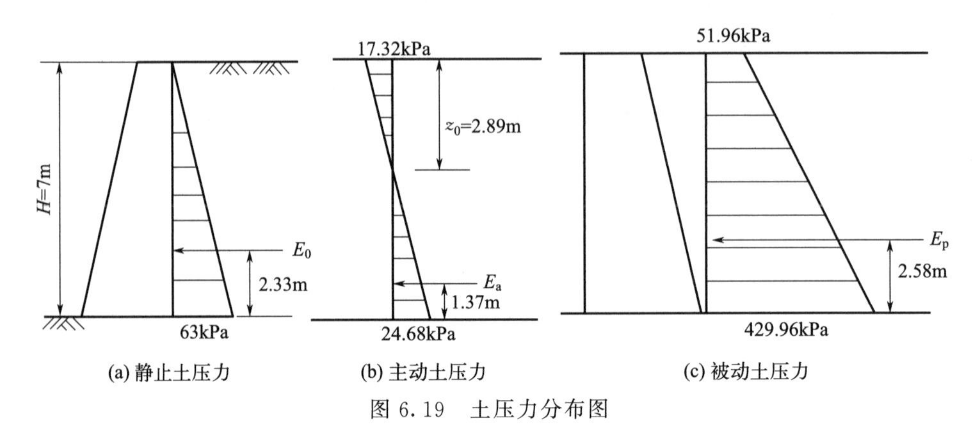

图 6.19 土压力分布图

土压力约为主动土压力的 33 倍，因产生被动土压力时挡土墙的位移往往过大，为工程所不允许，通常只利用被动土压力的一部分。

6.4.4 应力圆法求解无黏性土的土压力

朗肯土压力理论也可用于求解具有斜坡填土面时作用于竖直墙背上的土压力，其思路与前述推导水平填土面条件的思路基本相同，差别仅在于选取土体中一点的应力单元。如图 6.20(a) 所示，只要求出该点达到极限平衡状态时的应力条件，即可得出作用于竖直墙背上的土压力。在分析土中一点的应力状态时，假定半无限土体具有与水平面呈 β 角的倾斜表面，其他假定和推导过程与前述基本一致。在推导的过程应注意：

① 如图 6.20 所示，分析时选取的是任意深度 z 处的一个菱形土单元；

② 图中的 σ_z 和 σ 并不垂直于其作用面。

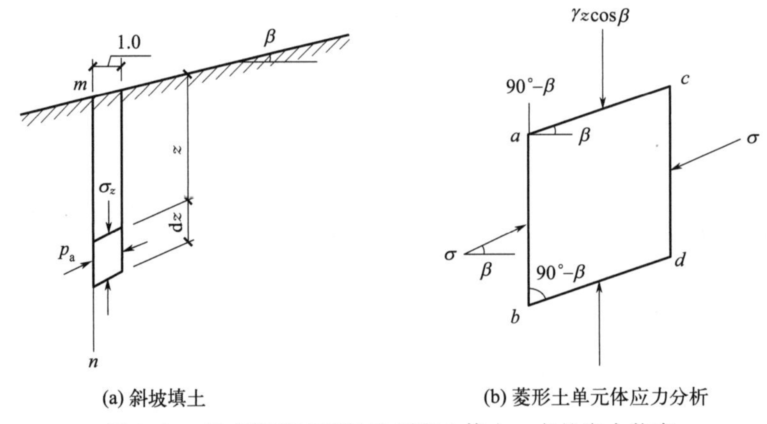

图 6.20 具有倾斜表面的半无限土体中一点的应力状态

根据代表一点应力状态的莫尔圆，在达到极限平衡状态时应与土的抗剪强度包线 $\tau_f=\tan\varphi$ 相切的原理，即可求出主动土压力强度 p_a。具体的作图步骤如下：

① 在水平 σ 轴的上下两侧分别画出与水平轴呈 $\pm\beta$ 的直线 OL 和 OL'，如图 6.21 所示；

② 在 OL 线上截取线段 $OA=\sigma_z=\gamma z\cos\beta$，则 A 点代表图 6.20 中土单元斜面上的应力，包含法向应力和剪应力，因此 A 点必定在代表该单元应力状态的应力圆上；

③ 在 σ 轴上找到圆心 E，过 A 点且与抗剪强度包线相切作应力圆，则该应力圆就是单元体处于极限平衡状态时的应力圆；

④ 应力圆交 OL' 线于 B 点，圆周角 $\angle ODA=90°-\beta$，所以 B 点代表单元竖直面上的应力 σ，即为主动土压力强度 p_a，其值等于图中线段 OB 的长度。

这样，根据图 6.21 中所示的应力圆几何关系，可推知 p_a。

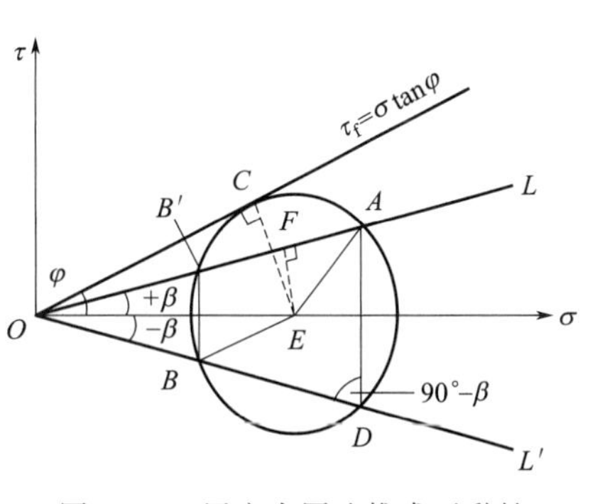

图 6.21 用应力圆法推求无黏性填土朗肯主动土压力

由图可知，$\dfrac{p_a}{\sigma_z}=\dfrac{OB}{OA}=\dfrac{OB'}{OA}=\dfrac{OF-B'F}{OF+AF}$，且 $OF-OE\cos\beta$，又

$$B'F=AF=\sqrt{AE^2-EF^2}=\sqrt{CE^2-EF^2}$$
$$=OE\sqrt{\sin^2\varphi-\sin^2\beta}=OE\sqrt{\cos^2\beta-\cos^2\varphi}$$

则

$$\frac{p_a}{\sigma_z}=\frac{\cos\beta-\sqrt{\cos^2\beta-\cos^2\varphi}}{\cos\beta+\sqrt{\cos^2\beta-\cos^2\varphi}} \tag{6.18}$$

已知 $\sigma_z=\gamma z\cos\beta$，故

$$p_a=\gamma z\cos\beta\frac{\cos\beta-\sqrt{\cos^2\beta-\cos^2\varphi}}{\cos\beta+\sqrt{\cos^2\beta-\cos^2\varphi}} \tag{6.19}$$

令 $K'_a=\cos\beta\dfrac{\cos\beta-\sqrt{\cos^2\beta-\cos^2\varphi}}{\cos\beta+\sqrt{\cos^2\beta-\cos^2\varphi}}$，得

$$p_a=K'_a\gamma z \tag{6.20}$$

可以看出，当 $\beta=0$ 时，$K'_a=\dfrac{1-\sin\varphi}{1+\sin\varphi}=\tan^2\left(45°-\dfrac{\varphi}{2}\right)=K_a$。若墙高为 H，则作用在墙上的总主动土压力为

$$E_a=\frac{1}{2}K'_a\gamma H^2 \tag{6.21}$$

同样的方法，也可以求出被动土压力强度 p_p 为

$$p_p=\gamma z\cos\beta\frac{\cos\beta+\sqrt{\cos^2\beta-\cos^2\varphi}}{\cos\beta-\sqrt{\cos^2\beta-\cos^2\varphi}} \tag{6.22}$$

令 $K'_p=\cos\beta\dfrac{\cos\beta+\sqrt{\cos^2\beta-\cos^2\varphi}}{\cos\beta-\sqrt{\cos^2\beta-\cos^2\varphi}}$，得

$$p_p=K'_p\gamma z \tag{6.23}$$

同样若墙高为 H，则作用在墙上的总被动土压力为

$$E_p=\frac{1}{2}K'_p\gamma H^2 \tag{6.24}$$

上述公式只适用于 $c=0$ 的无黏性土，且 $\beta<\varphi$。对于 $c\neq0$ 的黏性土，也可以用图解法，但其表达式相当复杂。另外，由于墙背面不是滑裂面，而且土压力的方向平行于斜坡面，因此要求墙背与土体之间的摩擦角 δ 必须大于 β。

6.5 库仑土压力理论

法国学者库仑根据墙后土楔体整体处于极限平衡状态时的力系平衡条件，提出了另一种土压力分析计算方法，即库仑土压力理论。由于其计算原理比较简明，适用性较广，特别是在计算主动土压力时有足够的精度，至今仍在工程上被广泛地应用。

库仑土压力理论考虑的挡土墙可以是墙背倾斜，具有倾角 ε；墙背面粗糙，与填土之间存在摩擦力，摩擦角为 δ；墙后填土面的倾角为 β；而且库仑土压力理论的研究对象是墙后某个滑动楔体，从楔体的整体平衡条件出发，直接求出作用在墙背上的总土压力 E。

6.5.1 假设条件

库仑土压力理论是根据无黏性土条件得出的，在研究中做出了如下基本假设。

① 平面滑动面假设。当墙向前或向后移动使墙后土体达到破坏时，填土将沿两个平面同时下滑或者上滑，一个是墙背 AB 面，另一个是土体内某一与水平面呈 α 角的滑动面 BC。平面滑动面是库仑土压力理论最主要的假设，虽然这一假设和实际情况不符，但是可以大大地简化计算工作，而且其精度能够满足工程的要求。

② 刚体滑动假设。将被破坏土楔体 ABC 视为刚体，不考虑滑动体内部的应力和应变。

③ 假设楔体 ABC 整体处于极限平衡状态。在 AB 和 BC 滑动面上，抗剪强度均已充分发挥，即滑动面上的剪应力均已达到抗剪强度。

6.5.2 主动土压力

如图 6.22 所示，当墙背受土推动向前移动达到某个数值时，土体中的 ABC 部分有沿着 AB、BC 面发生整体滑动的趋势，以至达到极限平衡状态。取楔体 ABC 为脱离体，作用于脱离体上的力包括以下几种。

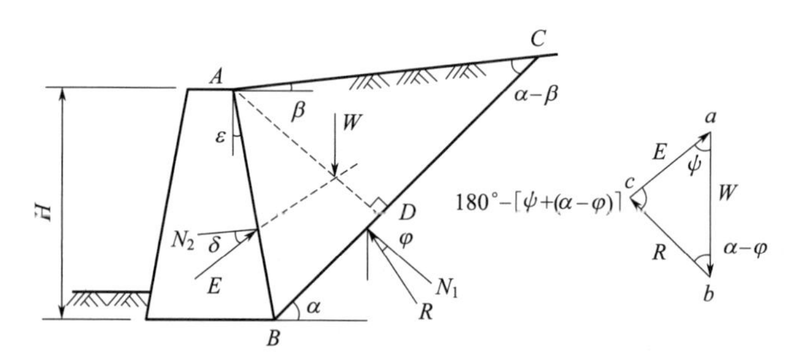

图 6.22 库仑主动土压力计算

① 楔体 ABC 的重力 W，方向竖直向下，大小为

$$W=\frac{1}{2}\gamma H^2\frac{\cos(\varepsilon-\beta)\cos(\alpha-\varepsilon)}{\cos^2\varepsilon\sin(\alpha-\beta)} \tag{6.25}$$

② 墙对土楔的反力 E，其作用方向与墙背的法线呈 δ 角（δ 角为墙与土之间的内摩擦角，称为墙的摩擦角）。

③ 滑动面 BC 上的反力 R，其方向与 BC 面的法线 N_1 呈 φ 角（φ 角为土的内摩擦角）。作用于楔体 ABC 上的三个力 W、E、R 构成一闭合力矢量三角形。已知三个力的方向及 W 的大小，利用正弦定理有

$$\frac{E}{\sin(\alpha-\varphi)}=\frac{W}{\sin[180°-(\psi+\alpha-\varphi)]} \tag{6.26}$$

故有
$$E=\frac{W\sin(\alpha-\varphi)}{\sin[180^\circ-(\psi+\alpha-\varphi)]} \tag{6.27}$$

式中，$\psi=90^\circ-(\delta+\varepsilon)$。

式(6.27)中，ε、δ、β、φ 都是已知的，只有 α 角是变化的。假定不同的 α 角可画出不同的滑动面，就可得到不同的 E 值，即 E 是 α 的函数。根据 $\frac{\mathrm{d}E}{\mathrm{d}\alpha}=0$，求解得到 α_{cr}，再将 α_{cr} 代入式(6.27)得到 E_{max}，这个 E_{max} 就是墙背所受到的总土压力，α_{cr} 对应的滑动面就是土楔最危险滑动面。

按上述方法可得
$$E_a=\frac{1}{2}\gamma H^2\frac{\cos^2(\varphi-\varepsilon)}{\cos^2\varepsilon\cos(\varepsilon+\delta)\left[1+\sqrt{\frac{\sin(\varphi+\delta)\sin(\varphi-\beta)}{\cos(\delta+\varepsilon)\cos(\varepsilon-\beta)}}\right]^2}=\frac{1}{2}\gamma H^2K_a \tag{6.28}$$

$$K_a=\frac{\cos^2(\varphi-\varepsilon)}{\cos^2\varepsilon\cos(\varepsilon+\delta)\left[1+\sqrt{\frac{\sin(\varphi+\delta)\sin(\varphi-\beta)}{\cos(\delta+\varepsilon)\cos(\varepsilon-\beta)}}\right]^2} \tag{6.29}$$

式中，K_a 为主动土压力系数，无因次，是 ε、δ、β、φ 的函数，可从表6.2查得。

表6.2　俯斜墙背库仑主动土压力系数 K_a

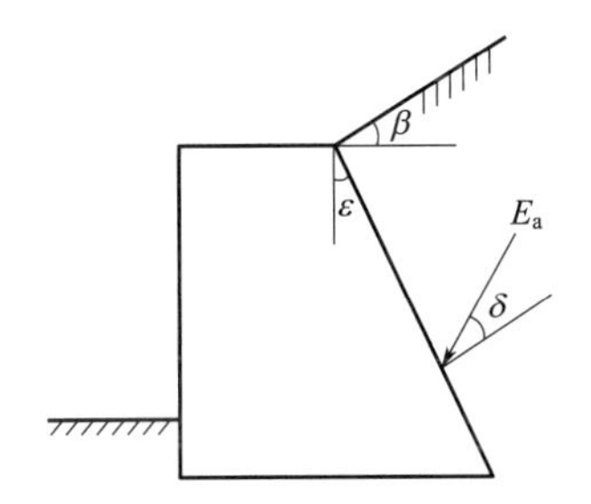

ε	β	φ=20°	φ=25°	φ=30°	φ=35°	φ=40°	φ=45°
δ=15°							
0°	0°	0.434	0.363	0.301	0.248	0.201	0.160
	10°	0.522	0.423	0.343	0.277	0.222	0.174
	20°	0.914	0.546	0.415	0.323	0.251	0.194
	30°			0.777	0.422	0.305	0.225
10°	0°	0.511	0.411	0.378	0.323	0.273	0.228
	10°	0.623	0.520	0.437	0.366	0.305	0.252
	20°	1.103	0.679	0.535	0.432	0.351	0.284
	30°			1.005	0.571	0.430	0.334
20°	0°	0.611	0.540	0.476	0.419	0.366	0.317
	10°	0.757	0.649	0.560	0.484	0.416	0.357
	20°	1.383	0.862	0.697	0.579	0.486	0.408
	30°			1.341	0.778	0.606	0.487

续表

$\delta=20°$							
0°	0°		0.357	0.297	0.245	0.199	0.160
	10°		0.419	0.340	0.275	0.220	0.174
	20°		0.547	0.414	0.322	0.251	0.193
	30°			0.798	0.425	0.306	0.225
10°	0°		0.438	0.377	0.322	0.273	0.229
	10°		0.521	0.438	0.367	0.306	0.254
	20°		0.690	0.540	0.436	0.354	0.286
	30°			1.051	0.582	0.437	0.338
20°	0°		0.543	0.479	0.422	0.370	0.321
	10°		0.659	0.568	0.490	0.423	0.363
	20°		0.891	0.715	0.592	0.496	0.417
	30°			1.434	0.807	0.624	0.501

库仑主动土压力公式［式(6.28)］与朗肯主动土压力公式的形式完全相同，但主动土压力系数不同。当库仑土压力理论中挡土墙直立（$\varepsilon=0$）、光滑（$\delta=0$），填土表面水平（$\beta=0$）时，式(6.29)变为 $K_a=\tan^2\left(45°-\frac{\varphi}{2}\right)$，与朗肯主动土压力系数相同。从以上的分析可知，库仑土压力理论是从分析土楔的平衡条件出发，其所得 E_a 是作用在墙背上的总土压力。由式(6.28)可知，E_a 的大小与墙高的平方成正比，所以深度 z 处土压力强度

$$p_a=\frac{dE_a}{dz}=\frac{d}{dz}\left(\frac{1}{2}\gamma z^2K_a\right)=\gamma zK_a \tag{6.30}$$

p_a 沿着墙高呈三角形分布。E_a 的作用点距离墙底为 $H/3$，方向与水平面呈（$\varepsilon+\delta$）角，如图 6.23 所示。

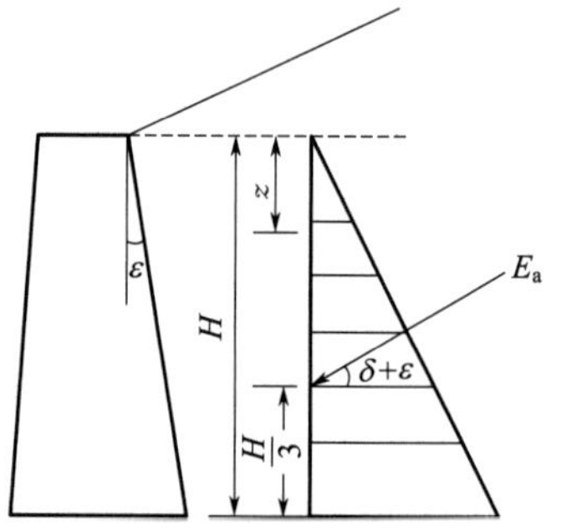

图 6.23 库仑主动土压力的分布

6.5.3 被动土压力

当墙受外力作用挤压土体，直至土体沿着某一个面 BC 发生破坏时，土楔 ABC 向上滑动，并处于被动极限平衡状态，如图 6.24 所示。取土楔 ABC 为脱离体，作用于土楔上的外力有土楔的自重 W，墙对土的反力 E，其方向与墙背的法线 N_2 呈 δ 角，滑动面 BC 上的反力 R，其方向与 BC 面的法线 N_1 呈 φ 角，被动极限平衡条件下，R 和 E 的方向分别在 BC 和 AB 面法线的上方。与计算主动土压力的原理相同，可求得被动土压力的库仑公式为

$$E_p=\frac{1}{2}\gamma H^2\frac{\cos^2(\varphi+\varepsilon)}{\cos^2\varepsilon\cos(\varepsilon-\delta)\left[1-\sqrt{\dfrac{\sin(\varphi+\delta)\sin(\varphi+\beta)}{\cos(\varepsilon-\delta)\cos(\varepsilon-\beta)}}\right]^2}=\frac{1}{2}\gamma H^2K_p \tag{6.31}$$

$$K_p=\frac{\cos^2(\varphi+\varepsilon)}{\cos^2\varepsilon\cos(\varepsilon-\delta)\left[1-\sqrt{\dfrac{\sin(\varphi+\delta)\sin(\varphi+\beta)}{\cos(\varepsilon-\delta)\cos(\varepsilon-\beta)}}\right]^2} \tag{6.32}$$

式中，K_p 为被动土压力系数；其他符号意义同前。

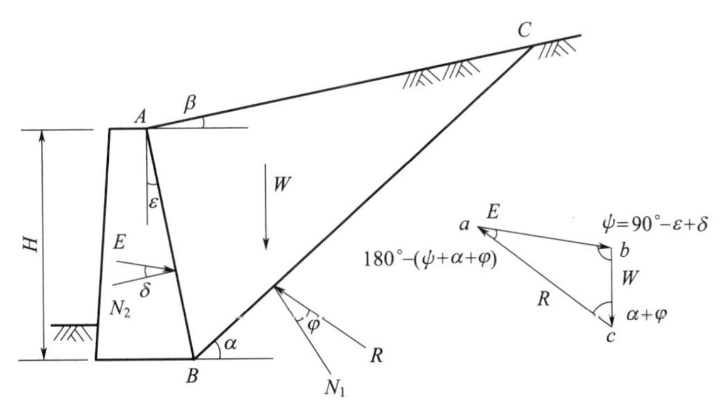

图 6.24　库仑被动土压力计算图

【例 6.2】 已知某挡土墙高度 $H=6.0\text{m}$，墙背倾斜 $\varepsilon=10°$，墙后填土倾角 $\beta=10°$，墙与填土摩擦角 $\delta=20°$。墙后填土为中砂，重度 $\gamma=18.5\text{kN/m}^3$，内摩擦角 $\varphi=30°$。试根据库仑土压力理论计算作用于挡土墙上的主动土压力。

解：由 $\varepsilon=10°$，$\beta=10°$，$\delta=20°$，$\varphi=30°$，查表 6.2 得到主动土压力系数 $K_a=0.438$。

$$E_a=\frac{1}{2}\gamma H^2 K_a=\frac{1}{2}\times 18.5\times 6^2\times 0.438=145.85\text{kN/m}$$

E_a 的作用点距离墙底 $\frac{H}{3}=2\text{m}$，方向与墙背法线 N 的夹角为 20°，位于法线 N 的上侧，如图 6.25 所示。

6.5.4　黏性土的土压力

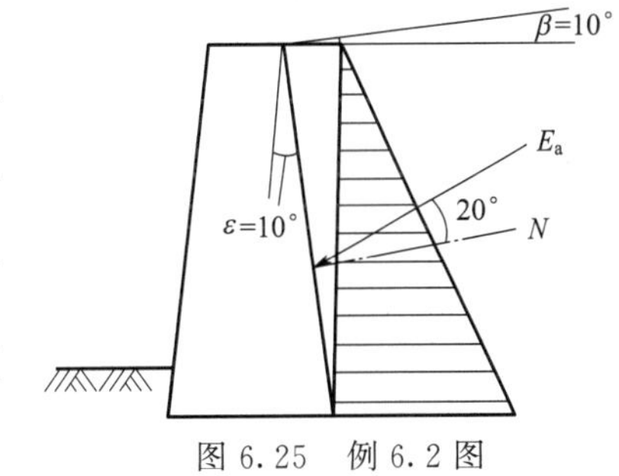

图 6.25　例 6.2 图

库仑土压力理论是根据无黏性土推导的，从理论上说只适用于无黏性土。但实际工程中墙背后的填土有时为黏性土，为考虑土的黏聚力 c 对土压力的影响，在应用库仑公式时，曾考虑将内摩擦角 φ 增大，采用“等效内摩擦角”来综合考虑黏聚力对土压力的影响。但实践证明，这种计算方法得出的结果误差较大。下面介绍两种黏性土土压力的确定方法。

（1）图解法

图解法是把黏性土的黏聚力作为外力的组成部分，纳入力矢量多边形，求出黏性土的总主动土压力 E_a。

由图 6.26 可见，如果挡土墙的位移较大，使得墙背后黏性土的抗剪强度全部发挥出来，在距离填土表面 z_0 深度处将出现拉裂缝，引用朗肯土压力理论的临界深度 $z_0=\frac{2c}{\gamma\sqrt{K_a}}$。

若假设滑动面为 BCD 时，作用在滑动土楔上的外力如下：

① 土的重量 W；

② 作用于墙背与土楔之间的总黏聚力 C_w，由于拉裂缝深度 z_0 长度范围内填土与墙体脱开，所以黏聚力作用的长度应扣除 z_0，故 $C_w=c_w\cdot EB$，c_w 为墙与土体间的黏聚力；

③ 滑动面的反力 R，其作用方向与滑动面的法线呈 φ 角；

④ 作用于滑动面上的总黏聚力 C，其作用长度也应扣除裂缝 z_0 的长度，故 $C=c\cdot BC$，c 为滑动面上的黏聚力。

上述四个力的方向均为已知，且外力 W、C_w、C 的大小也可以计算出来，根据力系的平衡，由力矢量多边形可以确定 E 的数值。假设多个滑动面，重复上述过程，计算得到多个 E 值，取其中的最大值为 E_a。

(2) 规范推荐方法

《建筑地基基础设计规范》(GB 50007—2011) 中给出的主动土压力计算公式也适用于黏性土和粉土。如图 6.27 所示，边坡工程主动土压力 E_a 为

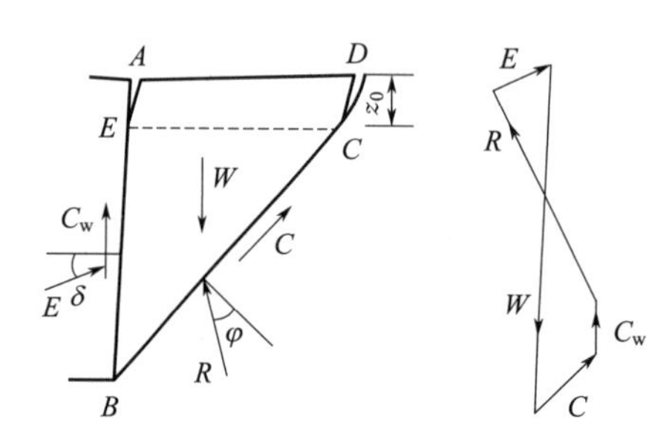

图 6.26 黏性土的库仑土压力计算

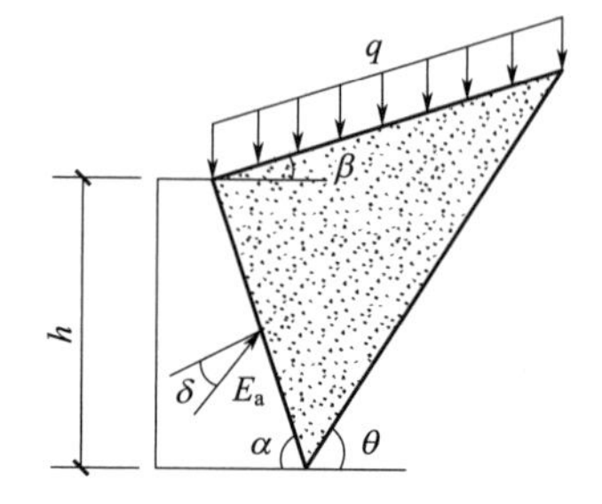

图 6.27 规范法的土压力计算

$$E_a=\Psi_c\frac{1}{2}\gamma H^2K_a \tag{6.33}$$

式中，Ψ_c 为主动土压力增大系数，土坡高度小于 5m 时取 1.0；高度为 5～8m 时取 1.1；高度大于 8m 时取 1.2；K_a 为主动土压力系数。

$$K_a=\frac{\sin(\alpha+\beta)}{\sin^2\alpha\sin^2(\alpha+\beta-\varphi-\delta)}\Big\{k_q[\sin(\alpha+\beta)\sin(\alpha-\delta)+\sin(\varphi+\delta)\sin(\varphi-\beta)]+2\eta\sin\alpha\cos\varphi\cos(\alpha+\beta-\varphi-\delta)-2[(k_q\sin(\alpha+\beta)\sin(\varphi-\beta)+\eta\sin\alpha\cos\varphi)(k_q\sin(\alpha-\delta)\sin(\varphi+\delta)+\eta\sin\alpha\cos\varphi)]^{\frac{1}{2}}\Big\} \tag{6.34}$$

$$k_q=1+\frac{2q}{\gamma h}\frac{\sin\alpha\cos\beta}{\sin(\alpha+\beta)} \tag{6.35}$$

$$\eta=\frac{2c}{\gamma h} \tag{6.36}$$

式(6.35) 中的 q 为地表均布荷载（以单位水平投影面上的荷载强度计）；其他符号意义同前。

6.6 朗肯理论与库仑理论的比较

朗肯与库仑土压力理论都是计算填土达到极限平衡状态时的土压力，发生这种状态的土压力要求挡土墙的位移量足以使墙后填土的剪应力达到抗剪强度。实际上，挡土墙移动的大小和方式不同，影响着墙背面上土压力的大小与分布。

日本土力学家松冈元教授对挡土墙发生各种形式位移时对应的土压力分布规律进行了定性描述（图 6.28），通过对比挡土墙不同形式的位移与朗肯极限状态位移之间的关系，得出了不同位移形式下挡土墙的土压力分布近似预测形式。

图 6.28(a) 中挡土墙上下两端不移动、中间向外突出，这种变形在板桩工程施工中比较常见。其顶部无位移，中部位移大于静止土压力相应的位移，底部位移接近主动土压力相应的位移。因此相应的土压力分布形式如图 6.28(a) 中预测土压力分布线所示，顶端土压力接近静止土压力，中间段土压力小于静止土压力，底端土压力接近主动土压力。图 6.28

(b) 中挡土墙上端不移动，下端位移很大，故上端土压力接近静止土压力，下端土压力比主动土压力小得多。图 6.28(c) 中挡土墙背向填土方向平移，可以判断出上端土压力位于静止土压力和主动土压力之间，下端土压力小于主动土压力。图 6.28(d) 中挡土墙上端挤压土体、下端外移，故上端土压力接近被动土压力、下端土压力小于主动土压力，不过这种状态在实际工程中发生的可能性很小。

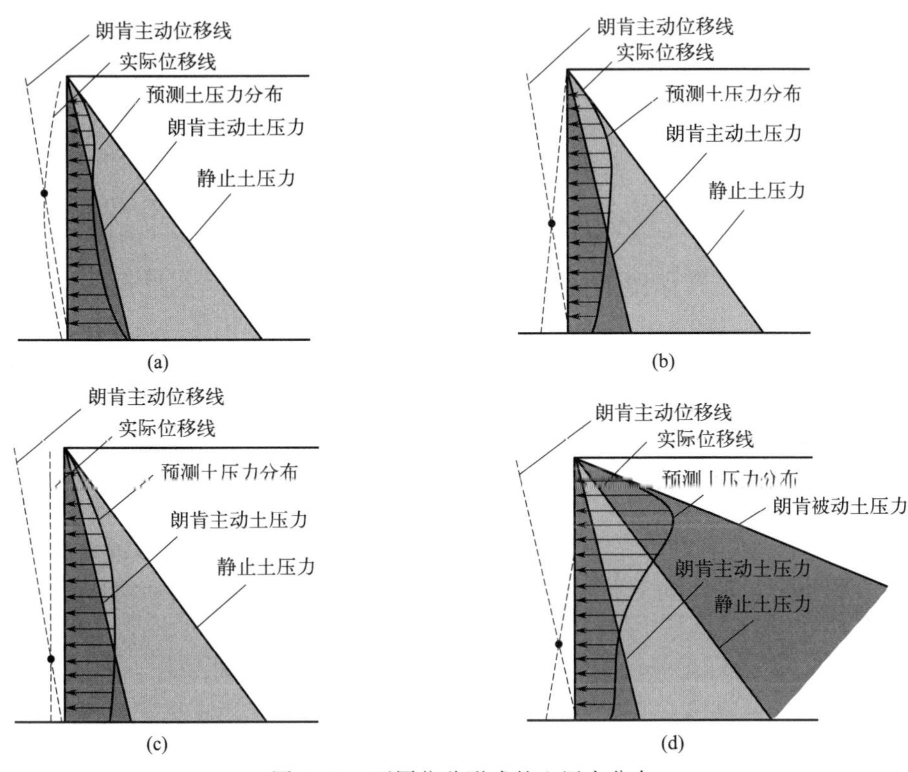

图 6.28　不同位移形式的土压力分布

在挡土墙土压力计算中很少按静止土压力计算，这是因为大部分挡土结构物都有不同程度的位移或变形，可能产生达到主动土压力的条件。根据试验研究，当挡土墙的位移达到墙高的 0.1%～0.3%时，就可能达到主动极限平衡状态，这是一般挡土墙都可以达到的。因此，挡土墙的土压力通常都可按主动土压力计算。对于直接浇筑在岩基上的挡土墙，墙的变形不足以达到主动破坏状态，按静止土压力计算比较符合实际的受力情况。但是，由于静止土压力系数难以精确确定，所以在设计中常将主动土压力增大 25%作为计算的土压力，如图 6.29 所示。若在工程建设中先修建挡土墙，再在墙后填土并对填土进行压实，这时作用在挡土墙上的土压力将增大，甚至可能超过静止土压力。

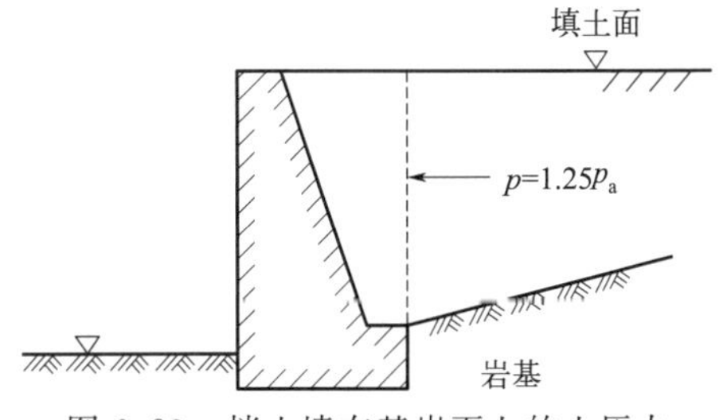

图 6.29　挡土墙在基岩面上的土压力

当挡土墙向填土方向发生比较大的位移时，才可能使墙后填土达到被动极限平衡状态。试验研究表明，挡墙位移量达到墙高的 2%～5%才能使墙后填土达到被动极限平衡状态，这么大的位移在大多数情况下是不允许的。因此，在验算挡土墙的稳定性时，不能采用被动土压力的数值来设计，一般仅取被动土压力计算值的 30%。

朗肯土压力理论与库仑土压力理论都是研究土压力问题的一种简化方法，但有各自不同的假设条件。以不同的分析方法求算土压力，有不同的适用条件。因此，在应用时应针对实际情况选择使用。下面分别从分析原理、应用条件和计算结果误差这三个方面进比较。

(1) 分析原理

朗肯理论和库仑理论都是计算墙后填土达到极限平衡状态时的土压力，发生这种状态的土压力都必须要求挡土墙的位移足以使墙后填土的剪应力达到抗剪强度，这是二者的相同点。但二者的分析方法存在较大不同，朗肯理论是根据土体中各点都处于极限平衡状态时的应力条件，直接求得墙背上各点的土压力强度分布，再由土压力强度求得总土压力的一种分析方法，属于极限应力法；而库仑理论是根据墙背与滑动面之间的土楔整体处于平衡状态时的静力平衡条件，求得墙背上的总土压力，再根据总土压力求得土压力强度的一种分析方法，属于滑动楔体法。

两种分析方法中，朗肯理论在理论上比较严谨，但应用条件比较严格，如要求墙背竖直、光滑，填土表面水平等，因此应用上受到一定限制；库仑理论则是一种简化理论，但可适用于较为复杂的各种边界条件，且结果在一定范围内能满足工程精度要求，所以应用较广。

(2) 应用条件

① 墙背条件。朗肯理论适用于墙背直立（$\varepsilon=0$）、光滑（$\delta=0$），或墙背倾角 $\varepsilon\geqslant45°-\frac{\varphi}{2}$，以保证能产生上述极限平衡状态。应用库仑理论时，墙背可以是倾斜和粗糙的（$0<\delta<\varphi$），以保证滑动土楔沿墙背滑动；如果墙背倾角 $\varepsilon>\varepsilon_{cr}$ 时，要考虑第二滑动面，用坦墙土压力的计算方法求解。

② 填土条件。朗肯理论假设填土表面水平，在复杂的填土表面条件下需作较多的假设，填土可为黏性土或无黏性土，成层填土时应用较方便。库仑理论假设填土为无黏性土，对于黏性土可应用图解法求解，《建筑地基基础设计规范》（GB 50007—2011）中也给出了解答，但简化较多。库仑理论可用于各种倾斜墙背、填土表面倾斜的情况。

(3) 计算结果误差

朗肯理论假设墙背光滑（$\delta=0$），计算得到的主动土压力比库仑理论偏大，但适用于悬臂式、扶壁式或L形的挡土墙。此外用其计算的被动土压力误差较小。库仑理论考虑了墙背与填土间的摩擦作用，但把土体中的滑裂面假设为平面，这与实际情况不符，使得库仑理论求得的主动土压力偏小，被动土压力偏大。对于被动土压力的计算，当 δ 和 φ 都比较大时，库仑理论的误差过大，不适宜应用。

朗肯理论和库仑理论分别根据不同的假设条件，以不同的方法求算土压力。只有在最简单的情况下（ε、β、δ 均为零）用这两种理论算得的结果才相等，否则便得出不同的结果。因此，应针对实际情况选择使用，两种土压力理论主要方面的比较见表 6.3。

表 6.3 两种土压力理论的比较

	朗肯理论	库仑理论
分析原理	根据土体中各点都处于极限平衡状态的应力条件直接求得墙背上各点的土压力强度分布	根据墙背与滑动面之间的土楔整体处于极限平衡状态时的静力平衡条件，求得墙背上的总土压力
墙背条件	假设墙背直立($\varepsilon=0$)，光滑($\delta=0$)或墙背倾角 $\varepsilon\geqslant45°-\frac{\varphi}{2}$	墙背可以是倾斜和粗糙的($0<\delta<\varphi$)，以保证土楔沿墙背滑动，如墙背倾角 $\varepsilon>\varepsilon_{cr}$ 时，需考虑第二滑动面

续表

	朗肯理论	库仑理论
填土条件	填土可为无黏性土或黏性土,假设填土表面为水平($\beta=0$),在复杂的填土表面条件下需作较多的简化假定,成层的填土条件下,计算较方便	假设填土为无黏性土,其表面为水平或倾斜的,图解法还可适用于任何形状的填土面和墙背
计算误差	对混凝土垂直墙背,主动土压力比库理论算得的偏大,但适用于悬臂式、扶壁式或L形挡土墙	对混凝土墙背,算得的主动土压力较合理,且较经济,而被动土压力误差大

6.7　常见情况下的土压力计算

工程上遇到的挡土墙及填土的条件，要比上述两种土压力理论复杂得多。例如，填土本身可能是性质不同的成层土、墙后有地下水的存在，或者填土表面上有荷载作用及墙背不是直线而是折线等。对于这些情况，只能在上述理论基础上做些近似处理。下面介绍几种常见情况下的土压力计算方法。

6.7.1　成层填土的土压力计算

墙后填土由性质不同的土层组成时，很明显土压力将受到不同填土性质的影响。在墙背竖直、填土面水平时，为简单起见，常用朗肯土压力理论来计算，以图 6.30（a）所示的两层无黏性填土为例，分两种情况说明其计算方法。

（1）$\varphi_1=\varphi_2$，$\gamma_1<\gamma_2$

在这种情况下，由于两种土的内摩擦角相同，故它们的主动土压力系数 K_a 相同，只是填土的重度 γ 不同。由公式 $p_a=K_a\gamma z$ 可知，两层填土的土压力分布在土层分界面处将发生变化，如图 6.30(b) 所示。

（2）$\gamma_1=\gamma_2$，$\varphi_1<\varphi_2$

由公式 $K_a=\tan^2\left(45°-\dfrac{\varphi}{2}\right)$可知，两层填土的主动土压力系数 K_a 不同，分别记为 K_{a1} 和 K_{a2}，且 $K_{a1}>K_{a2}$。相应地，两层填土的土压力分布梯度也不一样，在分界面处将发生突变，在分界面的上方土压力强度 $p_a=K_{a1}\gamma H_1$，在分界面的下方土压力强度 $p_a=K_{a2}\gamma H_1$，如图 6.30(c) 所示。

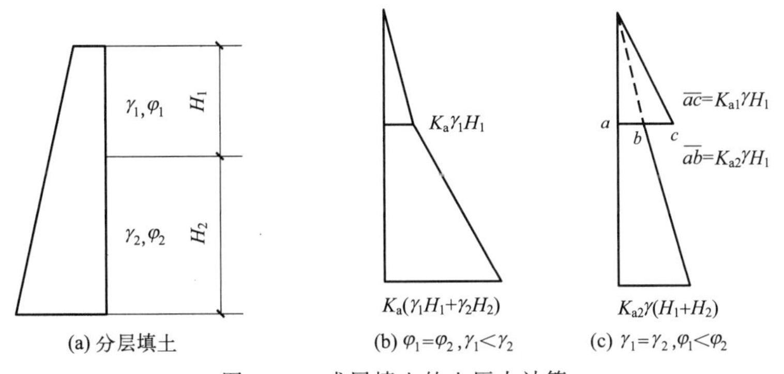

图 6.30　成层填土的土压力计算

6.7.2　墙后填土中存在地下水时的土压力计算

当墙后填土中存在地下水时，要考虑地下水对土压力的影响，具体表现为：

① 地下水位以下的土体因受到水的浮力作用，计算时应采用有效重度 γ'；

② 地下水对土的抗剪强度指标 c、φ 的影响，一般情况下认为地下水对砂性土的影响可以忽略，但对黏性填土，地下水将使 c、φ 值变小，从而使土压力增大；

③ 地下水对墙背产生的静水压力作用。

以图 6.31 所示的挡土墙为例，假定墙后的填土为均一的无黏性土，地下水位在填土面以下 H_1 处，则填土对挡土墙作用力的计算和上述 $\varphi_1=\varphi_2$，$\gamma_1<\gamma_2$ 的情况相同。同时要考虑墙背后的水压力 $E_w=\frac{1}{2}\gamma_w H_2^2$ 对墙背的作用，这里 H_2 为地下水位以下的墙高。作用在挡土墙上的合力即为两者之和。

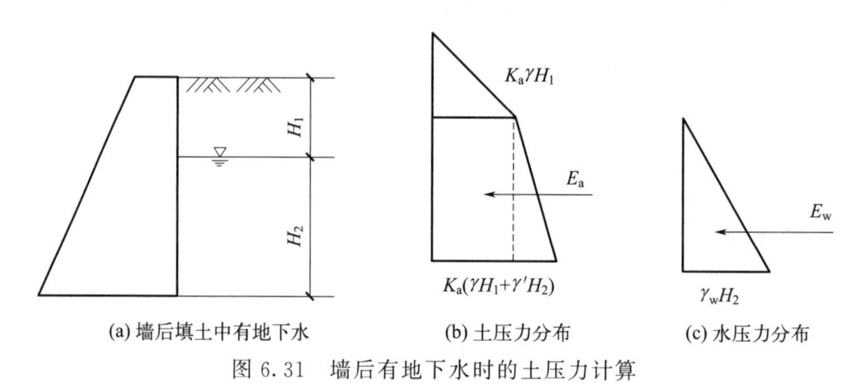

图 6.31 墙后有地下水时的土压力计算

6.7.3 填土表面作用有荷载时的土压力计算

挡土墙后填土表面的荷载对挡土墙有明显影响的是连续均布荷载、局部均布荷载以及动荷载等。在此只考虑连续均布荷载和局部均布荷载作用的情况，对于交通荷载和地震作用下的土压力计算可参考相关的技术规范。

(1) 连续均布荷载作用

当挡土墙墙背竖直，在水平填土面上作用连续均布荷载 q 时，如图 6.32(a) 所示，也可以用朗肯土压力理论计算主动土压力。此时，在填土面下墙背面深度 z 处取单元体，其所受的应力 $\sigma_1=q+\gamma z$，则 $\sigma_3=p_a=K_a\sigma_1$，即

$$p_a=K_a q+K_a\gamma z \tag{6.37}$$

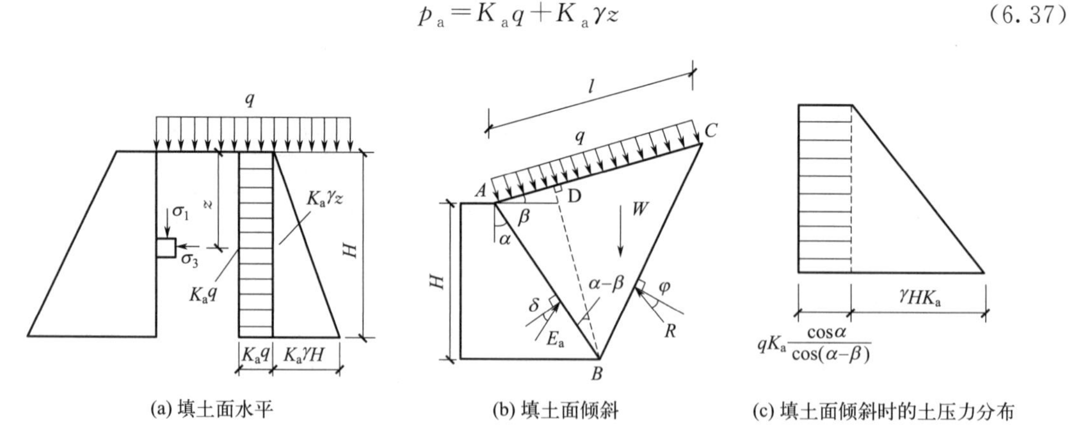

图 6.32 填土面上有连续均布荷载作用

由式(6.37) 可以看出，作用在墙背面的土压力由两部分组成：一部分是由均布荷载 q 引起，为常数，其分布与深度 z 无关；另一部分由土体自身的重力引起，与 z 成正比。土

压力合力即为两部分之和。

当挡土墙墙背及填土面均为倾斜平面时，如图6.32(b)所示，为求解作用在墙背上的总主动土压力E_a，可以用图解法，也可以用数解法，经过较为复杂的运算可得出E_a的计算公式为

$$E_a=\frac{1}{2}K_a\gamma H^2+K_a qH\frac{\cos\alpha}{\cos(\alpha-\beta)} \tag{6.38}$$

土压力的分布形式如图6.32(c)所示。

(2) 局部均布荷载作用

填土表面有局部均布荷载q作用时的土压力计算可用式(6.37)中的第一项，即$p_a q=K_a q$，但其分布范围缺乏理论上的严格分析，有学者认为填土表面的局部均布荷载产生的土压力是沿平行于破裂面的方向传递到墙背上的，如图6.33所示。荷载q仅在墙背的cd范围内引起附加应力$p_a q$，c点以上和d点以下墙背上所受的土压力不受q的影响，ac及bd线均与水平面呈$\left(45°+\frac{\varphi}{2}\right)$角。作用在墙背上的土压力分布即为图6.33所示的阴影部分。

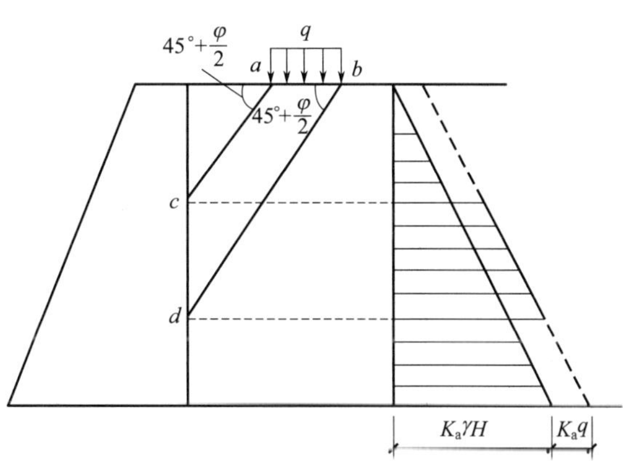

图6.33 填土表面有局部均布荷载作用

【例6.3】 某墙背竖直、光滑的挡土墙，高6m，地面水平并作用均布荷载10kPa。墙后土体分为两层，各层土的物理力学指标如图6.34所示。试计算：(1) 墙背所受主动土压力的分布强度；(2) 墙背所受总主动土压力及其作用位置。

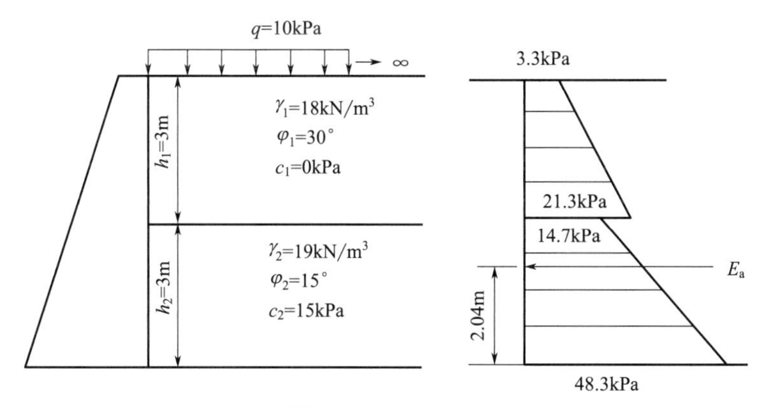

图6.34 例6.3图

解：根据朗肯土压力理论进行计算。

(1) 墙背所受的主动土压力强度

对于第一层填土

$$K_{a1}=\tan^2\left(45°-\frac{\varphi_1}{2}\right)=\tan^2\left(45°-\frac{30°}{2}\right)=0.333$$

顶面处的土压力强度为

$$p'_{a1}=qK_{a1}-2c_1\sqrt{K_{a1}}=10\times0.333-2\times0\times0.577=3.3\text{kPa}$$

底面处的土压力强度为

$$p''_{a1}=(q+\gamma_1 h_1)K_{a1}-2c_1\sqrt{K_{a1}}=(10+18\times 3)\times 0.333-2\times 0\times 0.577=21.3\text{kPa}$$

对于第二层填土

$$K_{a2}=\tan^2\left(45°-\frac{\varphi_2}{2}\right)=\tan^2\left(45°-\frac{15°}{2}\right)=0.589$$

顶面处的土压力强度为

$$p'_{a2}=(q+\gamma_1 h_1)K_{a2}-2c_2\sqrt{K_{a2}}=(10+18\times 3)\times 0.589-2\times 15\times 0.767=14.7\text{kPa}$$

底面处的土压力强度为

$$\begin{aligned}p''_{a2}&=(q+\gamma_1 h_1+\gamma_2 h_2)K_{a2}-2c_2\sqrt{K_{a2}}\\&=(10+18\times 3+19\times 3)\times 0.589-2\times 15\times 0.767=48.3\text{kPa}\end{aligned}$$

(2) 总主动土压力

$$\begin{aligned}E_a&=[p'_{a1}h_1+(p''_{a1}-p'_{a1})h_1/2]+[p'_{a2}h_2+(p''_{a2}-p'_{a2})h_2/2]\\&=[3.3\times 3+(21.3-3.3)\times 3/2]+[14.7\times 3+(48.3-14.7)\times 3/2]\\&=36.9+94.5=131.4\text{kN/m}\end{aligned}$$

第一层土内合力位置（从该层底面起算）

$$h_{a1}=\frac{3.3\times 3\times\frac{3}{2}+\frac{1}{2}\times(21.3-3.3)\times 3\times 3/3}{3.3\times 3+\frac{1}{2}\times(21.3-3.3)\times 3}=1.13\text{m}$$

第二层土内合力位置（从该层底面起算）

$$h_{a2}=\frac{14.7\times 3\times\frac{3}{2}+\frac{1}{2}\times(48.3-14.7)\times 3\times\frac{3}{3}}{14.7\times 3+\frac{1}{2}\times(48.3-14.7)\times 3}=1.23\text{m}$$

总的合力作用点位置距离底面的距离为

$$h_a=\frac{\left[3.3\times 3+\frac{1}{2}\times(21.3-3.3)\times 3\right]\times(1.13+3)+\left[14.7\times 3+\frac{1}{2}\times(48.3-14.7)\times 3\right]\times 1.23}{3.3\times 3+\frac{1}{2}\times(21.3-3.3)\times 3+14.7\times 3+\frac{1}{2}\times(48.3-14.7)\times 3}$$

$$=2.04\text{m}$$

【例 6.4】 某挡土墙墙壁光滑，墙高 7.0m，地下水位在地面下 1.5m 处。墙后第一层土为黏土，第二层土为砂土，参数如图 6.35 所示。地面上有 $q=100\text{kPa}$ 的连续均布荷载。试用朗肯土压力理论计算作用在墙上的主动土压力、被动土压力和水压力，并绘出分布图。

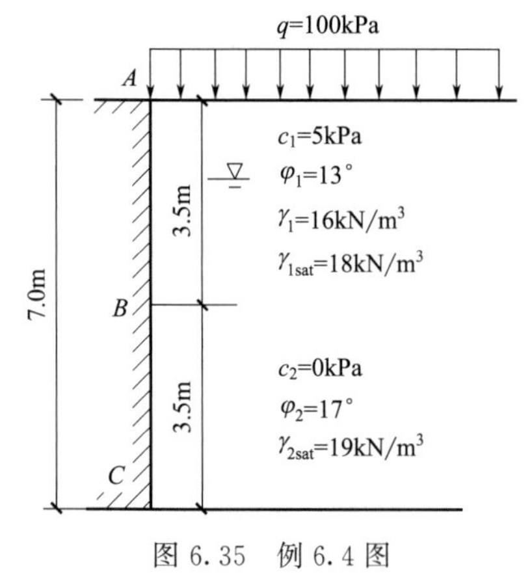

图 6.35 例 6.4 图

解：下面取 1m 宽度计算挡土墙受到的压力。

(1) 主动土压力

第一层土的主动土压力系数为

$$K_{a1}=\tan^2\left(45°-\frac{\varphi_1}{2}\right)=\tan^2\left(45°-\frac{13°}{2}\right)=0.63$$

第二层土的主动土压力系数为

$$K_{a2}=\tan^2\left(45°-\frac{\varphi_2}{2}\right)=\tan^2\left(45°-\frac{17°}{2}\right)=0.55$$

临界深度为

$$z_0=\frac{2c_1}{\gamma_1\sqrt{K_{a1}}}-\frac{q}{\gamma_1}=\frac{2\times 5}{16\times\sqrt{0.63}}-\frac{100}{16}=-5.46\text{m}$$

可见，从地表开始就存在主动土压力。

地面处（A 点）的压力强度为

$$p_{aA}=\sigma_v K_{a1}-2c_1\sqrt{K_{a1}}$$
$$=100\times0.63-2\times5\times\sqrt{0.63}=55.06\text{kN}$$

地下水位处的压力强度为

$$p_{a水位}=(\sigma_v+\gamma_1 h_w)K_{a1}-2c_1\sqrt{K_{a1}}$$
$$=(100+16\times1.5)\times0.63-2\times5\times\sqrt{0.63}$$
$$=70.18\text{kN}$$

第一层土最低点（B 上）的压力强度为

$$p_{aB上}=(\sigma_v+\gamma_1 h_w+\gamma'_{1sat}h_B)K_{a1}-2c_1\sqrt{K_{a1}}$$
$$=(100+16\times1.5+8\times2)\times0.63-2\times5\times\sqrt{0.63}=80.26\text{kN}$$

第二层土最高点（B 下）的压力强度为

$$p_{aB下}=(\sigma_v+\gamma_1 h_w+\gamma'_{1sat}h_B)K_{a2}-2c_2\sqrt{K_{a2}}$$
$$=(100+16\times1.5+8\times2)\times0.55-2\times0\times\sqrt{0.55}=77\text{kN}$$

第二层土最低点（C 点）的压力强度为

$$p_{aC}=(\sigma_v+\gamma_1 h_w+\gamma'_{1sat}h_B+\gamma'_{2sat}h_C)K_{a2}-2c_2\sqrt{K_{a2}}$$
$$=(100+16\times1.5+8\times2+9\times3.5)\times0.55-2\times0\times\sqrt{0.55}=94.33\text{kN}$$

总主动土压力为

$$E_a=\frac{55.06+70.18}{2}\times1.5+\frac{70.18+80.26}{2}\times2+\frac{77+94.33}{2}\times3.5=544.20\text{kN}$$

(2) 被动主动土压力

第一层土的被动土压力系数为

$$K_{p1}=\tan^2\left(45°+\frac{\varphi_1}{2}\right)=\tan^2\left(45°+\frac{13°}{2}\right)=1.58$$

第二层土的主动土压力系数为

$$K_{p2}=\tan^2\left(45°+\frac{\varphi_2}{2}\right)=\tan^2\left(45°+\frac{17°}{2}\right)=1.83$$

地面处（A 点）的压力强度为

$$p_{pA}=\sigma_v K_{p1}+2c_1\sqrt{K_{p1}}=100\times1.58+2\times5\times\sqrt{1.58}=170.57\text{kN}$$

地下水位处的压力强度为

$$p_{pA}=(\sigma_v+\gamma_1 h_w)K_{p1}+2c_1\sqrt{K_{p1}}=(100+16\times1.5)\times1.58+2\times5\times\sqrt{1.58}=208.49\text{kN}$$

第一层土最低点（B 上）的压力强度为

$$p_{pB上}=(\sigma_v+\gamma_1 h_w+\gamma'_{1sat}h_B)K_{p1}+2c_1\sqrt{K_{p1}}$$
$$=(100+16\times1.5+8\times2)\times1.58+2\times5\times\sqrt{1.58}=233.77\text{kN}$$

第二层土最高点（B 下）的压力强度为

$$p_{pB下}=(\sigma_v+\gamma_1 h_w+\gamma'_{1sat}h_B)K_{p2}+2c_2\sqrt{K_{p2}}$$
$$=(100+16\times1.5+8\times2)\times1.83+2\times0\times\sqrt{1.83}=256.20\text{kN}$$

第二层土最低点（C 点）的压力强度为

$$p_{pC}=(\sigma_v+\gamma_1 h_w+\gamma'_{1sat}h_B+\gamma'_{2sat}h_C)K_{p2}+2c_2\sqrt{K_{p2}}$$
$$=(100+16\times1.5+8\times2+9\times3.5)\times1.83+2\times0\times\sqrt{1.83}=313.85\text{kN}$$

总被动土压力为

$$E_a=\frac{170.57+208.49}{2}\times1.5+\frac{208.49+233.77}{2}\times2+\frac{256.20+313.85}{2}\times3.5$$
$$=284.30+442.26+997.59=1724.15\text{kN}$$

(3) 水压力

地下水位处为水压力的零点，水压力沿深度满足线性分布。

C 点的水压力为

$$\rho_{水}gh=1000\times10\times(2+3.5)=55\text{kN}$$

水压力合力为

$$\frac{1}{2}\times55\times5.5=151.25\text{kN}$$

(4) 压力沿深度的分布如图 6.36 所示。

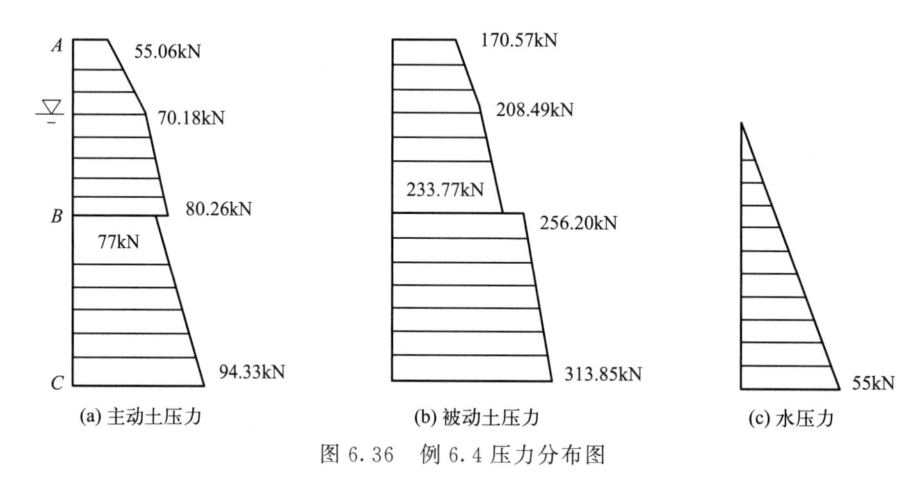

图 6.36 例 6.4 压力分布图

6.7.4 墙背形状发生变化时的土压力计算

(1) 墙背为折线形

当墙背面是折线时，以墙背面的转折点为界将挡土墙分成若干段，然后分别按库仑土压力理论计算主动土压力 E_a。在此选择只有一个转折点的情况对计算过程加以说明，如图 6.37 所示。

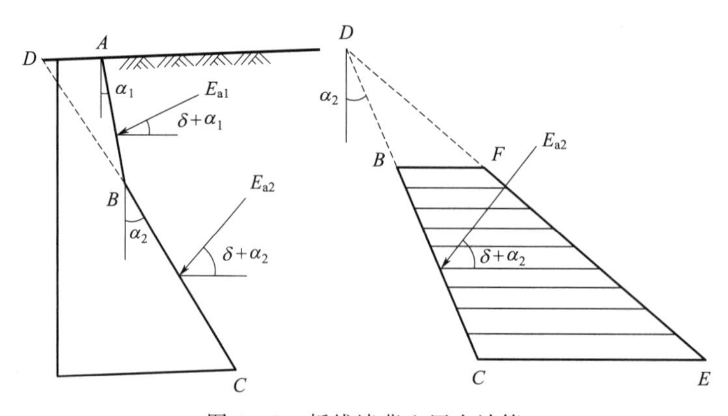

图 6.37 折线墙背土压力计算

将墙 AB 当作独立挡土墙，暂时不考虑墙 BC 的影响，计算出主动土压力 E_{a1}；接着计算墙 BC 受到的土压力，计算时将 CB 延长交地面线于 D 点，以 DBC 作为假想的墙背，墙背后的土压力分布如图 6.37 所示；再截取与墙 BC 段相应的部分即图中的 $BCEF$，计算出其合力即为作用在墙 BC 段的总主动土压力 E_{a2}。

(2) 墙背面设置有卸载平台

为减小作用在墙背上的主动土压力，在工程上可以采用在墙背上设置卸载平台的方法。在平台以上 H_1 高度内，仍按照朗肯或库仑土压力理论计算作用在 AB 面上的土压力分布，如图 6.38 所示。此时平台以上土重 W 已由卸载平台 CBD 承担，所以在平台下 C 点处土压力为零，这样一来也就减小了平台下 H_2 范围内的土压力作用。被减小的土压力作用范围一般认为是过卸载平台端点的滑动面与墙背的交点 E 围成的区域。显然，卸载平台伸出越长，减压作用越大，同时挡土墙的抗滑稳定性也有所增强。

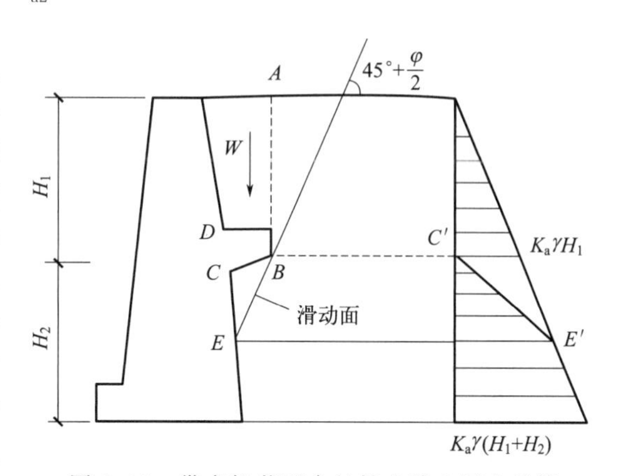

图 6.38　带有卸载平台的挡土墙土压力计算

6.7.5　地震时的土压力计算

地震时，因土压力增大造成挡土结构物破坏的事例时有发生，因此在地震区建造挡土墙时应考虑地震作用对土压力的影响。地震时，土压力的计算公式最常用的是物部-冈部(Mononobe-Okabe)公式，该公式用地震系数把静力土压力计算扩大到动力土压力，虽然这样计算不符合地震时土的真实性状，但在目前还没有更好且更实用的计算方法，所以常被采用。

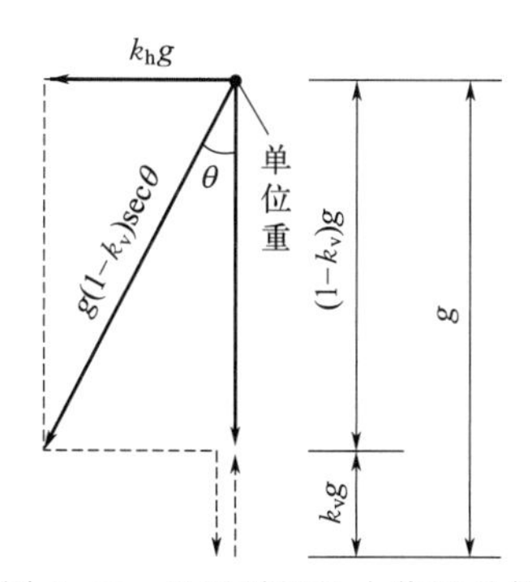

图 6.39　地震时惯性力作用计算

地震时主动土压力的计算如图 6.39 所示。设地震时水平向地震系数为 k_h，竖向地震系数为 k_v，则相应的地震水平加速度为 $k_h g$，地震竖向加速度为 $k_v g$。当同时考虑水平和竖向加速度时，则合成的加速度为 $(1-k_v)g\sec\theta$。θ 为加速度与竖直线的夹角，表示为

$$\theta=\arctan\left(\frac{k_h}{1-k_v}\right) \tag{6.39}$$

物部-冈部理论可根据地震时墙后填土同时受到水平与竖向的惯性力假定，将图 6.40 所示的挡土墙连同墙后填土逆时针方向转动 θ 角，然后再利用库仑理论按推导静力土压力公式的方法求解地震时的土压力。具体来说，将库仑公式中的墙高 H 换为 $H\cos(\varepsilon+\theta)/\cos\varepsilon$；填土重度 γ 换为 $\gamma(1-k_v)\sec\theta$；土表面的坡角 α 换为 $(\alpha+\theta)$；墙背面的倾角 ε 换为 $(\varepsilon+\theta)$；填土表面上的均布荷载 q 换为 $q(1-k_v)\sec\theta$；最后得到地震时的总主动土压力为

$$E_{ae}=(1-k_v)\left[\frac{\gamma H^2}{2}+qH\frac{\cos\varepsilon}{\cos(\varepsilon-\alpha)}\right]K_{ae} \tag{6.40}$$

$$K_{ae}=\frac{\cos^2(\varphi-\varepsilon-\theta)}{\cos\theta\cos^2\varepsilon\cos(\varepsilon+\delta+\theta)\left[1+\sqrt{\frac{\sin(\varphi+\delta)\sin(\varphi-\alpha-\theta)}{\cos(\varepsilon-\alpha)\cos(\varepsilon+\delta+\theta)}}\right]^2} \tag{6.41}$$

式中，K_{ae} 为地震时的主动土压力系数。

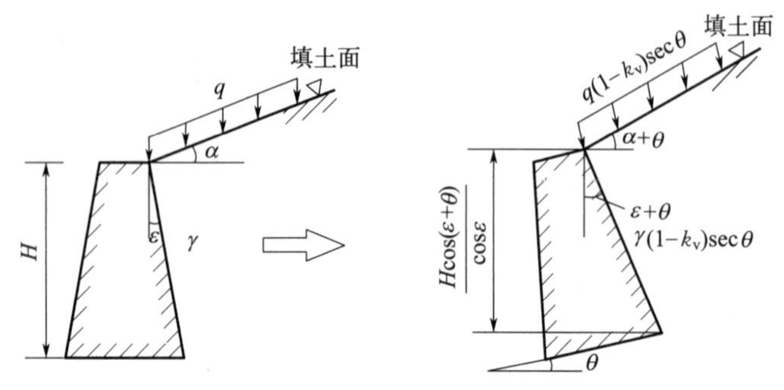

图 6.40 地震时的主动土压力计算

式(6.40) 适用的范围是 $(\varepsilon+\delta+\theta)<90°$，$(\alpha+\theta)\leqslant\varphi$。若 $(\alpha+\theta)>\varphi$，按 $\varphi-\alpha-\theta=0$ 计算。

填土中有地下水时，土压力的计算较复杂。实用上对水面以下由土自重引起的土压力作下列两点修正：

① 计算用的填土重度 γ 在水下用浮重度 γ'；

② 水下的地震系数乘以 $\gamma_{sat}/(\gamma_{sat}-\gamma_w)$，即水平地震系数 $k'_h=k_h\gamma_{sat}/(\gamma_{sat}-\gamma_w)$，竖向地震系数 $k'_v=k_v\gamma_{sat}/(\gamma_{sat}-\gamma_w)$。

被动土压力的计算与上述推导同理，但地震水平加速度的方向则相反，合成的加速度仍为 $(1-k_v)g\sec\theta$。把挡土墙连同墙后填土顺时针转动 θ 角，用库仑理论按推导静力土压力公式的方法求解地震时的土压力，最后得到地震时的总被动土压力为

$$E_{pe}=(1-k_v)\left[\frac{\gamma H^2}{2}+qH\frac{\cos\varepsilon}{\cos(\varepsilon-\alpha)}\right]K_{pe} \tag{6.42}$$

$$K_{pe}=\frac{\cos^2(\varphi+\varepsilon-\theta)}{\cos\theta\cos^2\varepsilon\cos(\delta+\theta-\varepsilon)\left[1-\sqrt{\dfrac{\sin(\varphi+\delta)\sin(\varphi+\alpha-\theta)}{\cos(\varepsilon-\alpha)\cos(\theta+\delta-\varepsilon)}}\right]^2} \tag{6.43}$$

式中，K_{pe} 为地震时的被动土压力系数。

从式(6.40) 和式(6.42) 可见，地震时的土压力为梯形分布，合力的作用点在梯形的形心处。

6.7.6 埋管与涵洞上的土压力计算

埋管和涵洞在基础建设行业中应用十分广泛，如水利工程中的坝下埋管、市政工程中的给排水管、天然气管及石油的输油管道等涵管类的构筑物。为分析涵管的内力、选择合理的设计断面，必须分析计算作用在涵管上的各种外荷载，尤其是作用于涵管上的填土压力，这是设计的主要荷载。

由于位移方向对土压力的类型起着决定性的作用，所以埋置方式对涵管土压力的大小及计算方法至关重要。一般来讲，埋置方式可分为沟埋式［图 6.41(a)］和上埋式［图 6.41(b)］。

沟埋式是在天然场地中开挖沟槽至设计高程，放置埋管后再回填沟槽至地面高程的方式。由此可以认为，沟槽外原有的土体将不再产生变形，只是沟槽内埋管顶部的回填土在自重作用下将发生沉降变形。在回填土下沉的过程中，沟槽壁对填土产生向上的摩擦力，阻止填土的下沉，即意味着回填土的一部分重力由沟槽侧壁处的摩擦力来承担，从而使得作用在埋管顶上的竖向土压力小于结构物上土柱的重力。

上埋式是将管直接铺设在天然地面或浅沟内，然后在上面回填土至设计高程的方式。这

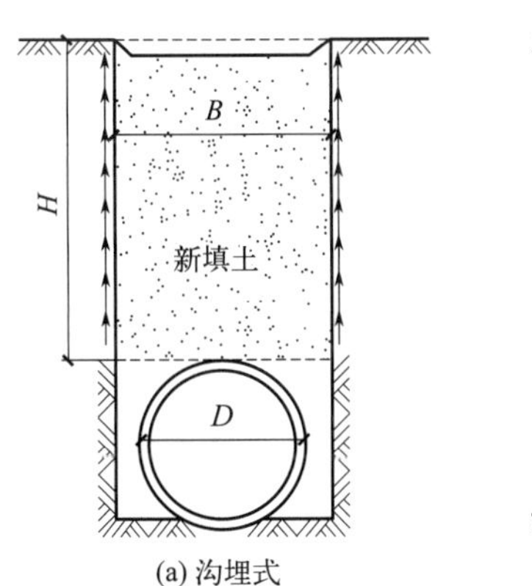

(a) 沟埋式

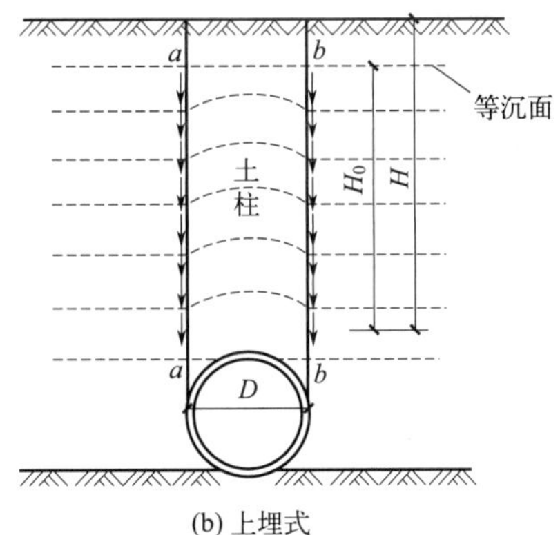

(b) 上埋式

图 6.41　涵管的埋置方式

时，新填土在自重作用下将产生沉降，但由于埋管宽度以外的填土厚度大于埋管顶部填土的厚度，埋管的刚度大于周围填土的刚度，故埋管顶部填土的沉降量小于埋管两侧土的沉降量，在土柱和周围填土的分界面处将产生向下的摩擦力，使得埋管所受到的竖向土压力大于埋管顶部填土的重力。

事实上，铺设于地下的各类涵管处于周围土体中，土体和涵管之间相互作用、相互协调。在分析涵管的受力状态时，一般需考虑下列因素的影响：

① 周围土的性质，如压缩性、黏聚力、内摩擦角等；

② 涵管的形状、尺寸及相对刚度，如矩形断面涵管和圆形断面涵管的受力状态显然不同，刚性涵管与柔性涵管的受力状态也有较大的差别；

③ 地质条件，如基础为硬基或软基时，涵管受力状态不同；

④ 施工方法，直接控制土压力的分布。

(1) 沟埋式埋管上的土压力计算

马斯顿（Marston）于1913年利用散体极限平衡理论提出了一个计算沟埋式埋管上竖向土压力的简单模型，至今在工程界仍被广泛应用。图 6.42(a) 为沟埋式埋管，沟槽宽度为 B，填土表面作用有均布荷载 q，填土在自重和荷载 q 的作用下发生沉降。在沟槽侧壁处产生向上的摩擦力，在此认为是剪切力 τ，并且等于土的抗剪强度 τ_f，在填土面下深度 z 处取厚度为 dz 的土层作为隔离体进行受力分析，如图 6.42(b) 所示。土层重力 $dW=\gamma B dz$，侧向压力 $\sigma_h=K\sigma_z$，则沟壁抗剪强度 $\tau_f=c+\sigma_h\tan\varphi$。由竖直方向力的平衡条件得

$$dW+B\sigma_z=B(\sigma_z+d\sigma_z)+2\tau_f dz \tag{6.44}$$

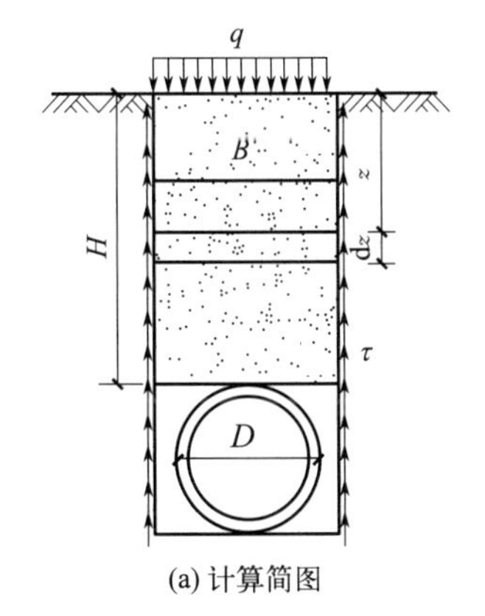

(a) 计算简图

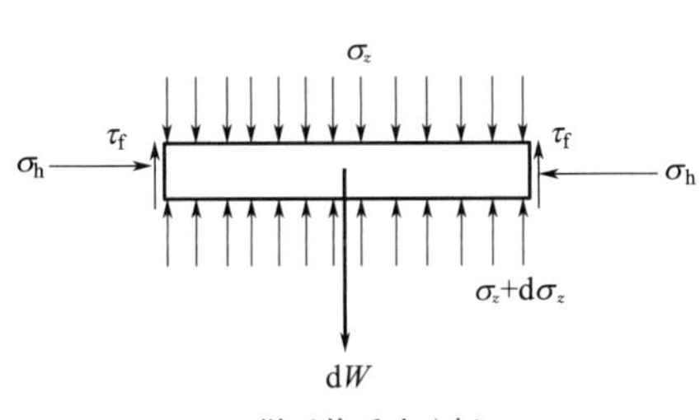

(b) 微元体受力分析

图 6.42　沟埋式埋管土压力分析模型

即 $$\gamma B\mathrm{d}z-B\mathrm{d}\sigma_z-2c\mathrm{d}z-2K\sigma_z\tan\varphi\mathrm{d}z=0 \tag{6.45}$$

式中，γ 为沟内填土的重度；c、φ 分别为填土与沟壁之间的黏聚力和内摩擦角；K 为土压力系数，一般介于主动土压力系数 K_a 与静止土压力系数 K_0 之间，马斯顿采用的是主动土压力系数 K_a。

式(6.45) 可改写为

$$\frac{\mathrm{d}\sigma_z}{\mathrm{d}z}=\gamma-\frac{2c}{B}-2K\sigma_z\frac{\tan\varphi}{B} \tag{6.46}$$

上式为一阶常微分方程，根据边界条件，$z=0$ 时，$\sigma_z=q$，解微分方程可得深度 z 处的竖向土压力为

$$\sigma_z=\frac{B\left(\gamma-\frac{2c}{B}\right)}{2K\tan\varphi}\left(1-\mathrm{e}^{-2K\frac{z}{B}\tan\varphi}\right)+q\mathrm{e}^{-2K\frac{z}{B}\tan\varphi} \tag{6.47}$$

需要说明的是，沟槽宽度 B 值的大小对作用在埋管上的土压力影响很大，随着 B/D 值的增大，沟壁摩擦力 τ 对埋管上的土压力的影响逐渐减小，当 B/D 达到某一值时，作用在埋管上的土压力就等于 γH。若 B 值再增大，沟埋式将变成上埋式。

将式(6.47) 代入 $\sigma_h=K\sigma_z$，可得沟埋式侧向土压力的分布为

$$\sigma_h=\frac{B\left(\gamma-\frac{2c}{B}\right)}{2\tan\varphi}\left(1-\mathrm{e}^{-2K\frac{z}{B}\tan\varphi}\right)+Kq\mathrm{e}^{-2K\frac{z}{B}\tan\varphi} \tag{6.48}$$

(2) 上埋式埋管上的土压力计算

如图 6.43(a) 所示，马斯顿假定管上土体与周围土体发生相对位移的滑动面为竖直平面 aa' 和 bb'。采用与沟埋式类似的方法，可得出上埋式埋管顶部的竖向土压力的计算公式为

$$\sigma_z=\frac{D\left(\gamma+\frac{2c}{D}\right)}{2K\tan\varphi}\left(\mathrm{e}^{2K\frac{H}{D}\tan\varphi}-1\right)+q\mathrm{e}^{2K\frac{H}{D}\tan\varphi} \tag{6.49}$$

上式适用于埋管顶部填土厚度较小的情况，若填土厚度 H 较大，则在填土面以下将出现一个等沉面，在等沉面以上土体没有相对位移，在等沉面以下的土体产生相对位移，令其厚度为 H_e。滑动面为 aa' 和 bb' [图 6.43(b)]，作用在埋管上的竖向土压力为

$$\sigma_z=\frac{D\left(\gamma+\frac{2c}{D}\right)}{2K\tan\varphi}\left(\mathrm{e}^{2K\frac{H_e}{D}\tan\varphi}-1\right)+\left[q+\gamma(H-H_e)\right]\mathrm{e}^{2K\frac{H_e}{D}\tan\varphi} \tag{6.50}$$

式中，等沉面的厚度 H_e 可按下式计算

$$\mathrm{e}^{2K\frac{H_e}{D}\tan\varphi}-2K\tan\varphi\frac{H_e}{D}=2K\gamma_{sd}\zeta\tan\varphi+1 \tag{6.51}$$

式中，γ_{sd} 为沉降比，对于埋设在一般土基上的刚性管可取 0.5～0.8；ζ 为突出比，指埋管顶部突出于地面以上的高度 H' 与埋管外径 D 之比，即

$$\zeta=\frac{H'}{D} \tag{6.52}$$

将式(6.50) 代入 $\sigma_h=K\sigma_z$，可得埋管侧向土压力的分布为

$$\sigma_h=\frac{D\left(\gamma+\frac{2c}{D}\right)}{2\tan\varphi}\left(\mathrm{e}^{2K\frac{H_e}{D}\tan\varphi}-1\right)+K\left[q+\gamma(H-H_e)\right]\mathrm{e}^{2K\frac{H_e}{D}\tan\varphi} \tag{6.53}$$

需要指出的是，上述土压力计算公式是建立在埋管顶端两侧发生竖向滑动的假设基础

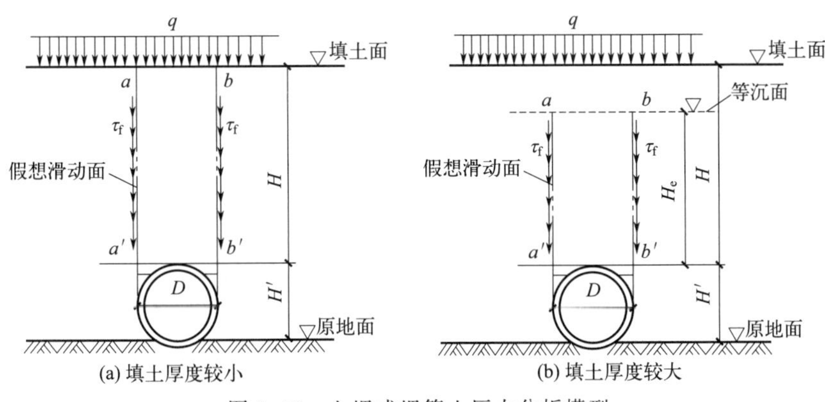

(a) 填土厚度较小　　(b) 填土厚度较大

图 6.43　上埋式埋管土压力分析模型

上，与实际情况并不完全相符，其计算结果一般比实测值偏大，在使用时应结合具体情况和已有的资料进行修正。对于重要的工程，可采用非线性土的应力-应变关系，借助有限元等数值计算方法进行分析。

(3) 暗挖法修建的涵洞上的土压力计算

当涵洞建于距地面较深处，常采用暗挖的结构形式。此种结构物在修建过程中破坏了附近的局部土层，但其范围不会延伸至土体表面。结构物上部形成了一个封闭的破裂面，在此封闭的破裂面以上部分就是所谓的“天然卸荷拱”。在此破裂面以上的土压力为拱所承担，不会传到结构物上来，故结构物所受压力仅等于破裂面以下土体的重量。

由于不能承受拉应力，故卸荷拱轴线上各点的弯矩等于零。据此，可用结构力学的方法解出卸荷拱的形状应当是抛物线。结构物两侧的破裂面与结构物两个侧边（或切于侧边的垂直平面）的夹角为 $\left(45°-\dfrac{\varphi}{2}\right)$，即两侧土体处于主动极限平衡状态，如图 6.44 所示。两侧土压力的计算方法与朗肯理论计算挡土墙上主动土压力相同。

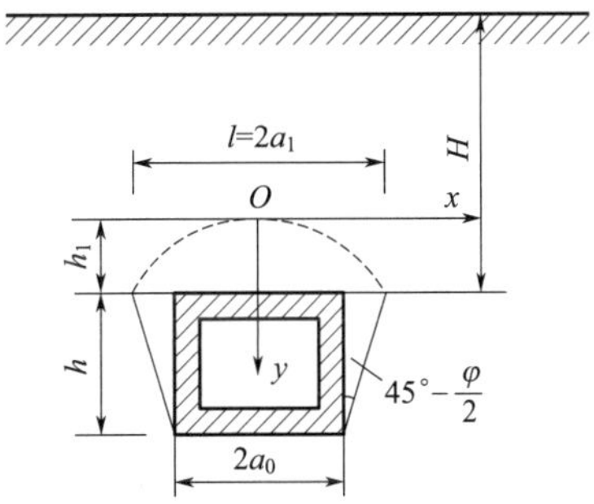

图 6.44　暗挖式涵洞所承受的土压力

卸荷拱的跨度为

$$l=2a_1 \tag{6.54}$$

$$a_1=a_0+h\tan\left(45°-\frac{\varphi}{2}\right) \tag{6.55}$$

根据普洛托季雅可诺夫（Protodyakonov）的分析，卸荷拱的高度 h_1 与跨度成正比，与土的坚实系数 f_{KP} 成反比，f_{KP} 取值见表 6.4。

$$h_1=\frac{a_1}{f_{KP}} \tag{6.56}$$

表 6.4　土的坚实系数表

土的类别	坚实系数 f_{KP}	土的类别	坚实系数 f_{KP}
流沙、泥泽土、稀释的黄土	0.1～0.3	重砂质黏土、黄土、砾石	0.8
砂、细砾、堆积土、开采的煤层	0.5	紧密黏土	1.0
腐殖土、泥炭、松软的砂质黏土、湿砂	0.6	含石的土、砾石、破碎的页岩、硬化黏土	1.5

若以卸荷拱的顶点为原点，则卸荷拱的轴线方程式为

$$y=\frac{x^2}{a_1 f_{KP}}=\frac{x^2}{h_1 f_{KP}^2} \tag{6.57}$$

所以，卸荷拱范围内的总土压力为

$$G=\frac{2}{3}(2a_1)h_1\gamma_{CP}=\frac{(2a_1)^2}{3f_{KP}}\gamma_{CP} \tag{6.58}$$

式中，γ_{CP}为卸荷拱下土的平均重度；其他符号意义同前。

实际工程中，对于顶管、盾构等施工方法形成的涵管，周围土体的变形和涵管变形存在协调关系，上述极限平衡法仅将涵管作为受力结构，认为周围土体变形能充分发挥，这与工程实际有较大差距。考虑土体和涵管变形协调关系有以下两种方法：一种认为涵管外壁通道内存在塑性区，并认为塑性区扩大到一定程度时，即受到涵管支撑而趋于稳定时，不会有大的扩展，它是通过计算涵管外壁法向土应力和涵管外壁外侧土体法向位移来考虑的，常称芬纳公式；另一种方法，考虑涵管埋深较大时可能产生土体与周围的围岩相互脱离的情况，即塑性区可能发展，计算涵管外壁土压力（在塑性区和弹性区交界面上，土体相互脱开，因而交界面处法向应力为零，称为卡柯公式）。

6.8 土压力的影响因素

6.8.1 影响土压力的因素

以上分析了土压力的计算方法，不难看出土压力大小与荷载条件、填土的性质、墙体形状和变形、计算深度等有关。

(1) 荷载条件

填土表面有荷载作用时，将导致主动土压力增大，土压力的分布也随荷载大小和分布不同而出现差异。

(2) 填土性质

物理力学性质不同的填土，其土压力也不同。一般说来，填土的内摩擦角φ和黏聚力c愈大，主动土压力愈小，被动土压力愈大；反之，则主动土压力愈大，被动土压力愈小。土和墙之间的摩擦角愈大，主动土压力愈小，被动土压力愈大。填土的重度愈大，主动土压力愈大。填土表面倾斜时，较填土表面水平时主动土压力大。

(3) 墙背形状

重力式挡土墙墙背按倾斜情况可分为仰斜、直立、俯斜三种形式，如图6.45所示。对于墙背不同倾斜方向的挡土墙，如用相同的计算方法和计算指标进行计算，其主动土压力以仰斜为小、直立居中、俯斜最大。

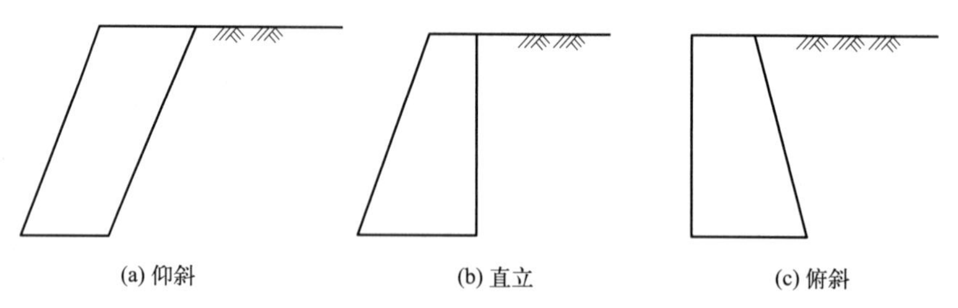

图6.45 重力式挡土墙墙背的倾斜情况

挡土墙墙背如果较为平缓，其倾角 ε 大于临界角 ε_{cr}，土楔体可能不再沿着原滑动面滑动而出现第二滑动面［图 6.46(a)］，出现第二滑动面的挡土墙常定义为“坦墙”。

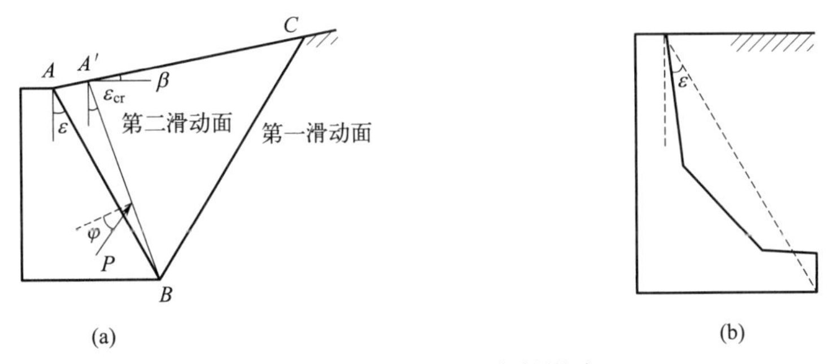

图 6.46 坦墙对土压力的影响

在第二滑动面上，由于是土与土之间的摩擦。因而 P 与 $A'B$ 的法线的夹角为 φ，而不是 δ 角。这样，作用在墙背上的土压力应该是 $\Delta ABA'$ 的土重与 P 的合力。

通常，当挡土墙 ε 超过 20°～25°时，即应考虑有无可能产生第二滑动面［图 6.46(b)］。计算主动土压力时判断是否出现第二滑动面可用临界角 ε_{cr} 作为标准。从图 6.46(a) 可知，$\varepsilon_{cr}=90°+\beta-\angle BA'C$，利用应力圆法，可以证明

$$\angle BA'C=45°+\frac{\varphi}{2}+\frac{\beta}{2}+\frac{1}{2}\arcsin\frac{\sin\beta}{\sin\varphi} \tag{6.59}$$

所以

$$\varepsilon_{cr}=45°-\frac{\varphi}{2}+\frac{\beta}{2}-\frac{1}{2}\arcsin\frac{\sin\beta}{\sin\varphi} \tag{6.60}$$

若填土表面为水平（$\beta=0$），则

$$\varepsilon_{cr}=45°-\frac{\varphi}{2} \tag{6.61}$$

(4) 挡土墙结构形式和刚度

刚性挡土墙由于具有墙体断面大、墙身较重的特点，故墙体变形对土压力的影响可以忽略不计。而柔性墙，如板桩墙、围护用的排桩和地下连续墙之类的结构物，当其上作用有侧向土压力时，其土压力分布的大小和墙体变形密切相关。

6.8.2 减小土压力的措施

土压力的大小直接影响挡土墙结构形式的选择，从而影响工程造价，所以应采取措施尽量减小作用在挡土墙上的土压力。下面以主动土压力为例说明减小土压力的措施。

(1) 墙背后填土材料的选择

从朗肯或库仑主动土压力的计算公式可以看出，为减小作用于墙背上的主动土压力，应选取重度 γ 值小、内摩擦角 φ 值大、黏聚力 c 值大的填土。所以实际工程中，宜采用轻质填料，有条件可以选用煤渣、矿渣等；φ 值大的填料，如粗砂、砾石等；黏聚力 c 值大的黏土。设填土的重度、黏聚力和墙高一定时，改变填料的 φ 值，当 φ 值为 20°、30°、40°时，作用于墙背上的主动土压力的比值为 2.2∶1.5∶1，这说明当填料的 φ 值由 20°增大到 40°时，主动土压力降低一半以上。

(2) 挡土墙截面形状的选择

挡土墙截面形状对土压力大小有很大影响。如上述折线形墙背，对减小主动土压力有明显作用；又如带有卸载平台的挡土墙，平台以上和以下部分分别看作高度为 H_1 和 H_2 的独立挡土墙。卸载平台底部所受的土压力强度为 $\gamma H_1 K_a$。由于平台的存在，卸载平台底部以

下的墙背所受主动土压力与平台以上部分填土的重量无关，只与此段土重有关，从而使土压力大为减小，墙底处的土压力强度为 $\gamma H_2 K_a$，比墙高为（H_1+H_2）时底面处的土压力强度 $\gamma(H_1+H_2)K_a$ 小很多。

思考与练习题

1. 阐述静止土压力、主动土压力和被动土压力的定义和产生条件，并比较三者的大小关系。

2. 朗肯土压力理论有什么假设条件？如何求主动和被动土压力系数？

3. 库仑土压力理论适用什么类型的土体？其基本假设是什么？

4. 对朗肯土压力理论和库仑土压力理论进行比较和评价。

5. 挡土墙及墙后填土情况如图 6.47 所示，试计算：(1) 填土处于静止状态时的总静止土压力；(2) 填土处于主动极限平衡状态时的总主动土压力；(3) 填土处于被动极限平衡状态时的总被动土压力。

6. 挡土墙及墙后填土情况如图 6.48 所示，试计算作用于墙上的总主动土压力，并绘出土压力分布图。

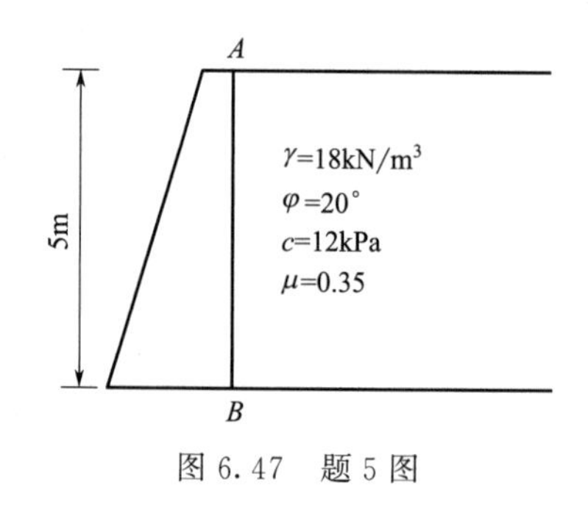

图 6.47 题 5 图

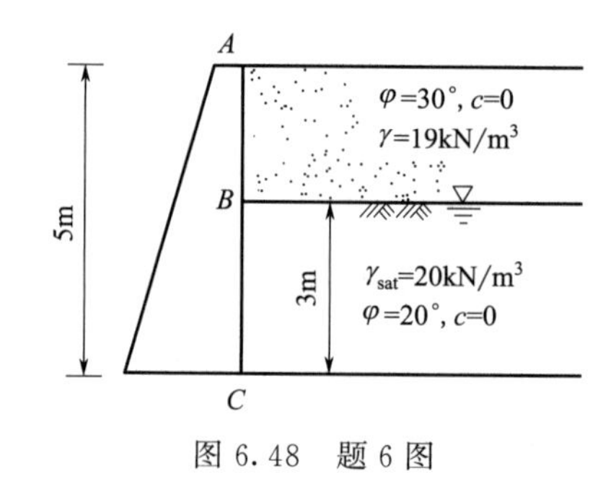

图 6.48 题 6 图

7. 挡土墙及墙后填土情况如图 6.49 所示，试计算作用于墙上的总主动土压力，并绘出土压力分布图。

8. 一沟埋式输水涵洞如图 6.50 所示，涵洞外缘宽 1.0m，槽宽 $2B-2.0$m，涵洞上回填砂土，$\gamma=16.5\text{kN/m}^3$，$\varphi=30°$，$c=0$。试计算填土厚度 $H=4.0$m 时，作用于涵洞顶上的竖向土压力 σ_z 及总压力 G（K 取 0.5）。

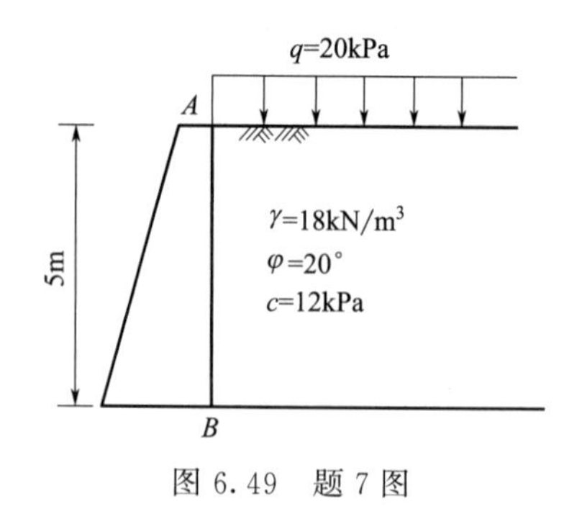

图 6.49 题 7 图

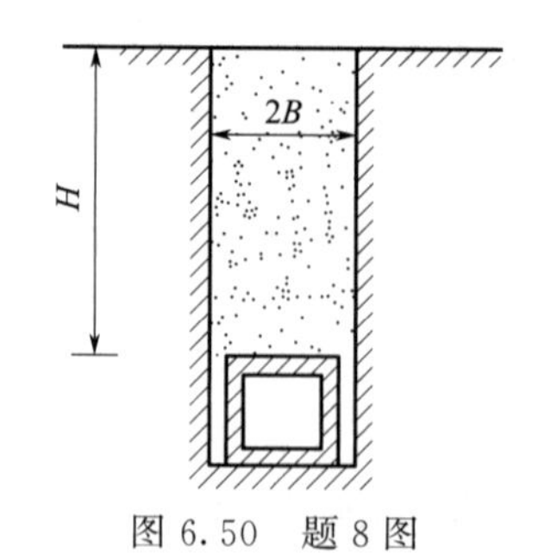

图 6.50 题 8 图

9. 一挡土墙，墙背垂直光滑，墙后填土表面水平，其上作用有连续均布的荷载 $q=20.0$kPa。挡土墙高度、填土分层和地下水位等如图 6.51 所示。墙后填土由两层无黏性土所组成，第一层土的重度 $\gamma_1 = 18.5\text{kN/m}^3$，内摩擦角 $\varphi_1 = 30°$；第二层土的重度 $\gamma_2 = 18.5\text{kN/m}^3$，饱和重度 $\gamma_{sat} = 20\text{kN/m}^3$，内摩擦角 $\varphi_2 = 35°$。试：(1) 计算挡土墙所受的主动土压力和水压力，并绘制土压力和水压力分布图；(2) 计算单位长度挡土墙承受的总压力（土压力和水压力之和）的大小和作用点位置。

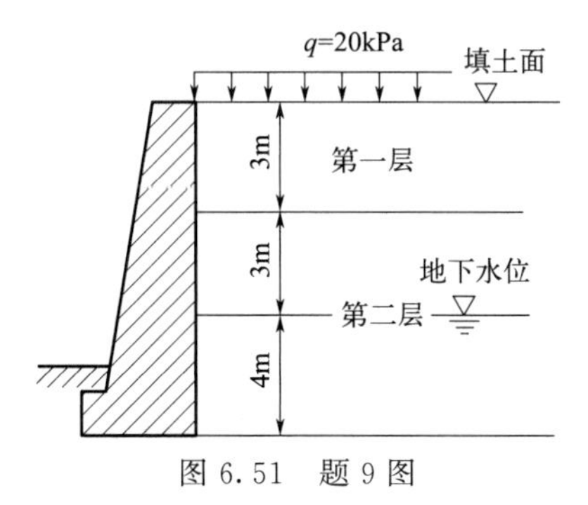

图 6.51　题 9 图

10. 某挡土墙高度 $H = 5.0\text{m}$，墙顶宽 $b = 1.5\text{m}$，墙底宽 $B = 2.5\text{m}$，墙面竖直、墙背倾斜，墙背与土之间的摩擦角 $\delta = 20°$，墙后填土倾角 $\beta = 12°$，填料为中砂，$\gamma = 17.0\text{kN/m}^3$，$\varphi = 30°$。试计算作用在墙背上的主动土压力的大小、方向及作用点。

第 7 章
土坡稳定分析

学习目标及要求

掌握土坡失稳的原因、影响土坡失稳的主要因素；掌握无黏性土土坡的稳定分析及稳定性验算；理解整体圆弧法、条分法的基本原理，掌握黏性土土坡的稳定分析及稳定性验算；理解摩擦圆法、传递系数法基本原理及计算方法；掌握抗剪强度指标选用方法；了解提高土坡稳定性的工程措施。

7.1 概述

土坡是指具有倾斜坡面的土体。土坡是土力学的重要研究对象之一，它的稳定性直接影响工程安全和环境保护。土坡的形成和破坏受到多种因素的影响，如地质构造、土的性质、水的作用、荷载的变化、气候的变化等。土坡的各部位名称如图 7.1 所示。

根据土坡的特性和形成原因，土坡可分为天然土坡和人工土坡两类。天然土坡是由地质作用自然形成的，通常见于山坡、河岸坡和海岸悬崖等。其形态、结构及性质较为复杂，稳定性易受地震、降雨、地下水位波动和人为开挖等因素的影响，可能会导致滑坡、崩塌和侵蚀等灾害。相较之下，人工土坡是通过人工挖掘或填筑而形成的，如基坑、渠道、土坝和路堤等。人工土坡的形态和结构相对简单，但其稳定性可能受荷载、水压、温度和时间等因素影响，从而产生变形、裂缝或滑移等现象。

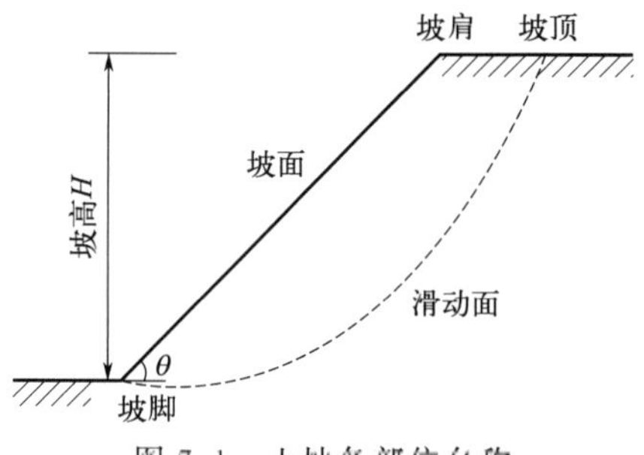

图 7.1 土坡各部位名称

土坡的稳定分析需要综合考虑土的性质、水的作用、荷载的变化、环境的影响等多种因素。合理的分析方法和加固措施可以保证工程安全和环境保护。

土体的自重和渗透力会在坡体内部产生剪应力，当剪应力超过土体的抗剪强度时，剪切破坏就会发生。如果坡面附近的剪切破坏面积较大，会导致部分土体相对另一部分土体滑动，这种现象称为滑坡。滑坡的种类繁多，依据不同的分类标准，可以采用多种分类方法来对滑坡进行划分。以下是一些常见的滑坡分类方法：

(1) 根据滑动面与层面的关系

① 均质滑坡：滑动面不受层面控制，决定于坡体的应力状态和抗剪强度，滑动面呈圆弧形或其他曲面。

② 顺层滑坡：沿岩层层面或平行层面的裂隙面滑动，常见于有软弱岩层的区域。

③ 切层滑坡：滑移面切过岩层面，受结构面组合、裂隙和软弱夹层控制，滑动面常为圆柱状或对数螺旋形。

(2) 根据滑坡的动力学特征

① 推动式滑坡：上部失稳导致下部滑动，常因建筑荷载或裂隙发育引起。

② 牵引式滑坡：下部先滑动，逐渐向上扩展，常发生在坡脚被掏空的斜坡。

③ 混合式滑坡：上下部同时滑动，较为常见。

④ 平移式滑坡：滑动面平缓，多点同时滑动逐渐形成统一滑动面。

(3) 根据滑坡形成时间

① 新滑坡：近期发生，活动性强，常见于河谷发育的沟谷中。

② 老滑坡：形成时间较久，暂时稳定，滑坡形态清晰，但易复活。

③ 古滑坡：形成时间久远，形态特征改造明显，较为稳定，不易复活。

(4) 根据组成滑坡的主要物质成分

① 堆积层滑坡：发生在松散堆积层中，多与地表水、地下水有关，沿基岩顶面或松散层面滑动。

② 黄土滑坡：发生在黄土层，受垂直裂隙和湿陷性影响，多见于河谷两岸。

③ 黏土滑坡：发生在黏土层，滑动面呈圆弧形，黏土湿润后抗剪强度降低，常发生在久雨后。

④ 基岩滑坡：发生在基岩岩层中，沿岩层、裂隙或断层面滑动，多见于斜坡上的砂岩、页岩等。

(5) 根据滑动面深度

① 浅层滑坡：滑动面最大深度小于 6m。

② 中层滑坡：滑动面最大深度为 6～20m。

③ 深层滑坡：滑动面最大深度为 20～50m。

④ 超深层滑坡：滑动面最大深度超过 50m。

(6) 根据滑坡体规模大小

① 小型滑坡：滑坡体小于 $1\times10^5\text{m}^3$ 的滑坡。

② 中型滑坡：滑坡体介于 $1\times10^5\sim1\times10^6\text{m}^3$ 的滑坡。

③ 大型滑坡：滑坡体介于 $1\times10^6\sim1\times10^7\text{m}^3$ 的滑坡。

④ 巨型滑坡：滑坡体大于 $1\times10^7\text{m}^3$ 的滑坡。

不同土体会发生不同类型的滑坡。均质黏性土和黏土通常会发生均质滑坡，这类滑坡的滑动面呈圆弧形或其他曲面，滑动速度较慢，滑动距离较短，滑坡体的变形较小，整体滑坡形态相对规则。非均质土和岩土混合体则容易发生顺层滑坡或切层滑坡，其滑动面沿着岩层层面或裂隙面展开，滑动速度较快，滑动距离较长，滑坡体的变形幅度较大，滑坡形态复杂多变。而对于岩石，则常发生基岩滑坡，滑动面沿着构造面或其他软弱面滑动，滑动速度非常快，滑动距离很长，滑坡体变形显著，滑坡形态非常复杂。

土坡破坏分析的方法是通过滑动面、滑动土体的应力状态和强度理论来计算土坡的安全系数或破坏概率，评估土坡的稳定性。常见的分析方法包括以下几类：

① 极限平衡法：这是经典的分析方法，它假设滑动面为确定的曲面（如圆弧或多边形），并基于静力平衡条件和莫尔-库仑强度理论计算土坡的安全系数。极限平衡法可以细分为条分法、滑动块法和微分法，主要差异在于滑动土体的划分和应力分布假设。极限平衡法的优点是简单易用，适用于多种土坡，缺点是忽略了变形特性和滑动面的不确定性，无法考虑非线性或破坏概率。

② 极限分析法：基于极限分析理论，不预设滑动面，通过上、下界定理求解土坡的极限承载力和安全系数。此方法能考虑变形特性和滑动面的不确定性，但计算复杂，适用范围较窄。

③ 有限元法：基于有限元理论，将土坡划分为有限单元，依据本构关系和平衡方程迭代求解应力、应变和位移，判断破坏模式和稳定性。有限元法能考虑非线性和非均质性，精度高、适用范围广，但计算复杂，受参数输入、网格划分和边界条件影响较大。

本章重点介绍极限平衡法在土坡稳定分析中的应用。

7.2 无黏性土土坡稳定分析

无黏性土土坡是由无黏性土组成的土坡，由于土颗粒间没有黏结力，其滑动面贴近于地表。无黏性土土坡的稳定性分析主要有以下 3 种情况。

7.2.1 均质干坡和水下坡

均质干坡和水下坡面是指由一种土组成、完全在水位线以上或完全在水位线以下，没有渗透水流的无黏性土土坡。这两种情况下只要坡面上的土颗粒在重力作用下能够保持稳定，整个坡面就处于稳定状态。

如图 7.2(a) 所示，通过漏斗砂堆试验发现，砂堆所能形成的最大坡角总是一定的，与高度无关，说明土坡处于极限平衡状态。天然砂丘的背风面就具备这种属性，如图 7.2(b) 所示。

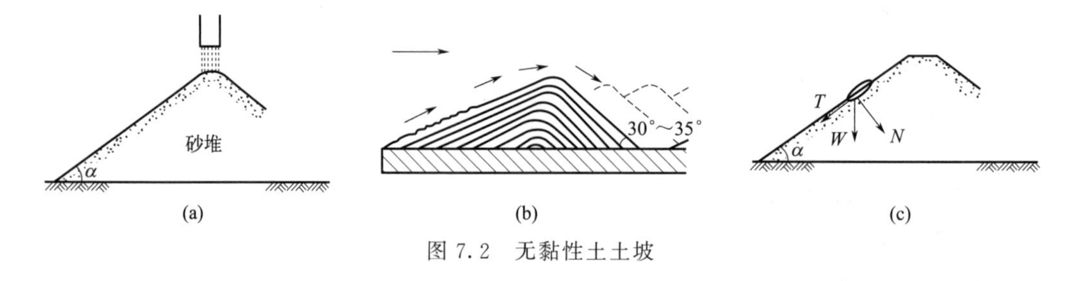

图 7.2 无黏性土土坡

从砂丘坡面上取一个稳定状态的土微元体进行稳定性分析，如图 7.2(c) 所示，其受力包括自重 W，W 沿坡面产生向下的滑动力 $T=W\sin\alpha$；垂直于坡面的正压力产生摩擦阻力，其值为 $R=N\tan\varphi=W\cos\alpha\tan\varphi$。此处将阻止土坡向下滑动的摩擦力称为抗滑力。此时，土体的稳定性安全系数 F_s 可表示为

$$F_s=\frac{\text{抗滑力}}{\text{滑动力}}=\frac{R}{T}=\frac{W\cos\alpha\tan\varphi}{W\sin\alpha}=\frac{\tan\varphi}{\tan\alpha} \tag{7.1}$$

式中，φ 为土的内摩擦角，(°)；α 为土坡的坡角，(°)。

由式(7.1) 可知，安全系数与土的重度无关，与微单元在坡面的位置无关，因此计算的安全系数代表整个坡面的安全度。砂土的主要成分为石英矿物，其在干态、水下的内摩擦角基本相同，因此可认为其在干态和水下的安全系数是不变的。

当 $F_s=1$ 时，砂土土坡的坡角 α 等于 φ，此时的 α 称为天然休止角。需要注意的是，无黏性土经过压密后，其内摩擦角增大。

7.2.2 有渗透水流的均质土坡

对于水下坡面，水位突然下降时，土坡会受到渗流力作用。该渗流力沿坡面向下，对土坡的稳定不利。同样，在土坡坡面上渗流出处取一个单元体。其上所受作用包括自重 W，渗流力 J。渗流力 J 的方向与坡面平行，此时使土下滑的剪切力为

$$T+J=W\sin\alpha+J \tag{7.2}$$

此时单元体的最大抗剪力仍为 T_f，可得安全系数为

$$F_s=\frac{T_f}{T+J}=\frac{W\cos\alpha\tan\varphi}{W\sin\alpha+J} \tag{7.3}$$

通过渗透力表示渗流对单元体的影响，将土体自重 W 视为浮重度 γ'。渗透力为：$J=\gamma_w i$，其中 γ_w 为水的容重；i 为水力坡降。在顺坡流出时 $i=\sin\alpha$，可以得出安全系数公式

$$F_s=\frac{\gamma'\cos\alpha\tan\varphi}{(\gamma'+\gamma_w)\sin\alpha}=\frac{\gamma'\tan\varphi}{\gamma_{sat}\tan\alpha} \tag{7.4}$$

式中，γ_{sat} 为土的饱和重度，kN/m^3；γ'为土的浮重度，kN/m^3。

可见，无黏性土土坡发生顺坡渗流时，安全系数会降低约一半（通常认为$\frac{\gamma'}{\gamma_{sat}}\approx0.5$）。因此在有顺坡渗流时，需要将土坡的坡脚放缓，以保证足够的安全度。

【例 7.1】 一均质无黏性土土坡，其饱和容重 $\gamma_{sat}=19.5kN/m^3$，内摩擦角 $\varphi=30°$，若要求这个土坡的稳定安全系数为 1.25，试问在干坡或完全浸水情况下以及坡面有顺坡渗流时其坡角应为多少度?

解：干坡或完全浸水时

$$\tan\alpha=\frac{\tan\varphi}{F_s}=\frac{0.577}{1.25}=0.462$$

$$\alpha=24.8°$$

有顺坡渗流时

$$\tan\alpha=\frac{\gamma'\tan\varphi}{\gamma_{sat}F_s}=\frac{9.69\times0.577}{19.5\times1.25}=0.229$$

$$\alpha=12.9°$$

可见，第二种情况的坡角几乎只有第一种情况的一半。

7.2.3 部分浸水土坡

当无黏性土干坡部分浸水时，水位以上是干坡，水位以下则称浸水坡。由于水位上下土的内摩擦角不变，因此整个坡面土体的浅层滑坡安全系数稳定性相同。对于图 7.3(a) 中的滑坡面 ADC，滑坡体上部的重度大、滑动力大，下部的重度小、抗滑力小，显然稳定性相对于前者变差。因此，对于部分浸水的土坡，危险滑动面可能向坡内发展。对于这种滑坡，可假定滑动面由两段直线段组成，如图 7.3(a) 所示，直线段连接点位于水位处，两直线与水平方向夹角分别为 α_1 和 α_2。

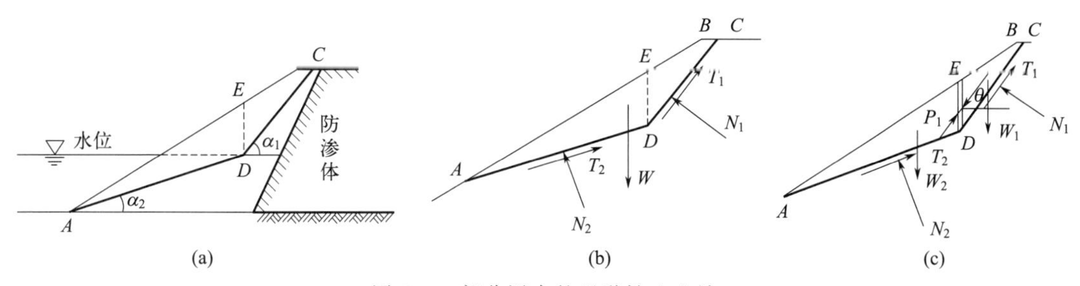

图 7.3　部分浸水的无黏性土土坡

采用不平衡推力传递法分析上述滑动面稳定性，假设滑动面上的土体处于极限平衡状态。如图 7.3(b) 所示，将滑坡体用竖直面 ED 切分为两部分，两个滑坡体受下方土体支持

的正压力分别为 N_1、N_2，假设两段土体的抗滑安全系数均为 F_s，则两块滑坡体所受抗滑力可表示为（$N_1\tan\varphi$）/F_s 和（$N_2\tan\varphi$）/F_s；在 ED 面上作用有块间力 P_1，如图 7.3(c) 所示。如果分别考虑两个滑块沿滑动面的极限平衡，则存在两个已知条件和两个方程，但同时还要解决三个未知数，分别为：块间力 P_1 的大小和方向、安全系数 F_s。在此，假设 P_1 的作用方向与上部滑动面方向一致（即 $\theta=\alpha_1$），上部第一块土块传递下来的推力 P_1 为

$$P_1=W_1\sin\alpha_1-\frac{1}{F_s}W_1\cos\alpha_1\tan\varphi_1=W_1\psi_1 \tag{7.5}$$

$$\psi_1=\sin\alpha_1-\frac{1}{F_s}\cos\alpha_1\tan\varphi_1 \tag{7.6}$$

式中，W_1 为上滑块 $BCDE$ 的自重；φ_1 为水位以上沿滑动面 CD 处土的内摩擦角；ψ_1 为第一块土体的传递系数。

对于下部第二土块，将 P_1 与下滑块自重 W_2 分别沿滑动面 DA 的切向和法向分解，在滑动面 DA 上，运用极限平衡条件，得到下滑块的抗滑稳定安全系数为

$$F_s=\frac{[P_1\sin(\alpha_1-\alpha_2)+W_2\cos\alpha_2]\tan\varphi_2}{P_1\cos(\alpha_1-\alpha_2)+W_2\sin\alpha_2} \tag{7.7}$$

式中，W_2 为下滑块 EDA 的自重，水下以浮重度计算；φ_2 为水位以下沿滑动面 DA 处土的内摩擦角。

通过假设 D、C 的不同位置，求得安全系数最小的折线滑动面。

7.3 黏性土土坡的整体圆弧滑动法

7.3.1 整体圆弧滑动法基本原理

黏性土的抗剪强度主要包含摩擦力和黏聚力两个方面。由于黏聚力的作用，黏性土土坡不会像无黏性土土坡那样容易沿坡面或平面滑动面发生滑动。根据极限平衡理论，均质黏性土土坡的滑动面呈对数螺旋曲面，整体类似于圆柱形，在剖面上接近圆弧状。现场滑坡体的剖面也多呈现圆弧形，故工程设计通常假设平面应变条件下滑动面为圆弧面。

基于这一假设的稳定性分析方法被称为圆弧滑动法，它是极限平衡方法中的重要手段之一。由于黏性土颗粒间的黏结作用，在滑坡过程中表现为整体下滑，因此单独分析坡面上个别土体单元的稳定性无法代表整体土坡的稳定情况。

整体圆弧滑动法是常用的分析黏性土土坡稳定性的方法之一，又称为瑞典条分法。该方法在平面应变分析中，将滑动面以上的土体被视为刚体，并通过其极限平衡状态下的各作用力进行分析，将土坡的安全系数定义为以滑动面上的平均抗剪强度与平均剪应力的比值，即

$$F_s=\frac{\tau_f}{\tau} \tag{7.8}$$

对于均质黏性土土坡，其滑动面常可假定为一段圆柱面，滑动面在土坡断面上的投影为圆弧，相应土坡的安全系数可用滑动面上的最大抗滑力矩与滑动力矩之比来表示。

图 7.4 为一均质黏性土土坡，$\overset{\frown}{AC}$ 为假定的滑动面，圆心为 O，半径为 R。土体 ABC 在自重作用下有向下滑动的趋势，但因为没有向下滑动（$F_s\geqslant1$），所以整个土体又要满足力矩平衡条件（滑弧上的法向反力 N 通过原点），即

$$\frac{\tau_f}{F_s}\hat{L}R=Wd \tag{7.9}$$

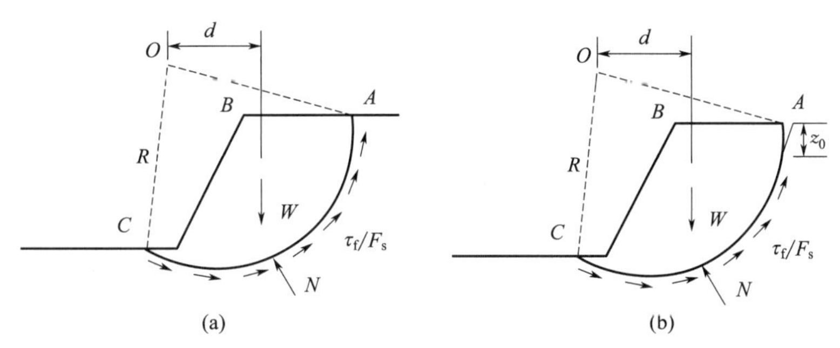

图7.4　均质土坡的整体圆弧法

故安全系数为

$$F_s=\frac{\tau_f\widehat{L}R}{Wd} \tag{7.10}$$

式中，$\widehat{L}$ 为圆弧弧长；d 为土体中心离圆弧圆心的水平距离。

根据莫尔-库仑强度理论，黏性土的抗剪强度 τ_f 由凝聚力 c 和摩擦力 $\sigma\tan\varphi$ 两部分组成，它是随着滑动面上法向应力的改变而变化的，且非常数。但对饱和黏土来说，在不排水剪条件下，其 $\varphi_u=0$，$\tau_f=c_u$，即抗剪强度 τ_f 与滑动面上的法向应力 σ 无关。于是，上式就可写成

$$F_s=\frac{c_u\widehat{L}R}{Wd} \tag{7.11}$$

这种稳定分析方法通常称为 $\varphi_u=0$ 分析法。c_u 可以用三轴不排水剪试验求出，也可由无侧限抗压强度试验或现场十字板剪切试验求得。

黏性土土坡在发生滑坡前，坡顶常出现竖向裂缝，如图7.4(b)所示，其高度 z_0 可近似取 $z_0=\frac{2c}{\gamma\sqrt{K_a}}$。当 $\varphi_u=0$ 时，$K_a=1$，故 $z_0=\frac{2c}{\gamma}$。裂缝的出现将使滑弧长度由 $\widehat{AC}$ 减小到 $\widehat{A'C}$，如果裂缝中有可能积水，还要考虑静水压力对土坡稳定的不利影响。

7.3.2　最危险滑动面位置确定

上述方法求解的 F_s 是任意假定的某个滑动面的抗滑安全系数，而土坡稳定分析要求的是与最危险滑动面相应的最小安全系数。为此，需要假定一系列滑动面并进行多次试算，才能寻找到所需的最危险滑动面对应的安全系数，即最小安全系数。费伦纽斯（Fellenius）通过大量计算，曾提出确定最危险滑动面圆心的经验方法，迄今仍被使用。

费伦纽斯认为：对于均质黏性土土坡，其最危险滑动面常通过坡脚。对于 $\varphi=0$ 的土，其圆心位置可由图7.5(a)中 AO 与 BO 两线的交点确定，图中 β_1 及 β_2 的值根据坡角由表7.1查出。

表7.1　各坡角的 β_1 和 β_2 值

坡角 α	坡比 $1:m$	β_1	β_2
60°	1∶0.58	29°	40°
45°	1∶1.0	28°	37°
33°41′	1∶1.5	26°	35°
26°34′	1∶2.0	25°	35°

续表

坡角 α	坡比 1∶m	β_1	β_2
18°26′	1∶3.0	25°	35°
14°02′	1∶4.0	25°	36°
11°19′	1∶5.0	25°	39°

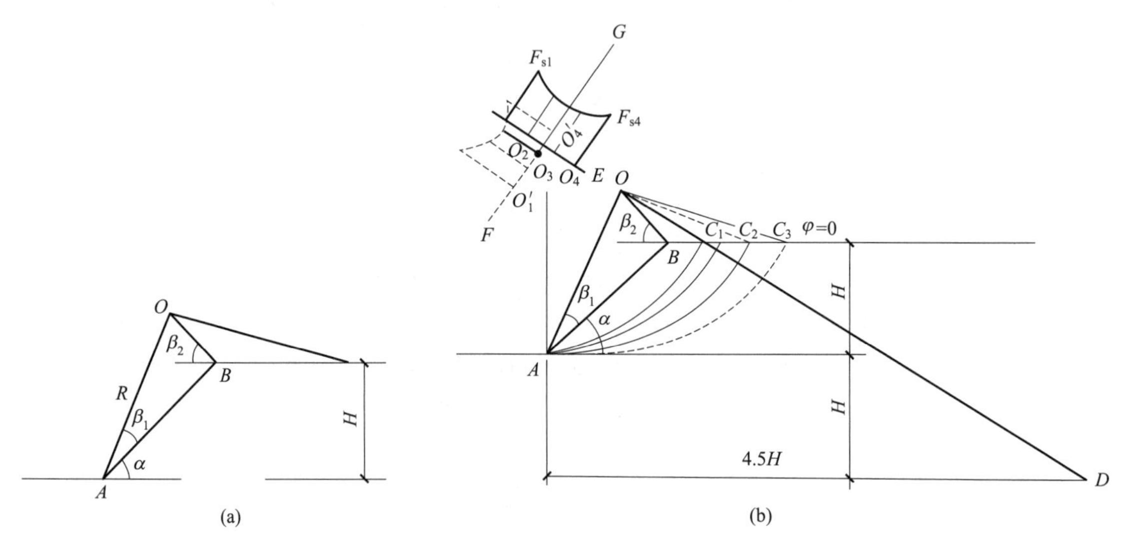

图 7.5　最危险滑动面圆心的经验确定方法

对于 $\varphi>0$ 的土，最危险滑动面的圆心位置可能在图 7.5(b) 中 EO 的延长线上。自 O 点向外取圆心 O_1、O_2…，分别作滑弧，自 O 点求出相应的抗滑安全系数 F_{s1}、F_{s2}…，然后用适当的比例尺标在相应圆心上，并连成安全系数随圆心位置变化的曲线，找所绘曲线最小值，即为所要求的最危险滑动面圆心 O_m 和土坡的稳定安全系数 F_{smin}。但真正的最危险滑动面圆心不一定在 EO 线上。此时可以通过引 EO 的垂线，并在这个垂线上再定几个圆心，用类似的步骤确定圆心在这个垂线上时的最小安全系数的圆心。

当土坡的外形和土层分布较为复杂时，最危险的滑动面并不一定通过坡脚。其位置需要由坡脚、圆心坐标和滑弧弧脚这三个因素来确定。尽管费伦纽斯法在这方面并不十分可靠，但近年来，基于计算机求解结果的分析表明，无论土坡多么复杂，其最危险滑弧的圆心轨迹都呈现出类似于双曲线的形状，位于土坡坡线中点竖直线与法线之间。如果使用电算，可以在这个范围内有规律地选取若干圆心坐标，结合不同的滑弧弧脚，求出相应滑弧的安全系数，并通过比较找到最小值；或根据各圆心对应的 F_s 值，画出 F_s 等值线图，从而求出 F_{smin}。但需注意，对于成层土土坡，其低值区不止一个，需分别进行计算。

7.3.3 土坡稳定分析图解法

当土坡的外形和土层分布较为复杂时，土坡的稳定分析通常需要经过繁琐的试算和大量的计算工作。为了简化这一过程，许多人寻求使用图表法。其中，苏联学者洛巴索夫提出的土坡稳定计算图（图 7.6）展示了极限平衡状态时均质土坡内摩擦角 φ、外坡角 α 与系数 $N=\dfrac{c}{\gamma H}$之间的关系曲线。其中，c 表示黏聚力，γ 表示容重，H 表示土坡高度。通过已知的黏聚力、内摩擦角、容重和外坡角，可以直接从图中确定土坡的极限高度 H。此外，也可

以利用已知的 c、φ、γ、H 和安全系数 F_s 来确定 α。

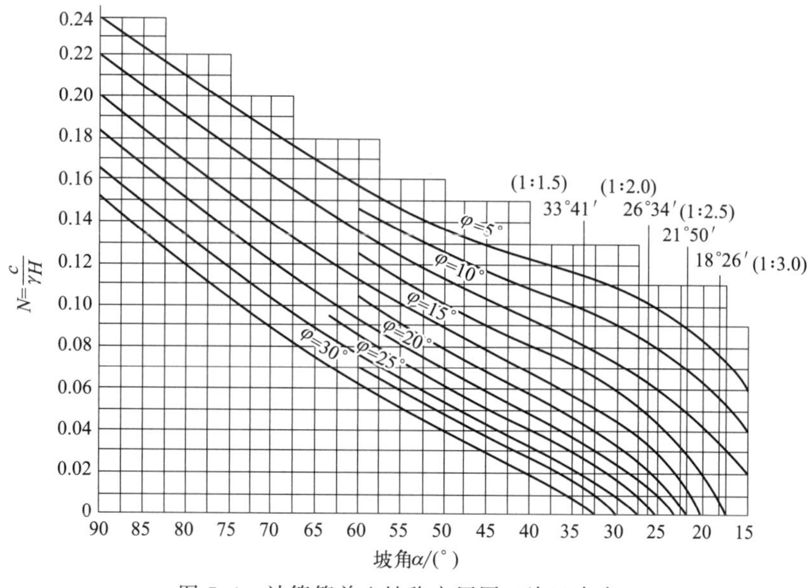

图 7.6 计算简单土坡稳定用图（洛巴索夫）

7.4 黏性土土坡的条分法

7.4.1 条分法基本原理

由于整体圆弧法存在一些不足，瑞典科学家费伦纽斯等在整体圆弧法的基础上，提出了基于刚体平衡理论的条分法。该法将滑动体分成若干个垂直土条，把土条视为刚体，分别计算各土条上的力对滑弧中心的滑动力矩和抗滑力矩，然后求解安全系数。对于 $\varphi>0$ 的黏性土，通常采用条分法计算整体稳定性。

把滑动土体分成若干土条后，土条的两个侧面存在着条间的作用力，如图 7.7 所示。作用在条 i 上的力，除重力 W_i 外，土条侧面 ac 和 bd 作用有法向力 P_i、P_{i+1}，切向力 H_i、H_{i+1}，前者的作用点离弧面 cd 分别为 h_i，h_{i+1}。滑弧段 $\overset{\frown}{cd}$ 的长度为 l_i，其上作用着法向力 N_i 和切向力 T_i，T_i 中包括黏聚阻力 $c_i l_i$ 和摩擦阻力 $N_i\tan\varphi_i$。由于土条的宽度不大，W_i 和 N_i 可假设作用于弧段 $\overset{\frown}{cd}$ 的中点。在这些力中，P_i、H_i 和 h_i 在分析前一土条时已经出现，可视为已知量，因此待定的未知量有 P_{i+1}、H_{i+1}、h_{i+1}、N_i 和 T_i 5 个。每个土条可建立三个力的平衡方程，即 $\sum F_{xi}=0$，$\sum F_{zi}=0$ 和 $\sum M_i=0$，以及一个极限平衡方程。

$$T_i=\frac{N_i\tan\varphi_i+c_i l_i}{F_s} \tag{7.12}$$

当将滑动土体分成 n 个条块时，除了两端边界条件已知外，条块之间的分界面共有 $(n-1)$ 个。这些分界面上力的未知量为 $3(n-1)$ 个，而滑动面上力的未知量为 $2n$ 个，加上待求的安全系数 F_s，总共的未知量个数为 $(5n-2)$ 个。可以建立 $3n$ 个静力平衡方程和 n 个极限平衡方程，待求未知量与方程数的差为 $(n-2)$。

通常情况下，使用条分法计算时，n 的值大于 10，因此这是一个高次的超静定问题。为了解决这个问题，必须引入新的条件方程。这有两种可能的途径：其一是放弃刚体的概

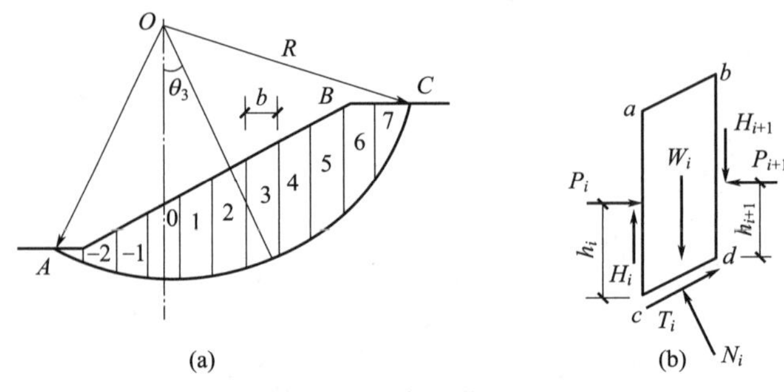

图 7.7 土条的作用力

念，将土视为变形体，通过对土坡进行应力变形分析，可以计算出滑动面上的应力分布，这种方法不再使用条分法，而是采用有限元法；其二则仍基于条分法，但对条块之间的作用力进行一些可以接受的简化假设，以减少未知量或增加方程数。目前有许多不同的条分法，其差异在于采用了不同的简化假设。这些简化假设大致可以分为三类：

① 不考虑条块之间的作用力，或仅考虑其中的一个分量。例如，瑞典条分法和简化毕肖普条分法属于这一类。

② 假定条块之间力的作用方向，或规定了 P 和 H 的比值。例如，折线滑动面分析中的推力传递法属于这一类。

③ 假定条块之间力的作用位置，例如规定其等于侧面高度的 1/2 或 1/3。

7.4.2 瑞典条分法

瑞典条分法也称为简单条分法，是条分法中最简单、最古老的一种。该方法假定滑动面是一个圆弧面，并认为条间的作用力对土坡的整体稳定性影响不大，可以忽略。或者说，假定条块两侧的作用力大小相等、方向相反，且在同一条作用线上。

现以均质土坡为例说明其基本原理及安全系数表达式。图 7.8(a) 为一均质土坡，$\overset{\frown}{AC}$ 是假定的滑动面，其圆心为 O，半径为 R。现将滑动土体 ABC 分成若干土条，而取其中任一土条（第 i 条）分析其受力情况。

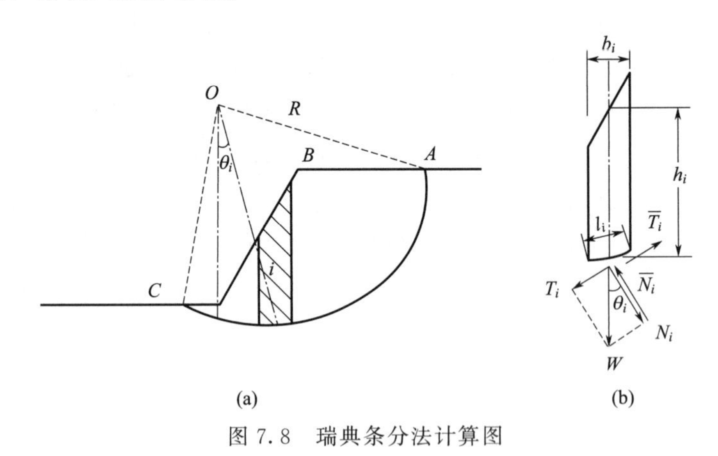

图 7.8 瑞典条分法计算图

如图 7.8(b) 所示，若不考虑土条侧面的作用力，则土条上作用着的力有：

① 土条自重 W_i。土条自重 W_i，方向竖直向下，计算式为

$$W_i = \gamma b_i h_i \tag{7.13}$$

式中，γ 为土的重度；b_i、h_i 分别为该土条的宽度与平均高度。

将 W_i 引至分条滑动面上，分解为通过滑弧圆心的法向力 N_i 和与滑孤相切的剪切力 T_i。若以 θ_i 表示该土条底面中点的法线与竖直线的交角，则有

$$N_i = W_i \cos\theta_i \tag{7.14}$$

$$T_i = W_i \sin\theta_i \tag{7.15}$$

② 作用在土条底面上的法向反力 $\overline{N}_i$，与 N_i 大小相等、方向相反。

③ 作用在土条底面上的抗剪力 $\overline{T}_i$，其可能发挥的最大值等于土条底面上土的抗剪强度与滑弧长度 l_i 的乘积，方向则与滑动方向相反。当土坡处于稳定状态（$F_s \geqslant 1$）并假定各土条底部滑动面上的安全系数均等于整个滑动面上的安全系数时，则实际发挥的抗剪力为

$$\overline{T}_i = \frac{\tau_{fi} l_i}{F_s} = \frac{(c + \sigma_i \tan\varphi) l_i}{F_s} = \frac{c l_i + N_i \tan\varphi}{F_s} \tag{7.16}$$

现将整个滑动土体内各土条对圆心 O 取力矩平衡，可得

$$\sum T_i R = \sum \overline{T}_i R \tag{7.17}$$

故得

$$F_s = \frac{\sum (c l_i + N_i \tan\varphi)}{\sum T_i} = \frac{\sum (c l_i + W_i \cos\theta_i \tan\varphi)}{\sum W_i \sin\theta_1} = \frac{\sum (c l_i + \gamma b_i h_i \cos\theta_i \tan\varphi)}{\sum \gamma b_i h_i \sin\theta_i} \tag{7.18}$$

若取各土条宽度均相同，上式可简化为

$$F_s = \frac{c\widehat{L} + \gamma b \tan\varphi \sum h_i \cos\theta_i}{\gamma b \sum h_i \sin\theta_i} \tag{7.19}$$

式中，$\widehat{L}$ 为滑弧的弧长。

在计算时要注意土条的位置，当土条底面中心在滑弧圆心 O 的垂线右侧时，剪切力 T_i 方向与滑动方向相同，起剪切作用，取正号；而当土条底面中心在圆心的垂线左侧时，T_i 的方向与滑动方向相反，起抗剪作用，应取负号。$\overline{T}_i$ 无论在何处其方向均与滑动方向相反。

需要注意，上述结果只是在指定滑弧相对应的安全系数，要想得到土坡的稳定安全系数，还需要选取不同圆心，假定不同的滑弧，求出不同的 F_s 值，从中可找出最小的 F_s，此即土坡的稳定安全系数。此安全系数若达不到设计要求，应修改原设计，重新进行稳定分析。

瑞典条分法也可用有效应力法进行分析，此时土条底部实际发挥的抗剪力为

$$\overline{T}_i = \frac{\tau_{fi} l_i}{F_s} = \frac{[c' + (\sigma_i - u_i)\tan\varphi'] l_i}{F_s} = \frac{c' l_i + (W_i \cos\theta_i - u_i l_i)\tan\varphi'}{F_s} \tag{7.20}$$

故有

$$F_s = \frac{\sum [c' l_i + (W_i \cos\theta_1 - u_i l_i)\tan\varphi']}{\sum W_i \sin\theta_i} \tag{7.21}$$

式中，c'、φ'为土的有效应力强度指标；u_i 为第 i 土条底面中心处的孔隙水压力。

7.4.3 毕肖普条分法

为了解决超静定问题，瑞典条分法忽略了土条间的作用力，计算获得的稳定安全系数可能偏小 10%～20%。这种误差随着滑弧圆心角和孔隙水应力的增大而增大，严重时可使算出的安全系数比其他较严格的方法小一半。在工程实践中，为了改进条分法的计算精度，许多人认为应该考虑土条间的作用力，以求得更为合理的结果。

毕肖普提出了一种可以考虑土条间侧面作用力的土坡稳定性分析方法。该方法称为毕肖普条分法（以下简称“毕肖普法”），它假定各土条底部滑动面上的抗滑安全系数均相同，即等于整个滑动面的平均安全系数。

如图 7.9 所示，该方法仍假定滑动面是一圆心为 O、半径为 R 的圆弧，将滑动体 ABC 竖向分割为若干个土条，任取一土条 i，分析其受力情况。

① 土条自重 $W_i=\gamma b_i h_i$。式中 γ 为土的重度，b_i、h_i 为该土条的宽度与平均高度。

② 作用于土条底面的抗剪力 $\overline{T}_i$、有效法向反力 N_i' 及孔隙水应力 $u_i l_i$，其中 u_i、l_i 分别为该土条底面中点处孔隙水压力和滑弧长。

③ 在土条两侧分别作用有法向力 E_i 和 E_{i+1} 及切向力 X_i 和 X_{i+1}（$\Delta X_i=X_i-X_{i+1}$）。

④ 假定这些力的作用点都在土条底面中点。

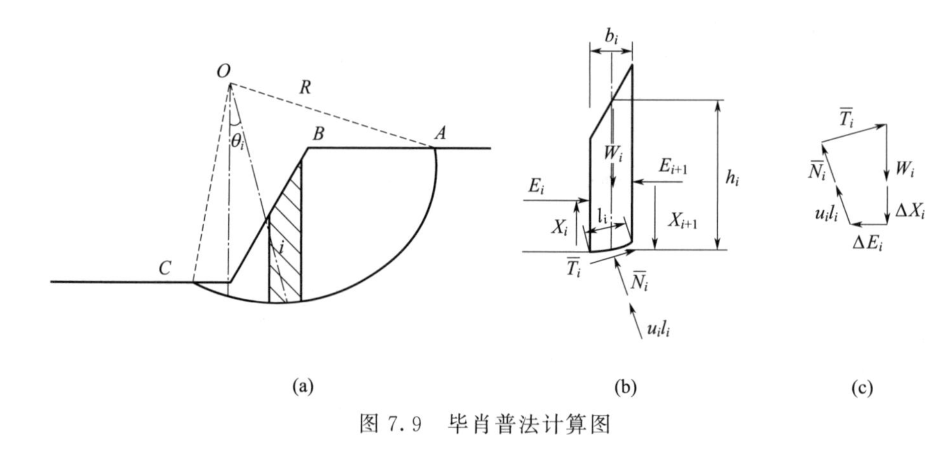

图 7.9 毕肖普法计算图

取 i 土条竖直方向的平衡，有

$$W_i+\Delta X_i-\overline{T}_i\sin\theta_i-\overline{N}_i\cos\theta_i-u_i l_i\cos\theta_i=0 \tag{7.22}$$

$$\overline{N}_i{}'\cos\theta_i=W_i+\Delta X_i-\overline{T}_i\sin\theta_i-u_i b \tag{7.23}$$

当土坡尚未被破坏时（$F_s\geqslant1$），土条滑动面上的抗剪强度只发挥了一部分，若以有效应力表示，土条滑动面上的抗剪力为

$$\overline{T}_i=\frac{\tau_{f_i l_i}}{F_s}=\frac{c' l_i}{F_s}+\overline{N}_i'\frac{\tan\varphi'}{F_s} \tag{7.24}$$

代入式(7.22)，计算 $\overline{N}_i{}'$ 得

$$\overline{N}_i{}'=\frac{1}{m_{\theta i}}\left(W_i+\Delta X_i-u_i b-\frac{c' l_i}{F_s}\sin\theta_i\right) \tag{7.25}$$

$$m_{\theta i}=\cos\theta_i+\frac{\sin\theta_i\tan\varphi_i'}{F_s} \tag{7.26}$$

然后就整个滑动土体对圆心 O 求力矩平衡，此时相邻土条之间侧壁作用力的力矩将互相抵消，而各土条的 $\overline{N}_i{}'$ 及 $u_i l_i$ 的作用线均通过圆心，故有

$$\sum W_i x_i-\sum\overline{T}_i R=0 \tag{7.27}$$

且由于 $x_i=R\sin\theta_i$，得

$$F_s=\frac{\sum\frac{1}{m_{\theta i}}\left[c' b+(W_i-u_i b+\Delta X_i)\tan\varphi_i'\right]}{\sum W_i\sin\theta_i} \tag{7.28}$$

这就是毕肖普法的土坡稳定一般计算公式，尽管考虑侧面的法向力，但式中 $\Delta X_i=X_i-X_{i+1}$ 仍然是未知量，如果不引进其他的简化假定，式(7.28) 仍然不能求解。为使问题得到简化，同时能够计算出 F_s 具体值。毕肖普进一步假定 $\Delta X_i=0$，实际上是认为条块间只有水平作用力而不存在切向力或者假设两侧的切向力相等，即 $\Delta X_i=0$。毕肖普已经证

明，若土条的 $\Delta X_i=0$，计算结果可以满足工程设计对精度的要求。简化后的毕肖普条分法基本公式如式(7.29) 所示，该结果得到了推广应用。

$$F_s=\frac{\sum\frac{1}{m_{\theta i}}[c'b+(W_i-u_ib)\tan\varphi_i']}{\sum W_i\sin\theta_i} \tag{7.29}$$

式中，参数 $m_{\theta i}$ 包含有安全系数 F_s。因此求解上述安全系数 F_s 仍需试算迭代。

试算时，首先假设 $F_s=1.0$，并使用式(7.26) 计算出每个土体块的 $m_{\theta i}$ 值。接下来，将这些值代入式(7.29) 中，计算出土坡的安全系数 F_s'。如果 F_s' 与实际安全系数 F_s 之间的差值超过了规定的误差，将使用 F_s' 重新计算 $m_{\theta i}$，然后再次计算出新的安全系数 F_s''。重复这个迭代过程，直到前后两次计算的安全系数非常接近，满足所需的精度要求为止。通常情况下，只需进行 3～4 次迭代即可满足精度要求，而且迭代通常会收敛。

需要注意的是，对于那些土体块的 $m_{\theta i}$ 为负值的情况，我们要确保 $m_{\theta i}$ 不会趋近于零。如果 θ_i 使得 $m_{\theta i}$ 接近于零，那么简化的毕肖普法就不适用，因为此时 $\overline{N}_i'$会趋近于无限大，这是不合理的。一些国外学者建议，当任何土体块的 $m_{\theta i}$ 小于或等于 0.2 时，使用毕肖普法计算的 F_s 可能会产生较大的误差，此时最好采用其他方法。

此外，当坡顶的土体块 θ_i 很大时，其 $\overline{N}_i'$可能出现负值，这也是不合理的。在这种情况下，可以取 $\overline{N}_i'=0$。毕肖普法同样适用于总应力分析，此时我们略去孔隙水应力 u_ib，并使用总应力强度指标来表示强度。

与瑞典条分法相比，简化毕肖普法在假设条块间仅存在法向力的前提下，能够满足整体力矩平衡条件和各土体块的力多边形闭合条件，虽然不能满足土体块的力矩平衡条件，但可以满足极限平衡条件。此外，虽然简化毕肖普法的竖向力平衡公式中没有明确的水平力，但隐含假设条块间存在水平作用力，从而进一步增强了方法的合理性和适用性。

在工程应用中，简化毕肖普法因计算过程相对简便且精度较高，被广泛采用。与瑞典条分法相比，考虑条块间水平力后，简化毕肖普法所得安全系数略高。此外，与更严格的极限平衡法（如简布法）对比，简化毕肖普法的计算结果也非常接近，为工程设计提供了实用且精确的分析方法。

7.4.4 普遍条分法（简布法）

在实际工程中常常会遇到非圆弧滑动面的土坡稳定分析，如土坡下有软弱夹层，或土坡位于倾斜岩面上，滑动面形状受到夹层或硬层影响而呈非圆弧形状。普遍条分法是适用于任意滑动面的方法，而不必规定圆弧滑动面，它特别适用于上述土体的情况。

从图 7.10(a) 滑动土体 ABC 中取任意土条 i 进行静力分析。作用在土条 i 上的力及其作用点如图 7.10(b) 所示。按静力平衡条件，$\sum F_z=0$，得

$$W_i+\Delta H_i=N_i\cos\theta_i+T_i\sin\theta_i \tag{7.30}$$

$$N_i\cos\theta_i=W_i+\Delta H_i-T_i\sin\theta_i \tag{7.31}$$

由$\sum F_x=0$，得

$$\Delta P_i=T_i\cos\theta_i-N_i\sin\theta_i \tag{7.32}$$

将式(7.31) 代入式(7.32) 整理后得

$$\Delta P_i=T_i\left(\cos\theta_i+\frac{\sin^2\theta_i}{\cos\theta_i}\right)-(W_i+\Delta H_i)\tan\theta_i \tag{7.33}$$

根据极限平衡条件，考虑安全系数 F_s，得

$$T_i=\frac{1}{F_s}(c_il_i+N_i\tan\varphi_i) \tag{7.34}$$

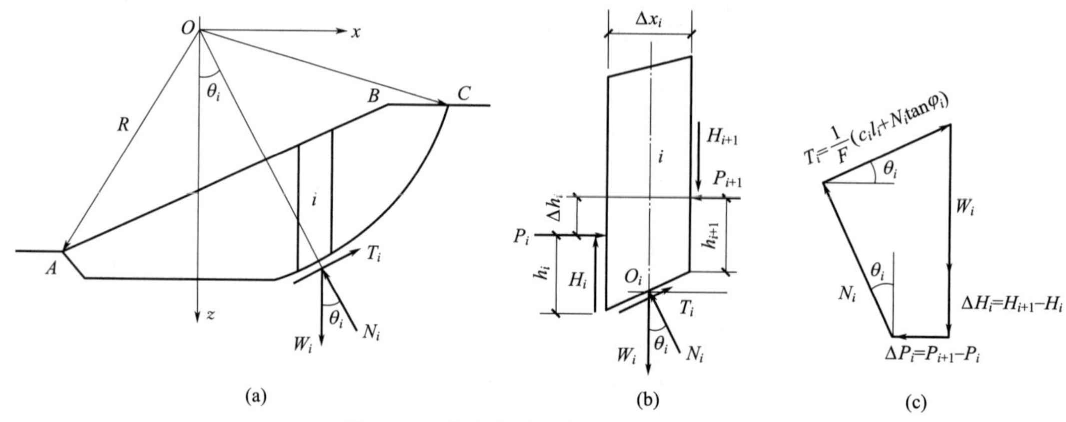

图 7.10　普遍条分法条间作用力分析

由式(7.31) 得

$$N_i=\frac{1}{\cos\theta_i}(W_i+\Delta H_i-T_i\sin\theta_i) \tag{7.35}$$

将 (7.35) 代入式(7.16)，整理后得

$$\overline{T}_i=\frac{\frac{1}{F_s}\left[c_il_i+\frac{1}{\cos\theta_i}(W_i+\Delta H_i)\tan\varphi_i\right]}{1+\frac{\tan\theta_i\tan\varphi_i}{F_s}} \tag{7.36}$$

将式(7.36) 代入式(7.33)，得

$$\Delta P_i=\frac{1}{F_s}\times\frac{\sec^2\theta_i}{1+\frac{\tan\theta_i\tan\varphi_i}{F_s}}[c_il_i\cos\theta_i+(W_i+\Delta H_i)\tan\theta_i]-(W_i+\Delta H_i)\tan\theta_i \tag{7.37}$$

作用在土条侧面的法向力 P_i (图 7.11)，显然有 $P_0=0$，$P_1=\Delta P_1$，$P_2=P_1+\Delta P_2=\Delta P_1+\Delta P_2$，以此类推，有

$$P_i=\sum_{j=1}^{i}\Delta P_j \tag{7.38}$$

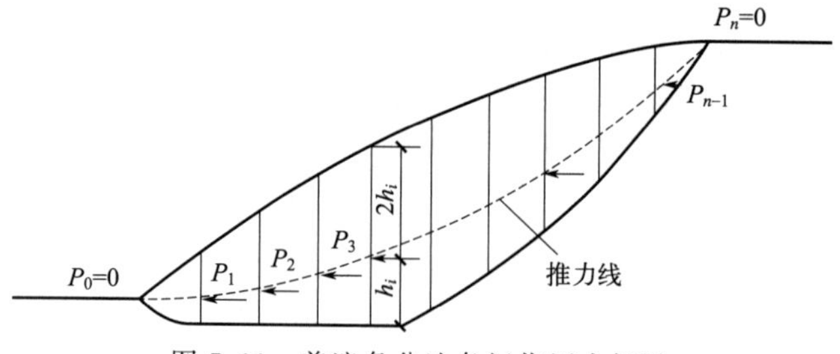

图 7.11　普遍条分法条间作用力假设

若全部条块的总数为 n，则有

$$P_n=\sum_{i=1}^{n}\Delta P_i=0 \tag{7.39}$$

将式(7.37) 代入式(7.39)，得

$$\sum \frac{1}{F_s} \times \frac{\sec^2\theta_i}{1+\frac{\tan\theta_i \tan\varphi_i}{F_s}} [c_i l_i \cos\theta_i + (W_i + \Delta H_i)\tan\varphi_i] - \sum (W_i + \Delta H_i)\tan\theta_i = 0 \tag{7.40}$$

理后得

$$F_s = \frac{\sum [c_i l_i \cos\theta_i + (W_i + \Delta H_i)\tan\varphi_i] \frac{1}{\cos\theta_i(\cos\theta_i + \sin\theta_i \tan\varphi_i F_s)}}{\sum (W_i + \Delta H_i)\tan\theta_i}$$

$$= \frac{\sum [c_i l_i \cos\theta_i + (W_i + \Delta H_i)\tan\varphi_i] \frac{1}{m_{\theta i} \cos\theta_i}}{\sum (W_i + \Delta H_i)\tan\theta_i} \tag{7.41}$$

式中，$m_{\theta i}$ 见式(7.26)。

比较（7.28）和（7.41）可知，毕肖普公式是根据圆弧面滑动土体满足整体力矩平衡条件推导出的。简布公式则是利用力的多边形闭合和极限平衡条件从 $\sum_{i=1}^{n} \Delta P_i = 0$ 推导出，其结果适用于任何形式的滑动面（包括圆弧面）。在式(7.28）中，ΔX_i 仍然是待定的未知量，可让 $\Delta X_i = 0$ 而成为简化毕肖普公式，即式(7.29)。而简布公式则利用各土条的力矩平衡条件，因而整个滑动土体的整体力矩平衡也自然得到满足。

将作用在土条 i 上的力对条块滑弧段中点 O_i 取矩［图 7.10(b)］，并让 $\sum M_{Oi} = 0$。假设重力 W_i 和弧段上的力 N_i 作用在土条中心线上，T_i 通过 O_i 点，均不产生力矩。条间力的作用点位置在假设土条侧面的 1/3 高处，并有如图 7.11 所示的推力线，故有

$$H_i \frac{\Delta x_i}{2} + (H_i + \Delta H_i)\frac{\Delta x_i}{2} - (P_i + \Delta P_i)\left(h_i + \Delta h_i - \frac{1}{2}\Delta x_i \tan\theta_i\right) + P_i\left(h_i - \frac{1}{2}\Delta x_i \tan\theta_i\right) = 0 \tag{7.42}$$

略去高阶微量整理后得

$$H_i \Delta x_i - P_i \Delta h_i - \Delta P_i h_i = 0 \tag{7.43}$$

$$H_i = P_i \frac{\Delta h_i}{\Delta x_i} + \Delta P_i \frac{h_i}{\Delta x_i} \tag{7.44}$$

$$\Delta H_i = H_{i+1} - H_i \tag{7.45}$$

式(7.44）表示条块间切向力与法向力之间的关系。式中符号见图 7.11。

利用迭代法求解普遍条分法的土坡稳定安全系数，其步骤如下：

① 假定 $\Delta H_i = 0$，利用式(7.41)，迭代求第一次近似的安全系数 F_{s1}。

② 将 F_{s1} 和 $\Delta H_i = 0$ 代入式(7.37)，求相应的 ΔP_i（对每一土条，从 1 到 n）。

③ 用式(7.38) $P_i = \sum_{j=1}^{i} \Delta P_j$ 求条块间的法向力 P_i（对每一土条，从 1 到 n）。

④ 将 P_i 和 ΔP_i 代入式(7.44）并通过式(7.45)，求条块间的切向作用力 H_i（对每一土条，从 1 到 n）和 ΔH_i。

⑤ 将 ΔH_i 重新代入式(7.41）迭代求新的稳定安全系数 F_{s2}。

如果（$F_{s2} - F_{s1}$）$>\Delta$，Δ 为规定的安全系数计算精度，重新按上述步骤②～⑤进行第二轮计算。如是反复进行，直至$[F_{s(k)} - F_{s(k-1)}] \leqslant \Delta$ 为止。$F_{s(k)}$ 就是该假定滑动面的安全系数。土坡的真正安全系数还要计算很多滑动面，进行比较，找出最危险的滑动面，其安全系数才是真正的安全系数。该过程工作量相当浩繁，一般依靠计算机来完成。

7.5 摩擦圆法

7.5.1 摩擦圆法的基本原理

摩擦圆法是一种分析土坡稳定性的经典方法，它由泰勒（D. W. Taylor）于1937年所提出。其核心思想是通过模拟滑动面上的摩擦力和黏聚力来确定土坡的安全性。摩擦圆法假设滑动面为圆弧形，土坡在该弧形滑动面上发生可能的滑动破坏。在分析中，摩擦圆法依据极限平衡原理，通过确定滑动面的力矩平衡和抗滑力等参数，推导出土坡的安全系数。

对于坡面为平面，坡顶为水平面的简单均质土坡，当γ、c、φ为常数时，其稳定安全系数可采用摩擦圆法进行计算，土坡模型和受力情况如图7.12所示。

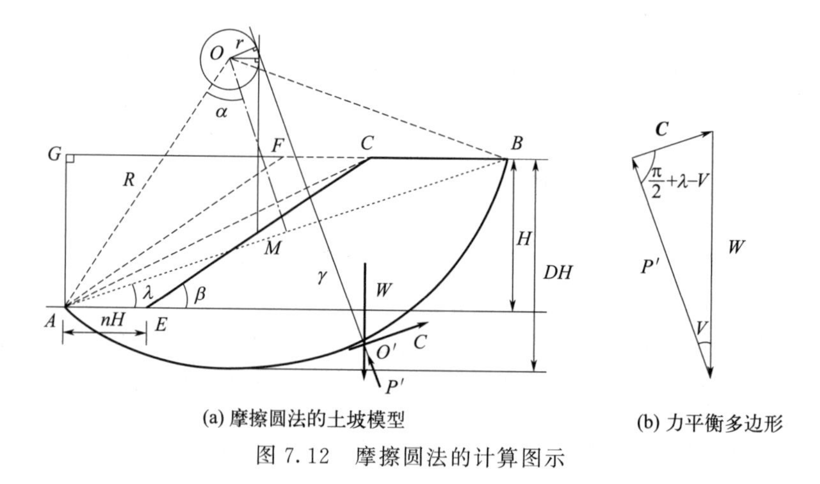

(a) 摩擦圆法的土坡模型　　(b) 力平衡多边形

图7.12　摩擦圆法的计算图示

图7.12(a) 中，土坡ACB的坡高为H、滑坡深度为DH、坡度为β，滑动面圆弧AB的圆心角为2α，弦AB的倾角为λ。n为坡脚至剪出口的距离与坡高之比。当滑动面过坡脚时，$nH=0$。摩擦圆半径可以表示为$r=R\sin\varphi$。根据图7.12(a) 的几何关系，滑动面圆弧的半径R为

$$R=\frac{H}{2}\csc\alpha\csc\lambda \tag{7.46}$$

摩擦圆法假定，滑动面上的摩擦阻力首先得到充分发挥，然后才由土的黏聚力补充。如图7.12(b) 所示，坡体$ABCEA$在如下三个力的共同作用下达到极限平衡状态：

① 重力W：其为滑坡体$ABCEA$的面积与土的重度乘积，作用点位于滑坡体的形心处，大小可求，方向竖直向下。

② 坡体的黏聚力合力$\boldsymbol{C}$：为了维持土坡稳定，沿滑动面$\widehat{AB}$上分布的黏聚力为c_d，可以求得黏聚力的合力$\boldsymbol{C}$及其对圆心的力臂x分别为

$$\boldsymbol{C}=c_d\cdot\widehat{AB} \tag{7.47}$$

$$x=\frac{AB}{\widehat{AB}}R \tag{7.48}$$

因此，$\boldsymbol{C}$的作用线已知，但其大小未知。

③ 整个底滑动面上的摩擦力和有效正应力的合力$\boldsymbol{P}'$：摩擦圆法假定$\boldsymbol{P}'$的作用线与圆弧$\widehat{AB}$的法线成φ角，即$\boldsymbol{P}'$与圆心O处半径为$R\sin\varphi$的圆相切，同时$\boldsymbol{P}'$还一定通过W和$\boldsymbol{C}$的

交点，因此 $\boldsymbol{P}'$ 的作用线已知，大小未知。

根据滑坡体 $ABCEA$ 上三个作用力 W，$\boldsymbol{C}$ 和 $\boldsymbol{P}'$ 的静力平衡条件，可从 7.12(b) 所示力的三角形求解出 $\boldsymbol{C}$，并由式(7.47)、式(7.48) 求得土坡达到极限平衡状态时所需发挥的黏聚力 c_d。此时土坡的稳定安全系数 F_c 可定义为

$$F_c=\frac{c}{c_d} \tag{7.49}$$

式中，c 为土体的实际黏聚力；c_d 为维持坡体极限平衡所需的黏聚力。

7.5.2　滑动稳定系数

因为考虑到 AB 为假想的滑动面，不一定已达到极限平衡状态，一般 $c_d<c$。其中 c_d 是未知的，要从假想滑动面的平衡条件，由力矢三角形求得黏聚力合力 $\boldsymbol{C}$ 后计算得出，即

$$c_d=\frac{\boldsymbol{C}}{\overline{AB}} \tag{7.50}$$

由式(7.49)，将土的黏聚力 c 与计算值 c_r 的比值称为滑动稳定系数 F_c。当 $F_c>1$ 时，说明黏聚力还有储备，土坡不会发生滑动。

在工程校核中，通常先设定黏聚力的合力 $\boldsymbol{C}=c\overline{AB}$，此时在力矢三角形中三个力的方向及 $\boldsymbol{C}$ 的大小为已知，可以求得相应的 P' 和 W_r。这里 W_r 代表的并非滑动土体实际自重 W。若实际土体的 W 大于 W_r，则说明黏聚力的合力不足以阻止土体沿滑动面滑动，土坡可能处于不安全状态。因此 W_r/W 可以反映土坡稳定的程度。此外，此值可以通过计算重度 γ_r 与实际重度 γ 的比值或土坡的计算高度 H_r 与实际高度 H 的比值来表示。在实际工程中，它通过使用公式(7.51) 或式(7.52) 来表示土坡稳定的安全程度，并要求它们都大于 1：

$$F_\gamma=\frac{\gamma_r}{\gamma} \tag{7.51}$$

$$F_H=\frac{H_r}{H} \tag{7.52}$$

7.5.3　稳定参数 N_s 及其计算图

由于摩擦圆法的滑动面是任意假定的，因此需要进行多次试算，以求得 F 值为最小的滑动面或最危险滑动面。对于实际土坡，c、γ、H、φ 及坡角 β 都为已知。对某一假定的滑动面有如下关系：

$$F_cF_\gamma F_H=\frac{c}{\gamma H}\times\frac{\gamma_r H_r}{c_r} \tag{7.53}$$

将上式统一采用综合安全系数 $\boldsymbol{F}$ 来表示，即

$$F=\frac{c}{\gamma H}\times\frac{\gamma_r H_r}{c_r} \tag{7.54}$$

式中，$\dfrac{\gamma_r H_r}{c_r}$ 综合代表了土坡维持稳定的能力，通常用符号 N 来表示，工程中称之为稳定系数。由式(7.54)，N 值可以表示为

$$N=F\frac{\gamma H}{c} \tag{7.55}$$

应当指出，在具体进行计算时，上述 F 值乃是 F_c、F_γ 或 F_H 三者中的一个，其余的两个此时等于 1。当土坡的 c、γ 和 H 已知时，N 仅为内摩擦角 φ 和坡角 β 的函数。

图 7.13 表达了土坡稳定系数 N_s 与坡角 β 和内摩擦角 φ 之间的对应关系，可通过任意

两者确定第三变量的值。当坡角 β 固定时，N_s 随 φ 的增大而增大；当 N_s 固定时，β 随 φ 的减小而减小；当 φ 固定时，β 随 N_s 的减小而增大。

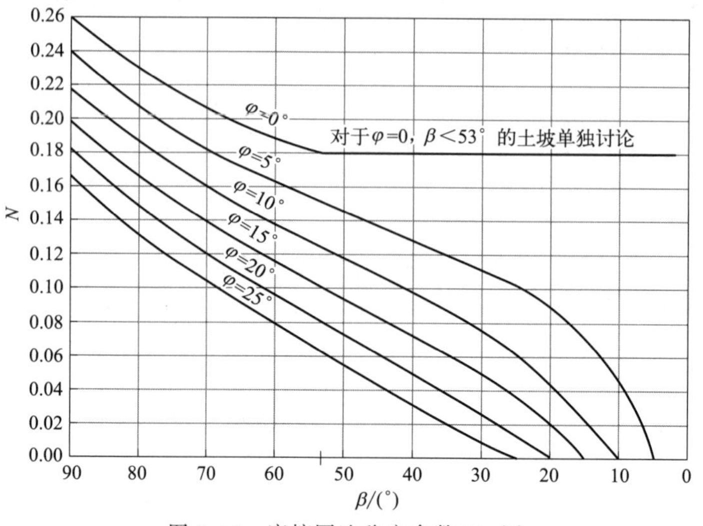

图 7.13 摩擦圆法稳定参数 N_s 图

通常，均质土坡的滑动面经过坡脚。但对 $\varphi<3°$ 的黏性土土坡，当坡顶存在硬的土层时，该硬层可能影响滑动面的位置。大量的计算结果表明，当 $\varphi>3°$时，最危险的滑动面一般为通过坡脚的圆弧面。

7.6 传递系数法

传递系数法是一种常用于分析土坡稳定性的计算方法，它通过逐段计算土坡上各条块的力学关系，依次传递并最终得出整个土坡的稳定状态。该方法适用于复杂土坡的稳定性分析，尤其在非均质、层状土坡中，传递系数法提供了一种较为精确和高效的计算手段。

7.6.1 传递系数法计算原理

对于已知滑动面的土坡，传递系数法将滑动土体按滑动面几何特征划分为若干垂直土条，如图 7.14(a) 所示。在假设方面，传递系数法与前述方法基本一致，但有所不同的是，传递系数法假定土条间的作用力 E_i 与土条滑动面倾角 α_i 平行，且其作用点位于条间高度的中点，而其他方法通常将作用点设在条间高度的下 1/3 处。

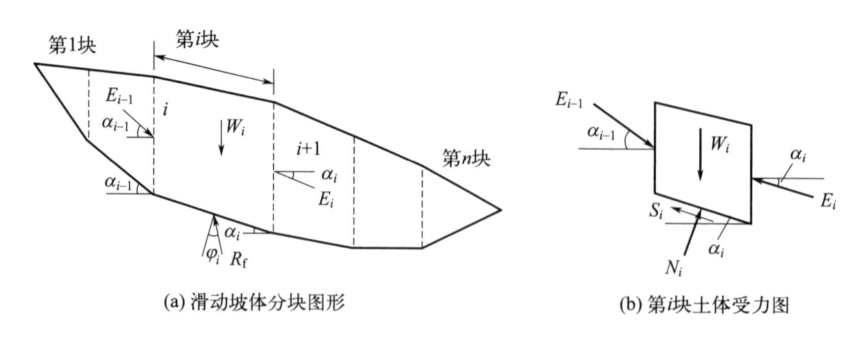

图 7.14 传递系数法分析计算图示

计算过程中，传递系数法通过考虑水平向$\sum F_h=0$和垂直向$\sum F_v=0$的力平衡来分析土坡的稳定性。

7.6.2　传递系数法计算方法

在图7.14中取第i滑动土条进行受力分析，其两侧的条间合力E_{i-1}和E_i的作用方向分别与上一土条底面平行。根据力的平衡条件，可以得到下面两个方程：

$$N_i-W_i\cos\alpha_i-E_{i-1}\sin(\alpha_{i-1}-\alpha_i)=0 \tag{7.56}$$

$$T_i+E_i-W_i\sin\alpha_i-E_{i-1}\cos(\alpha_{i-1}-\alpha_i)=0 \tag{7.57}$$

根据土坡滑动稳定安全系数的定义及摩尔-库仑强度准则，土条底部切向力T_i可用下式表示，即

$$T_i=\frac{1}{F_s}[c_i'l_i+(N_i-u_il_i)\tan\varphi_i'] \tag{7.58}$$

设上一土条的条间力E_{i-1}为已知（对于第1块土体，条间力E_{i-1}取零，为已知），联合求解上面的三个方程，可以解得三个未知数N_i、T_i和E_i，消去N_i、T_i后可得

$$E_i=W_i\sin\alpha_i-\frac{1}{F_s}[c_i'l_i+(W_i\cos\alpha_i-u_il_i)\tan\varphi_i']+E_{i-1}\psi_i \tag{7.59}$$

式中，F_s为稳定安全系数；ψ_i为传递系数。

$$\psi_i=\cos(\alpha_{i-1}-\alpha_i)-\frac{\tan\varphi_i'}{F_s}\sin(\alpha_{i-1}-\alpha_i) \tag{7.60}$$

土条分界面上的推力E_i求出之后，该分界面上的抗剪安全系数也能求得，即传递系数ψ_i的作用是将上一土条的条间力E_{i-1}转化为下一土条的条间力E_i的一部分，从而实现力的逐层传递。在实际计算中，先假定一个稳定安全系数F_s（如$F_s=1.00$），从第一条土条开始向下推算，直至计算出最后一条土条的推力E_n。若E_n不接近零，则需重新假设F_s，并进行计算。由于土条之间不承受拉力，若条间推力E_i出现负值或为零，则此时取$E_i=0$，且不再向下传递。

传递系数法中安全系数的取用，应根据滑坡现状及其对工程性质的影响等因素确定，《建筑地基基础设计规范》规定，对于地基基础设计等及为甲级、乙级和丙级的建筑物分别取1.30、1.20和1.10。工程中根据规定的安全系数按式(7.59）计算出最后一块土条的推力E_n，当最后一条土条的推力E_n为正时，土坡需外加支撑力才能满足稳定性要求，此时边坡不满足F_s的设计要求；E_n为零或为负，则表明土坡在此安全系数F_s下是稳定的，符合设计要求。

为了计算简便，《建筑地基基础设计规范》（GB 50007—2011）将式(7.59）简化为

$$E_i=F_0W_i\sin\alpha_i-[c_i'l_i+(W_i\cos\alpha_i-u_il_i)\tan\varphi_i']+E_{i-1}\psi_i \tag{7.61}$$

相应的式(7.60）也简化为

$$\psi_i=\cos(\alpha_{i-1}-\alpha_i)-\tan\varphi_i'\sin(\alpha_{i-1}-\alpha_i) \tag{7.62}$$

对于需要加固的土坡，可将支挡结构处的条间力E_i作为滑坡推力进行结构设计。此外，分界面推力E_i确定后，还可计算分界面的抗剪安全系数，以进一步评估边坡稳定性。

$$E_i=[c_i'h_i+(E_i\cos\alpha_i-U_i)\tan\varphi_i']\frac{1}{E_i\sin\alpha_i} \tag{7.63}$$

式中，U_i为作用于土条侧面的孔隙水压力的合力；h_i为土条的侧面高度；c_i'、φ_i'为侧面高度范围内按土层厚度加权平均的抗剪强度指标。

此外，E_i的方向是硬性规定的，当α_i比较大时，有可能使土条分界面上的安全系数小

于1，并且传递系数法只考虑了力的平衡而没有考虑力矩的平衡，存在设计上的缺陷。但因为本法计算简捷，依然为广大工程技术人员所采用。

7.7 抗剪强度指标及稳定安全系数的选用

7.7.1 土体抗剪强度指标的选用

在黏性土土坡的稳定性分析中，如何准确选取和测定抗剪强度指标是关键之一。由于不同的试验仪器和方法会对测得的抗剪强度指标产生较大影响，因此分析时必须结合土坡的实际情况，特别是填土特性、排水条件和上部荷载等因素，选择合适的强度指标，这对于软黏土土坡至关重要。

对于施工结束后的土坡稳定性分析，若施工速度快且填土渗透性差、排水效果不佳，导致孔隙水压力难以消散，则应采用快剪或三轴不排水剪试验的总应力法来评估；若分析土坡的长期稳定性，则宜采用固结排水剪试验指标，并用有效应力法进行分析，以确保计算结果的可靠性。

7.7.2 土坡稳定安全系数的选用

土坡稳定性安全系数的选取直接关系到设计或评价中的安全储备要求，各行业基于其工程特点，制定了不同的安全系数标准。例如，《建筑地基基础设计规范》(GB 50007—2011) 规定传递系数法中甲级建筑物的安全系数为1.30，乙级和丙级分别为1.20和1.10；而《建筑基坑支护技术规程》(JGJ 120—2012) 则要求整体抗滑稳定性验算的安全系数不低于1.25。

在交通工程中，《公路路基设计规范》(JTG D30—2015) 对高速公路边坡稳定的安全系数要求在1.20至1.30之间，而《铁路路基支挡结构设计规范》(TB 10025—2019) 则规定路基挡土墙的抗滑安全系数应大于或等于1.30。同时，土坡安全系数的选取还取决于所选抗剪强度指标，不同的试验方法可能导致强度指标不同，从而影响计算结果。

类似地，《水运工程地基设计规范》(JTS 147—2017) 对抗滑稳定的安全系数与土强度指标的适用性也有明确的规定，见表7.2。以上安全系数的设定均源于实践总结，实际应用中可参照使用。

表7.2 抗滑稳定安全系数及相应的强度指标

<table>
<tr><th>抗剪强度指标</th><th>最小抗力分项系数 γ_R</th><th>说明</th></tr>
<tr><td rowspan="3">直剪固结快剪或三轴固结不排水剪</td><td>黏性土坡 1.2～1.4</td><td rowspan="3">应力固结度与计算情况相适应</td></tr>
<tr><td>其他土坡 1.3～1.5</td></tr>
<tr><td>1.1～1.3</td></tr>
<tr><td>有效剪</td><td>1.3～1.5</td><td>孔隙水压力采用与计算情况相应数值</td></tr>
<tr><td rowspan="2">十字板剪</td><td>1.2～1.4</td><td rowspan="3">考虑因土体固结引起的强度增长</td></tr>
<tr><td>1.1～1.3</td></tr>
<tr><td>无侧限抗压强度、三轴不固结不排水剪</td><td>根据经验取值</td></tr>
<tr><td>直剪快剪</td><td>根据经验取值</td><td>—</td></tr>
</table>

7.8　工程中的土坡稳定计算

7.8.1　坡顶开裂时的土坡稳定性

由于土的收缩及张力作用，在黏性土土坡的坡顶附近可能出现裂缝，雨水或地表径流渗入裂缝后，将产生一定的孔隙水压力，其值可表示为

$$P_w=\frac{\gamma_w h_0^2}{2} \tag{7.64}$$

式中，h_0 为坡顶裂缝开裂深度，可近似地按挡土墙后为黏性土时，墙顶产生的拉裂缝深度 $h_0=2c/\gamma\sqrt{K_a}$，其中 K_a 为朗肯主动土压力系数。

如图7.15所示，裂缝中的静水压力将促进土坡滑动，其对危险滑动面圆心 O 的力臂为 z。因此，在按前述各种方法进行土坡稳定分析时，滑动力矩中尚应计入 P_w 的影响，同时滑动土坡的弧长也应减小为 $\widehat{A'C}$，即抗滑力矩减小。

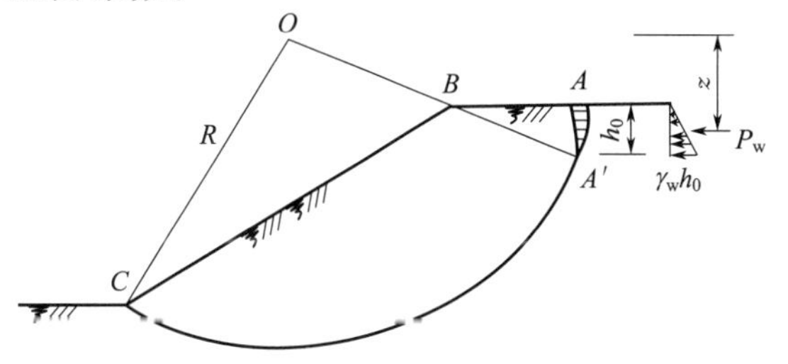

图7.15　坡顶开裂时稳定计算

在实际施工中，如果发现坡顶出现裂缝，应及时用黏土等封闭，避免地面水的渗入。

7.8.2　成层土和超载对土坡稳定的影响

自然界中的土坡多由不同土层组成，如图7.16所示，进行土坡稳定性求解时，需要注意以下几点：成层土坡中，不同土层的抗剪强度和重度存在差异，通常需要分层计算；计算时，需要按土层特性设置各土条的重度和抗剪强度参数，以确定滑动面的最小安全系数，确保土坡整体稳定。

对于成层土坡，以费伦纽斯条分法为例，总应力状态下土坡稳定的安全系数 F_s 的计算公式可写成

$$F_s=\frac{\sum c_i l_i+b\sum(\gamma_1 h_{1i}+\gamma_2 h_{2i}+\cdots+\gamma_n h_{ni})\cos\theta_i\tan\varphi_i}{\sum c_i l_i+b\sum(\gamma_1 h_{1i}+\gamma_2 h_{2i}+\cdots+\gamma_n h_{ni})\sin\theta_i} \tag{7.65}$$

如果土坡的坡顶或坡面上作用有超载 q，如图7.17所示，则需将超载分别加到荷载作用范围内的土条重量中，此时土坡的安全系数（总应力状态）为

$$F_s=\frac{c\widehat{L}+\sum(qb+\gamma h_i)\cos\theta_i\tan\varphi_i}{\sum(qb+\gamma h_i)\sin\theta_i} \tag{7.66}$$

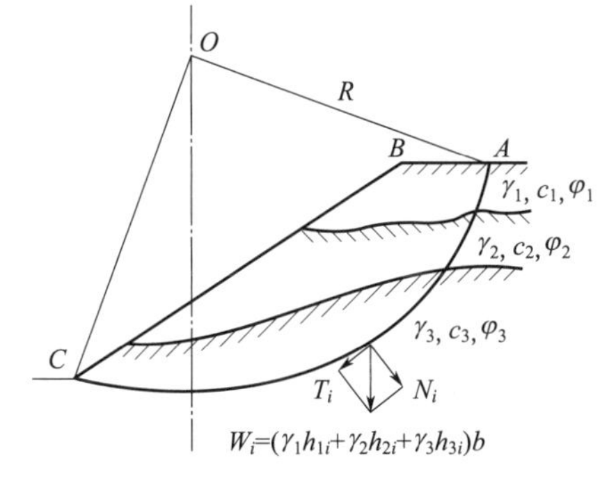

图7.16　成层土坡稳定计算图示

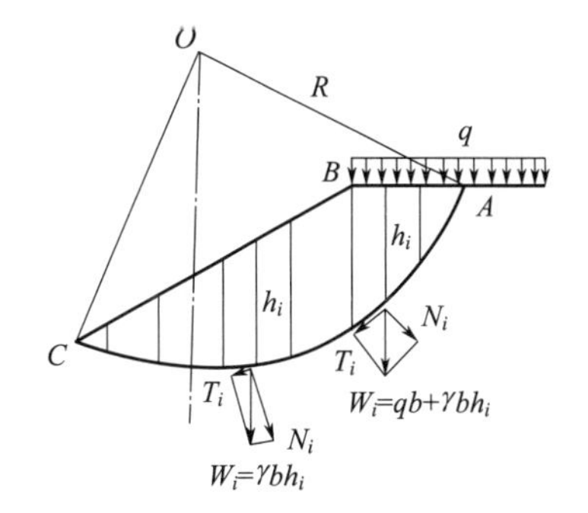

图7.17　坡顶有超载时土坡稳定计算图示

7.8.3 土中渗流时土坡稳定性

当河堤或陆滩两侧的水位不同时，水将会从水位高的一侧渗流向水位低的一侧。土坡内水的渗流所产生的渗流力 D 的方向指向土坡，它对土坡的稳定是不利的。

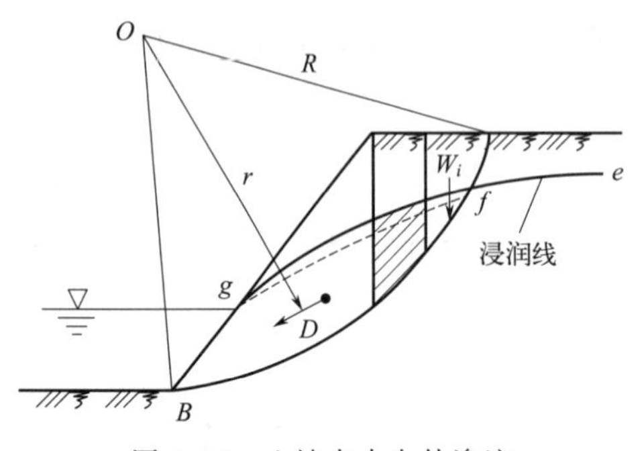

图 7.18 土坡内水向外渗流

图 7.18 所示的是土坡内水向外渗流的情况，已知浸润线为 efg。用条分法分析土体的稳定性时，土条 i 的重力 W_i 在计算时，在浸润线以下的部分需要采用浮重度，此时渗流力 D 可按下式进行计算：

$$D=G_D A=i\gamma_w A \tag{7.67}$$

式中，G_D 为作用在单位体积土体上的渗流力；γ_w 为水的重度；A 为滑动土体在浸润线以下部分的面积；i 为 $fgBf$ 范围内的水力梯度平均值，可假设 i 等于浸润线两端 fg 连线的坡度。

渗流力 D 的作用点在面 $fgBf$ 的形心处，其作用方向假定与 fg 线平行，D 对滑动面圆心 O 的力臂为 r。考虑渗流力后，进行土坡稳定安全系数计算时需要将渗流力 D 引起的滑动力矩 rD 加入总滑动力矩中，以毕肖普法为例，土坡稳定的安全系数可以表示为：

（1）总应力状态

$$F_s=\frac{\sum\frac{1}{m_{\theta i}}(c_i b_i+W_i\tan\varphi_i)}{\frac{r}{R}D+\sum W_i\sin\theta_i} \tag{7.68}$$

（2）有效应力状态

$$F_s=\frac{\sum\frac{1}{m'_{\theta i}}[c'_i b_i+(W_i-u_i l_i)\tan\varphi'_i]}{\frac{r}{R}D+\sum W_i\sin\theta_i} \tag{7.69}$$

7.8.4 土坡稳定性分析的总应力法和有效应力法

天然和人工土坡中普遍存在孔隙水压力，如渗流导致的渗透压力或填土引起的超静孔隙水压力。在稳定渗流条件下，孔隙水压力可以通过流网较为准确地确定，而在施工期水位突然下降或地震条件下，孔隙水压力则难以准确估算。在土坡滑动过程中，孔隙水压力的变化几乎无法准确预测。因此，采用有效应力法还是总应力法来进行土坡稳定性分析成为重要问题。

（1）有效应力法

有效应力法通过扣除孔隙水压力，仅基于有效应力来计算摩擦阻力。具体分析中，土条的重力被分解为法向力和切向力；扣除法向力上的孔隙水压力后，计算得到摩擦阻力，从而确定抗滑力矩。有效应力法适用于孔隙水压力能够较准确确定的情况，使结果清晰可靠。

作用在滑动弧面 $\overset{\frown}{AC}$ 上的孔隙水压力也和一般的水压力一样，垂直于作用面。也就是说，孔隙水压力的作用方向垂直于滑动弧面且指向圆心，取土条 i 进行受力分析。将土条重力 W_i 分解成法向力 N_i 和切向力 T_i。T_i 是滑动力，对圆心产生滑动力矩 M_{si}。N_i 是法向力，如果将其扣去孔隙水压力 $u_i l_i$，剩余部分（$N_i-u_i l_i$）在滑动弧面上产生摩擦阻力

$T_i'=(N_i-u_il_i)\tan\varphi_i'$，摩擦阻力对圆心产生的抗滑力矩为 M_{Ri}。这样的分析方法就称为有效应力法，因为这时孔隙水压力已被扣除，摩擦阻力完全由有效应力计算。当然，抗滑、抗剪强度指标应使用有效强度指标 φ_i'。

(2) 总应力法

总应力法直接依据总应力来计算摩擦阻力，不扣除孔隙水压力，更适用于难以准确计算孔隙水压力的情况。一般摩擦阻力直接用 $T_i=N_i\tan\varphi_i$ 计算，式中，φ_i 为总应力强度指标。

对于同一种工况下相同的土体，$\varphi_i'>\varphi_i$，因此用两种计算方法得到的摩擦阻力存在一致性。这种可以不依赖具体试验方法，通过适当的 c、φ 值以代替有效应力状态下 c'、φ'，从而从侧面考虑土体中孔隙水压力对强度的影响，这就是总应力法的实质。

如果孔隙水压力可以较为精确地计算，应优先使用有效应力法，以确保计算结果概念清晰且可靠。然而，在许多情况下，由于孔隙水压力难以准确估算，通常采用总应力法。目前工程实践中，这两种方法均被广泛应用，但强度指标的选取和配合常因概念不清导致误差。因此，在土坡稳定性分析中，合理选择并正确运用总应力法或有效应力法，选择相应的抗剪强度指标，是确保分析准确的关键。

7.9 提高土坡稳定性的工程措施

经计算土坡稳定系数小于相关规范要求时，需采取必要的工程措施以防止滑坡。有关的方法在防止滑坡的专门书籍中有详细的叙述，这里只针对工程常用的刷方减载和排水措施作简要介绍。

7.9.1 减载与加重

减载与加重是从滑坡检算的基本原理出发的。减载的目的是减小下滑力和滑动力矩，加重的目的是增大抗滑力和抗滑力矩，从而提高土坡的稳定性。

图 7.19 为推移式滑坡，该类滑坡具有滑动面上陡下缓的特征，其前缘存在较长的抗滑段。在这种滑坡中，应在致滑段后部实施消坡减重，减小推力，从而提高滑坡的稳定性。将削除的土石填至滑坡前缘，增加前缘抗滑段的抗滑力，有助于坡体的稳定。相反，如果在抗滑段减重或在致滑段增加负荷（如弃碴、填筑路堤），则会加剧滑坡的滑动。因此，减载和加重需因地制宜。此外，在滑坡后部减重时，必须确保不影响滑坡范围外山体的稳定性。开挖顺序应从上至下进行，坡面和平台需要整平，并做好排水和防渗措施。前缘加重时，应防止基底软层滑动，同时避免堵塞渗水通道，以免土体因积水而软化。

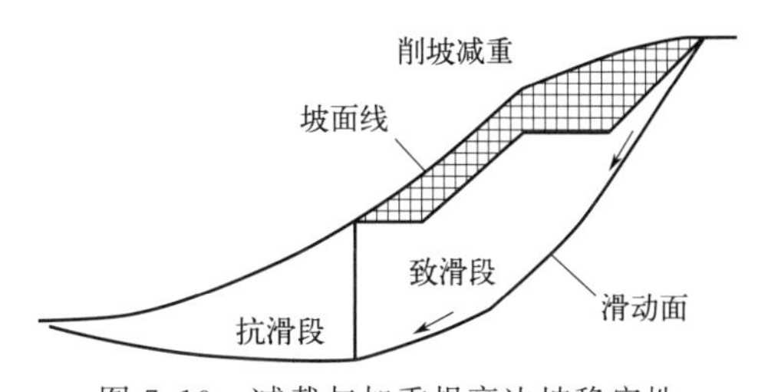

图 7.19　减载与加重提高边坡稳定性

7.9.2 排水措施

水对土坡的稳定性至关重要，尤其是雨水侵蚀和排水不良是滑坡的主要诱因，滑坡多发生在暴雨或长期降雨季节。因此，合理的排水措施能显著提升土坡稳定性。排水措施包括地表水和地下水两个方面。地表水排水旨在防止水流对土坡的冲刷，具体措施需依据地形、地质和雨量情况制订，如在滑坡区外修建截水沟阻止水流进入，在滑坡区内疏通或加固自然沟谷，避免积水下渗至土层内。

地下水的排除则针对其对土体的抗剪强度和抗滑能力的削弱作用，流动地下水会形成动水下滑力，引发潜蚀或管涌现象，并对软弱夹层矿物产生物理化学影响，降低力学性能。地下水的处理分为三类：拦截、疏干和降低水位。拦截工程通常位于滑坡区外，需垂直于水流设置于不透水层上，设反滤层和防渗层防止水道堵塞。疏干工程则布置在滑坡区内，每侧设反滤层以便地下水排出。若拦截和疏干困难，可通过水平钻孔插入带孔管道，疏干并降低地下水位。

此外，排水层应布置在地下水位以下并高于隔水层顶板，间距5～15m不等。除了排水措施，还可采取表面护面、修建支挡工程等辅助措施，以进一步提高土坡稳定性。

思考与练习题

1. 导致土坡失稳的因素有哪些？对于濒临失稳的土坡，有哪些使之稳定的应急手段？

2. 土坡稳定分析中圆弧滑动法的安全系数的含义是什么？计算时为什么要分条？最危险的滑动面如何确定？

3. 地下水对土坡的稳定性有何影响？实践中如何减小这种影响？

4. 从基本假设和计算过程角度，分析毕肖普法和普遍条分法相对瑞典条分法的改变。

5. 绘图并说明摩擦圆法计算土坡稳定性的基本原理。

6. 如图7.20所示，无黏性土土坡的坡角为20°，土的内摩擦角为32°，浮重度为10kN/m^3，地基为不透水层，若渗流溢出段的水流方向平行于地面，求该土坡的稳定安全系数。

7. 无限土坡如图7.21所示，地下水沿坡面方向渗流。坡高为4m，坡角为20°，土颗粒的相对密度为2.65，孔隙比为0.70，与基岩接触面的内摩擦角为20°，黏聚力为15kPa，求土坡沿界面滑动的稳定安全系数。

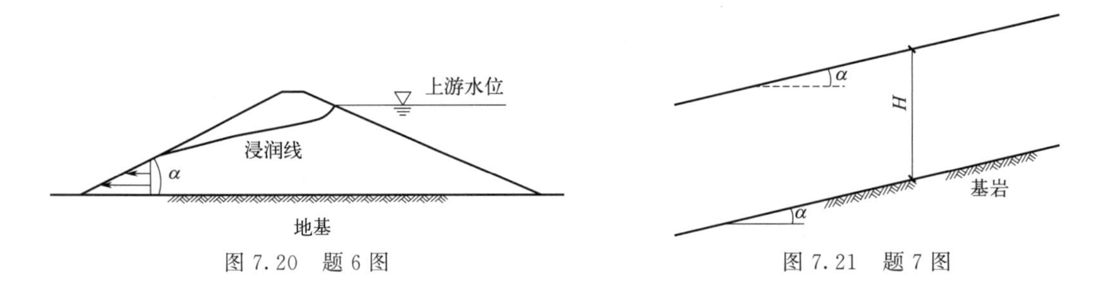

图7.20 题6图　　图7.21 题7图

8. 土坝的横断面如图7.22所示，上游坡为黏土斜墙，压实填土重度为19.6kN/m^3。土体强度指标与界面一致，若斜墙与砂砾石料和地基接触面的内摩擦角为18°，黏聚力为5kPa，求黏土斜墙沿接触面ABC滑动的安全系数。

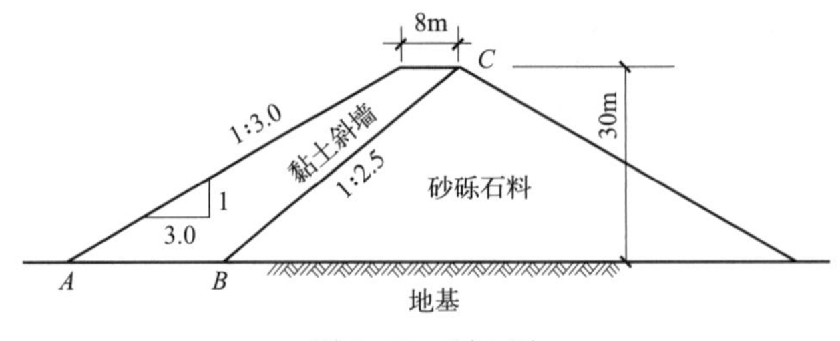

图7.22 题8图

第 8 章 天然地基承载力

学习目标及要求

了解竖向荷载下地基破坏的形态；了解地基极限承载力理论解的求解过程，能够进行地基的极限承载力计算；了解极限分析法计算地基承载力的过程；掌握按规范确定地基承载力的方法；了解原位测试确定地基承载力的方法。

8.1 概述

地基是指位于建筑物下方，承受和传递建筑物荷载并维持建筑结构稳定的土体或岩体。地基设计是土力学的重要应用领域之一，合理的地基设计不仅是确保建筑安全的关键保障，也是优化基础方案、降低工程风险、提升经济效益的重要手段。工程中根据地基的形成方式，将其分为天然地基和人工地基两大类。天然地基是指未经人工处理和扰动而保持了原有土层结构和状态的地基，而人工地基则是指经过人工处理改善土体力学性质后形成的地基。

地基承受建筑物基础传来荷载的能力称为地基承载力。工程实践中通常用两个指标来衡量地基的承载力，即地基的极限承载力和容许承载力。极限承载力是指地基承载力所能达到的极限值，通常用地基破坏前所能承受的最大基底压力表示；容许承载力是指在保证地基稳定（不破坏）的条件下，地基的变形沉降量不超过其容许值时的地基承载力，通常用满足强度和变形（沉降）两方面的要求并留有一定安全储备时所允许的最大基底压力表示。

为了保证上部结构的安全和正常使用，地基应满足下述三方面的要求：

① 强度要求：即地基必须具有足够的强度，在荷载的作用下地基不能被破坏；

② 变形要求：即在荷载和其他外部因素（如冻胀、湿陷、水位变动等）作用下，地基产生的变形沉降不能大于其上部结构的容许值；

③ 稳定要求：即地基应有足够的抵抗外部荷载和不利自然条件影响（如渗流、滑坡、地震）的稳定能力。

地基是建筑体系的有机组成部分。由于岩土材料的复杂性，地基又是该体系中最容易出问题的环节，而且地基位于基础之下，一旦出事难于补救。因此，地基验算在建筑物的设计中占有十分重要的地位。

地基验算包含对地基强度（承载力）、变形（沉降）和稳定性三个方面的验算，其中地基强度验算是最基本的。本章主要讨论天然地基承载力的计算理论和方法。

地基承载力是地基土在一定外部环境下的固有属性，但其发挥的程度与地基的变形密切相关。也就是说，对于特定的地基土层，当基础的形状、尺寸、埋深及受荷情况等相关因素确定时，地基的承载能力也就确定了，但其发挥的程度与地基的变形相关。这种一一对应的关系一直持续到地基承载力的完全发挥，此时地基承载力也达到它的极限值——极限承载力。所以地基的承载力与地基的破坏直接相关，故在介绍地基承载力的计算理论和方法之前，我们先对地基的破坏形态与过程做一个简要的分析。

8.1.1 竖向荷载下地基破坏的形态

地基的破坏形态和土的性质、基础埋深以及加荷速度等有密切的关系。由于实际工程所处的条件千变万化，所以地基的实际破坏形式是多种多样的。但总体来看可以归纳为整体剪切破坏、局部剪切破坏和冲切破坏三种典型形态（图 8.1）。

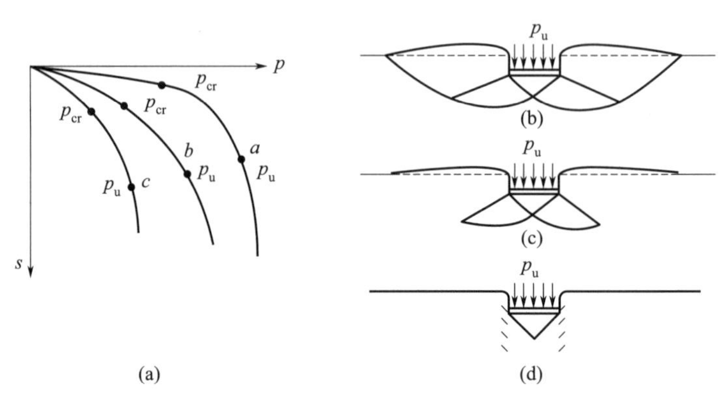

图 8.1 地基的典型破坏形式

(1) 整体剪切破坏

整体剪切破坏产生于密实砂土或硬黏土且基础埋置较浅的情况。在上部竖向荷载逐步增加的过程中，当基底压力小于临塑荷载 p_{cr} 时，地基处于弹性变形阶段；达到 p_{cr} 后，土体达到极限状态并开始产生塑性变形。此时，尽管整体地基仍然处于弹性阶段，但随着荷载的进一步增加，塑性变形区逐渐扩大，地基进入弹塑性混合状态。当基底压力超过某一特定值 p_u 时，基底剪切破坏面与地面连通，形成弧形滑动面，导致地基失去稳定而发生整体剪切破坏。此时，极限荷载即为 p_u。

对于饱和黏土地基，在基础浅埋而且荷载快速增加的条件下，也容易形成整体剪切破坏。

(2) 局部剪切破坏

当地基为一般的黏性土或砂土且基础埋深较浅时，在荷载逐步增加的初始阶段，基础的沉降大致与荷载成比例，反映在 p-s 曲线进入曲线阶段，显示基底以下的土体出现剪切破坏区。随着荷载继续增加，当达到某一特定值后，p-s 曲线的梯度保持基本不变，这个特定压力值称为极限压力 p_u。此时，剪切破坏面仅发展到一定位置，而未延伸至地表。

图 8.1(b) 中，实线表示实际破裂面，虚线则显示破裂面的延展趋势。在基础两侧，土体并未出现明显的挤出现象，地表仅有微量隆起。若压力超过极限值 p_u。破坏面并不会迅速延伸到地表，而是塑性变形不断向周围及深层发展，沉降量快速增加，最终达到破坏状态。这种地基破坏称为局部剪切破坏。局部剪切破坏发生时，地基的竖向变形显著，其数值会随基础深埋的增加而增加。例如，在中密砂层上施加表面荷载时，极限压力下的相对下沉量通常超过 10%，而随着埋深的增加，相对下沉量可达 20%～30%。

当基础埋置较深时，局部剪切破坏成为最常见的破坏形态，无论是在砂土还是黏性土地基上。

(3) 冲切破坏

当地基为松砂或其他松散结构土层时，无论基础位于地表还是具有一定埋深，随着荷载的增加，基础下方的松砂逐步被压密，压密区也逐渐向深层扩展，导致基础切入土中。在此过程中，基础边缘形成的剪切破坏面将竖直向下发展，见图 8.1(c)。由于基底压力很少向四周传递，基础边缘以外的土体基本未受到侧向挤压，地面也不会出现隆起现象。

关于 p-s 曲线的平均下沉梯度接近常数，并出现不规则下沉时，该压力值可视为极限压力 p_u。当基底压力达到 p_u 时，基础的下沉量将明显大于其他两种破坏形态，因此这种破坏形态被称为冲切破坏。

(4) 地基破坏形式的定量判定

魏西克（Vesic）提出了用刚度指标 I_r 的判断方法，地基土的刚度指标可用下式表示：

$$I_r=\frac{E}{2(1+\nu)(c+q\tan\varphi)} \tag{8.1}$$

式中，E 为地基土的变形模量；ν 为地基土的泊松比；c 为地基土的黏聚力；φ 为地基土的内摩擦角；q 为地基的侧面荷载，$q=\gamma D$，其中 D 为基础埋深，γ 为埋置深度以上土体的容重。

从上式可知，土越硬，基础埋深越小，则刚度指标越大。魏西克还提出判别整体剪切破坏和局部剪切破坏的临界值，称为临界刚度指标 $I_{r(cr)}$，其可以表示为

$$I_{r(cr)}=\frac{1}{2}\exp\left[\left(3.30-0.45\frac{B}{L}\right)\cot\left(45^\circ-\frac{\varphi}{2}\right)\right] \tag{8.2}$$

式中，B 为基础的宽度；L 为基础的长度；其余符号同式(8.1)。

当 $I_r>I_{r(cr)}$ 时，地基将发生整体剪切破坏，反之则发生局部剪切破坏或冲切破坏。

8.1.2　确定地基容许承载力的方法

合理确定地基的容许承载力是基础设计中的关键环节，合格的设计师需在经济与安全之间找到平衡。为实现这一目标，往往需要采用多种手段对地基进行调查和测试，并运用土力学理论进行分析，以获得较理想的结果。

人们在长期的工程实践中总结出了多种确定地基容许承载力的方法，主要包括：

① 控制塑性区发展深度的方法，确保塑性区发展深度小于某一界限值，以保证地基的安全储备；

② 利用理论公式推求极限荷载 p_u，并将其除以安全系数；

③ 依据相关规范提供的经验公式来确定地基的容许承载力；

④ 通过原位测试来直接确定承载力。

地基检算是建筑物设计的重要环节，但由于土性复杂和施工条件的限制，这一环节也最容易出现问题。设计规范是长期工程实践经验的总结，并在一定程度上反映了科学研究的成果，构成了设计工作必须遵循的法定依据。在进行地基基础设计时，工程师应根据相关规范的规定，结合工程的具体情况选择适宜的方法来确定容许承载力，同时应注意总结经验，不断提升自己的设计水平。

8.2　地基的临塑荷载和临界荷载

8.2.1　地基塑性区边界方程

假设在均质地基表面上，作用一均匀条形荷载 p_0，如图 8.2(a) 所示，根据弹性理论，它在地表下任意一点 M 处产生的大、小主应力可表示为

$$\sigma_{1,3}=\frac{p_0}{\pi}(\beta_0\pm\sin\beta_0) \tag{8.3}$$

式中，p_0 为均布条形荷载，kPa；β_0 为任意点 M 到均布条形荷载两端的夹角，以弧度

表示。

其中 σ_1 的作用线方向与 β_0 的角平分线方向一致。

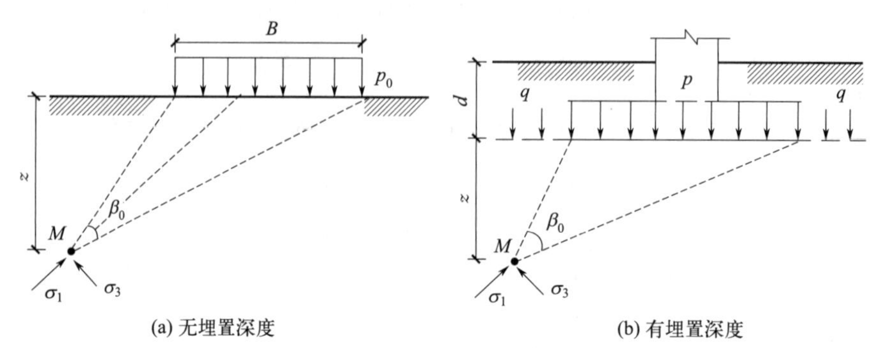

(a) 无埋置深度　　(b) 有埋置深度

图 8.2　地基临塑压力的计算图示

在实际工程中，基础都有一定的埋深。假定地基为弹塑性半无限体，并设有一埋深为 d 的浅埋条形基础，地基土的天然重度为 γ，如图 8.2(b) 所示。此时，地基中某点 M 的应力除基底附加应力 $p_0=p-\gamma_m d$ 以外，还有自重应力。假定土的自重应力在各个方向相等，即土的静土压力系数为 1，M 点的土的自重应力可以表示为 $(q+\gamma z)$，其中 $q=\gamma_m d$，为条形基础两端荷载。自重应力场没有改变 M 点附加应力场的大小和主应力的作用方向，因此地基中任意一点 M 的大、小主应力为

$$\sigma_1=\frac{p-\gamma_m d}{\pi}(\beta_0+\sin\beta_0)+\gamma_m d+\gamma z$$

$$\sigma_3=\frac{p-\gamma_m d}{\pi}(\beta_0-\sin\beta_0)+\gamma_m d+\gamma z \tag{8.4}$$

式中，γ_m 为基础底面以上土的加权平均重度；γ 为基础底面以下土的重度，地下水位以下取浮重度；d 为基础埋深。

假定 M 点的应力已达到极限平衡，按照一点极限平衡的应力条件，可得

$$\sin\varphi=\frac{\dfrac{p-\gamma_m d}{\pi}\sin\beta_0}{\dfrac{p-\gamma_m d}{\pi}\beta_0+\gamma_m d+\gamma z+c\cot\varphi}$$

或改写为

$$z=\frac{p-\gamma_m d}{\gamma\pi}\left(\frac{\sin\beta_0}{\sin\varphi}-\beta_0\right)-\frac{c}{\gamma\tan\varphi}-d \tag{8.5}$$

此式即为满足极限平衡条件的地基塑性区边界方程，如果已知荷载 p、基础埋深 d 以及土的指标 γ、γ_m、c、φ，则可以根据此方程绘制出塑性区的图形。

8.2.2　地基的临塑荷载

随着荷载的增加，在基础两侧以下土中塑性区对称出现和扩大。在一定荷载作用下，塑性区最大深度 z_{max} 可通过令 $\frac{dz}{d\beta_0}=0$ 求得，即

$$\frac{dz}{d\beta_0}=\frac{p-\gamma_m d}{\gamma\pi}\left(\frac{\cos\beta_0}{\sin\varphi}-1\right)=0 \tag{8.6}$$

$$\cos\beta_0=\sin\varphi=\cos\left(\frac{\pi}{2}-\varphi\right) \tag{8.7}$$

$$\beta_0=\frac{\pi}{2}-\varphi \tag{8.8}$$

将式(8.8)代入式(8.5)中，可求得塑性区的最大深度为

$$z_{\max}=\frac{p-\gamma_m d}{\gamma\pi}\left(\cot\varphi-\frac{\pi}{2}+\varphi\right)-\frac{1}{\gamma}\left(\frac{c}{\tan\varphi}-\gamma_m d\right) \tag{8.9}$$

对于一定的基底压力 p，通过式(8.8)和式(8.9)可定出塑性区最大深度位置的变化轨迹，如图8.3所示。它是由基底任一端 B 点作一线与基底成 φ 角，与过基底另一端 A 点的竖直线相交于 C 点，再以 BC 为直径作圆，则此圆的圆弧即为塑性区最大深度 $z_{\max}$ 所在位置的变化轨迹。显然，在圆弧上任一点的视角 $\beta_0=\frac{\pi}{2}-\varphi$，都满足条件式(8.5)。

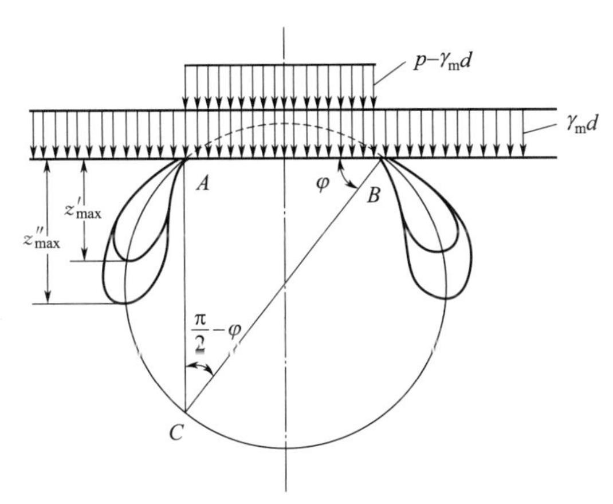

图8.3 塑性区最大深度位置的变化轨迹

这里必须指出，基底压力 p 必须大于 p_{cr}，否则地基中就不会产生塑性区，更谈不到求 $z_{\max}$ 了。这时的压力 p 相当于图8.1(a)中 p-s 曲线上 p_{cr}—p_u 段的压力。当压力逐步减小时，则塑性区将收缩，$z_{\max}$ 将变小；当 $z_{\max}$ 变为零时，意味着塑性区收缩至条形基础的两端，与此相应的基底压力也就是临塑压力 p_{cr}。故在式(8.9)中令 $z_{\max}=0$，可解出 p_{cr}，即令

$$\frac{p-\gamma_m d}{\gamma\pi}\left(\cot\varphi-\frac{\pi}{2}+\varphi\right)-\frac{1}{\gamma}\left(\frac{c}{\tan\varphi}-\gamma_m d\right)=0$$

得

$$p_{cr}=\frac{\pi(c\cot\varphi+\gamma_m d)}{\cot\varphi-\frac{\pi}{2}+\varphi}+\gamma_m d \tag{8.10}$$

上式也可以改写成

$$p_{cr}=cN_c+\gamma_m dN_q \tag{8.11}$$

式中，N_c、N_q 为承载力系数，分别为 $N_c=\dfrac{\pi\cot\varphi}{\cot\varphi+\varphi-\frac{\pi}{2}}$，$N_q=\dfrac{\cot\varphi+\varphi+\frac{\pi}{2}}{\cot\varphi+\varphi-\frac{\pi}{2}}=1+N_c\tan\varphi$。

若有 $\beta_0=0$，则上式改写成

$$p_{cr}=c\pi+\gamma_m d \tag{8.12}$$

若同时又为表面荷载，则 $d=0$，有

$$p_{cr}=c\pi \tag{8.13}$$

这时，达到极限平衡的已不仅仅是基底两端点处，而是以基底宽度为直径的半圆弧上各点。在以基底为直径的半圆弧上（$\beta_0=90°$），剪应力相等而且为最大，即 $\tau=\tau_{max}=\dfrac{p}{\pi}$。当 $\beta_0=0$ 时，则土的抗剪强度 $S=c$。如 $\tau_{max}=S=c$，则在半圆弧上的各点将同时达到极限平衡，故 $\tau_{max}=\dfrac{p}{\pi}=c$，或 $p=p_{cr}=c\pi$，这和式(8.13) 完全一致。

由式(8.10) 看出，临塑压力 p_{cr} 仅与 γ、d、c 和 φ 等参数有关，与基础宽度无关。这是因为 p_{cr} 是相当于基底两端点处达到极限平衡时的基底压力，而这一点达到极限平衡只决定于它的外侧压力 γd 和内侧压力 p_{cr} 以及土的力学参数 c 和 φ，故与基础宽度无关。

当 $\beta_0\neq 0$ 时，用 p_{cr} 作为地基的容许承载力是足够安全的，因为此时的地基只有位于基础两端点处达到极限平衡，而整个地基仍处于弹性应力状态。如塑性区再扩大一些，也不至于引起整个地基的破坏。故有人建议用塑性区的最大深度达到基础宽度的 1/4 或 1/3 时的基底压力作为地基容许承载力。但必须看到，用式(8.9) 确定塑性区的最大深度 z_{max} 在理论上是有矛盾的，因在推导过程中，计算土中应力时采用了弹性半无限体的公式，现又假定地基中出现了塑性区，显然这已不是弹性半无限体了。严格地说，式(8.5) 并不能代表塑性区的图形，式(8.9) 也不能代表塑性区的最大开展深度。原则上只有根据土的本构关系进行计算才能得到合理的塑性区图形。不过当式(8.9) 中的 z_{max} 逐渐向零收敛时，这种矛盾就逐步缩小。当 $z_{max}=0$，即塑性区为零时，矛盾也就消失了。所以用式(8.5)、式(8.9) 求 p_{cr} 是可以的，而用塑性区的最大发展深度达某一界限值时的基底压力（称为临界荷载）作为地基容许承载力只是工程中采用的近似方法。

8.2.3 地基的临界荷载

地基临界荷载是指作用在地基上的，导致地基土体开始发生不稳定或破坏的最小荷载。它是设计地基时非常重要的参数，因为超出临界荷载后，土体可能会经历过度沉降、滑移或破坏，进而影响建筑物的安全和使用寿命。

工程实践表明，即便地基发生局部剪切破坏，只要塑性区不超出某一范围，建筑物的安全和正常使用便不会受到影响，因此采用允许地基产生塑性区的临塑荷载 p_{cr} 作为地基承载力，通常是一种偏保守的选择。对于中等强度以上的地基土，若以临界荷载作为地基承载力，则既能确保地基有足够的安全度和稳定性，又能充分发挥其承载能力，从而实现优化设计的目标。

根据工程经验，一般建筑工程，在中心荷载作用下，控制塑性区最大发生深度 $z_{max}=b/4$；在偏心荷载作用下，控制 $z_{max}=b/3$。$p_{1/4}$ 和 $p_{1/3}$ 分别是允许出现 $z_{max}=b/4$ 和 $z_{max}=b/3$ 范围塑性区所对应的两个临界荷载；b 为基础宽度。

根据定义，可求得

$$p_{1/4}=\frac{\pi\left(c\cot\varphi+\gamma_m d+\gamma\ \dfrac{b}{4}\right)}{\cot\varphi-\dfrac{\pi}{2}+\varphi}+\gamma_m d \tag{8.14}$$

也可以写成

$$p_{1/4}=cN_c+\gamma_m dN_q+\gamma bN_{1/4} \tag{8.15}$$

式中，$N_{1/4}$ 为承载力系数，$N_{1/4}=\dfrac{\pi}{4(\cot\varphi+\varphi-\dfrac{\pi}{2})}=\dfrac{N_c\tan\varphi}{4}$

$$p_{1/3}=\frac{\pi\left(c\cot\varphi+\gamma_{\mathrm{m}}d+\gamma\ \dfrac{b}{3}\right)}{\cot\varphi-\dfrac{\pi}{2}+\varphi}+\gamma_{\mathrm{m}}d \tag{8.16}$$

也可以写成

$$p_{1/3}=cN_c+\gamma_{\mathrm{m}}dN_q+\gamma bN_{1/3} \tag{8.17}$$

式中，$N_{1/3}$ 为承载力系数，$N_{1/3}=\dfrac{\pi}{3\left(\cot\varphi+\varphi-\dfrac{\pi}{2}\right)}=\dfrac{N_c\tan\varphi}{3}$。

从以上公式可以看出，临界荷载由三部分组成：第一部分和第二部分反映了地基土黏聚力和基础埋深对承载力的影响，这两个部分组成了临塑荷载；第三部分为基础宽度和地基土重度的影响，即受到塑性区发展深度的影响。它们都是内摩擦角 φ 的函数。

8.3　地基的极限承载力

地基极限承载力是指地基能够安全承受的最大荷载，超过这个荷载后，地基土体可能会发生不稳定、沉降或破坏。极限承载力是基础设计中的一个重要参数，它直接关系到建筑物的安全性和使用寿命。

在求解地基极限承载力时，通常假设土体为理想塑性材料，尽管简化了材料和边界条件，解析解仍然复杂，因此常使用特征线法。这种方法可以从理论上确定真实滑动面的形状和位置，从而得出极限承载力值（如普朗德尔-瑞斯纳解）。然而，简化和假设可能导致模型与实际情况之间的差异，影响其应用性。

另一种求解方法是基于假设滑动面的极限平衡分析，如太沙基法。这种方法通过预设滑动面，简化了极限承载力的求解，提供了在实际应用中的另一种选择。

8.3.1　地基极限承载力理论解

极限平衡理论是一种研究土体在理想塑性状态下的应力分布和滑裂面轨迹的理论，广泛用于分析地基极限承载力、滑裂面轨迹、挡土墙土压力及边坡滑裂等土体失稳问题。由于其计算过程复杂，实际工程中在土压力计算和边坡稳定分析时很少直接采用极限平衡理论，而多使用简化方法。然而，对于地基极限承载力的求解，极限平衡理论仍然是核心理论依据。

在理想弹-塑性模型中，当土体应力小于屈服应力时，采用弹性理论计算，需满足静力平衡和变形协调条件；而当土体进入塑性状态时，虽仍需满足静力平衡条件，但因滑裂产生而不再保持连续性，变形协调条件无法满足，因此需满足极限平衡条件。极限平衡理论正是基于静力平衡条件和极限平衡条件建立的。

在弹性力学中，平面问题的静力平衡微分方程式表达为

$$\begin{cases}\dfrac{\partial\sigma_z}{\partial z}+\dfrac{\partial\tau_{xz}}{\partial x}=Z\\[2ex]\dfrac{\partial\sigma_x}{\partial x}+\dfrac{\partial\tau_{zx}}{\partial z}=X\end{cases} \tag{8.18}$$

式中，σ_z、σ_x、τ_{xz}、τ_{zx} 为微元体的法向应力和剪应力，如图 8.4 所示；Z、X 为作用在微元体上 z 轴方向和 x 轴方向的体力，如重力和惯性力等。

如果只有土的自重，则上述关系可转换为

$$\begin{cases}\dfrac{\partial\sigma_z}{\partial z}+\dfrac{\partial\tau_{xz}}{\partial x}=\gamma\\[2ex]\dfrac{\partial\sigma_x}{\partial x}+\dfrac{\partial\tau_{zx}}{\partial z}=0\end{cases}\tag{8.19}$$

式中，γ 为土的容重。

当土体处于极限平衡状态时，作用于微元体上的应力应满足极限平衡条件，对无黏性土和黏性土可分别表示为

$$\begin{cases}\sin\varphi=\dfrac{\sigma_1-\sigma_3}{\sigma_1+\sigma_3}\\[3ex]\sin\varphi=\dfrac{\sigma_1-\sigma_3}{\sigma_1+\sigma_3+2c\cot\varphi}\end{cases}\tag{8.20}$$

式中，σ_1、σ_3 为大、小主应力；c、φ 为土的抗剪强度指标。

以下为简明起见，先研究无黏性土（$c=0$）的极限平衡理论。图 8.5 表示土体中某一微元体的应力。大主应力 σ_1 与 x 轴的交角为 ψ，σ 表示某点处于极限平衡状态时应力圆的圆心坐标与 $c\cot\varphi$ 之和，可表达为

$$\sigma=\frac{1}{2}(\sigma_1+\sigma_3)+c\cot\varphi\tag{8.21}$$

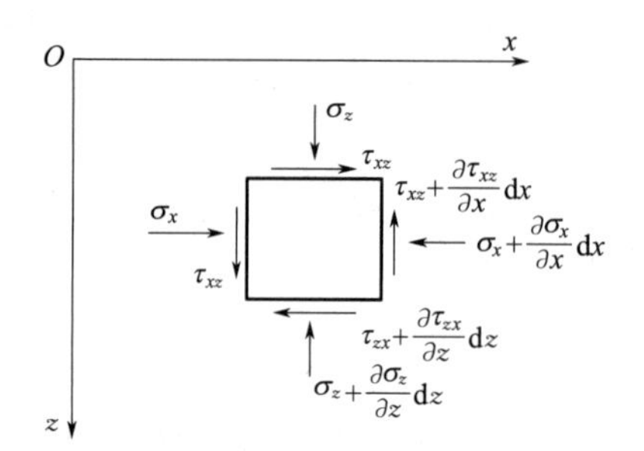

图 8.4 土中一点应力

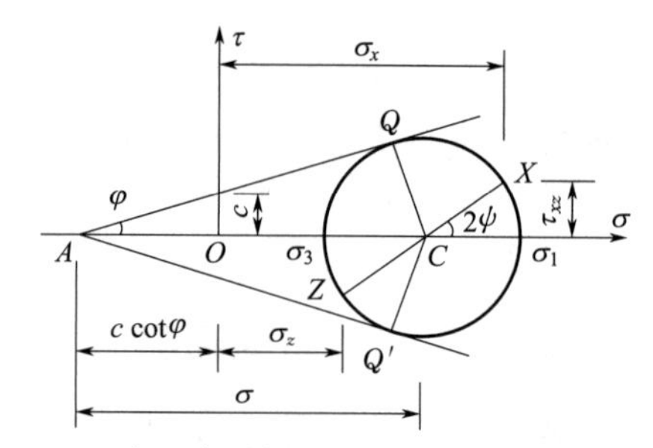

图 8.5 土中一点破坏时用 σ 和 ψ 表示的应力分量

如图 8.5 所示，应力分量 σ_x、σ_z 和 $\tau_{xz}=\tau_{zx}$，可表达为

$$\begin{cases}\sigma_x=\dfrac{\sigma_1+\sigma_3}{2}+\dfrac{\sigma_1-\sigma_3}{2}\cos2\psi\\[2ex]\sigma_x=\dfrac{\sigma_1+\sigma_3}{2}-\dfrac{\sigma_1-\sigma_3}{2}\cos2\psi\\[2ex]\tau_{xz}=\dfrac{\sigma_1-\sigma_3}{2}\sin2\psi\end{cases}\tag{8.22}$$

令：$\sigma=\dfrac{1}{2}$（$\sigma_1+\sigma_3$）表示平均主应力。将式(8.20) 中第一式代入式(8.22)，并进行简化，得

$$\begin{cases}\sigma_z=\sigma(1+\sin\varphi\cos2\psi)\\\sigma_x=\sigma(1-\sin\varphi\cos2\psi)\\\tau_{xz}=\sigma\sin\varphi\sin2\psi\end{cases}\tag{8.23}$$

分别对 σ_x、σ_x、τ_{xz} 取偏导数：

$$\begin{cases}\dfrac{\partial\sigma_z}{\partial z}=\dfrac{\partial\sigma}{\partial z}+\sin\varphi\cos2\psi\dfrac{\partial\sigma}{\partial z}-2\sigma\sin\varphi\sin2\psi\dfrac{\partial\psi}{\partial z}\\ \dfrac{\partial\sigma_x}{\partial x}=\dfrac{\partial\sigma}{\partial x}-\sin\varphi\cos2\psi\dfrac{\partial\sigma}{\partial x}+2\sigma\sin\varphi\sin2\psi\dfrac{\partial\psi}{\partial x}\\ \dfrac{\partial\tau_{zx}}{\partial z}=\sin\varphi\sin2\psi\dfrac{\partial\sigma}{\partial z}+2\sigma\sin\varphi\cos2\psi\dfrac{\partial\psi}{\partial z}\\ \dfrac{\partial\tau_{xz}}{\partial x}=\sin\varphi\sin2\psi\dfrac{\partial\sigma}{\partial x}+2\sigma\sin\varphi\cos2\psi\dfrac{\partial\psi}{\partial x}\end{cases}\tag{8.24}$$

将式(8.24) 代入式(8.19)，简化后得到

$$\begin{cases}(1+\sin\varphi\cos2\psi)\dfrac{\partial\sigma}{\partial z}+\sin\varphi\sin2\psi\dfrac{\partial\sigma}{\partial x}-2\sigma\sin\varphi\left(\sin2\psi\dfrac{\partial\psi}{\partial z}-\cos2\psi\dfrac{\partial\psi}{\partial x}\right)=\gamma\\ (1-\sin\varphi\cos2\psi)\dfrac{\partial\sigma}{\partial x}+\sin\varphi\sin2\psi\dfrac{\partial\sigma}{\partial z}+2\sigma\sin\varphi\left(\sin2\psi\dfrac{\partial\psi}{\partial x}+\cos2\psi\dfrac{\partial\psi}{\partial z}\right)=0\end{cases}\tag{8.25}$$

式(8.24) 是平面问题无黏性土体在极限平衡状态时的基本偏微分方程组。未知函数 σ 和 ψ 可以根据所研究问题的边界条件，解方程组得到解答，当地基中各点的 σ 和 ψ 求出以后，从极限平衡条件中的 $\sigma_1-\sigma_3=2\sigma\sin\varphi$ 和 $\sigma=\dfrac{1}{2}(\sigma_1-\sigma_3)$，可以求出处在极限平衡状态时各点的主应力 σ_1 和 σ_3。ψ 给出了大主应力 σ_1 的方向，而滑动面的方向与 σ_1 的方向成夹角 $\varepsilon=\pm\left(45°-\dfrac{\varphi}{2}\right)$，因此求出了 ψ 后，滑动面的方向自然也就得到，如图 8.6 所示。把各点的滑动面方向用线段连接起来，就得到整个极限平衡区域内的滑裂线网。基底处接触面上的应力就是地基的极限承载力 p_u。

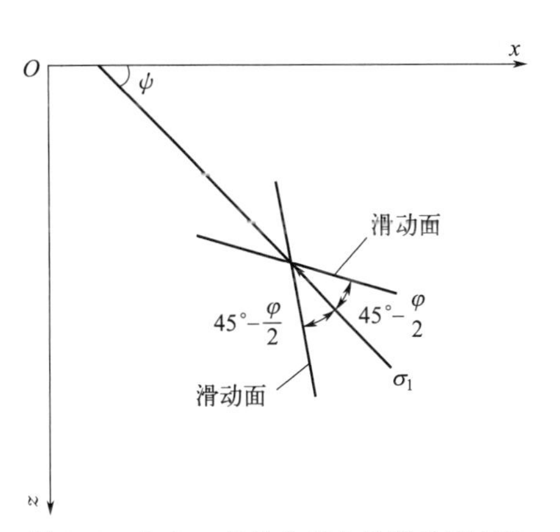

图 8.6　土中一点的主应力及滑动面方向

根据边界条件求偏微分方程组（8.25）的解析解，存在许多困难，目前仅在比较简单的边界条件下才可能求出。

目前常用的求解方法是假设基底在极限荷载作用下土中滑动面的形状，然后根据滑动土体的静力平衡条件解出极限荷载。按这种方法得到的极限荷载公式比较简单、使用方便，在实践中应用较多。

8.3.2　普朗德尔-瑞斯纳地基极限承载力公式

(1) 基本假定

在用极限平衡理论求解地基极限承载力时，通过以下三个简化假定可以大幅简化问题。首先，将地基土视为无重介质，即假设基础底面以下土体的重度为零（$\gamma=0$）；其次，假设基础底面为完全光滑面，这样基底上没有摩擦力，压应力方向始终垂直于地面；最后，对于埋深 d 小于基础宽度 b 的浅基础，可以将基底平面看作地基表面，滑动面仅延伸至该假定的地基表面。在此平面以上，基础两侧的土体可视作均布荷载 $q=\gamma d$，d 代表基础的埋置深度。经过这些简化后，地基表面的荷载分布特性便更为清晰明了。

经过这样简化后，地基表面的荷载如图 8.7 所示。

根据弹塑性极限平衡理论及由上述假定所确定的边界条件，滑动面所包围的区域可分成

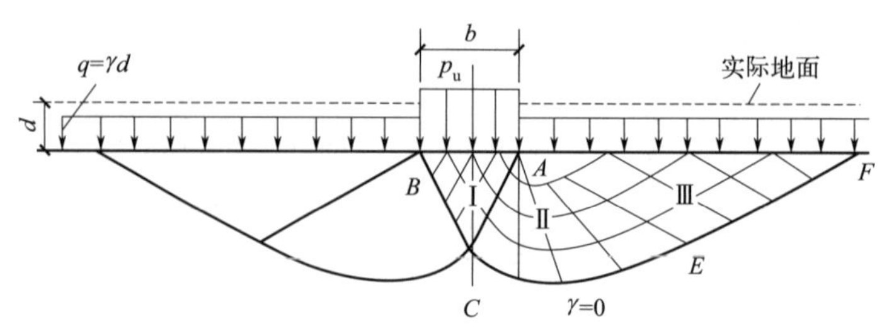

图 8.7 无重介质地基的滑裂线网

五个区，如图 8.8 所示，一个Ⅰ区，两个Ⅱ区，两个Ⅲ区。假设荷载板底面是光滑的，因此Ⅰ区中的竖向应力即为大主应力，称为朗肯主动区，滑动面与水平方向成$\left(45^\circ+\dfrac{\varphi}{2}\right)$角。由于Ⅰ区的土楔体 AA_1D 的向下位移，把附近的土体移向两侧，使Ⅲ区中的土体 A_1EF 和 AE_1F_1 达到被动朗肯状态，称为朗肯被动区，滑动面与水平面成 α 角。在主动区与被动区之间是由一组对数螺旋线和一组辐射线组成的过渡区。对数螺旋线方程为：$r=r_0\exp(\theta\tan\varphi)$，式中 $r_0=AD=A_1D$，以 A_1 为极点，可证明两条对数螺旋线分别与主动区、被动区滑动面相切。

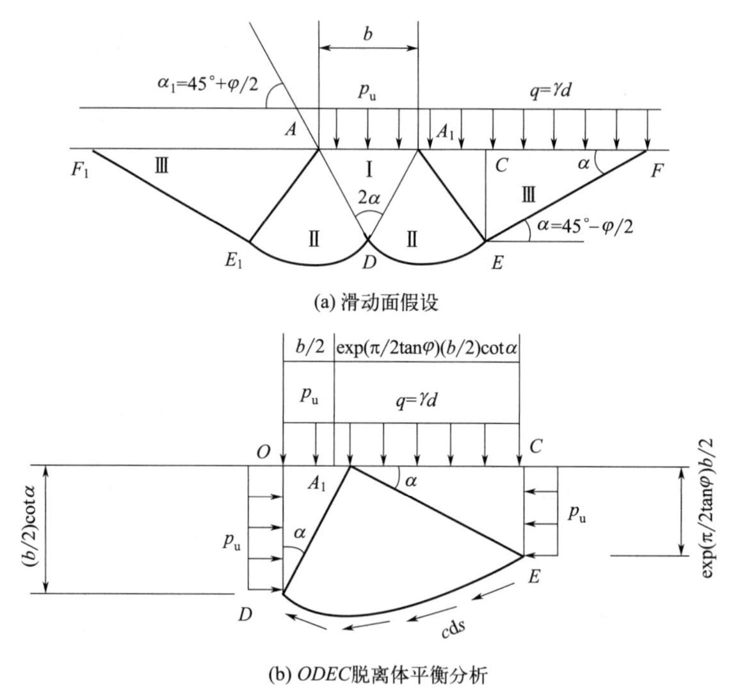

图 8.8 普朗德尔-瑞斯纳极限承载力计算示意图

将滑动土体的一部分 $ODEC$ 视为刚体，根据该刚体上力的平衡条件，推求地基的极限承载力 p_u，如下：

① OA_1 面（即基底面）上的极限承载力的合力为 $p_ub/2$，它对 A_1 点的力矩为

$$M_1=\frac{1}{2}p_ub\ \frac{b}{4}=\frac{1}{8}p_ub^2$$

② OD 面上主动土压力的合力为：$E_a=(p_u\tan^2\alpha-2c\tan\alpha)\dfrac{b}{2}\cot\alpha$，它对 A_1 点的力

矩为

$$M_2=E_a\ \frac{b}{4}\cot\alpha=\frac{1}{8}p_u b^2-\frac{1}{4}b^2 c\cot\alpha$$

③ A_1C 面上的超载的合力为 $q\ \frac{b}{2}\exp\left(\frac{\pi}{2}\tan\varphi\right)\cot\alpha$，它对 A_1 点的力矩为

$$M_3=\left[q\ \frac{b}{2}\exp\left(\frac{\pi}{2}\tan\varphi\right)\cot\alpha\right]\cdot\left[\frac{b}{4}\exp\left(\frac{\pi}{2}\tan\varphi\right)\cot\alpha\right]=\frac{1}{8}b^2\gamma d\exp(\pi\tan\varphi)\cot^2\alpha$$

④ EC 面上的被动土压力的合力为：$E_p=(\gamma d\cot^2\alpha+2c\cot\alpha)\frac{b}{2}\exp\left(\frac{\pi}{2}\tan\varphi\right)$，它对 A_1 点的力矩为

$$M_4=E_p\frac{b}{4}\exp\left(\frac{\pi}{2}\tan\varphi\right)=\frac{1}{8}b^2\gamma d\exp(\pi\tan\varphi)\cot^2\alpha+\frac{1}{4}cb^2\exp(\pi\tan\varphi)\cot\alpha$$

⑤ DE 面上黏聚力的合力对 A_1 点的力矩为

$$M_5=\int_0^l c\,\mathrm{d}s(r\cos\varphi)=\int_0^{\frac{\pi}{2}}cr^2\mathrm{d}\theta=\frac{1}{8}cb^2\ \frac{\exp(\pi\tan\varphi)-1}{\sin^2\alpha\tan\varphi}$$

⑥ DE 面上反力的合力 F，其作用线通过对数螺旋线的中心点 A_1，其力矩为 0。

根据力矩平衡条件，应有：$\sum M=M_1+M_2-M_3-M_4-M_5=0$。将上列各式代入并整理后得到地基极限承载力计算公式：

$$\begin{aligned}p_u&=q\tan^2\left(45°+\frac{\varphi}{2}\right)\mathrm{e}^{\pi\tan\varphi}+c\cot\varphi\left[\tan^2\left(45°+\frac{\varphi}{2}\right)\mathrm{e}^{\pi\tan\varphi}-1\right]\\&=qN_q+cN_c\end{aligned}\tag{8.26}$$

式中，N_q 和 N_c 称为承载力系数，是土的内摩擦角 φ 的函数：

$$N_q=\tan^2\left(45°+\frac{\varphi}{2}\right)\mathrm{e}^{\pi\tan\varphi}\tag{8.27}$$

$$N_c=(N_q-1)\cot\varphi\tag{8.28}$$

对于黏性大、排水条件差的饱和黏土地基，可按 $\varphi_u=0$ 法求极限承载力。这时，按式(8.27)，$N_q=1.0$，N_c 为不定解，得

$$\lim_{\varphi\to 0}N_c=\lim_{\varphi\to 0}\frac{\frac{\mathrm{d}}{\mathrm{d}\varphi}\left\{\left[\tan^2\left(45°+\frac{\varphi}{2}\right)\right]\mathrm{e}^{\pi\tan\varphi}-1\right\}}{\frac{\mathrm{d}}{\mathrm{d}\varphi}\tan\varphi}=\pi+2=5.14\tag{8.29}$$

这时地基的极限荷载为

$$p_u=q+5.14c\tag{8.30}$$

(2) 普朗德尔-瑞斯纳课题的讨论

普朗德尔-瑞斯纳的极限平衡理论用于地基极限承载力的计算，虽然在物理概念的建立上有价值，但理论上存在一些局限。该方法假设地基土体被滑移边界线分割为塑性破坏区和弹性变形区，滑移边界线内的土体处于塑性极限状态，可沿滑移面产生不受限的变形。然而，试验显示基础底部与土的摩擦会形成压密的弹性区域，影响地基的极限承载力。此外，土体的应力-应变特性呈现非线性弹塑性，而非理想弹性或理想塑性，理想化模型难以准确反映地基土的真实破坏过程。公式推导中无重介质地基的假设也带来偏差，如在砂土地基埋深 $d=0$ 时，计算结果为 $p_u=0$，明显与实际不符。极限平衡理论的解法较为繁琐，难以适用于边界复杂的问题。刚体平衡法则在已知滑动面位置后，可作为简化的极限承载力计算方法，但前提是先解出滑动面形状。

8.3.3 太沙基地基极限承载力公式

基础底面与地基表面之间存在摩擦力，阻碍基底下方土体的自由变形，使其无法达到极限平衡状态。在荷载作用下，基底下的土体会形成一个刚性核，与基础共同竖直下移。这个刚性核在下移时挤压两侧土体，造成地基土体破坏，并形成滑裂线网。由于刚性核的存在，地基中部分土体不处于极限平衡状态，导致边界条件变得复杂，难以直接通过解极限平衡偏微分方程来求得地基的极限承载力。此时，通常假设刚性核和滑动面的形状，并结合极限平衡概念和隔离体平衡条件，求得极限承载力的近似解。在此类半理论半经验方法中，太沙基公式应用最为广泛。

条形基础在均布荷载作用下，地基滑动面可以分成三个部分，如图 8.9 所示。

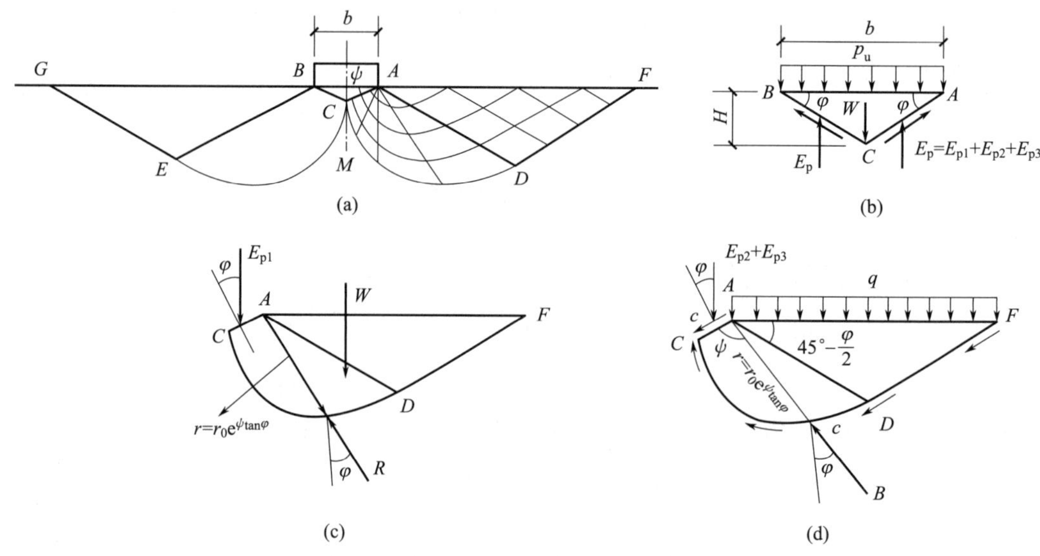

图 8.9 太沙基地基极限承载力计算图示

(1) 刚性核和滑动面形状的确定

太沙基在分析基底刚性核的形状时，认为基础是完全粗糙的，这使得刚性核与基础整体沿竖直方向下沉。因此，在刚性核尖端 C 点，左右两侧的曲线滑动面与竖直线 CM 必定相切，如图 8.9(a) 所示。如果刚性核的两侧 AC 和 BC 也作为滑动面，则依据极限平衡理论，两组滑动线的交角应为：$\angle ACM=(90°+\varphi)$。由几何条件可以看出，AC 和 BC 面与基础底面交角 $\overline{\varphi}=\varphi$。但若基底摩擦力不足以完全限制土体 ABC 的侧向变形，则 $\overline{\varphi}$ 将介于 φ 与 $\left(45°+\dfrac{\varphi}{2}\right)$之间。

此时，刚性核代替普朗德尔-瑞斯纳解的朗肯主动区Ⅲ区，地基滑动面的形状便由朗肯被动区和对数螺线过渡区构成，如图 8.9(a) 所示。

(2) 从刚性核的静力平衡条件求地基的极限承载力

在确定刚性核的形状后，太沙基将其作为隔离体，并视其两个侧面 AC 和 BC 为类似挡土墙的墙背。基底压应力 p_u 使刚性核向下移动，同时 AC 和 BC 面挤压两侧土体，直至土体破坏，此时基底压应力便是地基的极限承载力 p_u。根据图 8.9(b) 的几何条件，当 $\overline{\varphi}=\varphi$ 时，被动土压力 E_p 的方向为垂直向下。一旦求得 E_p，可根据刚性核的静力平衡条件求得地基的极限承载力，如下式所示：

$$p_u b = 2E_p + cb\tan\varphi - \frac{\gamma b^2}{4}\tan\varphi \tag{8.31}$$

式中，$\frac{\gamma b^2}{4}\tan\varphi$ 表示刚性核的自重；$cb\tan\varphi$ 表示 AC 和 BC 面上黏聚力的垂直分量。

因此，计算刚性核侧面被动土压力 E_p 是使用公式(8.31) 求极限承载力的关键。

(3) 被动土压力 E_p 的确定

在浅埋基础（$d \leqslant b$）条件下，忽略基础底面以上土体的抗剪强度，将基础两侧的均布荷载视为 $q=\gamma d$。总的被动土压力 E_p 包含三个主要成分：滑动土体 $CDFAC$ 重力所产生的抗力 E_{p1}，滑动面 $\overset{\frown}{CF}$ 和边界 $\overline{AC}$ 上黏聚力 c 产生的抗力 E_{p2}，以及均布侧荷载 q 产生的抗力 E_{p3}。

滑动面的实际形状受到这三种抗力共同作用，但难以精确分析。为简化计算，太沙基分别计算无侧荷载的无黏性土抗力（即 $q=0, c=0, \varphi>0, \gamma>0$ 条件下的土体重力抗力 E_{p1}），以及有侧荷载无重黏性土抗力（即 $q>0, c>0, \varphi>0, \gamma=0$ 条件下的黏聚力抗力 E_{p2}）和侧荷载抗力 E_{p3}。最终，将三者叠加得到总的被动土压力 E_p。

$$E_p = E_{p1} + E_{p2} + E_{p3} \tag{8.32}$$

对于这种墙背外倾的情况，无黏性土的被动土压力可按库仑土压力理论计算，表达为

$$E_{p1} = \frac{1}{2}\gamma H^2 \frac{K_{p1}}{\cos\psi\sin\alpha} \tag{8.33}$$

无重黏性土由黏聚力 c 和侧荷载 q 引起的被动土压力，分别表示为

$$E_{p2} = H\frac{cK_{p2}}{\cos\overline{\psi}\sin\alpha} \tag{8.34}$$

$$E_{p3} = H\frac{qK_{p3}}{\cos\overline{\psi}\sin\alpha} \tag{8.35}$$

式中，H 为刚性核的竖直高度，$H=\frac{1}{2}b\tan\overline{\psi}$；$\overline{\psi}$ 为刚性核的斜边与水平面的夹角；α 为刚性核的斜边与水平面夹角的外角，即 $\alpha = 180 - \overline{\psi}$；$K_{p1}$、$K_{p2}$、$K_{p3}$ 分别为由于滑动土体重力、滑动面上黏聚力和旁侧荷载所产生的被动土压力系数。

当 $\overline{\psi}=\varphi$ 时，

$$E_p = \frac{1}{8}\gamma b^2 \frac{K_{p1}}{\cos^2\varphi}\tan\varphi + \frac{b}{2}\times\frac{cK_{p2}}{\cos^2\varphi} + \frac{b}{2}\times\frac{qK_{p3}}{\cos^2\varphi} \tag{8.36}$$

将式(8.36) 代入式(8.31)，经过整理后得：

$$\begin{aligned} p_u &= \frac{\gamma b}{2}\left[\frac{\tan\varphi}{2}\left(\frac{K_{p1}}{\cos^2\varphi}-1\right)\right] + c\left(\frac{K_{p2}}{\cos^2\varphi}+\tan\varphi\right) + q\frac{K_{p3}}{\cos^2\varphi} \\ &= \frac{\gamma b}{2}N_\gamma + cN_c + qN_q \end{aligned} \tag{8.37}$$

式(8.37) 是太沙基的极限承载力公式，也是其他各类地基极限承载力计算方法的统一表达式。不同计算方法的差异表现在承载力系数 N_γ、N_c、N_q 的数值上。

对于太沙基公式，当取 $\overline{\psi}=\varphi$ 时，有

$$N_\gamma = \frac{\tan\varphi}{2}\left(\frac{K_{p1}}{\cos^2\varphi}-1\right) \tag{8.38}$$

$$N_c = \frac{K_{p2}}{\cos^2\varphi} + \tan\varphi \tag{8.39}$$

$$N_q=\frac{K_{p3}}{\cos^2\varphi} \tag{8.40}$$

在不同的假设条件下，承载力系数得以分别推导，经过计算分析，太沙基指出这种方法计算出的极限承载力的误差较小，符合工程实际要求。对于倾斜墙背无黏性土的被动土压力系数 K_{p1}，可以通过现有土压力理论进行计算；然而，对于倾斜墙背无重黏性土的被动土压力系数 K_{p2} 和 K_{p3} 仍缺乏成熟的计算方法。尽管如此，在图 8.9(d) 的边界条件下，普朗德尔和瑞斯纳推导出了计算承载力系数 N_q 和 N_c 的公式，分别以式(8.41) 和式(8.42) 表示。

$$N_q=\frac{e^{\left(\frac{3}{2}\pi-\varphi\right)\tan\varphi}}{2\cos^2\left(45°+\frac{\varphi}{2}\right)} \tag{8.41}$$

$$N_c=\cot\varphi(N_q-1) \tag{8.42}$$

地基承载力系数 N_γ、N_c、N_q 的值只取决于土的内摩擦角 φ。太沙基将其绘制成曲线如图 8.10 所示，可供直接查用。

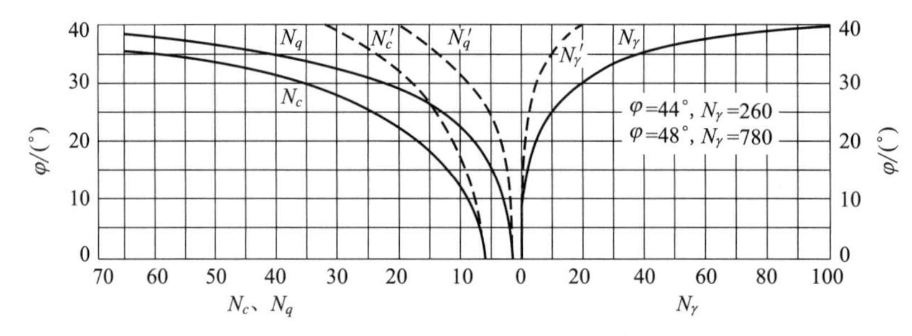

图 8.10 太沙基地基承载力系数

对于不排水条件下的饱和黏性土，$\varphi_u=0$。按式(8.41) 和式(8.42)，求得

$$N_q=\frac{1}{2\times\left(\frac{1}{\sqrt{2}}\right)^2}=1$$

$$N_c=\frac{3}{2}\pi+1=5.7 \tag{8.43}$$

故

$$p_u=q+5.7c \tag{8.44}$$

比较式(8.44) 和式(8.30)，可见形成刚性核以后，地基的极限承载力略有提高。

(4) 局部剪切破坏时的地基承载力

太沙基提出的极限承载力计算公式主要适用于地基土整体剪切破坏的情况，不适合局部剪切破坏。局部剪切破坏会导致地基变形增大和承载力下降，应将抗剪强度按 $\bar{c}=\frac{2}{3}c$ 折减和内摩擦角按 $\tan\bar{\varphi}=\frac{2}{3}\tan\varphi$ 折减，得到新的极限承载力公式。

$$p_u=\frac{\gamma b}{2}N_\gamma'+\frac{2}{3}cN_c'+qN_q' \tag{8.45}$$

此时承载力系数 N_γ'、N_q' 和 N_c' 也会相应减小，具体数值如图 8.10 中虚线部分所示。在使用图 8.10 时，若采用实际内摩擦角 φ，应查虚线部分，若采用折减后的 $\bar{\varphi}$，则查实线部分。

8.3.4 汉森地基极限承载力公式

汉森地基极限承载力公式是一种用于地基承载力计算的经验公式，广泛应用于建筑工程中的地基设计，尤其是浅基础的承载力估算。该公式通过考虑土的剪切强度和地基的几何形状，并引入针对基础形状、埋深、倾斜荷载等不同条件的修正系数，使计算结果更贴近实际情况。与传统的太沙基承载力公式相比，汉森公式在复杂条件下具有更强的适应性，因此在实际工程中得到了更为广泛的应用。汉森公式可以表示为

$$p_u=\frac{1}{2}\gamma b N_\gamma s_\gamma d_\gamma i_\gamma g_\gamma b_\gamma+qN_q s_q d_q i_q g_q b_q+cN_c s_c d_c i_c g_c b_c \tag{8.46}$$

式中，N_q、N_c、N_γ 为地基承载力系数，在汉森公式中取 $N_q=\tan^2\left(45°+\frac{\varphi}{2}\right)e^{\pi\tan\varphi}$，$N_c=(N_q-1)\cot\varphi$，$N_\gamma=1.5(N_q-1)\tan\varphi$；$s_\gamma$、$s_q$、$s_c$ 分别为相应于基础形状修正的修正系数；d_γ、d_q、d_c 分别为相应于考虑埋深范围内土强度的深度修正系数；i_γ、i_q、i_c 分别为相应于荷载倾斜的修正系数；g_γ、g_q、g_c 分别为相应于地面倾斜的修正系数；b_γ、b_q、b_c 分别为相应于基础底面倾斜的修正系数。

对于 $d\leqslant b$，$\varphi=0$ 的情况，汉森提出的上述各系数的计算公式如表 8.1 所示。

表 8.1　汉森承载力公式中的修正系数

形状修正系数（无荷载倾斜）	深度修正系数	荷载倾斜修正系数	地面倾斜修正系数	基底倾斜修正系数
$s_c=1+0.2\frac{b}{l}$	$d_c=1+0.4\frac{d}{b}$	$i_c=i_q-\frac{1-i_q}{N_q-1}$	$g_c=1-\beta/147°$	$b_c=1-\overline{\eta}/147°$
$s_q=1+\frac{b}{l}\tan\varphi$	$d_q=1+2\tan\varphi(1-\sin\varphi)^2\frac{d}{b}$	$i_q=\left(1-\frac{0.5P_h}{P_v+A_f c\cot\varphi}\right)^5$	$g_q=(1-0.5\tan\beta)^5$	$b_q=\exp(-2\overline{\eta}\tan\varphi)$
$s_\gamma=1-0.4\frac{b}{l}$	$d_\gamma=1.0$	$i_\gamma=\left(1-\frac{0.7P_h}{P_v+A_f c\cot\varphi}\right)^5$	$g_\gamma=(1-0.5\tan\beta)^5$	$b_\gamma=\exp(-2\overline{\eta}\tan\varphi)$

注：A_f 为基础的有效接触面积 $A_f=b'l'$；P_h 为平行于基底的荷载分量；b' 为基础的有效宽度 $b'=b-2e_b$；P_v 为垂直于基底的荷载分量；l' 为基础的有效长度 $l'=l-2e_l$；β 为地面倾角；d 为基础的埋置深度；$\overline{\eta}$ 为基底倾角；e_b、e_l 分别为相对于基础面积中心而言的荷载偏心矩；b 为基础的宽度；l 为基础的长度；c 为地基土的黏聚力；φ 为地基土的内摩擦角。

8.3.5 地基承载力机理及一般公式

上述各种极限承载力公式均基于极限平衡原理推导而来。普朗德尔-瑞斯纳公式通过特征线法直接求解极限平衡偏微分方程，确定滑动面形状，从而得到极限承载力的理论解。而其他公式则假设滑动面存在，基于土体的极限平衡推导得出。所有这些公式都可统一表示为

$$p_u=\frac{\gamma b}{2}N_\gamma+cN_c+qN_q$$

对于条形基础，地基承载力由 3 部分组成，所以该式也可以表示为

$$p_u=p_{u\gamma}+p_{uc}+p_{uq} \tag{8.47}$$

(1) 滑动面上黏聚力产生的承载力 p_{uc}

在图 8.11(a) 中可以看出，对于平面应变条件下的地基基础，滑动土体要克服滑动面上的黏聚力才能发生滑动和破坏。当滑动面形状保持不变时，承载力 $bp_{uc}=bcN_c$，其中 b 为基础的宽度。因此，地基的总承载力 bp_{uc} 与基础宽度呈线性关系。同时，由于滑动面的

总长度与宽度 b 成正比，单位面积承载力 p_{uc} 则与基础宽度无关。

然而，当地基土的内摩擦角增大时，滑动面开始加深并加宽，滑动面的曲线长度随之增大。如图 8.11(b) 所示，当内摩擦角 $\varphi=0$ 时，滑动面长度最小，滑动面上的总黏聚力增大，导致承载力也随之上升。这一现象反映为承载力系数 N_c，随着内摩擦角的增大而增大，如图 8.11 所示。

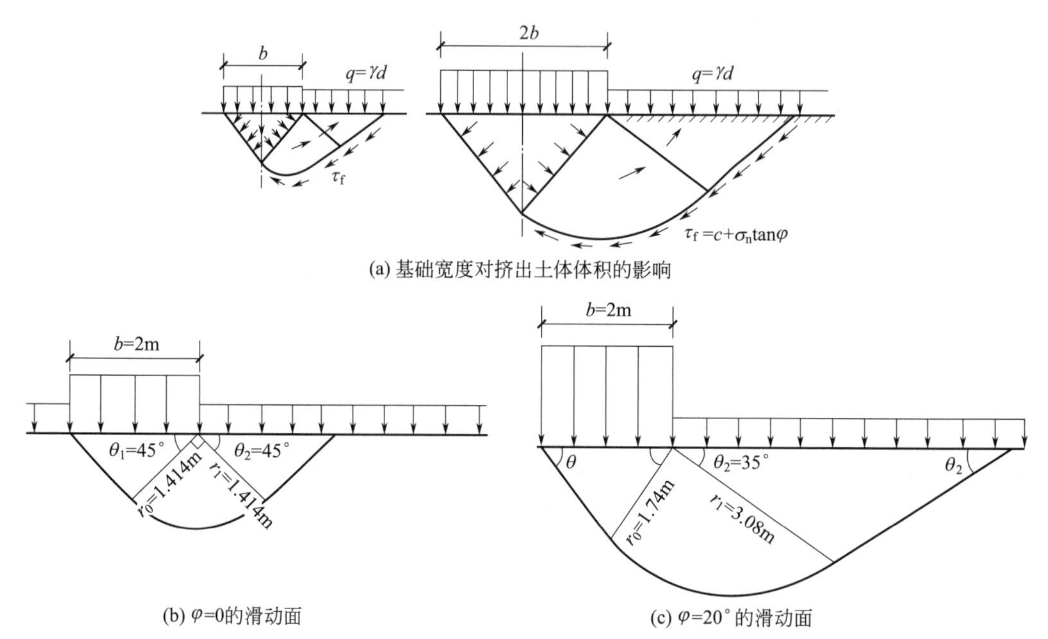

图 8.11 地基承载力的影响因素

(2) 由滑动土体自重产生的承载力 $p_{u\gamma}$

在图 8.11(a) 中可以看出，滑动土体的自重在滑动面上施加正应力。当内摩擦角 $\varphi>0$ 时，滑动面会形成摩擦阻力，成为承载力的重要组成部分，这种摩擦阻力与滑动土体的体积成正比。在保持滑动面形状不变的情况下，承载力可以表示为：$bp_{u\gamma}=N_\gamma b^2\gamma/2$，由此可见单位承载力 $bp_{u\gamma}$ 与基底宽度 b^2 呈线性关系。随着内摩擦角的增加，滑动土体的体积迅速增加，承载力系数 N_γ 增加的速度明显快于其他系数，见图 8.11。

(3) 由基底以上两侧超载产生的承载力 p_{uq}

另一方面，基底以上的超载 $q=\gamma d$ 通常未能充分考虑 γd 部分的黏聚力和摩擦力，而仅将其视为施加于假想地面的超载。此超载具有两个重要的影响：一方面，它要求在滑动土体隆起时必须抬起这部分土体；另一方面，压在滑动土体上也会产生正应力和摩擦阻力。这些作用使得总承载力 bp_{uq} 与宽度 b 成线性关系，并随着内摩擦角的增加而增大，导致系数 N_q 随 φ 递增。

综上所述，提高地基承载力需要综合考虑滑动土体自重、基底以上超载以及内摩擦角等因素，选择合适的持力层尤为重要。

8.4 按规范确定地基承载力

除了采用理论公式计算地基承载力的方法外，还有多种其他确定地基承载力的途径，其中规范法是一项重要方法。在我国，不同地区和相关部门发布的地基基础设计规范中，通常包含地基承载力的计算公式和标准值。这些公式和承载力值主要基于土工试验、工程实践和地基载荷试验，并参考了国内外相关规范的内容，确保计算结果具有足够的安全储备。

下面将详细介绍《建筑地基基础设计规范》(GB 50007—2011)（以下简称《建筑地基规范》）和《铁路桥涵地基和基础设计规范》（以下简称《铁路地基规范》）（TB 10093—2017）中地基承载力的确定方法。

8.4.1　按《建筑地基基础设计规范》确定地基承载力

地基土属于大变形材料，当外荷载增加时，地基的变形相应增加，实际上很难界定出一个真正的“承载力极限值”来。由此，《建筑地基规范》更加强调按变形控制设计的思想，并将地基的容许承载力称为承载力特征值，同时给出了下述定义：由载荷试验测定的地基土压力变形曲线线性变形段内规定的变形所对应的压力值，其最大值为比例界限值。

《建筑地基规范》推荐按下述经验公式计算地基的承载力特征值

$$f_{a}=f_{ak}+\eta_{b}\gamma(b-3)+\eta_{d}\gamma_{m}(d-0.5) \tag{8.48}$$

式中，f_a 为修正后的地基承载力特征值；f_{ak} 为地基承载力特征值，可由载荷试验或其他原位测试、公式计算并结合工程实践经验等方法综合确定；η_b、η_d 分别为基础宽度和埋置深度的承载力修正系数，按基底下土的类别查表 8.2 确定；b 为基础的底面宽度，矩形基础应取其短边，当基础宽度小于 3m 时取为 3m，大于 6m 时取为 6m；d 为基础的埋置深度，一般自室外地面标高算起，在填方整平地区，可自填土地面标高算起，但填土在上部结构施工后完成时，应从天然地面标高算起，对于地下室，当采用独立基础或条形基础时，基础埋深应从室内地面标高算起，当采用筏板基础或箱形基础时，应自室外地面标高算起；γ 为基础底面以下土的重度，地下水位以下取浮重度；γ_m 为基础底面以上土的加权平均重度，地下水位以下取浮重度。

表 8.2　地基承载力修正系数

土的类别		η_b	η_d
淤泥和淤泥质土		0	1.0
人工填土 e 或 I_L 大于等于 0.85 的黏性土		0	1.0
红黏土	含水比 $a_w>0.8$	0	1.2
	含水比 $a_w\leqslant0.8$	0.15	1.4
大面积压实填土	压实系数大于 0.95、黏粒含量 $\rho_c>10\%$ 的粉土	0	1.5
	最大干密度大于 $2.1t/m^3$ 的级配砂石	0	2.0
粉土	黏粒含量 $\rho_c\geqslant10\%$	0.3	1.5
	黏粒含量 $\rho_c<10\%$	0.5	2.0
e 及 I_L 均小于 0.85 的黏性土		0.3	1.6
粉砂、细砂（不包括很湿与饱和时的稍密状态）		2.0	3.0
中砂、粗砂、砾砂和碎石土		3.0	4.4

注：1. 强风化和全风化的岩石，可参照所风化成的相应土类取值，其他状态下的岩石不修正；
2. 地基承载力特征值按深层平板载荷试验确定时，η_d 取 0；
3. $a_w=\omega/\omega_L$。

由于我国地域辽阔，地基土的区域性特征十分突出，为了避免全国使用统一表格所引起的种种弊端，《建筑地基规范》舍弃了传统的承载力表，而更加突出了载荷试验和原位测试以及工程经验的重要性。

当荷载偏心距 e 小于或等于基底宽度的 1/30 时，地基承载力特征值也可由地基土强度指标的标准值 φ_k 和 c_k，通过下列承载力理论公式计算得出

$$f_a = M_b \gamma b + M_d \gamma_m d + M_c c_k \tag{8.49}$$

式中，f_a 为由地基土的抗剪强度指标确定的地基承载力特征值；M_b、M_d、M_c 为承载力系数，由 φ_k 按表 8.3 确定，φ_k 是基底以下相当于一倍基础短边宽度的深度范围内土的内摩擦角标准值；b 为基础底面宽度，大于 6m 时取为 6m，对于砂土，小于 3m 时取为 3m；c_k 为基底以下一倍基础短边宽度的深度范围内土的黏聚力标准值；其余符号的意义同前。

上述 c_k 及 φ_k 由室内试验确定。

表 8.3　承载力系数 M_b、M_d、M_c

φ_k/(°)	M_b	M_d	M_c	φ_k/(°)	M_b	M_d	M_c
0	0.00	1.00	3.14	22	0.61	3.44	6.04
2	0.03	1.12	3.32	24	0.80	3.87	6.45
4	0.06	1.25	3.51	26	1.10	4.37	6.90
6	0.10	1.39	3.71	28	1.40	4.93	7.40
8	0.14	1.55	3.93	30	1.90	5.59	7.95
10	0.18	1.73	4.17	32	2.60	6.35	8.55
12	0.23	1.94	4.42	34	3.40	7.21	9.22
14	0.29	2.17	4.69	36	4.20	8.25	9.97
16	0.36	2.43	5.00	38	5.00	9.44	10.80
18	0.43	2.72	5.31	40	5.80	10.84	11.73
20	0.51	3.06	5.66				

8.4.2 按《铁路桥涵地基和基础设计规范》确定地基承载力

在铁路桥涵基础的设计中，可参考《铁路地基规范》中推荐的各种地基基本承载力表和承载力经验公式来确定地基的容许承载力。在该规范中，容许承载力记为 $[\sigma]$，它是用地基的极限承载力除以大于 1 的安全系数而获得的。其中，基本承载力 σ_0 是指当基础宽度 $b \leqslant 2$m 且埋置深度 $h \leqslant 3$m 时的地基容许承载力。这些基本承载力值是依据各地不同地基条件下的建筑观测数据和载荷试验数据，通过统计分析方法得出的。使用这些数据前，需先对地基土进行分类并测定其物理力学指标，然后在表中找到对应的基本承载力 σ_0。若基础宽度超过 2m 或埋置深度超过 3m，则需要对 σ_0 进行宽度和深度的修正，以最终确定地基的容许承载力 $[\sigma]$。

(1) 地基的基本承载力 σ_0

① 黏性土。黏性土可分为多种类型，包括通过水搬运形成的沉积土和未经搬运而风化的残积土。由于沉积年代的不同，土壤的性质存在显著差异，因此承载力的评估不能一概而论，需根据具体情况进行分析。

例如，Q_4 冲积或洪积黏性土由于沉积时间短，结构强度较低，对其承载力的影响有限。研究表明，I_L 和天然孔隙比 e 是决定地基承载力的关键参数，可以利用表 8.4 根据这两个参数查得基本承载力 σ_0。若土中含有粒径超过 2mm 的颗粒，且其质量占全土重的 30% 以上，则可适当提高 σ_0。相比之下，Q_3 及以前的冲、洪积黏性土因沉积时间较长、含水率较低，所以其结构强度较高，力学指标更为突出，可按表 8.5 查取 σ_0。

土的压缩模量 E_s 是影响承载力的重要参数，其计算公式为

$$E_s=\frac{1+e_1}{a_{1-2}} \tag{8.50}$$

式中，e_1 为土样在0.1MPa压力下的孔隙比；a_{1-2} 是在0.1～0.2MPa压力段的压缩系数。通过 E_s 值可以在表8.5中查得 σ_0。

表8.4 Q_4 冲、洪积黏性土地基的基本承载力 σ_0 单位：kPa

孔隙比 e	液性指数 I_L												
	0	0.1	0.2	0.3	0.4	0.5	0.6	0.7	0.8	0.9	1.0	1.1	1.2
0.5	450	440	430	420	400	380	350	310	270	240	220	—	—
0.6	420	410	400	380	360	340	310	280	250	220	200	180	—
0.7	400	370	350	330	310	290	270	240	220	190	170	160	150
0.8	380	330	300	280	260	240	230	210	180	160	150	140	130
0.9	320	280	260	240	220	210	190	180	160	140	130	120	100
1.0	250	230	220	210	190	170	160	150	140	120	110	—	—
1.1	—	—	160	150	140	130	120	110	100	90	—	—	—

表8.5 Q_3 及其以前冲、洪积黏性土地基的基本承载力 σ_0

压缩模量 E_s/MPa	10	15	20	25	30	35	40
σ_0/kPa	380	430	470	510	550	580	620

残积黏性土因未经历较大搬运过程，通常保持较高的结构强度，其压缩模量 E_s 也是地基承载力的重要控制参数。不过，残积黏性土的基本承载力 σ_0 和 E_s 之间的变化规律与其他类型的黏性土有所不同。表8.6提供了我国西南地区碳酸盐类岩层中的残积红土基本承载力数据，其他地区也可根据需要进行参考。

表8.6 残积黏性土地基基本承载力 σ_0

压缩模量 E_s/MPa	4	6	8	10	12	14	16	18	20
σ_0/kPa	190	220	250	270	290	310	320	330	340

注：在使用上述各表时，若地基土的 I_L、e 和 E_s 诸值介于表中两数之间，可用线性内插法求 σ_0。

② 粉土。粉土地基承载力的主要影响因素是土的天然孔隙比 e 和天然含水率 ω。依据这两个指标，可以通过表8.7查得相应的基本承载力 σ_0，而表中括号内的数值仅供内插使用。此外，湖泊、塘坝、沟谷和河漫滩地区的粉土，以及新近沉积的粉土，其承载力值应依据当地经验进行评估。

表8.7 粉土地基的基本承载力 σ_0 单位：kPa

天然孔隙比 e	天然含水率 ω						
	10	15	20	25	30	35	40
0.5	400	380	(355)	—	—	—	—
0.6	300	290	280	(270)	—	—	—
0.7	250	235	225	215	(205)	—	—
0.8	200	190	180	170	(165)	—	—
0.9	160	150	145	140	130	(125)	—
1.0	130	125	120	115	110	105	(100)

③ 砂性土。砂性土地基的基本承载力 σ_0 主要由土的密实度和颗粒级配决定，这些因素直接影响土的内摩擦角 φ、重度 γ 和地基承载力。此外，地下水对细砂和粉砂的影响同样重要，不仅涉及水的浮力作用，还包括振动液化的问题。因此，表 8.8 针对粗砂和中砂，根据其分类和密实度来确定 σ_0；而在细砂和粉砂的情况下，除了考虑密实度和分类外，还必须考虑水的影响。值得注意的是，非饱和状态下的细砂和粉砂的 σ_0 通常高于饱和状态下的值，而对于饱和的稍松细砂和粉砂，则没有提供承载力数据。

表 8.8 砂类土地基的基本承载力 σ_0 单位：kPa

类别	湿度	密实程度			
		稍松	稍密	中密	密实
砾砂、粗砂	与湿度无关	200	370	430	550
中砂	与湿度无关	150	330	370	450
细砂	稍湿或潮湿	100	230	270	350
	饱和	—	190	210	300
粉砂	稍湿或潮湿	—	190	210	300
	饱和	—	90	110	200

注：砂土的密实程度可按相对密实度 D_r 或标准贯入试验来划分。

④ 碎石类土。碎石类土的承载力受碎石类型的影响，当土粒为颗粒较大且圆滑的卵石时，其强度高于粒径较小且多棱角的砾石。同时，土的密实程度也对承载力产生影响。因此，碎石类土的基本承载力主要由土的类型和密实程度决定，具体数值见表 8.9。在使用该表时，需要注意，承载力的变化还与填充物及碎石的坚硬程度有关。表 8.9 中所列的 σ_0 具有一定的变化范围：当填充物为砂土时应取高值，若为黏性土则取低值，坚硬的碎石取高值，软质碎石取低值。此外，对于半胶结的碎石类土，可以将其 σ_0 值提高 10%～30%。漂石土和块石土的 σ_0 值可参考卵石土和碎石土，并适当调整。

表 8.9 碎石类土地基的基本承载力 σ_0 单位：kPa

土名	密实程度			
	松散	稍密	中密	密实
卵石土、粗圆砾土	300～500	500～650	650～1000	1000～1200
碎石土、粗角砾土	200～400	400～550	550～800	800～1000
细圆砾土	200～300	300～400	400～600	600～850
细角砾土	200～300	300～400	400～500	500～700

关于碎石类土的密实程度的划分，可根据动力触探锤击数 $N_{63.5}$、开挖时的难易程度、孔隙中填充物的紧密程度、开挖后边坡的稳定状态、钻孔时的钻入阻力等进行综合判定。

⑤ 岩石地基。岩石地基的承载力不应仅依赖于单轴压力试验得到的岩样强度进行评估，因为整个岩体中存在节理和裂隙，同时岩样的强度反映的是局部特性，无法代表整体岩石地基的强度。因此，在确定岩石地基承载力时，需综合考虑岩石的坚硬程度及节理和裂隙的发育情况。表 8.10 将岩石按坚硬程度划分为硬质岩、较软岩、软岩和极软岩四类，并将节理的发育情况分为不发育（或较发育）、发育和很发育三类，通常节理不发育或较发育的岩层承载力较高。对于风化岩石的承载力，应依据风化后残积物的形态类别，查阅同类型土的承

载力表获取 σ_0。如果岩石中存在张开形态的裂隙或有泥质填充，承载力的数值应降低。对于溶洞、断层、软弱夹层及易溶岩等特殊情况，则需要进行研究来确定其地基承载力。

表 8.10　岩石地基的基本承载力 σ_0　　单位：kPa

<table>
<tr><th rowspan="2">岩石类别</th><th colspan="3">节理发育程度</th></tr>
<tr><th>节理很发育
节理间距 2～20cm</th><th>节理发育
节理间距 20～40cm</th><th>节理不发育或较发育
节理间距大于 40cm</th></tr>
<tr><td>硬质岩</td><td>1500～2000</td><td>2000～3000</td><td>大于 3000</td></tr>
<tr><td>较软岩</td><td>800～1000</td><td>1000～1500</td><td>1500～3000</td></tr>
<tr><td>软岩</td><td>500～800</td><td>700～1000</td><td>900～1200</td></tr>
<tr><td>极软岩</td><td>200～300</td><td>300～400</td><td>400～500</td></tr>
</table>

(2) 一般地基的容许承载力

当基础宽度 b 大于 2m，埋深 h 超过 3m，且埋深与宽度之比 h/b 不大于 4 时，可按下列公式计算地基的容许承载力 $[\sigma]$：

$$[\sigma]=\sigma_0+k_1\gamma_1(b-2)+k_2\gamma_2(h-3) \tag{8.51}$$

式中，$[\sigma]$ 为地基的容许承载力；σ_0 为地基的基本承载力；b 为基础宽度，当大于 10m 时，按 10m 计算；h 为基础的埋置深度，对于受水流冲刷的墩台基础，由一般冲刷线算起，不受水流冲刷的，由天然地面算起，位于挖方区内时，由开挖后的地面算起；γ_1 为基底以下持力层土的天然重度；γ_2 为基底以上土的天然重度，如基底以上为多层土，则取各层土重度的加权平均值；k_1，k_2 分别为宽度、深度修正系数，按持力层土的类型决定，可参照表 8.11 取值。

表 8.11　地基承载力的宽度和深度修正系数

<table>
<tr><th rowspan="3">系数</th><th colspan="4">黏性土</th><th rowspan="3">粉土</th><th colspan="2">黄土</th><th colspan="8">砂类土</th><th colspan="4">碎石类土</th></tr>
<tr><th colspan="2">Q_4 的冲、洪积土</th><th rowspan="2">Q_3 及其以前的冲、洪积土</th><th rowspan="2">残积土</th><th rowspan="2">新黄土</th><th rowspan="2">老黄土</th><th colspan="2">粉砂</th><th colspan="2">细砂</th><th colspan="2">中砂</th><th colspan="2">粗砂砾砂</th><th colspan="2">碎石圆砾角砾</th><th colspan="2">卵石</th></tr>
<tr><th>$I_L<0.5$</th><th>$I_L\geqslant 0.5$</th><th>稍、中密</th><th>密实</th><th>稍、中密</th><th>密实</th><th>稍、中密</th><th>密实</th><th>稍、中密</th><th>密实</th><th>稍、中密</th><th>密实</th><th>稍、中密</th><th>密实</th></tr>
<tr><td>k_1</td><td>0</td><td>0</td><td>0</td><td>0</td><td>0</td><td>0</td><td>0</td><td>1</td><td>1.2</td><td>1.5</td><td>2</td><td>2</td><td>3</td><td>3</td><td>4</td><td>3</td><td>4</td><td>3</td><td>4</td></tr>
<tr><td>k_2</td><td>2.5</td><td>1.5</td><td>2.5</td><td>1.5</td><td>1.5</td><td>1.5</td><td>1.5</td><td>2</td><td>2.5</td><td>3</td><td>4</td><td>4</td><td>5.5</td><td>5</td><td>6</td><td>5</td><td>6</td><td>6</td><td>10</td></tr>
</table>

研究表明，地基承载力与深度的关系并非线性，其增长率随深度的增加递减，因此规范限制在 $h/b\leqslant 4$ 的情况下使用公式(8.51)。经验公式中的 k_1、k_2 与理论公式中的 N_γ、N_q 有关，均为土的内摩擦角 φ 的函数。当 φ 为 0 时，N_γ 也为 0，因此黏性土的 k_1 应取小值；为确保安全，黏性土的 k_1 在表 8.11 中设为零。稍松的砂土和松散的碎石类土地基，k_1 和 k_2 的值可取表中稍密和中密值的 50%。节理不发育或较发育的岩石地基不进行深宽修正，而节理发育或很发育的岩石地基则可参考碎石类土的修正系数。已风化成砂土和黏性土的，承载力可参照相应土的修正系数。

(3) 软土地基容许承载力

软土地基，包括淤泥和淤泥质土地基，在进行地基基础设计时，必须通过验算，使之满足地基强度和变形的要求。在验算地基沉降量的同时，还要按下式计算 $[\sigma]$，以供验算地基强度之需：

$$[\sigma]=5.14c_u\frac{1}{m}+\gamma_2 h \tag{8.52}$$

建于软土地基上的小桥和涵洞基础也可用下式确定地基的容许承载力：

$$[\sigma]=\sigma_0+\gamma_2(h-3) \tag{8.53}$$

式中，m 为安全系数，视软土的灵敏度及建筑物对变形的要求等因素而选用，取 1.5～2.5；c_u 为土的不排水剪切强度；γ_2 和 h 同式(8.51)；σ_0 由表 8.12 查得。

表 8.12 软土地基的基本承载力 σ_0

天然含水率 ω/%	36	40	45	50	55	65	75
σ_0/kPa	100	90	80	70	60	50	40

(4) 地基承载力的提高

对于下列情况可考虑相应提高地基容许承载力 $[\sigma]$：

① 修建在水中的基础，如果持力层不是透水土，则地基以上水柱将起到过载或反压平衡作用，因而可提高地基承载力。故《铁路地基规范》规定，凡地基土符合该条件者，由常水位到河床一般冲刷线，水深每增加 1m，容许承载力 $[\sigma]$ 可增加 10kPa。

② 当上部荷载为主力加附加力时，考虑到附加力是非长期恒定作用的活载，对地基的作用相对较小且作用方向可变，故可将 $[\sigma]$ 提高 20%，提高幅度的确定应与附加力的大小和作用时间的长短相关联。

③ 当上部荷载为主力加特殊荷载（地震力除外）时，考虑到特殊荷载出现的几率较小，作用时间短暂，而土的短时动强度一般要高于静强度，因此可将 $[\sigma]$ 适当提高，提高的幅度与地基土的状态有关（表 8.13）。

表 8.13 主力加特殊荷载（地震力除外）作用下地基容许承载力的提高系数

地基情况	提高系数
基本承载力 σ_0>500kPa 的岩石和土	1.4
150kPa≤σ_0≤500kPa 的岩石和土	1.3
100kPa≤σ_0≤150kPa 的土	1.2

④ 既有桥台的地基土因受多年运营荷载的压实致密，故其基本承载力可予以提高，但提高幅度不应超过 25%。

8.5 按原位测试确定地基承载力

确定地基承载力的最可靠方法是对地基土进行现场直接测试，这种方法被称为原位测试。其中，载荷试验是一种在设计位置直接进行的测试方法，具有重要的实用价值，类似于原位地基基础模型试验。此外，地基承载力还可以通过特制仪器采用间接测试方法来测定，主要方法包括静力触探、动力触探、标准贯入和旁压试验。对于重要建筑物及复杂地基，已经明确要求使用原位测试，并建议结合多种测试手段进行相互验证。

在各种原位测试方法中，尽管载荷试验的时间成本和费用较高，但它相对其他方法则更加简便快速，能够在短时间内获取大量数据，因此在工程建设中得到了广泛应用。本节将介绍《高层建筑岩土工程勘察标准》(JGJ/T 72—2017) 中推荐的试验方法及地基承载力的确定。在进行高层建筑岩土工程勘察时，应根据工程计算分析的需求和设计要求，合理选择适宜的原位测试方法，确保符合现场的岩土工程条件。同时，原位测试的结果需与钻探、土样检测、原型试验及地区工程经验进行综合分析，并定期对仪器和设备进行校准和标定，以确保测试结果的准确性。

8.5.1　平板载荷试验

静载荷试验（平板载荷试验）是一种用于检测地基承载力的现场测试技术。在试验过程中，通过圆形或方形的承压板逐级对地基施加荷载，以模拟建筑物的实际基底压力 p，同时记录各级荷载所产生的地基沉降量 s。通过分析 p-s 关系曲线，并结合弹性理论公式，可以求得土的变形模量和地基承载力。这种方法适用于砂土、粉土、黏性土及各种复合地基，试验设备如图 8.12 所示。

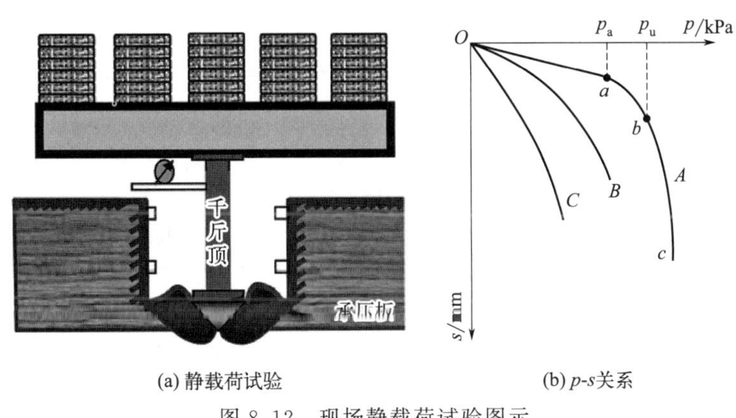

(a) 静载荷试验　　(b) p-s关系

图 8.12　现场静载荷试验图示

对于低压缩性土，如密实砂土和较硬黏性土，p-s 曲线通常呈现明显的起始直线段和极限值，表现为渐进性破坏的“陡降型”。此时，承载力特征值可以取比例界限荷载 p_1 [图 8.13(a)]；而对于极限荷载小于 $2.0p_1$ 的土，出于安全考虑，可以取 $p_u/2$ 作为承载力特征值。

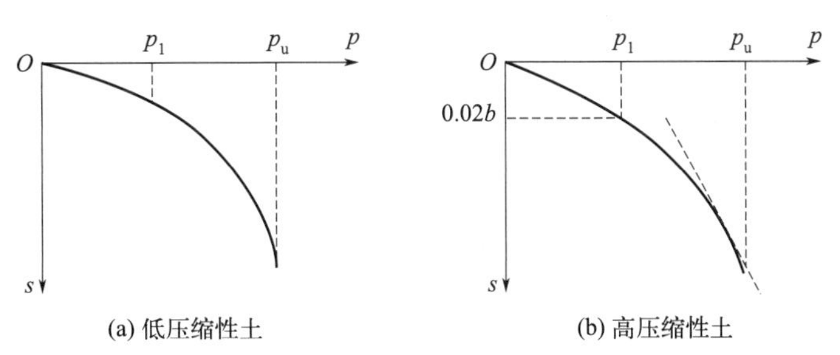

(a) 低压缩性土　　(b) 高压缩性土

图 8.13　按荷载试验成果确定地基承载力特征值

相对地，对于松砂和较软的黏性土，p-s 曲线没有明显的转折点，但随着荷载增大，曲线斜率逐渐增加，最终稳定在某个最大值 [图 8.13(b)]，表现为渐进性破坏的“缓变型”。在此情况下，极限荷载可取曲线斜率达到最大值时的荷载。获取 p_u 值通常需要进行较大沉降的试验，但在实际操作中，由于设备限制和安全考虑，往往难以实现。对于中、高压缩性土，地基承载力通常受建筑物基础沉降量的控制，因此需要从允许沉降的角度来确定承载力。根据规范，当承载板面积为 0.25～0.5m^2，可取 s/b=0.01～0.015（b 为荷载板宽度）所对应的荷载作为承载力特征值，但其值不应超过最大加载量的一半。

对同一土层，最好选取 3 个以上试验点，若各试验点的承载力特征值极差不超过平均值的 30%，则可取此平均值作为该土层的地基承载力特征值 f_{ak}。

现场载荷试验的结果通常反映相当于 1～2 倍荷载板宽度的深度内土体的平均性质，而深层平板载荷试验能够测得较深下卧层土的力学性质。这种测试方法特别适合成分或结构不均匀的土层，以及无法取得原状土样的情况，但该方法相对费时且成本较高。

此外，其他原位测试方法如静、动力触探等也可用于地基承载力的评估，通过测定一些反映地基土性质的物理量，并结合统计分析和经验积累进行对比。

8.5.2 静力触探

静力触探是一种有效的原位测试技术，主要用于测定土层的阻力和地基承载力。该技术通过机械装置将标准金属探头垂直均匀地压入土中，探头所受的压力与土的强度成正比，探头内置的电子传感器能够将土层的阻力转换为电信号，并进行测量与显示。此外，静力触探还支持数据的自动采集和静力触探曲线的自动绘制，应用于土层分类、承载力确定、土的变形性质指标分析、单桩承载力估算，以及粉、砂土液化判别等多个领域。

静力触探仪的结构主要由探头、钻杆和加压设备组成，其中探头是关键部件，需遵循严格的规格与质量标准。目前，探头分为三种类型：单桥探头、双桥探头和孔压探头。单桥探头适合我国的特定需求，虽然其结构简单且价格低廉，但只能测取一个参数，限制了其国际应用。双桥探头广泛应用于国内外，能够同时测量锥尖阻力和摩擦力。而孔压探头则在双桥探头的基础上发展而来，具备测定孔隙水压力的功能，有助于对黏土的测试分析。

在测试过程中，探头的截面尺寸对贯入阻力 p_s 的影响相对较小，贯入速度应控制在 0.5～2.0m/min，建议每 0.1～0.2m 记录一次数据，如图 8.14 所示。基于 p_s 值可以应用经验公式计算地基承载力，但这些公式多具有地区性。通过静力触探，不仅可以确定地基承载力，还可以估算其他土壤力学指标，如压缩模量和不排水抗剪强度等。

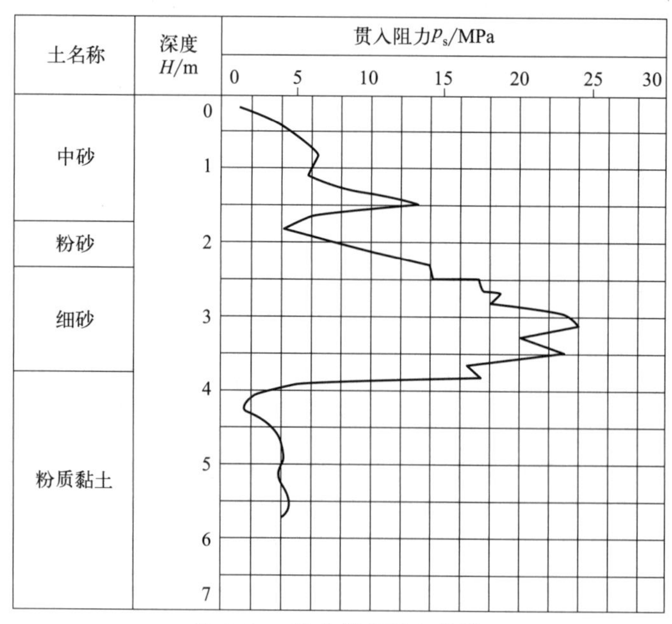

图 8.14 静力触探贯入曲线

尽管静力触探方法操作简单、速度快，应用前景广阔，但其结果的可靠性尚需进一步验证，因此建议在使用静力触探数据时，最好用其他测试方法进行校核，以确保测得结果的准确性。

8.5.3 动力触探

动力触探是一种利用锤击能量将标准规格探头打入土壤的测试方法，用以评估土的力学特性。该方法在难以进行取样的碎石类土或静力触探难以贯入的土层中表现出色。动力触探仪的结构主要包括三个部分：圆锥形探头、钻杆和冲击锤，如图 8.15 所示。

动力触探的工作原理是将冲击锤提升到一定高度后自由下落，冲击钻杆，进而使探头贯入土中。贯入阻力通常通过一定深度内的锤击次数来表示。

动力触探仪可根据锤的质量进行分类，分别有轻型、重型和超重型等类型。在进行动力触探时，能获得锤击数 N_{10}（或 $N_{63.5}$、N_{120}，下标表示相应穿心锤的质量）沿深度的分布曲线。记录一般以每 10cm 贯入深度所需的锤击数为准，曲线的变化可以帮助对土进行力学分层，并结合钻探手段确定各土层的名称及物理状态。

中国幅员辽阔，各地土层分布差异显著，许多地区和行业在动力触探过程中积累了丰富的经验，并建立了地基承载力与动探锤击数之间的经验公式。使用这些公式时需注意适用范围和条件，各行业的原位测试规程中也提供了相关的承载力计算表格，供实际工作参考。

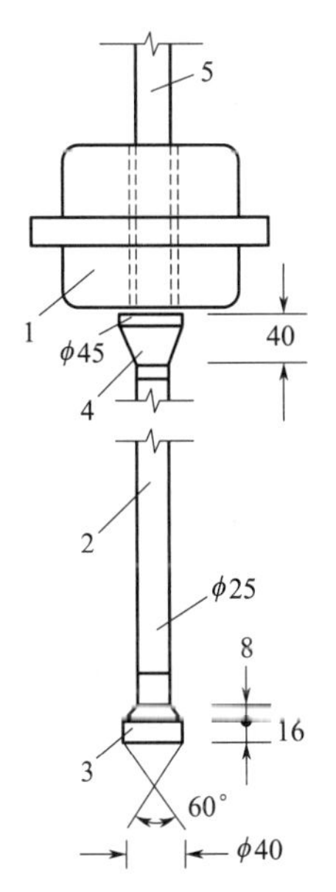

图 8.15 轻型动力触探仪（单位：mm）
1—穿心式冲击锤；2—钻杆；3—圆锥形探头；4—刚钻与锤垫；5—导向杆

影响动力触探测试结果的因素多种多样，主要包括有效的锤击能量、钻杆的刚柔度、测试方法以及钻杆的竖直度等。因此，动力触探是一项经验性较强的工作，其结果可能出现较大离散性。因此，通常建议结合两种以上的测试方法对地基土进行综合分析，以获得更准确的结果。

8.5.4 标准贯入试验

标准贯入试验是一种现场测试方法，使用 63.5kg 的穿心锤从 76cm 高度自由落下，将配备小型取土筒的标准贯入器打入土中，记录打入 30cm 深度所需的锤击数（即标准贯入击数 N），试验装置如图 8.16 所示。该试验属于动力触探的范畴，虽然无法直接测定地基土的物理力学性质，但可通过与其他原位测试或室内试验结果的对比，建立相关关系，进而评估地基土的特性。

标准贯入试验的指标 N 结合地区经验，可以用来评价土的物理状态和力学性能，计算天然地基及单桩的承载力，并评估场地砂土和粉土的液化潜力及等级。该方法具有操作简便、适应性强的特点，特别适合不易钻探取样的砂土和砂质粉土。然而，试验对含有较大碎石的土层适用性有限，且其结果的离散性较大，因此只能进行粗略评定。

(1) 标准贯入试验的技术要求与步骤

① 钻进方法：为确保贯入试验的钻孔质量，推荐使用回转钻进方法，并在钻进到试验标高上方 15cm 时停止。为了维护孔壁的稳定性，必要时可采用泥浆或套管进行护壁。在使用水冲钻进时，需选用侧向水冲钻头，以尽量减少对孔底土的扰动。此外，标准贯入试验所用的钻杆应定期检查，确保其相对弯曲度小于 1/1000、接头牢固，以避免锤击后钻杆晃动。试验时应采用自动脱钩的自由落锤法，减少导向杆与锤之间的摩擦，保持锤击能量的恒定，

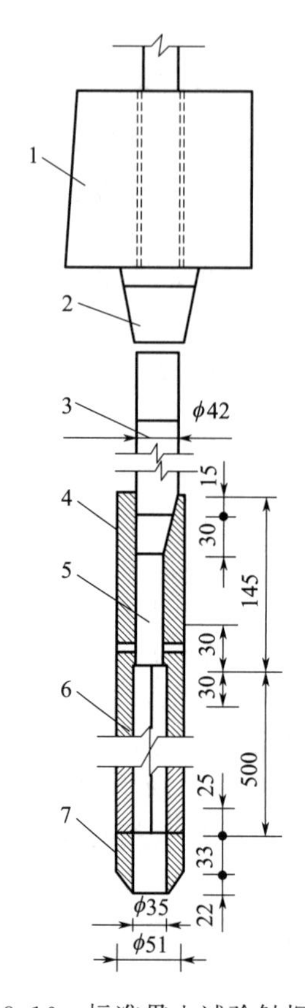

图 8.16 标准贯入试验触探仪（单位：mm）

1—穿心锤；2—锤垫；3—触探杆；4—贯入器；5—出水孔；6—对开管；7—贯入器靴

以保证 N 值的准确性。

② 标准贯入试验分为预打和试验两个阶段。在预打阶段，将贯入器打入 15cm；若锤击达到 50 击而贯入度未达到 15cm，则需记录实际贯入度。在试验阶段，将贯入器继续打入 30cm，记录每 10cm 的锤击数，最终累计的锤击数即为标贯击数 N。如果累计数达到 50 击而贯入度未达到 30cm，则终止试验，并记录实际贯入度 s 和累计锤击数 N：

$$N=\frac{30n}{\Delta s} \tag{8.54}$$

式中，Δs 为对应锤击数 n 的贯入度，cm。

③ 标准贯入试验可在钻孔全深度范围内等距进行。间距为 1.0m 或 2.0m，或仅在特定的砂土和粉土层进行等间距测试。

（2）用 N 值估算地基承载力

用 N 值估算地基承载力的经验方法很多，如梅耶霍夫由地基的强度出发提出的经验公式。当浅基的埋深为 D(m)，基础宽度为 B(m)，砂土地基的容许承载力可按下式计算：

$$[\sigma]=10NB\left(1+\frac{D}{B}\right) \tag{8.55}$$

对于粉土或在地下水位以下的砂土，上述计算结果还要除以 2。

太沙基和派克（Peek）考虑地基沉降的影响，提出另一计算地基容许承载力的经验公式，在总沉降不超过 25mm 的情况下，可用下式计算：

$$\begin{aligned} &B\leqslant 1.3\text{m} \qquad [\sigma]=12.5N \\ &B>1.3\text{m} \qquad [\sigma]=\frac{25}{3}N\left(1+\frac{3}{B}\right) \end{aligned} \tag{8.56}$$

式中，B 为基础宽度。

上式中已经考虑了地下水的影响，故不需另作修正，此外国内一些规范手册也列出了相应的计算方法，可供参考。

思考与练习题

1. 基础宽度、基础埋深和黏聚力对地基承载力有何影响？三个承载力系数与土的内摩擦角之间存在什么样的关系？

2. 为什么基础的宽度增加，地基的极限承载力会增加？

3. 什么是标准贯入试验，如何通过标准贯入试验确定地基承载力？

4. 什么是静力触探，桩基础承载力应采取何种触探方法获得？

5. 如图 8.17 所示，条形基础受中心荷载作用，基础宽度 2.4m，埋深 2m，地下水位上、下土的重度分别为 18.4kN/m^3 和 19.2kN/m^3，内摩擦角 20°，黏聚力 8kPa。试采用太沙基公式比较地基整体剪切破坏和局部剪切破坏时的极限承载力。

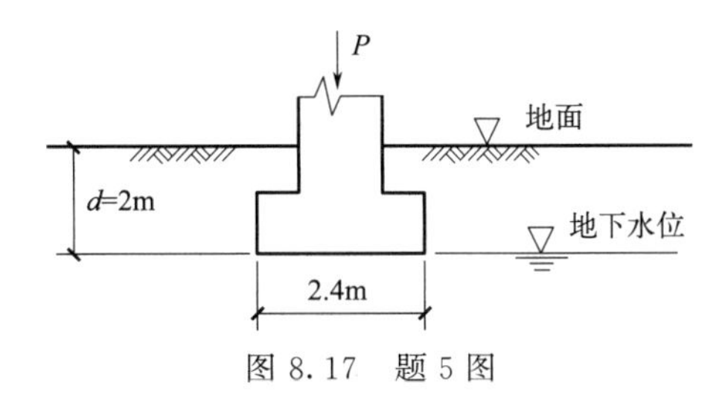

图 8.17　题 5 图

6. 某黏性土地基上条形基础的宽为 2m，埋深 1.5m，地基土的天然重度 17.6kN/m^3，黏聚力 10kPa，内摩擦角 20°。按普朗德尔-瑞斯纳理论，绘制地基滑裂线网轮廓。

7. 某基础的地基土如图 8.18 所示，土的物理力学性质指标见表 8.14。已知基础尺寸为 8m×3m，埋深为 1.5m，按条形基础求地基临塑荷载、临界荷载和极限荷载（要求分别采用普朗德尔-瑞斯纳理论和太沙基公式计算），并用汉森公式计算经过形状和深度修正后的极限荷载。

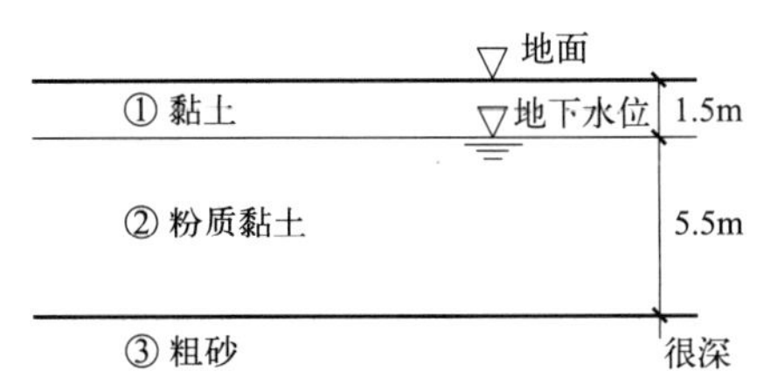

图 8.18　题 7 图

表 8.14　题 7 表

编号	天然密度 ρ/(g/cm^3)	天然含水量 w/%	相对密度	液限	塑限	强度指标	
						φ/(°)	c/kPa
①	1.79	38.0	2.72	44.1	24.3	20	10
②	1.96	28.3	2.70	29.6	19.2	25	15
③	2.04	21.8	2.65	—	—	35	0

第 9 章
特殊土的力学专题

学习目标及要求

了解软黏土、黄土、冻土、膨胀土、盐渍土和红黏土等特殊土的含义；理解不同种类特殊土的组成及成因；掌握特殊土的力学、物理等基本特性及工程性质。

9.1 软黏土

9.1.1 软黏土的定义

软黏土是指天然含水率大，呈软塑到流塑状态，具有压缩性高、强度低等特征的黏质土。它通常分布在我国沿海各港口地区，尤其是海河、黄河、长江、钱塘江、甬江、闽江、珠江等江河的入海口地区，地层多属近代沉积。

第四纪全新世（Q_4）以来形成的黏性土称为一般黏性土或新近沉积黏性土。在这些新近沉积黏性土中，含水量大于液限，孔隙比 $e \geqslant 1.5$ 或 $1.0 \leqslant e < 1.5$ 的土分别称为淤泥和淤泥质土。其中常有薄的粉、细砂夹层或泥砂层。有机物质含量大于 5%，称有机质土；有机质含量大于 25%，称泥炭质土；有机质含量大于 60%，称泥炭。这些淤泥类土和泥炭类土，都处于饱和状态，具有正常压密、强度低、压缩性高、透水性差、流变性明显和灵敏度高等特点。以上这些土都称为软黏土，以区别像松砂那样的松软土。

软黏土对于工程的施工具有重要意义，软黏土含水量大、压缩性高，导致地基承载力低，易发生沉降。可以通过加固土层、地基，提高软黏土的承载能力和固结特性，使用新型特种复合材料，快速加固地基。处理不当的软黏土地基可能导致路面倾斜，产生裂缝，甚至引发交通事故。对已出现的裂缝，根据裂缝程度采用弹性填缝剂、注浆法或专业评估后重新施工等方法进行修补。

9.1.2 软黏土的分类

9.1.2.1 淤泥

淤泥是静水或缓慢流水环境中沉积的黏性土，含水量大于流性界限，具有天然含水量大、孔隙比大、力学强度低的特点。它富含有机物，通常呈灰黑色，压缩性高，抗震性能差。

淤泥主要在江河入海口的水底表层，其孔隙比 $e > 1.5$，液限 $\omega_L = 50\% \sim 55\%$，塑限 $\omega_P = 25\% \sim 30\%$，塑性指数 $I_P = 25 \sim 30$，天然含水量 $\omega = 60\% \sim 90\%$，大大超过其液限，通常呈流动状态。由于淤泥含水量大，孔隙比大，故其重度小，$\gamma = 15 \sim 16\text{kN/m}^3$；压缩性高，$a_{1-2} = 1.5 \sim 2.3\text{MPa}^{-1}$；不排水抗剪强度低，$s_u = 5 \sim 10\text{kPa}$；颗粒组成为黏粒含量 45%～50%，粉粒占 40%～45%，砂粒含量小于 10%；透水性很低，$k = 10^{-8}\text{cm/s}$，不易

排水压密。

在建筑物建造时，淤泥的承载能力弱，清理后可提高地基的承载能力，减少地基在建筑物荷载作用下的压缩变形，这层土应予以清除。

9.1.2.2　淤泥质黏土

淤泥质黏土是在静水或缓慢流水环境中沉积，经生物化学作用形成的。淤泥质黏土主要分布在我国东南沿海地区和内陆的大江、大河、大湖沿岸及周边。由于其具有高压缩性和低强度，因此地基沉降大且多为不均匀沉降，极易造成建筑物墙体开裂，甚至倾覆。

它的液限 $\omega_L=40\%\sim45\%$，塑限 $\omega_P=20\%\sim25\%$，塑性指数 $I_P=20$ 左右，含水量 $\omega=45\%\sim50\%$，重度 $\gamma=17\sim17.5\text{kN/m}^3$，孔隙比 $e=1.3$ 左右，压缩系数 $a_{1-2}=1\text{MPa}^{-1}$，不排水抗剪强度 $s_u=10\sim30\text{kPa}$，工程性能比淤泥略好些。颗粒组成为黏粒占 35%～40%，粉粒占 55%～60%，砂粒约占 5%；渗透系数 $k=10^{-7}\text{cm/s}$。

9.1.2.3　淤泥质粉质黏土

淤泥质粉质黏土指天然含水率大于液限，天然孔隙比在 1.0～1.5 之间的黏性土，属于软弱土的一种，颜色多为灰色或灰黑色，呈流塑状态。这种黏土通常在静水或缓慢流水环境中沉积，经生物化学作用形成，滨海沉积，湖泊沉积等四种成因。其主要分布在我国沿海地区及内陆大江大河沿岸。

这类土分布在淤泥质黏土的上面或下面，液限约为 $\omega_L=34\%$，塑限约为 $\omega_P=20\%$，塑性指数 $I_P=14$ 左右，天然含水量 $\omega=35\%\sim40\%$，重度 $\gamma=18\sim18.5\text{kN/m}^3$，孔隙比 $e=1.05$ 左右，压缩系数 $a_{1-2}=0.7\text{MPa}^{-1}$；颗粒组成为黏粒含量 35%，粉粒约占 60%，砂粒约占 5%；渗透系数 $k=10^{-6}\text{cm/s}$。淤泥质粉质黏土一般具有含水量大、孔隙比大、压缩性高及强度低等特点，且具有一定的蠕变性，常作为软土地层中的软弱夹层。在基坑开挖等工程中，它易造成地层变形和基坑不均匀沉降，需有效控制其含水率并监测变形。

淤泥质粉质黏土地层中常夹有薄层粉土，有时二者交互出现，这种土的水平渗透系数远大于竖向渗透系数，这种情况有利于砂井排水预压。

9.1.2.4　淤泥混砂

淤泥混砂是江海沉积的地质结构之一，由淤泥和砂子均匀混合而成，通常为灰色或灰黑色，呈流塑状态。它具有含水量大、孔隙比大、压缩性高及强度低等特点，且具有一定的蠕变性。在工程中，其易造成地层变形和基坑不均匀沉降。

此类土在华南，尤其在珠江口地区分布很广。表面看来，除颗粒组成外，这种淤泥混砂土与上述淤泥质粉质黏土相近，实际上，它们的力学性能差别明显。这种土的含水率并不是很高，其力学性能取决于填充在砂粒之间、把砂粒包围起来和隔开砂粒的淤泥。这种土的强度比淤泥还低，而且不均匀，淤泥中所混砂粒往往成团，随深度增加砂粒团可能互相接触并形成砂粒骨架（此时砾、砂含量已达 80%左右，黏粒含量在 15%以下，粉粒含量常多于 5%），其力学性能得到显著改善，变化到这种情况也可以定名为砂混淤泥。

9.1.2.5　泥炭及泥炭质土

泥炭是沼泽发育过程中的产物，由未完全分解和已分解的有机残体长期积累而成；而泥炭质土是有机质含量在 10%至 60%之间的土壤，通常为深灰或黑色，有腥臭味，能看到未完全分解的植物结构，浸水体胀，易崩解。这两类土的特征就是有机质含量高。其通常分布在内陆低洼区和湖沼区，牛轭湖和海岸滩涂等有机质成分较多的地区，例如云南滇池地区。

泥炭和泥炭质土中有机质含量为26%～54%，天然重度γ=10kN/m^{3}左右，孔隙比e=7.0～12，有的甚至高达15，天然含水率ω=64.7%，有的甚至高达94.2%，压缩系数a_{1-2}>2MPa^{-1}，有的可达4.5MPa^{-1}，甚至更高，渗透系数k=10^{-4}～10^{-3}cm/s，黏聚力c=6～8kPa，内摩擦角φ=10°～20°。例如滇池泥炭是一种最新沉积土，其工程性质很差，特别是天然重度近似等于水的天然重度、含水率大、孔隙比大、压缩性高、不排水抗剪强度很低。但它的有效抗剪强度指标却很高，具有明显的各向异性。

9.1.3 软黏土的基本特性

9.1.3.1 软黏土的分布与性质概述

软黏土是一种具有特殊工程性质的土类，通常指的是天然含水率大、压缩性高、承载力低和抗剪强度很低的呈软塑到流塑状态的黏性土。软黏土是第四纪后期地表流水所形成的沉积物质，多数分布于海滨、湖滨、河流沿岸等地势比较低洼的地带，地表终年潮湿或积水。软黏土由于厚度不同，其对工程的影响也不同。软黏土多分布于沼泽化湿地地带，而泥沼多分布于沼泽地区，软黏土的形成时间晚于泥沼形成时间。

我国沿海海域广泛分布有厚度较大的软黏土，其具有压缩性高、含水率大、孔隙比大、强度低等特点。但不同地区、不同成因的软黏土其性质又存在差别。例如，温州近海海域和珠海横琴新区的软黏土物理力学性质存在差异，通过对这两个区域软土的含水率与相关物理力学指标进行回归分析，可以得出线性或非线性方程和相关系数，以总结两区域浅表层淤泥的相同点和不同点。

软黏土的抗剪强度较低，不排水抗剪强度一般小于20kPa，变化范围在5～25kPa；有效内摩擦角为20°～35°，固结不排水剪内摩擦角为12°～17°。在软黏土土层上的建筑物基础的沉降往往持续很长时间才能稳定。对于软黏土土层的渗透性，有明显的各向异性，水平向的渗透系数往往要比垂直向的渗透系数大，特别含有水平夹砂层的软黏土土层更为显著。软黏土具有较强的结构性，一旦受到扰动（如振动、搅拌、挤压等），土的强度会显著降低，甚至呈流动状态。我国沿海软黏土的灵敏度一般为4～10，属于高灵敏度土。因此，在软黏土土层中进行地基处理和基坑开挖时，需要注意避免扰动土的结构，以免加剧土体的变形，降低地基土的强度，影响地基处理的效果。

9.1.3.2 软黏土的抗剪强度

（1）不排水总强度

不排水总强度通常指的是土在不排水条件下所能承受的最大应力。在分析软黏土土体稳定时，常采用总应力法。因为直剪试验、无侧限抗压试验和三轴试验都难免受试样扰动影响，所以，现场十字板剪切试验比较好。但十字板剪切试验结果在应用上也受到一些限制：①天然沉积的黏土常是各向异性的，而十字板剪切试验不能反映这一点；②十字板插入土中后，直到开始剪切，中间的时间间隔愈长，强度愈大，需要确定标准间隔时间，这方面也有误差；③十字板的剪切速率愈大，抗剪强度愈大，十字板的剪切速率远大于实际土体的剪切速率，土的塑性指数愈大，剪切速率对不排水总强度的影响愈大。因此，对十字板剪切试验结果，需要增加一些校正系数，如剪切速率系数、各向异性系数、间隔时间系数等，以改进方法，提高试验精度，使其符合实际情况。

（2）有效强度和孔隙水压力

有效强度是指土壤颗粒间的实际接触力，即土壤颗粒骨架所承受的力，影响土的抗剪强度。一般认为有效应力法比总应力法更能反映强度特征的本质。除了研究应力历史、应力路径和应力水平影响外，还要研究如何测准孔隙水压力的问题，并研究土的颗粒骨架蠕变特性对剪切速率的影响。在荷载作用下随着时间的增长，软黏土地基中土体的强度发生变化。一方面由于地基固结，有效应力增加，土的抗剪强度提高；另一方面，由于蠕变，土的抗剪强度降低。历时三年多的排水试验发现，有效强度不一定随时间增长而降低。

孔隙水压力是指土壤中孔隙水所施加的压力，由地下水的水头值作用产生。增大孔隙水压力能减小结构面上的有效正应力，降低岩体抗滑稳定性，且其物理化学作用能降低岩体强度。

(3) 蠕变强度

软土蠕变是指软土在长期应力作用下产生持续缓慢变形和流动的现象。软土蠕变强度与软土在这种长期应力作用下所能承受的极限应力水平相关，当应力超过软土的蠕变强度时，软土会产生较大的、不可恢复的变形，甚至导致土体结构被破坏。许多软黏土地基的破坏实例表明，破坏时的抗剪强度往往小于由通常剪切试验测得的不排水强度，土的黏粒含量越多，影响越大。土的黏聚力具有黏滞性质，剪切历时是影响黏聚力的一个因素。当剪应力低于通常的不排水剪切强度时，虽然土不会很快被剪切破坏，但是黏聚力所承受的剪应力将会引起土体蠕变，发生不间断的缓慢变形。随着土体长时间蠕变，内摩擦力所承受的剪应力部分逐渐发挥，而黏聚力所承受的剪应力部分逐渐减小。

影响软土蠕变强度的因素包括应力水平、时间因素和软土自身特性。当应力水平低于软土的屈服应力时，软土的蠕变性质可能表现为线性黏弹性，变形相对较小且稳定；而当应力水平高于屈服应力时，软土的蠕变性状表现出显著的非线性黏塑性，此时软土更易产生较大变形，这表明软土的蠕变强度与应力水平密切相关。随着时间的增长，软土在持续应力作用下会不断产生变形积累。即使应力水平较低，长时间作用下软土也可能逐渐接近或达到其蠕变强度极限，从而产生较大变形。对于软土的物质组成，不同的土质成分会影响软土的颗粒结构和孔隙特性，进而影响其蠕变强度。例如，含有较多黏粒成分的软土，由于黏粒间的相互作用，其蠕变特性可能与含砂粒较多的软土有所不同。含水量较大的软土往往具有较低的抗剪强度和较高的压缩性，这也会导致其蠕变强度相对较低。

9.1.3.3　软黏土的压缩与固结

土的压缩是在外荷载作用下土骨架的变形。土的固结是土颗粒骨架的变形随孔隙水压力消散和土骨架有效应力增长的时间过程。两者既有联系，又有区别。

软黏土在压力作用下，土体体积缩小的现象称为压缩。对于软黏土，其压缩的原因主要是在荷载作用下，土颗粒重新排列，孔隙中的水和气体被挤出，使得孔隙体积减小，进而导致土体体积缩小。在研究软黏土的压缩时，对于饱和的软黏土，其压缩是孔隙水排出的结果；对于非饱和软黏土，情况则较为复杂，可能包括孔隙水的排出、孔隙气体的排出、孔隙气体的压缩等多个方面，但总体都是使孔隙体积减小从而造成土体压缩。

软黏土的压缩随时间增长的过程称为固结。软黏土的透水性较弱，孔隙水排出速率慢，所以其固结过程是逐渐完成的。在荷载作用下，饱和软黏土中孔隙水的排出导致土体体积随时间逐渐缩小，有效应力逐渐增加。软黏土的固结过程可分为主固结和次固结。主固结过程中，随着时间的增加，孔隙水应力逐渐消散，有效应力逐渐增加并最终达到一个稳定值，此时孔隙水应力消散为零，主固结沉降完成。而土体在主固结完成之后，在有效应力不变的情况下还会随时间的增加进一步产生沉降，称为次固结沉降。次固结沉降在软黏土中比较重要，因为软黏土的特性使得它在主固结完成后还会有较为明显的后续沉降。

9.1.3.4　软黏土的流变性

流变性是指物质在外力作用下的变形和流动性质，主要涉及应力、形变、形变速率和黏度之间的联系。早在 1940 年，Taylor 和 Merchant 在固结分析中考虑了土的流变性质。此后在 20 世纪 50 年代，荷兰的 Vlaggeman 大桥、Zuiderzee 海堤及软土铁路路基因流变而破坏，从而引起荷兰科学家的重视。我国学者陈宗基自 20 世纪 50 年代起也从宏观和微观两个方面先后提出了黏土的流变本构方程、二次时间效应及片架结构理论。现在土的流变学研究仍然是重要的方面。

工程实践表明，软黏土工程中的时间因素非常重要，软黏土地基的长期沉降和大面积沉降造成很多的工程事故，如软黏土路基在施工中出现开裂、滑移、坍塌及沉降过大等，都表明了软黏土具有明显的黏滞性（即流变性）。在地球物理学中，流变性研究有助于理解地壳运动、岩石圈演化等地球内部过程，对地震预测和地质灾害防治具有重要意义。

9.1.3.5 软黏土的本构关系

软黏土的本构关系是指描述软黏土在不同应力状态下应力与应变之间关系的数学表达式。由于软黏土具有复杂的力学性质，包括非线性，黏、弹塑性等，因此其本构关系的研究对于土力学和岩土工程具有重要意义。在软黏土的本构关系中，不仅要考虑应力和应变之间的关系，还要把时间因素考虑在内，成为应力、应变和时间之间的关系。考虑软黏土的流变特性，有线性流变模型和非线性流变模型。前者是指土的本构关系即应力应变关系在不同的时刻是不同的，而在同一时刻本构关系仍然是线性的，反映在应力应变关系图上就是不同时刻下的每条应力应变等时曲线是直线，当黏塑性发生时是折线。线性流变的黏弹性或黏塑性黏滞系数仅仅是时间的函数，而与应力水平无关。前者有 Maxwell 模型、Kelvin 模型、三元件模型以及广义的 Maxwell 模型和广义的 Kelvin 模型。后者反映在应力应变关系图上是一族曲线，非线性流变的黏弹性或黏塑性黏滞系数不再仅仅是时间的函数，还与应力水平有关。由于非线性流变固结问题的复杂性，得到的固结控制方程都是非线性的偏微分方程或方程组。所以一般要采用数值计算方法，如有限差分法和有限元法，以及半解析法等。近年来，不断有学者在弹塑性本构模型的基础上，研究弹黏塑性软黏土流变模型，将应变增量或应变率增量分成弹性和黏塑性两部分，在黏塑性部分引入与时间、流变相关的量，使其得到了发展和完善。

为了确定本构模型所需的参数，通常需要进行一系列土工试验。这些试验包括但不限于直剪试验、三轴压缩试验等。例如，通过直剪试验可以测定黏粒含量对砂土内摩擦角的影响。软黏土的本构关系是一个复杂且多样的领域，涉及多种模型和试验方法。在实际工程应用中，选择合适的本构模型并准确确定其参数对确保工程安全和经济性至关重要。

9.2 黄土

9.2.1 黄土的基本性质

9.2.1.1 概述

黄土分原生黄土和次生黄土。原生黄土是原生的、成厚层连续分布，掩覆在低分水岭、山坡、丘陵，常与基岩不整合接触，无层理，常含有古土壤层及钙质结核层，垂直节理发育，常形成陡壁。黄土是在地质时代中的第四纪期间，以风力搬运的黄色粉土沉积物。黄土状土又叫次生黄土，主要是洪积、坡积、冲积成因，是原生黄土地层受风力以外的营力搬运，堆积在洪积扇前沿、低阶地与冲积平原上，有层理，很少夹古土壤，垂直节理不发育，不易形成陡壁。

中国的黄土和黄土状土主要分布在昆仑山、秦岭、泰山、鲁山连线以北的干旱、半干旱地区。原生黄土以黄河中游发育最好，主要在山西、陕西、甘肃东南部和河南西部。此外，在北京、河北西部、青海东部、新疆地区、松辽平原、四川等地也有零星分布。

黄土如果在沉积过程中发生间断，则黄土在当时的气候条件和生物条件下（间冰期）会有不同程度的成壤作用，称为古土壤，后来又被沉积埋藏封存。形成的这种古土壤常呈褐红色，因其黏粒含量多，故称之为红胶土。

9.2.1.2　黄土的颗粒分析

黄土的颗粒成分中，粉粒占主要，为50%～80%，其中又以$d=0.01\sim0.05$mm的粗粉粒为主，其余是粉、细砂粒和黏粒。如黄土高原的西北部，粉、细砂相对多些；黄土高原的南部和东南部，黏粒含量多些。

黄土颗粒的粒径大小和级配状况与其工程性质紧密相关，颗粒分析为黄土的分类、定名和工程应用提供依据。并且黄土中的细小铁磁性矿物含量与古气候的温湿程度相关，颗粒分析有助于揭示古气候信息。

9.2.1.3　黄土的微观结构

黄土的微观结构指颗粒的大小、形状及它们之间的相互排列和相互联系等。黄土的微观结构由组构单元或称土的颗粒骨架、胶结物和孔隙组成。有人比喻为蜂窝状结构或链环状结构或大孔隙结构。以粗粉粒为主构成颗粒骨架，而细粉粒、胶结物、黏粒和有机质等附着在砂粒表面，特别是聚集在骨架颗粒周围或它们的接触处，形成了基质胶结（胶结物质包围着骨架颗粒，如砂浆）、孔隙胶结和接触胶结（点接触）。起胶结作用的物质是黏粒、盐类和有机质等。骨架颗粒是结构体系的支柱，胶结物强化了颗粒骨架，加强了颗粒骨架内部和其间的联系。因为盐类胶结构遇水的溶解程度不同，所以它的稳定程度也不同。

如图9.1所示，黄土细微观结构可通过扫描电子显微镜（SEM）技术，使用二次电子反射聚焦成像，获得高倍数、高分辨率的微观结构图像，特别适用于研究岩土材料的微观结构特征。通过能谱分析，并结合高倍电子显微镜扫描图像，进行黄土微结构的定量分析和元素组成分析。普遍使用筛分-分散-沉降-风干法对黄土进行颗粒分离试验，得到不同组分的土样，可以更细致地观察黄土的微观结构。

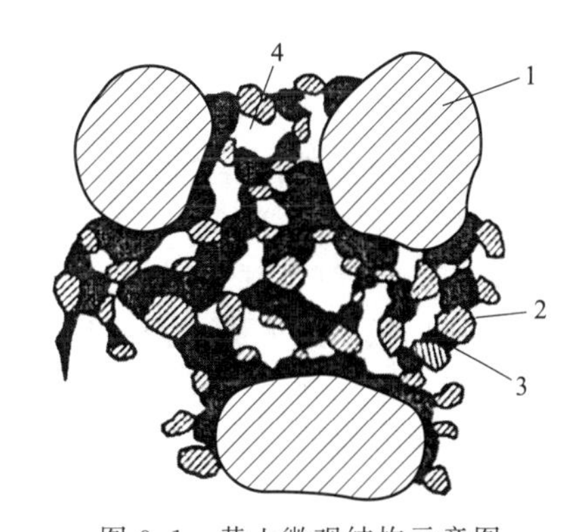

图9.1　黄土微观结构示意图

1—砂粒；2—粗粉粒；3—胶结物；4—大孔隙

9.2.1.4　黄土的构造特征

黄土的构造特征可分为：①黄土的孔隙多且大，孔隙度一般为33%～64%，有肉眼可见的大孔隙或虫孔、植物根孔等。这种结构使得黄土在天然条件下能保持近直立边坡。②竖向节理很发育，这和微观结构的排列方式，地质历史上长年的蒸发、收缩及水在土中的淋溶作用和植物根系活动有关。而水平层理很不明显，但在水成因的黄土地层中，能看出水平层理。③有一层或多层古土壤夹层，这与当时的气候条件和生物条件（间冰期）有关。④黄土富含碳酸盐，尤其是碳酸钙，含量一般为10%～30%，可形成钙质结核（姜结石）。此外，黄土中还含有各种可溶盐。

9.2.1.5　黄土的矿物成分

黄土中的矿物成分包括轻矿物（相对密度小于2.9）、重矿物（相对密度大于2.9）、黏土矿物、可溶性盐类和微量元素等。轻矿物约占90%，尤以$CaCO_3$、$CaSO_4\cdot2H_2O$为多，重矿物约占10%。黏土矿物和盐类（$CaCO_3$、$CaSO_4 \cdot 2H_2O$）在黄土中起胶结作用。

黄土中的矿物成分对工程有多方面的好处。首先，黄土的主要成分包括石英、长石和碳酸盐矿物等，这些成分使得黄土具有疏松且渗水性强的特性，这有助于在干旱气候条件下有效保持水分，从而在农业生产中发挥重要作用。此外，黄土中富含矿物质，这些矿物质可以为农作物提供必要的养分，促进植物生长。

9.2.1.6 黄土的强度、稳定性和变形特点

黄土的强度、稳定性和变形特点都和它的水理性密切相关。黄土干燥时强度很高，干燥黄土稳定性好，黄土地区有许多陡立土壁、黄土柱、黄土桥等能长期稳定。黄土强度高时，变形模量也大，变形量小。但当黄土浸水后，强度急剧下降，变形急剧增加。饱和黄土的应力-应变关系和软黏土相近。黄土浸水后变形急剧增加，工程上称为湿陷性，黄土的湿陷性很突出，显示出湿陷性变形和压缩性变形的本质不同，在压缩试验的 e-p 曲线上显示出竖直段即使压力不变，但由于浸水，变形也会急剧增加。由于黄土中竖向节理发育，所以它的竖向渗透系数远大于水平渗透系数。黄土浸水后失稳的另一特征是迅速崩解，结构破坏。黄土的天然含水率、颗粒成分、土粒结构及胶结成分的多少和胶结程度的大小直接影响着黄土的崩解速度，天然含水率越小，遇水后崩解速度越快，陕北清涧的黄土浸水后不足两分钟就会崩解。

对于黄土变形特性的监测，可以采用地面测量、遥感技术、监测设备等多种手段。地面测量可以通过测量标志物的位移来获取黄土变形情况；遥感技术可以通过遥感图像的变化来判断黄土的湿度和变形情况；监测设备可以通过埋设在黄土中的压力传感器、位移计等设备获取其变形特性。

9.2.2 湿陷性黄土

9.2.2.1 湿陷性黄土特征及成因

湿陷性黄土是指在一定压力下受水浸湿，土结构迅速破坏，并发生显著附加下沉的黄土，它主要为属于晚更新世（Q_3）的马兰黄土及属于全新世（Q_4）中各种成因的次生黄土。这类土为形成年代较晚的新黄土，土质均匀或较为均匀、结构疏松、大孔发育，有较强烈的湿陷性。在一定压力下受水浸湿后土结构不破坏，并无显著附加下沉的黄土称非湿陷性黄土，一般属于中更新世（Q_2）的离石黄土和属于早更新世（Q_1）的午城黄土。这类形成年代久远的老黄土土质密实、颗粒均匀、无大孔或略具大孔结构，一般不具有湿陷性或轻微湿陷性。

湿陷性黄土又分为自重湿陷性和非自重湿陷性两种。土层浸水后在土层自重作用下即能发生湿陷，其湿陷起始压力小于上覆土的饱和自重，因此在自重压力下受水浸湿即发生湿陷的黄土称自重湿陷性黄土；土层浸水后需在外荷载作用下才发生湿陷，这类黄土在自重作用下受水浸湿不发生湿陷，需自重应力和附加应力共同作用才发生湿陷的黄土称非自重湿陷性黄土。

黄土的湿陷是一个复杂的地质、物理、化学过程，湿陷的原因可分为外因和内因两方面。外因指受水浸湿和荷载作用，内因包括颗粒组成、结构特征及物质成分。国内外学者对于黄土湿陷内因的解释归纳起来大致有毛管假说、溶盐假说、胶体不足假说、水膜楔入假说、欠压密理论和微观结构假说等六种理论，但每种理论都有不完善的地方。

对于图9.1所示的以粗粒土为主体骨架的多孔隙黄土结构，可以认为组成黄土的物质成分中黏粒的含量是重要的影响因素，黏粒含量越多湿陷性越强。我国黄土湿陷性存在着由西北向东南递减的趋势，这与自西北向东南方向砂粒含量减少而黏粒含量增多是一致的。另外

对于大孔隙结构，当受水浸湿时，结合水膜增厚楔入颗粒之间，造成结合水联结消失，盐类矿物溶于水中，骨架强度降低，土体结构在上覆土层的自重应力或附加应力与自重应力综合作用下迅速发生破坏，土粒滑向大孔，粒间孔隙减少。

9.2.2.2　黄土湿陷性评价

黄土湿陷性评价主要包括：①湿陷性黄土勘察；②湿陷性黄土判定，查明黄土在一定压力下浸水后是否具有湿陷性；③湿陷性黄土类型，判别场地的湿陷类型是属于自重湿陷性黄土还是非自重湿陷性黄土；④湿陷等级，判定湿陷性黄土地基的湿陷等级，即强弱程度。

(1) 湿陷性黄土勘察

根据《湿陷性黄土地区建筑标准》(GB 50025—2018)，黄土地基的勘察工作应着重查明地层时代、成因，湿陷性土层的厚度，湿陷系数随深度的变化，湿陷类型和湿陷等级的平面分布，地下水位变化幅度和其他工程地质条件。

湿陷性黄土的勘察阶段可分为场址选择或可行性研究、初步勘察、详细勘察3个阶段，各阶段的勘察成果应符合各阶段要求，对工程地质条件复杂或有特殊要求的建筑物，可进行施工勘察和专门勘察。

根据勘察结果进行工程地质测绘，划分不同的地貌单元，查明不良地质现象的分布地段、规模和发展趋势及其对建设工程的影响。另外，还需根据规范要求钻取适量原状土样进行相关室内试验。

(2) 湿陷性黄土判定

黄土的湿陷性应按室内压缩试验在一定压力 p 下测定的湿陷系数 δ_s 来判定，其定义式为

$$\delta_s=\frac{h_p-h'_p}{h_0} \tag{9.1}$$

式中，h_p 为保持天然的湿度和结构的土样，加压至一定压力时，下沉稳定后的高度，mm；h'_p 为上述加压下沉稳定后的土样，在浸水饱和条件下，附加下沉稳定后的高度，mm；h_0 为土样的原始高度，mm。

当 $\delta_s<0.015$ 时，应定为非湿陷性黄土；当 $\delta_s\geqslant0.015$ 时，应定为湿陷性黄土。试验中测定湿陷系数的压力 p，应根据土样深度和基底压力确定。土样深度从基础底面算起（初步勘察时，自地面下1.5m算起），试验压力的规定详见规范《湿陷性黄土地区建筑标准》(GB 50025—2018)。

(3) 湿陷性黄土的类型

工程实践表明，自重湿陷性黄土在没有外荷载作用时，浸水后也会迅速发生剧烈的湿陷，由于湿陷导致的事故多于非自重湿陷性黄土，因此对两种类型的湿陷性黄土地基，所采取的设计和施工措施有所区别。

从湿陷性质上看，非自重湿陷性黄土浸水后，在饱和自重压力下不发生湿陷，需附加压力才湿陷，自重湿陷性黄土在上覆土自重压力下，受水浸湿即发生湿陷，危害性较大。从处理范围上看，非自重湿陷性黄土局部处理时，超出基础底面宽度的1/4，且不小于0.5m；整片处理时，超出外墙基础外缘宽度不小于处理土层厚度的1/2，且不小于2m。自重湿陷性黄土局部处理时，超出基础底面宽度的3/4，且不小于1m；整片处理要求同非自重湿陷，但考虑因素可能更严格。

建筑场地的湿陷类型，应按实测自重湿陷量 Δ'_{zs} 或按室内压缩试验累计的计算自重湿陷量 Δ_{zs} 判定。实测自重湿陷量 Δ'_{zs} 根据现场试坑浸水试验确定，该试验方法可靠但成本较高，

有时受各种条件限制也不易做到。因此《湿陷性黄土地区建筑标准》(GB 50025—2018) 规定，除在新建区对甲、乙类建筑物宜采用现场试坑浸水试验外，对一般建筑物可按计算自重湿陷量划分场地类型。

计算自重湿陷量按下式进行：

$$\Delta_{zs}=\beta_0\sum_{i=1}^{n}\delta_{zsi}h_i \tag{9.2}$$

式中，δ_{zsi} 为第 i 层土在上覆土的饱和自重应力作用下的湿陷系数，测定和计算方法同 δ_s；h_i 为第 i 层土的厚度，mm；n 为总计算土层内湿陷土层的数目，总计算厚度应从天然地面算起（当挖、填方厚度及面积较大时，自设计地面算起）至其下全部湿陷性黄土层的顶面为止（$\delta_s<0.015$ 的土层不计）；β_0 为因地区土质而异的修正系数，对陇西地区可取 1.5，对陇东—陕北—晋西地区可取 1.2，对关中地区可取 0.9，对其他地区可取 0.5。

当实测自重湿陷量 Δ'_{zs} 或计算自重湿陷量 $\Delta_{zs}\leqslant 7$cm 时，应判定为非自重湿陷性黄土场地；当 $\Delta_{zs}>7$cm 时，应判定为自重湿陷性黄土场地。

(4) 湿陷等级

湿陷性黄土地基的湿陷等级，应根据基底下各土层累计的总湿陷量和计算自重湿陷量的大小等因素按表 9.1 判定。

表 9.1 湿陷性黄土地基的湿陷等级

总湿陷量/cm	计算自重湿陷/cm		
	非自重湿陷性场地	自重湿陷性场地	
	$\Delta_{zs}\leqslant 7$	$7<\Delta_{zs}\leqslant 35$	$\Delta_{zs}>35$
$5<\Delta_s\leqslant 10$	Ⅰ(轻微)	Ⅰ(轻微)	Ⅱ(中等)
$10<\Delta_s\leqslant 30$	Ⅰ(轻微)	Ⅱ(中等)	Ⅱ(中等)
$30<\Delta_s\leqslant 70$	Ⅱ(中等)	Ⅱ(中等)或Ⅲ(严重)	Ⅲ(严重)
$\Delta_s>70$	Ⅱ(中等)	Ⅲ(严重)	Ⅳ(很严重)

注：对 $7<\Delta_{zs}\leqslant 35$、$30<\Delta_s\leqslant 70$ 一档的划分，当湿陷量的计算值 $\Delta_s>60$cm、自重湿陷量的计算值 $\Delta_{zs}>30$cm 时，可判为Ⅲ级。其他情况可判为Ⅱ级。

总湿陷量 Δ_s 是湿陷性黄土地基在规定压力作用下充分浸水后可能发生的湿陷变形值，可按下式计算：

$$\Delta_s=\sum_{i=1}^{n}\alpha\beta\delta_{si}h_i \tag{9.3}$$

式中，δ_{si} 为第 i 层土的湿陷性系数；h_i 为第 i 层土的厚度，mm；β 为考虑基底下地基土的受力状态和地区等因素的修正系数，取值说明见下文；α 为不同深度地基上浸水概率系数，按地区经验取值，对地下水有可能上升至湿陷性土层内，或侧向浸水影响不可避免的区段，取 1.0。

缺乏实测资料时，有关 β 的取值规定如下：基底下 0～5m 深度内取 1.5；基底下 5～10m，在非自重湿陷性黄土场地取 1.0，在自重湿陷性黄土场地取所在地区的 β_0 值且不小于 1.0；基底 10m 以下至非湿陷性黄土层顶面或控制性勘探孔深度，陇西、陇东等地区非自重湿陷性场地取 1.0，其余情况取所在地区的 β_0 值。设计时应根据黄土地基的湿陷等级考虑相应的设计措施，同样情况下，湿陷程度越高，设计措施要求也越高。

9.2.3 黄土地层

9.2.3.1 黄土地层分布及类型

黄土是第四纪的沉积物，是在冰期干冷季风带内形成的堆积，古土壤夹层代表着与之相应的间冰期。黄土主要分布于世界大陆比较干燥的中纬度地带，全世界黄土分布的总面积大约有 1300 万平方公里。中国西北的黄土高原是世界上规模最大的黄土高原，华北的黄土平原是世界上规模最大的黄土平原。

黄土岩石地层划分是根据第四纪黄土堆积物的岩性特征、古土壤分布特点等对黄土地层进行划分，并确定相应的沉积地质时代。中国的黄土最早是在中新世早期形成的，但是第四纪的黄土最为典型。第四纪黄土按照时代关系从老到新可以分为午城黄土、离石黄土、马兰黄土和坡头黄土，在第四纪黄土中共发育 37 层黄土-古土壤旋回。

9.2.3.2 黄土地貌

黄土地貌是发育在黄土地层（包括黄土状土）中的地形，如图 9.2 所示，在中国主要分布于黄土高原。其形成受多种因素影响，主要与黄土的特性以及外力作用有关。黄土高原的黄土厚度大、疏松、垂直节理发育，在缺乏植被覆盖时，容易遭受流水侵蚀，从而形成独特的黄上地貌。

图 9.2　黄土地貌

地形和地貌常连在一起使用。二者都有表达地壳表面形状、外貌的意思，“地形”的范围大，如黄土高原就是大的地形单元，“地貌”的范围可大可小，而且它通常还包括地貌的成因如风蚀地貌、侵蚀地貌等。黄土地貌可分为塬（大面积高地）、梁（长条形山脉）、峁（孤立的黄土山头）、沟谷（主沟、支沟纵横交错）、侵蚀地貌（黄土峡谷、黄土陡壁、黄土柱、黄土桥、黄土漏斗、黄土陷穴及洼地），还有微型地貌等。

黄十地貌并不是塬破坏成梁，梁再破坏成峁的演变过程。现代地貌受古地形地貌的控制和影响，也与沉积后的剥蚀改造作用和新构造运动有关。黄土高原地区沟谷纵横，地形破碎，降雨量不均匀，加上黄土独特的土质特性，所以水土流失极为严重。水土流失控制不住，下一步就是沙漠化，沙漠及沙漠化已经引起各方面的高度重视。

9.2.3.3 黄土的成因及物质来源

黄土的成因主要归结于风成理论，即黄土主要是由风力作用形成的。黄土的矿物成分与其下伏的基岩成分无关，且含有在水中不稳定的矿物。这表明黄土不是由当地的岩石风化形成的，而是由远处的沙漠带来的尘土。黄土不仅分布在低平地区，也能见于海拔 2000～3000m 的高山之顶。这种广泛的分布特性支持了风成理论，因为风力能够将尘土带到高海拔地区。黄土的厚度从沙漠边缘向外逐渐减薄，组成黄土的颗粒向外逐渐变细。这种现象符合风成理论的沉积模式，即风携带的颗粒在传输过程中逐渐沉积，颗粒大小随距离增加而减小。虽然历史上曾有过其他成因理论，但目前风成理论得到了最广泛的支持和验证。

我国黄土的物质来源主要来自北部和西北部的干旱沙漠区。这些地区的岩石在昼夜温差的作用下，逐渐被风化成大小不等的石块、沙子和黏土。每当冬春季节，强劲的西北风将这些细小的粉砂和黏土从沙漠腹地吹到边缘和内陆，最终在风力减弱或遇到地理障碍（如秦岭山脉）时沉积下来，经过长时间的积累，形成了今天我们所看到的黄土高原。

9.2.4 黄土力学的主要研究内容

9.2.4.1 黄土的压密性

压密性是指黄土在压实过程中，土粒重新排列，孔隙缩小，形成密实整体的现象。天然地层中的黄土，根据上覆地层压密作用的有效性，土可分为：超压密（固结）土、正常固结土和欠固结土。欠固结土又可分为两类：一类是在上覆地层的作用下，渗透固结尚未完成，上覆地层压力 $p=p'+u$，这种土压缩性大、强度低、流变性突出，常带来工程危害。另一类是在上覆地层压力作用下，固结过程虽未完成，但孔隙水压力 $u=0$，$p=p'$，上覆地层压力全部由颗粒骨架承担。这种土在颗粒联结处固化联结键作用强，形成的结构强度较大，承载能力高。但一旦固化联结键遭到破坏，如遇水，结构强度显著降低（即黏聚力 c 值大幅度降低）就会发生湿陷；不遇水时，压缩性低、强度大，在低压力下表现出欠压密特性。追溯黄土欠压密特性的形成机理，可能是当初风成堆积或冲洪沉积过程慢、时间长，固化联结增长慢，颗粒之间形成蜂窝状、凝絮状结构，孔隙比大，颗粒间联结弱，水稳定性差别显著。

通过土的室内压缩试验测得压缩模量，土的现场荷载试验测得变形模量。但从地基沉降计算中看，模量的可靠性是沉降计算的关键。从实践看，用压缩模量和变形模量计算出来的沉降量都和沉降实测值有较大的误差。

9.2.4.2 黄土的剪切性

现行土力学强度理论赖以建立的基础，都是针对饱和土的，而对于非饱和土，其中存在吸力（u_a-u_w）的影响（u_a 为孔隙气压力，u_w 为孔隙水压力），吸力的测试很复杂而影响又很明显。依排水条件不同做试验时，用有效应力法表示抗剪强度，对饱和土比较确切；而对非饱和土，总应力表示法不太合理，它没有反映土粒间吸力的影响。毕肖普虽然给出了非饱和土有效应力强度公式，但因指标难以测试，所以应用上受到限制。非饱和土的强度指标在同一应力状态下总是大于饱和土的强度指标。除了吸力的影响之外，还有水对土粒间胶结构软化的影响。

影响黄土强度的主要因素为重度、湿度、稠度、结构特征等。黄土的主要特点是其具有结构性和欠压密性，二者密切相关，由于结构性才导致欠压密性。欠压密状态的存在，使黄土的应力-应变关系（含湿陷性）和强度包络线表现出特殊规律。结构性使土具有较高的抗压和抗剪性能。结构性使强度包络线是一条不通过原点的折线。在纵轴上的截距就是 c 值，折点前包络线较平缓 c 值大而 φ 值小。一旦结构遇水受到破坏，土性变化很大，折点后包络线变陡，c 值减小较多，内摩擦角减小较少，曲线折点向前移。黄土的结构性很强时，黄土强度类似于超固结土。黄土的结构性使土的强度有峰值和残余强度的明显差别。

对于黄土的强度，多偏重于抗剪强度和抗压强度，对抗拉强度研究较少。土的含水率、矿物成分、土的结构性、密实度与节理裂隙对土的抗拉强度影响较大。

9.2.4.3 黄土的渗透性

黄土渗透性是指地下水在黄土中的渗透速度，用渗透系数（k）来表示，即水力坡度为1时，地下水在黄土中的渗透速度。黄土的渗透系数 k 常在 $10^{-5}\sim10^{-4}$cm/s。可在室内测定也可在室外现场通过抽水试验测定。

影响黄土渗透性的因素有：①节理的发育程度。黄土的垂直渗透性较强，主要是因为黄土具有垂直节理发育的特性，使得水和空气更容易沿着垂直方向移动，湿陷后两个方向的渗透系数逐渐接近。②天然孔隙比的影响。渗透系数与天然孔隙比的关系呈对数函数关系。③Q_3 黄土的渗透性与颗粒组成和微观结构特征有密切关系，如黄土的水平渗透性较弱，这是因为黄土的结构特点导致其在水平方向上的孔隙较少，从而限制了水的流动。④天然黄土的渗透性较击实黄土强。⑤湿陷性黄土在湿陷过程中由于土的结构状态发生变化，所以湿陷以后的渗透系数变小；非湿陷性黄土的渗透系数小于湿陷性黄土。⑥渗透系数随着渗透时间的增长而逐渐减小，最后趋于稳定。初期含水率越大，渗透系数越小。

9.3　冻土

9.3.1　我国的冻土分类和分布

9.3.1.1　冻土的基本概念

冻土指温度 $t \leqslant 0℃$ 且含有冰（冰层或冰块）的土。如果只是土的温度在 0℃ 而不含冰则称其为寒土。冻结状态持续数小时至半个月称为短时冻土。冬季冻结、夏季全部融化的土称为季节冻土。冻结状态持续三年以上的土称为多年冻土。

9.3.1.2　季节冻土

季节冻土是地表层冬季冻结、夏季全部融化的土（岩），包括季节冻结层和季节融化层（也称活动层）。季节冻结层分布于非多年冻土区，而季节融化层分布在多年冻土地区，下垫着冻土层。季节冻土在我国的东北、华北、西北地区广泛分布，多年冻土地区表层也有一个季节冻土层。影响季节冻土厚度的因素很多，如海陆分布、地形、气候（温度、降水、风力等）、土性（导热性、透水性等）、地貌朝向或坡向、植被种类及发育情况、地面上有无冰雪覆盖等。

季节冻土层中的水分一部分向上面冻结锋面转移，另一部分向下面多年冻土顶面转移。水分向上、向下转移的结果使季节冻土层中的水分，比非衔接多年冻土（季节冻土层不与下面的多年冻土层衔接）区及融区季节冻土层内的水分要少些，所以冻胀量也小些。对于非衔接多年冻土而言，地下水的补给比衔接多年冻土要多些。季节冻土底板与多年冻土顶板之间的含水层在地面坡度较大时容易产生承压水，有时会造成地面隆起，因而其冻胀量比衔接多年冻土要大些。

9.3.1.3　多年冻土

多年冻土主要在地下一定深度以下，在多年冻土区的地表也有一个季节冻土层，季节冻土层的底面称为多年冻土层的上限。在多年冻土层下部为不冻土。按地温梯度，存在一个 0℃ 界面。

在距今 2500～3000 年前出现过一次冰期（最近一次冰期），造成了现今的多年冻土。我国的多年冻土分布在大、小兴安岭地区，青藏高原，祁连山、天山、阿尔泰山山区。

如表 9.2 所示，多年冻土的分类方法很多。因多年冻土地基引起建筑物破坏的主要原因是融沉作用，所以按融沉作用可分为不融沉土、弱融沉土、融沉土、强融沉土和融陷土五类。含土冰层属融陷土，这种土不能用作天然地基，必须进行处理与加固。多年冻土如按土的颗粒及冻土的含冰量可划分为少冰冻土、多冰冻土、富冰冻土、饱冰冻土和含土冰层五类。这五类和上述按融沉作用划分的五类基本上对应。

表 9.2 冻土的分类

按融沉作用分类	按土的颗粒及冻土的含冰量分类	按施工开挖难易程度分类
不融沉土	少冰冻土	坚硬冻土
弱融沉土	多冰冻土	塑性冻土
融沉土	富冰冻土	松散冻土
强融沉土	饱冰冻土	—
融陷土	含土冰层	—

若按冻土施工开挖的难易程度，可将冻土划分为三类，即坚硬冻土、塑性冻土和松散冻土。坚硬冻土中的未冻结的水很少，土粒与冰牢固胶结，处于坚硬状态，强度高，开挖困难，表现为脆性破坏，类似岩石。塑性冻土中土粒被冰胶结，但仍有较多未冻结的水，具有塑性，常见于黏性土中，开挖时困难不大。松散冻土在砂类土中常见，原来土中的含水率较小，冻结的冰虽对土粒有一定的胶结作用，但土体仍呈松散状态，达不到整体冻结状态，严格讲，这类土不属于典型冻土，土中常常只有冰晶粒而没有冰层或冰块。松散冻土和非冻土差别不大，比较容易开挖。

影响多年冻土形成的主要因素是气候和地形。气候的作用主要体现在气温、气压、风、降水等条件的影响。地形条件会改变土层的热交换，热能变化决定了岩石圈和其下的软流层之间大规模的物质循环。二者共同作用决定多年冻土的形成过程、存在特征及分布特点。

9.3.2 冻土的物理力学性质

9.3.2.1 冻土的物质组成

冻土是一种复杂的多成分和多相体系，其物质组成主要包括骨架、固态冰、液态水和气态组分。其中水的相态变化决定着冻土的物理状态。一般土在−7～0℃的温度区段内，液态水大部转变为固态水。不考虑冻土中水的相变过程，就无法确定冻土的物理力学性质。测试（包括在极地测试）表明，在天然状态下任何冻土中，总有一定数量的未冻结水，未冻结水包括结合水和自由水，在−40℃的冻土中，还有水蒸气存在。强结合水一般不冻结，在−186℃时也不会结冰；弱结合水在−1.0～−0.1℃时，部分结冰，在−30～−20℃时，几乎全部冻结，自由水的冰点也稍低于0℃。冻土中的冰常以包裹体、透镜体、冰夹层形态存在。

(1) 固体颗粒

固体颗粒的尺寸、形状，矿物颗粒的分散度等，对冻土力学性质影响很大。固体矿物颗粒的形状在很大程度上制约着外荷载造成的接触应力的传递，当矿物颗粒的尖锐触点作用有较高压力时，接触点位置处的冰会产生压融现象，影响冻土的变形和强度特征。矿物颗粒的比表面积越大、亲水性越强，矿物与水的相互作用活性就越大，相应的化学结合能也越大，使土体冻结后，未冻水含量增加、强度降低。

(2) 冰

冰是冻土中重要的组成部分，也是冻土作为特殊土的重要物质基础。冰的存在形式、含量以及赋存状态等决定着冻土的结构构造及相应的物理性质、化学性质和力学性质。冻土中的冰可能以多种形式存在，在含冰量相对较小的土中，冰可能肉眼不可见；随着含冰量的增大，冰以明显的颗粒包裹物形式存在，从土样的截面上可以看到冰晶以大致均匀的方式与颗粒相间；随着含冰量继续增大，冻土中可能会出现局部的小透镜体，甚至出现一定厚度的层状冰；在含冰量很大的情况下，可能会以厚层地下冰的形式存在，土颗粒在其中成为含量较少的组分，厚层地下冰就是这种情况。

冰与液态水之间存在相变，在温度保持恒定的时候，这种相变达到动态平衡；当温度发生改变，二者之间相互转换，冻土的物理力学性质随之发生变化。另一方面，温度保持不变而压力发生变化，也会导致冰水相变。相变一方面释放或者吸收热量，改变冻土的物理热平衡，另一方面直接影响冻土的力学性质。因此，受应力和温度条件影响的冻土力学性质研究是一个十分复杂而又具有重要工程意义的科学问题。

(3) 未冻水

土冻结后，由于颗粒表面能的作用，土中始终保持一定数量的液态水，称为未冻水。研究发现在－70℃以上，冻土中都会有一定量的未冻水存在，如图 9.3 所示，这主要是由于土质、矿物颗粒表面力场以及土中所含盐分等因素的影响。随着温度与压力的变化，冻土中未冻水含量发生相应变化，这是冰水相变的另一面。影响未冻水含量的因素除温度和压力等外界条件外，土质本身也起到至关重要的作用。

土的冻结是一个非常复杂的过程。一般来说，并不是土的温度低于 0℃就立即变成冻土。土受冷冻结过程如图 9.4 所示，即首先要经过一个过冷阶段，此时过冷的水处于亚稳定状态；温度达到 T_{sc} 时，土中的水才会结晶成冰，放出大量的潜热，使温度上升到 T_f；在此温度下土中的自由水被冻结，继续释放出潜热；当自由水被完全冻结后，这时结合水开始成冰，其释放的潜热不多，冷却过程会继续。T_f 称为土的冻结温度。土的冻结温度通常低于 0℃，对于粗粒土，这个温度接近 0℃。颗粒越细，比表面积越大，土的冻结温度越低。对于细粒土尤其是黏土，冻结温度可能会低达－5℃。

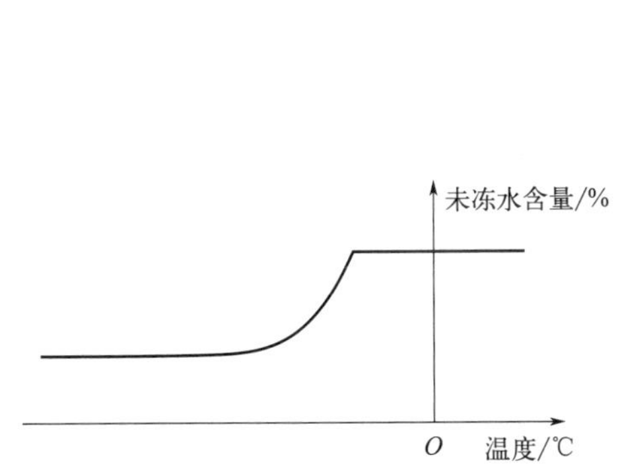

图 9.3　未冻水含量与温度关系

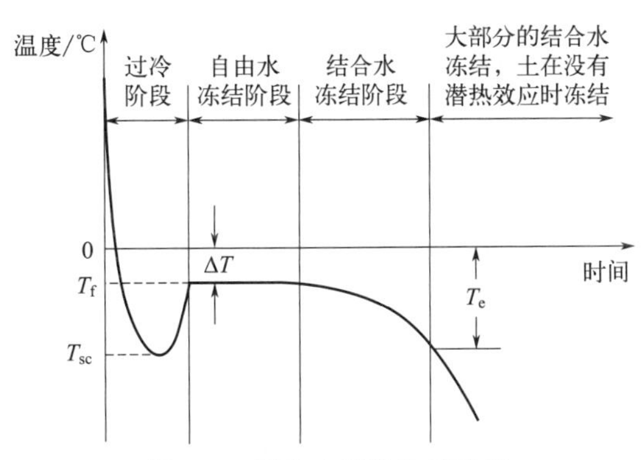

图 9.4　某种土受冷冻结过程

(4) 气体

冻土中的气体处于自由、受压或吸附状态。当受压气体形成封闭气泡时，土的弹性增加。冻土中的水汽可以在压力梯度的作用下迁移。在非饱和土体中，水汽可能是冻结过程中向冻结前缘迁移和聚集水分的主要来源，也是低含水率粗粒土冻结时出现聚冰现象的原因。

9.3.2.2　冻土的物理参数

冻土含水率的测定方法与融土相同，但这里的“水”包含了冰和未冻水。对于冻土中的冰，定义质量含冰量如下。

$$i_r=\frac{m_i}{m_w}=\frac{\omega-\omega_u}{\omega} \tag{9.4}$$

式中，m_i 为冰的总质量，kg；m_w 为水的总质量，kg；ω 为总含水率；ω_u 为未冻水含量。

实际上，冻土的质量含冰量很难直接测定，可以通过总含水率和未冻水含量间接求得，工程上经常通过肉眼观察冻土断面，利用体积含冰量进行估计。

冻土的导出指标表征其物理状态的密实度或稠度等也与融土一致。值得注意的是，冻土的许多指标需要在其融化后获得。冻土融化后体积发生了变化，在计算时，总体积需要采用融化前的数值。在冻土的形成过程中，由于土中水或水汽冻结时，冰晶或冰层与矿物颗粒在空间上的排列和组合形态不同，导致冻土产生特殊的冷生构造，最典型的包括整体状构造、层状构造和网状构造。如图 9.5 所示，整体状构造的冻土中，土颗粒间被孔隙冰所填充，无肉眼可看到的冰，融化后土的强度降低较小；层状构造的冻土，其内部的冰呈透镜状或层状分布，融化后土的强度明显降低；网状构造的冻土由大小、形状和方向各不相同的冰晶体组成大致连续的网络。

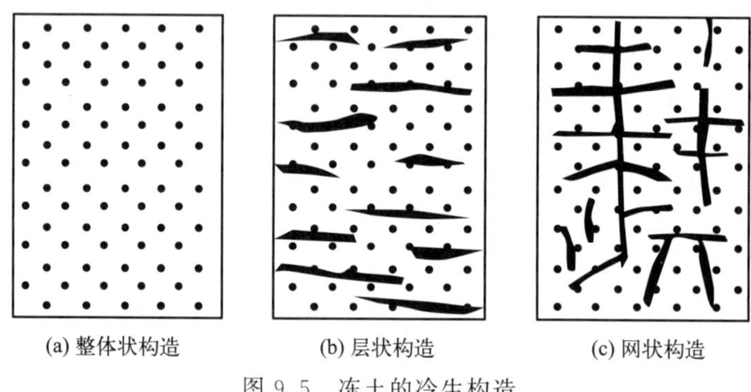

(a) 整体状构造　(b) 层状构造　(c) 网状构造

图 9.5　冻土的冷生构造

9.3.2.3　冻土的基本特征

由于水结冰后由流态向固态转变，所以冻结土的强度较大。而冻土融化后，强度显著降低、压缩性增大，会导致建在其上的建筑物发生破坏或影响正常使用。另外饱和度较高的土体，由于冻结后体积增大，会导致建筑物地基冻胀破坏。冻土融化后会产生沉陷，称为融沉性。

冻土的抗压强度是未冻土的许多倍，这是由于冰的胶结作用造成的。随着温度的降低，土中含冰量增加，同时冰的强度也增大，因此冻土抗压强度随温度的降低而增大。土中含水率越大，冻土的抗压强度就越大，但是由于没有足够的孔隙容纳体积膨胀的冰，冻胀作用比较明显。工程上要特别注意季节性冻土的冻融特性，要保护永久性冻土不受人为影响而出现冻融。在冻土地区建造工程，青藏铁路成功建设是国际上的典型范例。

9.3.2.4　冻土的热物理指标

冻土作为一种特殊的地质体，其热物理指标在冻土研究和工程建设中具有重要意义。土对热变化的响应与其热物理特性有关，冻土工程中经常用到的热物理参数如下。

(1) 导热系数

导热系数是衡量物质传导热量能力的重要参数。在冻土研究中，导热系数直接影响冻土温度及热通量的变化。根据现有研究，土壤质地、温度、含水率（含冰量）、孔隙度和土壤有机质等因素都会显著影响冻土的导热系数。土的导热系数与土的类型、密度以及含水率等因素有关。

(2) 热容量

热容量是指单位体积物质温度升高 1℃所需吸收的热量。在冻土研究中，热容量与比热密切相关。通过优化热脉冲-时域反射技术（Thermo-TDR），可以准确测定冻土的热容量，并利用这些数据改进导热系数模型和估计冻融过程中土壤含冰量的变化。

（3）含冰量

含冰量是描述冻土中冰的比例的重要指标。尽管目前尚无标准测定方法，但可以通过 Thermo-TDR 技术间接估计冻土冰含量。研究表明，当温度低于 -5℃时，Thermo-TDR 测定的含冰量误差主要在 $\pm 0.05 m^3/m^3$ 范围内，但在质地较黏的土壤中测定误差较大。

（4）比热

比热是指单位质量物质温度升高 1℃所需吸收的热量。冻土的比热受其干密度、饱和度和温度的影响。研究表明，当干密度一定时，冻土的比热随饱和度的增大而增大；而在饱和度一定的情况下，比热随干密度的变化趋势在高饱和度和低饱和度阶段有所不同。

9.3.2.5　冻土的力学性质

（1）冻土的抗压强度

冻土的抗压强度与冻土的负温度、含水率、矿物成分、颗粒组成和外力作用时间等有关。冻土在负温下被冰胶结，抗压强度很大。随着负温度的变化，相应地，强度发生急剧变化。

冻土的抗压强度取决于土骨架和冰的强度以及冰与矿物颗粒之间的黏聚力。含冰量增加，强度也提高。当含冰量相同时，砂土强度高，粉、黏土强度低，这是因为粉、黏土中的未冻水含量比砂土中多。冻土的抗压强度与外力作用时间也有关。冻土的瞬时抗压强度相当于混凝土的抗压强度。在长期荷载作用下，冻土的抗压强度会大大降低。因为，此时冻土发生了塑性变形，也称应力松弛。但当应力小于某一界限时，即使长期作用也不破坏。

（2）冻土的抗剪强度

冻土的抗剪强度是冻结土体抵抗剪切破坏的极限能力。温度越低，抗剪强度越大。抗剪强度和外力基本上呈直线关系。荷载作用时间越长，抗剪强度就越小。含水率对抗剪强度的影响和冻结程度、含冰量和未冻结水的多少有关。

（3）冻土的变形性质

冻土的变形性质主要体现在其在冻结和融化过程中的物理变化，这些变化会对建筑结构和基础设施产生显著影响，包括冻胀变形、压缩变形和不均匀沉降。当多年冻土区土体中含有一定的水分，天气变冷时，土壤中的水分被冻成冰，由于冰的比热容较大，导致土体体积收缩，使压缩曲线向左移动。当冰融化时，土体恢复原有体积，使压缩曲线向右移动，引起土体膨胀和路基隆起，导致路基变形。由于冻土区土体的物理和化学特征，路基受漫长时间作用，会发生土体压缩变形，引起路基下沉。由于路基一侧场址沉降加速或场址沉降不平衡会导致路基出现不均匀沉降变形，从而导致路基出现破坏。

9.3.3　多年冻土地区的不良地质现象

9.3.3.1　多年冻土区的地下水与地下冰

（1）冻结冰层以上的液态水

这种水体的表层在冬季也要结冰，形成纯冰层，构成暂时性的隔水顶板，其下的水就有一定的承压水特性。夏季表层冰融化，这时冻结冰层又似隔水底板，其上的液态水如同潜水，水质很好，有时也有泉水出露。

（2）冻结冰层中间的液态水

这种水在冻结冰层内部，呈层状、脉状和透镜体形式存在。它之所以不结冰，主要是因为矿化度高，冰点更低；或是因为水流速较大，不易结冰。这种水具有承压水的特性，常有冷泉出现。

（3）冻结冰层以下的液态水

因存在地温梯度，在地下某深度处总存在 0℃界面以下的水不会结冰，这时冰冻层成了隔水顶板，这种水具有承压水特性，喷出地表时就成为泉。

（4）冰丘和冰锥

由于冻结冰层的隔水性及冻胀性，使冻土区地下水具有承压水特性，在压力作用下能使地面隆起。在多年冻土地区如青藏高原地区的河漫滩、阶地、沼泽地、山麓地带及平缓的山坡，常有许多鼓起（隆起）的土包，这些鼓起的土包就称冰丘，其直径从几米、几十米至几千米，冰丘既有季节性的，也有终年、多年存在的。在冰丘上也有泉水。当承压水向上渗流时，边流边冒边冻结成冰，这就称为冰锥，冰锥是一种冰缘现象。出现冰锥、冰锥群时，不一定都有地面隆起，冰锥直径也能达到1～2km。按照水源补给条件，可将冰锥分为河冰锥和泉冰锥两类。

（5）地下冰

由于地温的不均匀变化，使多年冻土中产生上大下小的楔形裂缝，其中聚水后结成楔形冰，冻胀的作用力对地层有劈裂作用。这在泥炭或泥炭质淤泥冻土层中普遍存在。在多年冻土地层中，除了楔形冰外，还有层状冰，这是纯冰层。如前所述，多年冻土层上限以上及多年冻土层内部都会有冰层，其存在于泥炭、黏性土和粉质土层中，常多见于河谷冲积阶地、洪积阶地及山坡坡脚带。

9.3.3.2 冻土沼泽

冻土沼泽是一种特殊的沼泽类型，它的形成与冻土有密切关系。冻土沼泽既具备沼泽的一般特征，如地表及地表下层土壤经常过度湿润、地表生长着湿性植物和沼泽植物、有泥炭累积或虽无泥炭累积但有潜育层存在，又因冻土的影响而具有独特之处。在大、小兴安岭多年冻土区，降水集中、植被茂密、气温很低、地表水不易下渗，因而在沟谷洼地、河流阶地、洪积阶地、缓山坡、分水岭处形成许多冻土沼泽地。在冻土沼泽地，有机质含量多、泥炭厚度大、含冰量大、冻土发育。

冻土沼泽是研究全球气候变化的重要指标，其存在和变化提供了关于过去和现在气候条件的重要信息，有助于科学家了解气候变化情况。冻土沼泽下可能富含矿产资源，如石油、天然气等，具有潜在的经济价值。同时，沼泽湿地也是重要的自然资源，具有旅游观光、科学研究等价值。然而，冻土沼泽也带来了一些挑战，如工程建设困难、交通不便等。因此，在开发利用时，需要进行科学规划和可持续管理，以平衡经济效益与环境保护的关系。

9.3.3.3 冻胀力的危害

冻胀力是由于土中水冻结成冰后体积增大而产生的对土颗粒及其他物体的作用力。其产生条件包括：冻胀敏感性土、初始水分或水分补给、冻结温度和冻结时间。

作用在基础底面的冻胀力称为法向冻胀力即冻胀反力，作用在基础侧面的冻胀力称为切向冻胀力。在冻结过程中密度减小，体积膨胀，冻胀率可达20%左右，可使地面隆起或产生裂缝，毛细水上升。在野外，冻胀力和冻胀变形可形成冻结褶曲褶皱现象。

在寒冷地区，冻胀作用常常使道路、隧道、挡土墙、人行道和坡面等构筑物遭受较大的破坏。道路的冻胀会导致路面隆起，影响车辆的通行，降低道路的使用寿命，如图9.6所示。

减小冻土的冻胀力是确保建筑物和地基稳定的重要措施，通过设置排水设施，如排水沟、盲沟等，以排除多余水分，减小冻胀力；采用抗冻胀性基础，改变基础断面形状，利用冻胀反力的自锚作用增加基础抗冻拔的能力。根据建筑物的实际情况，采用适当的结构布置和结构形式，以抗御土的冻胀力，如深埋基础、扩大式基础等。

9.3.3.4 融陷的危害

融陷变形是冻土融化时产生的现象。当冻土中的冰晶体融化，土体会发生下陷，导致地面沉降。冻胀和融陷（沉）现象反复出现，如同胀缩性土一样，会给地基基础带来严重破坏。融陷会导致地基土的不均匀沉降，影响建筑物的稳定性和安全性，如图 9.7 所示。融陷变形强烈时，可形成融陷洼地、融陷湖等地貌。冻土热融时还会产生崩塌、滑坡和热融泥石流等。热融泥石流在运动时能形成台阶状堆积，也会产生挤压、褶曲、断裂等现象。

图 9.6　冻胀力的危害

图 9.7　融陷的危害

为防止融陷变形，对采用融化原则的基底土，可换填碎、卵、砾石或粗砂等，以增加土层的均匀性和稳定性。换填深度应达到季节融化深度或受压层深度，并根据当地气候条件，选择合适的施工季节。采用保持冻结原则时，基础宜在冬季施工；采用融化原则时，最好在夏季施工。采取隔热措施，减少外界温度对冻土的影响，保持冻土的稳定性，从而防止融陷变形。这些措施的应用需结合具体情况进行，以确保有效防止融陷变形，保证建筑物的安全和稳定。

9.3.4　冻土的工程性质

9.3.4.1　冻土的冻胀

(1) 土的冻胀变形

冻胀是由于土中水的冻结和冰体增长引起的土体膨胀和地表不均匀隆起。冻胀变形的主要原因是水分迁移及冰的析出作用。当土体处于负温环境时，如果没有外部水分补给（封闭系统），这种情况下只有土孔隙中的原位水冻结成冰。如果土具有水分补给（开放系统），这种情况下土中的毛细吸力使未冻结区内水分向冻结锋面迁移并聚集结冰。冻结锋面附近各相成分的受力状况发生改变，土骨架受拉分离，冻土体积逐渐增大。土的冻胀敏感性通常用冻胀率来反映。冻胀率越大，土的冻胀敏感性越强，单位厚度土层的冻胀变形越大。冻胀率定义为一定深度的土层所产生冻胀变形量与土层厚度的比值，即

$$\begin{cases}\eta=\dfrac{\Delta z}{z_d}\times 100\% \\ z_d=h'-\Delta z\end{cases} \tag{9.5}$$

式中，η 为冻胀率，%；Δz 为地表冻胀量，mm；z_d 为设计冻深，mm；h' 为冻层厚度，mm。

对于非冻胀土，冻结深度与冻层厚度相同；但对冻胀土，尤其强冻胀以上的土，两者相差颇大。如图 9.8 所示，冻层厚度的自然地面是随冻胀量的增大而逐渐上抬的，设计基础埋深时，冻结深度自冻前原自然地面算起，等于冻层厚度减去冻胀量。

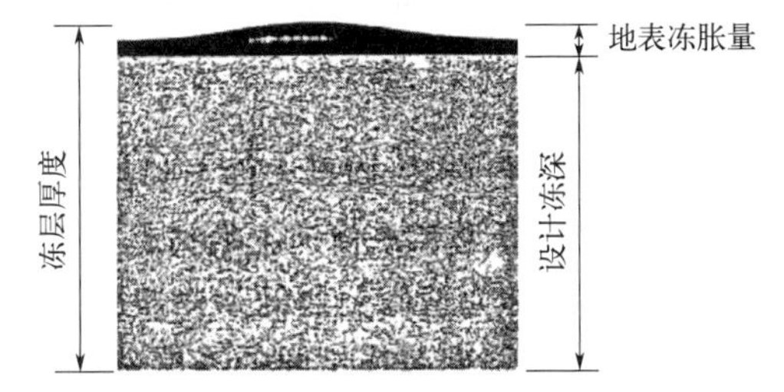

图 9.8　冻土的冻胀量示意图

土冻胀敏感性的影响因素较多，包括土的粒度、密度、矿物成分和含盐量等，其中土的颗粒级配对冻胀敏感性影响最大。土颗粒粒径越小，毛细吸力越大，在温度梯度作用下土体吸水的作用更强；然而，当细小的黏粒含量很高，土的渗透系数非常小的时候，影响冻结时水分向冻结锋面迁移聚集，故冻胀性反而降低。可见，冻胀敏感性强的土体，既具有一定的毛细吸力，又具有一定的透水性。因此，粉粒对冻胀发展最为有利。研究表明，在水分和温度条件一定的情况下，冻胀敏感性的大致强弱顺序如下：粉土和粉质砂土＞粉质黏土＞黏土＞砾石土。

冻胀敏感性土能否发生冻胀及其发展程度与水分补给条件密切相关。土在封闭系统里由冻胀引起的最大体积变化量为其自由水体积的 9%，根据式(9.5)，其冻胀率一般非常小；在开放条件下，由于源源不断的外部水分补给，冻胀量的发展可能非常可观。同时，冻胀的发展还与土中的温度梯度直接相关。如果土中的温度梯度比较大，水分来不及迁移到冻结锋面就发生冻结，将不利于冻胀的发展。研究发现，温度梯度越小，越有利于冻胀发展。

《冻土地区建筑地基基础设计规范》(JGJ 118—2011) 根据土的平均冻胀率 η 的大小将土的冻胀性分为五类，如表 9.3 所示。

表 9.3 土的冻胀性分类

平均冻胀率 η/%	冻胀等级	冻胀类别
$\eta \leqslant 1$	Ⅰ	不冻胀
$1 < \eta \leqslant 3.5$	Ⅱ	弱冻胀
$3.5 < \eta \leqslant 6$	Ⅲ	冻胀
$6 < \eta \leqslant 12$	Ⅳ	强冻胀
$\eta > 12$	Ⅴ	特强冻胀

(2) 冻胀力

地基土冻结时，土体具有产生冻胀的趋势，如果土体上部作用建（构）筑物基础，冻胀受到限制，地基与基础之间就会产生作用于基础底面的向上的抬起力，称为基础底面的法向冻胀力；作用于基础侧表面的向上的抬起力，称为基础侧面的切向冻胀力。此外，冻土与基础表面通过冰晶胶结在一起，这种胶结力称为基础与冻土间的冻结强度，简称冻结力，在实际使用和测量中通常以这种表面胶结的抗剪强度来衡量，如图 9.9 所示。

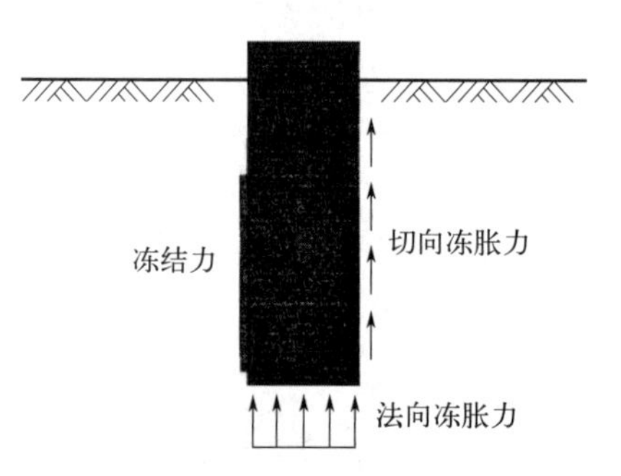

图 9.9 作用在基础上的冻胀力

9.3.4.2 冻土的融沉

冻土融沉指的是冻土在融化过程中及融化后发生的下沉现象，包括融化沉降和压密沉降。融化时，冰变为水后体积缩小，同时水通过孔隙排出，使土压密并进一步下沉；但融化时土粒也会膨胀，通常压密大于膨胀，导致冻土下沉。

当冻土温度升高发生融化时会产生沉降变形，这可能来自一个或多个方面。一是冰融化成水体积减小而产生沉降 s_{iw}，这一部分的变形通常不大；二是融化土体在自重作用下，随着水分排出发生固结产生沉降 s_{sf}，其大小与土的密度有关；三是融化的土体在外部压力作用下排水固结导致沉降 s_p，其大小与土本身性质和所受外部压力有关。工程中用融沉系数评价冻土的融沉特性，定义为冻土在自由状态下融化沉降变形量与原始高度之比

$$\delta_0=\frac{h_1-h_2}{h_1}=\frac{e_1-e_2}{1+e_1}\times 100\% \tag{9.6}$$

式中，δ_0 为融沉系数；h_1 为冻土试样融化前的高度，mm；e_1 为融化前的孔隙比；h_2 为冻土试样融化后的高度，mm；e_2 为融化后的孔隙比。

可见，融沉系数考虑的是前两个方面，即 s_{iw} 和 s_{sf}。影响冻土融沉的最重要的因素是含水率和干密度，此外还有粒度成分和液塑限。对于饱和土来说，含水率和干密度是一一对应的。然而，在工程实际中，冻土可能是不饱和的，也可能含冰量太高使土颗粒分散分布在冰中，处于所谓过饱和状态。因此，需要从含水率和干密度角度分别考察其与融沉系数的定量关系。近几十年来，冻土的融化固结理论得到很大发展，但是经验公式仍然是工程中用来评价融沉性的主要方法。

我国根据研究成果制定了指导寒区工程建设的规范，即《冻土地区建筑地基基础设计规范》(JGJ 118—2011)。依据融沉系数的大小，将多年冻土的融沉性分为不融沉、弱融沉、融沉、强融沉和融陷五类（表 9.4）。

表 9.4　多年冻土的融沉性分类

平均融沉系数 δ_0/%	融沉等级	融沉类别
$\delta_0 \leqslant 1$	Ⅰ	不融沉
$1<\delta_0 \leqslant 3$	Ⅱ	弱融沉
$3<\delta_0 \leqslant 10$	Ⅲ	融沉
$10<\delta_0 \leqslant 25$	Ⅳ	强融沉
$\delta_0>25$	Ⅴ	融陷

9.3.4.3 土的冻融循环

冻融循环是指寒区陆面发生反复的冻结和融化，是一种物理风化作用，对土的工程性质具有很大影响，会使原状土的结构发生显著改变。

冻融循环会造成建筑构造的严重破坏，如墙身开裂、抹灰脱落，严重时可使结构完全失去承载力和保温性能，并且会导致建筑构造内部严重风化，降低其耐久性。

为了防止冻融循环，应在严寒地区，选择抗冻融循环能力强的土，如砂性土、砾石土等，避免使用黏性土，以提高建筑结构的抗冻性；需了解土壤冻结速度、冻胀量与水分转移补给条件的关系，以及地下水位对地基土冻胀的影响，从而采取针对性防治措施。这些措施有助于减少冻融循环对建筑结构造成的损害，延长建筑的使用寿命，同时确保建筑物的安全性和稳定性。

冻融循环对土的影响有别于对其他材料的影响。研究发现，冻融作用使低密度土的密度增大，土得到强化，黏聚力和前期固结压力增大；相反，高密度的土经过冻融循环会变得疏松，土体结构被弱化，黏聚力和前期固结压力降低。无论是高密度还是低密度的土，经历冻融循环后，其渗透性都会增大，这是因为冻融循环使土体内部产生裂隙，有利于水的流动。

9.3.4.4 冻土的应力-应变特性

由于冰的存在，冻土具有显著的蠕变特性。冻土的应力-应变-时间行为非常复杂，蠕变过程通常用蠕变方程简化描述。在冻土力学中，通常假设产生的总应变 ε 由瞬时应变 ε_0 和蠕变应变 $\varepsilon^{(c)}$ 组成，如式(9.7)。瞬时应变 ε_0 包含弹性和塑性两部分，而在实际工程中，出于简化考虑，式(9.7) 中瞬时应变 ε_0 假定全部为弹性变形，可根据胡克（Hooke）定律确定；蠕变应变 $\varepsilon^{(c)}$ 可以通过试验获得经验公式来预测。

$$\varepsilon=\varepsilon_0+\varepsilon^{(c)} \tag{9.7}$$

冻土的蠕变曲线受温度、应力和土性的影响显著，根据土性与应力条件，可获得三种类型的蠕变曲线，如图 9.10(a) 所示，其中 c 曲线所示的蠕变由于变形发展较大，受到广泛重视。其应变率与时间的关系如图 9.10(b) 所示，第Ⅰ阶段属于非稳定蠕变，应变速率逐渐减小，趋向于某一相对稳定值；第Ⅱ阶段属丁稳定黏塑性蠕变，应变速率基本恒定，应变随时间变化线性递增；第Ⅲ阶段属于渐进流动蠕变，应变速率逐渐增大，直至发展到破坏。当应力低于冻土长期强度时，第Ⅱ蠕变阶段和第Ⅲ蠕变阶段可能不会发生，如图 9.10(a) 所示的另外两种蠕变类型。

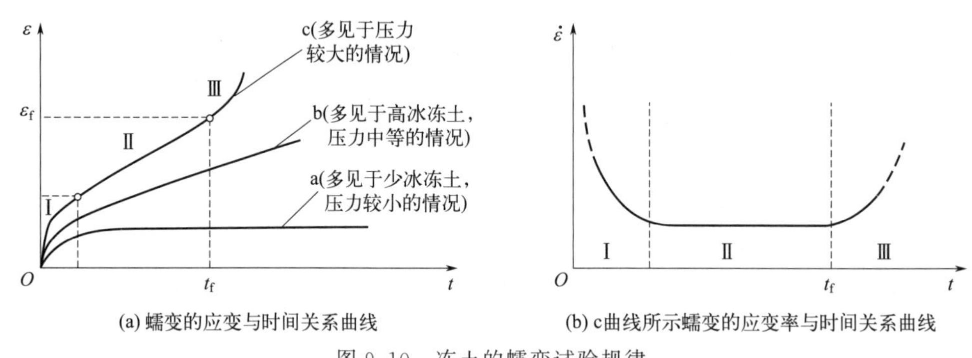

(a) 蠕变的应变与时间关系曲线　　(b) c曲线所示蠕变的应变率与时间关系曲线

图 9.10　冻土的蠕变试验规律

9.3.4.5　冻土的强度特性

冻土的强度特性主要包括抗压强度、抗剪强度和流变性。冻土的抗压强度远远大于未冻土，这是由冰的胶结作用造成的。在长期荷载作用下，冻土的流变性十分显著，导致其抗压强度和抗剪强度显著降低。具体来说，冻土在抗剪强度方面的表现与抗压强度方面类似，长期荷载作用下，冻土的抗剪强度也很低。此外，冻土融化后的抗压强度和抗剪强度会显著降低。

冻土具有流变性，其长期强度远低于瞬时强度。在长期荷载作用下，冻土的变形增大，这会导致其力学性质发生变化。

在冻土区修筑工程构筑物时，需要特别关注冻土的流变性和强度变化。由于冻土在融化过程中会发生显著的体积变化，可能会导致构筑物的沉降或损坏。因此，在设计和施工过程中需要采取相应的措施来应对这些挑战，确保构筑物的稳定性和安全性。

9.4　膨胀土

9.4.1　膨胀土概述

膨胀土是一种特殊土，它具有吸水膨胀、失水收缩的特性，并且这种胀缩变形是可逆的。其抗剪强度取值不同于一般的黏性土，在很大程度上受其裂隙面规模与产状的影响，尤其是裂隙面强度对其抗剪强度影响较大。

膨胀土的成因类型可分为残积性和沉积性，前者主要来源于母岩矿物化学成分和化学风化，经过风化、蚀变、淋溶作用，分解成残积性膨胀土和在重力作用下形成坡积物；后者则受沉积作用（湖积、洪积、坡积、冲积）和沉积时代（固结程度）影响，以残积、冲积和湖积最为常见（如表 9.5 所示），主要形成于第三纪和整个第四纪。

表 9.5　膨胀土的成因

成因类型	类型描述
残积	由火成岩(尤其是基性火成岩)、沉积岩(尤其是黏土岩和碳酸岩)和变质岩(尤其是片岩、片麻岩)经风化、蚀变、淋溶作用分解成土作用形成的残积性膨胀土
坡积	在重力作用下形成的坡积物
冲积	经水流搬运在河谷、平原等地段形成的冲积、洪积性和河湖相膨胀土
湖积	在湖泊环境中形成的膨胀土
海积	在海洋环境中形成的膨胀土
冰水堆积	经冰川搬运堆积形成的冰水沉积型膨胀土

膨胀土的分布与气候和地形密切相关。在我国，膨胀土主要分布在气候干湿交替显著的地区，如东部和南部的广大地区。这种气候有利于膨胀土中的蒙脱石类强亲水性矿物形成、富集，如在我国东部、南部的广大地区膨胀土分布广泛，而在寒冷、少雨的东北和西北地区分布较少。同时，从地形上看，膨胀土主要分布在第二阶梯与第三阶梯地区，而在干旱少雨的第一阶梯地区分布较少。

9.4.2　膨胀土的工程性质

9.4.2.1　膨胀土特征

膨胀土是在地质作用下形成的一种主要由亲水性强的黏土矿物组成的多裂隙黏性土，并具有显著的吸水膨胀和失水收缩两种变形特征。我国膨胀土形成的地质年代大多数为第四纪晚更新世（Q_3）及其以前，少量为全新世（Q_4），呈黄、黄褐、红褐、灰白或花斑等颜色。膨胀土多呈坚硬-硬塑状态，$I_L \leqslant 0$，孔隙比一般在 0.7 以上，结构致密，压缩性较低。膨胀土的特征概括如表 9.6 所示。

表 9.6　膨胀土的特征

特征类型	特征简述
粒度组成	黏粒(<2μm)含量大于 30%
矿物成分	伊利石-蒙脱石等强亲水性矿物占主导地位
含水量变化	土体湿度增大时，体积膨胀并形成膨胀压力；土体干燥失水时，体积收缩并形成收缩裂缝
循环变化	膨胀、收缩变形可随环境变化往复发生，导致土的强度衰减
塑性	属液限大于 40%的高塑性土
固结性	属超固结性黏土

除此之外，膨胀土的工程地质特征还包括：土的裂隙发育，常有光滑面和擦痕，有的裂隙中充填有灰白、灰绿等杂色黏土；多出现于二级或二级以上的阶地、山前和盆地边缘的丘陵地带，地形较平缓，无明显自然陡坎；场地常有浅层滑坡、地裂，新开挖坑（槽）壁易发生坍塌等现象。

9.4.2.2　膨胀土的胀缩性

膨胀土中含有蒙脱石和伊利石等亲水性黏土矿物，吸水后体积增大，失水后体积缩小，表现出显著的膨胀收缩性，即胀缩性。膨胀土中的亲水性黏土矿物是物质基础，土中含水率的变化引起土体积的变化是外部因素。膨胀土胀缩性的表观现象是膨胀和收缩变形，与此相对应，当土体吸水后如果外部约束阻止其发生膨胀，土体内部会产生内应力，即膨胀压力；

另一方面，当土体失水后，其体积减小收缩至一定程度还会产生裂隙。因此，膨胀土的胀缩性是内外因共同作用，具有多种表观力学行为的复杂特性。

(1) 膨胀率 δ_{ep}

膨胀率可用来反映具体膨胀土层的膨胀变形特性。它是采用环刀法直接从现场天然状态的膨胀土中取得的土样，在一定的压力下压缩稳定，浸水达到饱和后，试样高度的增加量与原高度的比值，用下式所示：

$$\delta_{ep}=\frac{h_w-h_0}{h_0}\times100\% \tag{9.8}$$

式中，δ_{ep} 为某级荷载下的膨胀率，%；h_w 为某级荷载下土样在水中膨胀稳定后的高度，mm；h_0 为土样原始高度，mm。

(2) 自由膨胀率 δ_{ef}

自由膨胀率是膨胀土从完全分散、疏松且无水的干燥状态，到孔隙中充满水的饱和状态，所增加的膨胀体积与原体积的比值，如下式所示。

$$\delta_{ef}=\frac{V_w-V_0}{V_0}\times100\% \tag{9.9}$$

式中，δ_{ef} 为膨胀土的自由膨胀率，%；V_w 为土样在水中膨胀稳定后的体积，mL；V_0 为土样原始体积，mL。

自由膨胀率是反映土体膨胀性强弱的较为客观的指标，具有唯一性。根据《膨胀土地区建筑技术规范》(GB 50112—2013)，可按自由膨胀率的大小将膨胀土分为 3 类，为了便于比较，表 9.7 把非膨胀土作为第Ⅳ类。

表 9.7 膨胀土的膨胀性强弱分类表

膨胀性	自由膨胀率	类别
强	$\delta_{ef}\geq90\%$	第Ⅰ类
中	$65\%<\delta_{ef}<90\%$	第Ⅱ类
弱	$40\%\leq\delta_{ef}<65\%$	第Ⅲ类
—	$\delta_{ef}<40\%$	第Ⅳ类(非膨胀土)

为了便于了解，表 9.8 对膨胀率 δ_{ep} 与自由膨胀率 δ_{ef} 进行比较。

表 9.8 两种膨胀率的区别

不同点	膨胀率 δ_{ep}	自由膨胀率 δ_{ef}
适用土体	地基中原状膨胀土，用膨胀土填筑的工程，可采用人工击实的膨胀土	碾碎、过筛、烘干而成的分散状土
初始含水率	试样处于自然状态，存在初始含水率	试样需烘干，初始含水率为 0
饱和土体积	试样处于紧密状态从下向上浸水达到饱和，饱和土体积变化较小	土样由完全松散状态吸水到饱和状态，饱和土所占体积较大
大小与用途	数值较小，用于估算具体膨胀土地层的膨胀变形	数值较大，用于判别膨胀性强弱，划分膨胀土强弱的等级
唯一性	不具有唯一性，所取试样初始含水率、位置及深度均是变化的	具有唯一性，不受其他因素干扰

(3) 收缩率 δ_s 和收缩系数 λ_s

膨胀土蒸发失水发生收缩，收缩率定义为膨胀土试样因蒸发而产生的收缩量占试样原厚度的百分比，收缩系数定义为收缩率与含水率变化之比

$$\lambda_s=\frac{\Delta\delta_s}{\Delta\omega} \tag{9.10}$$

式中，λ_s 为膨胀土的收缩系数；$\Delta\delta_s$ 为收缩过程中直线变化阶段，与两点含水率之差对应的竖向线缩率之差，%；$\Delta\omega$ 为收缩过程中直线变化阶段两点含水率之差，%。

膨胀土产生裂隙经常是由收缩不均匀导致的。

9.4.2.3　膨胀土裂隙性

膨胀土中普遍发育的各种形态裂隙，按其成因可以分为原生裂隙和次生裂隙两类。原生裂隙具有隐蔽特征，多为闭合状的显微裂隙；次生裂隙具有张开特征，多为宏观裂隙，且多为原生裂隙发育而来。膨胀土中的垂直裂隙，通常是由构造应力与土的胀缩效应产生的张拉应变导致的，水平裂隙大多由沉积间断与胀缩效应所形成的水平应力差导致的。如图 9.11 所示，裂隙的存在破坏了膨胀土的完整性和连续性，导致膨胀土的变形、强度、渗透性等均呈现明显的各向异性特征，促进了水在土中的循环，加剧了土体的胀缩变形，加速了新的黏土矿物的生成，不利于土体的稳定。

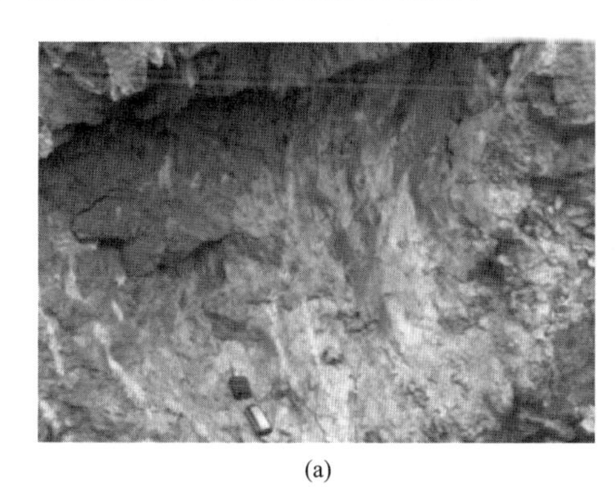

(a)

(b)

图 9.11　膨胀土的裂隙

9.4.2.4　超固结性

膨胀土在反复胀缩变形过程中，由于上部荷载和侧向约束作用，土体在膨胀压力作用下被反复压密，土体表现出较强的超固结特性。超固结性是膨胀土特有的性质。超固结膨胀土具有明显的应变软化特征。

超固结土是指历史上受到的最大有效固结应力大于当前有效应力的土。绝大多数情况下，超固结是由于应力本身增减造成的。在上覆压力不变的情况下，长时间蠕变也会造成超固结效应。膨胀土的超固结特性又是另外一种情况，它是在上覆压力不变的情况下，遇水膨胀受限，由膨胀力的反力造成的。

9.4.2.5　影响膨胀土胀缩性的主要因素

膨胀土具有的胀缩变形特性可归因于膨胀土的内在机制和外部因素两个方面。内在机制主要是指矿物成分及微观结构。由于膨胀土含有大量的蒙脱石、伊利石等亲水性黏土矿物，比表面积大，活动性强烈，所以其既易吸水又易失水。例如含蒙脱石越多，其吸水和失水的活动性越强，胀缩变形也越显著，这种现象常用膨胀晶格理论和扩散双电层理论来解释。黏土矿物颗粒集聚体间面-面接触的分散结构是膨胀土的普遍结构形式，这种结构比团粒结构

具有更大的吸水膨胀和失水收缩的能力。

外部因素主要是含水率和压力对膨胀土的作用。含水率的变化是影响膨胀土胀缩性的关键因素。在雨季，含水率增加会导致土体膨胀，可能引发隆胀破坏；而在旱季，含水率降低则会导致土体收缩，产生收缩裂隙现象。土中原有含水率与土体膨胀时所需含水率相差越大，则遇水后膨胀越明显。造成土中水分变化的原因有环境因素、气候条件、地形地貌、地面覆盖以及地下水位等。比如，在雨季，土中水分增加，土体产生膨胀，在旱季，土中水分减少，土体产生收缩；同类膨胀土地基，地势低处胀缩变形比高处小，因为高地带临空面大，土中水分蒸发条件好，土中水分变化大；在炎热干旱地区，地面上的覆盖阔叶树林也会对建筑物胀缩变形造成不利影响，因为树根吸水作用加剧地基收缩变形。土的膨胀性在不同的压力下表现不同。基底压力越大，土的膨胀性越低；相反，基底压力越小，土的膨胀率越高，膨胀度越大，越容易产生破坏。

9.4.2.6 膨胀土对工程的影响

由于膨胀土具有显著的吸水膨胀、失水收缩特性，导致不断地产生不均匀沉降等，致使建筑物往往成群出现破坏，危害性很大。

一般黏性土都具有胀缩性，但其胀缩变形不大，对工程没有太大的影响。而膨胀土的膨胀-收缩-再膨胀的往复变形特性非常显著，易造成膨胀土地基上的建筑物损坏。膨胀土地基上建筑物损坏具有下列规律：

① 建筑物的开裂破坏具有地区性成群出现的特点，建筑物裂缝随气候变化不停地张开和闭合，且以低层轻型、砖混结构损坏最为严重。

② 房屋在垂直和水平方向受弯和受扭，故在房屋转角处首先开裂，墙上出现对称或不对称的八字形、X 形缝。外纵墙基础由于受到地基在膨胀过程中产生的竖向切力和侧向水平推力的作用，造成基础移动而产生水平裂缝和位移，室内地坪和楼板发生纵向隆起开裂。

③ 膨胀土边坡不稳定，地基会产生水平向和垂直向的变形，坡地上的建筑物损坏要比平地上的更严重。

膨胀土对基坑边坡的稳定性有重要影响。膨胀土基坑边坡破坏主要发生在暴雨工况下，而暴雨对膨胀土基坑边坡稳定性的影响主要表现在两个方面：一是水使土体软化，降低土体强度；二是膨胀土吸水膨胀，产生一个附加的膨胀力。但是，目前在基坑边坡支护设计中，主要通过经验手段，用降低土体的强度指标的方法来考虑膨胀土吸水产生膨胀力的影响；而回避了膨胀土吸水产生膨胀力的重要性质。这样处理具有盲目性，会造成严重的工程浪费或者工程破坏。因此，必须通过精确计算，得到膨胀土吸水膨胀后的膨胀力分布情况。

膨胀土的胀缩特性除使房屋发生开裂、倾斜外，还会使公路路基发生破坏，堤岸、路堑产生滑坡，涵洞、桥梁等刚性结构物产生不均匀沉降和开裂等工程灾害。

膨胀土因其独特的物理化学性质和力学特性，在工程建设中常常引起各种问题，因此在进行膨胀土地基处理时，应根据当地气候、膨胀土胀缩等级、工程地质和水文条件，结合当地施工经验，因地制宜采取综合措施。通过对裂隙的深入研究，可以更好地理解和预测膨胀土在各种环境条件下的行为，从而为膨胀土地区的工程设计和施工提供科学依据。

9.5 盐渍土

9.5.1 盐渍土概述

我国《盐渍土地区建筑技术规范》(GB/T 50942—2014) 规定易溶性盐含量大于或等于 0.3%且小于 20%，并具有溶陷或盐胀等工程特性的土称为盐渍土，包括各类盐土、碱土以及各种盐化、碱化土。此外，根据实践经验，对含中溶盐为主的盐渍土，可根据其溶解度和水环境条件进行折算后，按此规范执行。盐渍土不仅对环境具有重大影响，对工程建设和维护也造成巨大挑战。

9.5.1.1　盐渍土的分布和成因

盐渍土在世界各地广泛分布，我国的盐渍土主要分布在华北、东北和西北的内陆干旱、半干旱地区，东部沿海包括台湾省、海南省等岛屿沿岸的滨海地区也有分布。我国盐渍土具有面积大、分布广、成分复杂、种类多等特点。

盐渍土的形成受盐分来源、气候条件、地形条件等的影响。盐渍土的形成首先要有盐分，研究表明，盐渍土中所含的盐分主要来自岩石中盐类的溶解，工、矿业废水的注入和海水的渗入；其次是盐分的运移及其在土中的重新分布，这主要是靠水流和风力等实现。可见盐渍土的形成与分布由地理、气候及工程地质和水文地质条件等因素共同决定。在内陆干旱、半干旱地区，蒸发量大于降水量，使得盐分容易在土壤中积累。例如在春、秋干旱季节，中国盐渍土地区容易出现土壤积盐现象。盐渍土所处地形多为低平地、内陆盆地、局部洼地以及沿海低地，这是因为盐分随地面、地下径流由高处向低处汇集，使洼地成为水盐汇集中心。从小地形看，积盐中心是在积水区的边缘或局部高处，这是因为高处蒸发较快，盐分随毛管水由低处往高处迁移，使高处积盐较多。

此外，由于人类活动而改变原来的自然环境，也使本来不含盐的土层发生盐渍化，生成次生盐渍土。

9.5.1.2　盐渍土的分类

盐渍土是一种特殊的土壤类型，其分类依据主要包括土壤中的盐分含量、盐分类型以及土壤的物理化学特性。

盐渍土可以根据其主要盐分类型分为以下几种。氯盐渍土：主要含有氯化物，如氯化钠（NaCl）；亚氯盐渍土：含有一定量的氯化物和其他盐类；亚硫酸盐渍土：含有一定量硫酸盐和其他盐类，如硫酸钠（Na_2SO_4）；硫酸盐渍土：主要含有硫酸盐，如硫酸钙（$CaSO_4$）。

根据土壤的盐渍化程度，可以将盐渍土分为不同的等级。非盐渍土：土壤中盐分含量较低，对作物生长没有显著影响；轻盐渍土：土壤中盐分含量中等，对某些作物可能有一定影响；中盐渍土：土壤中盐分含量较高，对大多数作物生长有显著影响；重盐渍土：土壤中盐分含量很高，严重影响作物生长。

根据地理位置和成因，盐渍土还可以分为以下几种。滨海盐渍土：主要分布在沿海地区，受海水影响，含有大量的氯化物；内陆盐渍土：主要分布在内陆干旱、半干旱地区，含有大量的硫酸盐。

在工程应用中，盐渍土的分类可能会考虑其工程性质，如含盐量、颗粒大小等。对于细粒土，根据平均含盐量的不同，可以分为氯盐渍土、亚氯盐渍土、亚硫酸盐渍土和硫酸盐渍土。对于粗粒土，通过筛孔的平均含盐量来分类，也可以分为氯盐渍土及亚氯盐渍土、硫酸盐渍土等。

综上所述，盐渍土的分类十分复杂，需要综合考虑多种因素。不同的分类方法适用于不同的目的和应用场景。在实际应用中，通常会根据具体的需求选择合适的分类方法。

9.5.2　盐渍土的三相组成

与普通土相似，盐渍土由固、液、气三相组成，所不同的是盐渍土的液相是一种含盐量较高的溶液，盐溶液对土壤的物理力学性质有着重要影响。具体来看，固相主要由土壤颗粒组成，这些颗粒可以是矿物质（如石英、长石、黏土矿物）和有机质。在盐渍土中，固相还可能包含一些难溶结晶盐，这些盐在土壤中起到支撑结构的作用。液相主要是指土壤中的水分，这些水分中溶解了大量的盐，形成了盐溶液。液相中的盐溶液在外界条件变化的情况下会发生相互转化，这种现象导致了盐渍土工程特性的变化。气相主要指的是土壤孔隙中的空气。在盐渍土中，气相的存在会影响土壤的透气性和气体交换，进而影响土壤的氧化还原状况。

由于盐的存在使土中的微粒胶结成小集粒，而盐结晶自身也常会形成较大的颗粒，故随着含盐量的增大，土的细颗粒含量减少；但当土被水浸湿后，随着土中盐的溶解，土颗粒分散度增大，这对黏土颗粒的含量影响尤其大。因此，盐渍土的颗粒分析试验，应在洗盐后进行，以得到符合实际的粒径组成，并以此来确定土的名称。

9.5.3 盐渍土的物理指标

(1) 相对密度

包含所有盐时的相对密度，即天然状态盐渍土固体颗粒（包括结晶颗粒和土颗粒）的相对密度。根据土存在的状态，可求取去掉土中易溶盐后的土颗粒加上难溶盐的综合相对密度。在实际工程中，盐渍土地基可能被水浸湿，则土中的易溶盐被溶解甚至流失。此时，固体颗粒中不含易溶盐结晶颗粒。因此，为满足实际工程需要，应分别测定上述两种情况的相对密度。

(2) 天然含水率

盐渍土的天然含水率计算公式如下：

$$\omega'=\frac{m_w}{m_s+m_c}\times 100\% \tag{9.11}$$

式中，ω'为把盐当作土骨架的一部分时的含水率，可用烘干法求得；m_w、m_s 和 m_c 分别为水、土粒和易溶盐含量的质量，g。

考虑到

$$C=\frac{m_c}{m_s+m_c}\times 100\% \tag{9.12}$$

将式(9.12) 代入式(9.11) 可得

$$\omega'=\omega(1-C) \tag{9.13}$$

式中，ω 为常规土定义的含水率，即 m_w/m_s；C 为土中易溶盐含量，%。

由式(9.13) 可知，ω'比常规土定义的含水率 ω 偏小。

(3) 含液量

盐渍土中含液量

$$\omega_B=\frac{\text{土样中含盐水质量}}{\text{土样中土颗粒和难溶盐总质量}}\times 100\% \tag{9.14}$$

不考虑强结合水时，则有

$$\omega_B=\frac{\omega_m+Bm_w}{m_s}=\omega(1+B) \tag{9.15}$$

式中，ω_B 为土样中的含液量；B 为每 100g 水中溶解盐的含量，可 $B=m_c/m_s$ 确定，当计算出的 B 值大于盐的溶解度时，取 B 为该盐的溶解度。

(4) 天然重度和干重度

盐渍土的天然重度与一般土的定义相同，对于含有较多 Na_2SO_4 的盐渍土，应考虑其在低温条件下的结晶膨胀对天然重度的测定所带来的影响；盐渍土的干重度分为含盐与去盐后两种。

9.5.4 盐渍土的工程性质

9.5.4.1 盐渍土的盐胀性

盐渍土的盐胀性是指土壤中的盐分在特定条件下（如温度或湿度变化）发生结晶或溶解，导致土壤体积发生变化的现象。从形成机理来说，盐渍土地基的盐胀一般可分为两类，即结晶膨胀与非结晶膨胀。结晶膨胀是指盐渍土因温度降低或失去水分后，溶于土孔隙水中的盐分浓缩并析出结晶所产生的体积膨胀，如硫酸盐渍土的盐胀；非结晶膨胀是指由于盐渍土中存在着大量的吸附性阳离子，具有较强的亲水性，遇水后很快与胶体颗粒相互作用，在胶体颗粒和黏土颗粒的周围形成稳固的结合水薄膜，从而减小了颗粒的黏聚力，使之相互分离，引起土体膨胀，如碳酸盐渍土（碱土）的盐胀。盐胀会使建筑物地面发生隆起，产生裂缝，对公路、硬化地面以及低层建筑物基础等产生严重危害，在地基基础工程中结晶膨胀的危害较大。

盐渍土的盐胀性可通过现场试验获得的盐胀系数 δ_{yz} 来评价：

$$\delta_{yz}=\frac{s_{yz}}{h_{yz}} \tag{9.16}$$

式中，s_{yz} 为总盐胀量，mm；h_{yz} 为有效盐胀区厚度，mm。

盐渍土的盐胀性是一个复杂的工程问题，涉及多种因素和机制。通过科学研究和技术创新，可以找到有效的解决方案来减轻或防止盐胀现象的发生。例如控制土的密实度，土-固混合体的密实度对盐胀性有显著影响，密实度较高的土壤样品盐胀率相对较低，其盐胀性能得到了显著改善。某些固化剂也可以起到抑制盐渍土盐胀特性的作用。

9.5.4.2 盐渍土的溶陷性

(1) 溶陷的含义及影响因素

盐渍土的溶陷性是指由于盐渍土中可溶性盐分在水分作用下溶解，因土中可溶盐的溶解，导致土体结构被破坏，强度随之降低，土颗粒重新排列，孔隙减小，从而引起地面下沉的现象。这种现象在干旱和半干旱地区尤为常见，对工程建设和农业生产构成了严重威胁。由于浸水通常是不均匀的，所以建筑物的沉降也是不均匀的，这导致建筑物的开裂和破坏。另外，地基溶陷变形速度很快，所以对建筑物的危害很大。图 9.12 为典型的盐渍土场地溶陷试验地基沉降曲线，在一定压力下，浸水产生较大溶陷量，其远远超出了一般结构物的允许变形量。因此，未经处理的盐渍土地基上的结构物常因地基溶陷而破坏。

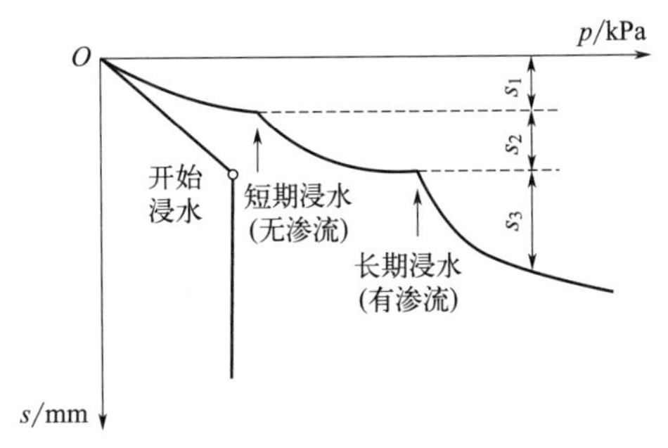

图 9.12　典型的盐渍土场地溶陷试验地基沉降曲线
s_1—建筑物荷载产生的沉降；s_2—结晶盐溶解产生的溶陷；s_3—渗流引起的潜蚀溶陷

当浸水时间较短且水量不多时，土颗粒连接点处的盐结晶部分或全部遇水溶解，土体结构发生破坏，强度随之降低，土颗粒重新排列，孔隙减小，产生溶陷（s_2），这与黄土的湿陷现象相似。当盐渍土地基浸水时间较长，且浸水量很大或造成渗流时，土体中部分固体颗粒将被水流带走，产生潜蚀。在潜蚀作用下，盐渍土的孔隙率增大，伴随荷载（包括土的自重）作用，土体将产生附加的溶陷变形，一般把这部分溶陷变形称为“潜蚀变形”（s_3）。

含水率、含盐量、上部荷载和易溶盐成分等因素影响着盐渍土的溶陷性。含水率是影响盐渍土溶陷性的关键因素之一。研究表明，含水率的变化会显著影响盐渍土的溶陷系数。例如，当含水率为5%时，溶陷变形系数最小。含盐量对盐渍土的溶陷性有重要影响。随着含盐量的增加，盐渍土的溶陷性和压缩性也会增加。上部荷载对盐渍土的溶陷性也有显著影响。在相同水环境条件下，上覆压力越大，试样发生溶陷变形的程度就越大。对于易溶盐成分，例如，中溶盐的胶结作用会提高粗颗粒盐渍土的整体性及强度，但在浸水加载条件下，高中溶盐含量盐渍土的溶陷量要明显高于低中溶盐含量盐渍土。

(2) 溶陷性的评价

可以通过室内试验来评价盐渍土的溶陷性。例如，可以通过浸水试验来观察盐渍土在浸水后的变形情况，从而判断其溶陷性。由于粗颗粒盐渍土难以取到原状土样，因此，溶陷性评价必须通过现场试验才能解决。现场试验所需的大量淡水、大型机械以及浸水周期都需要考虑。从评价指标来看，盐渍土的溶陷性可用溶陷系数 δ_{rx} 作为评价指标，溶陷系数由下列两种方法确定。

室内压缩试验法适用于可以取得规整形状的细粒盐渍土试样，溶陷系数计算公式为

$$\delta_{rx}=\frac{h_p-h'_p}{h_0} \tag{9.17}$$

式中，δ_{rx} 为盐渍土的溶陷系数；h_0 为盐渍土不扰动土样的原始高度；h_p 为压力 p 作用下变形稳定后的土样高度；h'_p 为压力 p 作用下浸水溶陷变形稳定后的土样高度。

压力 p 一般应按试验土层实际的设计平均压力取值，但有时为方便起见，也可取为200kPa。

室内液体排开法适用于测定形状不规则的原状砂土盐渍土及粉土盐渍土，溶陷系数计算公式为

$$\delta_{rx}=K_G\frac{\rho_{dmax}-\rho_d(1-G)}{\rho_{dmax}} \tag{9.18}$$

式中，K_G 为与土性有关的经验系数，取值为0.85～1.00；ρ_{dmax} 为试样的最大干密度，g/cm^3；ρ_d 为试样的干密度，g/cm^3。

根据《盐渍土地区建筑技术规范》(GB/T 50942—2014)，当 $\delta_{rx}<0.01$ 时，为非溶陷性盐渍土；当 $\delta_{rx}\geqslant 0.01$ 时，为溶陷性盐渍土。

9.5.4.3 盐渍土的腐蚀性

盐渍土含有较高浓度的可溶性盐分，这些盐分在特定条件下（如水分、温度变化等）会对建筑材料和结构产生腐蚀作用，影响建筑物基础和地下设施的耐久性和安全使用。盐渍土腐蚀性主要表现为氯盐渍土对金属和钢筋混凝土的腐蚀破坏，以及硫酸盐渍土对混凝土的物理破坏和物理化学腐蚀破坏。在进行腐蚀性评价时，以氯盐为主的盐渍土应重点评价其对钢筋的腐蚀性，而以硫酸盐为主的盐渍土，应重点评价其对混凝土、石灰、黏土砖的腐蚀性。盐渍土对建（构）筑物的腐蚀性，可分为强腐蚀性、中腐蚀性、弱腐蚀性和微腐蚀性四个等级，分级标准参考相关规范。

盐渍土的腐蚀性受多种因素影响，主要包括水分、温度和环境条件。水分是盐分溶解和迁移的主要媒介。在湿润条件下，盐分更容易溶解并渗透到建筑材料中。温度变化会影响盐分的溶解度和结晶过程。例如，硫酸盐在低温下会形成膨胀性更强的结晶。空气、地下水和其他环境因素也会与盐渍土发生化学反应，加剧腐蚀过程。

为了减轻盐渍土对建筑物和基础设施的腐蚀影响，可以采取以下几种措施：使用抗腐蚀性能较好的水泥和混凝土，或者采用其他耐腐蚀材料。在有腐蚀风险的部位，增加钢筋保护

层的厚度，以抵抗外部环境长时间的侵蚀。选用无碱活性的砂、石集料，确保其质量和检验符合相关标准。

9.6　红黏土

9.6.1　红黏土地质特征

(1) 形成与分布

红黏土是在亚热带温热气候条件下，碳酸盐类岩石及其间杂的其他岩石经红土化作用形成的高塑性黏土。其颜色一般呈褐色、棕红色等，液限大于 50%。原生红黏土经流水再搬运后仍保留其基本特征，液限大于 45%的坡、洪积黏土称为次生红黏土，在相同物理指标情况下，其力学性能低于原生红黏土。

红黏土形成和分布于湿热的热带、亚热带地区，主要分布在我国长江以南地区，以贵州、云南、广西等省份最为广泛和典型。其通常堆积在山坡山麓、盆地或洼地中，主要为残积、坡积类型。红黏土常为岩溶地区的覆盖层，因受基岩起伏影响，其厚度变化较大。经搬运再沉积形成的次生红黏土则主要分布在溶洞、沟谷和河谷低级阶地，覆盖于基岩或其他沉积物之上。

(2) 组成成分与物理特性

红黏土的矿物成分除含一定数量的石英颗粒外，还有大量的黏土颗粒（主要为多水高岭石、水云母类、胶体 SiO_2 及赤铁矿、三水铝土矿等），不含或极少含有机质。黏土矿物具有稳定的结晶格架，细粒组结成稳固的团粒结构，土体近于固液两相体且土中又多为结合水，这三者是构成红黏土良好力学性能的基本因素。红黏土的可溶性盐类矿物主要有重碳酸盐，其次为钙、镁的硫酸盐和氯化物。

红黏土的天然含水率，一般为 40%～60%，最高达 90%；密度小，天然孔隙比一般为 1.4～1.7，最高为 2.0。由于其塑性很高，尽管天然含水率大，但一般仍处于坚硬或硬可塑状态，甚至饱水的红黏土也是坚硬状态，并且不具有湿陷性。例如，昆明地区红黏土最典型的特征是失水后收缩复浸水膨胀，但不能恢复到原位，以收缩变形为主。

(3) 在深度上的变化特征

红黏土地层从地表向下塑性状态由硬变软。据统计结果，上部坚硬、硬塑状态的土层占红黏土土层的 75%以上，厚度一般都大于 5m；接近基岩处的可塑状态土层占 10%～20%；软塑、流塑状态的土层占 5%～10%，位于基岩凹部溶槽内。处于表层的坚硬红黏土属二相系，固态矿物具有较稳定的结晶格架，颗粒呈稳固的团粒结构；液态水多以结合水存在，不能在自重作用下排水固结。处于下层的红黏土因处于岩面的洼槽处不易压实，且持水条件好，多呈软塑或流塑态。

(4) 力学特性

红黏土具有不同于一般黏性土的物理力学特性和相关规律，其一般具有较高的强度和较低的压缩性。原、次生红黏土在分布情况、结构、强度上都存在差异，次生红黏土因为在搬运过程中受到扰动，破坏了原有红黏土土粒间的胶结联结，使得其物理力学性质和指标有所改变。

① 土的天然含水率、孔隙比、饱和度大。其含水率几乎与液限相等，孔隙比在 1.1～1.7，饱和度大于 85%。

② 物理指标变化幅度大，具有高分散性，含水率和孔隙比呈现良好的线性关系。

③ 渗透性差，内摩擦角较小，黏聚力大，无侧限抗压强度可达 200～400kPa。另外，

虽然红黏土孔隙比较大，但其压缩系数却较小。

④ 原状红黏土浸水后膨胀量较小，失水后收缩剧烈，胀缩特性以失水收缩为主。

9.6.2 红黏土的工程性质和改良

红黏土的工程性质主要包括以下几点：

① 天然含水率大：红黏土通常具有较大的天然含水率，这是因为红黏土中含有大量的亲水性黏土矿物，如蒙脱石和伊利石，这些矿物能够吸附大量的水分。

② 塑性高：红黏土是一种高塑性黏土，其塑性指数较高，使得它在工程中具有特定的应用特性。

③ 较高的强度：红黏土通常具有较高的无侧限抗压强度和抗剪强度，这是由于红黏土中含有大量的黏土矿物和铁质胶结物，这些物质能够提高土体的黏聚力和内摩擦角，使得它在某些工程应用中能够承受较大的荷载。

④ 较低的压缩性：红黏土具有较低的压缩性，压缩系数通常小于 0.1MPa^{-1}，这有助于在工程中保持其稳定性。

⑤ 不具有湿陷性：红黏土在浸水后不会发生显著的体积缩减，因此不具有湿陷性。

需要注意的是，红黏土的工程性质可能因其成因、地质环境、气候条件等因素的不同而有所差异。在实际工程中，需要对红黏土进行详细的地质勘察和试验分析，以确定其具体的工程性质和应用特性，从而确保工程的安全和稳定。

此外，红黏土在工程建设中有着广泛的应用，如用作防治渗漏和涝水的基础、填充河床、扩大河道宽度、固结土质土坡、防止地质灾害的堤坝、桩基地基处理等。这些应用都充分利用了红黏土的工程性质，发挥了其在工程中的重要作用。

由于红黏土的一些特性（如收缩性、裂隙性等）会给路基工程等带来不利影响，所以对其进行改良以适应工程需求，提高其工程性能，例如提高其抗剪强度、改善其在干湿循环下的性能等。以某公路工程为例，对路基施工中的红黏土进行击实试验、红黏土改良后击实试验、红黏土的强度性能试验等。试验结果表明，红黏土的最优含水率约 17%，且随着击实次数的增加，红黏土的最大干密度也会增加。常用的改良红黏土的材料有消石灰、砾砂、水泥、粉煤灰等。研究不同材料及不同掺量对红黏土的改良效果，例如通过试验研究粉煤灰的掺入对红黏土抗剪强度的影响，发现粉煤灰的掺入提高了红黏土的抗剪强度，但超过一定量会有不同情况等。

思考与练习题

1. 软黏土的流变性有什么特点？
2. 黄土的结构性是如何形成的？试阐述重塑黄土和天然黄土的力学性质的区别。
3. 冻土的抗剪强度有何特点？多年冻土区的不良地质现象有哪些？
4. 影响膨胀土胀缩性的因素有哪些？并阐述膨胀土对工程建设有什么影响。
5. 试分析盐渍土的工程性质及其对工程施工的影响。
6. 阐述红黏土的力学特性，并举例说明为了适应工程需要有什么方法改良红黏土。

参考文献

[1] 河海大学《土力学》教材编写组．土力学［M］.3 版．北京：高等教育出版社，2019.

[2] 李广信，张丙印，于宝贞．土力学［M］.2 版．北京：清华大学出版社，2013.

[3] 李广信．高等土力学［M］.2 版．北京：清华大学出版社，2016.

[4] 廖红建，李荣建，刘恩龙．土力学［M］.3 版．北京：高等教育出版社，2018.

[5] 林彤，谭松林，马淑芝．土力学［M］.2 版．武汉：中国地质大学出版社，2012.

[6] 杨进良，陈环．土力学［M］.4 版．北京：中国水利水电出版社，2009.

[7] 齐吉琳，彭丽云，姚晓亮．土力学［M］. 北京：高等教育出版社，2023.

[8] 刘松玉．土力学［M］.5 版．北京：中国建筑工业出版社，2020.

[9] 杨雪强，史宏彦，李子生．土力学［M］. 北京：北京大学出版社，2015.

[10] 刘忠玉，祝彦知，石明生．土力学［M］. 北京：机械工业出版社，2022.

[11] 李顺群，张建伟，高凌霞．土力学［M］. 北京：机械工业出版社，2021.

[12] 陈晓平，傅旭东．土力学与基础工程［M］.3 版．北京：中国水利水电出版社，2023.

[13] 殷宗泽．土工原理［M］. 北京：中国水利水电出版社，2007.

[14] 顾晓鲁，钱鸿缙，刘惠珊，等．地基与基础［M］.3 版．北京：中国建筑工业出版社，2003.

[15] 陈希哲，叶菁．土力学地基基础［M］.5 版．北京：清华大学出版社，2013.

[16] 卢廷浩．土力学［M］.2 版．南京：河海大学出版社，2001.

[17] 谢定义，姚仰平，党发宁．高等土力学［M］. 北京：高等教育出版社，2007.

[18] 陈国兴．土质学与土力学［M］.2 版．北京：中国水利水电出版社，2006.

[19] 陈书申，陈晓平．土力学与地基基础［M］.3 版．武汉：武汉理工大学出版社，2006.

[20] 高大钊，袁聚云．土质学与土力学［M］.3 版．北京：人民交通出版社，2001.

[21] 顾慰慈．挡土墙土压力计算手册［M］. 北京：中国建材工业出版社，2004.

[22] 刘福臣，成自勇，崔自治．土力学［M］. 北京：中国水利水电出版社，2005.

[23] 刘增荣，刘春原，梁波．土力学［M］. 上海：同济大学出版社，2005.

[24] 沈珠江．理论土力学［M］. 北京：中国水利水电出版社，2000.

[25] 王泽云．土力学［M］. 重庆：重庆大学出版社，2001.

[26] 谢定义，邢义川．黄土土力学［M］. 北京：高等教育出版社，2016.

[27] 沈扬．土力学原理十记［M］.2 版．北京：中国建筑工业出版社，2021.

[28] 高向阳，杨艳娟，翟聚云．土力学［M］. 北京：北京大学出版社，2010.

[29] 孟祉波，徐新生．土力学教程［M］.2 版．北京：北京大学出版社，2014.

[30] GB 50007—2011. 建筑地基基础设计规范［S］.

[31] GB/T 50123—2019. 土工试验方法标准［S］.

[32] GB 50011—2010. 建筑抗震设计标准［S］.

[33] GB 50021—2001. 岩土工程勘察规范［S］.

[34] GB/T 50145—2007. 土的工程分类标准［S］.

[35] GB 50025—2018. 湿陷性黄土地区建筑标准［S］.

[36] GB 50112—2013. 膨胀土地区建筑技术规范［S］.

[37] JTG 3363—2019. 公路桥涵地基与基础设计规范［S］.

[38] TB 10093—2017. 铁路桥涵地基和基础设计规范［S］.

[39] JTG D30—2015. 公路路基设计规范［S］.

[40] JTG 3430—2020. 公路土工试验规程［S］.